"十四五"职业教育国家规划教材

"十三五"职业教育国家规划教材

"十四五"时期水利类专业重点建设教材

"互联网+"新形态教材

水工钢筋混凝土结构

(第3版·修订本)

主　编　王建伟　郭旭东

副主编　张　迪　宋春发　方　琳

　　　　郑昌坝　韩永胜　杨春景

　　　　郑　雪　彭志荣　武金萍

主　审　刘宪亮

黄河水利出版社

·郑州·

内容提要

本书是“十三五”“十四五”职业教育国家规划教材、“十四五”时期水利类专业重点建设教材，是按照教育部关于“十三五”“十四五”职业教育国家规划教材编写基本要求及相关行业课程标准编写完成的。本书以《水工混凝土结构设计规范》(SL 191—2008)为主要依据编写，共有6个学习项目，主要内容为：基础知识，钢筋混凝土梁、板设计，钢筋混凝土柱设计，肋形结构及刚架结构设计，渡槽结构设计，预应力混凝土结构等。为方便教学，本书配套PPT教学课件、习题参考答案等教学资源，大部分知识点、技能点制作了微课视频、动画等数字资源，以二维码的形式在教材的相关内容中呈现，方便学生利用移动设备随扫随学。本书配套有《水工钢筋混凝土结构习题集》(张迪、郭旭东主编，黄河水利出版社出版)，方便训练学生对所学知识的巩固与技能的提高。

本书为高职高专院校水利水电建筑工程专业教材，也可供水利类其他专业教学使用，同时可作为水利水电工程技术人员的参考书。

图书在版编目(CIP)数据

水工钢筋混凝土结构/王建伟，郭旭东主编. —3版. —郑州：黄河水利出版社，2021. 11 (2024. 1 修订本重印)

“十三五”职业教育国家规划教材

ISBN 978-7-5509-3172-5

Ⅰ. ①水… Ⅱ. ①王… ②郭… Ⅲ. ①水工结构-钢筋混凝土结构-高等职业教育-教材 Ⅳ. ①TV332

中国版本图书馆CIP数据核字(2021)第244310号

组稿编辑：王路平 电话：0371-66022212 E-mail：hhslwlp@163. com

田丽萍 66025553 912810592@qq. com

出 版 社：黄河水利出版社 网址：www. yrcp. com

地址：河南省郑州市顺河路黄委会综合楼14层 邮政编码：450003

发行单位：黄河水利出版社

发行部电话：0371-66026940、66020550、66028024、66022620(传真)

E-mail：hhslcbs@126. com

承印单位：河南承创印务有限公司

开本：787 mm×1 092 mm 1/16

印张：16. 25

字数：380千字 印数：13 001—18 000

版次：2011年8月第1版 印次：2024年1月第4次印刷

2017年11月第2版

2021年11月第3版

2024年1月修订本

定价：49. 00元

前言

本书是根据《中共中央关于认真学习宣传贯彻党的二十大精神的决定》，中共中央办公厅、国务院办公厅《关于推动现代职业教育高质量发展的意见》，国务院《国家职业教育改革实施方案》，教育部《职业院校教材管理办法》《高等学校课程思政建设指导纲要》《“十四五”职业教育规划教材建设实施方案》，水利部、教育部《关于进一步推进水利职业教育改革发展的意见》，《教育部办公厅关于公布首批“十四五”职业教育国家规划教材书目的通知》等文件精神，组织编写的“十三五”“十四五”职业教育国家规划教材。

本教材以习近平新时代中国特色社会主义思想为指引，坚持正确政治方向和价值导向，全面贯彻落实党的二十大精神和立德树人根本任务，紧密对接国家发展重大战略需求，不断更新升级，更好服务于创新人才培养，确保习近平新时代中国特色社会主义思想和党的二十大精神进教材落实到位，发挥铸魂育人实效。教材注重吸收产业升级和行业发展的新知识、新技术、新工艺、新方法、新规范，具有丰富的数字化教学资源，是理论联系实际、教学面向生产的高职高专教育精品规划教材。

本书第1版、第2版、第3版分别于2011年、2017年、2021年出版发行，第2版成功入选“十三五”职业教育国家规划教材、“十四五”时期水利类专业重点建设教材，第3版成功入选首批“十四五”职业教育国家规划教材。

本书是国家水利水电建筑工程专业资源库水工混凝土结构课程的配套教材，也是河南省精品在线开放课程水工混凝土结构课程的配套教材。

本书出版以来，因其层次分明、条理清晰、结构合理、内容全面等特点，受到全国高职高专院校水利类专业师生及广大水利从业人员的喜爱。随着我国经济建设的发展，新规范、新材料、新技术、新方法不断推广应用；同时，职业教育的发展也促使课程教学手段、方法不断更新，需要有新体例的教材与之相适应。为此，编者对原教材内容进行了全面修订、补充和完善。为方便教学，书中还植入了大量的微课视频、动画等二维码数字资源，同时将党的二十大精神融入教材。

本书具有以下特点：

(1)主要依据《水工混凝土结构设计规范》(SL 191—2008)的内容编写。

(2)综合了目前结构设计中常用的基本原理和方法，注意与本专业相关课程基本理论和知识的联系，突出解决工程实际问题能力的培养，强调对理论与实践相结合的“复合型人才”的培养。

(3)采用项目化教学方式，按照从构件到结构，由简单到复杂、单一到综合的认知规律，从基础知识和构件设计入手，以达到熟练掌握结构设计的目的。每一部分都配有与教材内容密切结合的应用案例和练习,做到"教、学、做"一体。

本书编写单位及编写人员如下:黄河水利职业技术学院王建伟、郭旭东、张迪、方琳、杨春景;安徽水利水电职业技术学院宋春发;福建水利电力职业技术学院郑昌坝;山东水利职业学院韩永胜;云南水利水电职业学院郑雪;江西水利职业学院彭志荣;山西水利职业技术学院武金萍。全书由王建伟、郭旭东担任主编,王建伟负责全书统稿;由张迪、宋春发、方琳、郑昌坝、韩永胜、杨春景、郑雪、彭志荣、武金萍担任副主编;由刘宪亮教授担任主审。

本书在编写过程中引用了大量的规范、教材、专业文献和资料,恕未在书中一一注明。在此,对有关作者表示诚挚的谢意!

对书中存在的缺点和疏漏,恳请广大读者批评指正。

编　者

2024年1月

本书互联网全部资源

目 录

绪 论

码 0-1 微课-
《水工混凝土结构》
课程介绍

1 概述

在工程建筑物中,由建筑材料制作的若干构件连接组成的承重骨架称为建筑结构。按所用材料的不同,可分为钢筋混凝土结构、钢结构、砌体结构等类型。本书只讲述钢筋混凝土结构。

在水利水电工程中,钢筋混凝土结构的应用非常广泛,主要用来建造混凝土坝、水电站厂房、水闸(见图 0-1)、船闸、渡槽(见图 0-2)等。其主要结构形式有肋形结构(见图 0-3)、刚架结构等,主要构件为梁、板、柱。这部分内容的学习任务是:拟定结构构件尺寸、荷载计算、内力(弯矩 M、剪力 V、压力 N 等)计算、配筋计算、钢筋用量计算、绘制与识读结构图等。

钢筋混凝土结构是由钢筋和混凝土两种材料组成的共同受力的结构。混凝土具有较高的抗压强度和良好的耐久性能,而钢筋具有较高的抗拉强度和良好的塑性。为了充分利用两种材料的性能,把混凝土和钢筋结合在一起,使混凝土主要承受压力,钢筋主要承受拉力,以满足工程结构的使用要求。

码 0-2 微课-
钢筋混凝土结构
的概念

钢筋和混凝土这两种不同性能的材料能结合在一起共同工作,主要原因如下:

(1)钢筋与混凝土之间存在良好的黏结性,能牢固地黏结成整体。钢筋与混凝土之间能协调变形而共同工作。

图 0-1 水闸

图 0-2　渡槽

图 0-3　肋形结构

码 0-3　微课-钢筋混凝土结构的特点

(2)相近的温度线膨胀系数:钢筋为 $1.2\times10^{-5}/℃$,混凝土为 $1.0\times10^{-5}/℃$;温度变化使钢筋和混凝土产生大致相同的变形,相互无附加应力。

(3)混凝土保护钢筋,可提高结构的耐久性和耐火性。

钢筋混凝土结构除合理地利用了钢筋和混凝土两种材料的特性外,与其他材料的结构相比,还具有下列特点:

(1)耐久性好。混凝土耐受自然侵蚀的能力较强,其强度随着时间的增长有所提高,钢筋因混凝土的保护而不易锈蚀,不需要经常维护和保养。

(2)耐火性好。耐热温度约为 300 ℃,混凝土为不燃体,板、梁、柱耐火极限一般为 1 h、1.5 h、2.5 h 以上。

(3)整体性好。现浇的整体式钢筋混凝土结构具有较好的整体刚度,有利于抗震和防爆。

(4)可模性好。可浇筑成任意形状的构件。

(5)就地取材。钢筋混凝土结构中所用水泥、砂、石等材料一般可就地取材,减少运输费用,降低工程造价。

钢筋混凝土结构同时存在下列主要缺点：

(1)自重大。钢筋混凝土结构的截面尺寸较大，重度也较大，自重远远超过相应的钢结构的重量，不利于建造大跨度结构。

(2)抗裂性差。混凝土抗拉强度低，容易出现裂缝，影响结构的使用性能和耐久性。

(3)现浇费模板。现场浇筑混凝土需要大量的钢模板或木模板。

(4)施工复杂，工序多(支模、绑钢筋、浇筑、养护)，工期长，施工受季节、天气的影响较大。

(5)混凝土结构一旦破坏，其修复、加固、补强比较困难。

随着科学技术的发展和施工水平的提高，钢筋混凝土的缺点正在逐步被克服和改善。如采用轻质高强混凝土可以减轻结构的自重；采用预应力混凝土结构可以提高构件的抗裂性能；采用预制装配式构件可以节约模板和支撑，加快施工进度，减少季节变化对施工的影响等，从而大大扩宽了钢筋混凝土结构的应用范围。

2 钢筋混凝土结构的发展概况

钢筋混凝土结构是一种较年轻的结构形式。1824 年，英国人发明了波特兰水泥，出现了现代意义上的混凝土。由于混凝土抗拉强度低，应用受到限制。1861 年，法国人制成了使混凝土受压、钢筋受拉，充分发挥两种材料各自优点的钢筋混凝土结构。

20 世纪 30 年代出现了预应力混凝土结构，其抗裂性能好，充分利用了高强材料，可以用来建造大跨度承重结构，应用范围更加广泛。目前，钢筋混凝土结构的跨度和高度都在不断地增大，已成为现代工程建设中应用最为广泛的结构。如世界上最高的重力坝瑞士大狄克逊坝高 285 m；我国云南省小湾水电站拱坝坝高为 294.5 m，为目前世界最高拱坝。目前，全球第一高摩天楼迪拜哈利法塔高 828 m，2016 年建成的上海中心大厦高 632 m，中国台北 101 大厦高 508 m。

钢筋混凝土结构在我国水利水电工程中的应用更是令人瞩目，如葛洲坝水利枢纽、乌江渡水电站、龙羊峡水电站等。三峡水利枢纽工程最大坝高 181 m，完成约 2 794 万 m^3 混凝土浇筑、46.3 万 t 钢筋制作安装，是世界水利工程建筑史上的壮举。

3 本课程的任务及学习方法

水工钢筋混凝土结构是水利水电建筑工程专业的一门专业基本技能课程。

本课程的学习内容包括钢筋混凝土结构基础知识，梁、板、柱、肋形结构、渡槽和预应力混凝土结构构件设计等六个学习项目。通过对钢筋混凝土结构构件设计理论、设计方法及其构造知识的学习训练，会运用相应的设计规范设计钢筋混凝土梁、板、柱、肋形结构和渡槽等，为后续课程的学习和从事水工钢筋混凝土结构的设计与施工打下良好的基础。

学习本课程应注意以下几个方面：

(1)试验性课程。由于混凝土材料的力学性能和强度理论异常复杂，难以用理论推导计算公式，其计算公式通常是在大量的试验基础上，通过理论分析建立起来的。学习时，既要重视这种通过试验建立理论的方法，又要注意公式的适用范围和条件。

(2)混凝土结构的主要研究对象不是理想的弹性材料。钢筋混凝土材料是不同材料构成的组合体,这与研究弹性体的材料力学和结构力学有着根本的区别。

(3)注重构造规定。构造规定是长期科学试验和工程经验的总结,要充分重视对构造知识的学习,不要死记硬背构造规定的具体规定,应注意弄懂其中的道理。

(4)理论联系实际。本课程的实践性较强,许多内容与我国现行的各类结构设计规范和工程实践联系密切。学习时应重视实践,通过现场教学、任务训练、项目实训、顶岗实习等教学实践环节,进一步熟悉和运用规范,逐步培养学生综合分析问题和解决问题的能力。

讨论与检测

1 讨论题

(1)水利工程中哪些建筑物采用的是钢筋混凝土结构?

(2)钢筋与混凝土两种材料共同工作的原因是什么?

(3)钢筋混凝土结构的优缺点有哪些?

2 判断题

(1)按所用材料的不同,建筑结构分为钢筋混凝土结构、钢结构。 (　)

(2)钢筋和混凝土具有相近的温度线膨胀系数,是钢筋与混凝土能共同工作的原因之一。 (　)

(3)抗裂性差是钢筋混凝土结构的缺点。 (　)

(4)现浇费模板不是钢筋混凝土结构的缺点。 (　)

3 选择题

(1)下列哪项不属于建筑结构按所用材料不同的分类。 (　)

A.钢筋混凝土结构　　B.框架结构

C.砌体结构　　D.钢结构

(2)以下哪项不是钢筋和混凝土两种材料结合在一起共同工作的原因。 (　)

A.钢筋与混凝土之间存在良好的黏结性

B.具有相近的温度线膨胀系数

C.混凝土保护钢筋,可提高结构的耐久性和耐火性

D.混凝土具有较好的抗压强度

(3)以下哪项不是钢筋混凝土结构的缺点。 (　)

A.自重大　　B.抗裂性差

C.修补、加固困难　　D.刚度小

党的二十大金句

高举中国特色社会主义伟大旗帜,全面贯彻新时代中国特色社会主义思想,弘扬伟大建党精神,自信自强、守正创新,踔厉奋发、勇毅前行,为全面建设社会主义现代化国家、全面推进中华民族伟大复兴而团结奋斗。

项目1 基础知识

学习指南

工作任务

(1)正确选择钢筋、混凝土材料;
(2)运用钢筋锚固长度、钢筋连接的构造知识解决实际问题;
(3)计算构件控制截面的荷载效应组合值。

知识目标

(1)掌握钢筋的主要力学性能;
(2)掌握混凝土的强度及变形;
(3)掌握水工混凝土结构极限状态设计表达式;
(4)理解钢筋的分类、钢筋的锚固与连接构造规定;
(5)理解水工钢筋混凝土结构设计的两种极限状态;
(6)理解作用、抗力、荷载、可靠度、可靠指标等概念。

技能目标

(1)能根据钢筋外形识别钢筋的品种;
(2)能合理选用钢筋级别和混凝土强度等级;
(3)能运用钢筋的锚固与连接构造知识解决实际问题;
(4)能进行水工混凝土结构中荷载的取值;
(5)能计算构件控制截面的荷载效应组合值。

任务1 钢筋混凝土结构的材料

码1-1 微课-钢筋的分类

1 钢筋

1.1 钢筋的分类

1.1.1 按化学成分分

钢筋按其化学成分的不同,分为碳素钢和普通低合金钢两类。根据含碳量的多少,碳素钢分为低碳钢(小于0.25%)、中碳钢(0.25%~0.6%)和高碳钢(大于0.6%)。随着含碳量的增加,钢材的强度提高,塑性降低,可焊性变差。普通低合金钢是在碳素钢的基础上,加入少量的合金元素,如锰、硅、钒等,使低合金钢钢筋具有强度高、塑性及可焊性好的特点。

1.1.2 按表面形状分

钢筋按外形分为光圆钢筋和带肋钢筋两类。光圆钢筋表面是光圆的,带肋钢筋亦称变形钢筋,带肋钢筋表面有两条纵向凸缘(纵肋)和斜向凸缘(斜肋),带肋钢筋有螺纹、人字纹和月牙肋三种,如图1-1所示。

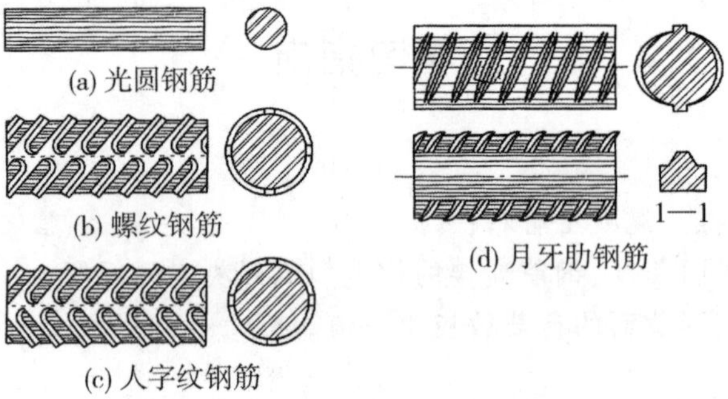

图1-1 钢筋表面及截面形状

1.1.3 按生产加工工艺和力学性能分

钢筋按生产加工工艺和力学性能,可分为热轧钢筋、预应力混凝土用螺纹钢筋、钢丝、钢绞线和钢棒等。

码1-2 微课-热轧钢筋

1.1.3.1 热轧钢筋

(1)HPB235级热轧钢筋(Φ)。HPB为Hot Rolled Plain Bars的简称。是由普通碳素Q235钢经热轧而成的光圆钢筋。它是一种低碳钢,质量稳定,塑性及焊接性能很好,但强度低,而且与混凝土的黏结稍差。主要用于受力不大的薄板或用作箍筋、架立钢筋、分布钢筋及吊环等。

(2)HRB335级热轧钢筋(Φ)。HRB为Hot Rolled Ribbed Bars的简称。是一种低合金钢变形钢筋。钢筋表面轧成月牙肋。这种钢筋的强度较高,塑性及可焊性都比较好,易加工成型。主要用于大中型钢筋混凝土结构构件的受力钢筋。

(3)HRB400级热轧钢筋(Φ)。它的塑性及可焊性比较好,且强度高,与混凝土的黏结性能较好。在我国房屋建筑工程中,它已成为主导的钢筋品种。

(4)RRB400级热轧钢筋(Φ^{R})。RRB为Remained Heat Treatment Ribbed Steel Bars的简称。是一种低合金钢带肋钢筋。这种钢筋含碳量较高,因此强度较高,但塑性及可焊性较差,应用受到一定的限制。

热轧钢筋的强度取值见附表1-4、附表1-5。

1.1.3.2 预应力混凝土用螺纹钢筋

预应力混凝土用螺纹钢筋也称精轧螺纹钢筋,是采用热轧、轧后余热处理或热处理等工艺生产而成的,是一种热轧带有不连续的外螺纹的直条钢筋,该钢筋在任意截面处,均可用带有匹配形状的连接器或锚具进行连接或锚固。预应力混凝土用螺纹钢筋主要用于预应力混凝土结构。

预应力混凝土用螺纹钢筋以屈服强度划分级别，其代号为“PSB”加上规定屈服强度最小值表示，P、S、B分别为Prestressing、Screw、Bars的英文首位字母，如PSB830表示屈服强度最小值为830 MPa的钢筋，该种钢筋的直径有18 mm、25 mm、32 mm、40 mm、50 mm五种。预应力混凝土用螺纹钢筋的强度标准值和设计值见附表1-6、附表1-7。

1.1.3.3　钢丝

钢丝包括光圆、刻痕和螺旋肋的冷拉或消除应力的高强度钢丝三种。强度在1 000 MPa以上，消除应力钢丝的强度标准值和设计值见附表1-6、附表1-7。钢丝主要用于预应力混凝土结构。

1.1.3.4　钢绞线

钢绞线是由冷拉光圆钢丝及刻痕钢丝捻制的用于预应力混凝土结构的钢绞线。钢绞线直径d是指钢绞线外接圆直径，钢绞线分为2股、3股和7股三种，钢绞线的公称直径有许多种，详见附表1-6、附表1-7。钢绞线主要用于预应力混凝土结构。

1.1.3.5　钢棒

钢棒按表面形状分为光圆钢棒、螺旋槽钢棒、螺旋肋钢棒、带肋钢棒四种。由热轧盘条经冷加工后(或不经冷加工)淬火和回火所得。其中，螺旋槽钢棒的代号为HG(Helical Grooved Bars)，螺旋肋钢棒的代号为HR(Helical Ribbed Bars)。螺旋槽钢棒、螺旋肋钢棒的强度标准值、设计值见附表1-6、附表1-7。

普通钢筋宜采用HRB400级和HRB335级钢筋，也可采用HPB235级和RRB400级钢筋；预应力钢筋宜采用钢绞线、钢丝，也可采用螺纹钢筋或钢棒。

1.2　钢筋的性能

钢筋根据其应力—应变曲线特性的不同分为有明显屈服点的钢筋和无明显屈服点的钢筋两类。

1.2.1　有明显屈服点的钢筋

工程上习惯将有明显屈服点的钢筋称为软钢，软钢从加载到拉断分弹性阶段、屈服阶段、强化阶段、破坏阶段四个阶段。图1-2为HPB235级钢筋的受拉应力—应变曲线。

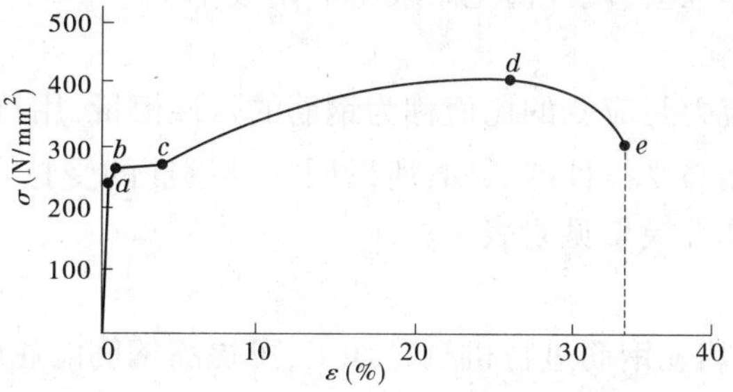

图1-2　HPB235级钢筋的受拉应力—应变曲线

软钢的强度指标有屈服强度和极限抗拉强度，塑性用伸长率和冷弯性能来反映。

钢材中含碳量越高，屈服强度和抗拉强度就越高，伸长率就越小，流幅也相应缩短。图1-3表示了不同强度软钢的应力—应变曲线的差异。

屈服强度是钢筋强度标准值的依据。因为钢筋屈服后产生较大的塑性变形,这将使构件的变形与裂缝宽度大大增加,以致无法使用,所以在钢筋混凝土结构构件计算中采用屈服强度作为钢筋的受拉强度限值。

码1-3 微课-软钢的力学性能　　码1-4 动画-钢筋拉伸　　码1-5 动画-钢筋冷弯　　码1-6 微课-硬钢的力学性能

1.2.2 无明显屈服点的钢筋

工程上习惯将无明显屈服点的钢筋称为硬钢。硬钢从加载到拉断无明显的屈服点,没有屈服阶段。硬钢的强度高,但塑性差,脆性大。图1-4为硬钢的应力—应变曲线。

通常取相应于残余应变为0.2%的应力 $\sigma_{0.2}$ 作为假定屈服点,称为条件屈服强度,其值约为0.85倍的极限抗拉强度。

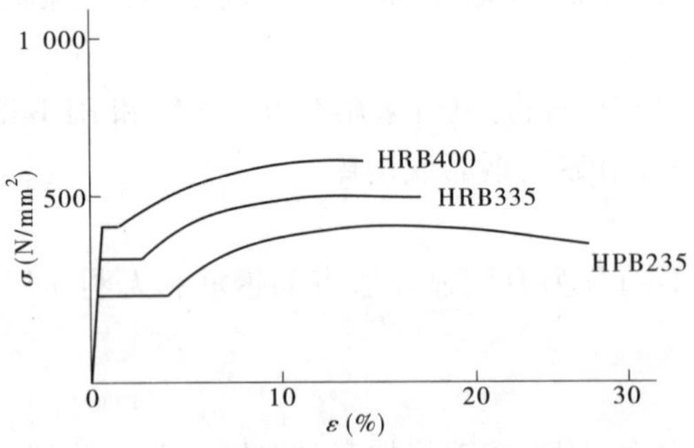

图1-3 不同强度软钢的应力—应变曲线

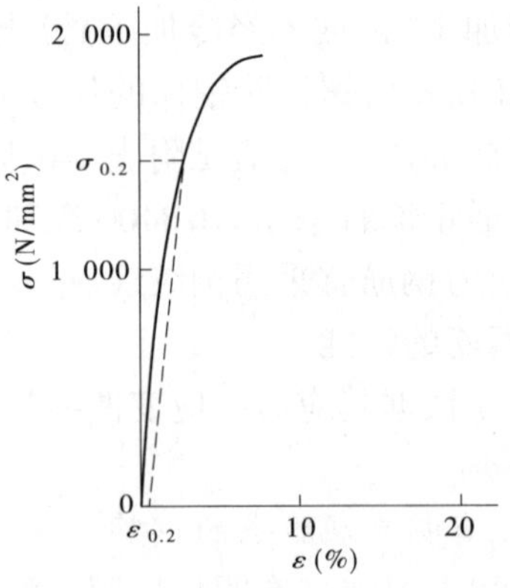

图1-4 硬钢的应力—应变曲线

普通钢筋的强度标准值、设计值见附表1-4、附表1-5。

1.2.3 钢筋的弹性模量

钢筋弹性阶段的应力与应变的比值称为钢筋的弹性模量,用符号 E_s 表示。由于钢筋在弹性阶段的受压性能与受拉性能类同,所以同一种钢筋的受拉弹性模量和受压弹性模量相同。各类钢筋的弹性模量见附表1-8。

1.3 钢筋的冷加工

为了节约钢材,对热轧钢筋进行机械冷加工,可提高钢筋的屈服强度。常用的冷加工方法有冷拉和冷拔。

码1-7 微课-钢筋的冷加工

1.3.1 钢筋的冷拉

冷拉是指在常温下,用张拉设备(如卷扬机)将钢筋拉伸超过它的屈服强度,然后卸载为零,经过一段时间后再拉伸,钢筋就会获得比原来屈服强度更高的新的屈服强度值。冷拉只提高了钢筋的抗拉强度,不能提高其抗压强度。

1.3.2　钢筋的冷拔

冷拔是将直径6~8 mm的HPB235级热轧钢筋用强力拔过比其直径小的硬质合金拔丝模。冷拔后,钢筋的抗拉强度和抗压强度都得到提高,但塑性降低。

码1-8　微课-对钢筋性能的要求

1.4　钢筋混凝土结构对钢筋性能的要求

(1)具有较高的强度。钢筋强度较高,用钢量少,节约钢材。

(2)具有较好的塑性。使钢筋在断裂前有足够的变形,不致使构件发生脆性破坏。

(3)具有与混凝土良好的黏结性。这是保证钢筋与混凝土共同工作的基础。

(4)具有较好的可焊性。要求焊接后钢筋在接头处不产生裂纹和较大变形。

2　混凝土

混凝土是由水泥、水和骨料(细骨料砂子、粗骨料石子)按一定配合比经搅拌后入模振捣,养护硬化形成的人造石材。常用混凝土的强度有立方体抗压强度、轴心抗压强度和轴心抗拉强度。

2.1　混凝土的强度

2.1.1　立方体抗压强度标准值

混凝土在结构中主要承受压力,抗压强度是混凝土的重要力学指标。用边长为150 mm的立方体试件,在标准条件下养护28 d,用标准试验方法测得的抗压强度,称为立方体抗压强度,用符号f_{cu}表示。把具有95%保证率的抗压强度,称为混凝土抗压强度标准值,用符号$f_{cu,k}$表示。

混凝土的强度等级按混凝土立方体抗压强度标准值$f_{cu,k}$确定,用符号C表示,单位为N/mm^2(或MPa)。水利工程中采用的混凝土强度等级分为10级,即C15、C20、C25、C30、C35、C40、C45、C50、C55、C60。一般认为强度等级达到或超过C50的混凝土为高强度混凝土。相对而言,C25以下可称为低强度混凝土,C30~C45称为中强度混凝土。

钢筋混凝土结构构件的混凝土强度等级不应低于C15;当采用HRB335级钢筋时,混凝土强度等级不宜低于C20;当采用HRB400级和RRB400级钢筋以及承受重复荷载的构件时,混凝土强度等级不得低于C20。预应力混凝土结构构件的混凝土强度等级不应低于C30;当采用钢绞线、钢丝作预应力钢筋时,混凝土强度等级不宜低于C40。

码1-9　微课-立方体抗压强度

码1-10　动画-混凝土立方体抗压强度

码1-11　微课-混凝土强度等级及选择

2.1.2　轴心抗压强度标准值

在实际工程中,钢筋混凝土受压构件大多数是棱柱体而不是立方体,采用棱柱体试件比立方体试件更能反映混凝土的实际抗压能力。

根据试验分析知,轴心抗压强度平均值 f_c 与立方体抗压强度平均值 f_{cu} 之间的关系为 $f_c=0.76f_{cu}$,考虑到结构中的混凝土强度与试件混凝土强度之间的差异,对试件混凝土强度进行修正,修正系数为 0.88,则实际结构中混凝土轴心抗压强度与 150 mm 立方体抗压强度的关系为:

$$f_{ck}=0.67\alpha_c f_{cu,k} \tag{1-1}$$

α_c 的取值:对于 C45 以下均取 $\alpha_c=1.0$;对于 C45 取 $\alpha_c=0.98$;对于 C60 取 $\alpha_c=0.96$;中间按线性规律内插。

码 1-12　微课-轴心抗压强度

码 1-13　动画-混凝土轴心抗压强度

码 1-14　微课-混凝土轴心抗拉强度

码 1-15　动画-混凝土抗拉强度

2.1.3　轴心抗拉强度标准值

混凝土的轴心抗拉强度很低,一般只有抗压强度的 1/18~1/9,且不与抗压强度成正比。同样 ,考虑结构中的混凝土与试件混凝土强度的差异后,则实际结构中混凝土轴心抗拉强度与 150 mm 立方体抗压强度的关系为:

$$f_{tk}=0.23f_{cu,k}^{2/3}(1-1.645\delta_{f_{cu}})^{1/3} \tag{1-2}$$

$\delta_{f_{cu}}$ 为混凝土抗压强度变异系数,其取值见《水工混凝土结构设计规范》(SL 191—2008)(以下简称《规范》)中有关规定。

混凝土的强度标准值、设计值见附表 1-1、附表 1-2。

2.2　混凝土的变形

混凝土的变形可以分为两类:一类是由荷载产生的变形,包括一次短期加载时的变形、长期荷载作用下的变形以及重复荷载作用下的变形;另一类是非荷载因素(混凝土的收缩及温度、湿度等变化)引起的体积变形。

码 1-16　微课-混凝土短期荷载作用下的变形

2.2.1　短期荷载作用下的变形

混凝土在一次加载下的应力—应变关系是混凝土最基本的力学性能之一,其应力—应变曲线如图 1-5 所示。

(1)上升段 Oc 段。

①在 Oa 段($\sigma_c\leq 0.3f_c$),应力较小时,混凝土处于弹性工作阶段,应力—应变曲线接近于直线。

②在 ab 段($0.3f_c<\sigma_c\leq 0.8f_c$),当应力继续增大时,应变增长加快,混凝土塑性变形增大,应力—应变曲线越来越偏离直线。

③在 bc 段($0.8f_c<\sigma_c\leq f_c$),混凝土塑性变形急剧增大,c 点的应力达到峰值应力 f_c,试件开始破坏。c 点应力值为混凝土的轴心抗压强度 f_c,与其相应的压应变为 ε_0,ε_0 一般为 0.002 左右。

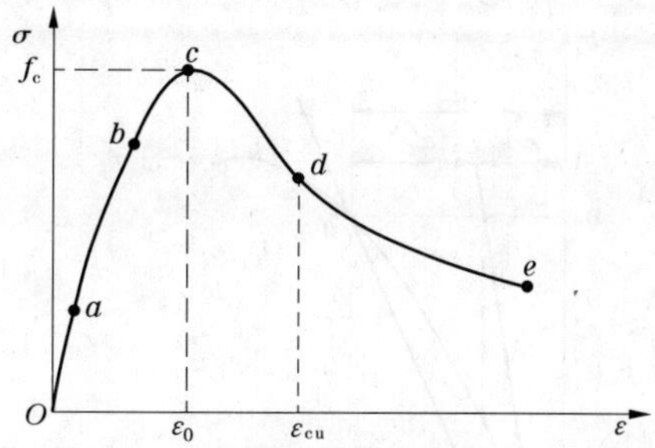

图 1-5 混凝土一次短期加载时的应力—应变曲线

(2)下降段 ce 段。当应力超过 f_c 后,试件承载能力下降,随着应变的增加,应力—应变曲线中 d 点为收敛点,该点以后试件在宏观上已破坏,此时,混凝土已达到极限压应变 ε_{cu},ε_{cu} 一般为 0.003 3 左右。

混凝土的极限压应变 ε_{cu} 越大,表示混凝土的塑性变形能力越大,即延性越好。

混凝土受拉时的应力—应变曲线与受压时相似,但其峰值时的应力、应变都比受压时小得多。混凝土的最大拉应变 ε_{tu} 一般可取$(1\sim1.5)\times10^{-4}$。

2.2.2 重复荷载作用下的变形

混凝土在多次重复荷载作用下的应力—应变曲线如图 1-6 所示。从图中可看出,它的变形性质有着显著变化。

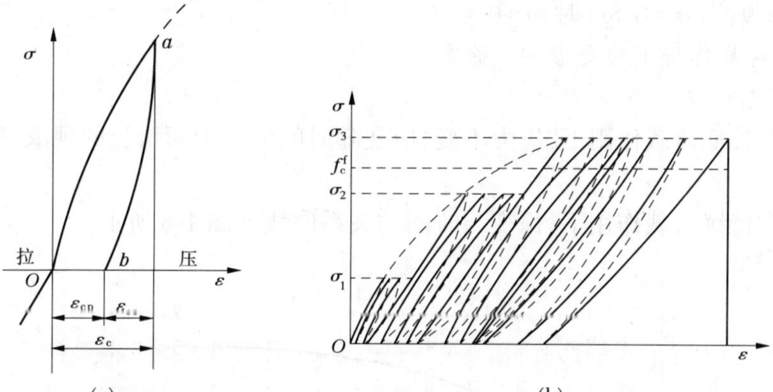

(a) (b)

图 1-6 混凝土在重复荷载作用下的应力—应变曲线

当应力超过某一限值时,则经过多次循环,应力—应变曲线为直线后,又能很快重新变弯且应变越来越大,试件很快就会破坏。这种破坏就称为混凝土的疲劳破坏。这个限值也就是材料的疲劳强度 f_c^f。混凝土的疲劳强度值大约为 $0.5f_c$。

码 1-17 微课-钢筋与混凝土的弹性模量

2.2.3 混凝土的弹性模量、变形模量

2.2.3.1 弹性模量

弹性材料的弹性模量为常数。从图 1-7 中可以看出,混凝土的应力与应变的比值随着应力的变化而变化。

混凝土的弹性模量 E_c 见附表 1-3。

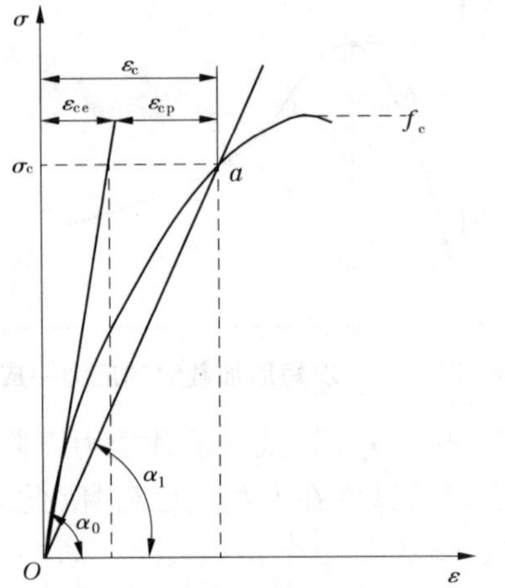

图 1-7　混凝土弹性模量、变形模量的表示方法

2.2.3.2　变形模量

当应力较大时,混凝土的塑性变形比较显著,就不能用 E_c 表达混凝土的应力与应变之间的关系,可用变形模量 E_c'表示。它们之间的关系为 $E_c'=\upsilon E_c$。

码 1-18　微课-徐变

弹性系数随应力增大而减小。当 $\sigma \leqslant 0.3f_c$ 时,$\upsilon=1.0$;当 $\sigma=0.5f_c$ 时,$\upsilon=0.8\sim0.9$;当 $\sigma=0.8f_c$ 时,$\upsilon=0.4\sim0.7$。

2.2.4　长期荷载作用下的变形——徐变

2.2.4.1　含义

混凝土在长期荷载作用下,应力不变,应变随时间的增加而增长的现象,称为混凝土的徐变。

混凝土在持续荷载作用下,徐变与时间的关系曲线如图 1-8 所示。

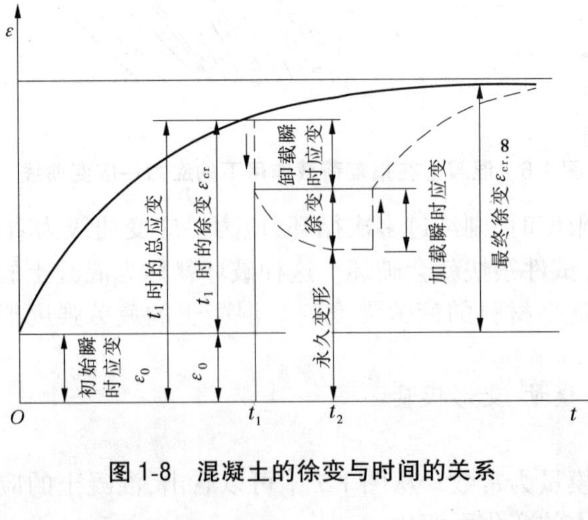

图 1-8　混凝土的徐变与时间的关系

2.2.4.2　特点

徐变在前期增长较快,随后逐渐减慢。一般 6 个月可达最终徐变的 70%~80%,2 年

后徐变基本完成。2 年后的徐变一般为加荷时瞬时应变的 2~3 倍。

2.2.4.3　产生原因

混凝土产生徐变的原因：一方面是混凝土受力后，水泥石中的胶凝体产生的黏性流动；另一方面是骨料和水泥石结合面微裂缝的发展和增加。

2.2.4.4　影响徐变的因素

影响徐变的因素除与时间有关外，还与下列因素有关：

(1)应力条件。应力越大，徐变也越大。

(2)加载龄期。加载时混凝土的龄期越早，徐变越大。

(3)周围环境。养护温度越高，湿度越大，徐变越小；试件受荷后，使用环境温度越高，湿度越小，徐变越大。

(4)水泥用量越多，徐变越大。

(5)水灰比越小，徐变越小。

(6)骨料弹性模量越大，级配越好，徐变越小。

2.2.4.5　混凝土徐变对结构或构件的影响

(1)局部应力集中可因徐变得到缓和。

(2)支座沉陷引起的应力及温度、湿度应力也可由于徐变得到松弛。

(3)徐变可使受弯构件的挠度增大。

(4)使细长柱附加偏心距增大，承载力下降。

(5)引起预应力混凝土构件预应力损失。

2.2.5　混凝土的收缩和膨胀变形

温度变形对水工建筑物中的大体积混凝土结构来说是很重要的，当变形受到约束时，常因温度应力就可能形成贯穿性裂缝而影响正常使用，使结构承载力和混凝土的耐久性大大降低。混凝土的温度线膨胀系数一般为 $1.0\times10^{-5}/℃$。

混凝土在空气中结硬时体积减小的现象，称为干缩变形或收缩。已经干燥的混凝土再置于水中，混凝土就会重新发生膨胀(或湿胀)。

当外界湿度变化时，混凝土就会产生干缩和湿胀。湿胀往往是有利的，一般不予考虑。但干缩对结构有着不利影响。当构件受到边界的约束时，混凝土因收缩而产生拉应力，会导致结构产生干缩裂缝，造成有害的影响。混凝土的干缩应变一般为 2×10^{-4}~6×10^{-4}。

引起混凝土收缩的主要原因：一是结硬初期水泥和水的水化作用，形成水泥结晶体，而水泥结晶体化合物比原材料的体积小，这种收缩称为凝缩；二是干燥失水；三是温度降低。

码 1-19　微课-混凝土的收缩

减小混凝土收缩的方法有以下几种：

(1)加强养护。在养护期内使混凝土保持潮湿环境。

(2)减小水灰比。水灰比小，使混凝土收缩减小。

(3)减少水泥用量。水泥用量少，使混凝土收缩减小。

(4)间隔一定距离设置伸缩缝。

2.3　水工混凝土结构的耐久性

水工混凝土的耐久性与其抗渗、抗冻、抗冲刷、抗碳化和抗腐蚀等性能有密切关系。

为了保证混凝土的耐久性,根据建筑物所处环境条件的类别,应满足不同的控制要求。水工混凝土结构所处的环境条件划分为五个类别(见表 1-1)。

表 1-1　水工混凝土结构所处的环境类别

环境类别	条件
一	室内正常环境
二	室内潮湿环境,露天环境,长期处于水下或地下的环境
三	淡水水位变动区,有轻度侵蚀性地下水的地下环境,海水水下区
四	海上大气区,轻度盐雾作用区,海水水位变动区,中度化学侵蚀性环境
五	使用除冰盐的环境,海水浪溅区,重度盐雾作用区,严重化学侵蚀性环境

注:1. 海上大气区与浪溅区的分界线为设计最高水位加 1.5 m,浪溅区与水位变化区的分界线为设计最高水位减 1.0 m,水位变化区与水下区的分界线为设计最低水位减 1.0 m,重度盐雾作用区为离涨潮岸线 50 m 内的陆上室外环境,轻度盐雾作用区为离涨潮岸线 50~500 m 内的陆上室外环境。

2. 冻融比较严重的二类、三类环境条件下的建筑物,可将其环境类别分别提高为三类、四类。

3. 化学侵蚀性程度的分类见《水工混凝土结构设计规范》(SL 191—2008)表 3.3.9。

3　钢筋与混凝土之间的黏结

码 1-20　微课-钢筋与混凝土的黏结力

3.1　黏结力的组成

钢筋与混凝土之间的黏结力是这两种力学性能不同的材料能够共同工作的基础。钢筋与混凝土之间的黏结力主要由以下三个部分组成:

(1)化学胶着力。混凝土中水泥浆凝结时产生化学作用,水泥胶体与钢筋之间产生胶着力。

(2)摩擦阻力。混凝土收缩将钢筋紧紧握固,在接触面上产生摩擦阻力。

(3)机械咬合力。钢筋表面凸凹不平与混凝土之间产生机械咬合作用。其中,机械咬合力作用最大,占总黏结力的一半以上,带肋钢筋比光圆钢筋的机械咬合作用更大。

钢筋与混凝土之间的黏结力是通过钢筋的拔出试验来测定的,如图 1-9 所示。

影响黏结力的主要因素:①混凝土的强度越高,黏结力越大;②混凝土保护层越厚,黏结力越大;③钢筋的表面越粗糙,黏结力越大。

黏结力还与混凝土浇筑、钢筋锚固受力情况有关。

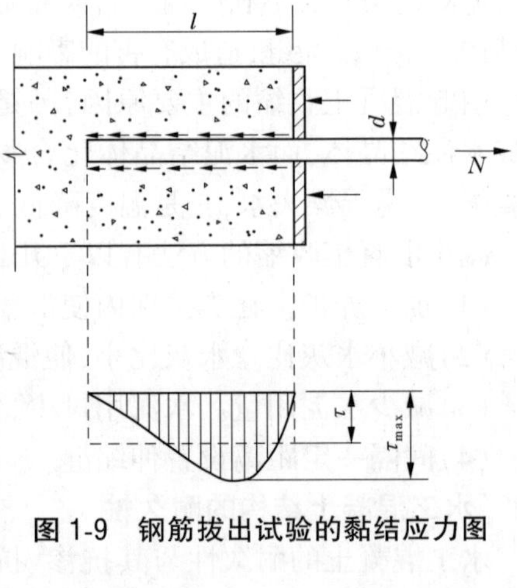

图 1-9　钢筋拔出试验的黏结应力图

3.2　钢筋的锚固与连接

3.2.1　钢筋的锚固

钢筋的锚固是指通过混凝土中钢筋锚固段的黏结或机械锚固措施,将钢筋所受的力传给混凝土,使钢筋锚固于混凝土而不滑出,锚固段长度称为锚固长度 l_a。钢筋的锚固包括直钢筋的锚固、带弯钩钢筋的锚固。

为了保证钢筋在混凝土中锚固可靠,设计时应使钢筋在混凝土中有足够的锚固长度 l_a。它可根据钢筋应力达到屈服强度 f_y 时,钢筋才被拔动的条件确定。

当计算中充分利用钢筋的抗拉强度时,伸入支座的锚固长度不应小于表 1-2 中规定的数值。纵向受压钢筋的锚固长度不应小于表 1-2 所列数值的 0.7 倍。

表 1-2　普通受拉钢筋的最小锚固长度 l_a

项次	钢筋类型	混凝土强度等级					
		C15	C20	C25	C30	C35	≥C40
1	HPB235 级钢筋	40*d*	35*d*	30*d*	25*d*	25*d*	20*d*
2	HRB335 级钢筋		40*d*	35*d*	30*d*	30*d*	25*d*
3	HRB400 级钢筋、RRB400 级钢筋		50*d*	40*d*	35*d*	35*d*	30*d*

注: 1. *d* 为钢筋直径。

2. HPB235 级钢筋的最小锚固长度 l_a 值不包括弯钩长度。

当符合下列条件时,最小锚固长度应进行修正:

(1)当 HRB335 级、HRB400 级和 RRB400 级钢筋的直径大于 25 mm 时,其最小锚固长度应乘以修正系数 1.1。

(2)HRB335 级、HRB400 级和 RRB400 级的环氧树脂涂层钢筋,其最小锚固长度应乘以修正系数 1.25。

码 1-21　微课-钢筋的锚固

(3)当钢筋在混凝土施工过程中易受扰动(如滑模施工)时,其最小锚固长度应乘以修正系数 1.1。

(4)当 HRB335 级、HRB400 级和 RRB400 级钢筋在锚固区的间距大于 180 mm,混凝土保护层厚度大于钢筋直径 3 倍或大于 80 mm 且配有箍筋时,其最小锚固长度可乘以修正系数 0.8。

(5)构件顶层水平钢筋(其下浇筑的新混凝土厚度大于 1 m 时)的最小锚固长度宜乘以修正系数 1.2。

经上述修正后的最小锚固长度不应小于表 1-2 中所列数值的 0.7 倍,且不应小于 250 mm。

当 HRB335 级、HRB400 级和 RRB400 级纵向受拉钢筋锚固长度不能满足上述规定时,可在钢筋末端做弯钩(见图 1-10(a))、加焊锚板(见图 1-10(b)),或在末端采用贴焊锚筋(见图 1-10(c))等附加锚固形式。弯钩的弯转角可取为 135°,弯钩直段可取为 5*d*;贴焊的锚筋直径取与受力筋的直径 *d* 相同,锚筋长度可取为 5*d*。

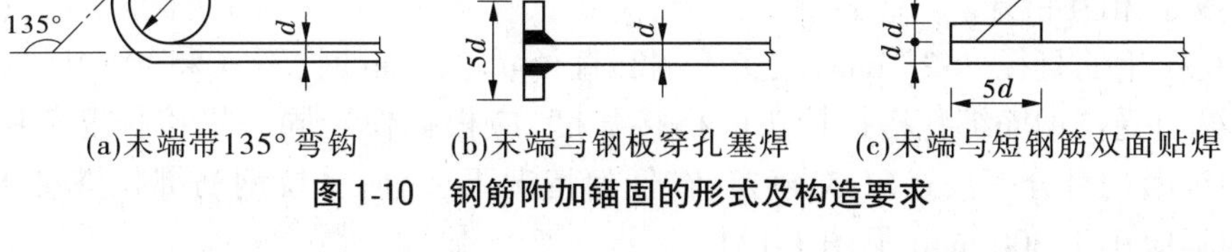

(a)末端带135°弯钩　(b)末端与钢板穿孔塞焊　(c)末端与短钢筋双面贴焊

图 1-10　钢筋附加锚固的形式及构造要求

采用附加锚固后,最小锚固长度可按规定的 l_a 乘以附加锚固的折减系数0.7后取用,但需符合下列要求:纵向钢筋的侧向保护层厚度不小于 $3d$;锚固长度范围内,箍筋间距不大于 $5d$ 及100 mm;箍筋直径不应小于 $0.25d$,箍筋数量不少于3根;当纵向钢筋的混凝土保护层不小于钢筋直径的5倍时,可不配置上述箍筋;附加锚固端头的搁置方向宜偏向截面内部或平置。贴焊锚筋及做弯钩的锚固形式不用于受压钢筋的锚固。

为了保证光圆钢筋的黏结强度的可靠性,绑扎骨架中的受力光圆钢筋应在末端做成180°弯钩。弯后平直段长度不应小于 $3d$(d 为钢筋直径),弯钩的形式与尺寸如图1-11所示。带肋钢筋和焊接骨架、焊接网及轴心受压构件中的光圆钢筋可不做弯钩。

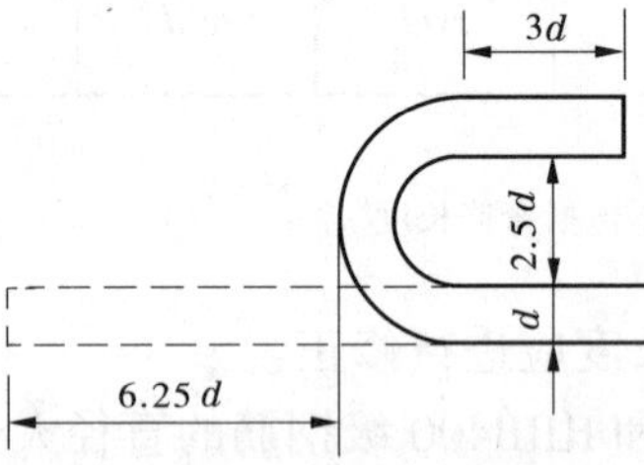

图1-11 钢筋弯钩

当板厚小于120 mm时,板的上层钢筋可做成直到板底的直钩。

3.2.2 钢筋的连接

钢筋的连接是指通过混凝土中两根钢筋的连接接头,将一根钢筋所受的力传给另一根钢筋,钢筋连接的方法有绑扎搭接、焊接连接和机械连接。

3.2.2.1 绑扎搭接

绑扎钢筋是在钢筋搭接处用铁丝绑扎而成的,如图1-12所示。绑扎搭接接头是通过钢筋与混凝土之间的黏结应力来传递钢筋之间的内力的,故必须有足够的搭接长度。

码1-22 微课-绑扎搭接

轴心受拉及小偏心受拉构件及承受振动荷载的构件的纵向受力钢筋,不应采用绑扎搭接接头。

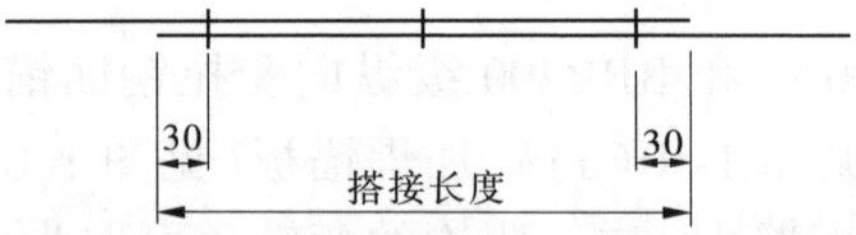

图1-12 钢筋绑扎搭接接头 (单位:mm)

码1-23 动画-绑扎搭接

钢筋采用绑扎搭接接头时要求:

(1)钢筋的接头位置宜设置在构件的受力较小处,同一构件中相邻纵向受力钢筋的绑扎搭接接头宜相互错开。

(2)受拉钢筋直径 $d>28$ mm,或受压钢筋直径 $d>32$ mm时,不宜采用绑扎搭接接头。

(3)纵向受拉钢筋绑扎搭接接头的搭接长度,应根据位于同一搭接长度范围内的钢筋搭接接头面积百分率按式(1-3)确定,在任何情况下,纵向受拉钢筋绑扎搭接接头的搭接长度均不应小于300 mm(见图1-12)。

$$l_l = \zeta l_a \tag{1-3}$$

式中 l_l——纵向受拉钢筋的最小搭接长度；

l_a——纵向受拉钢筋的最小锚固长度，见表1-2；

ζ——纵向受拉钢筋搭接长度修正系数，按表1-3取用。

表1-3 纵向受拉钢筋搭接长度修正系数 ζ

纵向受拉钢筋搭接接头面积百分率(%)	≤25	50	100
ζ	1.2	1.4	1.6

(4)纵向受压钢筋的搭接长度不应小于按式(1-3)设计值的0.7倍，且不应小于200 mm。

(5)钢筋绑扎搭接接头连接区段的长度为1.3倍搭接长度，凡搭接接头中点位于该连接区段长度内的搭接接头均属于同一连接区段(见图1-13)。同一连接区段内纵向钢筋搭接接头面积百分率为该区段内有搭接接头的纵向受力钢筋面积与纵向受力钢筋面积的比值。

码1-24 动画-绑扎搭接搭接率

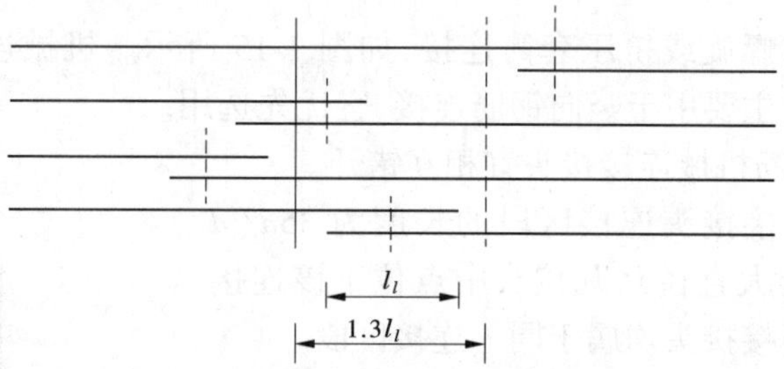

图1-13 同一连接区段内的纵向受拉钢筋绑扎搭接接头

(6)位于同一连接区段内的受拉钢筋搭接接头面积百分率：梁类、板类及墙类构件，不宜大于25%；柱类构件，不宜大于50%。当工程中确有必要增大钢筋搭接接头百分率时，梁类构件，不应大于50%；板类、墙类及柱类构件，可根据实际情况放宽。

受压钢筋的搭接接头面积百分率不宜超过50%。

3.2.2.2 焊接连接

焊接有闪光对焊、搭接焊和帮条焊(见图1-14)。焊接质量有保证时，此法较可靠。

码1-25 微课-焊接连接

码1-26 动画-闪光对焊

码1-27 动画-搭接焊

码1-28 动画-帮条焊

(1)纵向受力钢筋的焊接接头应相互错开。

(2)钢筋焊接接头连接区段的长度为35d(d为纵向受力钢筋的较大直径)，且不小于500 mm，凡接头中点位于该连接区段长度内的焊接接头均属于同一连接区段。

(3)同一连接区段内纵向钢筋焊接接头面积百分率为该区段内有接头的纵向受力钢筋截面面积与全部纵向受力钢筋截面面积的比值。位于同一连接区段内纵向受力钢筋的焊接接头面积百分率,对纵向受拉钢筋接头,不应大于50%。纵向受压钢筋接头、装配式构件连接处及临时缝处的焊接接头钢筋可不受此比值限制。

(4)钢筋直径 $d \leqslant 28$ mm 的焊接接头,宜采用闪光对焊或搭接焊;$d>28$ mm 时,宜采用帮条焊,帮条截面面积不应小于受力钢筋截面面积的1.2倍(HPB235级钢筋)或1.5倍(HRB335级、HRB400级和RRB400级钢筋)。不同直径的钢筋不应采用帮条焊。

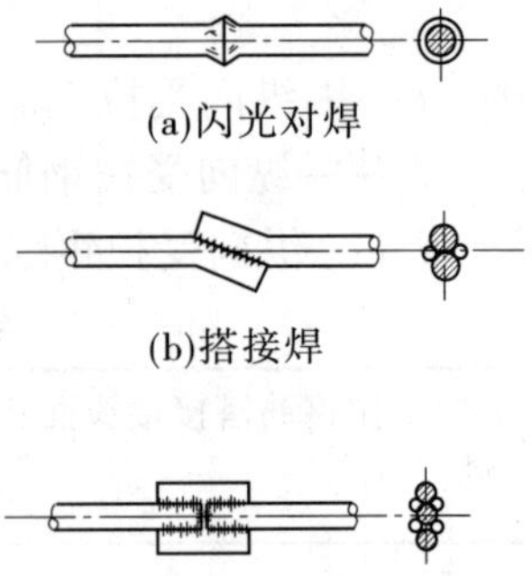

图1-14 钢筋焊接接头示意图

(5)搭接焊和帮条焊接头宜采用双面焊缝,钢筋的搭接长度不应小于 $5d$。当施焊条件困难而采用单面焊缝时,其搭接长度应不小于 $10d$。当焊接HPB235级钢筋时,则可分别为 $4d$ 和 $8d$。

码1-29 微课-机械连接

3.2.2.3 机械连接

在钢筋接头采用螺旋或挤压套筒连接,如图1-15所示。机械连接节省钢材,连接可靠,主要用于竖向钢筋连接,宜优先选用。

(1)纵向受力钢筋机械连接接头宜相互错开。

(2)钢筋机械连接接头连接区段的长度为 $35d$(d 为纵向受力钢筋的较大直径),凡接头中点位于该连接区段长度内的机械连接接头均属于同一连接区段。

(3)在受力较大处设置机械连接接头时,位于同一连接区段内的纵向受拉钢筋接头面积百分率不宜大于50%。纵向受压钢筋的接头面积百分率可不受限制。

(4)直接承受动力荷载的结构构件中的机械连接接头,位于同一连接区段内的纵向受力钢筋接头面积百分率不应大于50%。

(5)机械连接接头连接件的混凝土保护层厚度宜满足纵向受力钢筋最小保护层厚度的要求。连接件之间的横向净间距不宜小于25 mm。

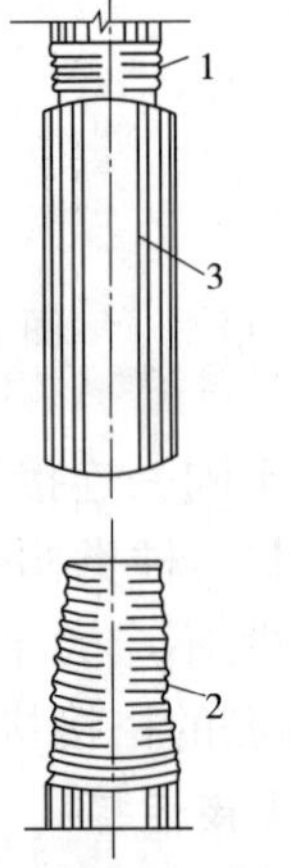

1—上钢筋;2—下钢筋;
3—套筒(存凹螺纹)
图1-15 钢筋机械连接示意图

任务2 钢筋混凝土结构设计原理

工程结构设计应贯彻执行国家的技术经济政策,做到安全适用、技术先进、经济合理、确保质量。《规范》采用极限状态设计法,在规定的材料强度和荷载取值条件下,采用在多系数分析基础上的单一安全系数表达的方式进行设计。

1　结构的功能要求与极限状态

码1-30　微课-可靠性

1.1　结构的功能要求

结构设计的目的是在现有的技术基础上,用最经济的手段,使所设计的结构满足以下三个方面的功能要求:

(1)安全性。要求结构在正常施工和正常使用时,能承受可能出现的各种作用而不发生破坏,并且在设计规定的偶然事件发生时及发生后,仍能保持必需的整体稳定性,如遇到地震、爆炸、撞击等,建筑结构虽有局部损伤但不发生倒塌。

(2)适用性。要求结构在正常使用时能满足正常的使用要求,具有良好的工作性能,不发生影响正常使用的过大变形和振幅,不产生过宽的裂缝。

(3)耐久性。在正常使用和正常维护条件下,结构在规定的使用期限内满足安全和使用功能要求,不出现钢筋严重锈蚀和混凝土严重碳化。

安全性、适用性、耐久性统称为结构的可靠性。结构的可靠性与经济性是相互矛盾的。比如,在外荷载不增加的情况下,给结构增加受力钢筋数量或者提高材料强度,可以提高结构的可靠性,但同时也增加了结构的造价。科学设计就是在结构的可靠性与经济性之间寻求一种合理方案,使之既经济又可靠。

1.2　结构的极限状态

码1-31　微课-极限状态

结构或结构的一部分超过某一特定状态就不能满足设计规定的某一功能要求,此特定状态称为该功能的极限状态。结构的极限状态可分为承载能力极限状态和正常使用极限状态。

1.2.1　承载能力极限状态

结构或构件达到最大承载能力,或达到不适于继续承载的变形的极限状态,称承载能力极限状态。当结构或构件出现下列状态之一时,即认为超过了承载能力极限状态:

(1)整个结构或结构的一部分失去刚体平衡,如挡土墙的滑移等。

(2)结构构件或连接因超过材料强度而破坏(包括疲劳破坏),或因过度变形而不适于继续承载。

(3)结构或结构构件丧失稳定,如柱压曲等。

(4)整个结构或结构的一部分转变为机动体系。

承载能力极限状态是判别结构或构件是否满足安全性功能要求的标准。因此,所有结构和构件必须按承载能力极限状态进行计算,并保证有足够的可靠度;必要时,尚应进行结构的抗倾、抗滑及抗浮验算;对需要抗震设防的结构,尚应进行结构的抗震承载能力计算。

1.2.2　正常使用极限状态

结构或构件达到使用功能上允许的某一规定限值的极限状态,称为正常使用极限状态。当结构或构件出现下列状态之一时,即认为超过了正常使用极限状态:

(1)影响结构正常使用或外观的变形。

(2)对运行人员、设备、仪表等有不良影响的振动。

(3)对结构外形、耐久性以及防渗结构抗渗能力有不良影响的局部损坏。

(4)影响正常使用的其他特定状态。

对使用上需控制变形值的结构构件,应进行变形验算;对使用上要求不允许开裂或控制裂缝开展宽度的结构构件,应进行抗裂或裂缝宽度验算。

通常先按承载能力极限状态设计结构构件,然后按正常使用极限状态进行验算。

2 作用与抗力

2.1 作用与作用效应

结构的作用是指能使结构产生内力、变形、位移、裂缝等各种原因的总称。根据其性质不同,作用可分为以下两类:

码1-32 微课-作用与作用效应

(1)直接作用。施加在结构上的集中力或分布力,如结构自重、风荷载、水压力、土压力等。

(2)间接作用。引起结构约束变形、外加变形的原因,如混凝土收缩、环境温度变化以及由于基础不均匀沉陷等使结构产生变形。

作用引起的结构或构件的反应,如内力、变形和裂缝等,称为作用效应,用符号 S 表示。作用效应 S 是各种作用、结构参数等随机变量的函数。长期以来,工程界习惯将直接作用和间接作用不加区分,统称为荷载。以下本书将作用称为荷载,将作用效应称为荷载效应。

荷载按随时间的变异性和出现的可能性分为以下三类:

(1)永久荷载(G 或 g)。在设计基准期内量值不随时间变化,或其变化与平均值相比可忽略不计的荷载,如结构自重、土压力、固定设备自重等。

(2)可变荷载(Q 或 q)。在设计基准期内量值随时间变化,且其变化与平均值相比不可忽略不计的荷载,如楼面活荷载、风荷载等。

(3)偶然荷载。在设计基准期内出现的概率很小,而一旦出现,其量值很大,且持续时间很短的荷载,如校核洪水位时的静水压力、罕遇地震产生的冲击力等。

2.2 抗力

结构构件抵抗荷载效应的能力称为抗力,用符号 R 表示。抗力由材料的强度及截面尺寸等因素计算得出。

码1-33 微课-抗力

由于构件制作尺寸偏差和安装误差等,导致结构构件实际尺寸与设计规定的尺寸有差异。由于材料非匀质、生产工艺等因素导致材料强度的变异性。另外,对结构构件的抗力进行分析计算时,采用了近似的基本假设和计算公式不精确,导致按公式计算的抗力值与实际结构构件的抗力有差异。由此可知,结构的抗力具有不定性。

3 荷载与材料强度取值

3.1 荷载标准值

荷载标准值是指结构或构件设计时,采用的各种荷载的基本代表值。其按设计使用年限内荷载最大值的概率分布的某一分位值确定。

码1-34 微课-荷载标准值

由于荷载本身具有随机性,因而最大荷载也是随机变量,用荷载的概率分布来描述。荷载的概率分布曲线如图1-16所示，荷载的标准值为：

$$S_k = \mu_s + \alpha_s\sigma_s = \mu_s(1+\alpha_s\delta_s) \tag{1-4}$$

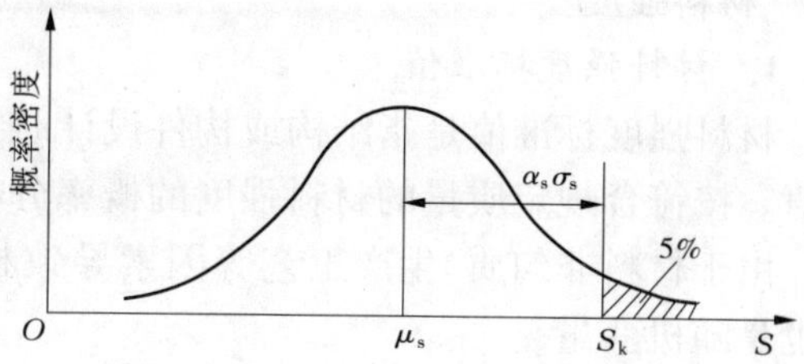

图1-16 荷载的概率分布曲线

式中 μ_s——荷载的统计平均值；

σ_s——荷载的统计标准差；

δ_s——荷载的变异系数，$\delta_s=\sigma_s/\mu_s$；

α_s——荷载标准值的保证率系数。

(1)永久荷载标准值(G_k或g_k)。可按结构构件的设计尺寸与材料重度标准值计算。

(2)可变荷载标准值(Q_k或q_k)。根据设计使用年限内最大荷载概率分布的某一分位值确定。

当$\alpha_s=1.645$时，荷载标准值相当于具有95%保证率的0.95分位值。作用在结构构件上的实际荷载超过荷载标准值的可能性只有5%。此标准值为荷载的代表值。

水工建筑物的荷载标准值可根据《水工建筑物荷载设计规范》(SL 744—2016)确定。水电站副厂房楼面均布活荷载标准值见表1-4。

表1-4 水电站副厂房各层楼面均布活荷载标准值 (单位：kN/m^2)

房间名称		荷载值
生产副厂房	中央控制室、计算机室	5~6
	通信载波室、继电保护室	5~6
	蓄电池室、酸室、充电机室	6~8
	开关柜室	5~7
	励磁盘室、厂用动力盘室	5~7
	电缆室	4
	空压机室	4~7
	水泵室	4~5
	油处理室	4
	试验室	4
	电工室	5
	机修室	7~10
	工具室	5
	通风机室、电梯机房	7
办公副厂房	值班室	3
	会议室	4
	资料室	5
	厕所、盥洗室	3
	走道、楼梯	4

注：当室内有较重设备时，其活荷载按实际情况考虑。

3.2 材料强度

3.2.1 材料强度标准值

材料强度标准值是指结构或构件设计时,采用的材料强度的基本代表值。按符合规定质量的材料强度的概率分布的某一分位值确定。

码 1-35 微课-材料强度

由于材料非匀质、生产工艺等因素导致材料强度的变异性,材料强度也是随机变量。

当材料强度服从正态分布时(见图 1-17),材料强度标准值可按下式计算:

$$f_k = \mu_f - \alpha_f \sigma_f = \mu_f (1 - \alpha_f \delta_f) \tag{1-5}$$

式中 f_k——材料强度标准值;

μ_f——材料强度的统计平均值;

α_f——材料强度的保证率系数;

σ_f——材料强度的统计标准差;

δ_f——材料强度的变异系数,$\delta_f = \sigma_f / \mu_f$。

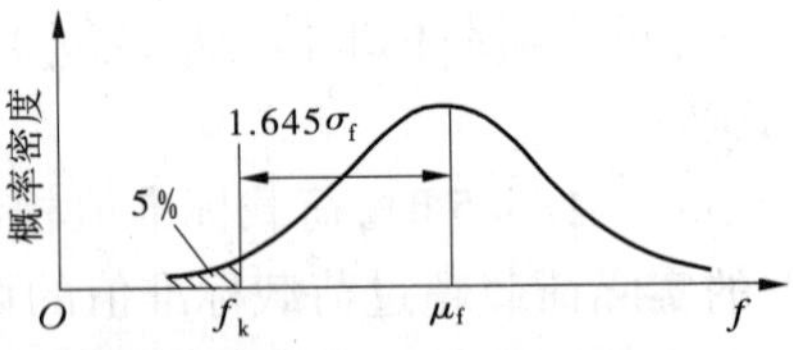

图 1-17 材料强度的概率分布曲线

钢筋和混凝土的强度标准值采用概率分布的 0.05 分位值。钢筋和混凝土实际强度小于强度标准值的可能性只有 5%,即强度标准值具有 95%的保证率。

混凝土轴心抗压强度标准值、普通钢筋强度标准值、预应力钢筋强度标准值分别见附表 1-1、附表 1-4、附表 1-6。

3.2.2 材料强度设计值

材料强度设计值等于材料强度标准值除以相应的材料强度分项系数,即 $f_c = f_{ck}/\gamma_c$、$f_y = f_{yk}/\gamma_s$,γ_c、γ_s 分别为混凝土、钢筋材料强度分项系数。混凝土的强度设计值见附表 1-2,普通钢筋的强度设计值见附表 1-5,预应力钢筋的强度设计值见附表 1-7。

4 结构的可靠度

结构的可靠度是指结构在规定的时间内、在规定的条件下,完成预定功能的概率。可靠度是对结构可靠性的定量描述,结构可靠度的评价指标有可靠概率、失效概率、可靠指标。

4.1 可靠概率和失效概率

影响结构可靠性的主要因素是荷载效应 S 和抗力 R。荷载效应 S 和抗力 R 都是随机变量。假定 S 和 R 相互独立,且都服从正态分布,取

$$Z = R - S \tag{1-6}$$

Z 称为结构的功能函数,功能函数 Z 也是随机变量,并且服从正态分布(见图 1-18),功能函数的结果有三种可能:

(1)当 $Z>0$ 时,结构完成功能要求,处于可靠状态。

(2)当 $Z<0$ 时,结构没有完成功能要求,处于不可靠状态。

(3)当 $Z=0$ 时,结构达到功能要求的限值,处于极限状态。

μ_Z、σ_Z 分别表示结构的功能函数的平均值和标准差,则 $Z \geqslant 0$ 的概率为可靠概率 P_s,即结构在规定的时间内、在规定条件下,完成预定功能的概率。

$$P_s = \int_0^{\infty} f(Z)\,\mathrm{d}Z \tag{1-7}$$

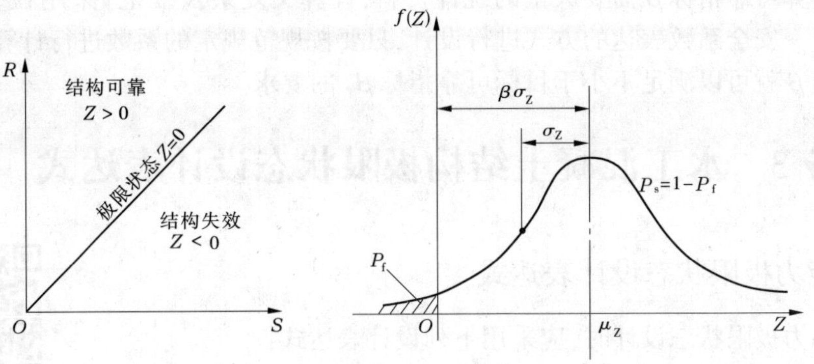

(a)结构所处的状态　　(b)功能函数Z的概率分布曲线

图1-18　功能函数 Z 及其概率分布曲线

$Z<0$ 的概率为失效概率 P_f，P_f 等于图1-18(b)中阴影部分的面积。

$$P_f = \int_{-\infty}^{0} f(Z)\,dZ \tag{1-8}$$

$$P_f + P_s = 1 \tag{1-9}$$

结构的失效概率 P_f 与可靠概率 P_s 都可以度量结构的可靠性，工程界习惯用结构的失效概率 P_f。失效概率 P_f 愈小，结构的可靠性愈高。

4.2　可靠指标

计算失效概率 P_f 需要进行积分运算，求解过程复杂，而且失效概率 P_f 数值极小，表达不便。因此，引入可靠指标 β 替代失效概率 P_f 来度量结构的可靠性。

可靠指标 β 为结构功能函数 Z 的平均值 μ_Z 与标准差 σ_Z 的比值，即 $\beta=\mu_Z/\sigma_Z$。

可靠指标 β 与失效概率 P_f 存在的对应关系见表1-5。β 值大，对应的 P_f 值小；反之，β 值小，对应的 P_f 值大。因此，β 与 P_f 一样，可以作为度量结构可靠性的一个指标。

表1-5　可靠指标 β 与失效概率 P_f 的对应关系

β	2.7	3.2	3.7	4.2
P_f	3.5×10^{-3}	6.9×10^{-4}	1.1×10^{-4}	1.3×10^{-5}

结构设计应把失效概率控制在某一个能够接受的限值以下，即把可靠指标控制在某一个能够接受的水平上，则

$$\beta \geqslant \beta_T \tag{1-10}$$

式中　β_T——目标可靠指标。

水工混凝土结构承载能力极限状态设计时的目标可靠指标 β_T 如表1-6所示。

表1-6　水工混凝土结构承载能力极限状态设计时的目标可靠指标 β_T

破坏类型	水工建筑物级别		
	1	2、3	4、5
延性破坏	3.7	3.2	2.7
脆性破坏	4.2	3.7	3.2

由于计算可靠指标 β 需要大量的统计资料，计算又复杂，《规范》采用在多系数分析基础上的单一安全系数表达的方式进行设计，只要按规范规定的系数进行计算，结构构件的可靠指标 β 就可以满足不小于目标可靠指标 β_T 的要求。

任务3　水工混凝土结构极限状态设计表达式

1　承载能力极限状态设计表达式

码1-36　微课-承载能力极限状态设计表达式

承载能力极限状态设计时，应采用下列设计表达式：

$$KS \leqslant R \tag{1-11}$$

式中　K——承载力安全系数，按表1-7采用；

S——荷载效应组合设计值，即为截面内力设计值(M、V、N 等)；

R——结构构件的截面抗力，按有关章节的承载力计算公式，由材料的强度设计值及截面尺寸等因素计算得出。

表1-7　钢筋混凝土或预应力钢筋混凝土结构构件的承载力安全系数 K

水工建筑物级别		1		2、3		4、5	
荷载效应组合		基本组合	偶然组合	基本组合	偶然组合	基本组合	偶然组合
钢筋混凝土、预应力混凝土		1.35	1.15	1.20	1.00	1.15	1.00
素混凝土	按受压承载力计算的受压构件、局部受压	1.45	1.25	1.30	1.10	1.25	1.05
	按受拉承载力计算的受压、受弯构件	2.20	1.90	2.00	1.70	1.90	1.60

注：1. 水工建筑物的级别应根据《水利水电工程等级划分及洪水标准》(SL 252—2017)确定。

2. 结构在使用、施工、检修期的承载力计算，安全系数 K 应按表中基本组合取值；对地震及校核洪水位的承载力计算，安全系数 K 应按表中偶然组合取值。

3. 当荷载效应组合由永久荷载控制时，表列安全系数 K 应增加0.05。

4. 当结构的受力情况较为复杂、施工特别困难、荷载不能准确计算、缺乏成熟的设计方法或结构有特殊要求时，承载力安全系数 K 宜适当提高。

承载能力极限状态计算时，结构构件计算截面上的荷载效应组合设计值 S 应按下列规定计算。

1.1　基本组合

基本组合是按承载能力极限状态设计时，使用或施工阶段的永久荷载与可变荷载效应的组合。

当永久荷载对结构起不利作用时：

$$S = 1.05S_{G1k} + 1.20S_{G2k} + 1.20S_{Q1k} + 1.10S_{Q2k} \tag{1-12}$$

当永久荷载对结构起有利作用时：

$$S = 0.95S_{G1k} + 0.95S_{G2k} + 1.20S_{Q1k} + 1.10S_{Q2k} \tag{1-13}$$

式中 S_{G1k}——自重、设备等永久荷载标准值产生的荷载效应；

S_{G2k}——土压力、淤沙压力及围岩压力等永久荷载标准值产生的荷载效应；

S_{Q1k}——一般可变荷载标准值产生的荷载效应；

S_{Q2k}——可控制其不超出规定限值的可变荷载标准值产生的荷载效应。

荷载的标准值按《水工建筑物荷载设计规范》(SL 744—2016)的规定取用，混凝土和钢筋的强度应取强度设计值。

1.2 偶然组合

偶然组合是按承载能力极限状态设计时，永久荷载、可变荷载与一种偶然荷载效应的组合。

$$S = 1.05S_{G1k} + 1.20S_{G2k} + 1.20S_{Q1k} + 1.10S_{Q2k} + 1.0S_{Ak} \tag{1-14}$$

式中 S_{Ak}——偶然荷载标准值产生的荷载效应。

2 正常使用极限状态设计表达式

正常使用极限状态验算的目的是保证结构构件在正常使用条件下，其抗裂能力、裂缝宽度和变形不超过相应的结构功能限值。

码 1-37 微课-正常使用极限状态设计表达式

正常使用极限状态验算时，应按荷载效应的标准组合进行，并采用下列设计表达式：

$$S_k(G_k, Q_k, f_k, a_k) \leqslant c \tag{1-15}$$

式中 $S_k(\cdot)$——正常使用极限状态的荷载效应标准组合值函数；

c——结构构件达到正常使用要求所规定的变形、裂缝宽度或应力等的限值；

G_k、Q_k——永久荷载、可变荷载标准值；

f_k——材料强度标准值，按附录1相关表格取用；

a_k——结构构件几何参数的标准值。

【案例1-1】 某钢筋混凝土简支梁(建筑物级别为4级)，其净跨 $l_n=6.0$ m，计算跨度 $l_0=6.37$ m。截面尺寸 $b\times h=250$ mm×500 mm；梁承受板传来的永久荷载标准值 $g_{1k}=8.87$ kN/m，可变荷载标准值 $q_k=15.0$ kN/m；钢筋混凝土重度取25 kN/m³。求基本组合下的跨中截面弯矩设计值、支座边缘截面剪力设计值。

解 (1)荷载计算。

永久荷载标准值： $g_{1k}=8.87$ kN/m

梁的自重标准值： $g_{2k}=0.25\times0.5\times25=3.13$(kN/m)

总的永久荷载标准值： $g_k=g_{1k}+g_{2k}=8.87+3.13=12$(kN/m)

可变荷载标准值： $q_k=15$ kN/m

(2)内力计算。

跨中截面弯矩设计值：

$$M = 1.05g_kl_0^2/8 + 1.20q_kl_0^2/8 = 1.05\times12\times6.37^2/8 + 1.20\times15\times6.37^2/8 = 155.21(\text{kN}\cdot\text{m})$$

支座边缘截面剪力设计值：

$$V = 1.05g_kl_n/2 + 1.20q_kl_n/2 = 1.05\times12\times6.0/2 + 1.20\times15\times6.0/2 = 91.80(\text{kN})$$

【案例 1-2】 其他条件同案例1-1。求正常使用极限状态下跨中截面弯矩标准组合值。

解 正常使用极限状态下跨中截面弯矩标准组合值:

$$M_k = (g_k + q_k)l_0^2/8 = (12 + 15) \times 6.37^2/8 = 136.95(\text{kN} \cdot \text{m})$$

讨论与检测

1 讨论题

(1)钢筋混凝土结构中常用的钢筋有哪些类型?

(2)为什么钢筋混凝土结构设计时把钢筋的屈服强度作为钢筋强度的计算指标?

(3)冷加工后钢筋的力学性能有什么变化?

(4)对用于钢筋混凝土结构中的钢筋有哪些要求?

(5)混凝土的强度指标有哪些?

(6)影响徐变的因素有哪些?

(7)如何减小混凝土构件中的收缩?

(8)什么是钢筋的锚固长度?如何取值?

(9)材料强度设计值与材料强度标准值之间的关系是什么?

2 判断题

(1)钢筋按其化学成分的不同,分为碳素钢和普通低合金钢两类。 (　)

(2)随着含碳量的增加,钢材的强度提高,塑性降低,可焊性变差。 (　)

(3)低碳钢的含碳量小于0.25%。 (　)

(4)钢筋按外形分为光圆钢筋和带肋钢筋两类。 (　)

(5) HRB335级钢筋用符号“Φ”表示。 (　)

(6)软钢从加载到拉断分弹性阶段、屈服阶段、强化阶段、破坏阶段四个阶段。 (　)

(7)根据应力应变曲线特性的不同,钢筋分为有明显屈服点的钢筋和无明显屈服点的钢筋两类。 (　)

(8)屈服强度是钢筋强度标准值的依据。 (　)

(9)钢筋弹性阶段的应力与应变的比值称为钢筋的弹性模量,用符号 E_s 表示。 (　)

(10)具有与混凝土良好的黏结是钢筋混凝土结构对钢筋性能的要求之一。 (　)

(11)常用混凝土的强度有立方体抗压强度、轴心抗压强度和轴心抗拉强度。 (　)

(12)用边长为150 mm的立方体试件,在标准条件下养护28 d,用标准试验方法测得的抗压强度,称为立方体抗压强度,用符号 f_{cu} 表示。 (　)

(13)混凝土的强度等级按混凝土立方体抗压强度标准值 $f_{cu,k}$ 确定,用符号C表示,单位为N/mm²(或MPa)。 (　)

(14)C20中的20表示混凝土立方体抗压强度标准值不低于20 MPa。 (　)

(15)当采用HRB400级和RRB400级钢筋以及承受重复荷载的构件,混凝土强度等级不得低于C40。 (　)

(16)混凝土在长期荷载作用下,应力不变,应变随时间的增加而增长的现象,称为混凝土的徐变。 (　)

(17)养护温度愈高,湿度愈大,混凝土的徐变愈小。　(　)

(18)混凝土的收缩包括凝缩、干缩和冷缩三种。　(　)

(19)加强养护可以减小混凝土收缩。　(　)

(20)水工混凝土建筑物环境条件划分为五个类别。　(　)

(21)混凝土的强度越高,钢筋与混凝土之间的黏结力越小。　(　)

(22)当板厚小于100 mm时,板的上层钢筋可做成直到板底的直钩。　(　)

(23)任何构件的纵向受力钢筋都可以采用绑扎搭接接头。　(　)

(24)任何情况下纵向受拉钢筋绑扎搭接接头的搭接长度均不应小于300 mm。(　)

(25)焊接有闪光对焊、搭接焊和帮条焊。　(　)

(26)机械连接接头连接件之间的横向净间距不宜小于50 mm。　(　)

(27)结构自重属于永久荷载。　(　)

(28)罕遇地震产生的冲击力是偶然荷载。　(　)

(29)可变荷载标准值用符号 G_k 或 g_k 表示。　(　)

(30)材料强度设计值等于材料强度标准值乘以相应的材料强度分项系数。(　)

(31)结构的功能函数 $Z=0$ 时,结构处于可靠状态。　(　)

(32)可靠指标 β 值越大,对应的 P_f 值越小。　(　)

(33)承载能力极限状态设计时,材料强度采用标准值。　(　)

3　选择题

(1)以下关于水工混凝土结构所处环境类别的判断哪一项是错误的。　(　)

A. 淡水水位变动区属于三类环境

B. 室内正常环境属于一类环境

C. 使用除冰盐的环境属于二类环境

D. 室内潮湿环境属于二类环境

(2)以下哪项不是钢筋混凝土结构的优点。　(　)

A. 耐久性好　B. 耐火性好　C. 整体性好　D. 自重轻

(3)若混凝土的强度等级为C25,则下列哪项叙述是正确的。　(　)

A. 抗压强度设计值 $f_c=25$ MPa　B. 抗压强度标准值 $f_{ck}=25$ MPa

C. 立方体抗压强度标准值 $f_{cu,k}=25$ MPa　D. 抗拉强度标准值 $f_{tk}=25$ MPa

(4)混凝土的水灰比越小,水泥用量越少,则徐变及收缩值按下列哪种情况变化。

(　)

A. 越大　B. 越小　C. 基本不变　D. 不变

(5)HRB400中的400代表下列哪项取值。　(　)

A. 钢筋强度的标准值　B. 钢筋强度的设计值

C. 钢筋强度的平均值　D. 钢筋强度的最大值

(6)某钢筋混凝土梁工作中由于产生过大的裂缝而影响正常使用,则可认定此构件不满足下列哪项功能要求。　(　)

A. 安全性　B. 适用性　C. 耐久性　D. 上述三项均不满足

(7)当钢筋采用绑扎搭接接头时,梁内受拉钢筋的面积搭接率不宜超过下列哪项

数值。 (　)

A. 1/4　　B. 1/3　　C. 1/2　　D. 3/4

(8) 可变荷载标准值具有的保证率应为下列哪项。 (　)

A. 85%　　B. 90%　　C. 95%　　D. 100%

(9) 钢筋绑扎搭接连接接头连接区段的长度为下列哪项。 (　)

A. l_l　　B. 1.1l_l　　C. 1.2l_l　　D. 1.3l_l

(10) 钢筋混凝土结构中常用钢筋是下列哪项。 (　)

A. HPB235 级

B. HPB235 级, HRB335 级

C. HPB235 级, HRB335 级, HRB400 级

D. HPB235 级, HRB335 级, HRB400 级, RRB400 级

(11) 热轧钢筋的含碳量越高,下列哪项叙述是正确的。 (　)

A. 屈服台阶越长,伸长率越大,塑性越好,强度越高

B. 屈服台阶越短,伸长率越小,塑性越差,强度越高

C. 屈服台阶越短,伸长率越小,塑性越差,强度越低

D. 屈服台阶越长,伸长率越大,塑性越好,强度越低

(12) 硬钢的条件屈服强度是指下列哪项。 (　)

A. 钢筋应变为 0.2%时的应变

B. 由此应力卸载到钢筋应力为零时的残余应变为 0.2%

C. 钢筋弹性应变为 0.2%时的应力

D. 钢筋弹性应变为 0.02%时的应力

(13) 建筑结构应满足的功能要求是下列哪些。 (　)

A. 经济、适用、美观　　B. 安全性、适用性、耐久性

C. 安全、舒适、经济　　D. 可靠性、稳定性、耐久性

(14) 在承载能力极限状态设计中,材料强度的取值应为下列哪项。 (　)

A. 设计值　　B. 均可　　C. 标准值　　D. 平均值

(15) 在正常使用极限状态验算中,材料强度的取值应为下列哪项。 (　)

A. 设计值　　B. 均可　　C. 标准值　　D. 平均值

(16) 为了保证绑扎的黏结强度的可靠性,《规范》规定下列哪项是正确的。 (　)

A. 所有钢筋末端应做成半圆弯钩

B. 所用光圆钢筋末端应做成半圆弯钩

C. 受拉的光圆钢筋末端应做成半圆弯钩

D. 受拉的带肋钢筋末端应做成半圆弯钩

(17) 当混凝土强度等级由 C20 变为 C30 时,受拉钢筋的最小锚固长度 l_a 按下列哪项变化。 (　)

A. 增大　　B. 减小　　C. 不变　　D. 基本不变

(18) 在水利水电工程中,当采用 HRB335 级钢筋时,钢筋混凝土结构的混凝土强度等级一般不宜低于下列哪项。 (　)

A. C10　　B. C15　　C. C20　　D. C25

(19)在水利工程中,对于遭受剧烈温湿度变化作用的混凝土结构表面,常设置一定数量的下列哪种钢筋。（　）

A. 钢筋束　　B. 钢丝束　　C. 钢筋网　　D. 预应力钢筋

(20)我国现行规范确定混凝土强度等级的标准立方体试块的边长为下列哪项。（　）

A. 70.7 mm　　B. 100 mm　　C. 150 mm　　D. 200 mm

(21)钢筋混凝土构件的抗力主要与下列哪项有关。（　）

A. 材料强度和截面尺寸　　B. 材料强度和荷载

C. 材料强度　　D. 荷载

(22)荷载效应 S、结构抗力 R 作为两个独立的随机变量,其功能函数 $Z=R-S$,下列叙述哪项是正确的。（　）

A. $Z>0$,结构安全　　B. $Z=0$,结构失效

C. $Z<0$,结构安全　　D. $Z>0$,结构失效

(23)下列哪项关于可靠指标 β 与失效概率 P_f 之间的关系叙述是正确的。（　）

A. 可靠指标 β 愈小,失效概率 P_f 愈大

B. 可靠指标 β 愈小,失效概率 P_f 愈小

C. 可靠指标 β 愈大,失效概率 P_f 愈大

D. 可靠指标 β 愈大,失效概率 P_f 不变

(24)下列哪项不属于永久荷载。（　）

A. 梁的自重　　B. 风荷载　　C. 固定设备自重　　D. 板的自重

(25)承载能力极限状态设计不需要考虑下列哪种组合。（　）

A. 基本组合　　B. 偶然组合　　C. 长期组合　　D. A+B

4　计算题

(1)某钢筋混凝土简支梁(2级水工建筑物),其净跨 $l_n=5.76$ m,计算跨度 $l_0=6.0$ m,截面尺寸 $b\times h=250$ mm×500 mm;梁承受板传来的永久荷载标准值 $g_{1k}=10$ kN/m,可变荷载标准值 $q_k=12$ kN/m,跨中承受集中荷载标准值 $G_k=22$ kN。求基本组合下跨中截面弯矩设计值、支座边缘截面剪力设计值。

(2)条件同计算题(1),求正常使用极限状态下跨中截面弯矩标准组合值。

党的二十大金句

坚持以人民为中心的发展思想。维护人民根本利益,增进民生福祉,不断实现发展为了人民、发展依靠人民、发展成果由人民共享,让现代化建设成果更多更公平惠及全体人民。

项目2 钢筋混凝土梁、板设计

学习指南

工作任务

(1)单筋矩形截面梁、板的设计;
(2)双筋矩形截面梁的设计;
(3)T形截面梁、板的设计。

知识目标

(1)掌握梁、板的构造知识;
(2)理解梁的破坏过程及特征;
(3)掌握单筋矩形截面梁、板受弯承载力计算的相关知识;
(4)掌握单筋矩形截面梁受剪承载力计算的相关知识;
(5)理解单筋矩形截面梁、板抗裂验算、裂缝宽度验算及变形验算的相关知识;
(6)掌握双筋矩形截面梁设计的相关知识;
(7)掌握T形截面梁、板设计的相关知识。

技能目标

(1)熟练掌握单筋矩形截面梁、板的设计计算;
(2)熟练掌握双筋矩形截面梁的设计计算;
(3)熟练掌握T形截面梁、板的设计计算;
(4)熟练掌握梁、板结构施工图的绘制与识读。

梁和板是水工钢筋混凝土结构中典型的受弯构件,主要承受弯矩和剪力作用,是水利工程中应用最广泛的构件。如水闸底板,水闸工作桥支承排架横梁,水闸工作桥,水闸交通桥(见图2-1(a)),水电站厂房的屋面板、屋面梁和吊车梁(见图2-1(b)),渡槽槽身(见图2-1(c))等,都是梁、板构件。梁和板二者的区别仅在于:梁的截面高度一般大于截面宽度,而板的截面高度则远小于截面宽度。

梁、板构件的破坏形态有两种:一种是由弯矩作用引起的,破坏面与构件的纵轴线垂直,称为正截面破坏(见图2-2(a));另一种是由弯矩和剪力共同作用引起的,破坏面与构件的纵轴线斜交,称为斜截面破坏(见图2-2(b))。所以,设计钢筋混凝土梁、板构件时,需进行正截面受弯承载力和斜截面受剪承载力计算。

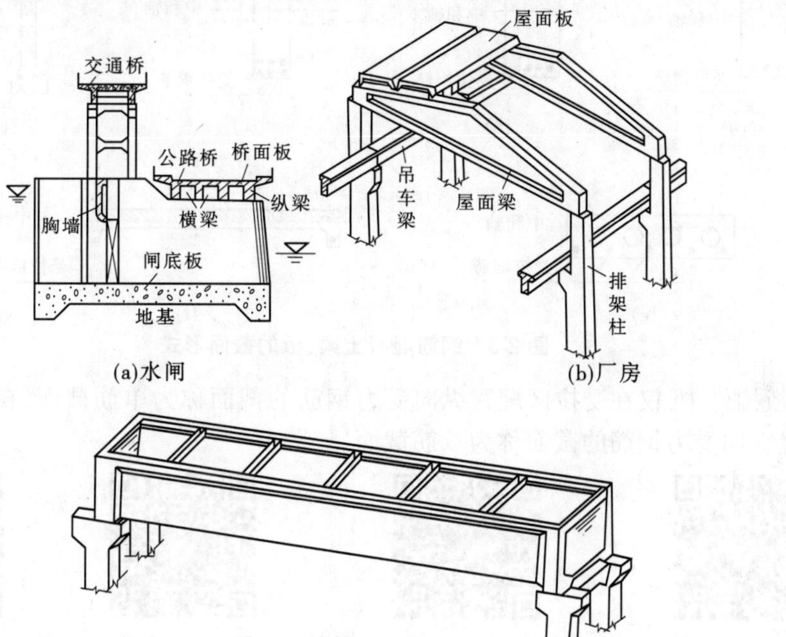

(a)水闸 (b)厂房

(c)渡槽

图2-1 梁、板构件工程实例

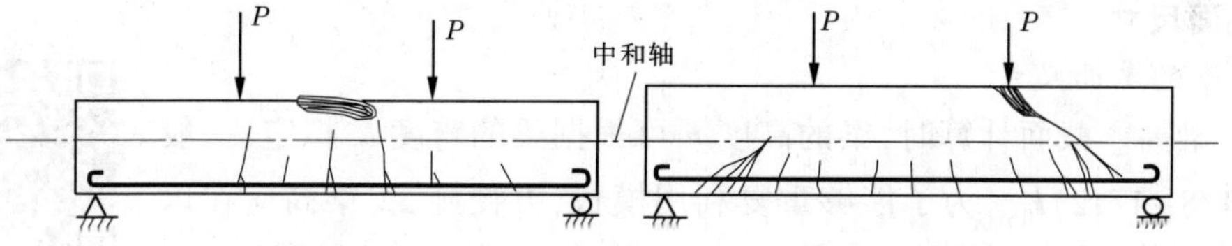

(a)正截面破坏 (b)斜截面破坏

图2-2 钢筋混凝土梁板构件的破坏形态

任务1 梁、板的构造知识

钢筋混凝土梁、板的截面尺寸和受力钢筋截面面积是由结构计算确定的,但为了施工便利及考虑计算中无法反映到的因素,还必须满足相应的构造规定。下面介绍梁、板的一般构造规定。

1 截面形式与尺寸

1.1 截面形式

梁的截面形式有矩形、T形、I形、Π形、箱形等。为了施工方便,梁的截面常采用矩形和 T 形。现浇板的截面一般为实心矩形,根据使用要求,也可以采用空心矩形和槽形板等。常见梁、板的截面形式如图 2-3 所示。

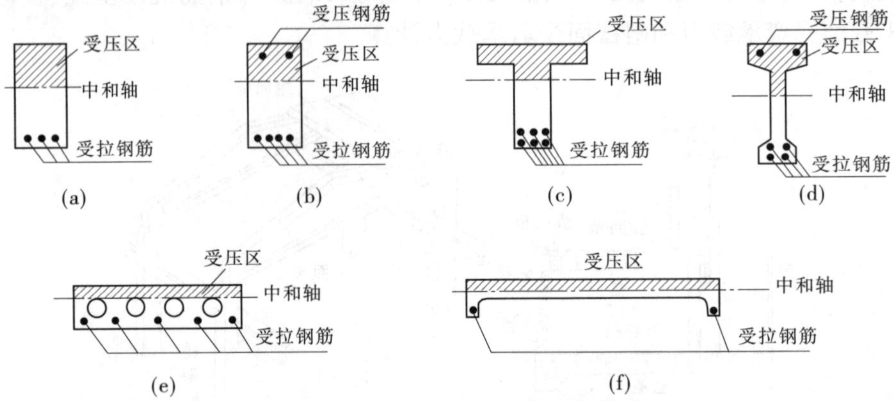

图 2-3　钢筋混凝土梁、板的截面形式

梁、板构件中,仅在受拉区配置纵向受力钢筋的截面称为单筋截面,在受拉区与受压区都配置纵向受力钢筋的截面称为双筋截面。

码 2-1　微课-截面形式与尺寸

码 2-2　动画-截面形式

码 2-3　动画-单筋截面

码 2-4　动画-双筋截面

1.2　截面尺寸

1.2.1　梁的截面尺寸

(1)梁高。截面计算时,梁的高度 h 可根据梁的跨度 l_0 拟定,一般取 $h=(1/8\sim1/12)l_0$。为了能够重复利用模板,方便施工,梁高应在以下数据中选用:梁高 h=250 mm、300 mm、350 mm、400 mm、…、800 mm,以 50 mm 的模数递增,800 mm 以上按 100 mm 的模数递增。

码 2-5　动画-梁截面尺寸

(2)梁宽。梁的宽度 b 可根据梁的高度 h 拟定。对于矩形截面梁,取梁宽 $b=(1/3\sim1/2)h$;对于 T 形截面梁,取梁宽 $b=(1/4\sim1/2.5)h$。梁宽应在以下数据中选用:梁宽 b=120 mm、150 mm、180 mm、200 mm、220 mm、250 mm,250 mm 以上按 50 mm 的模数递增。

1.2.2　板的截面尺寸

水工建筑物中,由于板在工程中所处部位及受力条件不同,板的厚度 h 变化范围很大,一般由计算确定。考虑施工方便和使用要求,一般建筑物中板厚不宜小于 60 mm,水工建筑物中的板厚不宜小于 100 mm。板厚在 250 mm 以下时按 10 mm 递增;板厚在 250 mm 以上时按 50 mm 递增;板厚超过 800 mm 时,则以 100 mm 递增。

码 2-6　动画-板截面尺寸

2　混凝土保护层

2.1　概念

纵向受力钢筋外边缘到混凝土近表面的距离，称混凝土保护层（用符号 c 表示），如图 2-4 所示。

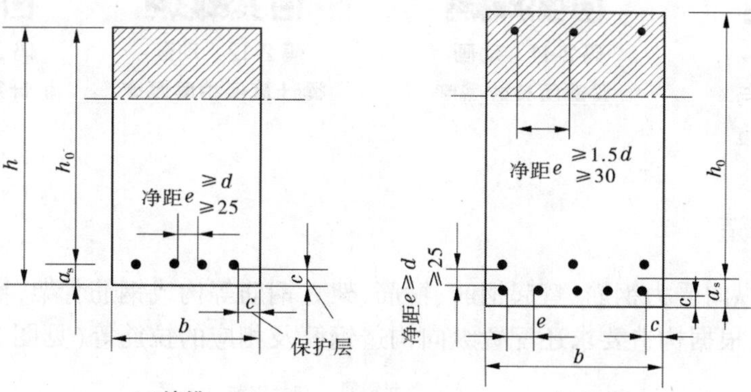

(a)单排　　(b)双排

图 2-4　梁内纵向钢筋布置图　（单位：mm）

2.2　作用

混凝土保护层的作用：①保证钢筋与混凝土之间的黏结；②保证结构构件的耐久性；③保证结构构件的耐火性。

2.3　基本规定

梁的混凝土保护层厚度不应小于最大钢筋直径，同时不应小于粗骨料最大粒径的 1.25 倍，且符合附表 3-1 的规定。

梁中箍筋和构造钢筋的保护层厚度不应小于 15 mm，钢筋端头保护层厚度不应小于 15 mm。板、墙、壳中分布钢筋的保护层厚度不应小于附表 3-1 中相应数值减 10 mm，且不应小于 10 mm。

码 2-7　微课-混凝土保护层

码 2-8　动画-梁混凝土保护层

码 2-9　动画-板混凝土保护层

2.4　截面有效高度

在计算梁、板构件承载力时，因混凝土开裂后拉力完全由钢筋承担，这时能发挥作用的截面高度应为受拉钢筋合力点到截面受压边缘的距离，称为截面有效高度 h_0，纵向受拉钢筋合力点到截面受拉边缘的距离为 a_s，即 $h_0=h-a_s$。当钢筋为一层布置时，$a_s=c+d/2$；当钢筋为两层布置时，$a_s=c+d+e/2$。其中，d 为受力钢筋直径，梁截面设计时可初选为 20 mm，e 为两层钢筋之间的净距。当梁的钢筋为一层布置时，一般可近似取用 $a_s=$

40~50 mm;当梁的钢筋为两层布置时,一般可近似取用 a_s = 65~75 mm。板设计时,钢筋直径 d 可初选为 10 mm,一般可近似取用 a_s = 25~35 mm。

码 2-10 微课-截面有效高度与计算保护层厚度

码 2-11 动画-梁截面有效高度

码 2-12 动画-梁计算保护层厚度

码 2-13 动画-板计算保护层厚度

3 梁的钢筋构造

梁中通常由纵向受力钢筋、弯起钢筋、箍筋、架立钢筋等构成钢筋骨架,箍筋和弯起钢筋通常称为腹筋,根据构造要求还配置纵向构造钢筋及相应的拉筋等(见图 2-5)。

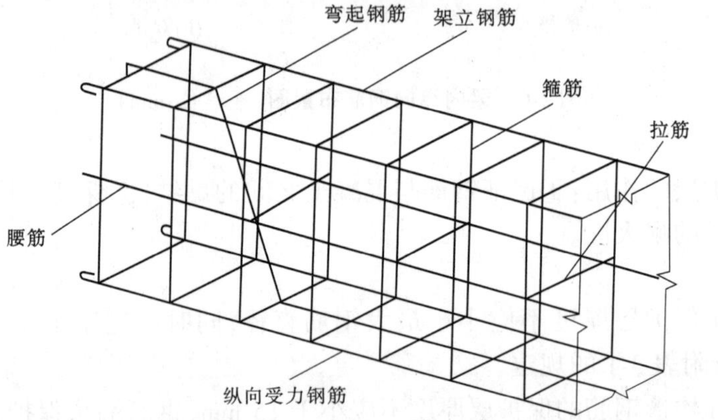

图 2-5 梁内的钢筋组成

3.1 纵向钢筋

3.1.1 纵向受力钢筋

码 2-14 动画-简支梁钢筋骨架

(1)直径与根数。梁中的纵向受力钢筋宜采用 HRB335、HRB400 级钢筋。为保证梁的钢筋骨架具有较好的刚度并便于施工,纵向受力钢筋的直径不能太小;为防止受拉区混凝土产生过宽裂缝,纵向受力钢筋的直径不宜太大。常用的纵向受力钢筋直径为 12~28 mm。截面一侧(受拉或受压)钢筋的直径最好相同,为节约钢材,也可选用两种不同直径的钢筋,其直径相差宜在 2~6 mm 范围内。梁内纵向受力钢筋至少为 2 根,以满足形成钢筋骨架的需要,钢筋总数根据承载力计算确定,一排钢筋宜用 2~4 根,两排钢筋宜用 5~8 根。纵向受力钢筋的根数也不宜太多,否则会增大钢筋加工的工作量,给混凝土浇捣带来困难。

(2)间距和布置。为方便混凝土浇捣,保证钢筋在混凝土内得到有效锚固,梁内纵向钢筋之间的水平净距 e 的要求为:

①在下部不应小于钢筋直径，同时不应小于 25 mm；

②在上部不应小于 1.5 倍钢筋直径，同时不应小于 30 mm 和最大骨料粒径的 1.5 倍；

③各层钢筋之间的净距不应小于 25 mm 和钢筋的最大直径 d。

梁内纵向钢筋应尽可能布置为一层。当纵筋根数较多，布置一层不能满足钢筋间距、混凝土保护层厚度的构造规定时，则应布置两层甚至三层。其中，靠外侧钢筋的根数宜多一些，直径宜大一些。当梁下部纵筋配置多于两层时，两层以上纵筋之间的净距应比下面两层的净距增大一倍。上、下两层钢筋应对齐布置，以免影响混凝土浇筑。

码 2-15　微课-梁的纵向受力钢筋

码 2-16　动画-梁内纵向受力钢筋布置

码 2-17　动画-梁内受力钢筋间距

3.1.2　架立钢筋

为使纵向受力钢筋和箍筋能绑扎成骨架，在箍筋的四角必须沿梁全长配置纵向钢筋，在没有纵向受力筋的区段，则应补设架立钢筋（见图 2-6）。架立钢筋的直径要求如下：

（1）当梁跨 $l<4$ m 时，架立钢筋直径 d 不宜小于 8 mm；

（2）当梁跨 $l=4\sim6$ m 时，架立钢筋直径 d 不宜小于 10 mm；

（3）当梁跨 $l>6$ m 时，架立钢筋直径 d 不宜小于 12 mm。

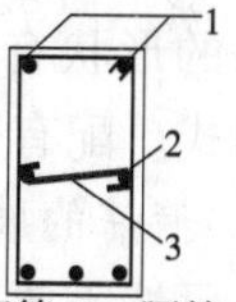

1—架立钢筋；2—腰筋；3—拉筋

图 2-6　架立钢筋、腰筋及拉筋

码 2-18　微课-架立钢筋、腰筋与拉筋

码 2-19　动画-架立钢筋

码 2-20　动画-腰筋

码 2-21　动画-拉筋

3.1.3　腰筋及拉筋

当梁的截面高度较大时，为防止由于温度变形及混凝土收缩等使梁中部产生竖向裂缝，同时，也为了增强钢筋骨架的刚度，增强梁的抗扭作用，当梁的腹板高度 h_w 超过 450 mm 时，应在梁的两侧沿高度设置纵向构造钢筋，称为腰筋，并用拉筋（见图 2-6）连系固定。每侧腰筋的截面面积不应小于腹板截面面积 bh_w 的 0.1%，且间距不宜大于 200 mm。此处，h_w 的取值为：矩形截面取截面的有效高度，T 形截面取截面有效高度减去翼缘高度，I 形截面取腹板净高（见图 2-7）。拉筋直径一般与箍筋相同，拉筋间距常取为箍筋间距的 2～5 倍，一般为 500～700 mm。

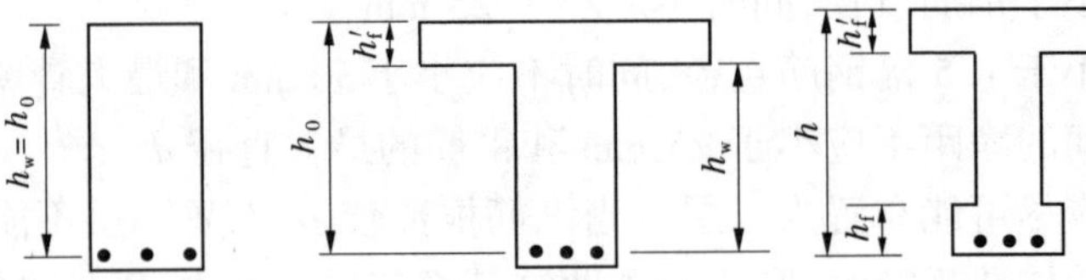

图 2-7　h_w 的取值

3.2　箍筋

码 2-22　微课-箍筋

3.2.1　箍筋的作用、形状和肢数

3.2.1.1　箍筋的作用

(1)固定纵筋的位置。

(2)提高梁的抗剪能力。

(3)提高梁的抗扭能力。

3.2.1.2　箍筋的形状

箍筋的形状有封闭式和开口式两种。封闭式箍筋可以提高梁的抗扭能力,故箍筋常采用封闭式。配有受压钢筋的梁,必须采用封闭式箍筋。

3.2.1.3　箍筋的肢数

箍筋可按需要采用双肢或四肢(见图 2-8),当梁的宽度大于 400 mm 且一层内的纵向受压钢筋多于 3 根,或梁的宽度不大于 400 mm 但一层内的纵向受压钢筋多于 4 根时,应设置复合箍筋。

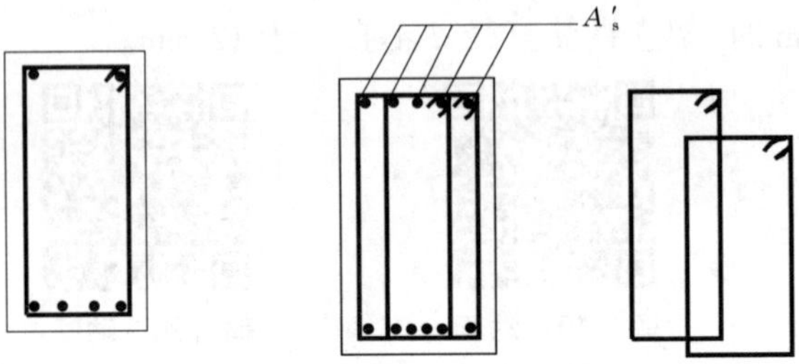

(a)双肢箍筋　　(b)四肢箍筋

图 2-8　箍筋的肢数

3.2.2　箍筋的最小直径

梁内箍筋的最小直径要求为:

(1)当梁高 h>800 mm 时,箍筋直径不宜小于 8 mm。

(2)当梁高 h≤800 mm 时,箍筋直径不宜小于 6 mm。

(3)当梁内配有计算需要的纵向受压钢筋时,箍筋直径不应小于 $d/4$(d 为受压钢筋中的最大直径)。

为了方便加工成型,箍筋常用直径为 6 mm、8 mm、10 mm。

3.2.3　箍筋的强度

考虑到高强度的钢筋延性较差，施工时成型困难，箍筋一般采用 HPB235 级钢筋，也可采用 HRB335 级。

3.2.4　箍筋的布置

码 2-23　动画-箍筋的布置

(1)若按计算需要配置箍筋，一般可在梁的全长均匀布置箍筋，也可以在梁两端剪力较大的部位布置得密一些。

(2)若按计算不需配置箍筋：

①对于高度 h 大于 300 mm 的梁，仍应沿全梁布置箍筋；

②对于高度 h 小于 300 mm 的梁，可仅在构件端部各 1/4 跨度范围内配置箍筋，但当在构件中部 1/2 跨度范围内有集中荷载作用时，箍筋仍应沿梁全长布置。

箍筋一般从梁边(或墙边)50 mm 处开始设置，如图 2-9 所示。

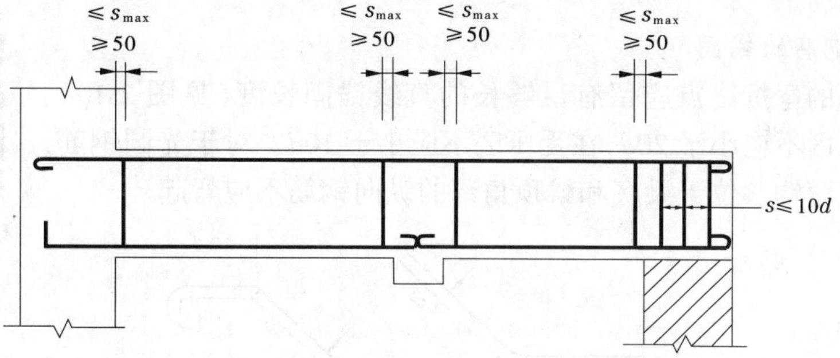

图 2-9　箍筋的布置　(单位：mm)

3.2.5　箍筋的最大间距

码 2-24　动画箍筋间距

梁内箍筋的最大间距要求：

(1)箍筋的最大间距不得大于表 2-1 所列的数值。

(2)当梁中配有计算需要的纵向受压钢筋时，箍筋的间距在绑扎骨架中不应大于 15d，在焊接骨架中不应大于 20d(d 为受压钢筋中的最小直径)。

(3)任何情况下均不应大于 400 mm。

(4)当一层内纵向受压钢筋多于 5 根且直径大于 18 mm 时，箍筋间距不应大于 10d。

表 2-1　梁中箍筋的最大间距 s_{max}　(单位：mm)

项次	梁高 h	$KV>V_c$	$KV\leqslant V_c$
1	$h\leqslant 300$	150	200
2	$300<h\leqslant 500$	200	300
3	$500<h\leqslant 800$	250	350
4	$h>800$	300	400

注：1. 薄腹梁的箍筋间距宜适当减小。

2. 表中 K、V、V_c 含义见式(2-6)。

(5)在绑扎接头的搭接长度范围内,当钢筋受拉时,其箍筋间距不应大于 $5d$,且不应大于 100 mm;当钢筋受压时,箍筋间距不应大于 $10d$,且不应大于 200 mm。在此,d 为搭接钢筋中的最小直径。当受压钢筋直径 $d>25$ mm 时,尚应在搭接接头两个端面外 100 mm 范围内各设置两个箍筋。

3.3 弯起钢筋

3.3.1 最大间距

弯起钢筋的最大间距同箍筋一样,不得大于表 2-1 所列的数值。

码 2-25 微课-弯起钢筋

3.3.2 弯起角度

梁中承受剪力的钢筋宜优先采用箍筋。当需要设置弯起钢筋时,弯起钢筋的弯起角一般为 45°,当梁高 $h \geqslant 700$ mm 时也可用 60°。当梁宽较大时,为使弯起钢筋在整个宽度范围内受力均匀,宜在同一截面内同时弯起两根钢筋。

3.3.3 弯起钢筋的锚固

码 2-26 动画-弯起钢筋

弯起钢筋的弯折终点应留有足够长的直线锚固长度(见图 2-10),其长度在受拉区不应小于 $20d$,在受压区不应小于 $10d$。对于光圆钢筋,其末端应设置弯钩。位于梁底和梁顶角部的纵向钢筋不应弯起。

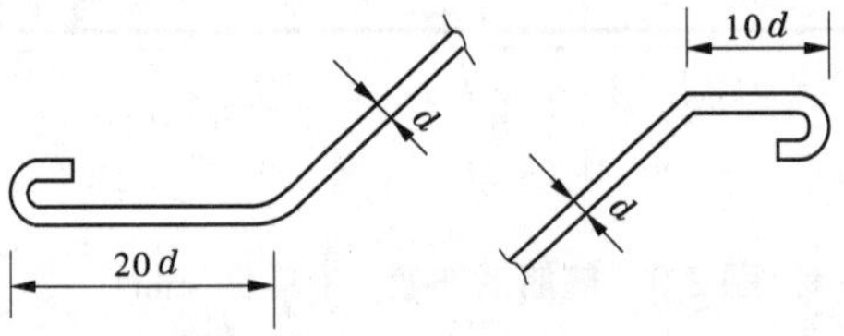

(a)受拉区　　(b)受压区

图 2-10 弯起钢筋端部构造

弯起钢筋应采用图 2-11 所示吊筋的形式,而不能采用仅在受拉区有较少水平段的浮筋,以防止由于弯起钢筋发生较大的滑移使斜裂缝开展过大,甚至导致斜截面受剪承载力的降低。

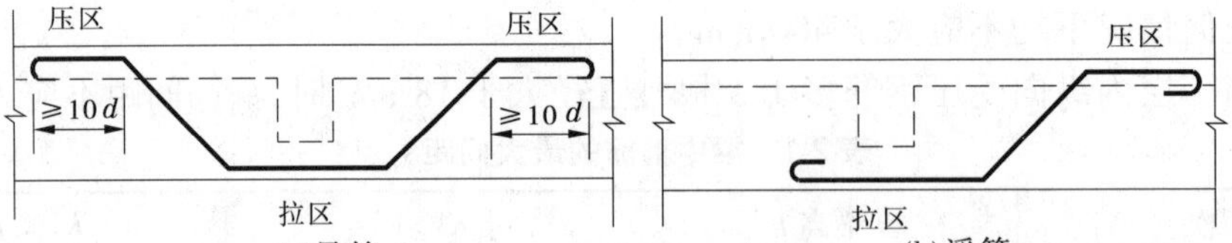

(a)吊筋　　(b)浮筋

图 2-11 吊筋及浮筋

4 板的钢筋构造

板内通常只配置受力钢筋和分布钢筋。

4.1　受力钢筋

4.1.1　直径

板的受力钢筋宜采用 HPB235、HRB335 级钢筋。板内受力钢筋的常用直径为 6～12 mm。对于 h>200 mm 的较厚板(如水电站厂房安装车间的楼面板)和 h>1 500 mm 的厚板(如水闸的底板),受力钢筋的常用直径为 12～25 mm。在同一板中,受力钢筋的直径最好相同。为了节约钢材,也可采用两种不同直径的钢筋。

码 2-27　动画-简支板钢筋骨架

码 2-28　微课-板的受力钢筋

码 2-29　动画-板内受力钢筋

4.1.2　间距

为使构件受力均匀,防止产生过宽裂缝,板中受力钢筋的间距 s(中距)不能过大。受力钢筋最大间距要求为:

(1)当板厚 $h \leqslant 200$ mm 时,$s \leqslant 200$ mm。

(2)当板厚 200 mm<$h \leqslant 1\ 500$ mm 时,$s \leqslant 250$ mm。

(3)当板厚 h>1 500 mm 时,$s \leqslant 300$ mm。

为了便于混凝土浇捣,板内钢筋之间的间距不宜过小,一般情况下,其间距 $s \geqslant 70$ mm。板内受力钢筋沿板跨方向布置在受拉区,一般每米宽宜采用 4～10 根。

板中弯起钢筋的弯起角不宜小于 30°,厚板中的弯起角可为 45°或 60°。

4.2　分布钢筋

4.2.1　分布钢筋的作用

分布钢筋是垂直于板受力钢筋方向布置的构造钢筋,位于受力钢筋内侧,其作用是:

(1)将板面荷载均匀地传递给受力钢筋。

(2)防止因温度变化或混凝土收缩等,沿板跨方向产生裂缝。

(3)固定受力钢筋处于正确位置。

码 2-30　微课-板的分布钢筋

4.2.2　分布钢筋的面积

单向板中每米板宽内分布钢筋的截面面积不小于受力钢筋截面面积的 15%(集中荷载时为 25%)。

4.2.3　分布钢筋的间距

(1)分布钢筋的间距不宜大于 250 mm。

(2)当集中荷载较大时,分布钢筋的间距不宜大于 200 mm。

(3)承受分布荷载的厚板,分布钢筋的间距可为 200～400 mm。

码 2-31　动画-板内分布钢筋

4.2.4　分布钢筋的直径

分布钢筋的直径不宜小于 6 mm。承受分布荷载的厚板,分布钢筋的直径可采用 10～

16 mm,板的钢筋布置如图 2-12 所示。

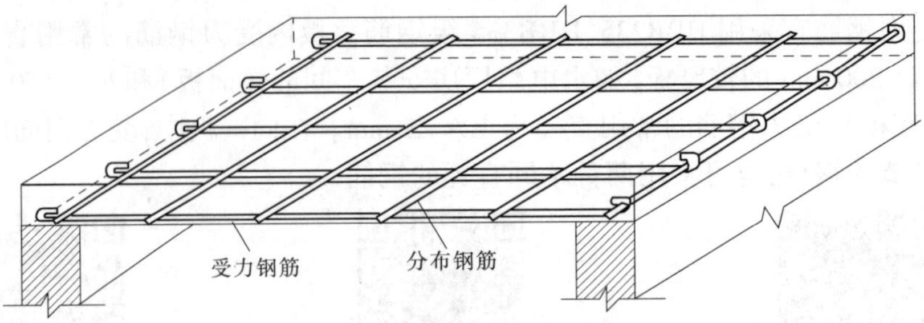

图 2-12　板内钢筋布置图

任务 2　梁的正截面试验分析

钢筋混凝土结构构件的计算公式一般是在大量试验的基础上建立起来的。因此,在学习梁设计时,必须掌握梁的正截面破坏过程及破坏特征。

1　适筋梁正截面的受力过程

试验模型如图 2-13 所示。采用两点对称加载方式,借助仪表的测量,充分了解适筋梁在纯弯段从开始加载直到破坏为止的正截面上应力、应变的变化规律。

码 2-32　微课-适筋破坏

根据试验研究结果,梁正截面上的受力过程可分为三个阶段。

1.1　第Ⅰ阶段——未裂阶段

从梁开始加荷至梁受拉区即将出现第一条裂缝时的整个受力过程,称为第Ⅰ阶段。当荷载很小时,梁截面上各点的应力及应变均很小,混凝土处于弹性工作阶段,应力与应变成正比,受拉区与受压区混凝土应力图均为三角形(见图 2-14(a))。此时,受拉区拉力由钢筋和混凝土共同承担。随着荷载的增加,受拉区混凝土表现出塑性性质,应变增长速度比应力增长速度快,受拉区应力图形呈曲线变化。当受拉区最外缘混凝土应变将达到极限拉应变时,相应的混凝土拉应力接近混凝土抗拉强度 f_t,而受压区混凝土仍处于弹性阶段,应力图形仍呈三角形(见图 2-14(a))。此时,梁处于即将开裂的极限状态,即第Ⅰ阶段末,这一阶段末可作为梁、板抗裂验算的依据。

码 2-33　动画-适筋梁受弯破坏

1.2　第Ⅱ阶段——裂缝阶段

从梁受拉区混凝土出现第一条裂缝开始,到梁受拉区钢筋屈服时的整个工作阶段,称为第Ⅱ阶段。当第Ⅰ阶段末的荷载继续增加时,受拉区混凝土开裂,拉力几乎全部由钢筋承担,受拉钢筋应力较开裂前突然增大许多。随着荷载的增加,裂缝向上发展,中和轴位置逐渐上移,受压区混凝土压应力逐渐增大而表现出塑性性质,应力图形呈曲线变化(见图 2-14(b))。当受拉钢筋应力达屈服强度 f_y 时,即第Ⅱ阶段末,第Ⅱ阶段可作为梁、板正

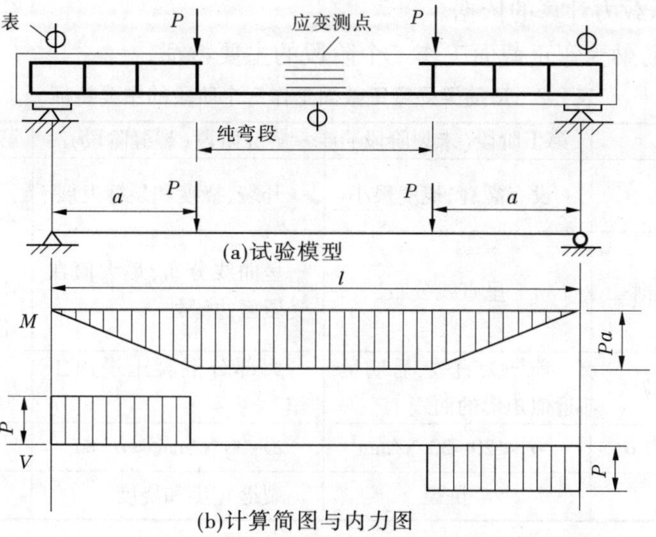

图 2-13　适筋梁正截面试验

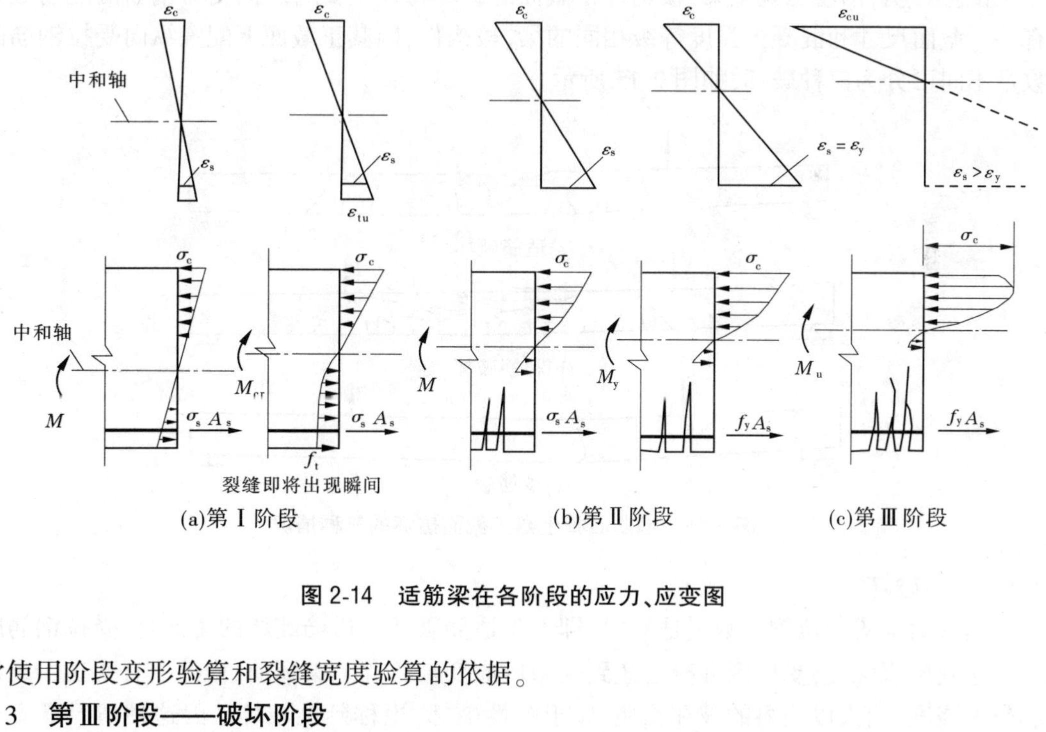

图 2-14　适筋梁在各阶段的应力、应变图

常使用阶段变形验算和裂缝宽度验算的依据。

1.3　第Ⅲ阶段——破坏阶段

受拉钢筋应力达到了屈服强度 f_y，标志着梁已进入破坏阶段。随着荷载的继续增加，钢筋的应力不增加，而应变迅速增大，裂缝宽度不断扩展且向上延伸，中和轴上移，混凝土受压区高度继续减小，压应力迅速增大，受压区混凝土的塑性性质更加明显(见图 2-14(c))。当受压区混凝土边缘应变达到极限时，混凝土被压碎而破坏。第Ⅲ阶段末的应力状态可作为梁、板正截面承载力计算的依据。

表 2-2 为适筋梁受弯正截面工作三个阶段的主要特征。

表 2-2　适筋梁受弯正截面工作三个阶段的主要特征

受力阶段		第Ⅰ阶段(未裂阶段)	第Ⅱ阶段(裂缝阶段)	第Ⅲ阶段(破坏阶段)
外表现象		没有裂缝,挠度很小	开裂,挠度和裂缝发展	裂缝较宽,挠度较大,混凝土被压碎
混凝土应力图形	受压区	呈直线分布	呈曲线分布,最大值在受压区边缘处	受压区高度更为减小,曲线丰满,最大值不在受压区边缘
	受拉区	前期为直线,后期呈近似矩形的曲线	大部分混凝土退出工作	混凝土退出工作
纵向受拉钢筋应力 σ_s		$\sigma_s \leqslant 20 \sim 30\ \text{N/mm}^2$	$20 \sim 30\ \text{N/mm}^2 \leqslant \sigma_s \leqslant f_y$	$\sigma_s = f_y$
计算依据		抗裂	裂缝宽度和挠度	正截面受弯承载力

2　正截面破坏特征

试验表明,钢筋混凝土梁、板构件正截面的破坏特征主要与纵向受力钢筋的配筋数量有关。截面尺寸和混凝土强度等级相同的梁、板构件,因其正截面上配置纵向受拉钢筋的数量不同可分为三种破坏,如图 2-15 所示。

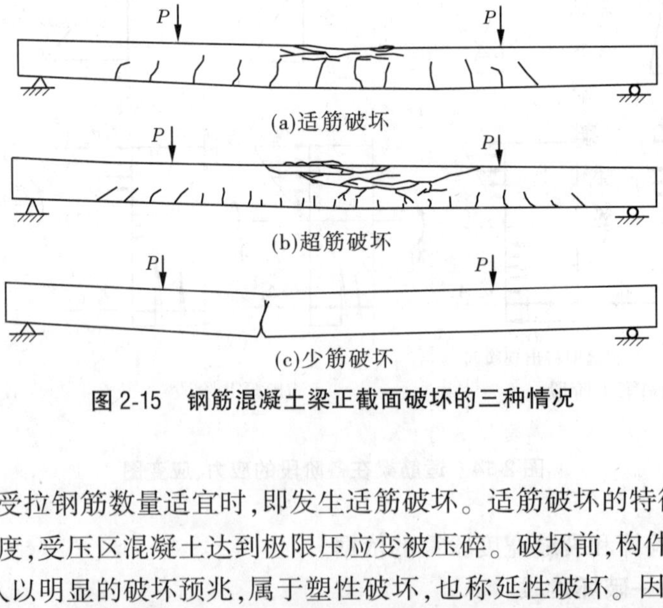

图 2-15　钢筋混凝土梁正截面破坏的三种情况

2.1　适筋破坏

当截面配置受拉钢筋数量适宜时,即发生适筋破坏。适筋破坏的特征是:受拉钢筋应力先达到屈服强度,受压区混凝土达到极限压应变被压碎。破坏前,构件上有明显主裂缝和较大挠度,给人以明显的破坏预兆,属于塑性破坏,也称延性破坏。因这种情况既安全可靠又可以充分发挥材料强度,所以是梁、板构件正截面受弯承载力计算的依据。

2.2　超筋破坏

当截面配置受拉钢筋数量过多时,即发生超筋破坏。超筋破坏的特征是:受拉钢筋达不到屈服强度,受压区混凝土达到极限压应变被压碎。破坏前,构件的裂缝宽度和挠度都很小,破坏无明显的预兆,这种破坏属于脆性破坏。超筋破坏不仅破坏突然,而且钢筋用量大,不经济。因此,设计中不允许采用超筋截面。

码 2-34 微课-超筋破坏　码 2-35 动画-超筋梁受弯破坏　码 2-36 微课-少筋破坏　码 2-37 动画-少筋梁受弯破坏

2.3 少筋破坏

当截面配置受拉钢筋数量过少时,即发生少筋破坏。少筋破坏的特征是:破坏时的极限弯矩等于开裂弯矩,一裂即断。构件一旦开裂,裂缝截面混凝土即退出工作,拉力由钢筋承担而使钢筋应力突增,且很快达到并超过屈服强度进入强化阶段,导致较宽裂缝和较大变形而使构件破坏。因少筋破坏是突然发生的,也属于脆性破坏,所以设计中不允许采用少筋截面。

综上所述,在钢筋混凝土梁、板设计时,只能采用适筋截面。因此,以适筋截面的破坏为基础,建立梁、板构件正截面承载力的计算公式,再配以公式的适用条件,以限制超筋破坏和少筋破坏的发生。

任务3 单筋矩形截面梁、板正截面受弯承载力计算

1 正截面承载力计算的一般规定

1.1 计算方法的基本假定

(1)截面应变保持为平面。构件正截面受力变形后仍为平面,截面上的平均应变均保持为直线分布,截面上任意点的应变与该点到中和轴的距离成正比。

(2)不考虑混凝土的抗拉强度。忽略受拉区混凝土的作用,拉力全部由纵向受力钢筋来承担。

(3)计算中混凝土应力—应变关系曲线如图2-16所示。当压应变 $\varepsilon_c \leqslant 0.002$ 时,应力—应变关系曲线为抛物线;当压应变 $\varepsilon_c > 0.002$ 时,应力—应变关系曲线呈水平线,其极限压应变 ε_{cu} 取0.003 3,相应的最大压应力取混凝土轴心抗压强度设计值 f_c。

(4)计算中,软钢钢筋的应力—应变关系曲线如图2-17所示。钢筋应力取等于钢筋应变与其弹性模量的乘积,但不应大于其相应的强度设计值。即钢筋屈服前,应力按 $\sigma_s = E_s\varepsilon_s$;钢筋屈服后,其应力一律取强度设计值 f_y。

1.2 受压区混凝土的等效应力图形

根据平截面假定和混凝土应力—应变关系曲线,可绘制出受压区混凝土的应力图形。由于得到的应力图形为二次抛物线,不便于计算,采用等效的矩形应力图形代替曲线应力图形,根据混凝土压应力的合力相等和合力作用点位置不变的原则,近似取 $x = 0.8x_0$,将其简化为等效矩形应力图形,如图2-18所示。

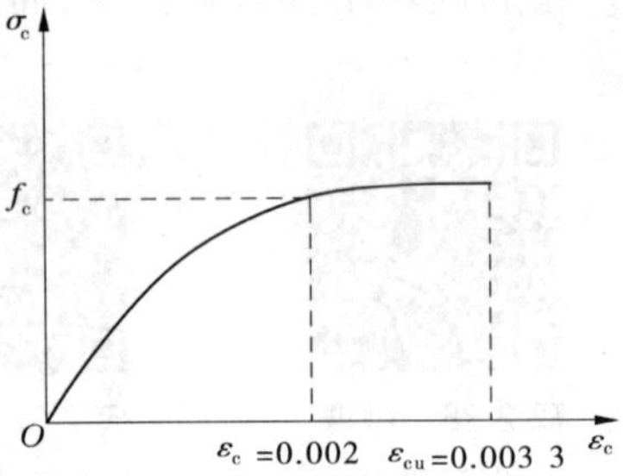

图 2-16　混凝土应力—应变计算曲线

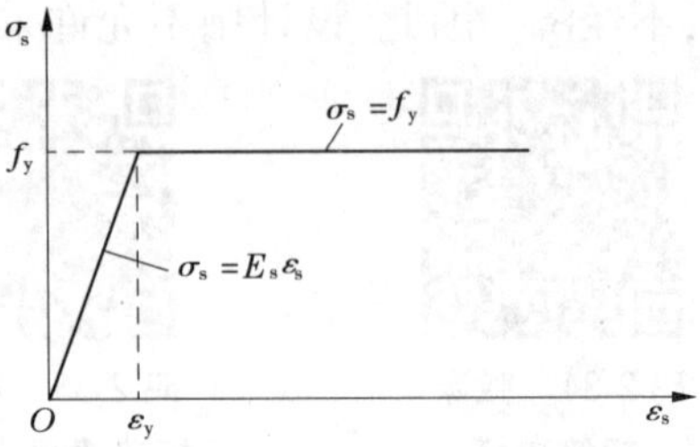

图 2-17　钢筋应力—应变计算曲线

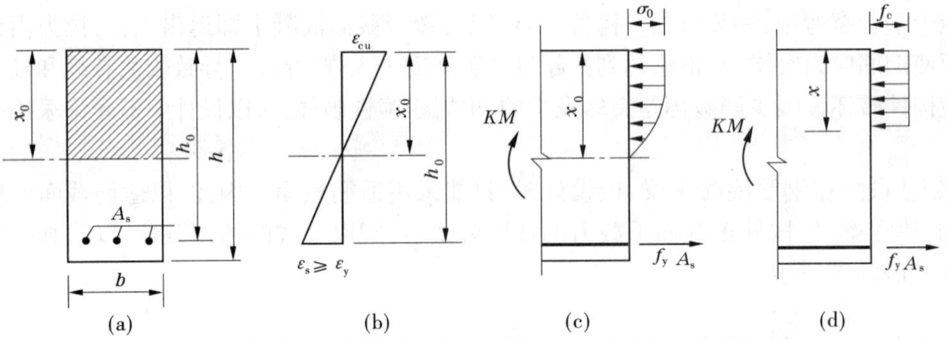

图 2-18　等效矩形应力图形的换算

1.3　相对受压区计算高度

相对受压区计算高度是等效矩形混凝土受压区计算高度 x 与截面有效高度 h_0 的比值,用 $\xi = x/h_0$ 表示。当梁发生界限破坏时,即受拉钢筋屈服的同时,受压区混凝土也达到极限压应变 ε_{cu}。这时,混凝土受压区计算高度 x_b 与截面有效高度 h_0 的比值,称为相对界限受压区计算高度 ξ_b,$\xi_b = x_b/h_0$。这种临界破坏状态就是适筋梁与超筋梁的界限。

如图 2-19 所示,若实际混凝土相对受压区计算高度 $\xi<\xi_b$,即 $x<\xi_b h_0$、$\varepsilon_s>\varepsilon_y$,受拉钢筋可以达到屈服强度,则为适筋破坏;若 $\xi>\xi_b$,即 $x>\xi_b h_0$、$\varepsilon_s<\varepsilon_y$,受拉钢筋达不到屈服强度,则为超筋破坏。常见钢筋 ξ_b 值见表 2-3。

码 2-38　微课-相对受压区计算高度

码 2-39　微课-受拉钢筋配筋率

码 2-40　动画-受拉钢筋配筋率

1.4　受拉钢筋配筋率

受拉钢筋的配筋率 ρ 是指受拉钢筋截面面积 A_s 与截面有效面积 bh_0 的比值,以百分率表示,即 $\rho = A_s/(bh_0)\times 100\%$。通常,用 ρ_{max} 表示受拉钢筋的最大配筋率,用 ρ_{min} 表示受拉钢筋的最小配筋率。当 $\rho>\rho_{max}$ 时，将发生超筋破坏；当 $\rho<\rho_{min}$ 时，将发生少筋破坏；当 $\rho_{min}\leqslant\rho\leqslant\rho_{max}$ 时，将发生适筋破坏。为避免发生超筋破坏与少筋破坏，截面设计时，应控制受拉纵筋的配筋率 ρ 在 $\rho_{min}\sim\rho_{max}$ 范围内。

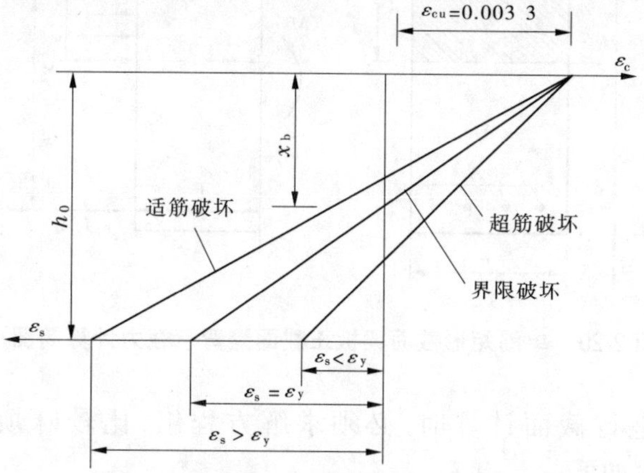

图 2-19 适筋、超筋、界限破坏时的截面应变图

表 2-3 钢筋混凝土构件常用钢筋的 ξ_b、α_{sb}、α_{smax} 值

混凝土强度等级	钢筋级别	ξ_b	$\alpha_{sb}=\xi_b(1-0.5\xi_b)$	$0.85\xi_b$	$\alpha_{smax}=0.85\xi_b(1-0.5\times0.85\xi_b)$
≤C50	HPB235	0.614	0.425	0.522	0.386
	HRB335	0.550	0.399	0.468	0.358
	HRB400 RRB400	0.518	0.384	0.440	0.343

2 基本公式及适用条件

2.1 基本公式

根据图 2-20 和截面内力平衡条件，并满足承载能力极限状态计算表达式的要求，可得出如下基本计算公式：

$$\sum X=0 \qquad f_c bx=f_y A_s \tag{2-1}$$

$$\sum M=0 \qquad KM\leqslant f_c bx(h_0-0.5x) \tag{2-2}$$

码 2-41 微课-单筋矩形正截面受弯承载力计算公式

式中 M——弯矩设计值，N·mm；

f_c——混凝土轴心抗压强度设计值，N/mm²，按附表 1-2 取用；

b——矩形截面宽度，mm；

x——混凝土受压区计算高度，mm；

h_0——截面有效高度，mm；

f_y——受拉钢筋的强度设计值，N/mm²，按附表 1-5 取用；

A_s——受拉钢筋的截面面积，mm²；

K——承载力安全系数，按表 1-7 取用。

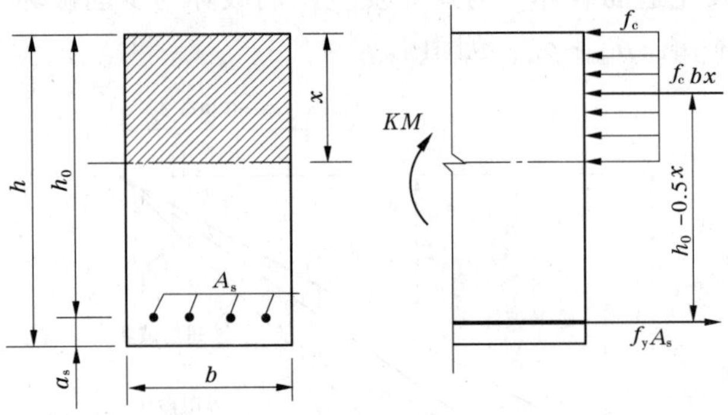

图 2-20 单筋矩形截面梁板正截面受弯承载力计算简图

利用基本公式进行截面计算时，必须求解方程组，比较麻烦。为简化计算，将式(2-1)、式(2-2)改写如下：

将 $\xi=x/h_0$ 代入式(2-1)、式(2-2)，并引入截面抵抗矩系数 α_s，令

$$\alpha_s = \xi(1 - 0.5\xi) \quad (2\text{-}3)$$

则基本公式改写为：

$$f_c b\xi h_0 = f_y A_s \quad (2\text{-}4)$$

$$KM \leqslant \alpha_s f_c b h_0^2 \quad (2\text{-}5)$$

由式(2-4)可得： $\rho=\xi f_c/f_y$

2.2 适用条件

基本公式是根据适筋破坏的情况推导出来的。因此，它的适用条件为：

(1)$\rho \leqslant \rho_{max}$ 或 $x \leqslant 0.85\xi_b h_0$ 或 $\xi \leqslant 0.85\xi_b$，以防止发生超筋破坏，$\rho_{max}=0.85\xi_b f_c/f_y$。

基本公式是依据适筋构件破坏时的应力图形情况推导的，在受拉钢筋屈服的同时，受压区混凝土也达到极限压应变 ε_{cu}，梁发生临界破坏的状态，就是适筋梁与超筋梁的界限。但为了结构的安全，更有效地防止发生超筋破坏，应用基本公式和由它派生出来的公式计算时，必须符合此条件。

(2)$\rho \geqslant \rho_{min}$，以防止发生少筋破坏，$\rho_{min}$ 按附表 3-2 取用。

钢筋混凝土梁、板构件破坏时承担的弯矩等于同截面素混凝土梁、板构件所能承担的弯矩时的受力状态，为适筋破坏与少筋破坏的分界。这时，梁板的配筋率应是适筋梁、板的最小配筋率。《规范》不仅考虑了这种“等承载力”原则，而且考虑了混凝土的性质和工程经验等。因此，基本公式应符合此条件。

3 公式应用

钢筋混凝土梁、板构件的正截面承载力计算包括截面设计和承载力复核两类问题。

3.1 截面设计

在进行截面设计时，通常根据梁、板构件的使用要求、荷载大小、建筑物的级别和选用的材料强度等级等确定截面尺寸及钢筋数量。

3.1.1 确定截面尺寸

根据设计经验或已建类似结构，并考虑构造及施工方面的特殊要求，拟定截面高度 h 和截面宽度 b。衡量截面尺寸是否合理的标准是：拟定截面尺寸应使计算出的实际配筋率 ρ 处于常用配筋率范围内。一般梁、板的常用配筋率范围如下：

现浇实心板　　0.4%～0.8%

矩形截面梁　　0.6%～1.5%

T形截面梁　　0.9%～1.8%（相对于梁肋而言）

3.1.2 内力计算

（1）确定合理的计算简图。计算简图中应包括计算跨度、支座条件、荷载形式等的确定。梁与板的计算跨度 l_0 取下列各值中的较小者：

简支梁、空心板　　$l_0=l_c=l_n+a/2+b/2$ 或 $l_0=1.05l_n$

简支实心板　　$l_0=l_c=l_n+a/2+b/2, l_0=l_n+h$ 或 $l_0=1.1l_n$

式中 l_n——梁或板的净跨，mm；

a——梁或板的左端支承长度，mm；

b——梁或板的右端支承长度，mm；

h——板的厚度，mm。

（2）确定弯矩设计值 M。进行荷载的最不利组合，计算出跨中最大正弯矩设计值和支座最大负弯矩设计值。

3.1.3 配筋计算

（1）计算弯矩抵抗系数 α_s。$\alpha_s=KM/(f_cbh_0^2)$。

（2）计算受压区相对高度 ξ。$\xi=1-\sqrt{1-2\alpha_s}$。验算 $\xi\leqslant0.85\xi_b$，若不满足，将会发生超筋破坏，则应加大截面尺寸，提高混凝土强度等级或采用双筋截面。

（3）计算受拉钢筋面积 A_s。$A_s=f_cb\xi h_0/f_y$。

（4）验算配筋率 ρ。$\rho=A_s/(bh_0)$。验算 $\rho\geqslant\rho_{min}$，若 $\rho<\rho_{min}$，将会发生少筋破坏。这时，需要按 $\rho=\rho_{min}$ 进行配筋。截面的实际配筋率 ρ 应满足 $\rho_{min}\leqslant\rho\leqslant\rho_{max}$，最好处于梁或板的常用配筋率范围内，若不在相应范围内，可通过调整截面尺寸，重复上述计算过程，直到满足为止。

3.1.4 选配钢筋并绘制配筋图

根据附表2-1、附表2-2选出符合构造规定的钢筋直径、间距和根数。实际采用的钢筋截面面积一般应等于或略大于计算需要的钢筋截面面积，若小于计算所需要的面积，则相差不应超过5%。配筋图应表示截面尺寸和钢筋的布置，按适当比例绘制。

3.2 承载力复核

承载力复核是在已知截面尺寸、受拉钢筋截面面积、钢筋级别和混凝土强度等级的条件下，验算构件正截面的承载能力。

3.2.1 验算配筋率

配筋率应满足 $\rho=A_s/(bh_0)\geqslant\rho_{min}$。

3.2.2 确定受压区计算高度 x

计算受压区计算高度 x：　　$x=f_yA_s/(f_cb)$

3.2.3　确定构件的承载力

若 $x \leqslant 0.85\xi_b h_0$，说明不会发生超筋破坏，此时，如满足式(2-2)，则构件的正截面安全，否则不安全。

若 $x > 0.85\xi_b h_0$，说明将会发生超筋破坏，应取 $x = 0.85\xi_b h_0$，则 $\xi = 0.85\xi_b$、$\alpha_s = \alpha_{smax}$，如满足式(2-5)，则构件的正截面安全，否则不安全。

单筋矩形截面梁、板构件正截面受弯承载力计算步骤见图 2-21。

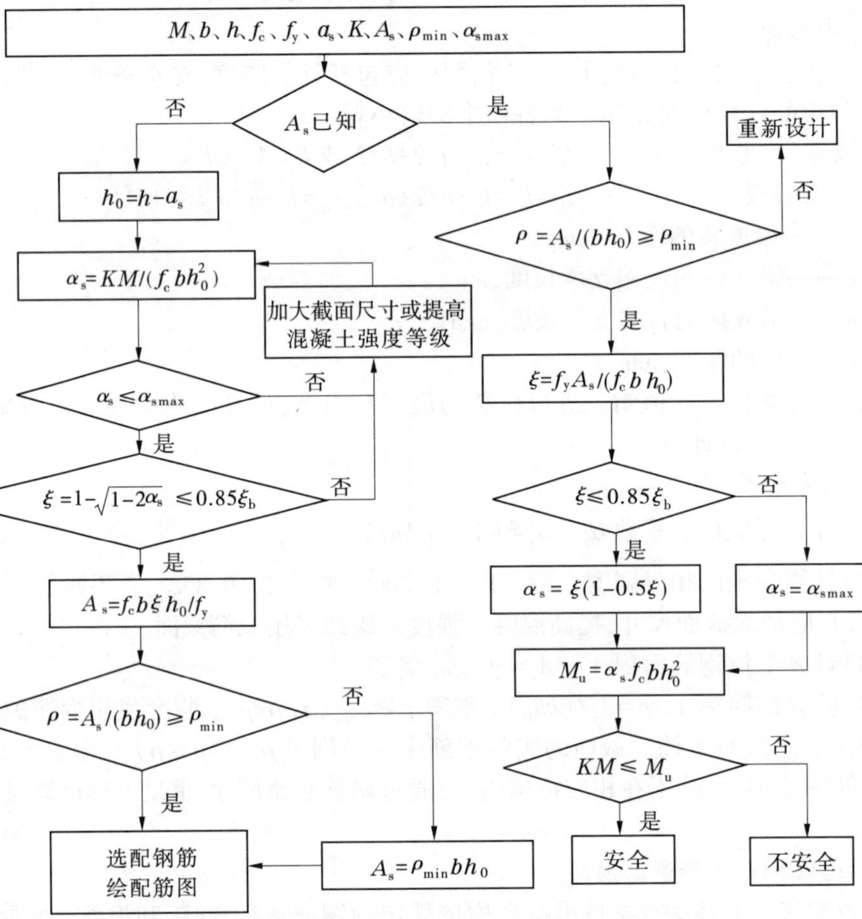

图 2-21　单筋矩形截面梁、板构件正截面受弯承载力计算流程

【案例 2-1】　某水电站厂房(2 级建筑物)的钢筋混凝土简支梁如图 2-22 所示。一类环境，净跨 $l_n = 5.76$ m，计算跨度 $l_0 = 6.0$ m，承受均布永久荷载(包括梁自重)$g_k = 12$ kN/m，均布可变荷载 $q_k = 8.9$ kN/m，采用混凝土强度等级为 C20，HRB335 级钢筋。试确定该梁的截面尺寸和纵向受拉钢筋面积 A_s。

码 2-42　微课-梁的正截面受弯承载力计算实例

解　查表得：$f_c = 9.6$ N/mm^2，$f_y = 300$ N/mm^2，$K = 1.20$。

(1)确定截面尺寸。

由构造要求取：

$$h=(1/12\sim1/8)l_0=(1/12\sim1/8)\times6\,000=$$

$$500\sim750(\text{mm}),取\ h=500\ \text{mm}$$

$$b=(1/3\sim1/2)h=(1/3\sim1/2)\times500=167\sim250(\text{mm}),取\ b=250\ \text{mm}$$

(2)内力计算。

$$M=(1.05g_k+1.20q_k)l_0^2/8=(1.05\times12+1.20\times8.9)\times6^2/8=104.76(\text{kN}\cdot\text{m})$$

(3)配筋计算。

取 $a_s=40$ mm，则 $h_0=h-a_s=500-40=460$(mm)。

$$\alpha_s=\frac{KM}{f_cbh_0^2}=\frac{1.20\times104.76\times10^6}{9.6\times250\times460^2}=0.248$$

$$\xi=1-\sqrt{1-2\alpha_s}=1-\sqrt{1-2\times0.248}=0.290<0.85\xi_b=0.85\times0.550=0.468$$

$$A_s=f_cb\xi h_0/f_y=9.6\times250\times0.290\times460/300=1\,067(\text{mm}^2)$$

$$\rho=1\,067/(250\times460)=0.93\%>\rho_{min}=0.2\%$$

(4)选配钢筋，绘制配筋图。

选受拉纵筋为 3 Φ 22($A_s=1\ 140\ \text{mm}^2$)，需要最小梁宽 $b_{min}=2c+3d+2e=2\times30+3\times22+2\times25=176$(mm)<250 mm，符合构造要求。配筋图如图 2-22 所示。

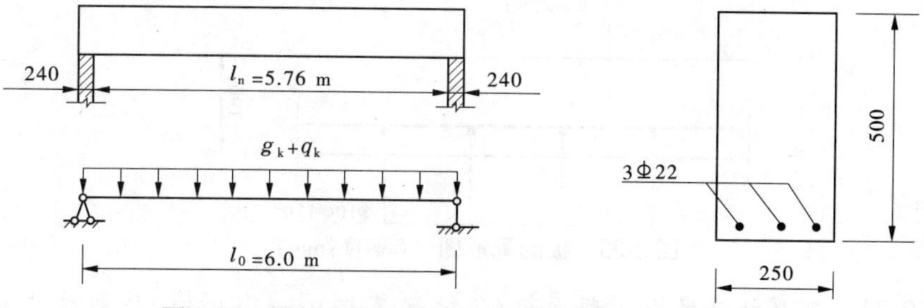

图 2-22 梁的内力计算图及截面配筋图 （单位：mm）

【案例 2-2】 某工作机房(2 级建筑物)中的现浇钢筋混凝土简支实心板，一类环境，计算跨度 $l_0=2\ 380$ mm，板上作用均布可变荷载标准值 $q_k=3.5$ kN/m，水磨石地面及细石混凝土垫层厚度为 30 mm，重度为 22 kN/m³，板底粉刷砂浆厚度为 12 mm，重度为 17 kN/m³，混凝土强度等级为 C20，HPB235 级钢筋，钢筋混凝土的重度为 25 kN/m³。试确定板厚 h 和受拉钢筋截面面积 A_s。

码 2-43 微课-板的正截面受弯承载力计算实例

解 查表得：$f_c=9.6\ \text{N/mm}^2$，$f_y=210\ \text{N/mm}^2$，$\xi_b=0.614$，$K=1.20$。

(1)尺寸拟定。

取 $b=1\ 000$ mm，根据板的构造规定(板厚 $h\geq l_0/35$)，假定板厚 $h=100$ mm。

(2)内力计算。

水磨石地面自重标准值： $1\times30\times10^{-3}\times22=0.66$(kN/m)

板的自重标准值： $1\times100\times10^{-3}\times25=2.5$(kN/m)

砂浆自重标准值： $1\times12\times10^{-3}\times17=0.2$(kN/m)

总的自重标准值：　　　$g_k = 0.66+2.5+0.20=3.36$ (kN/m)

可变荷载标准值：　　　$q_k=3.5$ kN/m

$$M = (1.05g_k + 1.20q_k)l_0^2/8 = (1.05 \times 3.36 + 1.20 \times 3.5) \times 2.38^2/8 = 5.47(\text{kN} \cdot \text{m})$$

(3)配筋计算。

取 $a_s=25$ mm，$h=100$ mm，则 $h_0=100-25=75$(mm)。

$$\alpha_s = \frac{KM}{f_c b h_0^2} = \frac{1.20 \times 5.47 \times 10^6}{9.6 \times 1\ 000 \times 75^2} = 0.122$$

$$\xi = 1 - \sqrt{1-2\alpha_s} = 1 - \sqrt{1 - 2 \times 0.122} = 0.131 < 0.85\xi_b = 0.85 \times 0.614 = 0.522$$

不会发生超筋破坏。

$$A_s = f_c b \xi h_0 / f_y = 9.6 \times 1\ 000 \times 0.131 \times 75/210 = 449(\text{mm}^2)$$

$$\rho = A_s/(bh_0) = 449/(1\ 000 \times 75) \approx 0.60\% > \rho_{min} = 0.2\%$$

不会发生少筋破坏，并在板的常用配筋率0.4%～0.8%的范围，所以拟定板厚 $h=$ 100 mm 合理。

(4)选配钢筋并绘制配筋图。

选受拉钢筋为Φ10@170($A_s=462$ mm²)，分布钢筋为Φ6@250($A_s=113$ mm²)。正截面配筋如图2-23所示。

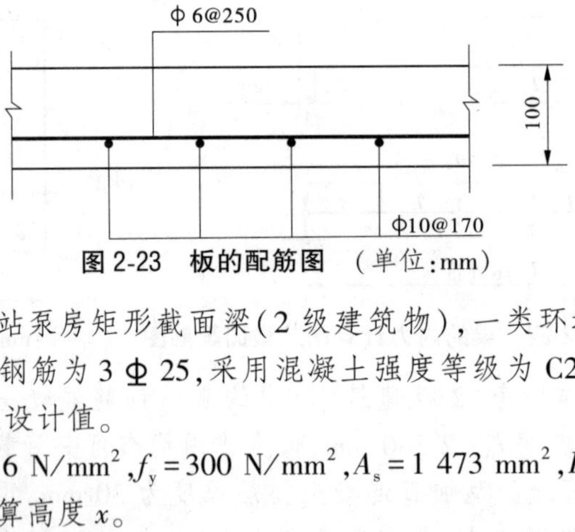

图2-23　板的配筋图　(单位：mm)

【案例2-3】 某泵站泵房矩形截面梁(2级建筑物)，一类环境，截面尺寸 $b \times h = 250$ mm×600 mm，配置受拉钢筋为3Φ25，采用混凝土强度等级为C20，HRB335级钢筋。计算该梁所能承受的弯矩设计值。

解　查表得：$f_c=9.6$ N/mm²，$f_y=300$ N/mm²，$A_s=1\ 473$ mm²，$K=1.20$。

(1)确定受压区计算高度 x。

$$h_0 = h - a_s = 600 - (30 + 25/2) = 557.5(\text{mm})$$

$$\rho = A_s/(bh_0) = 1\ 473/(250 \times 557.5) = 1.1\% > \rho_{min} = 0.20\%$$

$$x = \frac{f_y A_s}{f_c b} = \frac{300 \times 1\ 473}{9.6 \times 250} = 184(\text{mm}) < 0.85\xi_b h_0 = 0.85 \times 0.550 \times 557.5 = 261(\text{mm})$$

不会发生超筋破坏。

(2)计算该梁所能承受的弯矩设计值。

$$M = f_c bx(h_0 - 0.5x)/K = 9.6 \times 250 \times 184 \times (557.5 - 0.5 \times 184) \times 10^{-6}/1.20$$
$$= 205.56/1.20 = 171.30(\text{kN} \cdot \text{m})$$

所以，该梁正截面所能承受的弯矩设计值为171.30 kN·m。

任务4　梁、板的斜截面受剪承载力计算

前面已经学过钢筋混凝土梁在承受弯矩的区段内，构件会产生正截面裂缝，若其受弯承载力不足，则沿正截面破坏。在实际工程中，绝大多数钢筋混凝土梁、板构件除承受弯矩外，还同时承受剪力。在弯矩 M 和剪力 V 共同作用的剪弯区段内，构件常会出现斜裂缝（见图2-24），沿斜裂缝发生斜截面破坏。斜截面破坏具有脆性破坏的性质，因此必须进行斜截面承载力计算。

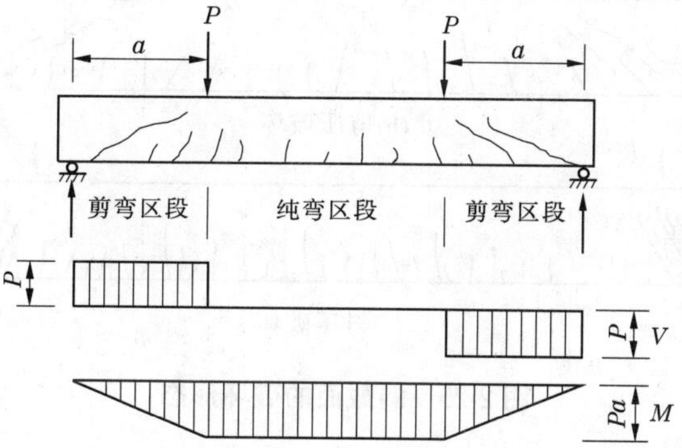

图2-24　剪弯区段及斜裂缝

梁、板的斜截面承载力包括斜截面受剪承载力和斜截面受弯承载力。斜截面受剪承载力通过计算配置腹筋来保证，而斜截面受弯承载力则通过构造措施来保证。

1　梁的斜截面受剪破坏分析

1.1　有腹筋梁斜截面受剪破坏形态

有腹筋梁斜截面受剪破坏形态主要与剪跨比（$\lambda=a/h_0$）和腹筋用量等因素有关。斜截面破坏的主要形态有斜拉破坏、剪压破坏及斜压破坏三种。

码2-44　微课-斜拉破坏

1.1.1　斜拉破坏

当梁的剪跨比 λ 较大（一般集中荷载作用下 $\lambda>3$，均布荷载作用下跨高比 $l_0/h>9$），且腹筋数量配得过少时，随着荷载的增加，梁一旦出现斜裂缝，很快形成一条主要斜裂缝，并迅速向受压边缘发展，直至将整个截面裂通，使构件劈裂为两部分而破坏，如图2-25（a）所示。其破坏原因是余留截面上的斜向拉应力超过了混凝土的抗拉强度。斜拉破坏类似正截面少筋梁破坏，一裂即坏，破坏突然，计算中必须防止。

码2-45　动画-斜拉破坏

1.1.2　剪压破坏

当梁的剪跨比 λ 适中（一般集中荷载作用下 $1<\lambda\leqslant3$，均布荷载作用下 $3<l_0/h\leqslant9$），同时，腹筋配置数量适当时，随着荷载的增加，首先在受拉区出现一些垂直裂缝和几条细微的斜裂缝。当荷载增加到一定程度时，多条斜裂缝中的一条形成主要斜裂缝，该主要斜裂缝向斜上方伸展，使受压区高度逐渐减小，直到斜裂缝顶端的混凝土在剪应力和压应力共

同作用下被压碎而破坏,如图 2-25(b)所示。其破坏原因是余留截面上混凝土的斜向压应力超过了混凝土在压力和剪力共同作用下的抗压强度。剪压破坏的破坏过程比斜拉破坏缓慢些,腹筋能得到充分利用,因此在计算中应把构件斜截面破坏控制在剪压破坏形态。

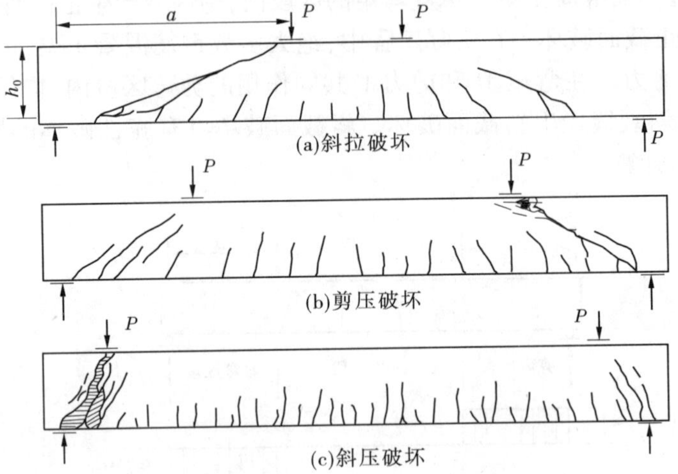

(a)斜拉破坏

(b)剪压破坏

(c)斜压破坏

图 2-25　斜截面的破坏形态

码 2-46　微课-剪压破坏

码 2-47　动画-剪压破坏

码 2-48　微课-斜压破坏

码 2-49　动画-斜压破坏

1.1.3　斜压破坏

当梁的剪跨比较小(一般集中荷载作用下 $\lambda \leqslant 1$,均布荷载作用下 $l_0/h \leqslant 3$)或腹筋配置过多时,常发生斜压破坏。在荷载作用下,斜裂缝出现后,在裂缝中间形成倾斜的混凝土短柱,随着荷载的增加,这些短柱因混凝土达到轴心抗压强度而被压碎,如图 2-25(c)所示。其破坏原因是斜向压应力超过了混凝土的抗压强度。这种破坏没有预兆,且腹筋达不到屈服强度,类似于正截面的超筋破坏,计算中也应当避免。

1.2　影响斜截面受剪承载力的主要因素

1.2.1　剪跨比 λ

剪跨比反映了梁中弯矩和剪力的相对大小(广义剪跨比 $\lambda = M/(Vh_0)$)。剪跨比对梁的斜裂缝发生和发展状况、破坏形态及斜截面承载力影响很大。对梁顶直接施加集中荷载的梁,剪跨比 λ 是影响受剪承载力的主要因素。当 $\lambda>3$ 时常为斜拉破坏;当 $\lambda \leqslant 1$ 时可能发生斜压破坏;当 $1<\lambda \leqslant 3$ 时,一般发生剪压破坏。

码 2-50　微课-影响斜截面受剪承载力的主要因素

1.2.2　混凝土强度

混凝土强度也是影响斜截面承载力的一个重要因素,试验表明,构件斜截面承载力随混凝土强度的提高而提高，并接近线性关系。

1.2.3　腹筋

斜裂缝出现之前，钢筋和混凝土一样变形很小，所以腹筋的应力很低，对阻止斜裂缝开裂的作用甚微。斜裂缝出现后，与斜裂缝相交的腹筋，不仅可以直接承受部分剪力，还能阻止斜裂缝开展过宽，延缓斜裂缝的开展，提高斜截面上骨料的咬合力及混凝土的受剪承载力。另外，箍筋可限制纵筋的竖向位移，能有效阻止混凝土沿纵向的撕裂，从而提高纵筋在抗剪中的销栓作用。

1.2.4　纵筋配筋率ρ

增大纵筋配筋率ρ可抑制斜裂缝向受压区的伸展，从而提高骨料咬合力，并加大剪压区高度，使混凝土的抗剪能力提高，同时提高了纵筋的销栓作用。

除上述因素外，影响斜截面承载力的因素还有截面形式、截面尺寸和加载方式等。

2　斜截面受剪承载力计算

2.1　计算公式

斜截面受剪承载力计算是以剪压破坏特征来建立计算公式的。图2-26所示为配置适量腹筋的简支梁，在主要斜裂缝AB出现（临界破坏）时，取AB到支座的一段梁作为脱离体，与斜裂缝相交的箍筋和弯起钢筋均可屈服，余留截面上混凝土的应力也达到极限抗压强度，斜截面的内力如图2-26所示。

码2-51　微课-梁的斜截面受剪承载力计算公式

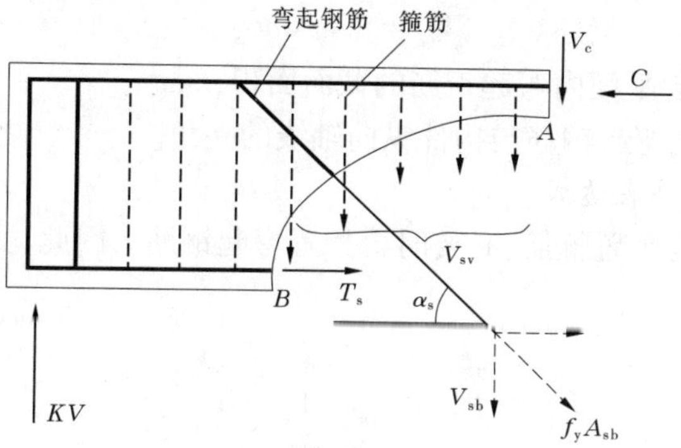

图2-26　斜截面承载力的组成

根据承载力极限状态计算原则和脱离体竖向力的平衡条件可得：

$$KV \leqslant V_c + V_{sv} + V_{sb} \tag{2-6}$$

式中　V——斜截面的剪力设计值，N；

V_c——混凝土的受剪承载力，N；

V_{sv}——箍筋的受剪承载力，N；

V_{sb}——弯起钢筋的受剪承载力，N；

K——承载力安全系数。

梁不配置弯起钢筋，仅配箍筋时的受剪承载力，由混凝土的受剪承载力V_c和箍筋的

受剪承载力 V_{sv} 两部分组成,并用 V_{cs} 表示,即 $V_{cs}=V_c+V_{sv}$。

由于影响斜截面受剪承载力的因素很多,目前《规范》采用的钢筋混凝土梁斜截面承载力计算公式仍为半理论半经验公式。

2.1.1 仅配箍筋的梁

对于承受一般荷载的矩形、T 形和 I 形截面梁,其受剪承载力计算基本公式为:

$$V_{cs} = 0.7f_t bh_0 + 1.25f_{yv}\frac{A_{sv}}{s}h_0 \tag{2-7}$$

对于承受集中力为主的重要的独立梁,其受剪承载力计算基本公式为:

$$V_{cs} = 0.5f_t bh_0 + f_{yv}\frac{A_{sv}}{s}h_0 \tag{2-8}$$

式中 f_t——混凝土轴心抗拉强度设计值,N/mm^2,按附表 1-2 采用;

b——矩形截面的宽度或 T 形、I 形截面的腹板宽度,mm;

h_0——截面有效高度,mm;

f_{yv}——箍筋抗拉强度设计值,N/mm^2,按附表 1-5 采用;

A_{sv}——配置在同一截面内箍筋各肢的全部截面面积,mm^2;

s——箍筋间距,mm。

2.1.2 弯起钢筋的受剪承载力 V_{sb}

弯起钢筋的受剪承载力是指通过破坏斜裂缝的斜筋所能承担的最大剪力,其值等于弯起钢筋所承受的拉力在垂直于梁轴线方向的分力(见图 2-26),即

$$V_{sb} = f_y A_{sb}\sin\alpha_s \tag{2-9}$$

式中 A_{sb}——同一弯起平面内弯起钢筋的截面面积,mm^2;

α_s——斜截面上弯起钢筋与构件纵向轴线的夹角。

2.1.3 受剪承载力计算表达式

在计算中一般是先配置箍筋,必要时再配置弯起钢筋。因此,受剪承载力计算公式又可分为两种情况:

(1)仅配置箍筋

$$KV \leqslant V_c + V_{sv} = V_{cs} \tag{2-10a}$$

$$V_c = 0.7f_t bh_0 \tag{2-10b}$$

$$V_{sv} = 1.25f_{yv}\frac{A_{sv}}{s}h_0 \tag{2-10c}$$

(2)同时配置箍筋和弯起钢筋

$$KV \leqslant V_c + V_{sv} + V_{sb} = V_{cs} + V_{sb} \tag{2-11}$$

对于不配置抗剪钢筋的实心板,其斜截面的受剪承载力应符合 $KV\leqslant 0.7\beta_h f_t bh_0$,其中 $\beta_h=(800/h_0)^{1/4}$,β_h 为截面高度影响系数;当 $h_0<800$ mm 时,取 $h_0=800$ mm,当 $h_0>2\ 000$ mm 时,取 $h_0=2\ 000$ mm。

对于配置弯起钢筋的实心板,其斜截面承载力应符合 $KV\leqslant V_c+V_{sb}$,其中,$V_c=0.7f_t bh_0$,$V_{sb}=f_y A_{sb}\sin\alpha_s$,并要求 $V_{sb}\leqslant 0.8f_t bh_0$。

2.2　计算公式的适用条件

斜截面受剪承载力计算公式是根据有腹筋梁的剪压破坏建立的。因此,公式的适用条件必须防止发生斜压破坏和斜拉破坏。

码 2-52　微课-梁的斜截面受剪承载力计算公式适用条件

2.2.1　防止斜压破坏的条件

当梁截面尺寸过小,配置的腹筋过多,剪力较大时,梁可能发生斜压破坏,这种破坏形态的构件受剪承载力主要取决于混凝土的抗压强度及构件的截面尺寸,腹筋的应力达不到屈服强度而不能充分发挥作用。为了避免发生斜压破坏,构件受剪截面必须符合下列条件:

当 $h_w/b \leqslant 4.0$ 时　　$KV \leqslant 0.25 f_c b h_0$　　(2-12)

当 $h_w/b \geqslant 6.0$ 时　　$KV \leqslant 0.2 f_c b h_0$　　(2-13)

当 $4.0 < h_w/b < 6.0$ 时,按直线内插法取用。

式中　V——构件斜截面上最大剪力设计值,N;

b——矩形截面的宽度,T 形截面或 I 形截面的腹板宽度,mm;

h_w——截面的腹板高度,mm,矩形截面取截面的有效高度,T 形截面取截面有效高度减去翼缘高度,I 形截面取腹板净高。

对于截面高度较大,控制裂缝开展宽度要求较严的水工结构构件(如混凝土渡槽槽身),即使 $h_w/b < 6.0$,其截面仍应符合式(2-13)的要求。若式(2-12)、式(2-13)不能满足,应加大截面尺寸或提高混凝土强度等级。对于 T 形或 I 形截面的简支受弯构件,当有实践经验时,式(2-12)中的系数 0.25 可改为 0.3。

2.2.2　防止斜拉破坏的条件

试验表明,若腹筋配置得过少过稀,一旦斜裂缝出现,由于腹筋的抗剪作用不足以替代斜裂缝发生前混凝土原有的作用,就会发生突然性的斜拉破坏。为了防止发生斜拉破坏,必须满足腹筋的间距及箍筋的配箍率的要求。

2.2.2.1　腹筋间距

如腹筋间距过大,有可能在两根腹筋之间出现不与腹筋相交的斜裂缝,这时腹筋便无从发挥作用(见图 2-27)。同时,箍筋分布的疏密对斜裂缝开展宽度也有影响。因此,对腹筋的最大间距 s_{max} 作了规定:在任何情况下,腹筋的间距 s 或 s_1 不得大于表 2-1 中的 s_{max} 数值。

2.2.2.2　配箍率

箍筋配置过少,一旦斜裂缝出现,由于箍筋的抗剪作用不足以替代斜裂缝发生前混凝土原有的作用,就会发生突然性的斜拉破坏。为了防止发生这种破坏,当 $KV > V_c$ 时,箍筋的配置应满足它的最小配箍率 ρ_{svmin} 要求:

对于 HPB235 级钢筋　　$\rho_{sv} = A_{sv}/(bs) \geqslant \rho_{svmin} = 0.15\%$　　(2-14)

对于 HRB335 级钢筋　　$\rho_{sv} = A_{sv}/(bs) \geqslant \rho_{svmin} = 0.10\%$　　(2-15)

码 2-53　动画-配箍率

当 $KV \leqslant V_c$ 时,可不进行斜截面受剪承载力计算,仅需按构造要求配置箍筋。

2.3　受剪承载力计算位置

在进行受剪承载力计算时,应先根据危险截面确定受剪承载力的计算位置,对于矩

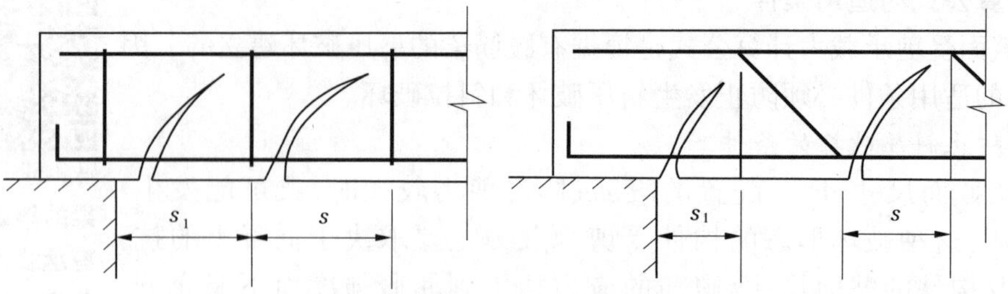

s_1—支座边缘第一根斜筋或箍筋的距离;s—斜筋或箍筋的距离

图 2-27 腹筋间距过大时产生的影响

形、T形和I形截面构件受剪承载力的计算位置(见图2-28),应按下列规定采用:

(1)支座边缘处的截面1—1;

(2)受拉区弯起钢筋弯起点处的截面2—2、3—3;

(3)箍筋数量或间距改变处的截面4—4;

(4)腹板宽度改变处的截面。

码2-54 微课-梁的斜截面受剪承载力计算位置

2.4 剪力设计值的取用

剪力设计值V可按下列规定取用:

(1)当计算支座截面的箍筋和第一排(对支座而言)弯起钢筋时,取用支座边缘的剪力设计值;对于仅承受直接作用在构件顶面的分布荷载的受弯构件,也可取为距离支座边缘为$0.5h_0$处的剪力设计值。

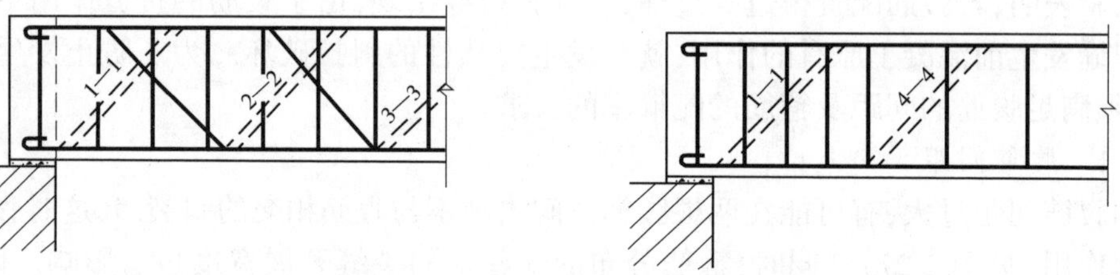

(a)配箍筋和弯起钢筋的梁　　(b)只配箍筋的梁

图 2-28 斜截面受剪承载力计算位置

(2)当计算以后的每一排弯起钢筋时,取前一排(对支座而言)弯起钢筋弯起点处的剪力设计值。弯起钢筋设置的排数与剪力图形及V_{cs}/K值的大小有关。弯起钢筋的计算一直要进行到最后一排弯起钢筋的弯起点,进入V_{cs}/K所能控制区之内,如图2-29所示。

(3)当箍筋数量或间距改变时,取用箍筋数量或间距改变处的剪力设计值。

(4)当腹板宽度有改变时,取腹板宽度改变处的剪力设计值。

2.5 斜截面受剪承载力计算步骤

斜截面受剪承载力计算包括截面设计和承载力复核两个方面。截面设计是在正截面承载力计算完成之后,即在截面尺寸、材料强度、纵向受力钢筋已知的条件下,计算梁内腹筋。承载力复核是在已知截面尺寸和梁内腹筋的条件下,验算梁的抗剪承载力是否满足要求。

斜截面受剪承载力计算步骤如下：

(1)作梁的剪力图。计算剪力设计值时的计算跨度取构件的净跨度，即 $l_0=l_n$，并按《规范》要求选取计算位置。

(2)截面尺寸验算。按式(2-12)或式(2-13)验算构件的截面尺寸，如不满足，则应加大截面尺寸或提高混凝土强度等级。

(3)验算是否按计算配置腹筋。

对于矩形、T形及I形截面的一般梁、板构件，如能满足

$$KV \leqslant 0.7f_t bh_0 \tag{2-16}$$

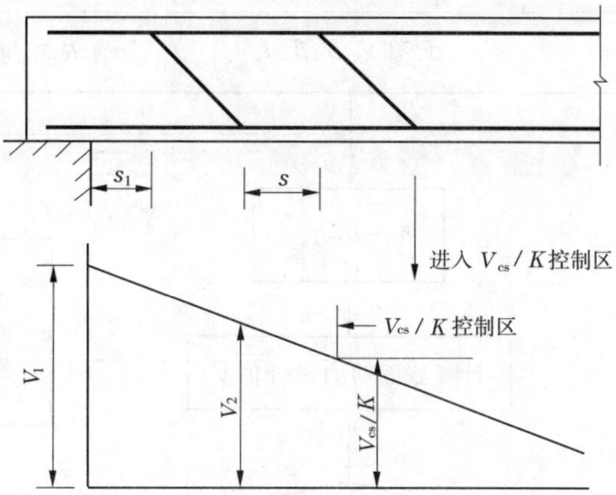

图2-29 弯起钢筋的剪力设计值

对于承受集中力为主的重要的独立梁，如能满足

$$KV \leqslant 0.5f_t bh_0 \tag{2-17}$$

则不需进行斜截面抗剪计算，按构造要求配置腹筋。否则，必须按计算配置腹筋。

(4)腹筋的计算。梁内腹筋通常有两类配置方法：一是仅配箍筋，二是既配箍筋又配弯起钢筋。至于采用哪一种方法，视构件具体情况、剪力的大小及纵向钢筋的数量而定。

①仅配箍筋。当剪力完全由混凝土和箍筋承担时，箍筋按下列公式计算：

对于矩形、T形或I形截面的梁，由式(2-7)及式(2-10)可得

$$\frac{A_{sv}}{s} \geqslant \frac{KV - 0.7f_t bh_0}{1.25f_{yv}h_0} \tag{2-18}$$

对于承受集中力为主的重要的独立梁，由式(2-8)及式(2-10)可得

$$\frac{A_{sv}}{s} \geqslant \frac{KV - 0.5f_t bh_0}{f_{yv}h_0} \tag{2-19}$$

计算出 A_{sv}/s 后，可先假定箍筋的肢数(通常是双肢箍筋)和直径，再求出箍筋间距 s。选取箍筋直径和间距应满足构造要求。

②既配箍筋又配弯起钢筋。当需要配置弯起钢筋参与承受剪力时，一般先选定箍筋的直径、间距和肢数，然后按式(2-7)或式(2-8)计算出 V_{cs}，如果 $KV>V_{cs}$，则需按下式计算弯起钢筋的截面面积，即

$$A_{sb} \geqslant \frac{KV - V_{cs}}{f_y \sin\alpha_s} \tag{2-20}$$

第一排弯起钢筋上弯点距支座边缘的距离应满足 50 mm$\leqslant s \leqslant s_{max}$，习惯上一般取 $s=$ 50 mm。弯起钢筋一般由梁中纵向受拉钢筋弯起而成。当纵向钢筋弯起不能满足正截面和斜截面受弯承载力要求时，可设置单独的仅作为受剪的弯起钢筋，这时，弯起钢筋应采用吊筋的形式(见图2-11)。

(5)配箍率验算。验算配箍率是否满足最小配箍率的要求，以防止发生斜拉破坏。

梁斜截面受剪承载力计算步骤见图2-30。

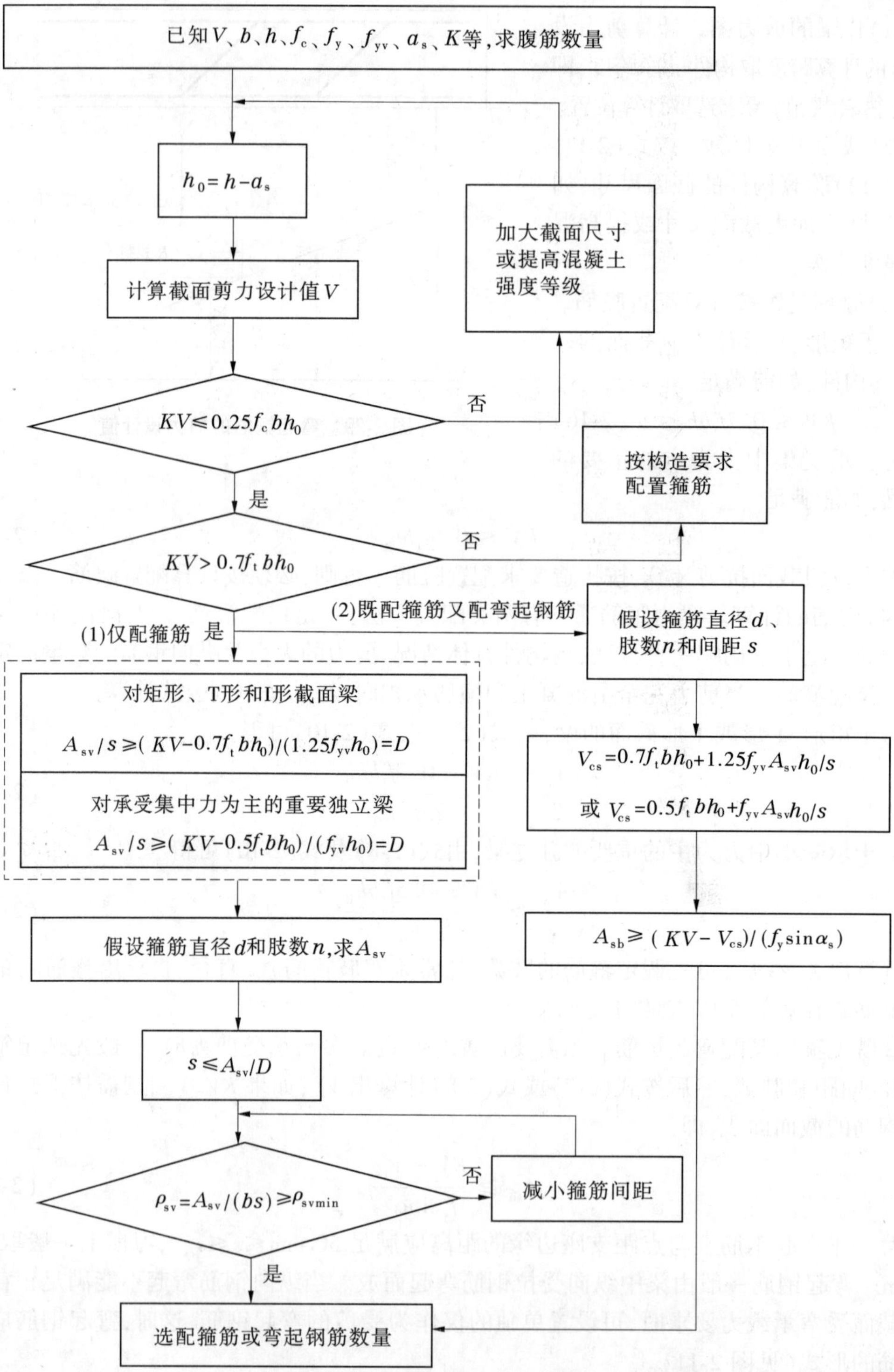

图 2-30　受弯构件斜截面受剪承载力计算流程

【案例 2-4】　某厂房(2 级建筑物)的钢筋混凝土简支梁(见图 2-31),两端支承在 240 mm 厚的砖墙上,该梁处于室内正常环境,梁净跨 $l_n = 3.56$ m,梁截面尺寸 $b \times h = 200$ mm×500 mm,在正常使用期间承受永久荷载标准值 $g_k = 20$ kN/m(包括自重),可变均布荷载标准值 $q_k = 38$ kN/m,采用 C25 混凝土,箍筋为 HPB235 级。试配置抗剪箍筋(取 $a_s = 40$ mm)。

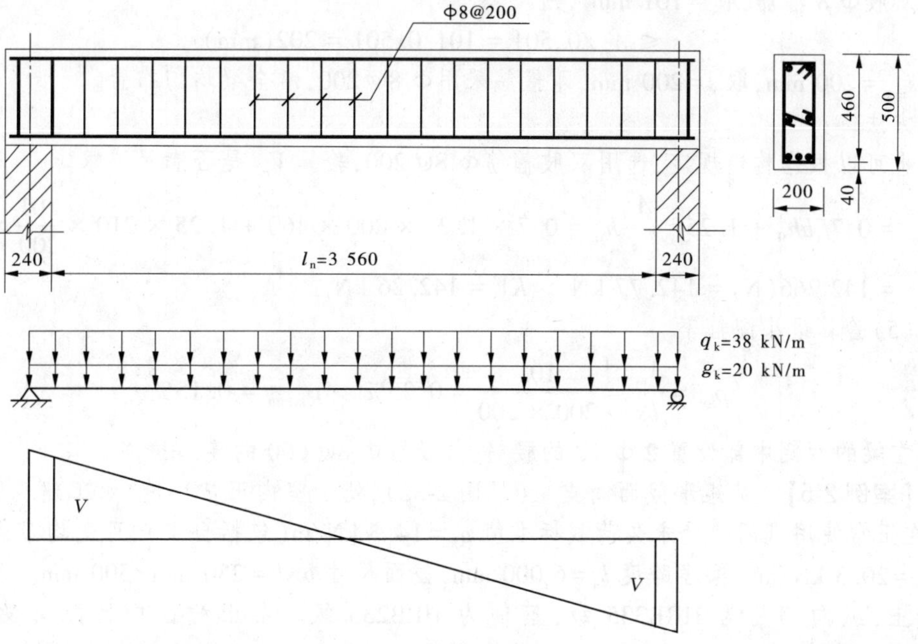

图 2-31　梁的剪力图及配筋图　(单位:mm)

解　查表得:$K = 1.20$,$f_c = 11.9\ \text{N/mm}^2$,$f_t = 1.27\ \text{N/mm}^2$,$f_{yv} = 210\ \text{N/mm}^2$。

码 2-55　微课
梁的斜截面受剪承载力计算案例

(1)计算剪力设计值。

最危险的截面在支座边缘处,该处的剪力设计值为:

$$V = (1.05g_k + 1.20q_k)l_n/2 = (1.05 \times 20 + 1.20 \times 38) \times 3.56/2$$
$$= 118.55(\text{kN})$$

(2)截面尺寸验算。

$$h_0 = h - a_s = 500 - 40 = 460(\text{mm}),h_w = h_0 = 460\ \text{mm},h_w/b = 460/200 = 2.3 < 4.0$$

$$0.25f_cbh_0 = 0.25 \times 11.9 \times 200 \times 460 = 273.7 \times 10^3(\text{N}) = 273.7\ \text{kN}$$

$$KV = 1.20 \times 118.55 = 142.26(\text{kN}) < 0.25f_cbh_0 = 273.7\ \text{kN}$$

故截面尺寸满足抗剪条件。

(3)验算是否需按计算配置箍筋。

$$V_c = 0.7f_tbh_0 = 0.7 \times 1.27 \times 200 \times 460 = 81.79(\text{kN}) < KV = 142.26\ \text{kN}$$

需按计算配置箍筋。

(4)计算箍筋数量。

方法一:

$$\frac{A_{sv}}{s} \geqslant \frac{KV - 0.7 f_t b h_0}{1.25 f_{yv} h_0}$$

$$= \frac{1.20 \times 118.55 \times 10^3 - 0.7 \times 1.27 \times 200 \times 460}{1.25 \times 210 \times 460} = 0.501(\text{mm}^2/\text{mm})$$

选用双肢Φ 8 箍筋,$A_{sv} = 101\ \text{mm}^2$,则

$$s \leqslant A_{sv}/0.501 = 101/0.501 = 202(\text{mm})$$

$s_{max} = 200$ mm,取 $s = 200$ mm,即箍筋采用Φ 8@200,沿全梁均匀布置。

方法二:

也可以根据构造规定,选用双肢箍筋Φ 8@200,验算 V_{cs} 是否满足要求。

$$V_{cs} = 0.7 f_t b h_0 + 1.25 f_{yv} \frac{A_{sv}}{s} h_0 = 0.7 \times 1.27 \times 200 \times 460 + 1.25 \times 210 \times \frac{101}{200} \times 460$$

$$= 142\,766(\text{N}) = 142.77\ \text{kN} > KV = 142.26\ \text{kN}$$

(5)验算最小配箍率。

$$\rho_{sv} = \frac{A_{sv}}{bs} = \frac{101}{200 \times 200} = 0.25\% > \rho_{svmin} = 0.15\%$$

在梁的两侧中部设置 2 Φ 12 的腰筋,并设置Φ 8@600 的连系拉筋。

【案例 2-5】 某矩形截面简支梁(见图 2-32),处于室内正常环境,水工建筑物级别 3 级,在正常使用期间承受永久荷载标准值 $g_k = 14.5$ kN/m(包括自重),可变均布荷载标准值 $q_k = 20.3$ kN/m。梁净跨度 $l_n = 6\,000$ mm,截面尺寸 $b \times h = 250$ mm×500 mm。采用 C20 混凝土,纵向钢筋为 HRB335 级,箍筋为 HPB235 级。梁正截面中已配有受压钢筋 2 Φ 18,受拉钢筋 2 Φ 25+2 Φ 28,一排布置,$a_s = 45$ mm。试配置抗剪腹筋。

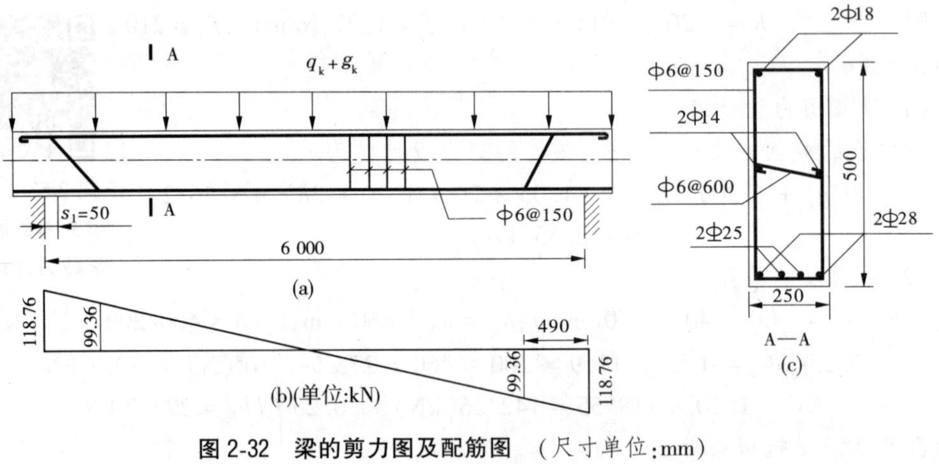

图 2-32　梁的剪力图及配筋图　(尺寸单位:mm)

解　查表得:$K = 1.20$,$f_t = 1.1\ \text{N/mm}^2$,$f_c = 9.6\ \text{N/mm}^2$,$f_y = 300\ \text{N/mm}^2$,$f_{yv} = 210\ \text{N/mm}^2$。

(1)支座边缘的剪力设计值。

$V = (1.05 g_k + 1.2 q_k) l_n/2 = (1.05 \times 14.5 + 1.20 \times 20.3) \times 6/2 = 118.76(\text{kN})$

剪力图如图 2-32 所示。

(2)截面尺寸复核。

$$h_w = h_0 = h - a_s = 500 - 45 = 455(\mathrm{mm})$$

$$h_w/b = 455/250 = 1.82 < 4.0$$

$$0.25f_c bh_0 = 0.25 \times 9.6 \times 250 \times 455 = 2.73 \times 10^5(\mathrm{N}) = 273\ \mathrm{kN}$$

$$KV = 1.20 \times 118.76 = 142.51(\mathrm{kN}) < 0.25f_c bh_0 = 273\ \mathrm{kN}$$

故截面尺寸满足抗剪要求。

(3)验算是否需要按计算配置腹筋。

$$V_c = 0.7f_t bh_0 = 0.7 \times 1.1 \times 250 \times 455 = 87.6 \times 10^3(\mathrm{N}) = 87.6\ \mathrm{kN} < KV = 142.51\ \mathrm{kN}$$

应按计算配置箍筋。

(4)腹筋的计算。

初选双肢箍筋Φ 6@150,$A_{sv}=57\ \mathrm{mm}^2$,$s=150\ \mathrm{mm}<s_{max}=200\ \mathrm{mm}$。

$$\rho_{sv}=\frac{A_{sv}}{bs}=\frac{57}{250\times150}=0.15\%=\rho_{svmin}=0.15\%$$,满足要求

$$V_{cs} = 0.7f_t bh_0 + 1.25f_{yv}\frac{A_{sv}}{s}h_0$$

$$= 0.7 \times 1.1 \times 250 \times 455 + 1.25 \times 210 \times \frac{57}{150} \times 455$$

$$= 132.97 \times 10^3(\mathrm{N}) = 132.97\ \mathrm{kN} < KV = 142.51\ \mathrm{kN}$$

应配置弯起钢筋。

$$A_{sb} = \frac{KV - V_{cs}}{f_y \sin45^\circ} = \frac{(142.51 - 132.97) \times 10^3}{300 \times 0.707} = 45(\mathrm{mm}^2)$$

由纵筋弯起2 Φ 25($A_{sb}=982\ \mathrm{mm}^2$),满足计算要求。第一排弯起钢筋的起弯点离支座边缘的距离为$s_1+(h-2c)$,其中$s_1=50\ \mathrm{mm}<s_{max}=200\ \mathrm{mm}$,则$s_1+(h-2c)=50+(500-2\times30)=490(\mathrm{mm})$,该截面上剪力设计值为$V=118.76-0.49\times(1.05\times14.5+1.20\times20.3)=99.36(\mathrm{kN})<V_{cs}/K=132.97/1.20=110.81(\mathrm{kN})$,不必再弯起第二排弯起钢筋。

在梁的两侧应沿高度设置2 Φ 14的腰筋,并设置Φ 6@600的连系拉筋。梁的配筋图如图2-32所示。

3 钢筋混凝土梁的斜截面受弯承载力

在实际工程中,为了节省钢材,常在弯矩较小的截面将部分纵筋截断或弯起做抗剪钢筋用,因而梁就有可能沿着斜截面发生受弯破坏。纵筋在截断或弯起时,如何来保证斜截面的受弯承载力?计算中一般是通过绘制正截面抵抗弯矩图的方法予以解决的。

3.1 抵抗弯矩图的概念

抵抗弯矩图,简称M_R图,它是按照梁内实配的纵筋数量计算并绘制出的各截面所能抵抗的弯矩图。作M_R图的过程也就是对钢筋布置进行图解设计的过程。

3.1.1 最大弯矩所在截面实配纵筋的抵抗弯矩计算与布置

(1)按比例绘出梁在荷载作用下的弯矩图(M图)。

(2)按纵筋截断或弯起的先后顺序在弯矩图的控制截面上自外至内排列各根纵筋,

其中既无截断又无弯起的纵筋要排在最内侧。

(3)按钢筋的截面面积大小,确定每根纵筋的实际抵抗弯矩,并按同一比例绘制在弯矩图上。

下面以某梁中的负弯矩区段为例说明 M_R 图的绘制方法及步骤。

【案例 2-6】 某矩形截面外伸梁(见图 2-33),截面 $b \times h = 250$ mm×600 mm,采用 C25 混凝土,HRB335 级钢筋,支座最大负弯矩设计值 $M_{max} = 190$ kN · m,经正截面承载力计算,该支座截面需要钢筋面积 $A_s = 1\ 602$ mm²,现配置 2 Φ 25+2 Φ 20($A_{s实} = 1\ 610$ mm²)纵筋,布置如图 2-33 所示。因抗剪要求,其中 1 Φ 25 需弯下作为弯起钢筋,试确定该截面各纵筋的实际抵抗弯矩及在 M_R 图上布置纵筋。

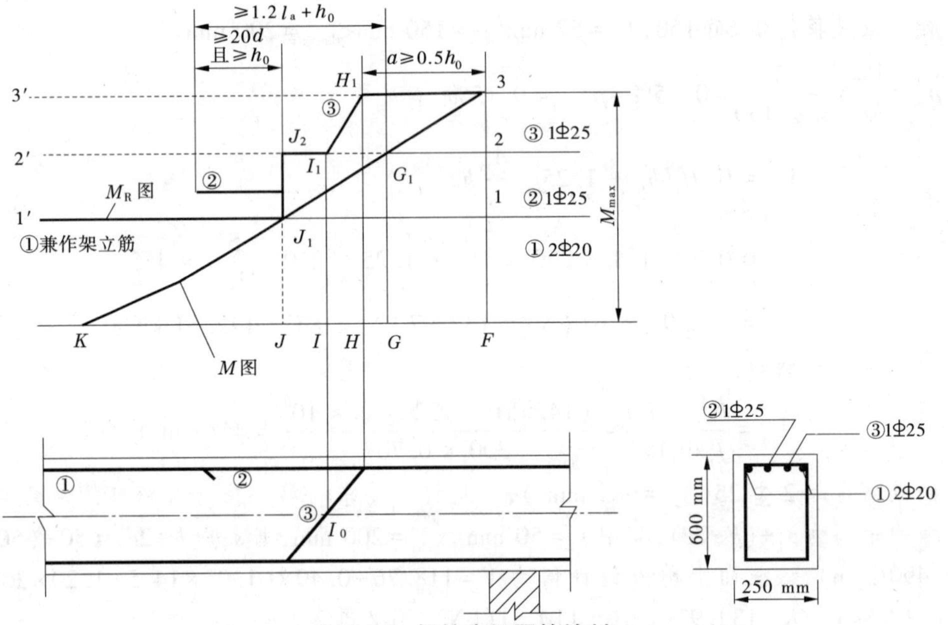

图 2-33　抵抗弯矩图的绘制

解　(1)绘制 M 图。按比例绘出该梁在荷载作用下的弯矩图(本案例仅绘制该支座负弯矩区段)。

(2)确定纵筋在 M_R 图上的排列顺序。位于两个角部的①2 Φ 20 因兼作架立筋,不能截断与弯起,因而布置在 M_R 图上支座截面的内侧;而③1 Φ 25 因抗剪要求需先弯下作为弯起钢筋,因而布置在 M_R 图上该截面的最外侧;为了节省钢筋,②1 Φ 25 可在适当的位置截断,因而布置在 M_R 图上该截面的中间侧。

(3)确定纵筋在 M_R 图上的具体位置。若正截面承载力计算所需的钢筋面积与该截面实配的钢筋面积接近,可近似地认为该截面的抵抗弯矩与该截面的设计弯矩相等。若实配的钢筋面积与计算所需的钢筋面积相差较大,可根据实配的钢筋面积计算该截面的抵抗弯矩 $\left(M_R = \dfrac{A_{s实}}{A_{s计}} M 、M_{Ri} = \dfrac{A_{si}}{A_{s实}} M_R\right)$。在本例中,因为支座截面的计算钢筋面积和实配钢筋面积相近,因此可认为该截面的抵抗弯矩与该截面的弯矩相等。按钢筋截面面积的比

例将坐标 $F3$(图中 F 点的纵坐标 $F3$ 就等于 M_{max})划分为每根纵筋各自抵抗的弯矩,如图2-33所示。坐标 $F1$ 代表2Φ20所抵抗的弯矩,坐标 $F2$ 代表2Φ20+1Φ25所抵抗的弯矩,坐标 $F3$ 代表2Φ20+2Φ25所抵抗的弯矩。

3.1.2 纵筋的理论截断点与充分利用点

在图2-33中,通过1、2、3点分别作平行于梁轴线的水平线,其中1、2水平线交弯矩图于 J_1、G_1 点。由图可知,F 截面是③号钢筋的充分利用点。在 G 截面,有1Φ25+2Φ20抗弯即可,故 G 截面为③号钢筋的不需要点,现将③号钢筋弯下兼作抗剪钢筋用。G 截面②号钢筋的强度可以得到充分利用,G 截面为②号钢筋的充分利用点。同理,J 截面为②号钢筋的不需要点,同时又是①号钢筋的充分利用点,依此类推。

一根钢筋的不需要点也称为该钢筋的理论截断点。因为对正截面抗弯来说,这根钢筋既然是多余的,在理论上便可以予以截断,但实际截断点还将延伸一段长度。

3.1.3 钢筋截断与弯起时 M_R 图的表示方法

钢筋截断反映在 M_R 图上便是截面抵抗能力的突变,如图2-33所示。M_R 图在 J 截面的突变反映②号钢筋在该截面被截断。

将③号钢筋在 H 截面弯下,M_R 图也必然发生变化。因为在弯下的过程中,该钢筋仍能抵抗一定的弯矩,但这种抵抗弯矩是逐渐下降的,直到 I 截面弯起钢筋穿过梁的中性轴(即进入受压区),它的正截面抗弯能力才认为完全消失,在 H、I 截面之间 M_R 图假设为按斜直线变化。

3.1.4 M_R 图与 M 图的关系

M_R 图代表梁的正截面抗弯能力,因此在各个截面上都要求 M_R 不小于 M,所以与 M 图是同一比例的 M_R 图必须将 M 图包括在内。M_R 图与 M 图越贴近,表明钢筋强度的利用越充分,这是计算中应力求做到的一点。与此同时,也要照顾到施工的便利,不要片面追求钢筋的利用程度而致使钢筋配置复杂化。

3.2 保证斜截面受弯承载力的构造措施

3.2.1 纵向受力钢筋截断时的构造

为了保证斜截面的受弯承载力,梁内纵向受拉钢筋一般不宜在正弯矩区段截断。对于承受负弯矩的区段或焊接骨架中的钢筋,当必须截断时(见图2-34),应符合以下规定:

(1)钢筋的实际截断点应伸过其理论截断点截面,当 $KV \leqslant V_c$ 时,延伸长度不小于 $20d$(d 为截断钢筋的直径);当 $KV > V_c$ 时,延伸长度不小于 h_0 且不应小于 $20d$。

(2)钢筋的充分利用点至该钢筋的实际截断点的距离,当 $KV \leqslant V_c$ 时,延伸长度 $l_d \geqslant 1.2l_a$;当 $KV > V_c$ 时,延伸长度 $l_d \geqslant 1.2l_a + h_0$。$l_a$ 为受拉钢筋的最小锚固长度,按表1-2采用。

3.2.2 纵向受力钢筋弯起时的构造

为了保证构件的正截面受弯承载力,弯起钢筋与梁轴线的交点必须位于该钢筋的理论截断点之外。同时,弯起钢筋的实际弯起点必须伸过其充分作用点一段距离 a,不论钢筋的弯起角度为多少,均统一取 $a \geqslant 0.5h_0$,如图2-33所示。

以上要求若与腹筋最大间距的限制条件相矛盾,尤其在承受负弯矩的支座附近容易出现这个问题,这是同一根弯筋同时抗弯又抗剪而引起的。腹筋最大间距的限制是为保

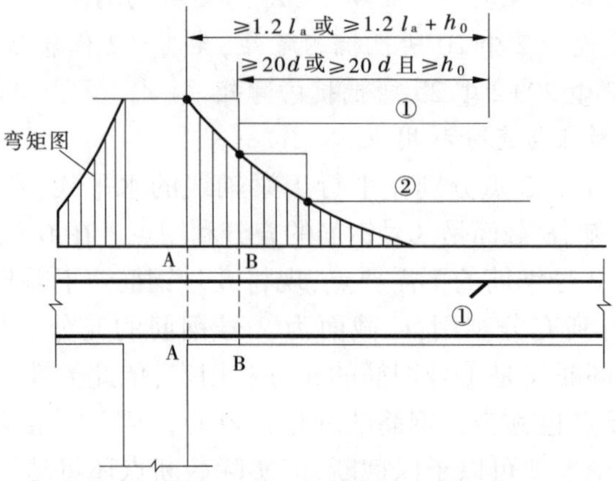

A—A:钢筋①的强度充分利用截面

B—B:按计算不需要钢筋①的截面

图 2-34　纵筋截断点及延伸长度

证斜截面的受剪承载力,而 $a \geqslant 0.5h_0$ 的条件是为保证斜截面的受弯承载力。当两者发生矛盾时,只能考虑弯起钢筋的一种作用,一般满足受弯要求而另加斜筋受剪;也可以满足受剪要求而另加直钢筋受弯。

3.2.3　纵向受力钢筋在支座中的锚固

简支梁和连续梁简支端的支座,弯矩为零。当梁端剪力较小时,不会出现斜裂缝,受力筋适当伸入支座即可。但当剪力较大引起斜裂缝时,就可能导致锚固破坏,所以简支梁下部纵向受力钢筋伸入支座的锚固长度 l_{as}(见图 2-35)应符合下列条件:

码 2-56　动画-受力钢筋在支座中的锚固

(1)当 $KV \leqslant V_c$ 时,$l_{as} \geqslant 5d$。

(2)当 $KV > V_c$ 时,$l_{as} \geqslant 12d$(带肋钢筋)或 $l_{as} \geqslant 15d$(光圆钢筋)。

若下部纵向受力钢筋伸入支座的锚固长度不能符合上述规定,可在梁端将钢筋向上弯,或采取贴焊锚筋、镦头、焊锚板、将钢筋端部焊接在支座的预埋件上等锚固措施。

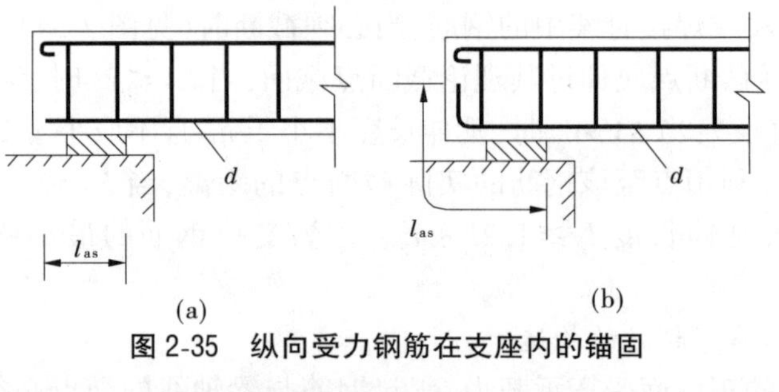

(a)　　(b)

图 2-35　纵向受力钢筋在支座内的锚固

任务 5　正常使用极限状态验算

梁、板设计必须首先满足承载能力极限状态的要求,以保证结构安全可靠。此外,还应满足正常使用极限状态对于裂缝和变形控制的要求，以保证结构构件的适用和耐久。随着建筑材料日益向轻质、高强方向发展，构件截面尺寸在进一步减小，裂缝及变形问题就变得更加突出了。在有些情况下，正常使用极限状态的验算可能成为梁、板设计中的控制情况。

1 抗裂验算

码 2-57 微课-抗裂验算

抗裂验算就是对使用上不允许出现裂缝的钢筋混凝土构件进行的验算。在荷载效应的标准组合下，梁、板构件应按下列公式进行抗裂验算：

$$M_k \leqslant \gamma_m \alpha_{ct} f_{tk} W_0 \tag{2-21}$$

式中 M_k——按荷载标准值计算的弯矩值，N · mm；

γ_m——截面抵抗矩的塑性系数，见附表 3-4；

α_{ct}——混凝土拉应力限制系数，$\alpha_{ct}=0.85$；

f_{tk}——混凝土抗拉强度标准值，N/mm^2，见附表 1-1；

W_0——换算截面 A_0 对受拉边缘的弹性抵抗矩，mm^3，$W_0=I_0/(h-y_0)$；

y_0——换算截面重心至受压边缘的距离，mm；

I_0——换算截面对其重心轴的惯性矩，mm^4；

h——截面全高，mm。

在抗裂验算时，需先计算换算截面的特征值 A_0、I_0、y_0，下面列出双筋 I 形截面（见图 2-36）的具体公式。对于矩形及 T 形或倒 T 形截面，只需在 I 形截面的基础上去掉无关的项即可。

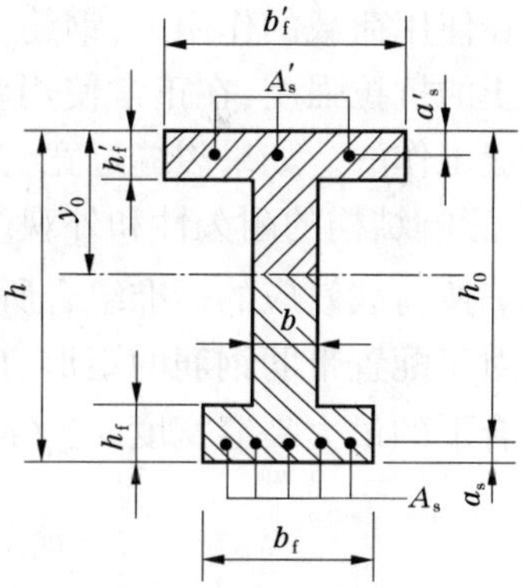

图 2-36 双筋 I 形截面

混凝土开裂之前，钢筋与混凝土满足变形协调的条件，为了方便计算，将钢筋面积换算为混凝土面积。因此，截面面积为 A_s 的纵向受拉钢筋相当于截面面积为 $\alpha_E A_s$ 的受拉混凝土作用，$\alpha_E A_s$ 就称为钢筋 A_s 的换算截面面积，则换算截面面积承受的拉力应与原钢筋承受的拉力相同。

构件总的换算截面面积为：

$$A_0 = bh + (b_f - b)h_f + (b'_f - b)h'_f + \alpha_E A_s + \alpha_E A'_s \tag{2-22}$$

式中 α_E——钢筋与混凝土弹性模量之比，$\alpha_E = E_s/E_c$。

换算截面重心至受压边缘的距离为：

$$y_0 = \frac{A_c y'_c + \alpha_E A_s h_0 + \alpha_E A'_s a'_s}{A_0}$$

$$= \frac{\dfrac{bh^2}{2} + (b'_f - b)\dfrac{h_f'^2}{2} + (b_f - b)h_f\left(h - \dfrac{h_f}{2}\right) + \alpha_E A_s h_0 + \alpha_E A'_s a'_s}{A_0} \tag{2-23}$$

换算截面对其重心轴的惯性矩为：

$$I_0 = I_c + A_c(y_0 - y'_c)^2 + \alpha_E A_s(h_0 - y_0)^2 + \alpha_E A'_s(y_0 - a'_s)^2$$

$$= \frac{b'_f y_0^3}{3} - \frac{(b'_f - b)(y_0 - h'_f)^3}{3} + \frac{b_f(h - y_0)^3}{3} - \frac{(b_f - b)(h - y_0 - h_f)^3}{3} + \alpha_E A_s(h_0 - y_0)^2 + \alpha_E A'_s(y_0 - a'_s)^2 \quad (2\text{-}24)$$

式中 I_c——混凝土截面对其本身重心轴的惯性矩，mm^4；

y'_c——混凝土截面重心至受压边缘的距离，mm。

单筋矩形截面的 y_0 及 I_0 也可按下列近似公式计算：

$$y_0 = (0.5 + 0.425\alpha_E\rho)h \quad (2\text{-}25)$$

$$I_0 = (0.0833 + 0.19\alpha_E\rho)bh^3 \quad (2\text{-}26)$$

对于钢筋混凝土的抗裂能力而言，钢筋所起的作用不大，如果取混凝土的极限拉应变 $\varepsilon_{tmax} = 0.0001 \sim 0.00015$，则混凝土即将开裂时，钢筋的拉应力 $\sigma_s \approx (0.0001 \sim 0.00015) \times 2.0 \times 10^5 = 20 \sim 30(N/mm^2)$。可见，此时钢筋的应力是很低的，所以用增加钢筋的办法来提高构件的抗裂能力是极不经济、不合理的。提高构件抗裂能力的主要方法是加大构件截面尺寸、提高混凝土强度等级、在混凝土中掺入钢纤维或采用预应力混凝土结构等。

2　裂缝宽度验算

码 2-58　微课-裂缝宽度验算

在使用荷载的作用下，钢筋混凝土梁、板截面上的拉应力常常大于混凝土的抗拉强度，在正常使用状态下必然会有裂缝产生，即构件总是带裂缝工作的。如果裂缝过宽，会降低混凝土的抗渗性和抗冻性等使用功能，影响结构的耐久性和外观。因此，要限制裂缝宽度，进行裂缝宽度验算。按荷载效应的标准组合所求得的最大裂缝宽度不应超过附表 3-3 规定的限值。

对于配置带肋钢筋的矩形、T 形及 I 形截面的钢筋混凝土梁、板构件，在荷载效应标准组合下的最大裂缝宽度 w_{max}(mm)可按下式计算：

$$w_{max} = \alpha \frac{\sigma_{sk}}{E_s}\left(30 + c + 0.07\frac{d}{\rho_{te}}\right) \quad (2\text{-}27)$$

式中 α——考虑构件受力特征和部分荷载长期作用的综合影响系数，对梁、板构件，取 $\alpha = 2.1$；

c——最外层纵向受拉钢筋外边缘至受拉区边缘的距离，mm，当 $c>65$ mm 时，取 $c=65$ mm；

d——钢筋直径，mm，当钢筋采用不同直径时，式中的 d 改用换算直径 $4A_s/u$，此处 u 为纵向受拉钢筋截面总周长；

ρ_{te}——纵向受拉钢筋的有效配筋率，$\rho_{te} = A_s/A_{te}$，当 $\rho_{te}<0.03$ 时，取 $\rho_{te} = 0.03$；

A_{te}——有效受拉混凝土截面面积，mm^2，对于梁、板构件，A_{te} 取其重心与受拉钢筋 A_s 重心相一致的混凝土面积，即 $A_{te} = 2a_s b$(见图 2-37)，a_s 为受拉钢筋 A_s 重心至截面受拉边缘的距离，b 为矩形截面的宽度，对于有受拉翼缘的 T 形及

I 形截面，b 为受拉翼缘宽度；

A_s——受拉区纵向钢筋截面面积，mm^2，对于梁、板构件，A_s 取受拉区纵向钢筋截面面积；

σ_{sk}——按荷载标准值计算的构件纵向受拉钢筋应力，N/mm^2，对梁板构件，$\sigma_{sk}=M_k/(0.87h_0A_s)$。

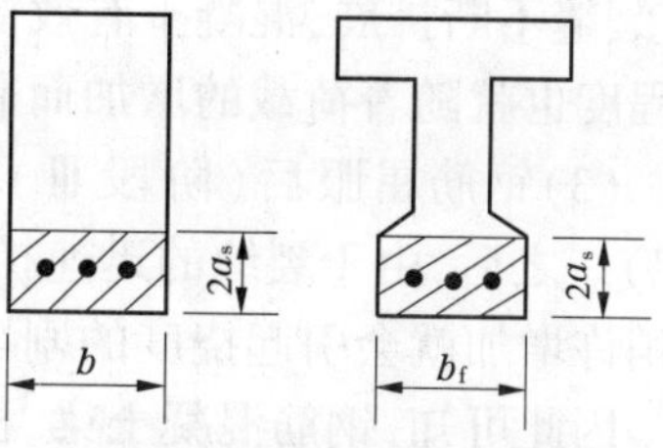

图 2-37　规范中 A_{te} 的取值

当计算所得的最大裂缝宽度 w_{max} 超过规定的限值时，认为不满足裂缝宽度的要求，应采取相应措施，以减小裂缝宽度。例如，适当减小钢筋直径，可适当增加配筋量，降低使用阶段的钢筋应力。对于限制裂缝宽度而言，最有效的方法是采用预应力混凝土结构。

3　变形验算

码 2-59　微课-变形验算

在水工建筑物中，由于稳定和使用上的要求，构件的截面尺寸设计得都比较大，刚度也就大，变形一般能满足要求。但吊车梁或门机轨道梁等构件，变形过大时会妨碍吊车或门机的正常行驶；闸门顶梁变形过大时会使闸门顶梁与胸墙底梁之间止水失效。对于这类有严格限制变形要求的构件以及截面尺寸特别单薄的装配式构件，就需要进行变形验算，以控制构件的变形。在荷载效应的标准组合作用下，梁、板构件最大挠度值不应超过附表 3-5 规定的限值，即 $f_{max}\leqslant f_{lim}$。

3.1　钢筋混凝土梁、板的截面刚度

在工程力学中，我们学习了受弯构件挠度计算公式为 $f=SMl_0^2/(EI)$。例如，均布荷载作用下简支梁的跨中最大挠度为 $f=5Ml_0^2/(48EI)$，对于均质线弹性材料梁，截面抗弯刚度 EI 为一常量，弯矩 M 与挠度 f 呈线性关系，如图 2-38 中的虚线 OD 所示。此公式不能直接用来计算钢筋混凝土梁、板的挠度，因为钢筋混凝土梁、板构件既非均质材料，又非弹性材料，开裂后又成为非连续体，截面抗弯刚度 EI 为变量，不符合工程力学的假定，因此挠度公式不能直接应用。

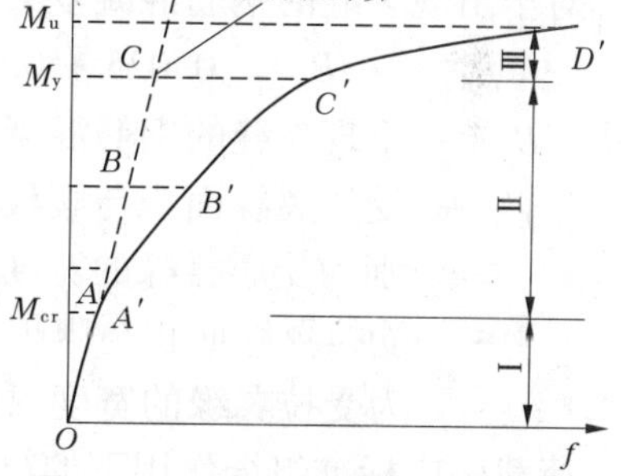

图 2-38　适筋梁实测的 $M\sim f$ 曲线

试验表明，钢筋混凝土梁、板随着荷载的增加，其抗弯刚度逐渐降低。适筋梁的弯矩 M 与挠度 f 的关系曲线为图 2-38 中的 $OA'B'C'D'$ 实线，可分为三个阶段：

码 2-60　动画-梁的挠度

(1) 裂缝出现之前（阶段Ⅰ），曲线 OA' 与 OA 非常接近。临近出现裂缝时，受拉混凝土出现了塑性变形，变形模量也略有降低。所以，f 值增加稍快，曲线略微向下弯曲。

(2) 出现裂缝后（阶段Ⅱ），$M\sim f$ 曲线在开裂瞬间发生明显的转折，出现了第一个转折点（A'）。配筋率越低的构件，转折越明显。

这不仅因为混凝土的塑性发展,变形模量降低,而且由于截面开裂,并随着荷载的增加,裂缝不断扩展,混凝土有效受力截面减小,截面的抗弯刚度降低,曲线 $A'B'$ 偏离直线的程度也就随着荷载的增加而非线性增加。

(3)钢筋屈服后(阶段Ⅲ),$M\sim f$ 曲线在钢筋刚屈服时出现第二个明显的转折点(C')。之后,由于裂缝的迅速扩展和受压区出现明显的塑性变形,截面刚度急剧下降,弯矩稍许增加就会引起挠度的剧增。

因此可知,钢筋混凝土梁、板塑性变形的出现以及裂缝的产生和发展,导致变形模量降低和截面惯性矩下降,使截面的抗弯刚度随着荷载的增加而不断降低。所以,《规范》用抗弯刚度 B 取代式中的 EI,B 是随弯矩 M 的增大而减小的变量。所以,钢筋混凝土梁、板的变形(挠度)计算就归结为抗弯刚度 B 的计算。

3.2　未出现裂缝的梁、板短期刚度

对于不出现裂缝的钢筋混凝土梁、板构件,由于截面未削弱,I 值不受影响,但混凝土受拉区塑性的出现,造成其弹性模量降低,梁的实际刚度比 EI 值稍低,所以只需将刚度 EI 稍加修正,即可反映不出现裂缝的钢筋混凝土梁、板的实际情况。可采用下式计算 B_s:

$$B_s = 0.85E_cI_0 \tag{2-28}$$

式中　B_s——不出现裂缝的钢筋混凝土梁、板构件的短期刚度,N·mm²;

E_c——混凝土的弹性模量,N/mm²;

I_0——换算截面对其重心轴的惯性矩,mm⁴;

0.85——考虑混凝土出现塑性时弹性模量降低的系数。

3.3　出现裂缝的梁、板的短期刚度

对于出现裂缝的钢筋混凝土梁、板,矩形、T形及I形截面的短期刚度计算公式如下:

$$B_s = (0.025 + 0.28\alpha_E\rho)(1 + 0.55\gamma_f' + 0.12\gamma_f)E_cbh_0^3 \tag{2-29}$$

式中　B_s——出现裂缝的钢筋混凝土梁、板的短期刚度,N·mm²;

γ_f'——受压翼缘面积与腹板有效面积的比值,$\gamma_f'=(b_f'-b)h_f'/(bh_0)$,其中 b_f'、h_f' 分别为受压翼缘的宽度、高度,当 $h_f'>0.2h_0$ 时,取 $h_f'=0.2h_0$;

γ_f——受拉翼缘面积与腹板有效面积的比值,$\gamma_f=(b_f-b)h_f/(bh_0)$,其中 b_f、h_f 分别为受拉翼缘的宽度、高度。

荷载效应标准组合作用下的梁、板刚度 B 可按下式计算:

$$B = 0.65B_s \tag{2-30}$$

钢筋混凝土梁、板的刚度 B 知道后,挠度值就可按工程力学公式求得,仅需用 B 代替公式中弹性体刚度 EI 即可。所求得的挠度设计值不应超过规定的挠度限值,即

$$f_{max} = S\frac{M_kl_0^2}{B} \leqslant f_{lim} \tag{2-31}$$

应当指出,计算梁、板构件的刚度 B_s 时,对于简支梁、板可取跨中截面的刚度,即配筋率 ρ 值按跨中截面选取;对于悬臂梁、板可取支座截面的刚度,即配筋率 ρ 值按支座截面选取;对于等截面的连续梁、板,刚度可取跨中截面刚度和支座截面刚度的平均值。

若验算挠度不能满足要求,则表示构件的截面抗弯刚度不足。增加截面尺寸、提高混凝土强度等级、增加配筋量及选用合理的截面(如T形或I形等)都可提高构件的刚度,但

合理而有效的措施是增大截面的高度。

【案例 2-7】 某 3 级水工建筑物中的钢筋混凝土矩形截面简支梁，处于露天环境，正常使用状况下承受荷载标准值 $g_k = 3$ kN/m（包括自重），$q_k = 7$ kN/m，梁截面尺寸为 $b \times h$ = 200 mm×500 mm，梁的计算跨度 $l_0 = 6.0$ m，混凝土强度等级选用 C25，配 3 Φ 18（$A_s = 763$ mm^2）的纵向受拉钢筋，如图 2-39 所示。验算梁的裂缝宽度和挠度是否满足要求。

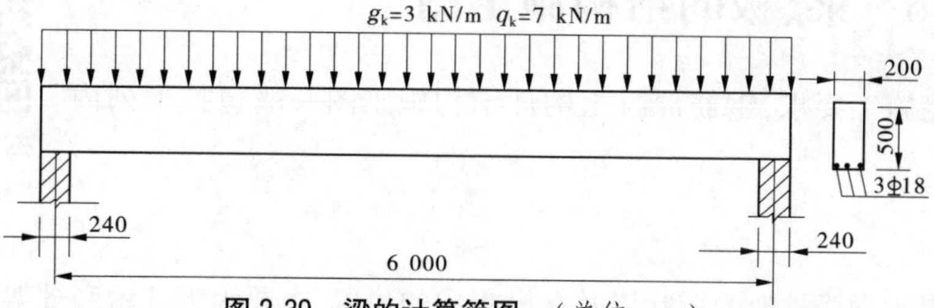

图 2-39　梁的计算简图　（单位：mm）

解　查表得：$w_{lim} = 0.3$ mm，$f_{lim} = l_0/200$，$f_{tk} = 1.78$ N/mm^2，$E_c = 2.80 \times 10^4$ N/mm^2，$E_s = 2 \times 10^5$ N/mm^2。

（1）按荷载标准组合计算的弯矩值。

$$M_k = (g_k + q_k) l_0^2/8 = (3 + 7) \times 6^2/8 = 45(\text{kN} \cdot \text{m})$$

（2）裂缝宽度验算。

码 2-61　微课-正常使用极限状态验算案例

梁、板构件，$\alpha = 2.1$，$d = 18$ mm，$c = 35$ mm，$a_s = c + \dfrac{d}{2} = 35 + 18/2 = 44$（mm）。

$$h_0 = 500 - 44 = 456(\text{mm})$$

$$\rho_{te} = \frac{A_s}{A_{te}} = \frac{A_s}{2a_s b} = \frac{763}{2 \times 44 \times 200} = 0.043\ 4$$

$$\sigma_{sk} = \frac{M_k}{0.87 h_0 A_s} = \frac{45 \times 10^6}{0.87 \times 456 \times 763} = 148.66(\text{N/mm}^2)$$

$$w_{max} = \alpha \frac{\sigma_{sk}}{E_s}\left(30 + c + 0.07\frac{d}{\rho_{te}}\right) = 2.1 \times \frac{148.66}{2 \times 10^5} \times \left(30 + 35 + 0.07 \times \frac{18}{0.043\ 4}\right)$$
$$= 0.15(\text{mm}) < w_{lim} = 0.3 \text{ mm}$$

满足要求。

（3）变形验算。

$$\alpha_E = E_s/E_c = 2 \times 10^5/(2.80 \times 10^4) = 7.14$$

$$\gamma_f' = \gamma_f = 0,\quad S = 5/48,\quad l_0 = 6\ 000 \text{ mm}$$

$$\rho = \frac{A_s}{bh_0} = \frac{763}{200 \times 456} = 0.008\ 37$$

$$B_s = (0.025 + 0.28\alpha_E\rho)(1 + 0.55\gamma_f' + 0.12\gamma_f)E_c b h_0^3$$
$$= (0.025 + 0.28 \times 7.14 \times 0.008\ 37) \times 2.80 \times 10^4 \times 200 \times 456^3$$
$$= 2.216 \times 10^{13}(\text{N} \cdot \text{mm}^2)$$

$$B = 0.65B_s = 0.65 \times 2.216 \times 10^{13} = 1.44 \times 10^{13}(\mathrm{N \cdot mm^2})$$

$$f_{\max} = S\frac{M_k l_0^2}{B} = \frac{5}{48} \times \frac{45 \times 10^6 \times 6\ 000^2}{1.44 \times 10^{13}} = 11.7(\mathrm{mm}) < f_{\lim} = l_0/200 = 30\ \mathrm{mm}$$

满足要求。

任务6　梁、板的结构施工图

码 2-62　微课-结构施工图

为了满足施工要求,钢筋混凝土构件结构施工图一般包括下列内容。

1　配筋图

配筋图表示钢筋骨架的形状以及在模板中的位置,主要为绑扎钢筋骨架用。凡规格、长度或形状不同的钢筋必须编以不同的编号,写在小圆圈内,并在编号引线旁注上这种钢筋的根数及直径。最好在每根钢筋的两端及中间都注上编号,以便于查清每根钢筋的来龙去脉。

2　钢筋表

钢筋表是列表表示构件中所有不同编号的钢筋种类、规格、形状、长度、根数、质量等,主要为下料及加工成型用,同时可用来计算钢筋用量。

编制钢筋表主要是计算钢筋的长度,下面以某简支梁为例介绍钢筋长度的计算方法,如图2-40所示。

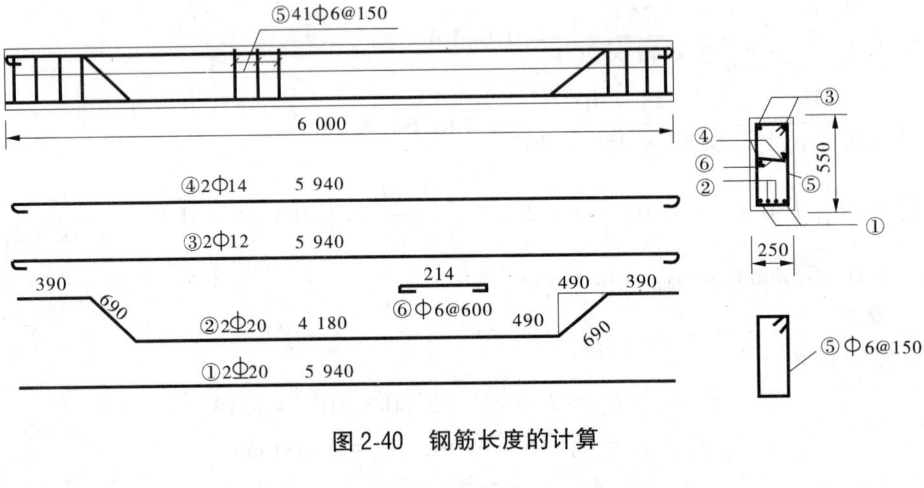

图2-40　钢筋长度的计算

2.1　直钢筋

图中的钢筋①、③、④为直钢筋,其直段上所注长度为构件长度减去2倍钢筋端头混凝土保护层厚度,此长度再加上两端弯钩长即为钢筋全长。一般每个弯钩长度为6.25d。①受力钢筋是HRB335级,它的全长为6 000−2×30=5 940(mm)。架立钢筋③和腰筋④

都是 HPB235 级钢筋，腰筋④全长为 6 000−2×30+2×6.25×14=6 115(mm)。

码 2-63　微课-直钢筋长度计算

码 2-64　动画-直钢筋长度计算

码 2-65　微课-弯起钢筋长度计算

2.2　弯起钢筋

图中钢筋②的弯起部分的高度是以钢筋外皮计算的，即由梁高 550 mm 减去上下混凝土保护层，即 550−60=490(mm)。由于弯折角等于 45°，故弯起部分的底宽及斜边各为 490 mm 及 690 mm。弯起后的水平直段长度由抗剪计算为 390 mm(支承长度为 370 mm，370−30+50=390 mm)。钢筋②的中间水平直段长由计算得出，即 6 000−2×30−2×390−2×490=4 180(mm)，最后可得弯起钢筋②的全长为 4 180+2×690+2×390=6 340(mm)。

2.3　箍筋和拉筋

箍筋尺寸一般标注内口尺寸，即构件截面外形尺寸减去主筋混凝土保护层厚度。在标注箍筋尺寸时，要注明所注尺寸是内口。

码 2-66　微课-箍筋与拉筋长度计算

箍筋的弯钩大小与主筋的粗细有关，根据箍筋与主筋直径的不同，箍筋两个弯钩的增加长度见表 2-4。

图中箍筋⑤的长度为：2×(490+190)+100=1 460(mm)(内口)。

图中拉筋⑥的直线长度为：250−2×30+4×6=214(mm)。

箍筋的根数为：(6 000−2×30)/150+1=41。

此简支梁的钢筋表见表 2-5。

表 2-4　箍筋两个弯钩的增加长度　(单位：mm)

主筋直径(mm)	箍筋直径(mm)				
	5	6	8	10	12
10~25	80	100	120	140	180
28~32		120	140	160	210

必须注意的是，钢筋表内的钢筋长度不是钢筋加工时的断料长度。由于钢筋在弯折及弯钩时要伸长一些，因此断料长度应等于计算长度扣除钢筋伸长值。伸长值和弯折角度大小等有关数据，可参阅施工手册。

3　说明或附注

说明或附注中包括说明之后可以减少图纸工作量的内容以及一些在施工过程中必须引起注意的事项，如尺寸单位、钢筋保护层厚度、混凝土强度等级、钢筋级别、钢筋弯钩取值以及其他施工注意事项。

表 2-5　钢筋表

编号	形　状	直径(mm)	长度(mm)	根数	总长(m)	单位质量(kg/m)	质量(kg)
①		20	5 940	2	11. 88	2. 470	29. 34
②		20	6 340	2	12. 68	2. 470	31. 32
③	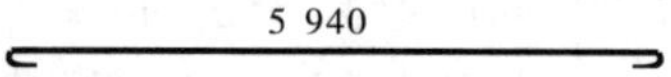	12	6 090	2	12. 18	0. 888	10. 82
④		14	6 115	2	12. 23	1. 210	14. 80
⑤	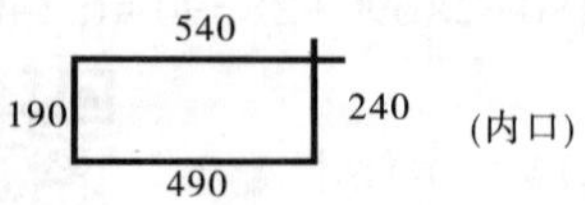	6	1 460	41	59. 9	0. 222	13. 30
⑥		6	289	11	3. 18	0. 222	0. 71
总质量							100. 29

任务 7　双筋矩形截面梁的设计

码 2-67　微课-双筋截面及其应用条件

1　双筋截面及应用条件

在受拉区和受压区同时配置纵向受力钢筋的截面,称为双筋截面。由于混凝土抗压性能好,价格比钢筋低,所以用钢筋协助混凝土承受压力并不经济。双筋截面通常在下列情况下采用:

(1)截面承受的弯矩很大,按单筋截面计算则 $\xi>0.85\xi_b$,同时,截面尺寸及混凝土强度等级因条件限制不能加大或提高。

(2)构件同一截面既承受正弯矩,又承受负弯矩。

(3)在计算抗震设防烈度为 6 度以上地区,为了增加构件的延性,在受压区配置普通钢筋,对结构抗震有利。

2　基本公式及适用条件

2.1　受压钢筋的设计强度

双筋截面可以看作是在单筋截面的基础上,利用配置在受压区的受压钢筋和受拉区的部分受拉钢筋来承受一部分弯矩。试验表明,双筋截面只要满足 $\xi\leqslant0.85\xi_b$,它就具有单筋截面适筋梁的破坏特征。因此，双筋截面要考虑受压钢筋的作用及设计强度。

钢筋和混凝土之间具有黏结力，所以受压钢筋与周边混凝土具有相同的压应变，即 $\varepsilon'_s=\varepsilon_c$。当受压边缘混凝土纤维达到极限压应变时，受压钢筋应力 $\sigma'_s=\varepsilon'_s E_s=\varepsilon_c E_s$。正常情况下（$x\geqslant 2a'_s$），计算受压钢筋应力时取 $\varepsilon'_s=\varepsilon_c=0.002$。$\sigma'_s=0.002\times(1.95\times10^5\sim2.0\times10^5)=390\sim400$（$N/mm^2$）。试验表明，若采用中、低强度钢筋作为受压钢筋，且混凝土受压区计算高度 $x\geqslant 2a'_s$，构件破坏时受压钢筋应力能达到屈服强度 f'_y；若采用高强度钢筋作为受压钢筋，由于受到混凝土极限压应变的限制，钢筋的强度不能充分利用，抗压强度设计值只能取用 360 N/mm^2。

码 2-68　微课-双筋矩形截面梁正截面受弯承载力计算公式

2.2　基本公式

根据图 2-41 和截面内力平衡条件，并满足正截面承载能力极限状态计算表达式的要求，可得如下基本计算公式：

$$\sum X=0 \qquad f_c bx+f'_y A'_s=f_y A_s \tag{2-32}$$

$$\sum M=0 \qquad KM\leqslant f_c bx(h_0-0.5x)+f'_y A'_s(h_0-a'_s) \tag{2-33}$$

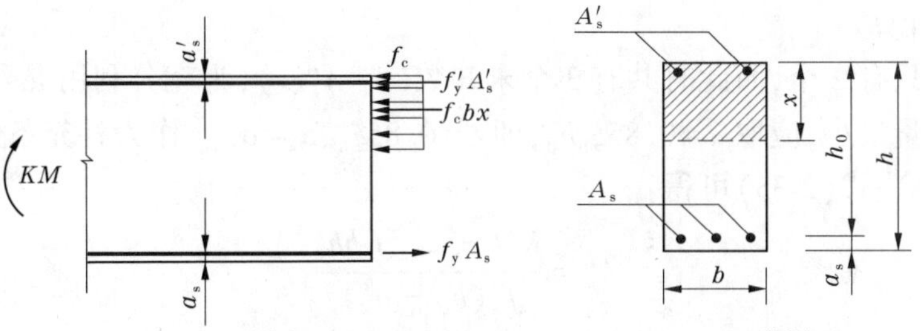

(a)纵剖面　(b)横剖面

图 2-41　双筋矩形截面梁正截面受弯承载力计算简图

为简化计算，将 $x=\xi h_0$ 及 $\alpha_s=\xi(1-0.5\xi)$ 代入式(2-32)和式(2-33)得：

$$f_c b\xi h_0+f'_y A'_s=f_y A_s \tag{2-34}$$

$$KM\leqslant \alpha_s f_c bh_0^2+f'_y A'_s(h_0-a'_s) \tag{2-35}$$

式中　f'_y——受压钢筋的抗压强度设计值，N/mm^2，按附表 1-5 取用；

A'_s——受压钢筋的截面面积，mm^2；

a'_s——受压区钢筋合力点至截面受压边缘的距离，mm。

2.3　适用条件

(1)$x\leqslant 0.85\xi_b h_0$ 或 $\xi\leqslant 0.85\xi_b$，是为了避免发生超筋破坏，保证受拉钢筋应力达到抗拉强度设计值 f_y。

(2)$x\geqslant 2a'_s$，是为了保证受压钢筋应力达到抗压强度设计值 f'_y。

若 $x<2a'_s$，截面破坏由纵向受拉钢筋应力达到 f_y 引起，此时，纵向受压钢筋应力尚未达到 f'_y。截面设计时，可偏安全地取受压纵筋合力点 D_s 与受压混凝土合力点 D_c 重合，如图 2-42 所示。以受压钢筋合力点为力矩中心，可得：

$$KM\leqslant f_y A_s(h_0-a'_s) \tag{2-36}$$

式(2-36)为双筋截面 $x<2a'_s$ 时,确定纵向受拉钢筋数量的唯一计算公式。若计算中不考虑受压钢筋的作用,则条件 $x\geqslant 2a'_s$ 即可取消。

双筋截面承受的弯矩较大,相应的受拉钢筋配置较多,一般均能满足最小配筋率的要求,无须验算 ρ_{min} 的条件。

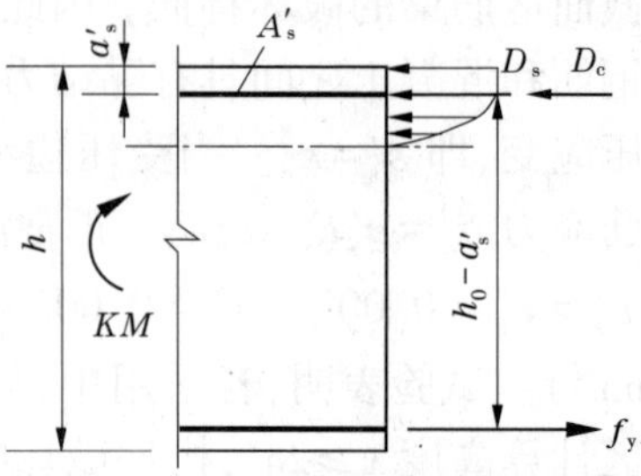

图 2-42　$x<2a'_s$ 时双筋截面计算图形

3　公式应用

3.1　截面设计

【设计类型Ⅰ】　已知弯矩设计值 M,截面尺寸 b、h,钢筋级别,混凝土强度等级,承载力安全系数 K 等。计算受压钢筋截面面积 A'_s 和受拉钢筋截面面积 A_s。

(1)判断是否采用双筋截面。

根据弯矩设计值 M 及截面宽度 b 的大小,估计受拉钢筋布置的层数并选定钢筋计算保护层厚度 a_s,计算 h_0 和 α_s 值,并与 α_{smax} 值进行比较。若 $\alpha_s\leqslant\alpha_{smax}$,说明应采用单筋截面,否则应采用双筋截面。

(2)配筋计算。

基本公式只有 2 个,而此时共有 3 个未知数(A_s、A'_s、x),为充分利用混凝土承受压力,使钢筋的总用量最小,应取 $x=0.85\xi_bh_0$,即 $\xi=0.85\xi_b$、$\alpha_s=\alpha_{smax}$ 作为补充条件。

由式(2-34)、式(2-35)可得:

$$A'_s=\frac{KM-\alpha_{smax}f_cbh_0^2}{f'_y(h_0-a'_s)}\tag{2-37}$$

$$A_s=\frac{0.85f_cb\xi_bh_0+f'_yA'_s}{f_y}\tag{2-38}$$

(3)选配钢筋并绘制配筋图。

根据钢筋表,选出符合构造规定的钢筋直径和根数,绘制正截面配筋图。

【设计类型Ⅱ】　已知弯矩设计值 M,截面尺寸 b、h,钢筋级别,混凝土强度等级,承载力安全系数 K,受压钢筋截面面积 A'_s。计算受拉钢筋截面面积 A_s。

(1)计算截面抵抗矩系数 α_s。

$$\alpha_s=\frac{KM-f'_yA'_s(h_0-a'_s)}{f_cbh_0^2}\tag{2-39}$$

(2)计算 ξ、x,求 A_s。

若 $\xi>0.85\xi_b$ 或 $x>0.85\xi_bh_0$,说明已配置受压钢筋 A'_s 的数量不足,此时应按【设计类型Ⅰ】的步骤进行计算。

若 $2a'_s\leqslant x\leqslant 0.85\xi_bh_0$,则

$$A_s=\frac{f_cb\xi h_0+f'_yA'_s}{f_y}\tag{2-40}$$

若 $x<2a'_s$,则

$$A_s = \frac{KM}{f_y(h_0 - a'_s)} \tag{2-41}$$

(3)选配钢筋并绘制配筋图。

根据钢筋表,选出符合构造规定的钢筋直径和根数,绘制正截面配筋图。

3.2 承载力复核

已知截面尺寸、受拉钢筋和受压钢筋截面面积、钢筋级别、混凝土强度等级等条件下,验算构件正截面的承载能力。可按下列步骤进行。

(1)确定混凝土受压区计算高度 x。

$$x = \frac{f_y A_s - f'_y A'_s}{f_c b}$$

(2)确定梁的承载力。

若 $x > 0.85\xi_b h_0$,取 $x = 0.85\xi_b h_0$,将 $\xi = 0.85\xi_b$、$\alpha_s = \alpha_{smax}$ 代入式(2-35),如满足式(2-35),则梁的正截面安全,否则不安全。

$$KM \leqslant \alpha_{smax} f_c b h_0^2 + f'_y A'_s (h_0 - a'_s)$$

若 $2a'_s \leqslant x \leqslant 0.85\xi_b h_0$,此时,如满足式(2-33),则构件的正截面安全,否则不安全。

若 $x < 2a'_s$,此时,如满足式(2-36),则构件的正截面安全,否则不安全。

双筋矩形梁的正截面受弯承载力计算步骤见图2-43。

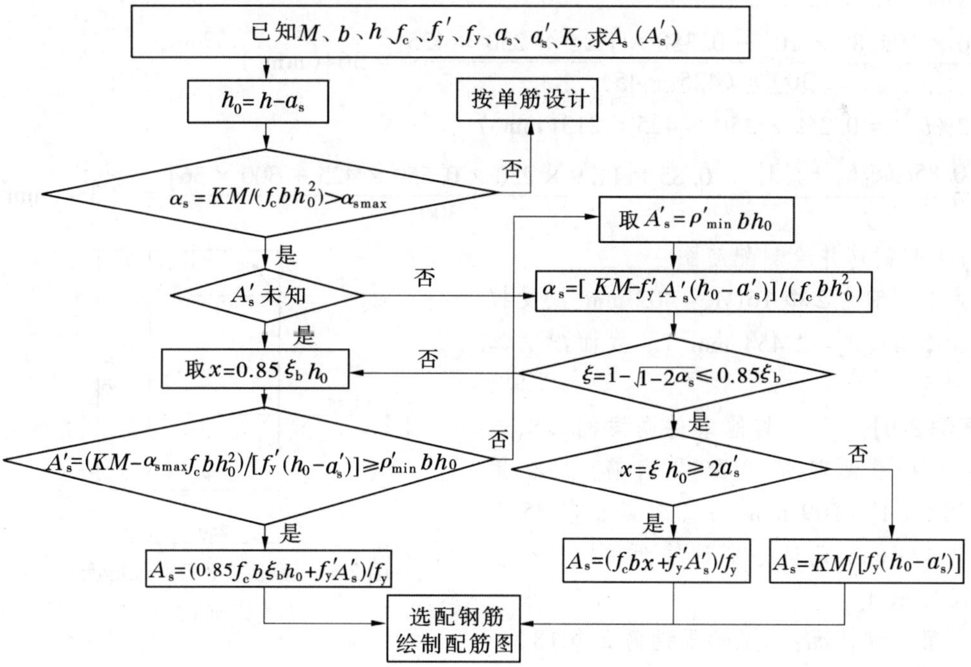

图2-43 双筋矩形梁正截面受弯承载力计算流程

【案例2-8】 已知某矩形截面简支梁(2级建筑物),$b \times h = 250\ \text{mm} \times 500\ \text{mm}$,二类环境条件,计算跨度 $l_0 = 6\ 500\ \text{mm}$,在使用期间承受均布荷载标准值 $g_k = 18\ \text{kN/m}$(包括自

重),$q_k = 15$ kN/m,混凝土强度等级为 C25,钢筋为 HRB335 级。计算受力钢筋截面面积(假定截面尺寸、混凝土强度等级因条件限制不能增大或提高)。

解　查表得:$f_c = 11.9\ \text{N/mm}^2$,$f_y = f'_y = 300\ \text{N/mm}^2$,$K = 1.20$,$c = 35$ mm,$\xi_b = 0.550$,$\alpha_{smax} = 0.358$。

码 2-69　微课-双筋梁正截面受弯承载力计算实例

(1)确定弯矩设计值 M。

$$M = (1.05g_k + 1.20q_k)l_0^2/8 = (1.05 \times 18 + 1.20 \times 15) \times 6.5^2/8 = 194.88(\text{kN} \cdot \text{m})$$

(2)验算是否应采用双筋截面。

因弯矩较大,初估钢筋布置为两层,取 $a_s = 75$ mm,则 $h_0 = h - a_s = 500 - 75 = 425$(mm)。

$$\alpha_s = \frac{KM}{f_c b h_0^2} = \frac{1.20 \times 194.88 \times 10^6}{11.9 \times 250 \times 425^2} = 0.435 > \alpha_{smax} = 0.358$$

属于超筋破坏,应采用双筋截面进行计算。

(3)配筋计算。

设受压钢筋为一层,取 $a'_s = 45$ mm;为节约钢筋,充分利用混凝土抗压,取 $x = 0.85\xi_b h_0$,则 $\alpha_s = \alpha_{smax}$,由式(2-37)、式(2-38)得:

$$A'_s = \frac{KM - \alpha_{smax} f_c b h_0^2}{f'_y(h_0 - a'_s)}$$

$$= \frac{1.20 \times 194.88 \times 10^6 - 0.358 \times 11.9 \times 250 \times 425^2}{300 \times (425 - 45)} = 364(\text{mm}^2)$$

$$> 0.2\% b h_0 = 0.2\% \times 250 \times 425 = 213(\text{mm}^2)$$

$$A_s = \frac{0.85 f_c b \xi_b h_0 + f'_y A'_s}{f_y} = \frac{0.85 \times 11.9 \times 250 \times 0.550 \times 425 + 300 \times 364}{300} = 2\ 334(\text{mm}^2)$$

(4)选配钢筋并绘制配筋图。

选受压钢筋为 2 Φ 16($A'_s = 402\ \text{mm}^2$),受拉钢筋为 5 Φ 25($A_s = 2\ 454\ \text{mm}^2$)。截面配筋如图 2-44 所示。

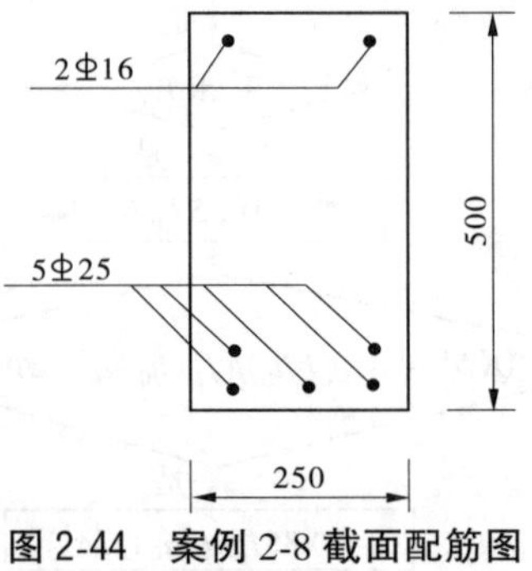

图 2-44　案例 2-8 截面配筋图

(单位:mm)

【案例 2-9】　已知其他条件同案例 2-8,若受压区已采用两种情况配置钢筋:①配置 2 Φ 18 钢筋($A'_s = 509\ \text{mm}^2$);②配置 3 Φ 25 钢筋($A'_s = 1\ 473\ \text{mm}^2$),试分别计算两种情况受拉钢筋截面面积 A_s。

解　第一种情况:配置受压钢筋 2 Φ 18。

$A'_s = 509\ \text{mm}^2$,$a'_s = c + d/2 = 35 + 18/2 = 44$(mm)。

(1)计算截面抵抗矩系数 α_s。

$$\alpha_s = \frac{KM - f'_y A'_s(h_0 - a'_s)}{f_c b h_0^2} = \frac{1.20 \times 194.88 \times 10^6 - 300 \times 509 \times (425 - 44)}{11.9 \times 250 \times 425^2}$$

$$= 0.327 < \alpha_{smax} = 0.358$$

说明受压区配置的钢筋数量已经足够。

(2)计算 ξ、x,求 A_s。

$$\xi = 1 - \sqrt{1 - 2 \times 0.327} = 0.412 < 0.85\xi_b = 0.468$$

$$x = \xi h_0 = 0.412 \times 425 = 175(\text{mm}) > 2a'_s = 2 \times 44 = 88(\text{mm})$$

$$A_s = \frac{f_c bx + f'_y A'_s}{f_y} = \frac{11.9 \times 250 \times 175 + 300 \times 509}{300} = 2\ 244(\text{mm}^2)$$

(3)选配钢筋,绘制配筋图。

选受拉钢筋为 6 Φ 22(A_s=2 281 mm²),截面配筋如图 2-45(a)所示。

第二种情况:配置受压钢筋 3 Φ 25。

A'_s=1 473 mm²,$a'_s=c+d/2=35+25/2=47.5$(mm)。

(1)计算截面抵抗矩系数 α_s。

$$\alpha_s = \frac{KM - f'_y A'_s(h_0 - a'_s)}{f_c b h_0^2} = \frac{1.20 \times 194.88 \times 10^6 - 300 \times 1\ 473 \times (425 - 47.5)}{11.9 \times 250 \times 425^2}$$

$$= 0.125 < \alpha_{smax} = 0.358$$

说明受压区配置的钢筋数量已经足够。

(2)计算 ξ、x,求 A_s。

$$\xi = 1 - \sqrt{1 - 2 \times 0.125} = 0.134$$

$$x = \xi h_0 = 0.134 \times 425 = 57(\text{mm}) < 2a'_s = 2 \times 47.5 = 95(\text{mm})$$

$$A_s = \frac{KM}{f_y(h_0 - a'_s)} = \frac{1.20 \times 194.88 \times 10^6}{300 \times (425 - 47.5)} = 2\ 065(\text{mm}^2)$$

(3)选配钢筋,绘制配筋图。

选受拉钢筋为 3 Φ 25+2 Φ 20(A_s=2 101 mm²),截面配筋如图 2-45(b)所示。

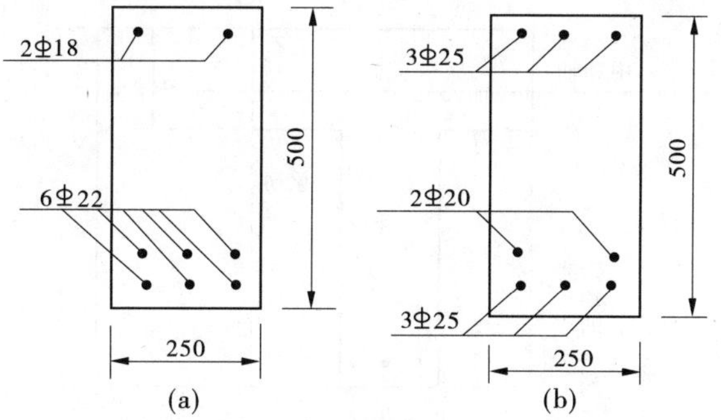

图 2-45 案例 2-9 截面配筋图 (单位:mm)

【案例 2-10】 某水电站厂房(3 级建筑物)中的钢筋混凝土筒支梁,截面尺寸为 200 mm×500 mm。混凝土强度等级为 C25,受压钢筋为 3 Φ 22(A'_s=1 140 mm²),二类环境条件,受拉钢筋为 6 Φ 22(A_s=2 281 mm²),承受弯矩设计值 M=195 kN · m,复核此截面是否安全。

解 查表得:f_c=11.9 N/mm²,$f_y=f'_y$=300 N/mm²,K=1.20,c=35 mm,ξ_b=0.550。

受拉钢筋为 6 Φ 22 时：

$$a_s = c + d + e/2 = 35 + 22 + 30/2 = 72(\text{mm}),a'_s = c + d/2 = 35 + 22/2 = 46(\text{mm})$$

$$h_0 = 500 - 72 = 428(\text{mm})$$

$$x = \frac{f_y A_s - f'_y A'_s}{f_c b} = \frac{300 \times (2\ 281 - 1\ 140)}{11.9 \times 200} = 144(\text{mm})$$

$$2a'_s = 92 \text{ mm} < x < 0.85\xi_b h_0 = 0.85 \times 0.550 \times 428 = 200(\text{mm})$$

此梁为适筋截面梁，代入式(2-33)得：

$$f_c bx(h_0 - 0.5x) + f'_y A'_s(h_0 - a'_s) = 11.9 \times 200 \times 144 \times (428 - 0.5 \times 144) + 300 \times 1\ 140 \times (428 - 46) = 252.7(\text{kN} \cdot \text{m}) > KM = 1.20 \times 195 = 234(\text{kN} \cdot \text{m})$$

该构件正截面是安全的。

双筋矩形截面梁的斜截面承载力计算、正常使用极限状态验算方法步骤与单筋矩形截面梁类似。

任务 8　T 形截面梁、板设计

1　T 形截面的概念

钢筋混凝土梁、板发生正截面破坏时，受拉区混凝土已经开裂。根据正截面承载力计算的基本假定，受拉区拉力全部由受拉钢筋来承担。若将矩形截面的受拉区混凝土去掉一部分，纵向受拉钢筋集中布置在受拉区中部，便成为 T 形截面，如图 2-46 所示。它与原矩形截面相比较，承载能力相同，但节省混凝土，减轻了构件自重。

码 2-70　微课-T 形截面概述

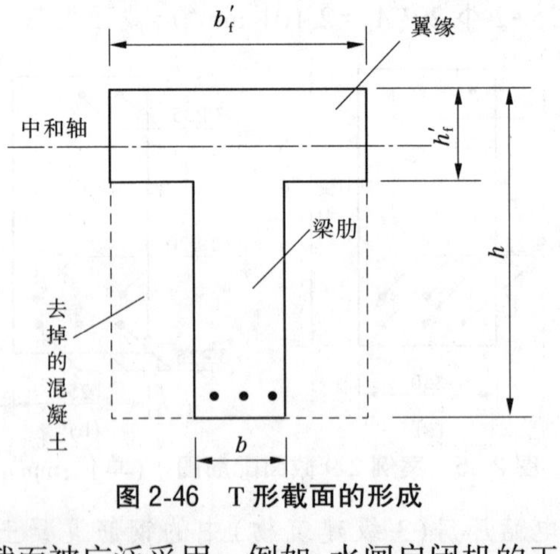

图 2-46　T 形截面的形成

在实际工程中，T 形截面被广泛采用。例如，水闸启闭机的工作平台、渡槽槽身、房屋楼盖等结构都是板和梁浇筑在一起形成的整体式肋形结构，对梁进行设计时，板作为梁的翼缘，在纵向共同受力。独立 T 形截面亦常采用，如厂房中的吊车梁、空心板等。一般 T 形截面由梁肋和翼缘两部分组成，梁、板构件是否属于 T 形截面，关键在于受压区混凝土的形状。对于翼缘位于受拉区的⊥形截面(即倒T形截面),因受拉后翼缘混凝土开裂,不再承受拉力,所以仍应按矩形截面($b\times h$)计算。对Ⅰ形、Π形、空心形截面,受压区与T形截面相同,均可按T形截面进行计算,如图2-47所示。

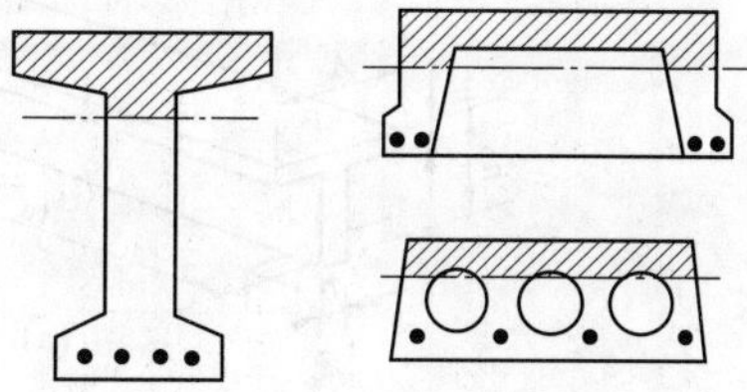

图2-47 Ⅰ形、Π形、空心形截面

理论上讲,T形截面翼缘宽度 b'_f 越大,截面就越经济。因为在一定弯矩 M 作用下,b'_f 越大,则混凝土受压区计算高度就越小,所需配置的受拉钢筋面积就越小。但试验研究表明,T形截面梁、板沿翼缘宽度方向压应力的分布特点是:梁肋部应力为最大,离肋部越远,则应力越小。为简化计算,规定在一定范围内翼缘压应力呈均匀分布,之外翼缘不起作用,这一限定宽度,称为翼缘计算宽度 b'_f,如图2-48所示。翼缘计算宽度 b'_f 列于表2-6,表中符号如图2-49所示。计算时,将实际的翼缘宽度与表中各项 b'_f 值进行比较,取其中最小值作为设计值。

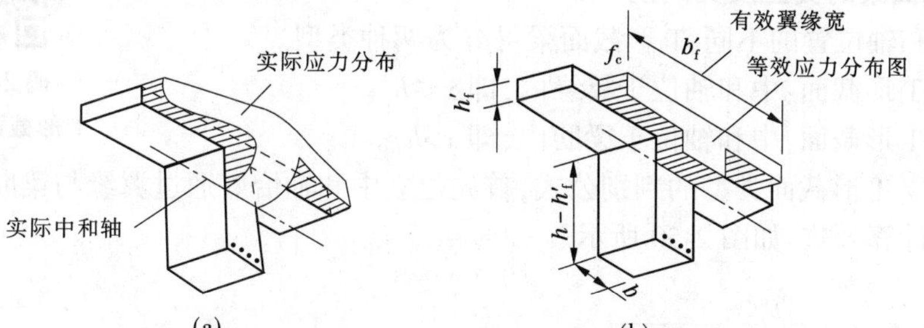

图2-48 T形截面梁受压区实际应力和计算应力图

表2-6 T形、Ⅰ形及倒L形截面受弯构件翼缘计算宽度 b'_f

项次	考虑情况		T形、Ⅰ形截面		倒L形截面
			肋形梁(板)	独立梁	肋形梁(板)
1	按计算跨度 l_0 考虑		$l_0/3$	$l_0/3$	$l_0/6$
2	按梁(纵肋)净距 s_n 考虑		$b+s_n$	—	$b+0.5s_n$
3	按翼缘高度 h'_f 考虑	当 $h'_f/h_0\geq 0.1$ 时	—	$b+12h'_f$	—
		当 $0.05\leq h'_f/h_0<0.1$ 时	$b+12h'_f$	$b+6h'_f$	$b+5h'_f$
		当 $h'_f/h_0<0.05$ 时	$b+12h'_f$	b	$b+5h'_f$

注:1. b 为梁的腹板宽度。

2. 如肋形梁在梁跨内设有间距小于纵肋间距的横肋,则可不遵守表中项次3的规定。

3. 对于加腋的T形、Ⅰ形和倒L形截面,当受压区加腋的高度 $h_h\geq h'_f$ 且加腋的宽度 $b_h\leq 3h_h$ 时,其翼缘计算宽度可按表中项次3的规定分别增加 $2b_h$(T形、Ⅰ形截面)和 b_h(倒L形截面)。

4. 独立梁受压区的翼缘板在荷载作用下经验算沿纵肋方向可能产生裂缝时,计算宽度应取用腹板宽度 b。

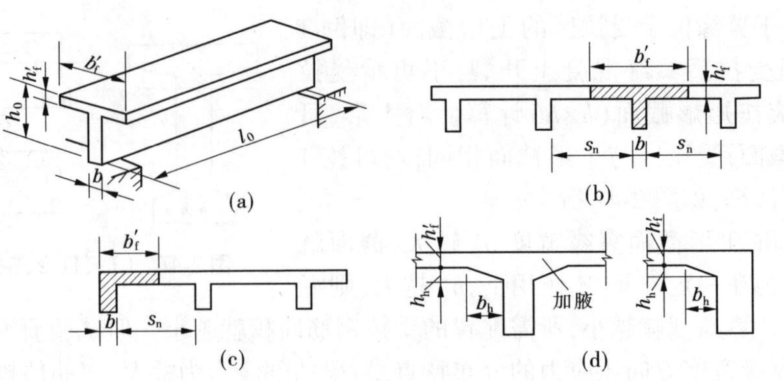

图 2-49　T 形、倒 L 形截面梁翼缘计算宽度 b'_f

2　计算公式及适用条件

码 2-71　微课-T 形截面分类与判别

2.1　T 形截面梁的类型及其判别

根据中和轴位置的不同,T 形截面梁可分为两种类型。

第一类 T 形截面:中和轴位于翼缘内,即 $x \leq h'_f$。

第二类 T 形截面:中和轴位于梁肋内,即 $x > h'_f$。

为了建立 T 形截面类型的判别公式,首先建立中和轴恰好通过翼缘与梁肋分界线(即 $x = h'_f$)时的计算公式,如图 2-50 所示。

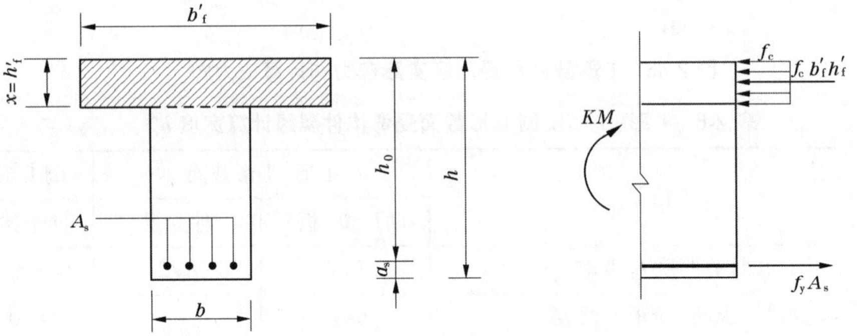

图 2-50　$x = h'_f$ 时 T 形截面的计算简图

由力的平衡条件得

$$\sum X = 0 \qquad f_c b'_f h'_f = f_y A_s \tag{2-42}$$

$$\sum M = 0 \qquad KM = f_c b'_f h'_f (h_0 - 0.5h'_f) \tag{2-43}$$

截面设计时,用已知设计弯矩 M 与式(2-43)比较,若符合下式:

$$KM \leq f_c b'_f h'_f (h_0 - 0.5h'_f) \tag{2-44}$$

则属于第一类 T 形截面;否则,属于第二类 T 形截面。

承载力复核时,f_y、A_s 已知,用式(2-42)比较,若符合下式:

$$f_yA_s \leqslant f_cb_f'h_f' \tag{2-45}$$

则属于第一类 T 形截面；否则，属于第二类 T 形截面。

2.2　第一类 T 形截面基本公式及适用条件

2.2.1　基本公式

根据图 2-51 和截面内力平衡条件，并满足承载能力极限状态计算表达式的要求，可得如下基本公式：

码 2-72　微课-T 形截面正截面受弯承载力计算公式

$$\sum X = 0 \qquad f_cb_f'x = f_yA_s \tag{2-46}$$

$$\sum M = 0 \qquad KM \leqslant f_cb_f'x(h_0 - 0.5x) \tag{2-47}$$

2.2.2　适用条件

(1)$\xi \leqslant 0.85\xi_b$，以防止发生超筋破坏，对于第一类 T 形截面，此项不必验算。

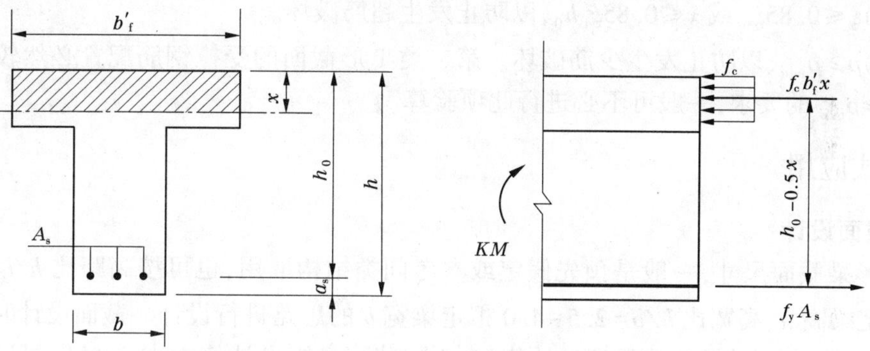

图 2-51　第一类 T 形截面正截面受弯承载力计算图

(2)$\rho \geqslant \rho_{\min}$，以防止发生少筋破坏，对于第一类 T 形截面，此项需要验算。

第一类 T 形截面的混凝土受压区呈矩形(宽度为 b_f')，所以把单筋矩形截面计算公式中的 b 用 b_f' 代替后在此均可使用。在验算 $\rho \geqslant \rho_{\min}$ 时，T 形截面的配筋率仍用式 $\rho = A_s/(bh_0)$ 计算。这是因为截面最小配筋率是根据钢筋混凝土梁、板截面的承载力不低于同样截面的素混凝土梁、板的承载力原则确定的，而 T 形截面素混凝土梁、板截面的承载力主要取决于受拉区混凝土的抗拉强度和截面尺寸，与高度相同、宽度等于肋宽的矩形截面素混凝土梁、板的承载力相同。

2.3　第二类 T 形截面基本公式及适用条件

2.3.1　基本公式

根据图 2-52 和截面内力平衡条件，并满足承载能力极限状态计算表达式的要求，可得如下基本公式：

$$f_cbx + f_c(b_f' - b)h_f' = f_yA_s \tag{2-48}$$

$$KM \leqslant f_cbx(h_0 - 0.5x) + f_c(b_f' - b)h_f'(h_0 - 0.5h_f') \tag{2-49}$$

将 $x=\xi h_0$ 及 $\alpha_s=\xi(1-0.5\xi)$ 代入式(2-48)和式(2-49)得

$$f_cb\xi h_0 + f_c(b_f' - b)h_f' = f_yA_s \tag{2-50}$$

$$KM \leqslant \alpha_sf_cbh_0^2 + f_c(b_f' - b)h_f'(h_0 - 0.5h_f') \tag{2-51}$$

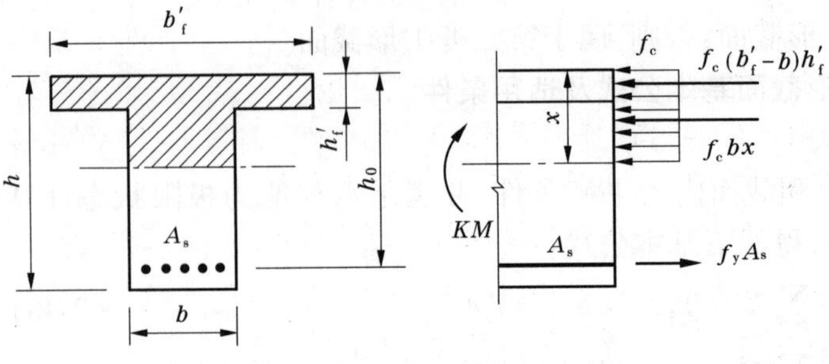

图 2-52　第二类 T 形截面受弯承载力计算图

2.3.2　适用条件

(1)$\xi \leq 0.85\xi_b$ 或 $x \leq 0.85\xi_b h_0$,以防止发生超筋破坏。

(2)$\rho \geq \rho_{min}$,以防止发生少筋破坏。第二类 T 形截面的受拉钢筋配置必然较多,均能满足 $\rho \geq \rho_{min}$ 的要求,一般可不必进行此项验算。

3　公式应用

3.1　截面设计

T 形梁截面尺寸,一般是预先假定或参考同类结构取用,也可按高跨比 $h/l_0 = 1/12 \sim 1/8$ 拟定梁高 h、高宽比 $h/b = 2.5 \sim 4.0$ 拟定梁宽 b 的思路进行设计。截面设计时,截面尺寸(b、h、b'_f、h'_f)、材料及其强度设计值(f_c、f_y)、截面弯矩设计值 M 均为已知,只有纵向受拉钢筋截面面积 A_s 需计算。计算步骤如下:

(1)确定翼缘计算宽度 b'_f。将实际翼缘宽度与表 2-6 所列各项的设计值进行比较后,取其中最小者作为翼缘计算宽度 b'_f。

(2)判别 T 形截面的类型。若式(2-44)成立,则属于第一类 T 形截面;否则,属于第二类 T 形截面。

(3)配筋计算。

若为第一类 T 形截面,则按 $b'_f \times h$ 的矩形截面进行计算。

若为第二类 T 形截面,由式(2-50)或式(2-51)得:

$$\alpha_s = \frac{KM - f_c(b'_f - b)h'_f(h_0 - 0.5h'_f)}{f_c b h_0^2} \tag{2-52}$$

$$\xi = 1 - \sqrt{1 - 2\alpha_s}$$

则

$$A_s = \frac{f_c b \xi h_0 + f_c(b'_f - b)h'_f}{f_y} \tag{2-53}$$

验算适用条件:①$\xi \leq 0.85\xi_b$;②$\rho \geq \rho_{min}$。

(4)选配钢筋并绘图。

3.2　承载力复核

承载力复核时,截面尺寸(b、b'_f、h、h'_f)、材料强度(f_y、f_c)、受拉钢筋截面面积 A_s 及 a_s 均已知。需要验算在给定外力作用下,构件的正截面是否安全。步骤如下:

(1)确定翼缘的计算宽度 b'_f。

(2)判别 T 形截面的类型,确定构件的承载能力。若式(2-45)成立,则属于第一类 T 形截面,此时,可参照宽度为 b'_f 的单筋矩形截面进行承载力复核;否则,属于第二类 T 形截面,此时,可先由式(2-48)计算出受压区高度 x,代入式(2-49)确定构件的承载能力,若符合式(2-49),则认为构件的正截面安全,否则不安全。

T 形截面梁、板构件的正截面设计流程见图 2-53。

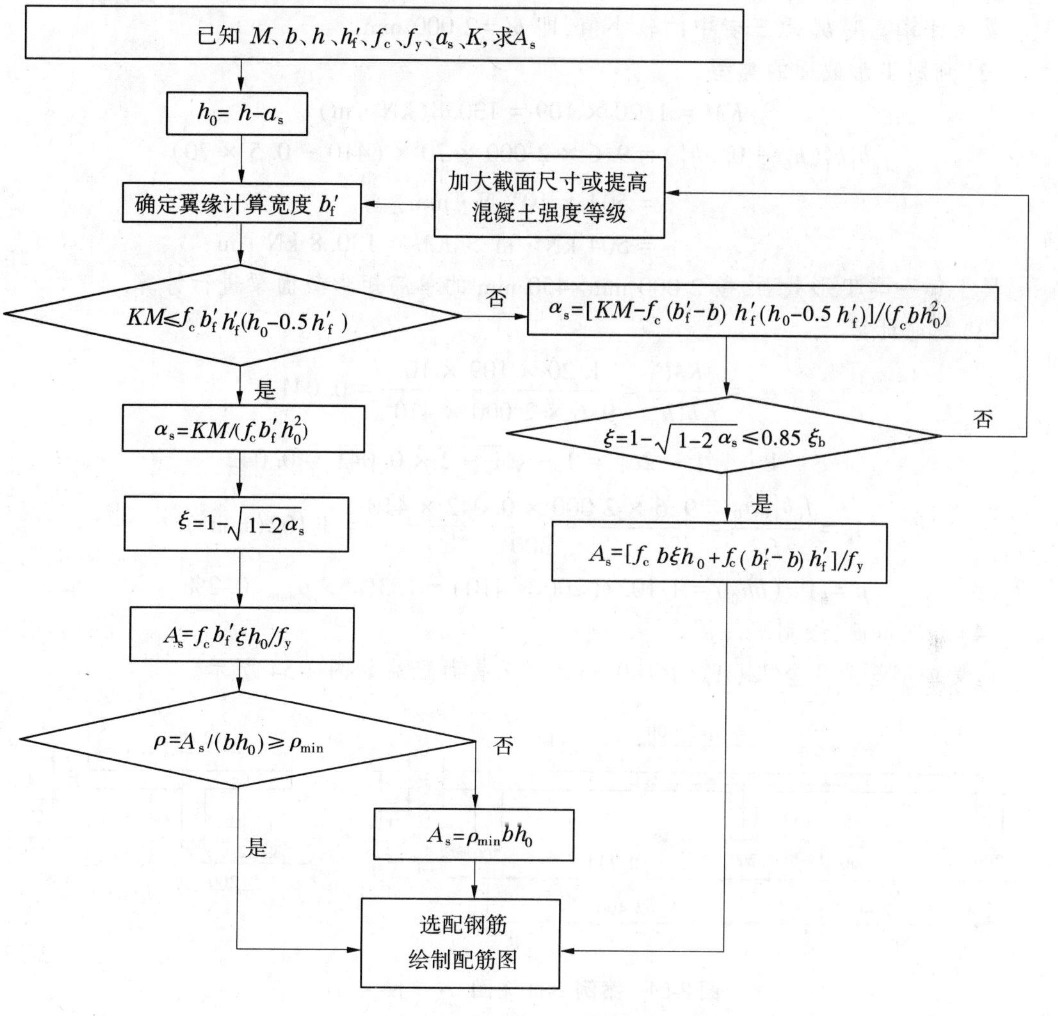

图 2-53　T 形梁、板的正截面设计流程

T 形截面梁、板的斜截面承载力计算、正常使用极限状态验算方法步骤与单筋矩形截面梁、板类似。

【案例 2-11】 某肋形楼盖(2 级建筑物)的次梁,一类环境,计算跨度 $l_0=6.0$ m,间距为 2.4 m,截面尺寸如图 2-54 所示。在正常使用阶段,梁跨中承受弯矩设计值 $M=109$ kN·m,混凝土强度等级为 C20,HRB335 级钢筋,计算次梁跨中截面受拉钢筋面积 A_s。

解　查表得:$f_c=9.6$ N/mm^2,$f_y=300$ N/mm^2,$K=1.20$,$\xi_b=0.550$。

(1)确定翼缘计算宽度 b_f'。

估计受拉钢筋需要布置为一层,取 $a_s = 40$ mm,则 $h_0 = 450-40 = 410$ (mm)。

码 2-73　微课-第一类 T 形截面计算案例

按梁跨 l_0 考虑: $l_0/3 = 6\ 000/3 = 2\ 000$(mm)

按翼缘高度 h_f' 考虑: $h_f'/h_0 = 70/410 = 0.171 > 0.1$,翼缘不受限制

按梁净距 s_n 考虑: $b_f' = b + s_n = 200 + 2\ 200 = 2\ 400$(mm)

翼缘计算宽度 b_f' 取三者中的较小值,即 $b_f' = 2\ 000$ mm。

(2)判别 T 形截面的类型。

$$KM = 1.20 \times 109 = 130.8(\text{kN}\cdot\text{m})$$

$$\begin{aligned} f_c b_f' h_f'(h_0 - 0.5h_f') &= 9.6 \times 2\ 000 \times 70 \times (410 - 0.5 \times 70) \\ &= 504 \times 10^6(\text{N}\cdot\text{mm}) \\ &= 504\ \text{kN}\cdot\text{m} > KM = 130.8\ \text{kN}\cdot\text{m} \end{aligned}$$

属于第一类 T 形截面,按 2 000 mm×450 mm 的单筋矩形截面梁进行计算。

(3)配筋计算。

$$\alpha_s = \frac{KM}{f_c b_f' h_0^2} = \frac{1.20 \times 109 \times 10^6}{9.6 \times 2\ 000 \times 410^2} = 0.041$$

$$\xi = 1 - \sqrt{1 - 2\alpha_s} = 1 - \sqrt{1 - 2 \times 0.041} = 0.042$$

$$A_s = \frac{f_c b_f' \xi h_0}{f_y} = \frac{9.6 \times 2\ 000 \times 0.042 \times 410}{300} = 1\ 102(\text{mm}^2)$$

$$\rho = A_s/(bh_0) = 1\ 102/(200 \times 410) = 1.3\% > \rho_{\min} = 0.2\%$$

(4)选配钢筋,绘制配筋图。

选受拉钢筋为 3 Φ 22($A_s = 1\ 140$ mm^2),正截面配筋如图 2-54 所示。

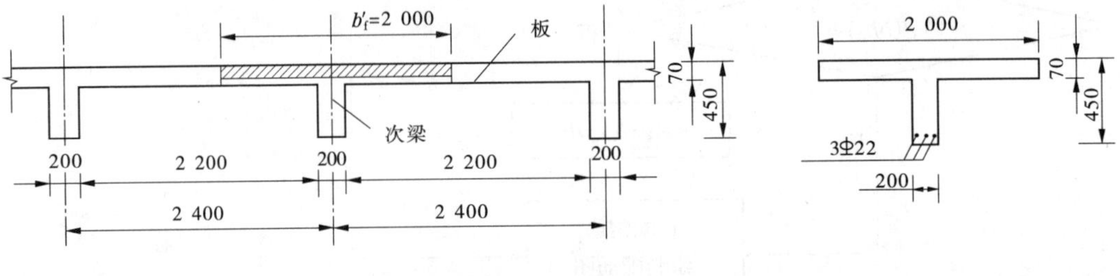

图 2-54　案例 2-11 附图　(单位:mm)

【案例 2-12】　某 T 形截面吊车梁(3 级建筑物),一类环境,计算跨度 $l_0 = 8\ 400$ mm,截面尺寸如图 2-55 所示,承受弯矩设计值 $M = 480$ kN·m,混凝土强度等级为 C25,HRB400 级钢筋。计算所需要的受拉钢筋截面面积 A_s。

码 2-74　微课-第二类 T 形截面计算案例

解　查表得: $f_c = 11.9$ N/mm^2, $f_y = 360$ N/mm^2, $K = 1.20$, $\xi_b = 0.518$。

(1)确定翼缘计算宽度 b_f'。

因弯矩较大,设受拉钢筋要布置为两层,取 $a_s = 70$ mm,则 $h_0 = 800-$

70=730(mm)。

按梁跨 l_0 考虑： $l_0/3=8\,400/3=2\,800$(mm)

按翼缘高度考虑：$h_f'/h_0=100/730=0.137>0.1$

$b+12h_f'=300+12\times100=1\,500$(mm)

取翼缘计算宽度 b_f' 为实际宽度，$b_f'=650$ mm。

(2)判别 T 形截面梁的类型。

$$KM = 1.20 \times 480 = 576(\text{kN}\cdot\text{m})$$

$$f_c b_f' h_f'(h_0 - 0.5h_f')$$
$$= 11.9 \times 650 \times 100 \times (730 - 0.5 \times 100)$$
$$= 525.98(\text{kN}\cdot\text{m}) < KM$$

属于第二类 T 形截面。

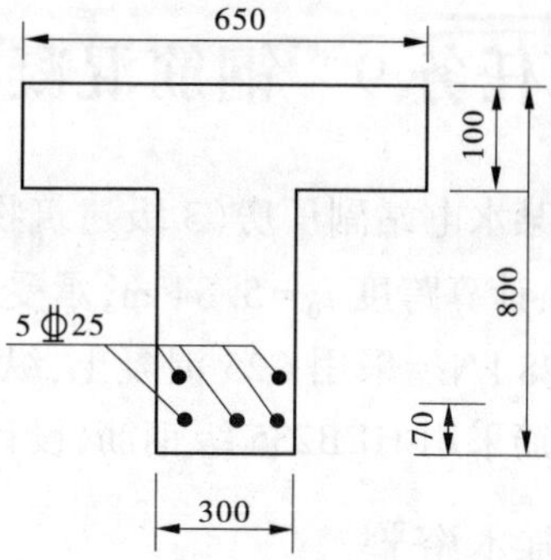

图 2-55 案例 2-12 附图 (单位:mm)

(3)配筋计算。

$$\alpha_s = \frac{KM - f_c(b_f' - b)h_f'(h_0 - 0.5h_f')}{f_c b h_0^2}$$

$$= \frac{1.20 \times 480 \times 10^6 - 11.9 \times (650 - 300) \times 100 \times (730 - 0.5 \times 100)}{11.9 \times 300 \times 730^2} = 0.154$$

$$\xi = 1 - \sqrt{1 - 2\alpha_s} = 1 - \sqrt{1 - 2 \times 0.154} = 0.168 < 0.85\xi_b = 0.440$$

$$A_s = \frac{f_c b \xi h_0 + f_c(b_f' - b)h_f'}{f_y}$$

$$= \frac{11.9 \times 300 \times 0.168 \times 730 + 11.9 \times (650 - 300) \times 100}{360} = 2\,373(\text{mm}^2)$$

(4)选配钢筋，绘制配筋图。

选受拉钢筋为 5 Φ 25($A_s=2\,454$ mm^2)，截面配筋如图 2-55 所示。

【案例 2-13】 某 T 形截面梁(3 级水工建筑物)，一类环境，翼缘计算宽度 $b_f'=1\,450$ mm，$h_f'=100$ mm，$b=250$ mm，$h=750$ mm，混凝土强度等级 C20，HRB335 级钢筋，配置纵向受拉钢筋为 6 Φ 20($A_s=1\,884$ mm^2，$a_s=65$ mm)。试计算该梁正截面所能承受的弯矩设计值。

解 查表得：$f_c=9.6$ N/mm^2，$f_y=300$ N/mm^2，$h_0=h-a_s=750-65=685$(mm)，$K=1.2$。

(1)判别 T 形截面梁类型。

$$f_y A_s = 300 \times 1\,884 = 565\,200(\text{N})$$
$$f_c b_f' h_f' = 9.6 \times 1\,450 \times 100 = 1\,392\,000(\text{N})$$

$f_y A_s < f_c b_f' h_f'$，故属于第一类 T 形截面。

(2)弯矩设计值

$$x = \frac{f_y A_s}{f_c b_f'} = \frac{565\,200}{9.6 \times 1\,450} = 40.6(\text{mm})$$

$$KM = f_c b_f' x(h_0 - 0.5x) = 9.6 \times 1\,450 \times 40.6 \times (685 - 0.5 \times 40.6) = 375.66(\text{kN}\cdot\text{m})$$

$$M = 375.66/1.2 = 313.05(\text{kN}\cdot\text{m})$$

故该梁正截面所能承受的弯矩设计值为 313.05 kN · m。

任务 9　钢筋混凝土简支梁设计案例

某水电站副厂房(3 级建筑物),砖墙上支承简支梁(见图 2-56),该梁处于二类环境条件,计算跨度 $l_0=5.84$ m,承受的荷载为:$g_k=20$ kN/m(包括梁的自重),$q_k=15$ kN/m,$G_k=28$ kN。采用 C25 混凝土,纵向受力钢筋、架立钢筋和腰筋采用 HRB335 级钢筋,箍筋和拉筋采用 HPB235 级钢筋,设计此梁并绘制配筋图。

1　基本资料

材料强度:$f_c=11.9$ N/mm^2,$f_t=1.27$ N/mm^2,$f_y=300$ N/mm^2,$f_{yv}=210$ N/mm^2。

截面尺寸:$b=250$ mm,$h=550$ mm。

计算参数:$K=1.20$,$c=35$ mm。

2　内力计算

此梁在荷载作用下的弯矩图及剪力图如图 2-56 所示。

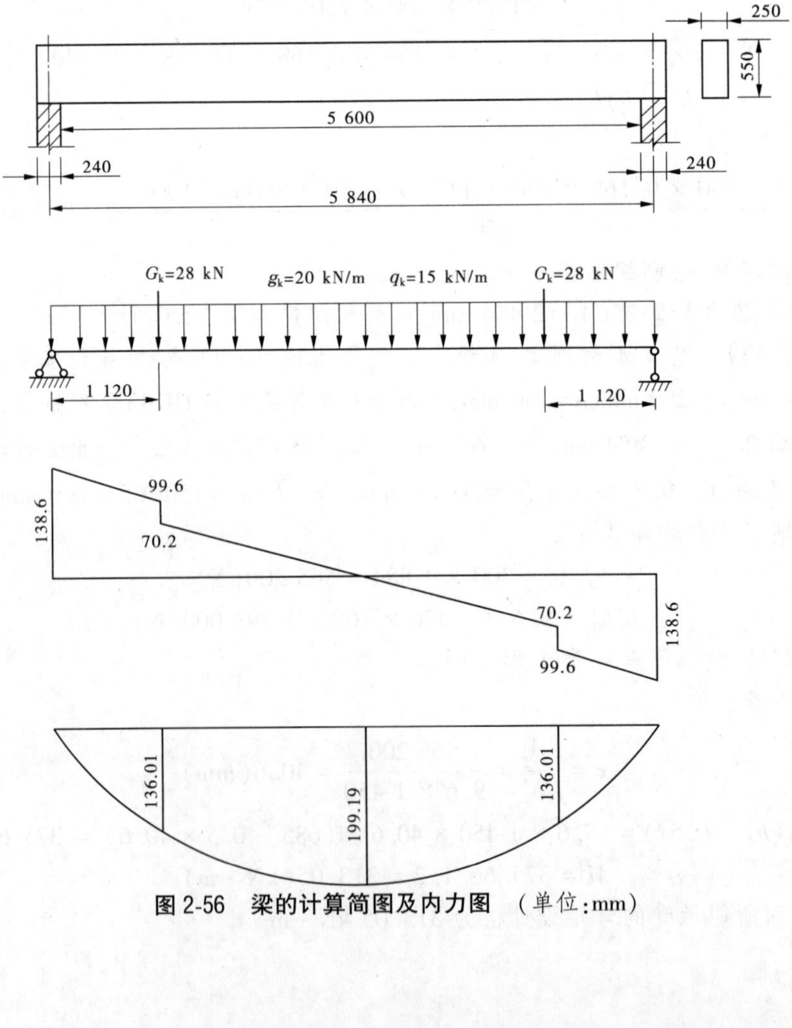

图 2-56　梁的计算简图及内力图　(单位:mm)

跨中截面最大弯矩设计值：

$$M_{max} = (1.05 \times 20 + 1.20 \times 15) \times 5.84^2/8 + 1.05 \times 28 \times 1.12 = 199.19(kN \cdot m)$$

支座边缘截面剪力设计值：

$$V_{max} = (1.05 \times 20 + 1.20 \times 15) \times 5.6/2 + 1.05 \times 28 = 138.6(kN)$$

3 验算截面尺寸

取 $a_s = 50$ mm，则 $h_0 = h - a_s = 550 - 50 = 500(mm)$，$h_w = h_0 = 500$ mm。

$$h_w/b = 500/250 = 2.0 < 4.0$$

$$0.25f_c bh_0 = 0.25 \times 11.9 \times 250 \times 500 = 371.88 \times 10^3(N)$$

$$= 371.88\ kN > KV_{max} = 1.20 \times 138.6 = 166.32(kN)$$

截面尺寸满足抗剪要求。

4 计算纵向钢筋

计算过程及结果见表 2-7，配筋如图 2-57 所示。

表 2-7 纵向受拉钢筋计算表

计算内容	跨中截面
$M(kN \cdot m)$	199.19
$\alpha_s = \dfrac{KM}{f_c bh_0^2}$	0.321
$\xi = 1 - \sqrt{1 - 2\alpha_s} \leqslant 0.85\xi_b = 0.468$	0.402
$A_s = \dfrac{f_c b\xi h_0}{f_y}(mm^2)$	1 993
选配钢筋	4 Φ 25
实配钢筋面积 $A_{s实}(mm^2)$	1 964
$\rho = \dfrac{A_{s实}}{bh_0} \geqslant \rho_{min} = 0.2\%$	1.57%

5 计算抗剪钢筋

(1)验算是否按计算配置腹筋。

$$0.7f_t bh_0 = 0.7 \times 1.27 \times 250 \times 500 \times 10^{-3} = 111.13(kN) < KV_{max} = 166.32\ kN$$

必须由计算确定抗剪腹筋。

(2)受剪箍筋计算。

按构造规定在全梁配置双肢箍筋Φ 6@150，则 $A_{sv} = 57\ mm^2$，$s = 150\ mm < s_{max} = 250$ mm。

$$\rho_{sv} = A_{sv}/(bs) = 57/(250 \times 150) = 0.15\% = \rho_{svmin} = 0.15\%$$

满足最小配箍率的要求。

$$V_{cs} = 0.7f_t bh_0 + 1.25f_{yv}A_{sv}h_0/s$$

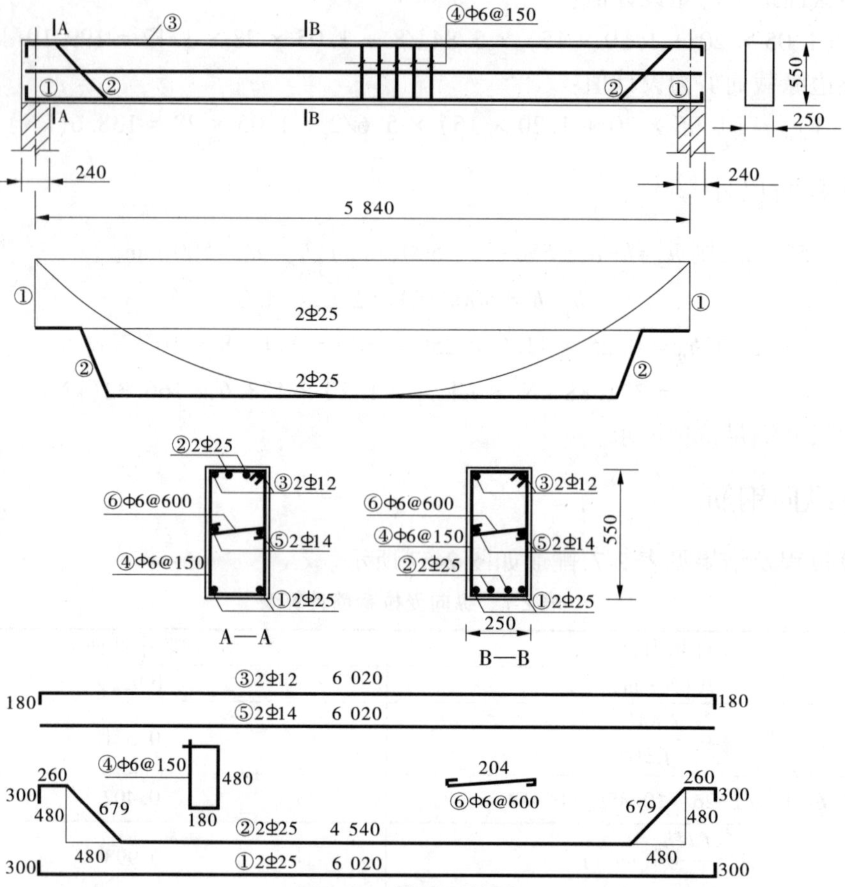

图 2-57　梁的配筋图

$= 111\ 130 + 1.25 \times 210 \times 57 \times 500/150 = 161.01(\text{kN}) < KV_{max} = 166.32$ kN

(3)弯起钢筋的设置。

需加配弯起钢筋帮助抗剪,取 $\alpha_s = 45°$。

按式(2-20)计算第一排弯起钢筋:

$$A_{sb} = (KV_{max} - V_{cs})/(f_y \sin 45°) = (166.32 - 161.01) \times 10^3/(300 \times 0.707)$$
$$= 25(\text{mm}^2)$$

虽然弯起钢筋的面积很小,但为了加强简支梁端的受剪承载力,仍从跨中下部纵筋中弯起钢筋 2 Φ 25($A_{sb} = 982$ mm^2)至梁顶再伸入支座。第一排的上弯点安排在离支座边缘 50 mm,即 $s_1 = 50$ mm$<s_{max} = 250$ mm。则第一排弯起钢筋的下弯点离支座边缘的距离为 50+550−2×35=530(mm)。该处剪力为:

$$KV = 1.20 \times [138.6 - (1.05 \times 20 + 1.20 \times 15) \times 0.53]$$
$$= 1.20 \times 117.93 = 141.52(\text{kN}) < V_{cs} = 161.01 \text{ kN}$$

故不需要弯起第二排钢筋。

架立钢筋选用 2 Φ 12,腰筋选用 2 Φ 14,拉筋选用Φ 6@600。

6 钢筋布置

钢筋的布置要利用抵抗弯矩图(M_R 图)进行图解。为此,先将弯矩图(M 图)、梁的纵剖面图按比例画出(见图 2-57),再在 M 图上作 M_R 图。

跨中正弯矩的 M_R 图。跨中 M_{max} 为 199.19 kN · m,需配 A_s = 1 993 mm^2 的纵筋,现实配 4 Φ 25(A_s = 1 964 mm^2),因两者钢筋截面面积相近,故可直接在 M 图上 M_{max} 处,按各钢筋面积的比例划分出钢筋能抵抗的弯矩值,这就可确定出各根钢筋各自的充分利用点和理论截断点。由图中可以看出,跨中钢筋的弯起点至充分利用点的距离 a 远远大于 $0.5h_0$ = 250 mm 的条件。

7 正常使用极限状态验算

正常使用极限状态验算包括裂缝宽度验算和变形验算两部分内容。具体计算方法参见案例 2-7。

8 绘制结构施工图

钢筋布置好后,就为结构图提供了依据。结构图中钢筋的某些区段的长度就可以在布置设计图中量得,但必须核算各根钢筋的梁轴投影总长及总高是否符合模板内侧尺寸。配筋图见图 2-57,钢筋表见表 2-8。

表 2-8 钢筋表

序号	形 状	直径 (mm)	长度 (mm)	根数	总长 (m)	单位质量 (kg/m)	质量 (kg)
1	300 6 020 300	Φ 25	6 620	2	13.24	3.85	50.97
2	300 260 679 4 540 679 260 300	Φ 25	7 018	2	14.04	3.85	54.04
3	180 6 020 180	Φ 12	6 380	2	12.76	0.888	11.33
4	180 480 (内口)	Φ 6	1 420	42	59.64	0.222	13.24
5	6 020	Φ 14	6 020	2	12.04	1.210	14.57
6	204	Φ 6	279	12	3.35	0.222	0.74
总质量(kg)							144.89

说明：

(1)图中尺寸单位均为 mm；

(2)混凝土采用 C25；

(3)梁内纵向受力钢筋、架立钢筋和腰筋采用 HRB335 级，箍筋和拉筋采用 HPB235 级；

(4)混凝土保护层 $c=35$ mm，钢筋端头保护层取 30 mm；

(5)钢筋半圆弯钩的长度为 6.25d；

(6)钢筋总用量没有考虑钢筋的搭接和损耗(损耗一般按 5%计)。

讨论与检测

1　钢筋混凝土梁设计任务书

(1)基本资料：

某支承在砖墙上的钢筋混凝土矩形截面简支梁(2 级建筑物)，其跨度如图 2-58 所示。该梁处于一类环境条件。荷载标准值：$g_k=16$ kN/m(包括自重)，$q_k=10+$学号$\times 0.5$ (kN/m)。采用 C25 混凝土，纵向受力钢筋、架立钢筋和腰筋采用 HRB335 级钢筋，箍筋和拉筋采用 HPB235 级钢筋，试设计此梁。

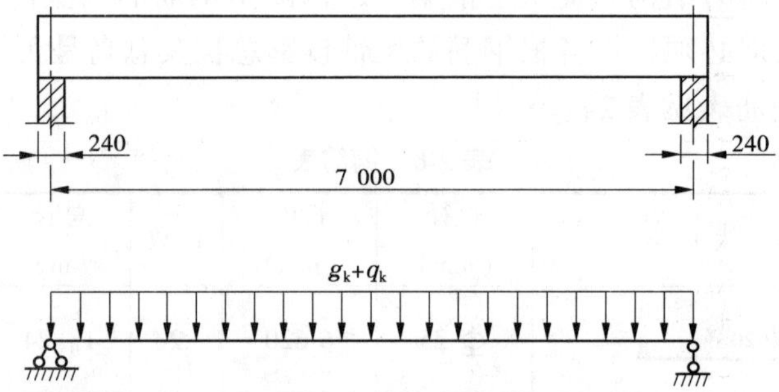

图 2-58　钢筋混凝土简支梁计算简图　(单位：mm)

(2)设计内容与步骤：

①计算梁的内力，绘制弯矩图和剪力图；

②拟定截面尺寸并复核；

③根据正截面受弯承载力要求，确定纵向钢筋数量；

④根据斜截面受剪承载力要求，确定腹筋数量；

⑤裂缝宽度和变形验算；

⑥钢筋的布置；

⑦绘制结构施工图。

(3)上交成果：

①梁的设计计算说明书一份；

②结构施工图一张(A3 图纸)。

2 讨论题

(1)适筋梁从开始加载到破坏,经历了哪几个阶段?每个阶段的破坏特征是什么?其中哪一个阶段是按极限状态方法进行梁、板构件正截面承载力计算的依据?

(2)何为单筋截面?何为双筋截面?两者区别的关键是什么?

(3)适筋梁、超筋梁及少筋梁的破坏特征有什么不同?

(4)何为混凝土保护层?其主要作用有哪些?梁和板的保护层如何确定?

(5)复核单筋截面承载力时,若 $x>0.85\xi_b h_0$,如何计算其承载力?

(6)何为受拉钢筋配筋率?现浇实心板、矩形及T形截面梁的常用配筋率范围各是多少?

(7)钢筋混凝土梁的斜截面破坏形态主要有哪三种?其破坏特征各是什么?

(8)影响斜截面抗剪承载力的主要因素有哪些?

(9)有腹筋梁斜截面受剪承载力计算公式是由哪种破坏形态建立起来的?该公式的适用条件是什么?

(10)在斜截面受剪承载力计算时,为什么要验算截面尺寸和最小配箍率?

(11)梁中纵向钢筋的弯起与截断应满足哪些要求?

(12)斜截面受剪承载力的计算位置如何确定?

(13)箍筋的最小直径和箍筋的最大间距分别与什么有关?

(14)当受力钢筋伸入支座的锚固长度不满足要求时,可采取哪些措施?

(15)架立钢筋的直径大小与什么有关?什么情况下需要设置腰筋和拉筋?

(16)提高钢筋混凝土构件抗裂能力的措施有哪些?

(17)钢筋混凝土构件最大裂缝宽度超过允许值时,应采取哪些措施?

(18)试述钢筋混凝土构件裂缝宽度验算的步骤。

(19)钢筋混凝土梁、板挠度验算不满足时,可以采取哪些措施?

(20)计算双筋截面,当 A_s、A_s' 均未知时,x 如何取值?当 A_s' 已知时,应当如何求 A_s?

(21)截面设计时,为什么要限制 $x\leqslant 0.85\xi_b h_0$?在受压区配置钢筋时,为什么要求 $x\geqslant 2a_s'$?

(22)提高梁、板构件正截面承载力的措施有哪些?

(23)截面设计时,如何判别T形截面梁的类型?承载力复核时,如何判别T形截面梁的类型?

(24)图2-59所示为截面尺寸相同、材料相同(即 f_c、f_y 相同),但配筋率不同的四种梁、板构件的正截面,分别回答下列问题:

①截面的破坏类型是什么?

②截面破坏时钢筋应力达到多大值?

3 判断题

(1)梁的破坏形态有正截面破坏和斜截面破坏两种。 ( )

(2)设计钢筋混凝土梁时,需进行正截面受弯承载力和斜截面受剪承载力计算。 ( )

(3)梁板构件中,仅在受压区配置纵向受力钢筋的截面,称为单筋截面。 ( )

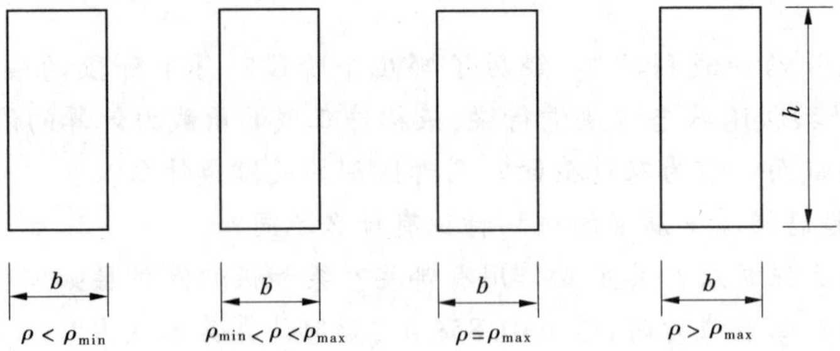

图 2-59　讨论题(24)附图

(4)梁高 800 mm 以上按 50 mm 的模数递增。（　）

(5)纵向受力钢筋重心到混凝土近表面的距离,称为混凝土保护层。（　）

(6)受拉钢筋合力点到截面受拉边缘的距离,称为截面有效高度 h_0。（　）

(7)纵向受拉钢筋合力点到截面受拉边缘的距离为 a_s。（　）

(8)箍筋和弯起钢筋通常称为腹筋。（　）

(9)梁内纵向受力钢筋至少为 2 根。（　）

(10)钢筋混凝土梁中常用的纵向受力钢筋直径为 12~32 mm。（　）

(11)当梁跨 l=4~6 m 时,架立钢筋直径 d 不宜小于 10 mm。（　）

(12)梁内腰筋的截面面积不应小于腹板截面面积 bh_w 的 0.1%。（　）

(13)拉筋的间距常取为箍筋间距的倍数,一般为 500~600 mm。（　）

(14) 梁高 h>800 mm 时箍筋直径不宜小于 8 mm。（　）

(15)若按计算需要配置箍筋时,一般可在梁的全长均匀布置箍筋,也可以在梁两端剪力较大的部位布置得密一些。（　）

(16)梁中弯起钢筋的弯起角一般为 45°,当梁高 $h \geqslant 800$ mm 时也可用 60°。（　）

(17)分布钢筋是垂直于板受力钢筋方向布置的构造钢筋,位于受力钢筋外侧。（　）

(18)板内分布钢筋的直径不宜小于 6 mm。承受分布荷载的厚板,分布钢筋的直径可采用 10~16 mm。（　）

(19)梁正截面受力过程中第Ⅲ阶段末的应力状态可作为梁板抗裂验算的依据。（　）

(20)适筋破坏的特征是受拉钢筋应力先达到屈服强度,受压区混凝土达到极限压应变被压碎。（　）

(21)相对受压区计算高度是等效矩形混凝土受压区计算高度 x 与截面有效高度 h_0 的比值,用 $\xi = x/h_0$ 表示。（　）

(22)梁的斜截面受剪承载力通过构造措施来保证。（　）

(23)有腹筋梁斜截面受剪破坏形态主要与剪跨比和腹筋用量等因素有关。（　）

(24)斜截面受剪承载力公式的适用条件必须防止发生斜压破坏和剪压破坏。（　）

(25)当 $KV \leqslant V_c$ 时,可不进行斜截面受剪承载力计算,仅需按构造要求配置箍筋。（　）

(26)简支梁下部纵向受力钢筋伸入支座的锚固长度 l_{as}:当 $KV > V_c$ 时,$l_{as} \geqslant 15d$(带肋

钢筋)。 ( )

(27)抗裂验算就是对使用上不允许出现裂缝的钢筋混凝土构件,在荷载效应的设计组合下进行的验算。 ( )

(28)用增加钢筋的办法来提高构件的抗裂能力是合理的。 ( )

(29)加大构件截面尺寸可以提高构件的抗裂能力。 ( )

(30)适当减小钢筋直径,可以减小钢筋混凝土结构构件的裂缝宽度。 ( )

(31)增加截面尺寸可提高构件的刚度。 ( )

(32)配筋图表示钢筋骨架的形状以及在模板中的位置。 ( )

(33)凡规格、长度或形状不同的钢筋必须编以不同的编号。 ( )

(34)钢筋表主要为下料及加工成型用,同时可用来计算钢筋用量。 ( )

(35)钢筋直段上所注长度为构件长度减去 2 倍钢筋端头混凝土保护层厚度。 ( )

(36)箍筋尺寸一般标注外口尺寸。 ( )

(37)截面承受的弯矩很大时,截面的尺寸受限制,不能加大时,可以采用双筋截面梁。 ( )

(38)在梁的受压区配置普通钢筋对结构抗震有利。 ( )

(39)双筋截面承受的弯矩较大,相应的受拉钢筋配置较多,一般均能满足最小配筋率的要求,无需验算 ρ_{min} 的条件。 ( )

(40)T 形截面与矩形截面相比可以节省混凝土,减轻了构件自重。 ( )

(41)中和轴位于梁肋内,属于第一类 T 形截面。 ( )

(42)T 形截面受拉钢筋的配筋率等于受拉钢筋截面面积除以截面的有效截面面积,以百分率表示,即:$\rho=A_s/(bh_0)\times100\%$。 ( )

4 选择题

(1)某钢筋混凝土梁受力钢筋(一层)的混凝土保护层为 30 mm,受力钢筋直径为 20 mm,则钢筋的计算保护层厚度 a_s 应取下列哪项。 ( )

A. 35 mm B. 40 mm C. 50 mm D. 55 mm

(2)当钢筋混凝土梁的跨度为 5 m 时,其架立钢筋的直径不应小于下列哪项。 ( )

A. 8 mm B. 10 mm C. 12 mm D. 14 mm

(3)适筋梁受力过程的第三个工作阶段末是进行下列哪项计算所依据的应力阶段。 ( )

A. 抗裂验算 B. 变形验算

C. 裂缝宽度验算 D. 正截面承载力计算

(4)板中分布钢筋应根据下列哪项配置。 ( )

A. 构造 B. 正截面承载力计算

C. 斜截面承载力 D. A+B

(5)简支梁下部纵向受力钢筋伸入支座的锚固长度应符合下列哪项。 ( )

A. 当 $KV>V_c$ 时,$l_{as}\geq10d$(带肋钢筋)

B. 当 $KV>V_c$ 时,$l_{as}\geq12d$(带肋钢筋)

C. 当 $KV>V_c$ 时,$l_{as}\geqslant 15d$(带肋钢筋)

D. 当 $KV>V_c$ 时,$l_{as}\geqslant 20d$(带肋钢筋)

(6)某钢筋混凝土梁的箍筋为Φ6@100,则拉筋应按下列哪项配置。(　)

A. Φ6@200　　B. Φ6@400　　C. Φ6@500　　D. Φ6@800

(7)钢筋混凝土梁裂缝宽度验算时所依据的应力阶段是下列哪项。(　)

A. 第Ⅱ阶段　　B. 第Ⅰ阶段末尾

C. 第Ⅱ阶段开始　　D. 第Ⅱ阶段末尾

(8)钢筋混凝土梁抗裂验算时所依据的应力阶段是下列哪项。(　)

A. 第Ⅱ阶段　　B. 第Ⅰ阶段末尾

C. 第Ⅱ阶段开始　　D. 第Ⅱ阶段末尾

(9)甲、乙两人设计同一根屋面大梁。甲设计的大梁出现了多条裂缝,最大裂缝宽度约为0.15 mm;乙设计的大梁只出现一条裂缝,但最大裂缝宽度达到0.43 mm。你认为下列哪个是正确的。(　)

A. 甲的设计比较差　　B. 甲的设计比较好

C. 两人的设计各有优劣　　D. 两人的设计都不好

(10)某钢筋混凝土梁,原设计配置4Φ20,能满足承载力、裂缝宽度和挠度要求。现根据等强原则用了2Φ28替代(等面积代换),那么钢筋代换后下列哪项叙述是正确的。(　)

A. 仅需重新验算裂缝宽度,不需验算挠度

B. 不必验算裂缝宽度,而需重新验算挠度

C. 两者都必须重新验算

D. 两者都不必重新验算

(11)若提高T形梁的混凝土强度等级,在下列各判断中你认为哪项是不正确的。(　)

A. 梁的承载力提高有限　　B. 梁的抗裂性有提高

C. 梁的最大裂缝宽度显著减小　　D. 对梁的挠度影响不大

(12)下列哪个处于矩形截面梁的经济配筋率范围内。(　)

A. 0.4%　　B. 0.8%　　C. 1.6%　　D. 2.0%

(13)钢筋混凝土梁实际配筋率等于最大配筋率时发生的破坏是下列哪种破坏。(　)

A. 适筋破坏　　B. 超筋破坏　　C. 少筋破坏　　D. 界限破坏

(14)钢筋混凝土梁实际配筋率小于最小配筋率时发生的破坏是下列哪种破坏。(　)

A. 适筋破坏　　B. 超筋破坏　　C. 少筋破坏　　D. 界限破坏

(15)钢筋混凝土梁实际配筋率大于最大配筋率时发生的破坏是下列哪种破坏。(　)

A. 适筋破坏　　B. 超筋破坏　　C. 少筋破坏　　D. 界限破坏

(16)进行梁、板构件截面设计时,若按初选截面计算的配筋率大于最大配筋率,原因是下列哪项。 ( )

A.配筋过少 B.初选截面过小 C.初选截面过大 D.钢筋强度过高

(17)钢筋混凝土梁内纵向受力钢筋的水平净距在上部不应小于下列哪项。 ( )

A.25 mm B.30 mm C.40 mm D.50 mm

(18)钢筋混凝土板内纵向受力钢筋的水平间距不应小于下列哪项。 ( )

A.50 mm B.60 mm C.70 mm D.80 mm

(19)钢筋混凝土板内纵向受力钢筋的水平间距(板厚 $h\leqslant 200$ mm)不应大于下列哪项。 ( )

A.200 mm B.250 mm C.300 mm D.350 mm

(20)截面尺寸与材料品种确定后,梁的正截面抗弯承载力与受拉纵向钢筋配筋率 ρ 间的关系,下列哪项叙述是正确的。 ( )

A.ρ 愈大,正截面抗弯承载力愈大

B.ρ 愈小,正截面抗弯承载力愈大

C.当 $\rho_{min}\leqslant\rho\leqslant\rho_{max}$ 时,ρ 愈大,正截面抗弯承载力愈大

D.正截面抗弯承载力与 ρ 无关

(21)单筋矩形截面梁,当 $\rho\geqslant\rho_{max}$ 时,关于梁的承载力的叙述,下列哪项是正确的。 ( )

A.随 ρ 的增大而增大 B.随 ρ 的增大而减小

C.不随 ρ 的变化而变化 D.为零

(22)配置适量热轧钢筋的钢筋混凝土梁,受拉钢筋屈服后其正截面承载力将按下列哪项变化。 ( )

A.维持恒值不变 B.有所增加 C.有所降低 D.为零

(23)某简支梁截面为倒T形,其正截面承载力应按下列哪种截面进行计算。 ( )

A.第一类T形截面 B.第二类T形截面

C.矩形截面 D.T形截面

(24)钢筋混凝土梁中,架立钢筋按下列哪项要求进行配置。 ( )

A.正截面承载力计算 B.斜截面承载力计算

C.构造 D.计算

(25)板中纵向受力钢筋根据下列哪项要求进行配置。 ( )

A.构造 B.正截面承载力计算

C.斜截面承载力计算 D.A+B

(26)梁的配箍率过大时,在荷载作用下,可能产生的破坏是下列哪种破坏形态。 ( )

A.剪压 B.斜拉 C.斜压 D.弯剪

(27)抗剪公式适用的上限值,是为了保证下列哪项。 ( )

A.构件不发生斜压破坏 B.构件不发生剪压破坏

C.构件不发生斜拉破坏 D.箍筋不致配得太多

(28)限制梁中箍筋最大间距是为了防止下列哪项。　(　)

A. 箍筋配置过少,出现斜拉破坏

B. 斜裂缝不与箍筋相交

C. 箍筋对混凝土的约束能力降低

D. 箍筋配置过少,出现斜压破坏

(29)下列哪项不是钢筋混凝土板内分布钢筋的作用。　(　)

A. 将板面荷载均匀地传递给受力钢筋

B. 防止因温度变化或混凝土收缩等而产生裂缝

C. 抵抗剪力

D. 固定受力钢筋

(30)承受均布荷载的钢筋混凝土板每米宽内分布钢筋的截面面积不小于受力钢筋截面面积的比例应为下列哪项。　(　)

A. 10%　B. 15%　C. 20%　D. 25%

(31)钢筋混凝土适筋梁的破坏特征是下列哪项。　(　)

A. 受压区混凝土先被压碎　B. 受拉钢筋先达到屈服强度

C. 受压钢筋先达到屈服强度　D. 属于脆性破坏

(32)以下哪种情况属于第二类 T 形截面。　(　)

A. $x<h_f'$　B. $x=h_f'$　C. $x>h_f'$　D. $x=0$

(33)双筋截面受弯构件正截面承载力计算公式适用条件 $x \geqslant 2a_s'$ 是为了保证下列哪项。　(　)

A. 受压钢筋应力达到抗压强度设计值 f_y'

B. 受拉钢筋应力达到抗拉强度设计值 f_y

C. 受压混凝土达到抗压强度设计值 f_c

D. 受压混凝土达到极限压应变

(34)双筋截面受弯构件正截面承载力计算公式适用条件 $x \leqslant 0.85\xi_b h_0$ 是为了保证下列哪项。　(　)

A. 受压钢筋应力达到抗压强度设计值 f_y'

B. 受拉钢筋应力达到抗拉强度设计值 f_y

C. 受压混凝土达到抗压强度设计值 f_c

D. 受压混凝土达到极限压应变

(35)当梁的 $h_w \geqslant 450$ mm 时,为防止因温度变形或混凝土收缩而产生竖向裂缝,应设置下列哪种钢筋。　(　)

A. 纵向受力钢筋　B. 腰筋　C. 架立钢筋　D. 箍筋

(36)关于混凝土保护层厚度的含义,下列哪项叙述是正确的。　(　)

A. 纵向受力钢筋的外边缘至混凝土近表面的垂直距离

B. 箍筋外表面至混凝土表面的垂直距离

C. 受力钢筋形心至混凝土表面的垂直距离

D. 受力钢筋合力点至混凝土表面的垂直距离

(37) 下列哪项不是梁中箍筋的最大间距要求。 ( )

A. 当梁中配有受压钢筋时,箍筋间距在绑扎骨架中不应大于15d

B. 任何情况下均不应大于400 mm

C. 不应大于s_{max}

D. 不应大于20d

(38) 正常使用极限状态验算不包括下列哪项验算。 ( )

A. 变形验算　B. 抗裂验算　C. 抗剪验算　D. 裂缝宽度验算

(39) 提高钢筋混凝土构件抗裂能力的措施不包括下列哪项。 ( )

A. 加大截面尺寸　B. 提高混凝土强度等级

C. 采用预应力混凝土结构　D. 多配钢筋

(40) 对矩形、T形及I形截面的一般梁、板构件,如能满足下列哪个条件,则不需进行斜截面抗剪计算,按构造要求配置腹筋。 ( )

A. $KV \leqslant 0.7 f_t b h_0$　B. $KV \leqslant 0.6 f_t b h_0$

C. $KV \leqslant 0.5 f_t b h_0$　D. $KV \leqslant 0.4 f_t b h_0$

5 计算题

(1) 某2级建筑物的矩形截面梁,二类环境条件,计算跨度l_0=5 000 mm,控制截面承受弯矩设计值M=150 kN·m,采用混凝土强度等级C25,HRB335级钢筋。试确定梁的截面尺寸并计算受拉钢筋截面面积A_s。

(2) 某3级建筑物的现浇钢筋混凝土简支板,一类环境条件,计算跨度l_0=2 240 mm,板上作用均布可变荷载标准值q_k=2.3 kN/m,水磨石地面及细石混凝土垫层厚度为25 mm(重度为22 kN/m^3),板底粉刷白灰浆厚度为10 mm(重度为17 kN/m^3),混凝土强度等级为C20,HPB235级钢筋。试确定板厚h(必须满足$h \geqslant l_0/35$)和受拉钢筋截面面积A_s。

(3) 已知矩形截面简支梁(2级建筑物),截面尺寸$b \times h$=250 mm×550 mm。一类环境条件,混凝土强度等级为C20,HRB335级钢筋,跨中承受弯矩设计值M=140 kN·m。试求钢筋截面面积A_s。

(4) 已知某2级建筑物的矩形梁,一类环境条件,截面尺寸$b \times h$=250 mm×600 mm,混凝土强度等级为C20,HRB335级钢筋,配置受拉钢筋为4Φ20。试计算该梁实际能承受的弯矩设计值。

(5) 某钢筋混凝土简支梁,一类环境条件,2级建筑物,截面尺寸$b \times h$=250 mm×500 mm,梁的净跨l_n=6 m,承受均布荷载:g_k=20 kN/m(包括自重),q_k=12 kN/m,混凝土强度等级为C25,HPB235级箍筋,取a_s=45 mm。试计算箍筋数量。

(6) 某钢筋混凝土简支梁,截面尺寸$b \times h$=250 mm×550 mm,2级建筑物,计算跨度l_0=6 000 mm,净跨l_n=5 760 mm。作用的均布荷载为:g_k=12.5 kN/m(包括自重),q_k=17 kN/m。采用C25混凝土,纵向受力钢筋采用HRB335级,箍筋采用HPB235级,取a_s=45 mm。计算该梁需要的纵向受力钢筋和腹筋。

(7)某3级建筑物中的矩形截面简支梁,截面尺寸 $b\times h=200\ mm\times500\ mm$,梁的中部有一集中荷载,在集中荷载作用下,梁承受的最大剪力设计值 $V=108$ kN,采用C20混凝土,HPB235级箍筋,取 $a_s=45$ mm。试计算腹筋数量。

(8)已知某2级建筑物中的矩形截面梁,$b\times h=200\ mm\times550\ mm$,承受均布荷载作用,配有双肢ф6@150箍筋。混凝土采用C20,箍筋采用HPB235级。若支座边缘截面剪力设计值 $V=112$ kN,取 $a_s=45$ mm,复核该梁斜截面承载力是否安全。

(9)某水闸为3级水工建筑物,其底板厚 $h=1\ 200$ mm,$h_0=1\ 130$ mm,处于二类环境条件。跨中截面荷载效应标准值为 $M_k=440\ kN\cdot m$。采用C20混凝土,HRB335级钢筋。由正截面承载力计算已配置钢筋Ф22@200($A_s=1\ 900\ mm^2$)。试进行抗裂验算。

(10)钢筋混凝土矩形截面简支梁(2级水工建筑物),处于露天环境。截面尺寸 $b\times h=250\ mm\times600\ mm$,计算跨度 $l_0=7.2$ m。采用C25混凝土,纵向钢筋为HRB335级,使用期间承受均布荷载,荷载标准值为:永久荷载 $g_k=14.2$ kN/m(包括自重),可变荷载 $q_k=5.8$ kN/m。试求纵向受拉钢筋截面面积 A_s,并验算最大裂缝开展宽度和跨中挠度是否满足要求($a_s=45$ mm)。

(11)某水电站副厂房楼盖(2级水工建筑物)的钢筋混凝土矩形截面简支梁,处于二类环境条件,截面尺寸 $b\times h=250\ mm\times550\ mm$,采用C20混凝土,纵向钢筋为HRB335级,由承载力计算已配置受拉钢筋3Ф20($A_s=942\ mm^2$),梁的计算跨度 $l_0=5.8$ m,使用期间承受均布荷载,其中永久荷载标准值 $g_k=10.6$ kN/m(包括自重),可变荷载标准值 $q_k=12$ kN/m,使用上对挠度有较高要求。试验算该梁跨中挠度是否满足要求。

(12)某3级建筑物矩形截面简支梁,截面尺寸 $b\times h=250\ mm\times550\ mm$,二类环境条件,计算跨度 $l_0=6\ 500$ mm,在使用期间承受均布荷载:$g_k=25$ kN/m(包括自重),$q_k=15$ kN/m,混凝土强度等级为C25,HRB335级钢筋。试计算受力钢筋截面面积。

(13)已知3级建筑物的矩形截面简支梁,截面尺寸 $b\times h=250\ mm\times500\ mm$,一类环境条件,混凝土强度等级为C25,钢筋采用HRB335级,弯矩设计值 $M=188\ kN\cdot m$。试计算:

①该正截面所需要的受力钢筋截面面积;

②在受压区已配置2Ф22时,计算受拉钢筋截面面积。

(14)某电站厂房(2级建筑物)的简支梁的计算跨度 $l_0=5\ 800$ mm,正截面尺寸 $b\times h=250\ mm\times500\ mm$,二类环境条件,配置受拉钢筋6Ф20及受压钢筋3Ф18,采用混凝土强度等级C25,HRB335级钢筋。现因为检修设备需临时在跨中承受一集中荷载 $Q_k=65$ kN,同时承受梁与铺板自重产生的均布荷载值 $g_k=11$ kN/m。试复核此梁正截面在检修期间是否安全。

(15)某2级建筑物的双筋截面梁截面尺寸 $b\times h=250\ mm\times500\ mm$,一类环境条件,承受弯矩设计值 $M=140\ kN\cdot m$,采用混凝土强度等级为C20,受压纵筋为2Ф16($A'_s=402\ mm^2$)。受拉纵筋有两种配置:①4Ф20($A_s=1\ 256\ mm^2$);②4Ф25($A_s=1\ 964\ mm^2$)。复核在上述两种配筋情况下,此梁正截面是否安全。

(16)某2级建筑物的独立T形梁,一类环境条件,计算跨度 $l_0=8\ 500$ mm,$b'_f=700$

mm，$h_f' = 120$ mm，$b = 250$ mm，$h = 750$ mm，正常情况下跨中承受弯矩设计值 $M = 200$ kN·m，采用混凝土强度等级为 C30，HRB400 级钢筋。计算跨中截面所需的受拉钢筋截面面积。

(17)某 2 级建筑物的吊车梁，一类环境条件，翼缘计算宽度 $b_f' = 650$ mm，$h_f' = 90$ mm，$b = 250$ mm，$h = 750$ mm，计算跨度 $l_0 = 6\,000$ mm，在使用阶段跨中承受弯矩设计值 $M = 410$ kN·m，混凝土强度等级为 C25，HRB400 级钢筋。试计算跨中截面所需要的受拉钢筋截面面积。

(18)某 T 形截面梁，2 级建筑物，一类环境条件，翼缘计算宽度 $b_f' = 1\,400$ mm，$h_f' = 120$ mm，$b = 250$ mm，$h = 700$ mm，混凝土强度等级为 C25，HRB335 级钢筋，配置受拉钢筋 6 Φ 22，承受弯矩设计值 $M = 350$ kN·m。复核该梁正截面是否安全。

党的二十大金句

必须坚持守正创新。我们从事的是前无古人的伟大事业，守正才能不迷失方向、不犯颠覆性错误，创新才能把握时代、引领时代。

项目3　钢筋混凝土柱设计

学习指南

工作任务

(1)轴心受压柱的设计;
(2)偏心受压柱的设计;
(3)受拉构件的设计。

知识目标

(1)掌握柱的构造规定;
(2)掌握轴心受压柱的破坏过程;
(3)掌握偏心受压非对称配筋柱的承载力计算相关知识;
(4)掌握偏心受压对称配筋柱的承载力计算相关知识;
(5)掌握受拉构件承载力计算相关知识;
(6)理解柱的抗裂验算、裂缝宽度验算相关知识。

技能目标

(1)熟练掌握轴心受压柱的设计计算;
(2)熟练掌握大偏心受压柱的设计计算;
(3)熟练掌握受拉构件的设计计算;
(4)熟练掌握柱结构施工图的绘制与识读。

柱是以承受轴向压力为主的受压构件。在建筑结构中,柱支承水平结构构成空间,并逐层传递上部结构荷载至基础。柱在水工钢筋混凝土结构中应用非常广泛,如水闸工作桥立柱、渡槽的支承刚架立柱、水电站厂房立柱等。另外,闸墩、桥墩等也都属于柱。图3-1所示为渡槽刚架立柱,承受槽身的自重及槽内水体的重力。图3-2所示为水闸工作桥及立柱,主要承受相邻两孔纵梁传来的压力,并将荷载传递给闸墩。

码3-1　微课-受压构件的概念与分类

根据轴向压力作用位置不同,受压柱可以分为轴心受压柱和偏心受压柱两种类型。当轴向压力通过柱截面重心时,称为轴心受压柱;当轴向压力与柱截面重心有一个偏心距 e_0 时,称为偏心受压柱。当柱截面上同时作用有通过截面重心的轴向压力 N 和弯矩 M 时,因为轴向压力 N 和弯矩 M 可以换算成具有偏心距 $e_0=M/N$ 的偏心轴向压力,所以也称为偏心受压柱,如图 3-3 所示。

码 3-2 动画-受压构件分类

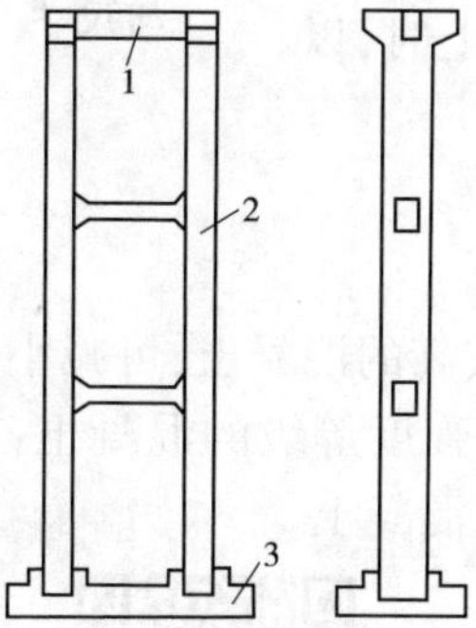

1—横梁;2—立柱;3—基础

图 3-1 渡槽刚架立柱

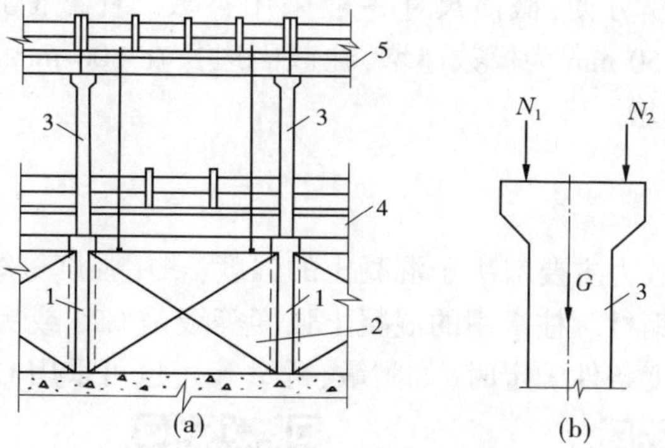

1—闸墩;2—闸门;3—支柱;4—公路桥;5—工作桥

图 3-2 水闸工作桥及其中墩支柱受力情况

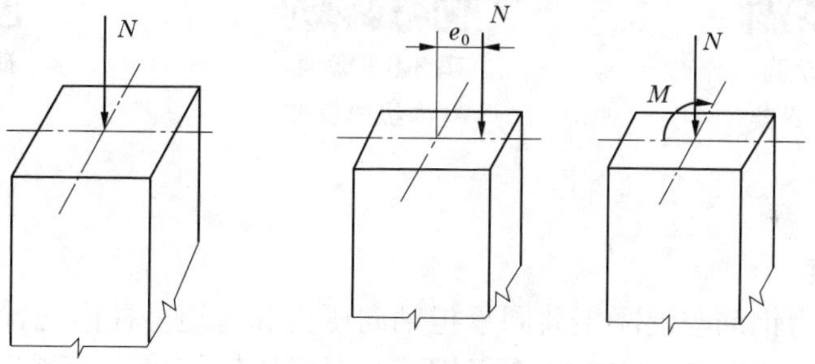

(a)轴心受压柱 (b)偏心受压柱

图 3-3 两种类型的柱

在实际工程中,真正的轴心受压柱是不存在的。因为实际的荷载合力对构件截面重心来说总是或多或少地存在着偏心,如混凝土浇筑不均匀、构件尺寸的施工误差、钢筋的不对称布置、装配式构件安装定位的不准确等,都会导致轴向力产生偏心。当偏心距小到在设计中可忽略不计时,如等跨柱网的内柱、只承受节点荷载的桁架压杆、码头中的桩等结构,可近似按轴心受压柱计算。

任务 1 柱的构造规定

码 3-3 微课-柱的截面形式与尺寸

1 截面形式和尺寸

轴心受压柱一般采用方形或圆形截面。偏心受压柱常采用矩形截面,截面长边布置在弯矩作用方向,截面长短边尺寸之比一般为 1.5~

2.5。为了减轻自重,预制装配式受压柱也可采用 I 形、T 形截面。

柱截面尺寸与长度相比不宜太小,因为构件越细长,纵向弯曲的影响越大,承载力降低得越多,不能充分利用材料的强度。水工建筑中,现浇立柱的边长不宜小于 300 mm,否则施工缺陷所引起的影响就较为严重。水平浇筑的装配式柱则不受此限制。

码 3-4　动画-柱的截面形式与尺寸

为了施工支模方便,截面尺寸一般采用整数。柱截面边长在 800 mm 及以下时,以 50 mm 为模数递增,柱截面边长在 800 mm 以上时,以 100 mm 为模数递增。

2　混凝土

柱的受压承载力主要取决于混凝土的强度,采用强度等级较高的混凝土,可减小构件截面尺寸并节省钢材。柱常用的混凝土强度等级是 C25 或更高强度等级的混凝土;当截面尺寸不是由强度条件确定时(如闸墩、桥墩等),也可采用 C15 混凝土。

码 3-5　动画-柱的钢筋骨架

码 3-6　微课-柱内纵向钢筋

码 3-7　动画-柱内纵筋

3　纵向钢筋

3.1　纵筋的强度

柱内纵向受力钢筋与混凝土共同承担轴向压力和弯矩。柱内配置的纵向受力钢筋常用 HRB335 级、HRB400 级或 RRB400 级钢筋。对受压钢筋来说,不宜采用高强度钢筋,这是因为钢筋的抗压强度受到混凝土极限压应变的限制,不能充分发挥其高强度作用。

3.2　纵筋的配筋率

柱内纵向钢筋的数量不能过少,否则构件破坏时呈脆性,对抗震不利。同时,钢筋太少,在荷载长期作用下,混凝土的徐变容易引起钢筋的过早屈服。当柱截面尺寸由承载力条件控制时,其最小配筋率要求为:

(1)轴心受压柱全部纵向钢筋的配筋率不得小于 0.60%(HPB235 级和 HRB335 级)或 0.55%(HRB400 级和 RRB400 级)。

(2)偏心受压柱的受压钢筋或受拉钢筋的配筋率不得小于 0.25%(HPB235 级)或 0.20%(HRB335 级、HRB400 级和 RRB400 级钢筋)。

纵向钢筋也不宜过多,配筋过多既不经济,也不便于施工。柱中全部纵向受力钢筋的合适配筋率为 0.8%~2%。当荷载较大及截面尺寸受限制时,配筋率可适当提高,但全部纵向钢筋配筋率不宜超过 5%。

3.3　纵筋的根数与直径

方形和矩形柱中纵向钢筋的根数不得少于 4 根,每边不得少于 2 根;圆形柱中纵向钢筋宜沿周边均匀布置,根数不宜少于 8 根,且不应少于 6 根。

纵向受力钢筋直径不宜小于 12 mm,过小则钢筋骨架柔性大,施工不便。工程中的钢筋直径通常在 12~32 mm 范围内选择。

3.4　纵筋的布置与间距

轴心受压柱的纵向受力钢筋应沿周边均匀布置,偏心受压柱的纵向受力钢筋则沿垂直于弯矩作用平面的两个侧面布置。柱截面每个角必须有一根钢筋。

偏心受压柱中垂直于弯矩作用平面的侧面上的纵向受力钢筋以及轴心受压柱中各边的纵向受力钢筋,其间距(中距)不应大于 300 mm。现浇时,柱内纵向钢筋的净距不应小于 50 mm,如图 3-4 所示。在水平位置上浇筑的预制柱,其纵向钢筋的最小净距要求可按梁的规定取用。

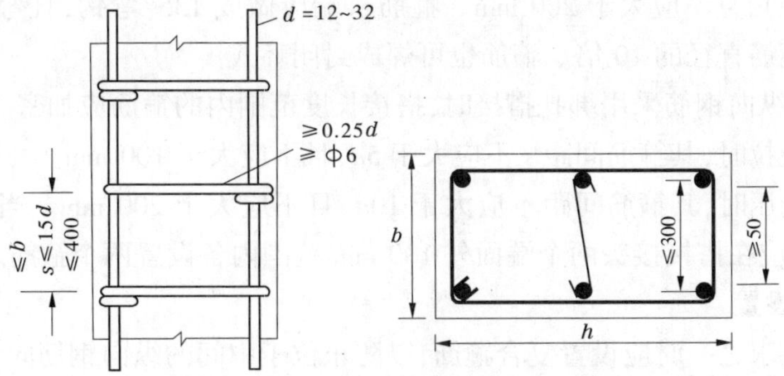

图 3-4　纵向钢筋与箍筋　(单位:mm)

当偏心受压柱的截面长边 $h \geqslant 600$ mm 时,在侧面应设置直径为 10~16 mm 的纵向构造钢筋,其间距不大于 400 mm,并相应地设置复合箍筋或连系拉筋。

纵向钢筋的混凝土保护层厚度的要求与梁相同。

4　箍筋

4.1　箍筋的作用

(1)与纵向钢筋形成钢筋骨架,保证纵向钢筋的正确位置。

(2)防止纵向钢筋受压时向外弯凸和混凝土保护层横向胀裂剥落。

(3)约束混凝土,提高柱的承载能力和延性。

(4)承受剪力。

码 3-8　微课-柱内箍筋

4.2　箍筋的级别

箍筋一般采用 HPB235 级和 HRB335 级钢筋。

4.3　箍筋的形状

箍筋应做成封闭式,并与纵筋绑扎或焊接形成整体骨架。

4.4　箍筋的直径

对于热轧钢筋,箍筋的直径要求为:

（1）不应小于 6 mm。

（2）不应小于 0.25 倍纵向钢筋的最大直径。

（3）当柱中全部纵向受力钢筋的配筋率超过 3%时，不宜小于 8 mm。

4.5　箍筋的间距

码 3-9　动画-柱内箍筋的间距

箍筋的最大间距（中距）应同时满足以下要求：

（1）不应大于构件截面的短边尺寸。

（2）不应大于 400 mm。

（3）在绑扎骨架中不应大于 $15d$，在焊接骨架中不应大于 $20d$（d 为纵向钢筋的最小直径），如图 3-4 所示。

（4）当柱中全部纵向受力钢筋的配筋率超过 3%时，箍筋间距不应大于 $10d$（d 为纵向钢筋的最小直径），且不应大于 200 mm。箍筋末端应做成 135°弯钩，且弯钩末端平直段长度不应小于箍筋直径的 10 倍。箍筋也可焊成封闭环式。

（5）当柱内纵向钢筋采用绑扎搭接时，搭接长度范围内的箍筋应加密。

①当钢筋受拉时，其箍筋间距 s 不应大于 $5d$，且不应大于 100 mm。

②当钢筋受压时，其箍筋间距不应大于 $10d$，且不应大于 200 mm。当受压钢筋直径 $d>25$ mm 时，尚应在搭接接头两个端面外 100 mm 范围内各设置两个箍筋。

4.6　复合箍筋设置

符合下列要求之一时应设置复合箍筋，以防止位于中间的纵向钢筋向外弯凸：

（1）柱截面短边尺寸大于 400 mm，且各边纵向钢筋多于 3 根。

（2）柱截面短边尺寸不大于 400 mm，但各边纵向钢筋多于 4 根。

复合箍筋布置的原则是尽可能使每根纵向钢筋均处于箍筋的转角处，若纵向钢筋根数较多，允许纵向钢筋隔一根位于箍筋的转角处，以使纵向钢筋能在两个方向受到固定。轴心受压柱的基本箍筋和复合箍筋布置如图 3-5 所示。偏心受压柱的基本箍筋和复合箍筋布置如图 3-6 所示。

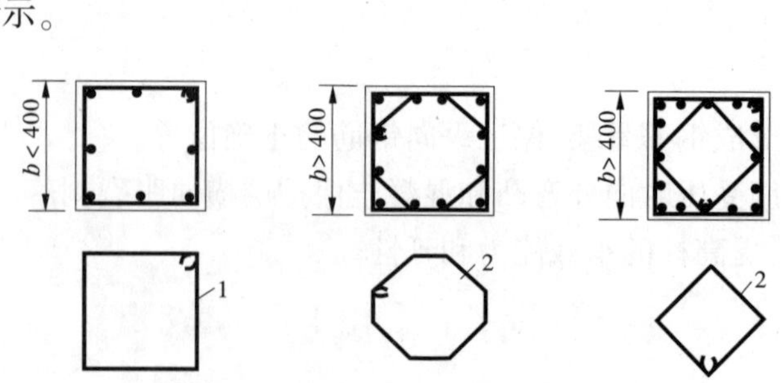

1—基本箍筋；2—复合箍筋

图 3-5　轴心受压柱的基本箍筋与复合箍筋布置　（单位：mm）

当柱中纵向钢筋按构造配置，钢筋强度未充分利用时，箍筋的配置要求可适当放宽。

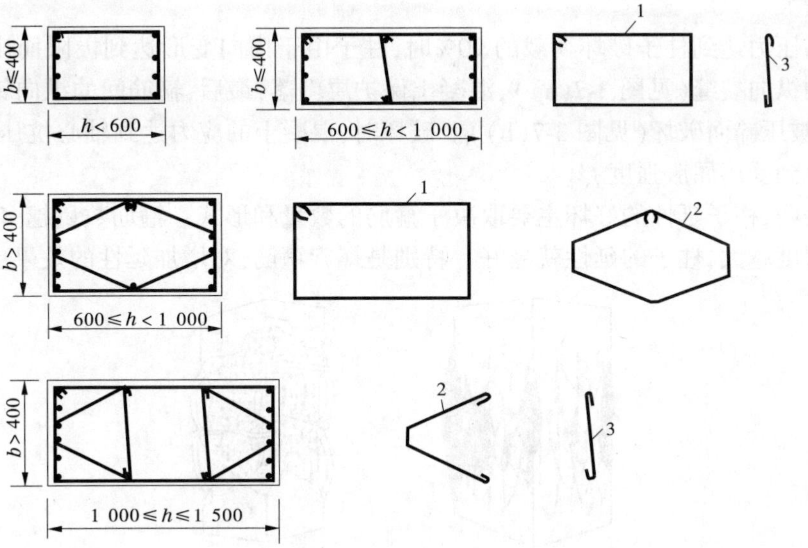

1—基本箍筋；2、3—复合箍筋

图 3-6　偏心受压柱的基本箍筋与复合箍筋布置　（单位：mm）

任务2　轴心受压柱设计

码 3-10　微课-短柱与长柱

1　试验分析

轴心受压柱按照箍筋配置方式不同，可分为普通箍筋柱和螺旋箍筋柱。本任务只介绍普通箍筋柱。

柱承载力计算理论也是建立在试验基础之上的。试验表明，构件的长细比对构件承载力的影响较大。轴心受压柱的长细比是指柱计算长度 l_0 与截面最小回转半径 i 或矩形截面的短边尺寸 b 之比。

当 $l_0/i \leq 28$ 或 $l_0/b \leq 8$ 时，为短柱；当 $l_0/i > 28$ 或 $l_0/b > 8$ 时，为长柱。

1.1　短柱破坏试验

配有纵筋和箍筋的短柱，在轴心压力作用下，全截面受压。由于钢筋与混凝土之间存在黏结力，从加载到破坏，混凝土与钢筋始终保持共同变形，两者压应变始终保持一致，整个截面的压应变是均匀分布的。当荷载较小时，材料处于弹性状态，混凝土与钢筋的应力比值基本上等于两者弹性模量之比。

码 3-11　动画-轴心受压短柱

随着荷载逐渐增大，混凝土塑性变形开始发展，其变形模量降低，随着柱子变形的增大，混凝土应力增加得越来越慢，而钢筋由于在屈服之前一直处于弹性阶段，所以其应力的增加始终与其应变成正比。两者的应力比值不再等于弹性模量之比。若荷载长期持续作用，混凝土将发生徐变，钢筋与混凝土之间会产生应力重分配，使混凝土的应力减小，钢筋的应力增大。

当轴向压力达到柱子破坏荷载的 90%时,柱子由于横向变形达到极限而出现与压力方向平行的纵向裂缝(见图 3-7(a)),混凝土保护层剥落,最后,箍筋间的纵向钢筋向外弯凸,混凝土被压碎而破坏(见图 3-7(b))。破坏时,混凝土的应力达到轴心抗压强度 f_c,钢筋应力也达到受压屈服强度 f_y'。

试验表明,柱子延性的好坏主要取决于箍筋的数量和形式。箍筋数量越多,对柱子的侧向约束程度越大,柱子的延性就越好。特别是螺旋箍筋,对增加延性的效果更好。

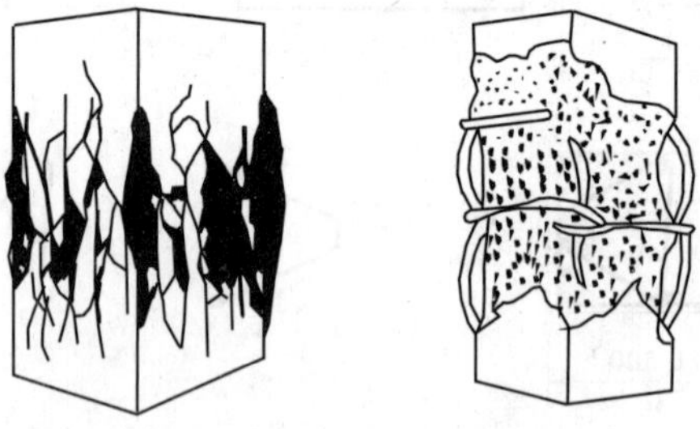

(a)　　(b)

图 3-7　轴心受压短柱的破坏形态

1.2　**长柱破坏试验**

长柱在轴向压力作用下,不仅发生压缩变形,还发生纵向弯曲,产生横向挠度。在荷载不大时,长柱全截面受压,但由于发生弯曲,内凹一侧的压应力比外凸一侧的压应力大。破坏前,横向挠度增加得很快,使长柱的破坏比较突然。破坏时,凹侧混凝土被压碎,纵向钢筋被压弯而向外弯凸,凸侧由受压突然变为受拉,出现水平的受拉裂缝(见图 3-8)。

码 3-12　动画-轴心受压长柱

工程中的受压柱都存在初始偏心距。初始偏心距对短柱的影响可以忽略不计,而对长柱的影响较大。长柱在荷载作用下,初始偏心距产生附加弯矩,附加弯矩产生的横向挠度又加大了偏心距,相互影响的结果使长柱最终在轴向压力和弯矩共同作用下发生破坏。很细长的长柱还有可能发生失稳破坏。

将截面尺寸、混凝土强度等级和配筋面积相同的长柱与短柱比较,发现长柱的承载力小于短柱,并且柱子越细长小得越多。因此,设计中必须考虑长细比对承载力降低的影响,常用稳定系数 φ 表示长柱承载力较短柱降低的程度。

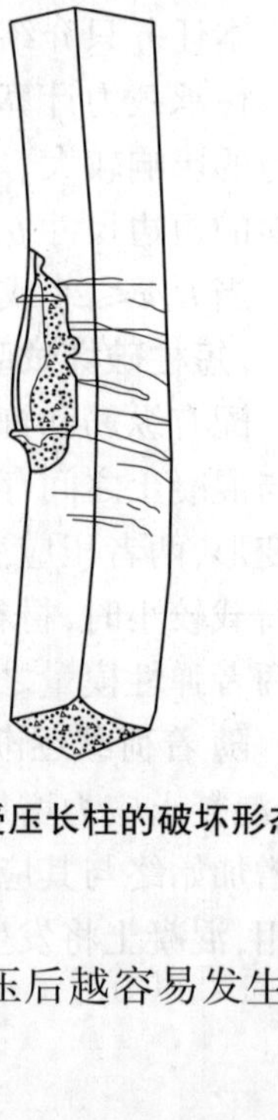

图 3-8　轴心受压长柱的破坏形态

试验表明,影响 φ 值的主要因素是柱的长细比。当 $l_0/b \leq 8$ 时,为短柱,可不考虑纵向弯曲的影响,取 $\varphi = 1.0$;当 $l_0/b > 8$ 时,为长柱,φ 值随 l_0/b 的增大而减小,φ 值与 l_0/b 的关系见表 3-1。

必须指出,采用过分细长的柱子是不合理的,因为柱子越细长,受压后越容易发生纵向弯曲而导致失稳，承载力降低越多，材料强度不能充分利用。因此，对一般建筑物中的柱，常限制长细比 $l_0/b \leq 30$ 及 $l_0/h \leq 25$（b 为截面短边尺寸，h 为长边尺寸）。

柱的计算长度 l_0 与构件的两端支承情况有关，可由表 3-2 查得。在实际工程中，支座情况并非理想的完全固定或完全铰接，应根据具体情况具体分析。

码 3-13 微课-稳定系数

表 3-1 钢筋混凝土轴心受压柱的稳定系数 φ

l_0/b	≤8	10	12	14	16	18	20	22	24	26	28
l_0/i	≤28	35	42	48	55	62	69	76	83	90	97
φ	1.0	0.98	0.95	0.92	0.87	0.81	0.75	0.70	0.65	0.60	0.56
l_0/b	30	32	34	36	38	40	42	44	46	48	50
l_0/i	104	111	118	125	132	139	146	153	160	167	174
φ	0.52	0.48	0.44	0.40	0.36	0.32	0.29	0.26	0.23	0.21	0.19

注：l_0 为构件计算长度，按表 3-2 计算；b 为矩形截面的短边尺寸；i 为截面最小回转半径。

表 3-2 构件的计算长度 l_0

构件及两端约束情况		计算长度 l_0
直杆	两端固定	$0.5l$
	一端固定、一端为不移动的铰	$0.7l$
	两端均为不移动的铰	$1.0l$
	一端固定、一端自由	$2.0l$
拱	三铰拱	$0.58S$
	双铰拱	$0.54S$
	无铰拱	$0.36S$

注：l 为构件支点间长度；S 为拱轴线长度。

2 普通箍筋柱的计算

2.1 计算公式

根据上述受力分析，轴心受压柱正截面受压承载力计算简图如图 3-9 所示。根据计算简图和内力平衡条件，并满足承载能力极限状态设计表达式的要求，可得轴心受压普通

箍筋柱正截面受压承载力计算公式:

$$KN \leqslant \varphi(f_c A + f_y' A_s') \tag{3-1}$$

式中　K——承载力安全系数,由表 1-7 查得;

N——轴向压力设计值,N;

φ——钢筋混凝土轴心受压柱稳定系数,由表 3-1 查得;

f_c——混凝土轴心抗压强度设计值,N/mm^2;

A——构件截面面积,mm^2,当纵向钢筋配筋率 $\rho' = A_s'/A > 3\%$ 时,式中 A 应改用混凝土净截面面积,$A_n = A - A_s'$;

f_y'——纵向钢筋抗压强度设计值,N/mm^2;

A_s'——全部纵向钢筋的截面面积,mm^2。

码 3-14　微课-轴心受压柱正截面承载力计算公式

2.2　截面设计

柱的截面尺寸可由构造要求或参照同类结构确定,然后根据构件的长细比由表 3-1 查出 φ 值,再利用式(3-1)计算受压钢筋截面面积。

$$A_s' = \frac{KN - \varphi f_c A}{\varphi f_y'} \tag{3-2}$$

计算出钢筋截面面积 A_s' 后,应验算配筋率 ρ' 是否合适(柱子的经济配筋率为 0.8%~2%)。如果 ρ' 过小或过大,说明截面尺寸选择不当,需要重新选择与计算。

轴心受压柱的正截面设计步骤见图 3-10。

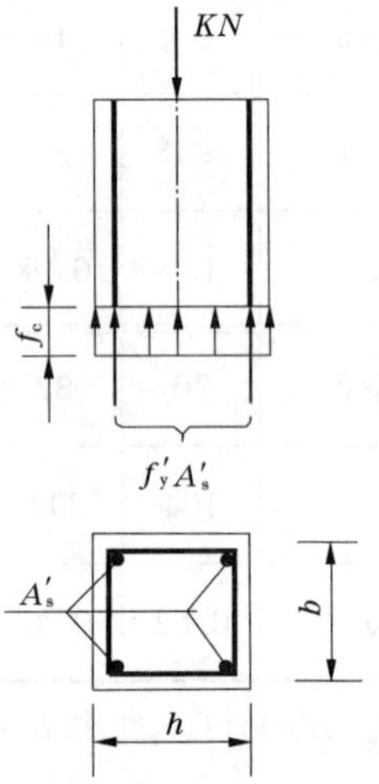

图 3-9　轴心受压柱正截面受压承载力计算简图

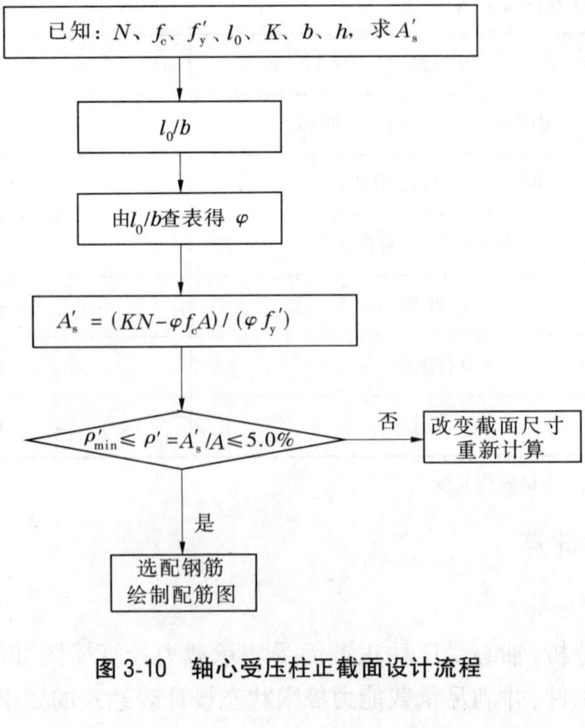

图 3-10　轴心受压柱正截面设计流程

2.3 承载力复核

承载力复核时，构件的计算长度、截面尺寸、材料强度、纵向钢筋截面面积均为已知，先检查配筋率是否满足经济配筋率的要求，然后根据构件的长细比由表 3-1 查出 φ 值，再根据式(3-1)进行复核，若式(3-1)得到满足，则截面承载力足够，反之，截面承载力不够。

【案例 3-1】 某 2 级建筑物中的现浇轴心受压柱，柱底固定，顶部为不移动铰接，柱高 $l=5.6$ m，柱底截面承受的轴心压力设计值 $N=1\ 750$ kN，采用 C20 混凝土及 HRB335 级钢筋。试设计截面并配筋。

解 查表得：$K=1.20$，$f_c=9.6\ \mathrm{N/mm^2}$，$f_y'=300\ \mathrm{N/mm^2}$，拟定截面尺寸为 400 mm×400 mm。

码 3-15 微课-轴心受压柱计算案例

(1)确定稳定系数 φ。

$$l_0=0.7l=0.7\times5.6=3.92(\mathrm{m})=3\ 920\ \mathrm{mm}$$

$l_0/b=3\ 920/400=9.8>8$，属于长柱，由表 3-1 查得 $\varphi=0.982$。

(2)计算 A_s'。

$$A_s'=\frac{KN-\varphi f_c A}{\varphi f_y'}=\frac{1.20\times1\ 750\times10^3-0.982\times9.6\times400^2}{0.982\times300}=2\ 008(\mathrm{mm^2})$$

$$\rho'=A_s'/A=2\ 008/400^2=1.26\%$$

ρ' 在经济配筋率范围内，拟定的截面尺寸合理。

(3)选配钢筋，绘制截面配筋图。

受压钢筋选用 8 Φ 18($A_s'=2\ 036\ \mathrm{mm^2}$)，箍筋选用Φ 6@250。截面配筋见图 3-11。

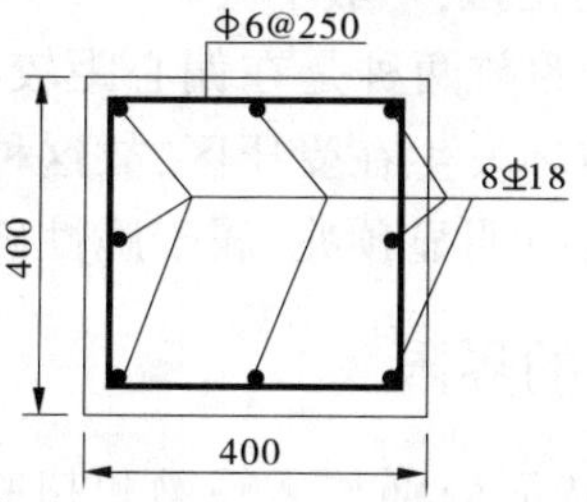

图 3-11　柱截面配筋图　(单位:mm)

任务 3　偏心受压柱设计

码 3-16 微课-偏心受压破坏类型

1　试验分析

试验结果表明，偏心受压柱的破坏特征与轴向压力的偏心距和配筋情况有关，偏心受压短柱的破坏可分为以下两种类型。

1.1 大偏心受压破坏

当轴向力的偏心距较大时，截面部分受拉、部分受压，如果受拉区配置的受拉钢筋数量适当，则构件在受力后，首先在受拉区产生横向裂缝。随着荷载不断增加，裂缝将不断开展延伸,受拉钢筋应力首先达到受拉屈服强度,随着钢筋塑性的增加,混凝土受压区高度迅速减小,压应变急剧增加,最后混凝土达到极限压应变而被压碎,构件破坏。破坏时受压钢筋应力达到抗压屈服强度,因为这种破坏发生于轴向力偏心距较大的情况,因此称为大偏心受压破坏。其破坏过程类似于双筋梁的适筋破坏。由于破坏是从受拉区开始的,故这种破坏又称为受拉破坏。大偏心受压破坏具有明显的预兆,属于延性破坏。图 3-12 所示为大偏心受压破坏时的截面应力图形。

码 3-17 动画-大偏心受压破坏

1.2 小偏心受压破坏

小偏心受压破坏包括下列三种情况:

(1) 偏心距很小时,截面全部受压,如图 3-13(a)所示。

(2) 偏心距较小时,截面大部分受压、小部分受拉,如图 3-13(b)所示。

(3) 偏心距较大,且受拉钢筋配置过多时,截面部分受拉、部分受压,如图 3-13(c)所示。

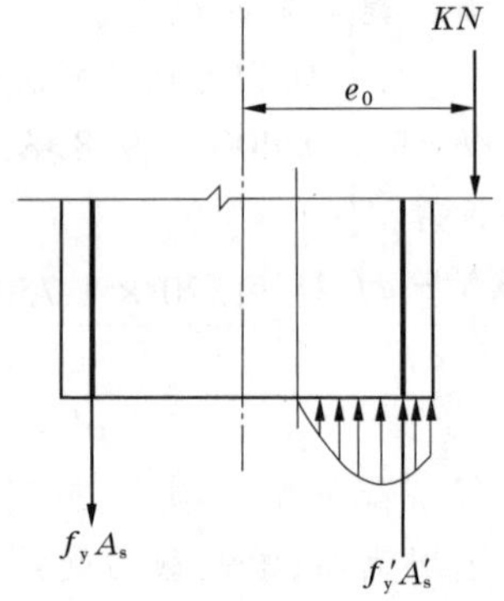

图 3-12 大偏心受压破坏时的截面应力图形

上述三种情况,尽管破坏时应力状态有所不同,但破坏特征是相似的,即靠近轴向压力一侧的受压混凝土首先被压碎,与此同时,该侧纵向受压钢筋应力也达到抗压屈服强度;而远离轴向压力一侧的纵向钢筋,不论是受压还是受拉,一般不会屈服。由于上述三种破坏情况中的前两种是在偏心距较小时发生的,故统称为小偏心受压破坏。由于破坏发生在受压区,故这种破坏又称为受压破坏。小偏心受压破坏一般没有明显预兆,属于脆性破坏。

码 3-18 动画-小偏心受压破坏

2 大、小偏心受压破坏形态的界限

由于大、小偏心受压的破坏特征分别与适筋梁和超筋梁的破坏特征相同,因此两种偏心受压破坏的界限条件与梁两种破坏的界限条件相类似,即在受拉侧钢筋

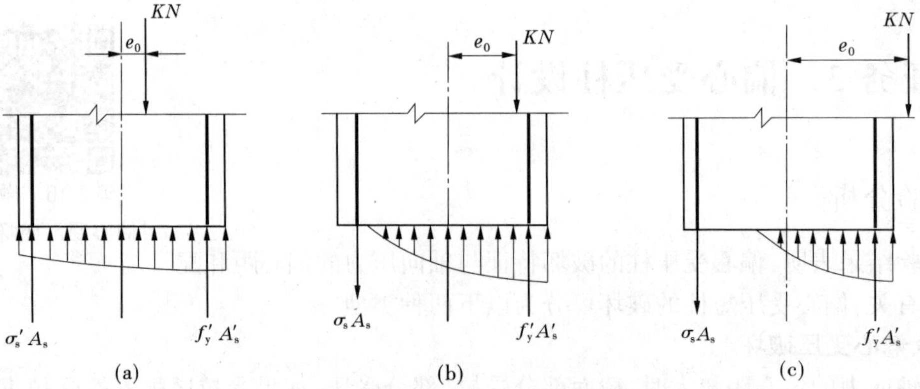

图 3-13 小偏心受压破坏截面应力图形

应力达到屈服的同时,受压区混凝土恰好达到极限压应变而破坏,这种破坏为大、小偏心受压的界限破坏。界限破坏时的界限相对受压区高度 ξ_b 的计算与梁相同。当 $\xi \leqslant \xi_b$ 时,截面破坏时受拉钢筋屈服,属于大偏心受压;当 $\xi > \xi_b$ 时,截面破坏时受拉钢筋未达到屈服,属于小偏心受压。

3 偏心受压柱纵向弯曲对其承载力的影响

偏心受压长柱的承载力低于相同截面尺寸和配筋的偏心受压短柱。这是因为在偏心轴向力 N 作用下,细长的构件会产生附加挠度 f(见图3-14),以致轴向力 N 对长柱跨长中间截面重心的实际偏心距从初始偏心距 e_0 增大到 e_0+f,偏心距的增大,使得作用在截面上的弯矩也随之增大,从而导致构件承载力降低。显然,长细比越大,偏心受压长柱在轴向压力和弯矩共同作用下的压弯效应越大,产生的附加挠度也越大,承载力降低越多。因此,钢筋混凝土偏心受压长柱承载力计算应考虑长细比对承载力降低的影响。考虑的方法是将初始偏心距 e_0 乘以一个大于1的偏心距增大系数 η,即

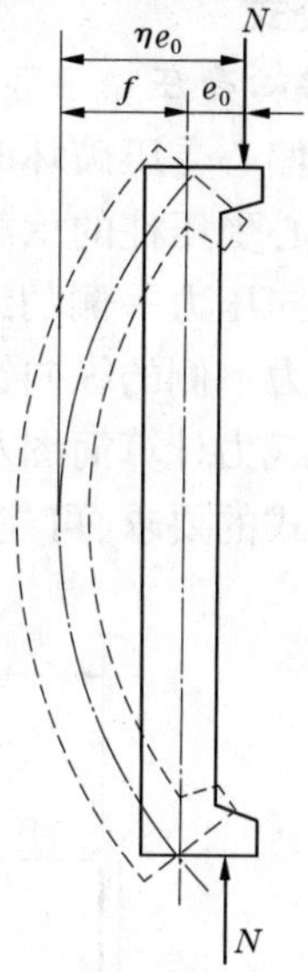

图3-14 偏心受压长柱纵向弯曲变形

$$e_0 + f = (1 + f/e_0)e_0 = \eta e_0 \tag{3-3}$$

η 值由下列经验公式计算:

$$\eta = 1 + \frac{1}{1\,400\dfrac{e_0}{h_0}}\left(\frac{l_0}{h}\right)^2\zeta_1\zeta_2 \tag{3-4}$$

$$\zeta_1 = \frac{0.5f_cA}{KN} \tag{3-5}$$

$$\zeta_2 = 1.15 - 0.01\frac{l_0}{h} \tag{3-6}$$

式中 e_0——初始偏心距,mm,$e_0=M/N$,当 $e_0<h_0/30$ 时,取 $e_0=h_0/30$;

N——轴向压力设计值,N;

l_0——构件的计算长度,mm,一般情况下按表3-2确定;

h——截面高度,mm;

h_0——截面有效高度,mm;

A——构件截面面积,mm^2;

ζ_1——考虑截面应变对截面曲率的影响系数,当 $\zeta_1>1$ 时,取 $\zeta_1=1.0$,对于大偏心受压构件,直接取 $\zeta_1=1.0$;

ζ_2——考虑构件长细比对截面曲率的影响系数,当 $l_0/h \leqslant 15$ 时,取 $\zeta_2=1.0$;

K——承载力安全系数。

码3-19 微课-偏心距增大系数

当 $l_0/h \leqslant 8$ 时,属于短柱,取 $\eta=1.0$;当 $8<l_0/h\leqslant 30$ 时,η 按式(3-4)计算。

4　矩形截面偏心受压柱正截面承载力计算

矩形截面偏心受压柱正截面承载力计算采用的基本假定与梁相同。

4.1　基本公式

4.1.1　大偏心受压

根据大偏心受压破坏时的截面应力图形(见图 3-12)和基本假定,简化出大偏心受压柱的承载力计算简图(见图 3-15)。

码 3-20　微课-大偏心受压构件正截面承载力计算公式

靠近轴向压力一侧的纵向钢筋截面面积为 A'_s(简称为近侧钢筋),远离轴向压力一侧的纵向钢筋截面面积为 A_s(简称为远侧钢筋)。

根据承载力计算简图及截面内力平衡条件,并满足承载能力极限状态设计表达式的要求,可建立如下基本公式:

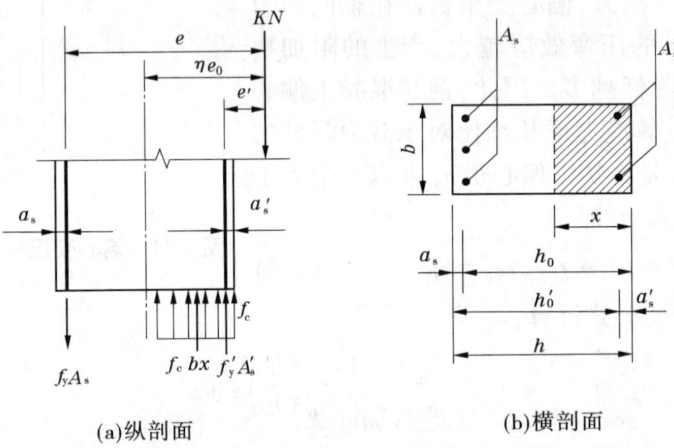

图 3-15　矩形截面大偏心受压柱正截面受压承载力计算简图

$$KN \leqslant f_c bx + f'_y A'_s - f_y A_s \tag{3-7}$$

$$KNe \leqslant f_c bx(h_0 - 0.5x) + f'_y A'_s(h_0 - a'_s) \tag{3-8}$$

式中　e——轴向压力作用点至远侧钢筋 A_s 合力点之间的距离,mm,$e=\eta e_0+h/2-a_s$;

e_0——轴向压力对截面重心的偏心距,mm,$e_0=M/N$;

η——轴向压力偏心距增大系数,按式(3-4)计算;

a_s——远侧钢筋 A_s 合力点至截面近边缘的距离,mm;

a'_s——近侧钢筋 A'_s 合力点至截面近边缘的距离,mm;

h'_0——纵向受压钢筋合力点至受拉边或受压较小边的距离,mm,$h'_0=h-a'_s$;

其他符号意义同前。

为了计算方便,可将基本公式改写为如下实用公式:

将 $x=\xi h_0$ 代入基本公式(3-7)和式(3-8)中,并令 $\alpha_s=\xi(1-0.5\xi)$,则可得出:

$$KN \leqslant f_c b\xi h_0 + f'_y A'_s - f_y A_s \tag{3-9}$$

$$KNe \leqslant \alpha_s f_c bh_0^2 + f'_y A'_s(h_0 - a') \tag{3-10}$$

基本公式应满足下列适用条件：

(1)为了保证构件破坏时远侧受拉钢筋应力能达到屈服强度，应满足：

$$x \leqslant \xi_b h_0 \quad 或 \quad \xi \leqslant \xi_b$$

(2)为了保证构件破坏时，近侧受压钢筋应力能达到屈服强度，应满足：

$$x \geqslant 2a'_s$$

当 $x<2a'_s$ 时，近侧受压钢筋的应力达不到 f'_y，截面承载力可按下式计算：

$$KNe' \leqslant f_y A_s(h_0 - a'_s) \tag{3-11}$$

式中 e'——轴向压力作用点至近侧钢筋 A'_s 合力点的距离，mm，$e'=\eta e_0-h/2+a'_s$。

4.1.2 小偏心受压

根据小偏心受压破坏时的截面应力图形(见图3-13)和基本假定，简化出小偏心受压柱的承载力计算简图(见图3-16)。

靠近轴向压力一侧的纵向钢筋截面面积为 A'_s，远离轴向压力一侧的纵向钢筋截面面积为 A_s。

码3-21 微课-小偏心受压构件正截面承载力计算公式

根据承载力计算简图和截面内力平衡条件，并满足承载能力极限状态设计表达式的要求，可建立如下基本公式：

$$KN \leqslant f_c bx + f'_y A'_s - \sigma_s A_s \tag{3-12}$$

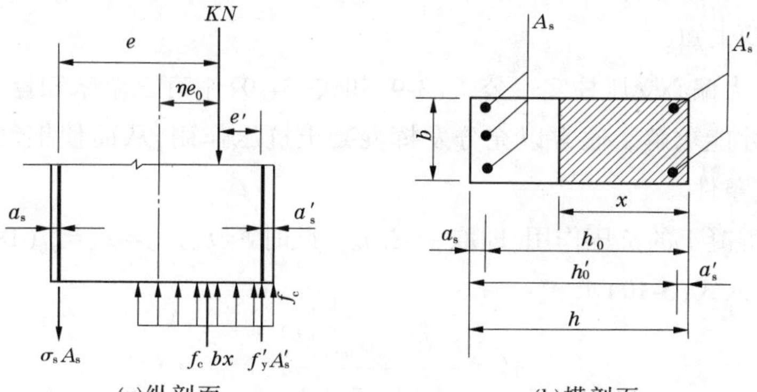

(a)纵剖面　　(b)横剖面

图3-16 矩形截面小偏心受压柱正截面受压承载力计算简图

$$KNe \leqslant f_c bx(h_0 - 0.5x) + f'_y A'_s(h_0 - a'_s) \tag{3-13}$$

远离轴向压力一侧的纵向钢筋 A_s，无论受压还是受拉，均未达到屈服，其应力 σ_s 随 ξ 呈线性变化，可按近似式(3-14)进行计算：

$$\sigma_s = \frac{0.8-\xi}{0.8-\xi_b} f_y \tag{3-14}$$

按式(3-14)计算的 σ_s 应满足 $-f'_y \leqslant \sigma_s \leqslant f_y$。

当 $KN>f_c bh$ 时，构件全截面受压($x=h$)，若远离轴向力的一侧的钢筋 A_s 配得过少，则该侧混凝土就可能先达到极限压应变而破坏，钢筋 A_s 也同时达到屈服强度。为了防止这种情况发生，以 A'_s 为矩心建立方程对 A_s 进行复核，A_s 应满足如下条件：

$$KNe' \leqslant f_c bh(h'_0 - 0.5h) + f'_y A_s(h'_0 - a_s) \tag{3-15}$$

式中　e'——轴向力作用点至钢筋A'_s合力点的距离,mm,$e'=0.5h-a'_s-e_0$,为偏于安全考虑,取$\eta=1.0$;

h'_0——纵向受压钢筋合力点至受拉边或受压较小边的距离,mm,$h'_0=h-a'_s$。

4.2　截面设计

偏心受压柱截面设计,首先由结构内力分析得出作用在控制截面上的轴向力设计值N和弯矩设计值M,根据经验或参照同类结构选择材料及拟定截面尺寸,然后计算钢筋截面面积A_s及A'_s,并进行配筋。当计算结果不合理时,则对初拟的截面尺寸进行调整,再重新进行计算。

截面设计时,应先根据ξ的大小判别偏心受压的类型。在钢筋面积未知的情况下,无法确定ξ的数值,实际设计时可按下列条件来判别。

当$\eta e_0>0.3h_0$时,可按大偏心受压柱设计;如果远侧钢筋A_s配得过多,也可能转化为小偏心受压柱。

当$\eta e_0\leqslant 0.3h_0$时,可按小偏心受压柱设计。

4.2.1　大偏心受压柱

按非对称配筋方式进行矩形截面大偏心受压柱截面设计时,将会遇到以下两种情况:

(1)A_s和A'_s均未知。

这种情况下,大偏心受压柱实用公式(3-9)和式(3-10)中有三个未知量A_s、A'_s和ξ,需要补充一个条件才能求解。通常以充分发挥混凝土抗压作用,从而使钢筋总用量($A_s+A'_s$)最省作为补充条件。

为充分发挥混凝土的抗压作用,即取$x=\xi_b h_0$。此时$\xi=\xi_b$,$\alpha_s=\alpha_{sb}=\xi_b(1-0.5\xi_b)$。

将$\alpha_s=\alpha_{sb}$代入式(3-10)求A'_s:

$$A'_s=\frac{KNe-\alpha_{sb}f_c bh_0^2}{f'_y(h_0-a'_s)} \tag{3-16}$$

若$A'_s\geqslant\rho'_{\min}bh_0$,则将已求得的$A'_s$和$\xi=\xi_b$代入式(3-9)求$A_s$:

$$A_s=\frac{f_c b\xi_b h_0+f'_y A'_s-KN}{f_y} \tag{3-17}$$

若$A'_s<\rho'_{\min}bh_0$,则取$A'_s=\rho'_{\min}bh_0$,然后按第二种已知A'_s的情况求A_s。按式(3-17)求出的A_s若小于$\rho_{\min}bh_0$,则按$A_s=\rho_{\min}bh_0$配筋。

(2)已知A'_s,求A_s。

这种情况下,大偏心受压柱实用公式(3-9)和式(3-10)中仅有两个未知量A_s和ξ,可直接求解如下:

由式(3-10)得

$$\alpha_s=\frac{KNe-f'_y A'_s(h_0-a'_s)}{f_c bh_0^2}$$

$$\xi = 1 - \sqrt{1 - 2\alpha_s}, \quad x = \xi h_0$$

当 $2a'_s \leqslant x \leqslant \xi_b h_0$ 时，由式(3-9)计算 A_s：

$$A_s = \frac{f_c b \xi h_0 + f'_y A'_s - KN}{f_y} \tag{3-18}$$

当 $x > \xi_b h_0$ 时，说明已配置的受压钢筋 A'_s 数量不足。若 A'_s 可以调整，则按第一种情况重新计算 A'_s 和 A_s；若 A'_s 不可调整，则按小偏心受压柱进行设计。

当 $x < 2a'_s$ 时，由式(3-11)计算 A_s：

$$A_s = \frac{KNe'}{f_y(h_0 - a'_s)} \tag{3-19}$$

式中，$e' = \eta e_0 - h/2 + a'_s$。

当式(3-19)中的 e' 为负值时(即轴向力 N 作用在钢筋 A_s 与 A'_s 之间)，说明构件截面尺寸很大，而轴向力 N 又很小，截面上远离轴向力一边和靠近轴向力一边均不会发生破坏，可以按最小配筋率并满足构造要求配置。

大偏心受压柱正截面设计步骤见图3-17。

4.2.2 小偏心受压柱

小偏心受压柱的截面设计可按下列步骤进行。

(1)计算 A_s。

小偏心受压柱远离轴向力一侧的钢筋 A_s 可能受拉也可能受压，柱破坏时，其应力 σ_s 一般达不到屈服强度，为节约钢材，A_s 可按最小配筋率配置。

$$A_s = \rho_{min} b h_0 \tag{3-20}$$

当 $KN > f_c bh$ 时，应按式(3-15)验算距轴向力较远的一侧钢筋截面面积 A_s。

$$A_s = \frac{KN(0.5h - a'_s - e_0) - f_c bh(h'_0 - 0.5h)}{f'_y(h'_0 - a_s)} \tag{3-21}$$

A_s 应取式(3-20)和式(3-21)中的较大值。

(2)计算 ξ 和 A'_s。

将式(3-14)及 $x = \xi h_0$ 代入式(3-12)和式(3-13)，联立求解 ξ 和 A'_s。

若 $\xi < 1.6 - \xi_b$，求得 A'_s，计算完毕。

若 $\xi \geqslant 1.6 - \xi_b$，取 $\sigma_s = -f'_y$ 及 $\xi = 1.6 - \xi_b$(当 $\xi > h/h_0$ 时，取 $\xi = h/h_0$)，代入式(3-12)和式(3-13)求得 A_s 和 A'_s，计算完毕。

求出的 A_s 和 A'_s 必须满足最小配筋率要求。

小偏心受压柱正截面设计步骤见图3-18。

5 矩形截面偏心受压柱承载力复核

5.1 弯矩作用平面内的承载力复核

偏心受压柱承载力复核时，不像截面设计那样按偏心距 e_0 的大小作为两种偏心受压柱的分界。在截面尺寸、钢筋截面面积及偏心距 e_0 均已确定的条件下，受压区高度 x 即可确定。所以，应根据 x 的大小判别两种偏压柱，此时可先按大偏心受压柱计算，根据大

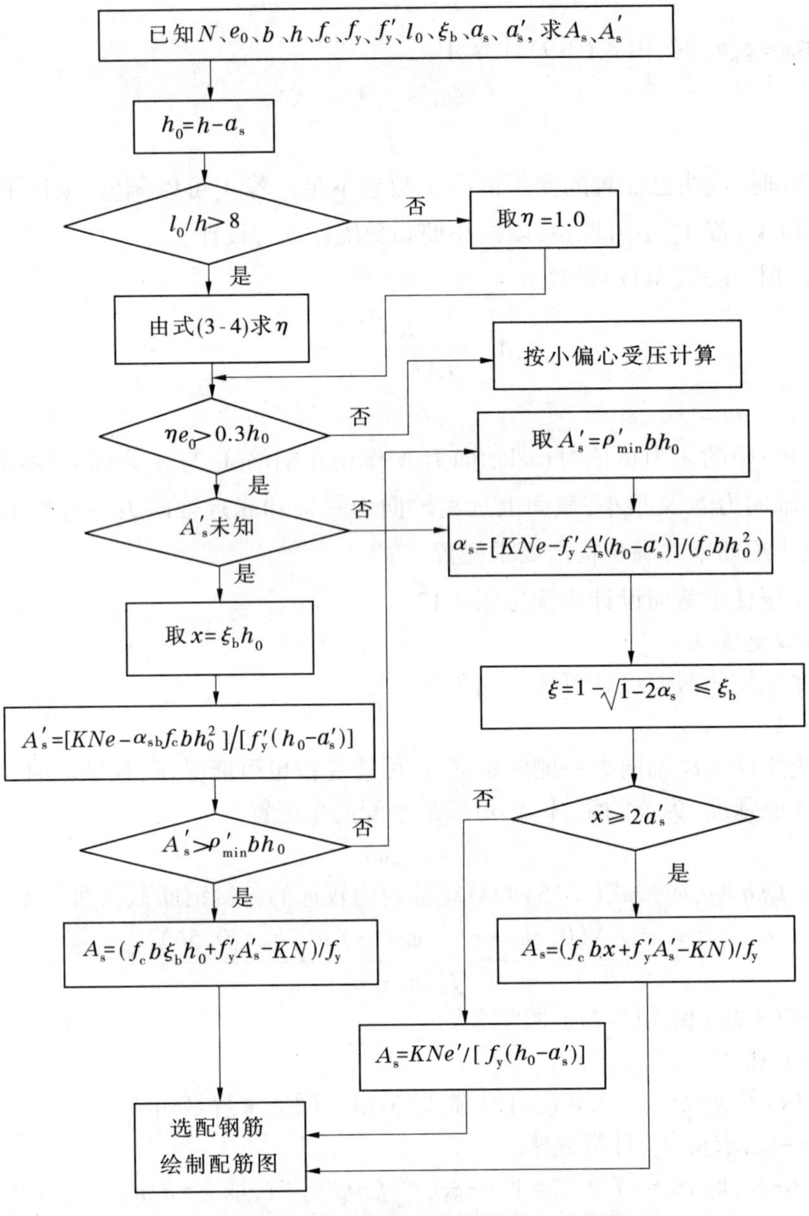

图 3-17　大偏心受压柱正截面设计流程

偏心受压柱计算简图，对轴向力 N 的作用点取矩(见图 3-15)可得：

$$f_c bx(e - h_0 + 0.5x) = f_y A_s e \mp f_y' A_s' e' \tag{3-22}$$

式中：$e = \eta e_0 + h/2 - a_s$，$e' = \eta e_0 - h/2 + a_s'$。

由式(3-22)可解得：

$$x = \frac{-B \pm \sqrt{B^2 - 4AC}}{2A} \tag{3-23}$$

式中：$A = 0.5 f_c b$；$B = f_c b(e - h_0)$；$C = -(f_y A_s e \pm f_y' A_s' e')$。

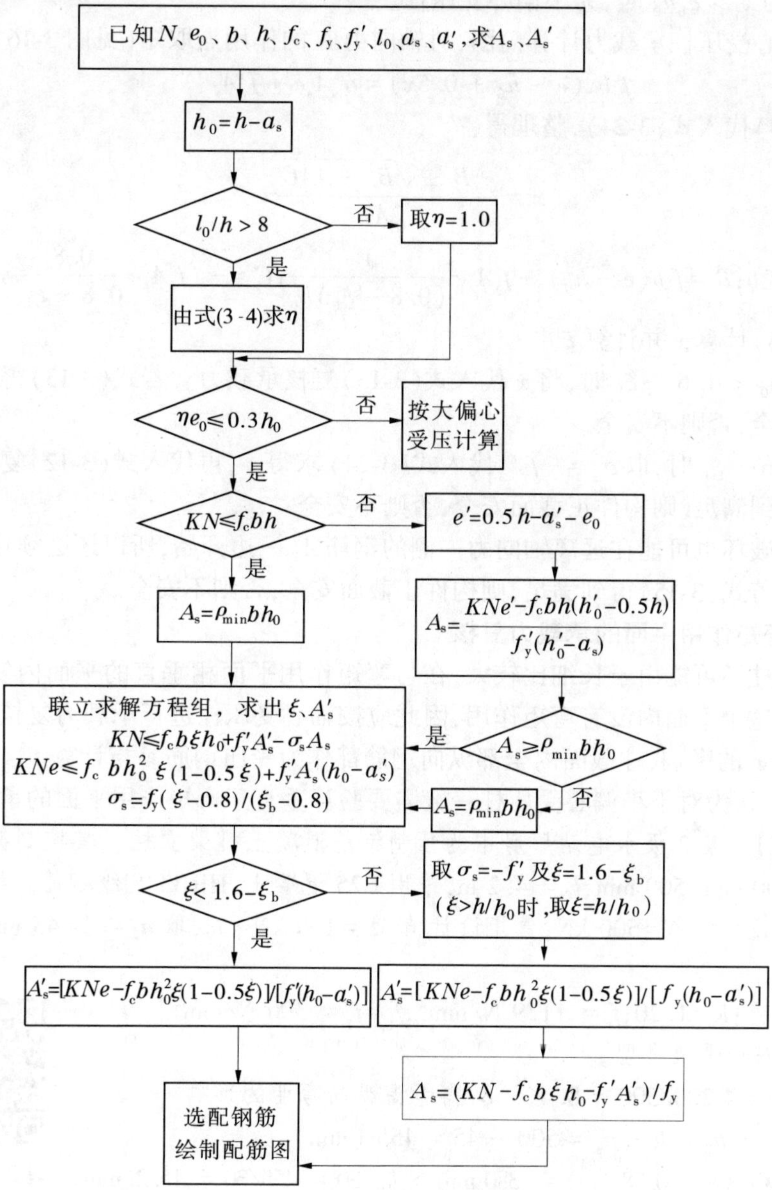

图 3-18　小偏心受压柱正截面设计流程

注意：当轴向力作用在 A_s 和 A_s' 之间时用"+"号，当轴向力作用在 A_s 和 A_s' 之外时用"−"号。

(1) 求出的 $x\leqslant\xi_b h_0$ 时，为大偏心受压柱。

当 $x\geqslant 2a_s'$ 时，将 x 代入式(3-7)复核承载力，若式(3-7)得到满足，则构件正截面安全，否则不安全。

当 $x<2a_s'$ 时，将 x 代入式(3-11)复核承载力，若式(3-11)得到满足，则构件正截面安全，否则不安全。

(2)求出的 $x > \xi_b h_0$ 时,为小偏心受压柱。

根据小偏心受压柱承载力计算简图,对轴向力 N 的作用点取矩(见图3-16)可得:

$$f_c bx(e - h_0 + 0.5x) = \sigma_s A_s e + f_y' A_s' e' \tag{3-24}$$

将式(3-14)代入式(3-24),整理得:

$$x = \frac{-B \pm \sqrt{B^2 - 4AC}}{2A} \tag{3-25}$$

式中:$A = 0.5 f_c b$;$B = f_c b(e - h_0) + f_y A_s e \dfrac{1}{(0.8 - \xi_b) h_0}$;$C = -\left(f_y A_s e \dfrac{0.8}{0.8 - \xi_b} + f_y' A_s' e'\right)$。

按式(3-25)计算 x 并计算 ξ。

当 $\xi = x/h_0 < 1.6 - \xi_b$ 时,将 x 代入式(3-13)复核承载力。若式(3-13)得到满足,则构件正截面安全,否则不安全。

当 $\xi \geqslant 1.6 - \xi_b$ 时,取 $\sigma_s = -f_y'$,代入式(3-24)求得 x,再代入式(3-12)复核承载力。若式(3-12)得到满足,则构件正截面安全,否则不安全。

有时构件破坏也可能在远离轴向力一侧的钢筋 A_s 一边开始,所以还必须用式(3-15)复核承载力。若式(3-15)得到满足,则构件正截面安全,否则不安全。

5.2　垂直于弯矩作用平面的承载力复核

偏心受压柱还可能由于长细比较大,在与弯矩作用平面相垂直的平面内发生纵向弯曲而破坏。在这个平面内没有弯矩作用,因此应按轴心受压柱进行承载力复核,计算时须考虑稳定系数 φ 的影响,柱截面内全部纵向钢筋都作为受压钢筋参与计算。

通过分析,认为对于小偏心受压柱一般需要验算垂直于弯矩作用平面的承载力。

【案例3-2】 某2级水电站厂房中的预制钢筋混凝土排架立柱。其控制截面的截面尺寸 $b \times h = 300\ \text{mm} \times 500\ \text{mm}$,$l_0 = 4.2\ \text{m}$,采用C25混凝土,HRB335级钢筋。控制截面承受的轴向压力设计值 $N = 500\ \text{kN}$,弯矩设计值 $M = 190\ \text{kN·m}$,取 $a_s = a_s' = 45\ \text{mm}$。给该柱配置钢筋。

解　查表得:$K = 1.20$,$f_c = 11.9\ \text{N/mm}^2$,$f_y = f_y' = 300\ \text{N/mm}^2$。

(1)判别偏心受压类型。

$$l_0 / h = 4\,200/500 = 8.4 > 8,\ \text{需考虑纵向弯曲的影响}$$

$$h_0 = h - a_s = 500 - 45 = 455\ (\text{mm})$$

$e_0 = M/N = 190/500 = 0.38\ (\text{m}) = 380\ \text{mm} > h_0/30 = 455/30 = 15.2(\text{mm})$

故取 $e_0 = 380\ \text{mm}$。

码3-22　微课-大偏心受压构件计算实例

$$\zeta_1 = \frac{0.5 f_c A}{KN} = \frac{0.5 \times 11.9 \times 300 \times 500}{1.20 \times 500 \times 10^3} = 1.49 > 1.0,\ \text{取}\ \zeta_1 = 1.0$$

$$l_0 / h = 4\,200/500 = 8.4 < 15,\ \text{取}\ \zeta_2 = 1.0$$

$$\eta = 1 + \frac{1}{1\,400 \dfrac{e_0}{h_0}} \left(\frac{l_0}{h}\right)^2 \zeta_1 \zeta_2 = 1 + \frac{1}{1\,400 \times \dfrac{380}{455}} \times \left(\frac{4\,200}{500}\right)^2 \times 1.0 \times 1.0 = 1.06$$

$$\eta e_0 = 1.06 \times 380 = 402.8\ (\text{mm}) > 0.3 h_0 = 0.3 \times 455 = 136.5\ (\text{mm})$$

按大偏心受压计算。

$$e = \eta e_0 + h/2 - a_s = 402.8 + 500/2 - 45 = 607.8\ (\text{mm})$$

(2)计算A'_s和A_s。

$$\alpha_{sb} = \xi_b(1 - 0.5\xi_b) = 0.550 \times (1 - 0.5 \times 0.550) = 0.399$$

$$A'_s = \frac{KNe - \alpha_{sb} f_c b h_0{}^2}{f'_y(h_0 - a'_s)}$$

$$= \frac{1.20 \times 500 \times 10^3 \times 607.8 - 0.399 \times 11.9 \times 300 \times 455^2}{300 \times (455 - 45)}$$

$$= 567(\text{mm}^2) > \rho'_{min} b h_0 = 0.2\% \times 300 \times 455 = 273\ (\text{mm}^2)$$

$$A_s = \frac{f_c b \xi_b h_0 + f'_y A'_s - KN}{f_y}$$

$$= \frac{11.9 \times 300 \times 0.550 \times 455 + 300 \times 567.4 - 1.20 \times 500 \times 10^3}{300}$$

$$= 1\ 545\ (\text{mm}^2) > \rho_{min} b h_0 = 0.2\% \times 300 \times 455 = 273\ (\text{mm}^2)$$

(3)选配钢筋,绘制配筋图。

实配受压钢筋 2 Φ 20($A'_s = 628\ \text{mm}^2$),受拉钢筋 4 Φ 22($A_s = 1\ 520\ \text{mm}^2$),箍筋为 Φ 8@250,配筋图如图 3-19 所示。

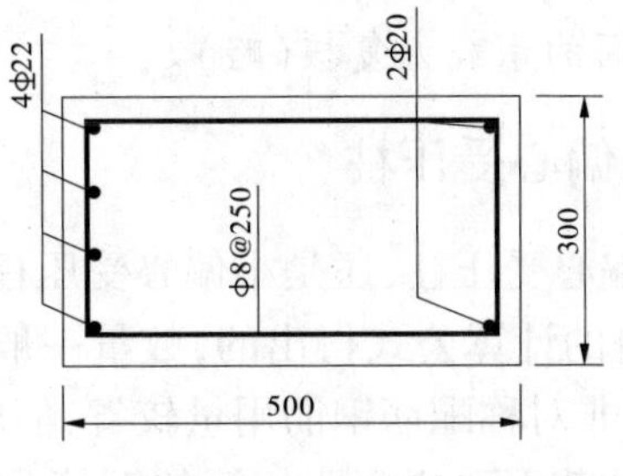

图 3-19 截面配筋图 (单位:mm)

(4)垂直于弯矩作用平面内的承载力复核。

$$l_0/b = 4\ 200/300 = 14.0,\text{查表 3-1 得 } \varphi = 0.92$$

$$KN = 1.20 \times 500 = 600\ (\text{kN})$$

$$< \varphi(f_c A + f_y{}' A'_s) = 0.92 \times [11.9 \times 300 \times 500 + 300 \times (628 + 1\ 520)]$$

$$= 2\ 235 \times 10^3(\text{N}) = 2\ 235\ \text{kN}$$

垂直于弯矩作用平面的截面承载力满足要求。

【案例 3-3】 案例 3-2 中的钢筋混凝土受压柱,受压侧钢筋已配 2 Φ 22($A'_s = 760\ \text{mm}^2$),试求A_s,并绘制配筋图。

解 案例 3-2 已计算出 $h_0 = 455\ \text{mm}$,$e_0 = 380\ \text{mm}$,$\eta = 1.06$,$e = 607.8\ \text{mm}$。

(1)计算受压区高度x。

$$\alpha_s = \frac{KNe - f'_y A'_s(h_0 - a'_s)}{f_c b h_0^2}$$

$$= \frac{1.20 \times 500 \times 10^3 \times 607.8 - 300 \times 760 \times (455 - 45)}{11.9 \times 300 \times 455^2} = 0.367$$

$\xi = 1 - \sqrt{1 - 2\alpha_s} = 1 - \sqrt{1 - 2 \times 0.367} = 0.484 < \xi_b = 0.550$，属于大偏心受压

$$x = \xi h_0 = 0.484 \times 455 = 220\ (\mathrm{mm}) > 2a_s' = 90\ \mathrm{mm}$$

(2)计算 A_s。

$$\begin{aligned} A_s &= (f_c b\xi h_0 + f_y' A_s' - KN)/f_y \\ &= (11.9 \times 300 \times 0.484 \times 455 + 300 \times 760 - 1.20 \times 500 \times 10^3)/300 \\ &= 1\ 381\ (\mathrm{mm}^2) > \rho_{min} b h_0 = 0.2\% \times 300 \times 455 = 273\ (\mathrm{mm}^2) \end{aligned}$$

实配受拉钢筋 2 Φ 20+2 Φ 22(A_s=1 388 mm²)，箍筋为Φ8@250。配筋图见图 3-20。

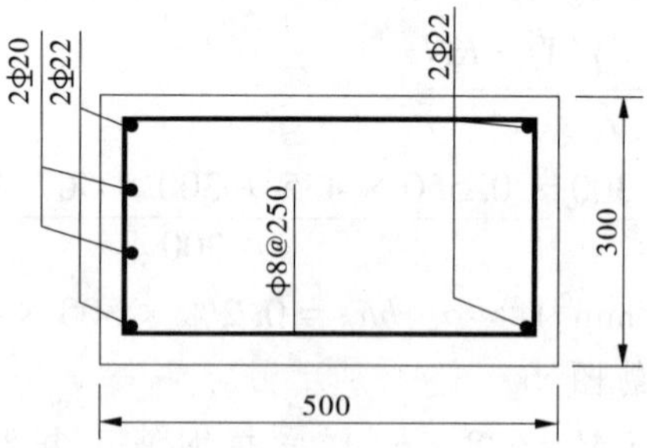

图 3-20　截面配筋图　(单位:mm)

(3)垂直于弯矩作用平面的承载力复核(略)。

6　对称配筋的矩形截面偏心受压柱

码 3-23　微课-偏心受压构件对称配筋

由前面可知，不论是大偏心受压柱，还是小偏心受压柱，截面两侧的钢筋面积 A_s 和A_s'都是由各自的计算公式得出的，数量一般不相等，这种配筋方式称为非对称配筋。非对称配筋钢筋用量较省，但施工不方便。

在工程实践中，常在构件截面两侧配置相等的钢筋($A_s=A_s'$,$f_y=f_y'$,$a_s=a_s'$)，这种配筋方式称为对称配筋。与非对称配筋相比，对称配筋钢筋用量较多，但构造简单，施工方便。特别是构件在不同的荷载组合下，同一截面可能承受数量相近的正负弯矩时，更应采用对称配筋。例如，厂房(或渡槽)的排(刚)架立柱在不同方向的风荷载作用时，同一截面可能承受数值相差不大的正负弯矩，此时就应该设计成对称配筋。

对称配筋是偏心受压柱的一种特殊情况，柱截面设计时，也需要先判别偏心受压类型。判别方法是：先假定是大偏心受压，将 $A_s=A_s'$,$f_y=f_y'$,$a_s=a_s'$代入式(3-7)得：

$$x = KN/(f_c b) \tag{3-26}$$

若 $x \leqslant \xi_b h_0$，则为大偏心受压；若 $x > \xi_b h_0$，则为小偏心受压。

6.1　大偏心受压柱对称配筋

若 $2a_s' \leqslant x \leqslant \xi_b h_0$，按大偏心受压柱承载力计算公式(3-8)确定 A_s'，并取 $A_s=A_s'$。

$$A_s = A_s' = \frac{KNe - f_c bx(h_0 - 0.5x)}{f_y'(h_0 - a_s')} \tag{3-27}$$

若 $x<2a_s'$，则由式(3-11)计算钢筋截面面积，得：

$$A'_s = A_s = \frac{KNe'}{f_y(h_0 - a'_s)} \tag{3-28}$$

A_s、A'_s均需满足最小配筋率要求。

6.2 小偏心受压柱对称配筋

当 $x>\xi_b h_0$ 时，按小偏心受压柱进行计算。

将 $A_s=A'_s$、$x=\xi h_0$ 及 $\sigma_s = \dfrac{0.8-\xi}{0.8-\xi_b}f_y$ 代入基本公式(3-12)及式(3-13)得：

$$KN \leqslant f_c b\xi h_0 + f_y A_s \frac{\xi - \xi_b}{0.8 - \xi_b} \tag{3-29}$$

$$KNe \leqslant f_c b h_0^2 \xi(1 - 0.5\xi) + f'_y A'_s(h_0 - a'_s) \tag{3-30}$$

式(3-29)与式(3-30)中包含 ξ 和 A_s 两个未知量，将两式联立求解，理论上可求出 ξ 及 A_s。然而，联立求解 ξ 需要解 ξ 的三次方程式，十分困难，必须对方程进行简化。考虑到在小偏心受压范围内 ξ 值在 ξ_b ~ 1.1 之间变动，相应的 $\alpha_s=\xi(1-0.5\xi)$ 为0.4 ~ 0.5，为简化计算，取 $\xi(1-0.5\xi)=0.45$，代入 ξ 的三次方程式中，则 ξ 的近似公式为：

$$\xi = \frac{KN - \xi_b f_c b h_0}{\dfrac{KNe - 0.45 f_c b h_0^2}{(0.8-\xi_b)(h_0 - a'_s)} + f_c b h_0} + \xi_b \tag{3-31}$$

将 ξ 代入式(3-30)，计算钢筋截面面积：

$$A_s = A'_s = \frac{KNe - f_c b h_0^2 \xi(1-0.5\xi)}{f'_y(h_0 - a'_s)} \tag{3-32}$$

不论大偏心、小偏心受压柱，实际配置的 A_s、A'_s均应满足最小配筋率要求。

对称配筋截面承载力复核方法和步骤与非对称配筋截面承载力复核基本相同。

【案例 3-4】 某抽水站(2 级建筑物)钢筋混凝土铰接排架柱，采用对称配筋，截面尺寸 $b\times h=400$ mm×500 mm，$a_s=a'_s=45$ mm，计算长度 $l_0=7.6$ m，采用 C20 混凝土及 HRB335 级钢筋，若已知该柱在使用期间截面承受的内力设计值有下列两组：第一组 $N=500$ kN，$M=200$ kN·m；第二组 $N=1\ 000$ kN，$M=220$ kN·m。试配置该柱钢筋。

解 基本资料：$l_0=7.6$ m，$f_c=9.6$ N/mm²，$f_y=f_y'=300$ N/mm²，$K=1.20$。

码 3-24 微课-偏心受压构件对称配筋计算实例

$$h_0 = h - a_s = 500 - 45 = 455\ (\text{mm})$$

$l_0/h = 7\ 600/500 = 15.2 > 8$，需考虑纵向弯曲的影响

第一组内力：$N=500$ kN，$M=200$ kN·m。

(1)计算 η 值。

$$e_0 = M/N = 200/500 = 0.4\ (\text{m}) = 400\ \text{mm}$$

$$\zeta_1 = \frac{0.5 f_c A}{KN} = \frac{0.5\times 9.6\times 400\times 500}{1.20\times 500\times 10^3} = 1.6，取\ \zeta_1 = 1.0$$

$$\zeta_2 = 1.15 - 0.01 l_0/h = 1.15 - 0.01\times 15.2 = 0.998$$

$$\eta = 1 + \frac{1}{1\,400\frac{e_0}{h_0}}(\frac{l_0}{h})^2\zeta_1\zeta_2 = 1 + \frac{1}{1\,400 \times \frac{400}{455}} \times 15.2^2 \times 1 \times 0.998 = 1.19$$

(2)判别偏心受压类型。

$$x = KN/(f_c b) = 1.20 \times 500 \times 10^3/(9.6 \times 400) = 156.3\ (\text{mm}) < \xi_b h_0 = 0.550 \times 455 = 250.3\ (\text{mm})$$

属于大偏心受压。

(3)配筋计算。

$$e = \eta e_0 + h/2 - a_s = 1.19 \times 400 + 500/2 - 45 = 681\ (\text{mm})$$

$$2a_s' = 2 \times 45 = 90\ (\text{mm}) < x = 156.3\ \text{mm} < \xi_b h_0 = 250.3\ \text{mm}$$

$$A_s = A_s' = \frac{KNe - f_c bx(h_0 - 0.5x)}{f_y'(h_0 - a_s')}$$

$$= \frac{1.20 \times 500 \times 10^3 \times 681 - 9.6 \times 400 \times 156.3 \times (455 - 0.5 \times 156.3)}{300 \times (455 - 45)}$$

$$= 1\,483\ (\text{mm}^2) > \rho_{\min} bh_0 = 0.2\% \times 400 \times 455 = 364\ (\text{mm}^2)$$

两侧纵筋均选用 4 Φ 22($A_s = A_s' = 1\,520\ \text{mm}^2$),箍筋选用Φ8@250。

第二组内力:$N=1\,000$ kN,$M=220$ kN · m。

(1)计算 η 值。

$$e_0 = M/N = 220/1\,000 = 0.22\ (\text{m}) = 220\ \text{mm}$$

$$\zeta_1 = \frac{0.5f_c A}{KN} = \frac{0.5 \times 9.6 \times 400 \times 500}{1.20 \times 1\,000 \times 10^3} = 0.8$$

$$\zeta_2 = 1.15 - 0.01l_0/h = 1.15 - 0.01 \times 15.2 = 0.998$$

$$\eta = 1 + \frac{1}{1\,400\frac{e_0}{h_0}}\left(\frac{l_0}{h}\right)^2\zeta_1\zeta_2 = 1 + \frac{1}{1\,400 \times \frac{220}{455}} \times 15.2^2 \times 0.8 \times 0.998 = 1.27$$

(2)判别偏心受压类型。

$$x = \frac{KN}{f_c b} = \frac{1.20 \times 1\,000 \times 10^3}{9.6 \times 400} = 312.5\ (\text{mm}) > \xi_b h_0 = 0.550 \times 455 = 250.3\ (\text{mm})$$

属于小偏心受压。

$$e = \eta e_0 + h/2 - a_s = 1.27 \times 220 + 250 - 45 = 484.4\ (\text{mm})$$

$$\xi = \frac{KN - \xi_b f_c bh_0}{\frac{KNe - 0.45f_c bh_0^2}{(0.8 - \xi_b)(h_0 - a_s')} + f_c bh_0} + \xi_b$$

$$= \frac{1.20 \times 1\,000 \times 10^3 - 0.550 \times 9.6 \times 400 \times 455}{\frac{1.20 \times 1\,000 \times 10^3 \times 484.4 - 0.45 \times 9.6 \times 400 \times 455^2}{(0.8 - 0.550) \times (455 - 45)} + 9.6 \times 400 \times 455} + 0.550$$

$$= 0.61$$

$$x = \xi h_0 = 0.61 \times 455 = 277.6\ (\text{mm})$$

(3)计算钢筋面积。

$$A_s = A_s' = \frac{KNe - f_c bx(h_0 - 0.5x)}{f_y'(h_0 - a_s')}$$

$$= \frac{1.20 \times 1\,000 \times 10^3 \times 484.4 - 9.6 \times 400 \times 277.6 \times (455 - 0.5 \times 277.6)}{300 \times (455 - 45)}$$

$$= 1\,985.5\ (\text{mm}^2) > \rho_{\min} bh_0 = 0.2\% \times 400 \times 455 = 364\ (\text{mm}^2)$$

(4)选配钢筋，两侧纵筋均选用 4 Φ 25($A_s = A_s' =$ 1 964 mm^2)。

经以上计算可知，该柱配筋控制于第二组内力，柱截面两侧沿短边方向均应配置钢筋 4 Φ 25($A_s = A_s' =$ 1 964 mm^2)。选取箍筋为 ϕ8@250，配筋图如图 3-21 所示。

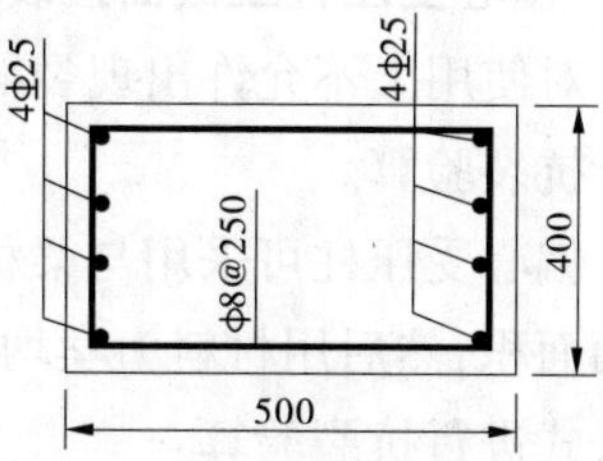

图 3-21 截面配筋图 (单位:mm)

(5)复核垂直于弯矩作用平面的承载力。

$l_0/b = 7\,600/400 = 19$，查表 3-1 得 $\varphi = 0.78$。

$$KN = 1.20 \times 1\,000 = 1\,200\ (\text{kN}) < \varphi[f_c A + f_y'(A_s + A_s')]$$

$$= 0.78 \times [9.6 \times 400 \times 500 + 300 \times (1\,964 + 1\,964)] \times 10^{-3}$$

$$= 2\,417\ (\text{kN})$$

满足要求。

7 偏心受压柱斜截面受剪承载力计算

在实际工程中，有不少构件同时承受轴向压力、弯矩和剪力的作用，如框架柱、排架柱等。这类构件由于轴向压力的存在，对其抗剪能力有明显的影响。因此，对于斜截面受剪承载力计算，必须考虑轴向压力的影响。

试验结果表明，轴向压力对受剪承载力起着有利影响。轴向压力能限制构件斜裂缝的出现和开展，增加混凝土剪压区高度，从而提高混凝土的受剪承载力。但轴向压力对受剪承载力的有利作用是有限度的。为了与梁的斜截面受剪承载力计算公式相协调，矩形、T 形和 I 形截面的偏心受压构件斜截面受剪承载力计算公式为：

$$KV \leq V_c + V_{sv} + V_{sb} + 0.07N \tag{3-33}$$

式中 N——与剪力设计值 V 相应的轴向压力设计值，N，当 $N > 0.3f_c A$ 时，取 $N = 0.3f_c A$，此处，A 为构件的截面面积。

V_c、V_{sv}、V_{sb} 符号意义同梁。

如能符合下式要求：

$$KV \leq V_c + 0.07N \tag{3-34}$$

则可不进行斜截面受剪承载力计算，仅需参照梁的斜截面受剪承载力计算中当 $KV \leq V_c$

时的有关规定,按构造要求配置箍筋。

为防止发生斜压破坏,矩形、T形和I形截面的偏心受压构件,其截面尺寸应满足下式要求:

$$KV \leqslant 0.25f_c bh_0 \tag{3-35}$$

柱斜截面受剪承载力的计算步骤与梁相类似,这里不再重述。

8　偏心受压柱正常使用极限状态验算

8.1　偏心受压柱正截面抗裂验算

对使用上不允许出现裂缝的钢筋混凝土偏心受压柱,要求在荷载效应的标准组合下进行抗裂验算。

偏心受压柱可采用与梁相同的方法进行抗裂验算,即将钢筋截面面积换算为混凝土截面面积,然后用材料力学均质弹性体的公式进行计算。在荷载效应的标准组合下,按下列公式进行抗裂验算:

$$N_k \leqslant \frac{\gamma_m \alpha_{ct} f_{tk} A_0 W_0}{e_0 A_0 - W_0} \tag{3-36}$$

式中　N_k——按荷载标准值计算的轴向力值,N;

A_0——换算截面面积,$A_0 = A_c + \alpha_E A_s + \alpha_E A'_s$,mm²;

e_0——轴向力对截面重心的偏心距,mm,对荷载效应的标准组合,$e_0 = M_k / N_k$;

其他符号意义同梁、板抗裂验算。

当偏心受压柱的抗裂验算不满足要求时,需要采取的措施同梁。

8.2　偏心受压柱正截面裂缝宽度控制验算

在使用荷载的作用下,钢筋混凝土构件截面上的拉应力常常大于混凝土的抗拉强度,在正常使用状态下必然会有裂缝产生,即构件总是带裂缝工作的。如果裂缝过宽,会降低混凝土的抗渗性和抗冻性等使用功能,影响结构的耐久性和外观,因此要限制裂缝宽度。对使用上要求限制裂缝宽度的钢筋混凝土偏心受压柱,应进行裂缝宽度验算,按荷载效应的标准组合所求得的最大裂缝宽度 w_{max},不宜超过规范规定的限值。

配置带肋钢筋的矩形、T形、I形截面的钢筋混凝土偏心受压柱,在荷载效应标准组合下的最大裂缝宽度 w_{max}(mm)可按下式计算:

$$w_{max} = \alpha \frac{\sigma_{sk}}{E_s}\left(30 + c + 0.07\frac{d}{\rho_{te}}\right) \tag{3-37}$$

式中　α——考虑荷载受力特征和部分荷载长期作用的综合影响系数,对偏心受压构件,取 $\alpha = 2.1$;

ρ_{te}——纵向受拉钢筋的有效配筋率,$\rho_{te} = A_s / A_{te}$,当 $\rho_{te} < 0.03$ 时,取 $\rho_{te} = 0.03$;

A_{te}——有效受拉混凝土截面面积,mm²,对大偏心受压柱,取值方法同梁;

A_s——受拉区纵向钢筋截面面积,mm²,对大偏心受压柱,取值方法同梁;

σ_{sk}——按荷载标准值计算得出的构件纵向受拉钢筋应力,N/mm^2;

其他符号含义同梁的裂缝宽度验算。

对于大偏心受压柱,按荷载标准值计算的纵向受拉钢筋应力 σ_{sk} 可按下列公式计算:

$$\sigma_{sk} = \frac{N_k}{A_s}\left(\frac{e}{z} - 1\right) \tag{3-38}$$

$$z = \left[0.87 - 0.12(1 - \gamma'_f)\left(\frac{h_0}{e}\right)^2\right]h_0 \tag{3-39}$$

$$e = \eta_s e_0 + y_s \tag{3-40}$$

$$\eta_s = 1 + \frac{1}{4\,000\dfrac{e_0}{h_0}}(l_0/h)^2 \tag{3-41}$$

式中 N_k——按荷载标准值计算的轴向压力,N;

A_s——受拉区纵向钢筋截面面积,mm^2,对大偏心受压柱,取值方法同梁;

e——轴向压力作用点至纵向受拉钢筋合力点的距离,见图3-22,mm;

z——纵向受拉钢筋合力点至受压区合力点的距离,mm;

η_s——使用阶段的偏心距增大系数,当 $l_0/h \leqslant 14$ 时,取 $\eta_s = 1.0$;

y_s——截面重心至纵向受拉钢筋合力点的距离,mm;$y_s = h_0 - y_0$,见图3-22;

γ'_f——受压翼缘面积与腹板有效面积的比值,$\gamma'_f = (b'_f - b)h'_f/(bh_0)$,其中 b'_f、h'_f 分别为受压翼缘的宽度、高度,当 $h'_f > 0.2h_0$ 时,取 $h'_f = 0.2h_0$。

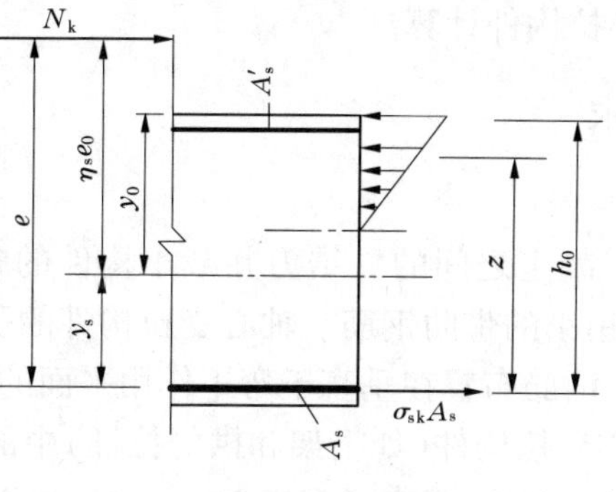

图3-22 大偏心受压柱截面应力图

当裂缝宽度验算不满足要求时,需要采取的措施与梁的裂缝宽度验算相同。

任务4 受拉构件设计

1 受拉构件的类型

构件上作用有轴向拉力时称为受拉构件。当轴向拉力作用点与截面重心重合时,称为轴心受拉构件;当轴向拉力作用点偏离截面重心,或构件截面上既作用有轴心拉力又作用有弯矩时,称为偏心受拉构件。

码 3-25　微课-受拉构件的概念与分类

受拉构件在水利工程中的应用较为广泛。如在内水压力作用下忽略自重的圆形水管就是轴心受拉构件,如图 3-23(a)所示。埋在地下的圆形水管,在管外土压力与管内水压力共同作用下,水管沿环向即为轴心拉力与弯矩共同作用的偏心受拉构件,如图 3-23(b)所示。在水压力作用下的渡槽底板、矩形水池的池壁等也都是偏心受拉构件。

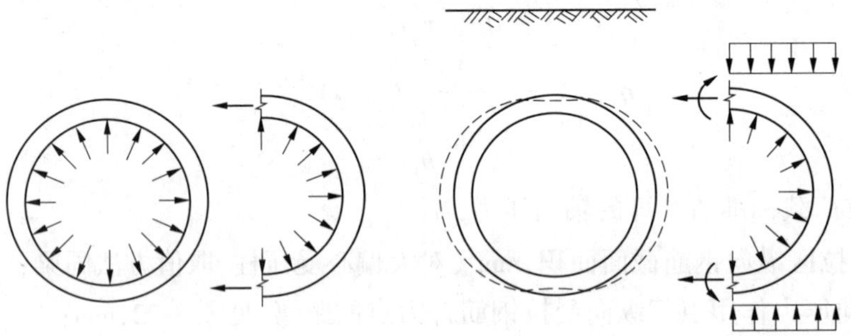

(a)内水压力作用下管壁轴心受拉　　(b)土压力与内水压力共同作用下管壁偏心受拉

图 3-23　圆形水管管壁的受力

理想的轴心受拉构件在工程中是没有的,对于承受轴向拉力为主的构件,当偏心距很小时,可近似按轴心受拉构件计算。如圆形水池的池壁,在静水压力作用下处于环向受拉状态时,可作为轴心受拉构件计算。此外,厂房钢筋混凝土屋架的受拉弦杆,当构件自重忽略不计时,也常按轴心受拉构件计算。

2　受拉构件的构造要求

2.1　纵向受拉钢筋

(1)为了增强钢筋与混凝土之间的黏结力并减小构件的裂缝开展宽度,受拉构件的纵向受力钢筋宜采用直径稍小的带肋钢筋。轴心受拉构件的受力钢筋应沿构件周边均匀布置;偏心受拉构件的受力钢筋布置在垂直于弯矩作用平面的两边。

(2)轴心受拉和小偏心受拉构件(如桁架和拱的拉杆)中的受力钢筋不得采用绑扎接头;大偏心受拉构件中的受拉钢筋,当直径大于 28 mm 时,也不宜采用绑扎接头。

(3)为了避免受拉钢筋配置过少引起脆性破坏,受拉钢筋的用量不应小于最小配筋率配筋。具体规定见附表 3-2。

(4)纵向钢筋的混凝土保护层厚度的要求与梁相同。

2.2　箍筋

在受拉构件中,箍筋的作用是与纵向钢筋形成骨架,固定纵向钢筋在截面中的位置;对于有剪力作用的偏心受拉构件,箍筋主要起抗剪作用。受拉构件中的箍筋宜满足柱中箍筋的各项构造要求。

3　轴心受拉构件正截面承载力计算

码 3-26　微课-轴心受拉构件正截面承载力计算

钢筋混凝土轴心受拉构件，在开裂以前，混凝土与钢筋共同承担拉力；混凝土开裂以后，裂缝截面与构件轴线垂直，并贯穿于整个截面。在裂缝截面上，混凝土退出工作，全部拉力由纵向钢筋承担。破坏时，整个截面裂通，纵筋应力达到抗拉强度设计值。

轴心受拉构件破坏时，截面的应力状态如图 3-24 所示。按照承载力极限状态设计原则及内力平衡条件可得：

$$KN \leqslant f_y A_s \tag{3-42}$$

式中　N——轴向拉力设计值，N；

K——承载力安全系数；

A_s——全部纵向受拉钢筋截面面积，mm^2。

受拉钢筋截面面积按式(3-42)计算得：

$$A_s = KN/f_y \tag{3-43}$$

应该注意，轴心受拉构件的钢筋用量并不完全由强度要求决定，在许多情况下，裂缝宽度对纵筋用量起决定作用。

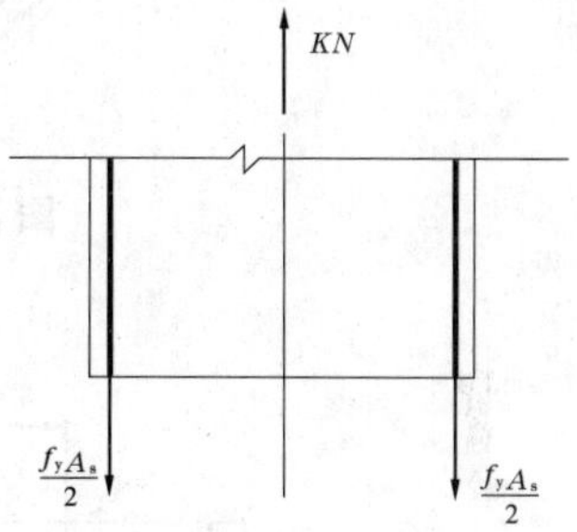

图 3-24　轴心受拉构件承载力计算简图

【案例 3-5】　某压力水管内半径 $r = 800$ mm，管壁厚 120 mm，采用 C25 混凝土，受力钢筋采用 HRB335 级，分布钢筋采用 HPB235 级，水管内水压力标准值 $p_k = 0.2\ N/mm^2$，承载力安全系数 $K = 1.20$，试进行配筋计算。

解　忽略管壁自重的影响，并考虑管壁厚度远小于水管半径，则可认为水管承受沿环向的均匀拉应力，所以压力水管承受内水压力时为轴心受拉构件。可变荷载（内水压力）属于一般可变荷载，计算内力时应乘以系数 1.20。钢筋强度 $f_y = 300\ N/mm^2$。

管壁单位长度（取 $b = 1\,000$ mm）内承受的轴向拉力设计值为：

$$N = 1.20 p_k r b = 1.20 \times 0.2 \times 800 \times 1\,000 = 192\,000\ (N)$$

钢筋截面面积为：

$$A_s = KN / f_y = 1.20 \times 192\,000/300 = 768\ (mm^2)$$

管壁内外层各配置受力钢筋Φ 10@200（$A_s = 786\ mm^2$），分布钢筋采用Φ8@200，配筋图如图 3-25 所示。

4　大、小偏心受拉构件的界限

如图 3-26 所示，距轴向拉力 N 较近一侧的纵向钢筋为 A_s，较远一侧的纵向钢筋为 A'_s。试验表明，根据轴向力偏心距 e_0 的不同，偏心受拉构件的破坏特征可分为以下两种情况：

(1) 当轴向拉力作用在钢筋 A_s 和 A'_s 之外，即偏心距 $e_0 > h/2 - a_s$ 时，称为大偏心受拉，如图 3-26(a)所示。

由于拉力 N 的偏心距较大，受力后截面部分受拉、部分受压，随着荷载的增加，受拉区混凝土开裂，这时受拉区拉力仅由受拉钢筋 A_s 承担，而受压区压力由混凝土和受压钢筋

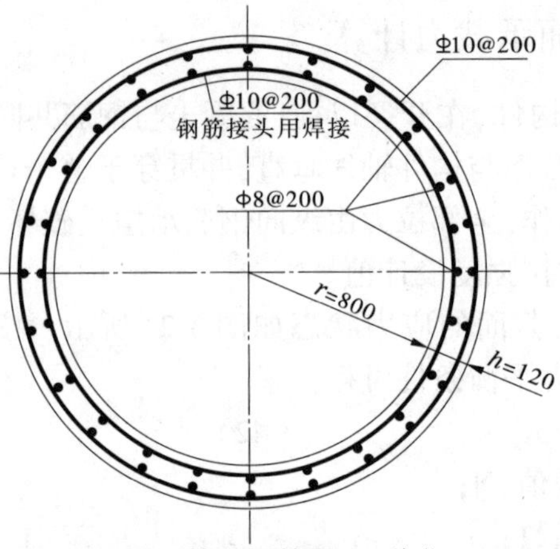

图 3-25　管壁配筋图　(单位:mm)

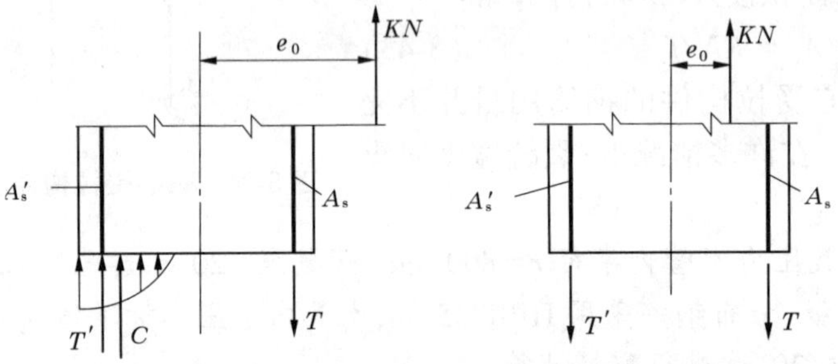

(a)当 N 作用在 A_s 与 A_s' 之外时　(b)当 N 作用在 A_s 与 A_s' 之间时

图 3-26　大小偏心受拉的界限

A_s' 共同承担。随着荷载进一步增加,裂缝进一步扩展,受拉区钢筋 A_s 的应力达到屈服强度 f_y,受压区进一步缩小,以致混凝土被压碎,同时,受压钢筋 A_s' 的应力也达到屈服强度 f_y',其破坏形态与大偏心受压柱类似。大偏心受拉构件破坏时,构件截面不会裂通,截面上有受压区存在,否则截面受力不会平衡。

(2)轴向拉力 N 作用在钢筋 A_s 与 A_s' 之间,即偏心距 $e_0 \leqslant h/2 - a_s$ 时,称为小偏心受拉,如图 3-26(b)所示。

当偏心距较小时,受力后为全截面受拉,随着荷载的增加,混凝土达到极限拉应变而开裂,最后钢筋应力达到屈服强度,构件破坏;当偏心距较大时,混凝土开裂前截面部分受拉、部分受压,在受拉区混凝土开裂以后,混凝土退出工作,这时截面将全部受拉,随着荷载的不断增加,最后钢筋应力达到屈服强度,构件破坏。

因此,只要拉力 N 作用在钢筋 A_s 与 A_s' 之间,不管偏心距大小如何,构件破坏时均为全截面受拉,拉力由 A_s 与 A_s' 共同承担,构件受拉承载力取决于钢筋的抗拉强度。小偏心受拉构件破坏时,构件全截面裂通,截面上不会有受压区存在,否则截面受力不会平衡。

5　小偏心受拉构件正截面受拉承载力计算

如前所述,小偏心受拉构件在轴向力作用下,截面达到破坏时,全截面裂通,拉力全部

由钢筋 A_s 和 A_s' 承担，其应力均达到屈服强度。小偏心受拉构件正截面受拉承载力计算简图如图 3-27 所示。根据承载力计算简图及内力平衡条件，并满足承载能力极限状态设计表达式的要求，可建立如下基本公式：

码 3-27 微课-小偏心受拉构件正截面承载力计算

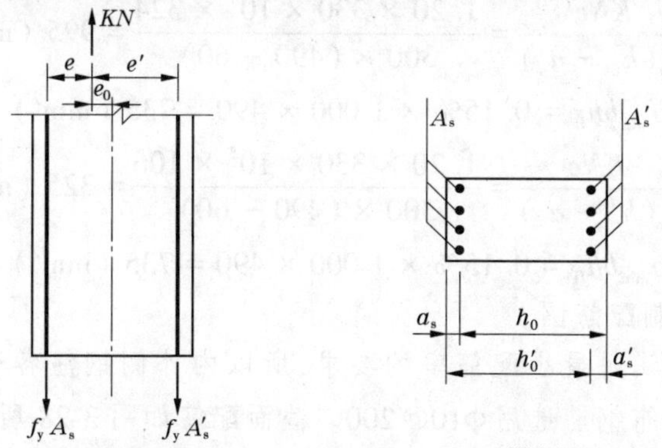

(a)纵剖面　(b)横剖面

图 3-27 小偏心受拉构件正截面受拉承载力计算简图

$$KNe' \leqslant f_y A_s (h_0 - a_s') \tag{3-44}$$

$$KNe \leqslant f_y A_s' (h_0' - a_s) \tag{3-45}$$

式中　e'——轴向拉力 N 至钢筋 A_s' 合力点之间的距离，mm，$e' = h/2 - a_s' + e_0$；

e——轴向拉力 N 至钢筋 A_s 合力点之间的距离，mm，$e = h/2 - a_s - e_0$；

e_0——轴向拉力 N 对截面重心的偏心距，mm，$e_0 = M/N$。

截面设计时，由式(3-44)和式(3-45)可求得钢筋的截面面积为：

$$A_s \geqslant \frac{KNe'}{f_y(h_0 - a_s')} \tag{3-46}$$

$$A_s' \geqslant \frac{KNe}{f_y(h_0' - a_s)} \tag{3-47}$$

A_s 及 A_s' 均应满足最小配筋率的要求。

构件截面承载力复核时，可由式(3-44)和式(3-45)分别复核，若两式均得到满足，则截面承载力满足要求；否则，不满足要求。

【案例 3-6】 某钢筋混凝土输水涵洞为 2 级建筑物，涵洞截面尺寸如图 3-28 所示。该涵洞采用 C25 混凝土($f_c = 11.9$ N/mm^2)及 HRB335 级钢筋($f_y = 300$ N/mm^2)，使用期间在自重、土压力及动水压力作用下，每米涵洞长度内，控制截面 A—A 的内力设计值 $M = 36$ kN·m、$N = 330$ kN，$K = 1.20$，$a_s = a_s' = 60$ mm，涵洞壁厚为 550 mm，试配置控制截面的钢筋。

解 (1)判别偏心受拉构件类型。

$$h_0 = h - a_s = 550 - 60 = 490 \text{ (mm)}$$

$$e_0 = M/N = 36/330 = 0.109 \text{ (m)} = 109 \text{ mm} < h/2 - a_s = 550/2 - 60 = 215 \text{ (mm)}$$

属于小偏心受拉构件。

(2)计算纵向钢筋 A_s 和 A_s'。

$$e = h/2 - a_s - e_0 = 550/2 - 60 - 109 = 106\ (\text{mm})$$

$$e' = h/2 - a_s' + e_0 = 550/2 - 60 + 109 = 324\ (\text{mm})$$

根据式(3-44)和式(3-45)得:

$$A_s = \frac{KNe'}{f_y(h_0 - a_s')} = \frac{1.20 \times 330 \times 10^3 \times 324}{300 \times (490 - 60)} = 995\ (\text{mm}^2)$$

$$> \rho_{min} b h_0 = 0.15\% \times 1\ 000 \times 490 = 735\ (\text{mm}^2)$$

$$A_s' = \frac{KNe}{f_y(h_0' - a_s)} = \frac{1.20 \times 330 \times 10^3 \times 106}{300 \times (490 - 60)} = 325\ (\text{mm}^2)$$

$$< \rho_{min} b h_0 = 0.15\% \times 1\ 000 \times 490 = 735\ (\text{mm}^2)$$

(3)选配钢筋,绘制配筋图。

由于 A_s 及 A_s' 均应满足最小配筋率的要求,所以内外侧钢筋各选配Φ 14@ 150($A_s = A_s' = 1\ 026\ \text{mm}^2/\text{m}$),分布钢筋选用Φ10@ 200。截面配筋如图 3-28 所示。

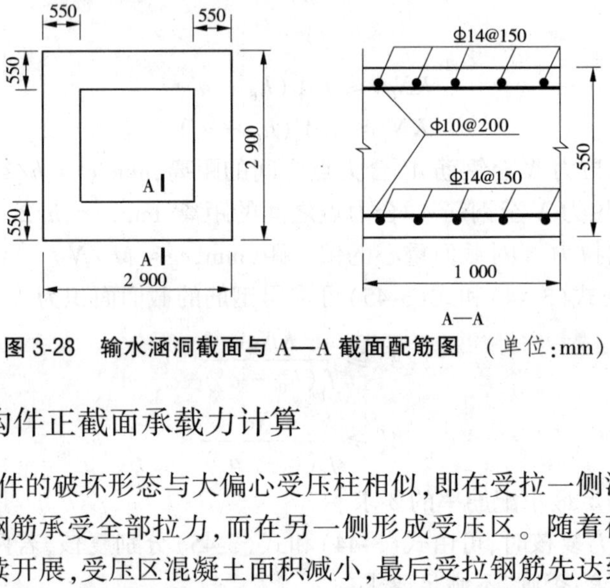

图 3-28　输水涵洞截面与 A—A 截面配筋图　(单位:mm)

6　大偏心受拉构件正截面承载力计算

码 3-28　微课-大偏心受拉构件正截面承载力计算公式

大偏心受拉构件的破坏形态与大偏心受压柱相似,即在受拉一侧混凝土发生裂缝后,钢筋承受全部拉力,而在另一侧形成受压区。随着荷载的增加,裂缝继续开展,受压区混凝土面积减小,最后受拉钢筋先达到屈服强度 f_y,随后受压区混凝土被压碎而破坏。计算时所采用的应力图形与大偏心受压柱相似。因此,其计算公式及步骤与大偏心受压柱也相似,但轴向力 N 的方向相反。

6.1　基本公式

根据图 3-29 所示的大偏心受拉构件正截面承载力计算简图及内力平衡条件,并满足承载能力极限状态设计表达式的要求,可得矩形截面大偏心受拉构件正截面受拉承载力计算的基本公式如下:

$$KN \le f_y A_s - f_c bx - f_y' A_s' \tag{3-48}$$

$$KNe \le f_c bx(h_0 - 0.5x) + f_y' A_s'(h_0 - a_s') \tag{3-49}$$

式中　e——轴向拉力 N 作用点到钢筋 A_s 合力点之间的距离,mm,$e = e_0 - h/2 + a_s$。

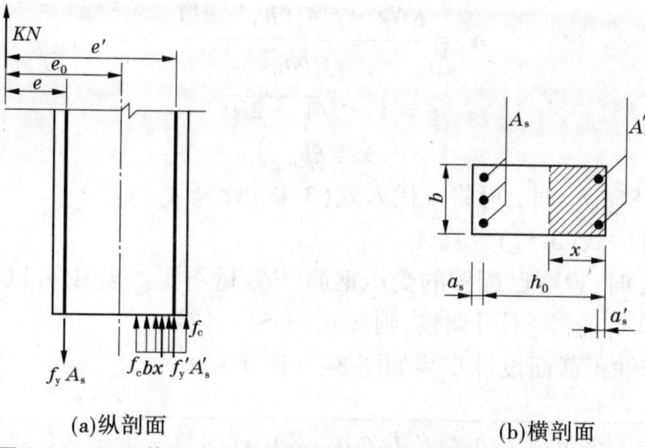

图 3-29 矩形截面大偏心受拉构件正截面受拉承载力计算简图

基本公式的适用条件为：①$x \leqslant 0.85\xi_b h_0$；②$x \geqslant 2a_s'$。

为了计算方便，可将 $x=\xi h_0$ 代入基本公式(3-48)和式(3-49)中，并令 $\alpha_s=\xi(1-0.5\xi)$，则可将基本公式改写为如下的实用公式：

$$KN \leqslant f_yA_s - f_cb\xi h_0 - f_y'A_s' \tag{3-50}$$

$$KNe \leqslant \alpha_s f_c bh_0^2 + f_y'A_s'(h_0 - a_s') \tag{3-51}$$

当 $x<2a_s'$时，上述两式不再适用。此时，可假设混凝土压力合力点与受压钢筋 A_s'合力点重合，取以 A_s'为矩心的力矩平衡方程得：

$$KNe' \leqslant f_yA_s(h_0 - a_s') \tag{3-52}$$

式中 e'——轴向拉力 N 作用点到钢筋 A_s'合力点之间的距离，mm，$e'=e_0+h/2-a_s'$。

6.2 截面设计

当已知截面尺寸、材料强度及偏心拉力设计值 N，按非对称配筋方式进行矩形截面大偏心受拉构件截面设计时，有以下两种情况：

第一种情况：A_s 及 A_s'均未知。

这种情况下，实用公式(3-50)、式(3-51)中有三个未知量 A_s、A_s'和 ξ，无法求解，需要补充一个条件才能求解。通常，以充分利用受压区混凝土抗压而使钢筋总用量(A_s+A_s')最省作为补充条件，可取 $x=0.85\xi_b h_0$，此时 $\xi=0.85\xi_b$，$\alpha_s=\alpha_{smax}=0.85\xi_b(1-0.5\times0.85\xi_b)$。将 $\alpha_s=\alpha_{smax}$ 代入式(3-51)得：

$$A_s' = \frac{KNe - \alpha_{smax}f_cbh_0^2}{f_y'(h_0 - a_s')} \tag{3-53}$$

若 $A_s' \geqslant \rho_{min}'bh_0$，则将求得的 A_s'和 $\xi=0.85\xi_b$ 代入式(3-50)求 A_s 得：

$$A_s = \frac{0.85f_cb\xi_bh_0 + f_y'A_s' + KN}{f_y} \tag{3-54}$$

若 $A_s'<\rho_{min}'bh_0$，取 $A_s'=\rho_{min}'bh_0$。然后按第二种情况求 A_s。求出的 A_s 需满足最小配筋率的要求。

第二种情况：已知 A_s'，求 A_s。

这种情况下，实用公式(3-50)、式(3-51)中有两个未知量 A_s 和 ξ，求解步骤如下：

$$\alpha_s = \frac{KNe - f_y'A_s'(h_0 - a_s')}{f_c b h_0^2}$$

$$\xi = 1 - \sqrt{1 - 2\alpha_s}$$

$$x = \xi h_0$$

当 $2a_s' \leqslant x \leqslant 0.85\xi_b h_0$ 时，可将 x 代入式(3-48)计算 A_s。

当 $x<2a_s'$时,可由式(3-52)计算 A_s。

当 $x>0.85\xi_b h_0$ 时,说明已配置的受压钢筋 A_s'数量不足。若 A_s'可以调整,则按第一种情况重新计算 A_s'和 A_s;若 A_s'不可调整,则按式(3-54)计算 A_s。

大偏心受拉构件正截面设计步骤如图 3-30 所示。

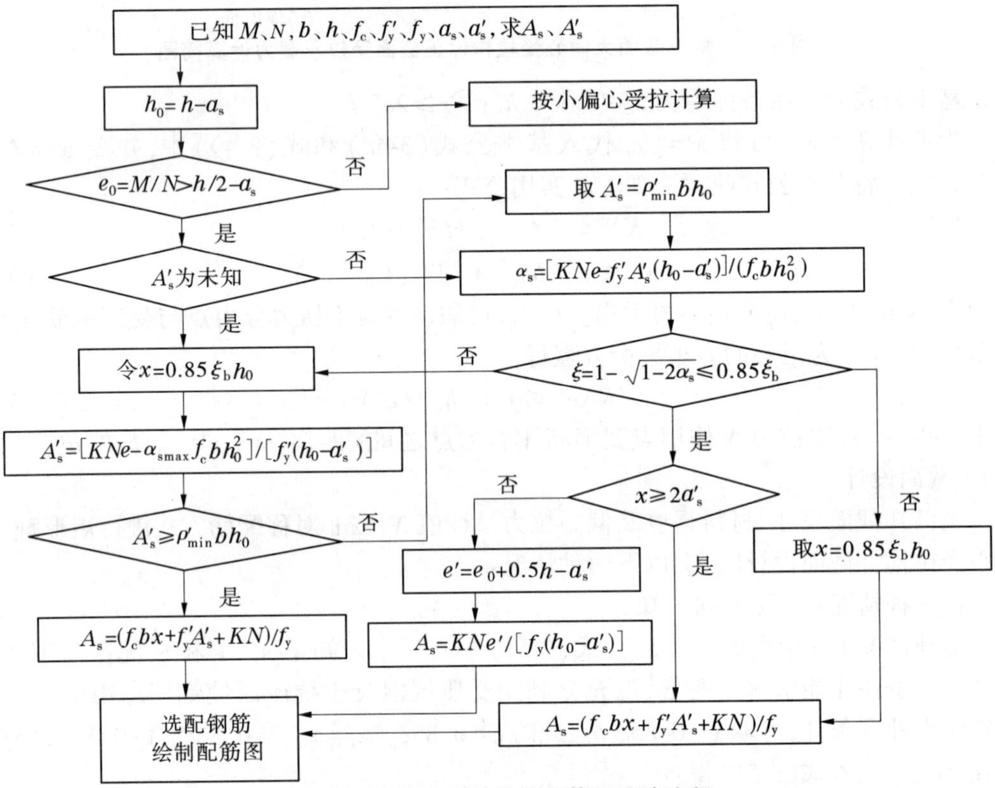

图 3-30　大偏心受拉构件正截面设计流程

6.3　承载力复核

当截面尺寸、材料强度及配筋面积已知,要复核截面的承载力是否满足要求时,可联立式(3-48)及式(3-49)求得 x。

若 $2a_s' \leqslant x \leqslant 0.85\xi_b h_0$,将 x 代入式(3-48)复核承载力,当式(3-48)满足时,截面承载力满足要求,否则不满足要求。

若 $x > 0.85\xi_b h_0$,则取 $x = 0.85\xi_b h_0$ 代入式(3-49)复核承载力,当式(3-49)满足时,截面承载力满足要求,否则不满足要求。

若 $x < 2a_s'$时,由式(3-52)复核截面承载力,当式(3-52)满足时,截面承载力满足要

求,否则不满足要求。

【案例 3-7】 某渡槽(3 级建筑物)底板设计时,沿水流方向取单宽板带为计算单元(取 $b=1\ 000$ mm),底板厚度 $h=300$ mm,计算简图如图 3-31 所示,已知跨中截面上弯矩设计值 $M=24.0$ kN·m(底板下部受拉),轴心拉力设计值 $N=12.0$ kN,$K=1.20$,根据结构耐久性要求取 $a_s=a_s'=40$ mm,采用 C25 混凝土($f_c=11.9$ N/mm^2)及 HRB335 级钢筋($f_y=f_y'=300$ N/mm^2),试配置跨中截面的钢筋并绘制配筋图。

码 3-29 微课-大偏心受拉构件正截面承载力计算案例

解 (1)判别偏心受拉构件类型。

$e_0=M/N=24.0/12.0=2.0\ (\text{m})>h/2-a_s$

$=0.3/2-0.04=0.11\ (\text{m})$

属于大偏心受拉构件。

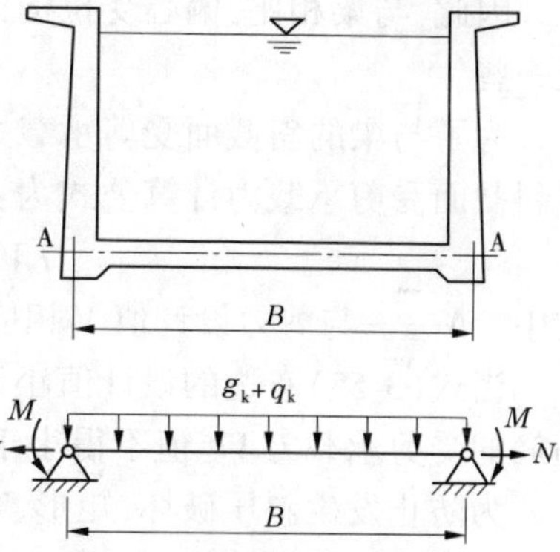

图 3-31 渡槽底板计算简图

(2)计算受压钢筋 A_s'。

$$h_0=h-a_s=300-40=260\ (\text{mm})$$

$$e=e_0-h/2+a_s=2\ 000-300/2+40=1\ 890\ (\text{mm})$$

查表 2-3 得 $\alpha_{smax}=0.358$。

$$A_s'=\frac{KNe-\alpha_{smax}f_cbh_0^2}{f_y'(h_0-a_s')}=\frac{1.20\times12.0\times10^3\times1\ 890-0.358\times11.9\times1\ 000\times260^2}{300\times(260-40)}<0$$

按构造规定配置 Φ 10@200($A_s'=393$ mm$^2>\rho_{min}'bh_0=0.15\%\times1\ 000\times260=390$ (mm^2)),此时,本题转化为已知 A_s' 求 A_s,其计算方法与大偏心受压柱相似。

(3)已知 A_s' 求 A_s。

$$\alpha_s=\frac{KNe-f_y'A_s'(h_0-a_s')}{f_cbh_0^2}=\frac{1.20\times12.0\times10^3\times1\ 890-300\times393\times(260-40)}{11.9\times1\ 000\times260^2}=0.001\ 6$$

$$\xi=1-\sqrt{1-2\alpha_s}=1-\sqrt{1-2\times0.001\ 6}=0.001\ 6$$

$x=\xi h_0=0.001\ 6\times260=0.42\ (\text{mm})<2a_s'=2\times40=80\ (\text{mm})$,则 A_s 应按式(3-52)计算。

$$e'=e_0+h/2-a_s'=2\ 000+300/2-40=2\ 110\ (\text{mm})$$

$$A_s=\frac{KNe'}{f_y(h_0-a_s')}=\frac{1.20\times12.0\times10^3\times2\ 110}{300\times(260-40)}=460\ (\text{mm}^2)$$

$$>\rho_{min}bh_0=0.15\%\times1\ 000\times260=390\ (\text{mm}^2)$$

(4)选配钢筋,绘制配筋图。

受拉钢筋选用Φ 12@200。(实际钢筋面积 $A_s=565$ mm^2),分布钢筋选用Φ8@200。配筋图如图 3-32 所示。

对称配筋的偏心受拉构件,不论大、小偏心受拉,均按小偏心受拉构件的公式(3-44)计算 A_s 及 A'_s,同时应满足最小配筋率的要求。

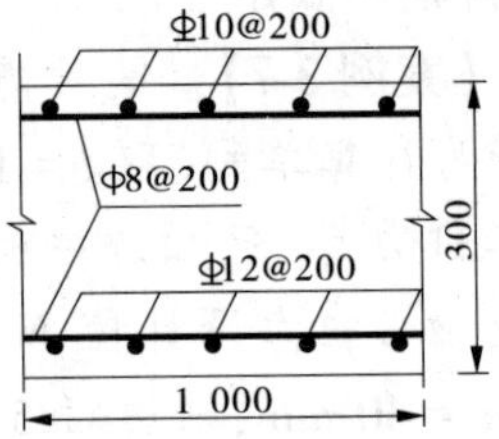

图 3-32　渡槽底板截面配筋图　(单位:mm)

7　偏心受拉构件斜截面受剪承载力计算

当偏心受拉构件同时作用有剪力时,应进行斜截面受剪承载力的计算。轴向拉力 N 的存在会使构件更容易出现斜裂缝,使原来不贯通的裂缝有可能贯通,使剪压区面积减小。因此,与梁相比,偏心受拉构件的斜截面受剪承载力要低一些。

为了与梁的斜截面受剪承载力计算公式相协调,矩形、T 形和 I 形截面的偏心受拉构件斜截面受剪承载力计算公式为:

$$KV \leqslant V_c + V_{sv} + V_{sb} - 0.2N \tag{3-55}$$

式中　N——与剪力设计值 V 相应的轴向拉力设计值,N。

当式(3-55)右边的设计值小于($V_{sv}+V_{sb}$)时,斜截面受剪承载力应取为($V_{sv}+V_{sb}$),且箍筋的受剪承载力 V_{sv} 值不得小于 $0.36f_tbh_0$。

为防止发生斜压破坏,矩形、T 形和 I 形截面的偏心受拉构件,其截面尺寸应满足下式要求:

$$KV \leqslant 0.25f_cbh_0 \tag{3-56}$$

受拉构件斜截面受剪承载力的计算步骤与梁类似,这里不再重述。

8　受拉构件正常使用极限状态验算

8.1　抗裂验算

对使用上不允许出现裂缝的钢筋混凝土受拉构件,要求在荷载效应的标准组合下进行抗裂验算。对承受水压的轴心受拉构件、小偏心受拉构件以及发生裂缝后会引起严重渗漏的其他构件,应按荷载效应标准组合进行抗裂验算。当有可靠防渗措施或不影响正常使用时,也可不进行抗裂验算。

8.1.1　轴心受拉构件

8.1.1.1　抗裂极限状态

钢筋混凝土轴心受拉构件在即将发生开裂时,混凝土的拉应力达到其轴心抗拉强度 f_t(见图 3-33),拉应变达到其极限拉应变 ε_{tmax}。

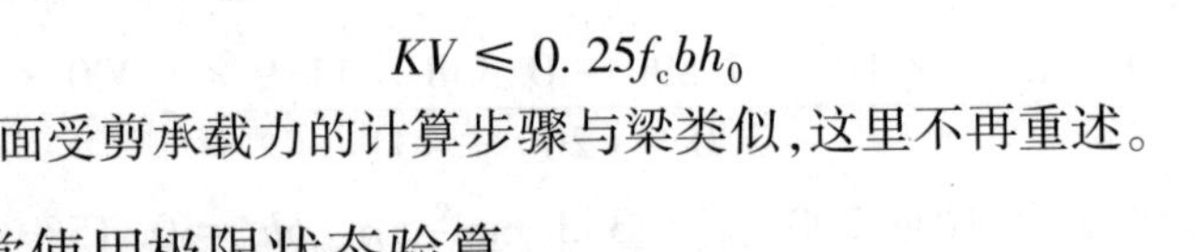

图 3-33　轴心受拉构件抗裂轴力示意

由力的平衡条件得抗裂极限轴力 N_{cr} 为:

$$N_{cr} = f_t A_c + \sigma_s A_s = f_t A_c + \alpha_E f_t A_s = f_t (A_c + \alpha_E A_s) = f_t A_0 \tag{3-57}$$

8.1.1.2 抗裂验算公式

在正常使用极限状态验算时，应满足目标可靠指标的要求，故引进拉应力限制系数 α_{ct}，并且混凝土抗拉强度取用标准值 f_{tk}，荷载也取用标准值，则轴心受拉构件在荷载效应的标准组合下的抗裂验算公式为：

$$N_k \leqslant \alpha_{ct} f_{tk} A_0 \tag{3-58}$$

式中 N_k——按荷载标准值计算的轴向拉力值，N；

f_{tk}——混凝土轴心抗拉强度标准值，N/mm²；

α_{ct}——混凝土拉应力限制系数，对荷载效应的标准组合，α_{ct} 取为 0.85；

A_0——换算截面面积，mm²，$A_0 = A_c + \alpha_E A_s$。

8.1.2 偏心受拉构件

偏心受拉构件可采用与梁相同的方法进行抗裂验算，即将钢筋截面面积换算为混凝土截面面积，然后用材料力学均质弹性体的公式进行计算。在荷载效应的标准组合下，应按式(3-59)进行验算：

$$N_k \leqslant \frac{\gamma_m \alpha_{ct} f_{tk} A_0 W_0}{e_0 A_0 + \gamma_m W_0} \tag{3-59}$$

式中 e_0——轴向拉力的偏心距，mm，对荷载效应的标准组合，$e_0 = M_k / N_k$；

其他符号意义同前。

【案例 3-8】 某压力水管内半径 $r = 800$ mm，管壁厚 120 mm，采用 C20 混凝土和 HRB335 级钢筋，水管内水压力标准值 $p_k = 0.2$ N/mm²，承载力安全系数 $K = 1.20$，配筋见图 3-25，试进行抗裂验算。

解 忽略管壁自重的影响，并考虑管壁厚度远小于水管半径，则可认为水管承受沿环向的均匀拉应力，所以压力水管承受内水压力时为轴心受拉构件。混凝土强度 $f_{tk} = 1.54$ N/mm²。

对荷载效应的标准组合，可取 $\alpha_{ct} = 0.85$。

$$N_k = p_k r b = 0.2 \times 800 \times 1\,000 = 160\,000\ (\mathrm{N})$$

$$A_0 = bh + \alpha_E A_s = 1\,000 \times 120 + 2.0 \times 10^5 \times 786/(2.55 \times 10^4) = 126\,165\ (\mathrm{mm}^2)$$

$$\alpha_{ct} f_{tk} A_0 = 0.85 \times 1.54 \times 126\,165 = 165\,150\ (\mathrm{N}) > N_k = 160\,000\ (\mathrm{N})$$

满足抗裂要求。

8.2 裂缝宽度验算

对使用上要求限制裂缝宽度的钢筋混凝土受拉构件，应进行裂缝宽度验算，按荷载效应的标准组合所求得的最大裂缝宽度 w_{max}，不宜超过规范规定的限值(见附表 3-3)。

配置带肋钢筋的矩形、T 形、I 形截面的钢筋混凝土受拉构件，在荷载效应标准组合的最大裂缝宽度 w_{max}(mm)按下式计算：

$$w_{max} = \alpha \frac{\sigma_{sk}}{E_s} \left(30 + c + 0.07 \frac{d}{\rho_{te}}\right) \tag{3-60}$$

式中 α——考虑荷载受力特征和部分荷载长期作用的综合影响系数，对偏心受拉构件，取 $\alpha = 2.4$，对轴心受拉构件，取 $\alpha = 2.7$；

ρ_{te}——纵向受拉钢筋的有效配筋率，$\rho_{te}=A_s/A_{te}$，当 $\rho_{te}<0.03$ 时，取 $\rho_{te}=0.03$；

A_{te}——有效受拉混凝土截面面积，mm^2，对偏心受拉构件，取值方法同梁，对全截面受拉的偏心受拉构件，A_{te} 取拉应力较大一侧钢筋的相应有效受拉混凝土截面面积，对轴心受拉构件，$A_{te}=2a_sl_s$，但不大于构件全截面面积，其中，a_s 为一侧钢筋重心至截面边缘的距离，l_s 为沿截面周边配置的受拉钢筋重心连线的总长度；

A_s——受拉区纵向钢筋截面面积，mm^2，对偏心受拉构件，A_s 取受拉区纵向钢筋截面面积，对全截面受拉的偏心受拉构件，A_s 取拉应力较大一侧的钢筋截面面积，对轴心受拉构件，A_s 取全部纵向钢筋的截面面积；

σ_{sk}——按荷载标准值计算得出的构件纵向受拉钢筋应力，N/mm^2；

其他符号含义同梁。

钢筋混凝土构件最大裂缝宽度计算中，按荷载标准值计算的纵向受拉钢筋应力 σ_{sk} 可按下列公式计算：

(1)轴心受拉构件

$$\sigma_{sk}=N_k/A_s \tag{3-61}$$

(2)偏心受拉构件(矩形截面)

$$\sigma_{sk}=\frac{N_k}{A_s}\left(1\ \pm 1.1\frac{e_s}{h_0}\right) \tag{3-62}$$

式中　N_k——按荷载标准值计算的轴向拉力，N；

A_s——受拉区纵向钢筋截面面积，mm^2，取值原则与式(3-60)的规定相同；

e_s——轴向拉力作用点至纵向受拉钢筋(对全截面受拉的偏心受拉构件，为拉应力较大一侧的钢筋)合力点的距离，mm。

式(3-62)右边括号内第二项，对小偏心受拉构件取负号，对大偏心受拉构件取正号。

当裂缝宽度验算不满足要求时，需要采取的措施与梁相同。

【案例 3-9】　某钢筋混凝土矩形水池，池壁厚为 200 mm，采用 C25 混凝土和 HRB335 级钢筋($E_s=2.0\times10^5$ N/mm^2)，沿池壁 1 m 高度的垂直截面上作用的轴心拉力标准值 $N_k=21$ kN，弯矩标准值 $M_k=16.6$ kN·m，沿池壁的内外侧均匀布置钢筋Φ 10@150($A_s=A_s'=524$ mm^2)，配筋图如图 3-34 所示。混凝土保护层厚度 $c=25$ mm。二类环境条件下裂缝宽度限值 $w_{lim}=0.30$ mm，验算裂缝宽度是否满足要求。

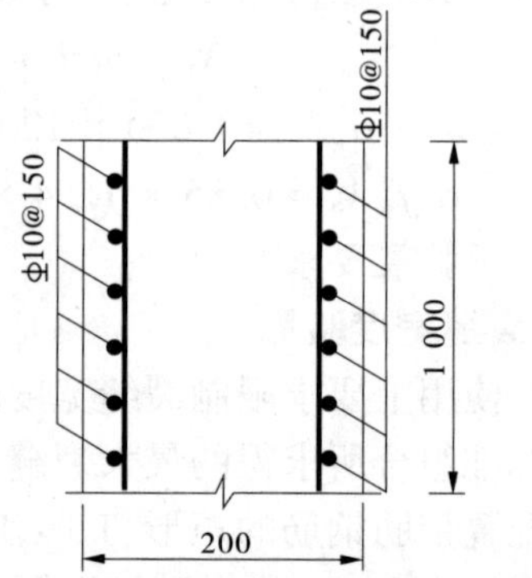

图 3-34　水池池壁配筋图　(单位:mm)

解　取 1 m 高池壁为计算单元，即 $b=1\ 000$ mm，$h=200$ mm，$a_s=c+d/2=30$ mm，$h_0=h-a_s=200-30=170$ (mm)。

$$e_0=M_k/N_k=16.6/21=0.79\ (m)$$

$$= 790 \text{ mm} > h/2 - a_s = 100 - 30 = 70 \text{ (mm)}$$

属于大偏心受拉构件。

$$e_s = e_0 - h/2 + a_s = 790 - 100 + 30 = 720 \text{ (mm)}$$

$$\sigma_{sk} = \frac{N_k}{A_s}\left(1 + 1.1\frac{e_s}{h_0}\right) = \frac{21 \times 10^3}{524} \times \left(1 + 1.1 \times \frac{720}{170}\right) = 226.8 \text{ (N/mm}^2\text{)}$$

$\rho_{te} = A_s/A_{te} = A_s/(2a_s b) = 524/(2 \times 30 \times 1\,000) = 0.008\,7 < 0.03$，则取 $\rho_{te} = 0.03$

$$w_{max} = \alpha\frac{\sigma_{sk}}{E_s}\left(30 + c + 0.07\frac{d}{\rho_{te}}\right) = 2.4 \times \frac{226.8}{2 \times 10^5} \times \left(30 + 25 + 0.07 \times \frac{10}{0.03}\right)$$

$$= 0.21 \text{ (mm)} < w_{lim} = 0.30 \text{ mm}$$

裂缝宽度满足要求。

讨论与检测

1　钢筋混凝土柱设计任务书

1.1　基本资料

图 3-35 所示为一水电站厂房上部结构示意图，该厂房为 2 级建筑物，一类环境条件。试设计主厂房钢筋混凝土排架右立柱。

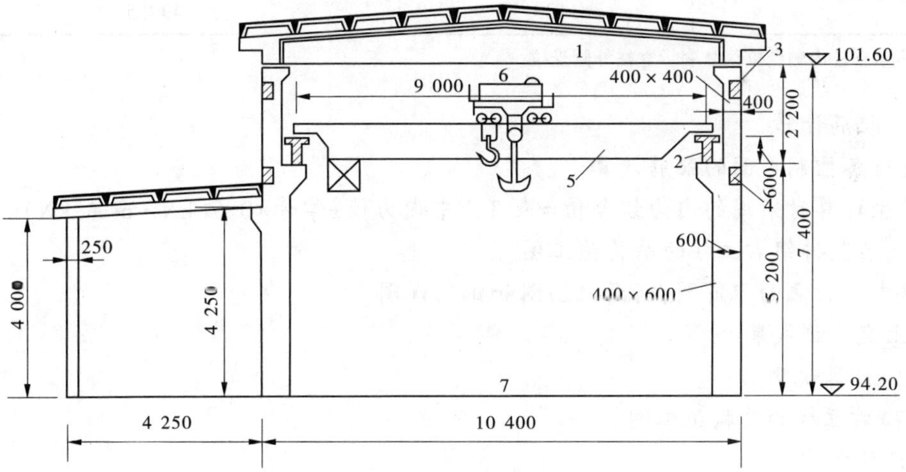

1—屋面大梁；2—吊车梁；3—上圈梁；4—下圈梁；5—桥式吊车；6—小车；7—水轮机层

图 3-35　水电站厂房示意图　（单位：尺寸，mm；高程，m）

立柱总高 H=7.4 m，上柱（牛腿以上）高 H_1=2.2 m，下柱高 H_2= 5.2 m。上柱截面为 400 mm×400 mm，下柱截面为 400 mm×600 mm。柱下端固结于大体积混凝土上，立柱上端与屋面梁铰接。排架间距为 6.5 m。

立柱所受荷载：永久荷载包括结构自重、由圈梁传来的厂房墙体重、吊车梁及附件重；

可变荷载包括屋面活荷载 500 N/m^2,起吊物重 200 kN 及风荷载 500 N/m^2。

排架采用 C25 混凝土,受力钢筋采用 HRB335 级钢筋,箍筋采用 HPB235 级钢筋。

1.2　设计步骤

1.2.1　内力计算

内力计算可按结构力学方法进行(为简化设计过程,此处将内力直接给出)。

右立柱在各种不同荷载作用下,对同一控制截面有几种内力组合值。截面配筋计算时,应取最不利的内力组合值作为计算的依据,其余的内力组合值作为校核。因全柱弯矩 M 及轴力 N 沿柱高是变化的,所以取几个控制截面进行配筋计算。控制截面一般选取弯矩、轴力最大的截面和弯矩、轴力突变的截面。本设计选取 A—A、B—B、C—C 截面为控制截面(见图 3-36)。经进行内力组合值计算后,对各控制截面选取了两组内力组合值:$+M$ 及相对应的 N 值,$-M$ 及相对应的 N 值,其计算结果列于表 3-3 中。

表 3-3　各控制截面的内力组合值

截面	M(kN · m)	N(kN)
A—A	+49.33	115.2
	-12.47	137.6
B—B	+14	180.6
	-102.5	442.5
C—C	+160.71	298.03
	-133.2	499.5

注:$+M$ 表示立柱内侧受拉,$-M$ 表示立柱外侧受拉。

1.2.2　配筋计算

进行各控制截面的配筋计算。

学生计算时采用的内力组合值=表 3-3 中内力值±学号×0.5(kN · m 或 kN)。

1.2.3　绘制排架右立柱的结构施工图

要求作出立面配筋图、断面配筋图和钢筋详图。

1.3　上交实训成果

(1)计算说明书。

(2)右立柱的结构施工图。

1.4　设计案例

1.4.1　基本资料

同任务书。

1.4.2　设计步骤

1.4.2.1　内力计算

同任务书。

1.4.2.2　配筋计算

1)截面 C—C

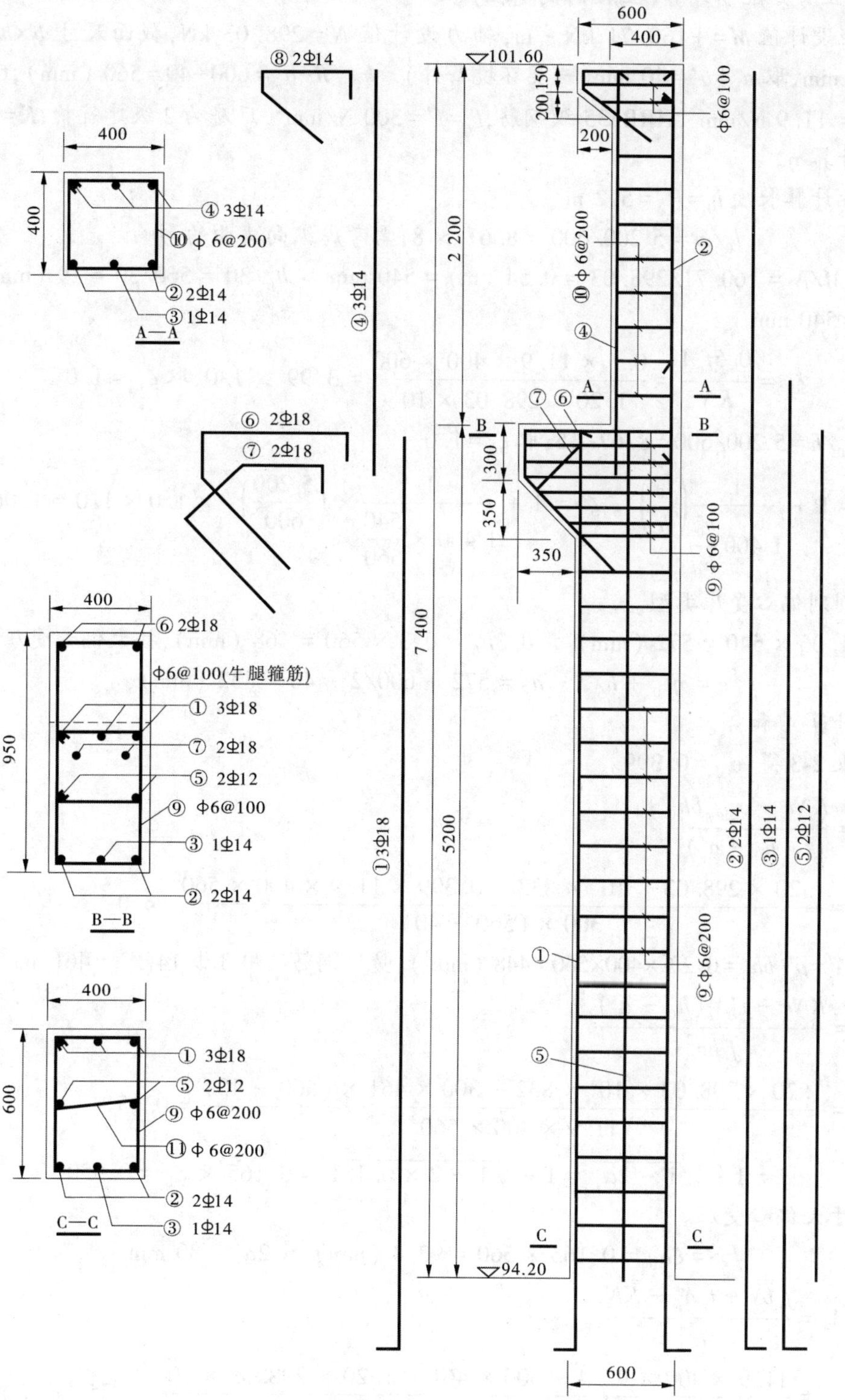

图 3-36 立柱配筋图 （单位：尺寸，mm；高程，m）

(1)正弯矩配筋计算(立柱内侧受拉)。

弯矩设计值 $M=+160.71$ kN · m,轴力设计值 $N=298.03$ kN,截面尺寸 $b\times h=400$ mm×600 mm,取 $a_s=a_s'=40$ mm(一类环境条件)。$h_0=h-a_s=600-40=560$ (mm),C25 混凝土,$f_c=11.9$ N/mm^2,HRB335 级钢筋,$f_y=f_y'=300$ N/mm^2,厂房为 2 级建筑物,$K=1.20$。

①计算 η。

下柱计算长度 $l_0=H_2=5.2$ m。

$$l_0/h=5\,200/600=8.67>8,\text{需考虑纵向弯曲的影响}$$

$$e_0=M/N=160.71/298.03=0.54\ (\text{m})=540\ \text{mm}>h_0/30=560/30=19\ (\text{mm})$$

故取 $e_0=540$ mm。

$$\zeta_1=\frac{0.5f_cA}{KN}=\frac{0.5\times 11.9\times 400\times 600}{1.20\times 298.03\times 10^3}=3.99>1.0,\text{取}\zeta_1=1.0$$

因 $l_0/h=5\,200/600=8.67<15$,取 $\zeta_2=1.0$。

$$\eta=1+\frac{1}{1\,400\dfrac{e_0}{h_0}}\left(\frac{l_0}{h}\right)^2\zeta_1\zeta_2=1+\frac{1}{1\,400\times\dfrac{540}{560}}\times\left(\frac{5\,200}{600}\right)^2\times 1.0\times 1.0=1.06$$

②判别偏心受压类型。

$$\eta e_0=1.06\times 540=572\ (\text{mm})>0.3h_0=0.3\times 560=168\ (\text{mm}),\text{按大偏心受压计算}$$

$$e=\eta e_0+h/2-a_s=572+600/2-40=832\ (\text{mm})$$

③计算 A_s' 和 A_s。

查表 2-3 得:$\alpha_{sb}=0.399$。

$$A_s'=\frac{KNe-\alpha_{sb}f_cbh_0^2}{f_y'(h_0-a_s')}$$

$$=\frac{1.20\times 298.03\times 10^3\times 832-0.399\times 11.9\times 400\times 560^2}{300\times(560-40)}<0$$

取 $A_s'=\rho_{min}'bh_0=0.2\%\times 400\times 560=448$ (mm^2),受压钢筋选用 3 Φ 14($A_s'=461$ mm^2),则

$$\alpha_s=\frac{KNe-f_y'A_s'(h_0-a_s')}{f_cbh_0^2}$$

$$=\frac{1.20\times 298.03\times 10^3\times 832-300\times 461\times(560-40)}{11.9\times 400\times 560^2}=0.151$$

$$\xi=1-\sqrt{1-2\alpha_s}=1-\sqrt{1-2\times 0.151}=0.165<\xi_b=0.550$$

属于大偏心受压。

$$x=\xi h_0=0.165\times 560=92.4\ (\text{mm})>2a_s'=80\ \text{mm}$$

$$A_s=\frac{f_cbx+f_y'A_s'-KN}{f_y}$$

$$=\frac{11.9\times 400\times 92.4+300\times 461-1.20\times 298.03\times 10^3}{300}=735\ (\text{mm}^2)$$

$$>\rho_{min}bh_0=0.2\%\times 400\times 560=448\ (\text{mm}^2)$$

④选配钢筋。

实配受压钢筋为3 Φ 14($A_s'=461\ \text{mm}^2$),受拉钢筋为3 Φ 18($A_s=763\ \text{mm}^2$),根据构造要求选箍筋为Φ 6@200。

(2)负弯矩配筋计算。

在负向弯矩作用下,立柱外侧受拉,所以必须通过配筋计算来保证柱的外侧受拉强度。

已知:$M=-133.2\ \text{kN}\cdot\text{m}$,$N=499.5\ \text{kN}$,$A_s'=763\ \text{mm}^2$(即正向弯矩作用时配置的$A_s$,3 Φ 18)。

①计算η。

$e_0=M/N=133.2/499.5=0.27\ (\text{m})=270\ \text{mm}>h_0/30=560/30=19\ (\text{mm})$

故取$e_0=270\ \text{mm}$。

因$l_0/h=5\ 200/600=8.67<15$,取$\zeta_2=1.0$。

$$\zeta_1=\frac{0.5f_cA}{KN}=\frac{0.5\times11.9\times400\times600}{1.20\times499.5\times10^3}=2.38>1.0,\text{取}\zeta_1=1.0$$

$$\eta=1+\frac{1}{1\ 400\dfrac{e_0}{h_0}}\left(\frac{l_0}{h}\right)^2\zeta_1\zeta_2=1+\frac{1}{1\ 400\times\dfrac{270}{560}}\times\left(\frac{5\ 200}{600}\right)^2\times1.0\times1.0=1.11$$

②判别偏心受压类型。

$$\eta e_0=1.11\times270=300\ (\text{mm})>0.3h_0=0.3\times560=168\ (\text{mm})$$

按大偏心受压计算。

$$e=\eta e_0+h/2-a_s=300+600/2-40=560\ (\text{mm})$$

计算受压区高度x:

$$\alpha_s=\frac{KNe-f_y'A_s'(h_0-a_s')}{f_cbh_0^2}$$

$$=\frac{1.20\times499.5\times10^3\times560-300\times763\times(560-40)}{11.9\times400\times560^2}=0.145$$

$$\xi=1-\sqrt{1-2\alpha_s}=1-\sqrt{1-2\times0.145}=0.157<\xi_b=0.550$$

属于大偏心受压。

$$x=\xi h_0=0.157\times560=88\ (\text{mm})>2a_s'=80\ \text{mm}$$

③计算A_s。

$$A_s=\frac{f_cbx+f_y'A_s'-KN}{f_y}$$

$$=\frac{11.9\times400\times88+300\times763-1.20\times499.5\times10^3}{300}=161\ (\text{mm}^2)$$

$$<\rho_{min}bh_0=0.2\%\times400\times560=448\ (\text{mm}^2)$$

已选用3 Φ 14(正向弯矩作用时配置的$A_s'=461\ \text{mm}^2$)足够。

2)截面B—B

因截面B—B的两组内力设计值均小于截面C—C的两组相应内力设计值,配筋时只需将截面 C—C 配置的钢筋直通至截面 B—B 即可,不必再作配筋计算。

3)截面 A—A

(1)正弯矩配筋计算(立柱内侧受拉)。

已知:$M=+49.33$ kN·m,$N=115.2$ kN,$b=h=400$ mm,取 $a_s=a_s'=40$ mm,$h_0=h-a_s=400-40=360$ (mm),其余资料同截面 C—C。

①计算 η。

上柱计算长度 $l_0=2H_1=2\times 2.2=4.4$ (m)。

$$l_0/h=4\,400/400=11>8$$

需考虑纵向弯曲的影响。

$e_0=M/N=49.33/115.2=0.43\ (\text{m})=430\ \text{mm}>h_0/30=360/30=12\ (\text{mm})$

故取 $e_0=430$ mm。

$$\zeta_1=\frac{0.5f_cA}{KN}=\frac{0.5\times 11.9\times 400\times 400}{1.20\times 115.2\times 10^3}=6.9>1.0,\text{取}\zeta_1=1.0$$

因 $l_0/h=4\,400/400=11<15$,取 $\zeta_2=1.0$,则

$$\eta=1+\frac{1}{1\,400\dfrac{e_0}{h_0}}\left(\frac{l_0}{h}\right)^2\zeta_1\zeta_2=1+\frac{1}{1\,400\times\dfrac{430}{360}}\times\left(\frac{4\,400}{400}\right)^2\times 1.0\times 1.0=1.07$$

②判别偏心受压类型。

$$\eta e_0=1.07\times 430=460\ (\text{mm})>0.3h_0=0.3\times 360=108\ (\text{mm})$$

按大偏心受压计算。

$$e=\eta e_0+h/2-a_s=460+400/2-40=620\ (\text{mm})$$

③计算 A_s' 和 A_s。

$$A_s'=\frac{KNe-\alpha_{sb}f_cbh_0^2}{f_y'(h_0-a_s')}$$
$$=\frac{1.20\times 115.2\times 10^3\times 620-0.399\times 11.9\times 400\times 360^2}{300\times(360-40)}<0$$

取 $A_s'=\rho_{min}'bh_0=0.2\%\times 400\times 360=288\ (\text{mm}^2)$,受压钢筋选用 2 Φ 14($A_s'=308\ \text{mm}^2$),则

$$\alpha_s=\frac{KNe-f_y'A_s'(h_0-a_s')}{f_cbh_0^2}$$
$$=\frac{1.20\times 115.2\times 10^3\times 620-300\times 308\times(360-40)}{11.9\times 400\times 360^2}=0.091$$

$$\xi=1-\sqrt{1-2\alpha_s}=1-\sqrt{1-2\times 0.091}=0.096<\xi_b=0.550$$

属于大偏心受压柱。

$$x=\xi h_0=0.096\times 360=35\ (\text{mm})<2a_s'=80\ \text{mm}$$
$$e'=\eta e_0-h/2+a_s=1.07\times 430-200+40=300\ (\text{mm})$$
$$A_s=\frac{KNe'}{f_y(h_0-a_s')}=\frac{1.20\times 115.2\times 1\,000\times 300}{300\times(360-40)}=432\ (\text{mm}^2)$$

$>\rho_{min}bh_0 = 0.2\% \times 400 \times 360 = 288\ (mm^2)$

④选配钢筋。

受拉钢筋选用 3 Φ 14(A_s=461 mm²)。

(2)负弯矩配筋计算。

在负向弯矩作用下,M=-12.47 kN·m,N=137.6 kN,经计算承载力满足要求(计算过程略)。

根据构造要求选配箍筋为Φ 6@200。

1.4.2.3 绘制立柱的配筋图

牛腿的配筋不再计算,可示意画出。柱的配筋图见图 3-36。

2 讨论题

(1)受压柱的箍筋直径和间距是如何规定的?哪些情况需要配置复合箍筋?

(2)长柱承载力低于短柱的原因是什么?

(3)偏心距增大系数 η 的物理意义是什么?

(4)大偏心受压柱和小偏心受压柱破坏特征有何区别?大偏心受压和小偏心受压的界限是什么?

(5)为什么偏心受压柱要进行垂直于弯矩作用平面承载力复核?

(6)偏心受压柱垂直于弯矩作用平面承载力复核,计算式中的 A_s' 是不是指一侧受压钢筋?并说明理由。

(7)偏心受压柱采用对称配筋有什么优点和缺点?

(8)哪些构件属于受拉构件?试举例说明。

(9)怎样判别大、小偏心受拉构件?

(10)简述大、小偏心受拉构件的破坏特征。

3 判断题

(1)柱中箍筋的最大间距(中距)不应大于构件截面的长边尺寸。 ( )

(2)柱内纵向钢筋的混凝土保护层厚度的要求与梁相同。 ( )

(3)水工建筑中现浇立柱的边长不宜小于 250 mm。 ( )

(4)稳定系数 φ 值随长细比 l_0/b 的增大而增大。 ( )

(5)当 $l_0/h \leqslant 8$ 时属于短柱,取 $\eta=1.0$。 ( )

(6)当 $\xi \leqslant \xi_b$ 时,偏心受压构件属于大偏心受压。 ( )

(7)与非对称配筋相比,对称配筋用钢量较多,但构造简单,施工方便。 ( )

(8)轴向压力对柱受剪承载力没有影响。 ( )

(9)偏心距 $e_0 \leqslant h/2-a_s$ 时称为大偏心受拉构件。 ( )

(10)大偏心受拉构件的破坏形态与大偏心受压破坏相似。 ( )

4 选择题

(1)非对称配筋矩形截面柱,属小偏心受压构件的条件是下列哪项。 ( )

A. $\eta e_0<0.3h_0$　　B. $x>\xi_b h_0$　　C. $x \geqslant 2a_s'$　　D. $\eta e_0 \leqslant 0.3h_0$

(2)钢筋混凝土柱现浇时纵向钢筋的净距不应小于下列哪项。 ( )

A. 25 mm　　B. 30 mm　　C. 50 mm　　D. 70 mm

(3)受压构件中,受力钢筋的直径不宜小于下列哪项。 ( )

A. 10 mm　B. 12 mm　C. 14 mm　D. 16 mm

(4)受压钢筋不宜采用下列哪种钢筋。 ( )

A. HRB335 级　B. HRB400 级　C. 钢丝　D. HPB235 级

(5)螺旋箍筋柱与普通箍筋柱相比,二者承载能力关系为下列哪项。 ( )

A. 螺旋箍筋柱承载能力高

B. 普通箍筋柱承载能力高

C. 二者承载能力相等

D. 无法比较

(6)关于受压构件的材料,下列说法中哪项是正确的。 ( )

A. 宜采用高强度等级的混凝土,以减小构件截面尺寸

B. 宜采用高强度等级的混凝土及高强钢筋

C. 宜采用高强钢筋及低强度等级的混凝土

D. 宜采用低强度等级的混凝土及低强度钢筋

(7)关于轴心受压柱的纵筋,下列说法中哪项是错误的。 ( )

A. 可以协助混凝土承受压力,以减小构件尺寸

B. 应沿截面四周均匀对称布置

C. 可防止构件突然的脆性破坏

D. 宜采用多根数、小直径的钢筋

(8)轴向压力对构件抗剪强度的影响,下列说法中哪项是正确的。 ( )

A. 轴向压力可提高构件的抗剪强度

B. 轴向压力对构件抗剪强度影响不大

C. 轴向压力可降低构件的抗剪强度

D. 轴向压力可提高构件的抗剪强度,但轴向压力过大时,反而降低构件的抗剪强度

(9)大偏心受压构件与小偏心受压构件破坏的共同点是下列哪项。 ( )

A. 受压混凝土破坏　B. 受压钢筋达到屈服强度

C. 受拉区混凝土拉裂　D. 远离轴向力一侧钢筋受拉

(10)验算裂缝宽度是指下列哪项位置。 ( )

A. 钢筋表面的裂缝宽度

B. 钢筋水平处构件侧表面的裂缝宽度

C. 构件底面的裂缝宽度

D. 钢筋合力作用点侧表面的裂缝宽度

(11)轴压构件稳定系数 φ 主要与下列哪项因素有关。 ( )

A. 长细比　B. 混凝土强度等级　C. 钢筋强度　D. 纵筋配筋率

(12)钢筋混凝土柱子的延性好坏主要取决于下列哪项。 ( )

A. 纵向钢筋的数量　B. 混凝土的强度

C. 柱子的长细比　D. 箍筋的数量和形式

(13)钢筋混凝土大偏心受压构件的破坏特征是下列哪项。（ ）

A. 远离轴向力作用一侧的钢筋达到屈服强度，随后压区混凝土被压碎，受压钢筋亦达到屈服强度

B. 远离轴向力作用一侧的钢筋应力不定，而另一侧钢筋受压屈服，混凝土被压碎

C. 靠近轴向力作用一侧的钢筋和混凝土应力不定，而另一侧受拉钢筋达到屈服强度

D. 靠近轴向力作用一侧的钢筋应力达到屈服强度，而另一侧受拉钢筋应力不定

(14)矩形截面大偏心受压构件截面设计时令 $x=\xi_b h_0$，下列说法中哪项是正确的。（ ）

A. 保证不发生小偏心受压破坏

B. 保证破坏时，远离轴向力作用一侧的钢筋应力能达到屈服强度

C. 使钢筋用量最少

D. 使混凝土用量最少

(15)矩形截面小偏心受压构件截面设计时，A_s 可按最小配筋率及构造要求配置，下列说法中哪项是正确的。（ ）

A. 保证构件破坏时，A_s 的应力达到屈服强度，以充分利用钢筋的抗拉作用

B. 保证构件破坏不是从 A_s 一侧先被压坏引起

C. 节约钢筋用量，因为构件破坏时 A_s 的应力一般达不到屈服强度

D. 简化设计过程

(16)当偏心受压柱的截面高度大于下列哪项时，侧面应设置纵向构造钢筋。（ ）

A. 500 mm　　B. 600 mm　　C. 700 mm　　D. 800 mm

(17)在钢筋混凝土柱中，在下列哪项情况下需要设置附加箍筋。（ ）

A. 截面短边大于400 mm，一侧纵向受力钢筋多于3根

B. 截面短边大于400 mm，一侧纵向受力钢筋多于4根

C. 截面短边大于400 mm，一侧纵向受力钢筋多于5根

D. 截面短边大于400 mm，一侧纵向受力钢筋多于6根

(18)大偏心受拉构件设计时，若已知受压钢筋截面面积 A_s'，计算出 $\xi>0.85\xi_b$，原因是下列哪项。（ ）

A. A_s'过多　　B. A_s'过少　　C. A_s 过多　　D. A_s 过少

(19)大偏心受拉构件的破坏特征与下列哪种构件类似。（ ）

A. 小偏心受拉　　B. 大偏心受压　　C. 受剪　　D. 小偏心受压

(20)衡量裂缝开展宽度是否超过允许值，应以下列哪项为准。（ ）

A. 最大宽度　　B. 最小宽度　　C. 平均宽度　　D. 允许宽度

(21)当柱中全部纵向受力钢筋的配筋率超过3%时，箍筋直径不宜小于下列哪项数值。（ ）

A. 5 mm　　B. 6 mm　　C. 8 mm　　D. 10 mm

(22)对钢筋混凝土轴心受压柱，当纵向钢筋配筋率大于下列哪项时，公式中混凝土面积应改用混凝土净截面面积。（ ）

A. 1%　　B. 2%　　C. 2.5%　　D. 3%

(23) 某钢筋混凝土轴心受压柱,下列哪项配筋是正确的。　(　)

A. 8 Φ 18　　B. 7 Φ 18　　C. 6 Φ 18　　D. 5 Φ 18

5　计算题

(1) 某2级水工建筑物结构中的柱,截面尺寸为300 mm×300 mm,柱计算长度 l_0 = 4.6 m,采用C20混凝土,HRB335级钢筋,柱底截面承受的轴心压力设计值 N = 860 kN。试计算柱底截面受力钢筋面积并配筋。

(2) 某3级水工建筑物中的正方形截面轴心受压柱,柱高7.2 m,两端为不动铰支座,采用C25混凝土,HRB335级钢筋,计算截面承受的轴心压力设计值 N = 1 950 kN(包括自重)。试设计该柱。

(3) 某3级水工建筑物中的钢筋混凝土轴心受压柱,截面尺寸为350 mm×350 mm,柱高3.6 m,两端为不移动铰支座,采用C20混凝土,已配8 Φ 14钢筋,作用在截面上的轴心压力设计值 N = 1 100 kN。试复核截面是否安全。

(4) 某2级水工建筑物中的矩形截面偏心受压柱,截面尺寸 $b×h$ = 400 mm×600 mm,柱的计算长度 l_0 = 7.5 m,采用C25混凝土,HRB400级钢筋,$a_s = a_s'$ = 45 mm。控制截面承受的轴向压力设计值为 N = 860 kN,弯矩设计值 M = 356 kN · m。试按非对称配筋方式给该柱配置钢筋。

(5) 计算题(4)中的钢筋混凝土受压柱,受压侧已配3 Φ 25,试求 A_s,并绘制配筋图。

(6) 某水电站厂房(1级水工建筑物)矩形截面偏心受压柱,截面尺寸 $b×h$ = 400 mm×600 mm,柱的计算长度 l_0 = 6.5 m,采用C25混凝土,HRB400级钢筋。截面承受的轴向力设计值 N = 610 kN,偏心距 e_0 = 500 mm,取 $a_s = a_s'$ = 45 mm。采用非对称配筋方式,试计算钢筋 A_s 和 A_s'。

(7) 某钢筋混凝土受压柱,条件同计算题(6),受压侧已配3 Φ 20,试求 A_s。

(8) 计算题(4)中的钢筋混凝土受压柱,若采用对称配筋,试配置该柱钢筋。

(9) 某2级水工建筑物中的矩形截面偏心受压柱,截面尺寸 $b×h$ = 400 mm×500 mm,计算长度为 l_0 = 5 m,采用C30混凝土,HRB335级钢筋,承受内力设计值 N = 1 200 kN,M = 330 kN · m。$a_s = a_s'$ = 45 mm。试按对称配筋配置该柱钢筋。

(10) 某1级水工建筑物中的矩形截面偏心受压柱,截面尺寸 $b×h$ = 400 mm×500 mm,l_0 = 7.2 m,采用C30混凝土,HRB400级钢筋,计算截面承受内力设计值 N = 1 700 kN,M = 130 kN · m,$a_s = a_s'$ = 45 mm。试按对称配筋方式给该柱配置钢筋。

(11) 某2级水工建筑物中的矩形截面大偏心受压柱,采用对称配筋。截面尺寸 $b×h$ = 300 mm×500 mm,l_0 = 6 m;受拉和受压钢筋均为3 Φ 25($A_s = A_s'$ = 1 473 mm^2);混凝土为C25,钢筋为HRB335级,混凝土保护层厚度 c = 30 mm。控制截面按荷载标准值计算的内力值为:N_k = 300 kN,M_k = 150 kN · m,试验算裂缝最大宽度是否满足要求。

(12) 某2级水工建筑物中的矩形截面受拉构件,截面尺寸 $b×h$ = 300 mm×400 mm,采用C20混凝土,HRB335级钢筋,承受轴向拉力设计值 N = 360 kN,弯矩设计值 M = 36 kN · m,$a_s = a_s'$ = 45 mm。试确定钢筋面积 A_s 和 A_s'。

(13) 某1级水工建筑物中的矩形截面受拉构件,截面尺寸 $b×h$ = 300 mm×450 mm,采用 C25 混凝土, HRB335 级钢筋, 承受轴向拉力设计值 $N=300$ kN, 弯矩设计值 $M=30$ kN·m, $a_s=a_s'=45$ mm。试按对称和非对称配筋两种情况确定钢筋面积 A_s 和 A_s'。

(14) 某 2 级水工建筑物中的偏心受拉构件, 截面尺寸 $b\times h=$ 350 mm×600 mm, 采用 C25 混凝土和 HRB335 级钢筋, 承受轴向拉力设计值 $N=180$ kN, 弯矩设计值 $M=70$ kN·m, $a_s=a_s'=45$ mm, 试对该构件进行配筋。

(15) 某钢筋混凝土矩形水池(3 级水工建筑物)壁厚 300 mm, 沿池壁 1 m 高的垂直截面上作用的内力设计值 $N=240$ kN, $M=120$ kN·m, 采用 C25 混凝土和 HRB400 级钢筋, $a_s=a_s'=40$ mm。试确定钢筋面积 A_s 和 A_s'。

(16) 某 4 级水工建筑物中的偏心受拉构件, 截面尺寸 $b\times h=300$ mm×400 mm, 采用 C20 混凝土和 HRB335 级钢筋, $a_s=a_s'=45$ mm, 按下列两种情况计算钢筋面积: ①承受轴向拉力设计值 $N=300$ kN, 弯矩设计值 $M=100$ kN·m; ②承受轴向拉力设计值 $N=300$ kN, 弯矩设计值 $M=60$ kN·m。

(17) 某钢筋混凝土压力水管(1 级水工建筑物), 内半径 $r=850$ mm, 管壁厚 130 mm, 采用 C30 混凝土, 受力钢筋采用 HRB400 级钢筋, 分布钢筋采用 HPB235 级钢筋。管内承受水压力标准值 $p_k=0.25\ \text{N/mm}^2$。试配置环向钢筋并验算管壁是否满足抗裂要求。

(18) 某渡槽(2 级水工建筑物)底板设计时, 沿水流方向取单宽板带为计算单元(取 $b=1\ 000$ mm), 底板厚度 $h=300$ mm, 计算简图如图 3-31 所示。已知控制截面上弯矩标准值 $M_k=7.25$ kN·m, 轴心拉力标准值 $N_k=18$ kN, 取 $c=30$ mm, 采用 C20 混凝土及 HRB335 级钢筋, 控制截面上已配置受拉区纵向受拉钢筋为 Φ 14@150。试验算裂缝宽度是否满足要求。

党的二十大金句

坚持发扬斗争精神。增强全党全国各族人民的志气、骨气、底气, 不信邪、不怕鬼、不怕压, 知难而进、迎难而上, 统筹发展和安全, 全力战胜前进道路上各种困难和挑战, 依靠顽强斗争打开事业发展新天地。

项目4 肋形结构及刚架结构设计

学习指南

工作任务

(1)单向板肋形结构板的设计;
(2)单向板肋形结构次梁设计;
(3)单向板肋形结构主梁设计;
(4)双向板肋形结构设计;
(5)刚架结构设计;
(6)牛腿设计。

知识目标

(1)掌握计算跨度的计算方法;
(2)理解折算荷载、内力包络图的概念及最不利荷载布置原则;
(3)理解单向板肋形结构板、次梁、主梁的配筋构造;
(4)理解双向板肋形结构的配筋构造;
(5)掌握肋形结构钢筋用量计算的相关知识;
(6)了解刚架结构设计要点;
(7)熟悉刚架结构节点构造;
(8)熟悉牛腿设计与构造。

技能目标

(1)能进行单向板肋形结构板、次梁、主梁的设计计算;
(2)能进行双向板肋形结构板的设计计算;
(3)能绘制与识读肋形结构配筋图;
(4)能计算肋形结构的钢筋用量。

肋形结构是由板和支承板的梁组成的梁板结构,根据施工方法的不同可分为整体式和装配式两种。整体式肋形结构整体性好、刚度大、抗震性好,在实际工程中应用广泛。图4-1所示是整体式水电站主厂房楼面结构,图4-2所示是整体式渡槽,图4-3所示是由板、次梁、主梁组成的整体式楼面结构。

肋形结构主要承受垂直于板面的荷载作用,板上荷载传递路径为:荷载→板→次梁(或墙)→主梁(或墙)→柱(或墙)→基础→地基。整体式肋形结构根据梁格的布置情况可分为以下两种类型:

码 4-1 微课-肋形结构的概念与分类

(1)单向板肋形结构。当长边与短边长度之比 $l_2/l_1 \geqslant 3.0$ 时,板上的荷载主要沿短向传递给次梁(或墙),短向为板的主要弯曲方向,受力钢筋沿短向布置,长向仅布置分布钢筋,这就是单向板肋形结构。单向板肋形结构的优点是计算简单、施工方便。

(2)双向板肋形结构。当长边与短边长度之比 $l_2/l_1 \leqslant 2.0$ 时,板在两个方向上的弯曲变形相近,板上荷载沿两个方向传递给四边的支承,板是双向受力,两个方向都要布置受力钢筋,故称为双向板肋形结构。双向板肋形结构的优点是经济美观。

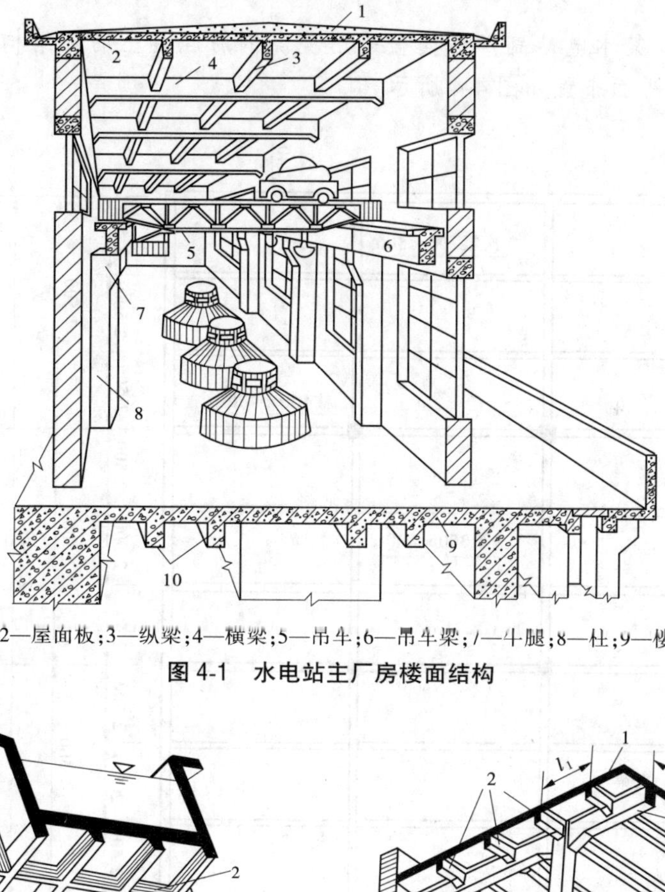

1—屋面构造;2—屋面板;3—纵梁;4—横梁;5—吊车;6—吊车梁;7—牛腿;8—柱;9—楼板;10—纵梁

图 4-1 水电站主厂房楼面结构

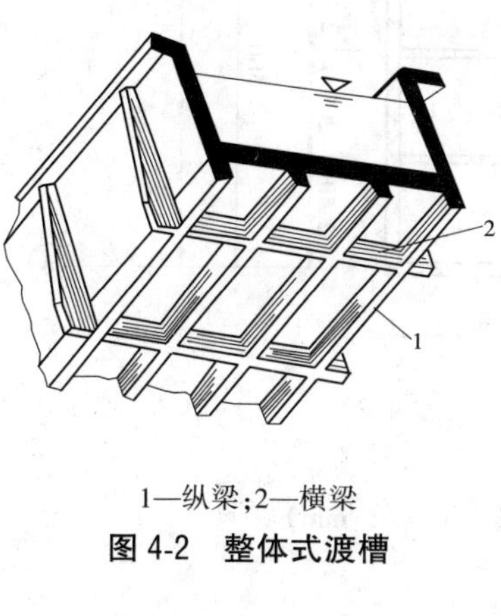

1—纵梁;2—横梁

图 4-2 整体式渡槽

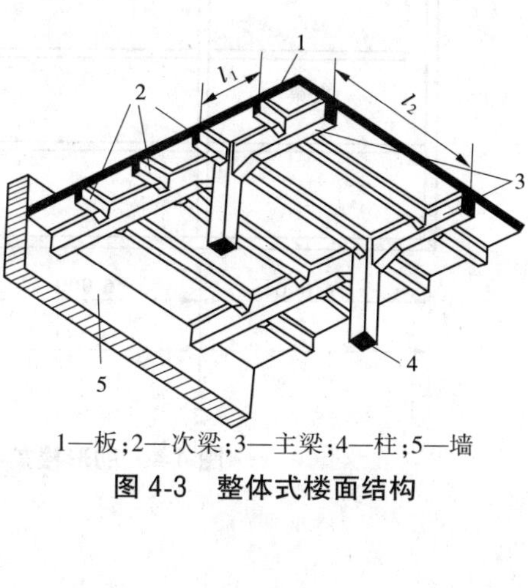

1—板;2—次梁;3—主梁;4—柱;5—墙

图 4-3 整体式楼面结构

当长边与短边长度之比大于 2.0，但小于 3.0，即 $2.0<l_2/l_1<3.0$ 时，宜按双向板计算；当按单向板计算时，应沿长边方向布置足够数量的构造钢筋。

结构平面布置原则：满足使用要求，技术经济合理，方便施工。

在板、次梁、主梁、柱的梁格布置中，柱距决定了主梁的跨度，主梁的间距决定了次梁的跨度，次梁的间距决定了板的跨度，板跨直接影响板厚，而板厚的增加对材料用量影响较大。根据工程经验，一般建筑中较为合理的板、梁跨度为：板 1.5~2.7 m，次梁 4~6 m，主梁 5~8 m。

下面以肋形楼盖结构设计案例来介绍其设计过程。

任务 1　单向板肋形结构设计

【案例 4-1】　某水电站副厂房楼盖采用现浇钢筋混凝土肋形结构。其平面尺寸为 22.5 m×18.0 m，平面布置如图 4-4 所示。

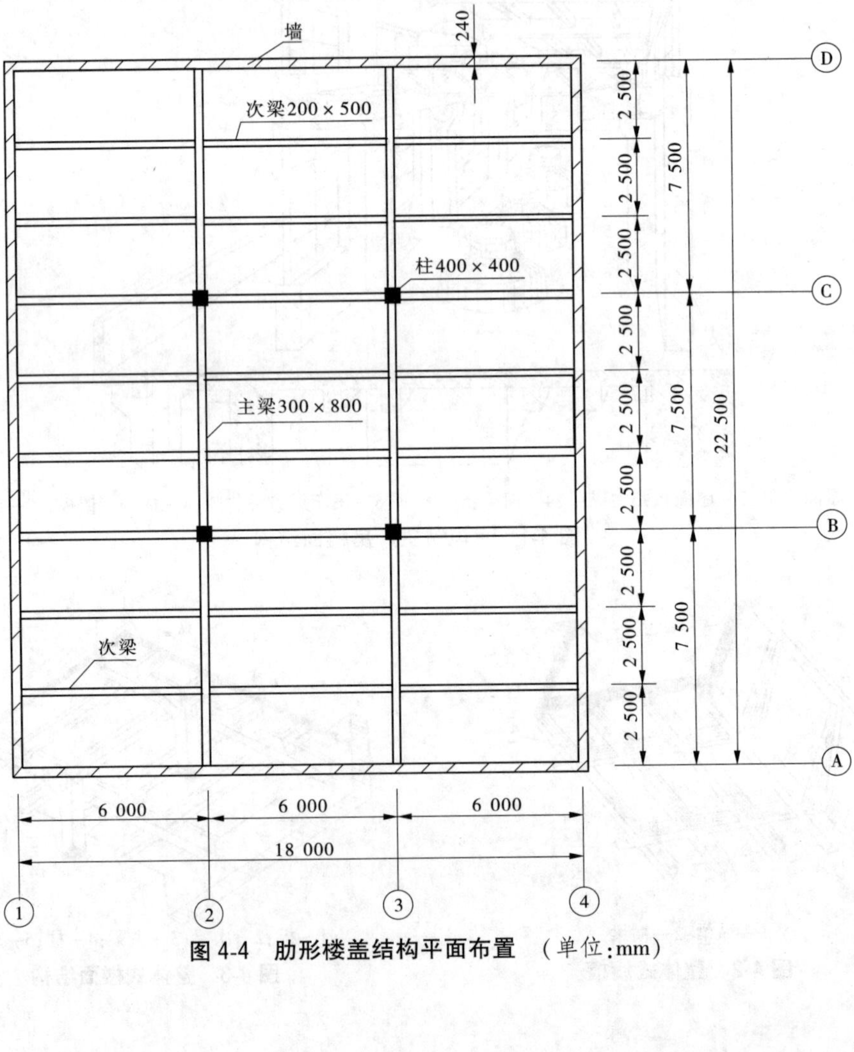

图 4-4　肋形楼盖结构平面布置　(单位：mm)

楼板上层采用 20 mm 厚的水泥砂浆(重度 $\gamma = 20\ \text{kN/m}^3$)抹面,外墙采用 240 mm 厚砖墙,不设边柱,板在墙上的搁置长度为 120 mm,次梁和主梁在墙上的搁置长度为 240 mm。板上可变荷载标准值 $q_k = 6\ \text{kN/m}^2$。混凝土强度等级为 C20,梁中受力钢筋为 HRB335 级,其余钢筋为 HPB235 级。该厂房为 3 级水工建筑物,一类环境条件。试为此楼盖配置钢筋并绘制结构施工图。

该案例需要确定板、次梁与主梁的尺寸和配筋,绘制配筋图,计算钢筋用量。

整体式单向板肋形结构是由板、次梁和主梁整体浇筑在一起的梁板结构。设计时要将其分解为板、次梁和主梁分别进行计算。下面首先介绍板的设计。

1　板的设计

板的设计包括计算简图的确定、内力计算、配筋计算与构造、绘制配筋图等内容。

连续板的截面尺寸按刚度要求:单向板厚 $h \geqslant l/40$, 双向板厚 $h \geqslant l/50$。一般建筑的板厚最小为 60 mm,工业厂房的板厚最小为 80 mm。在水工建筑物中,由于板在工程中所处部位及受力条件不同,板厚 h 可在相当大的范围内变化。一般薄板厚度大于 100 mm,特殊情况下适当加厚。

在内力计算之前,先画出计算简图,表示出板或梁的跨数,支座的性质,荷载的形式、大小及其作用位置和各跨的计算跨度等。

1.1　计算简图的确定

1.1.1　计算跨度与跨数

连续板的弯矩计算跨度 l_0 为相邻两支座反力作用点之间的距离。按弹性方法计算内力时,以边跨简支在墙上为例计算如下(见图 4-5):

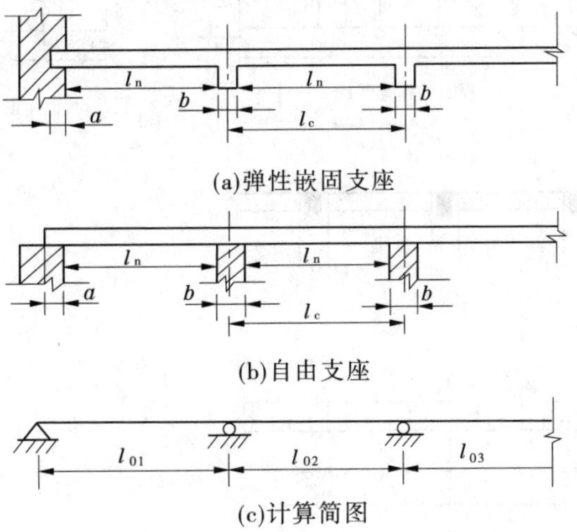

图 4-5　连续板、梁的计算跨度

连续板　边跨　$l_{01} = l_n + b/2 + h/2$　或　$l_{01} = l_c = l_n + a/2 + b/2 \leqslant 1.1 l_n$

　　　　中跨　$l_{02} = l_c$(当 $b > 0.1 l_c$ 时,取 $l_{02} = 1.1 l_n$)

式中　l_n——板的净跨度,mm;

l_c——支座中心线间的距离,mm;

h——板厚,mm;

b——次梁的宽度,mm;

a——板伸入支座的长度,mm。

计算跨度 l_0 分别取其较小值。

在计算剪力时,计算跨度取净跨,即 $l_0=l_n$。

当等跨连续板或梁的跨数超过五跨时,可按五跨计算,即两边各取两跨及中间任一跨,并将中间这一跨的内力值作为各中间跨的内力值。这样既简化了计算,又满足了实际工程精度要求。

1.1.2　荷载计算

作用在板上的荷载划分范围如图 4-6(a)所示。板通常是取 1 m 宽的板带作为计算单元,板上单位长度的荷载包括永久荷载 g_k 和可变荷载 q_k。

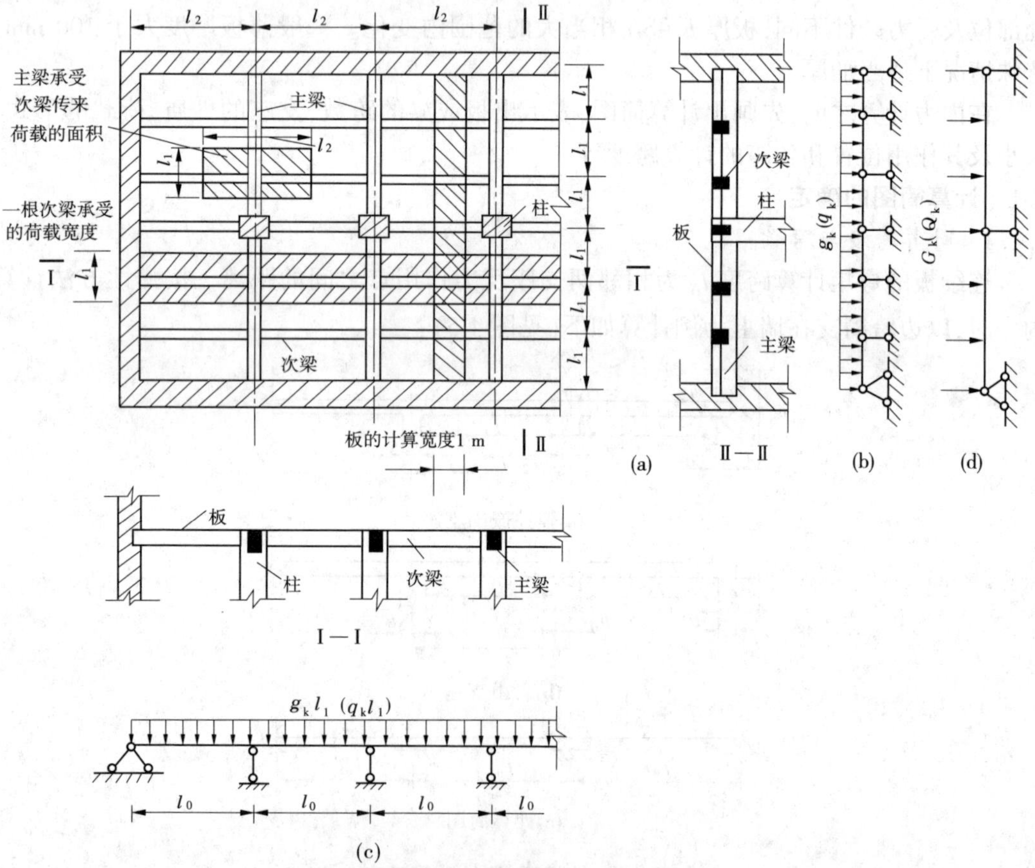

图 4-6　梁板的荷载计算范围与计算简图

1.1.3　支座的简化与修正

图 4-6 所示的多跨连续板,其周边直接搁置在砖墙上,应当视为铰支座。板的中间支

承为次梁,计算时假设为铰支座,这样,板简化为以边墙和次梁为铰支座的多跨连续板,如图 4-6(b)所示。

以上对支座的简化,忽略了支座抗扭刚度的影响,这与实际情况不符,支座的实际转角小于铰支座的转角。在实际工程中通常采用调整荷载来修正。其方法是用折算荷载(加大永久荷载和减小可变荷载)来代替实际荷载,如图 4-7 所示。

码 4-2　微课-折算荷载

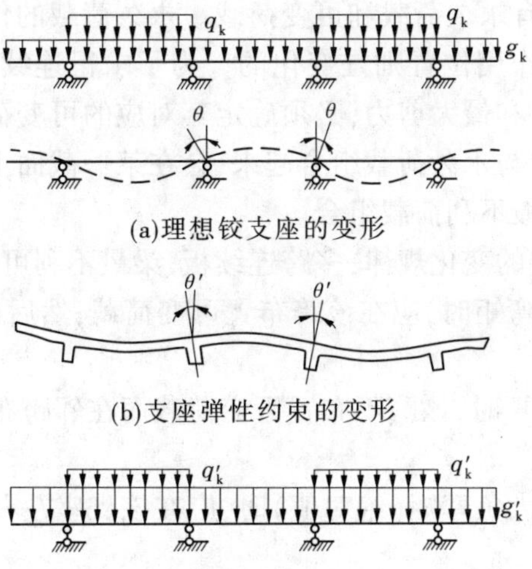

(a)理想铰支座的变形

(b)支座弹性约束的变形

(c)采用折算荷载

图 4-7　梁板整体性对内力的影响

连续板的折算荷载标准值为:

$$g_k' = g_k + q_k/2, q_k' = q_k/2$$

式中　g_k'、q_k'——折算永久荷载标准值、折算可变荷载标准值;

g_k、q_k——实际永久荷载标准值、实际可变荷载标准值。

1.2　内力计算

1.2.1　利用图表计算内力

水工建筑中连续板、梁的内力一般按弹性理论方法计算,就是把钢筋混凝土板、梁看做均质弹性构件,用工程力学的原理计算,常用力法和弯矩分配法。在实际工程中,为了节约时间,简化计算,常采用现成图表计算。这里介绍几种常用的等跨度、等刚度连续板、梁的内力计算表。

对于承受均布荷载、集中荷载的等跨连续板、梁,其弯矩、剪力设计值可利用附录 4 的表格按下列公式计算:

$$M = 1.05\alpha_1 g_k' l_0^2 + 1.20\alpha_2 q_k' l_0^2 \tag{4-1}$$

$$V = 1.05\beta_1 g_k' l_n + 1.20\beta_2 q_k' l_n \tag{4-2}$$

$$M = 1.05\alpha_1 G_k l_0 + 1.20\alpha_2 Q_k l_0 \tag{4-3}$$

$$V = 1.05\beta_1 G_k + 1.20\beta_2 Q_k \tag{4-4}$$

式中　α_1、α_2、β_1、β_2——弯矩系数和剪力系数;

g_k'、q_k'——单位长度上均布折算永久荷载标准值、折算可变荷载标准值,kN/m;

G_k、Q_k——集中永久荷载、可变荷载标准值,kN;

l_0、l_n——板、梁的计算跨度和净跨度,m。

如果连续板、梁的跨度不相等,但相差不超过10%,也可用等跨度的内力系数表进行计算。当求支座弯矩时,计算跨度取相邻两跨计算跨度的平均值;当求跨中弯矩时,用该跨的计算跨度。

1.2.2　最不利荷载组合

作用于板、梁上的荷载有永久荷载和可变荷载。永久荷载的作用位置是不变的,而可变荷载的作用位置则是变化的。为了求得连续梁、板各截面可能发生的最大弯矩和最大剪力,必须确定其对应的可变荷载的位置。可变荷载的相应布置与永久荷载组合起来,会在某一截面上产生最大内力,这就是该截面的最不利荷载组合。

码4-3　微课-最不利荷载组合

根据连续梁内力影响线的变化规律,多跨连续板、梁最不利可变荷载的布置方式为:

(1)求某跨跨内最大正弯矩时,应在该跨布置可变荷载,然后向其左右隔跨布置可变荷载。

(2)求某跨跨中最小弯矩时,该跨不布置可变荷载而在邻跨布置,然后向其左右隔跨布置可变荷载。

(3)求某支座截面的最大负弯矩(绝对值)时,应在该支座左右两跨布置可变荷载,然后隔跨布置可变荷载。

(4)求某支座截面的最大剪力时,可变荷载的布置与求该支座截面最大负弯矩时相同。

五跨连续板、梁各截面最大(或最小)内力时均布可变荷载的最不利位置见表4-1。

表4-1　五跨连续板、梁求最不利内力时均布可变荷载布置

可变荷载布置图	最不利内力		
	最大弯矩	最小弯矩	最大剪力
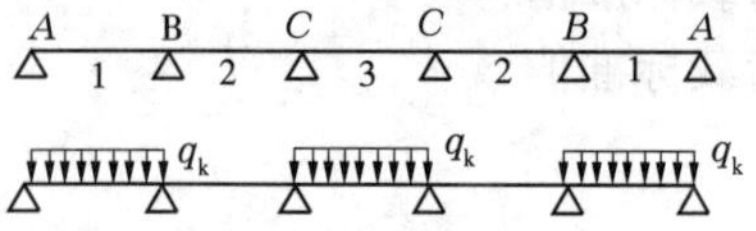	M_1、M_3	M_2	V_A
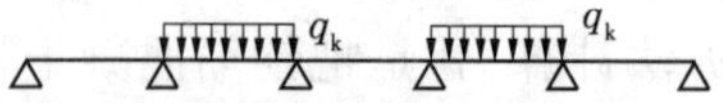	M_2	M_1、M_3	
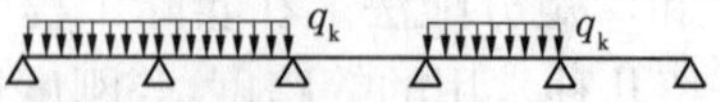		M_B	V_B^L、V_B^R
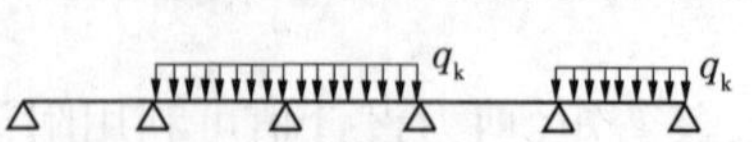		M_C	V_C^L、V_C^R

注:表中M、V的下角标1、2、3、A、B、C分别为跨与支座代号,上角标L、R分别为截面左、右边代号。

1.2.3　内力包络图

内力包络图是各截面内力最大值的连线所构成的图形。用来反映连续板、梁各个截面上弯矩变化范围的图形称为弯矩包络图,用来反映连续板、梁各个截面上剪力变化范围的图形称为剪力包络图。

图4-8所示的三跨连续板或梁,在均布永久荷载g_k作用下可绘出一个弯矩图,在均布可变荷载q_k的各种不利布置情况下可分别绘出三个弯矩图。将图4-8(a)、(b)两种荷

载所产生的两个弯矩图叠加,便得到边跨最大正弯矩和中间跨最小弯矩的图线 1,如图 4-8(e)所示;将图 4-8(a)、(c)两种荷载所形成的两个弯矩图叠加,便得到边跨最小正弯矩和中间跨最大正弯矩的图线 2;将图 4-8(a)、(d)两种荷载所形成的两个弯矩图叠加,便得到支座 B 最大负弯矩的图线 3。显然,外包线 4 就是各截面可能产生的弯矩的上下限。无论怎样布置可变荷载,各截面上产生的弯矩值总不会超出此外包线所表示的弯矩值。此外包线叫做弯矩包络图,如图 4-8(e)所示。同样办法可绘出梁的剪力包络图(见图 4-8(f))。

码 4-4　微课-内力包络图

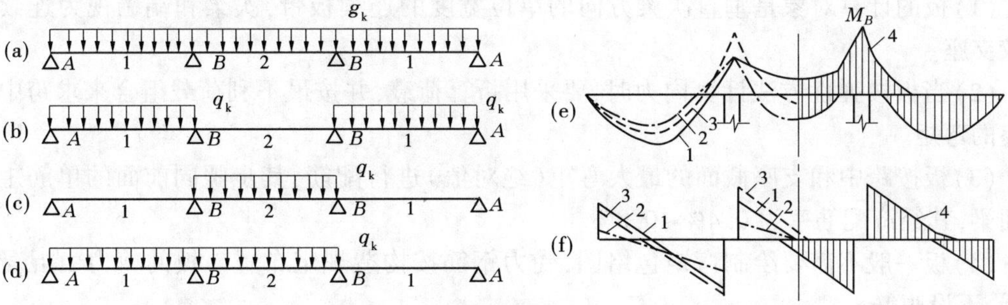

图 4-8　连续板、梁的内力包络图

弯矩包络图用来计算和配置各截面的纵向受力钢筋,剪力包络图用来计算和配置箍筋及弯起钢筋。

承受均布荷载的等跨连续板或梁,也可利用附录 5 表格直接绘出弯矩包络图。表格中已直接给出每跨十个截面的最大及最小弯矩的系数值。承受移动集中荷载的等跨连续梁,其弯矩包络图可利用附录 6 的系数表绘制。连续板一般不需要绘制弯矩包络图。

用上述方法算得的支座弯矩 M_c 为支座反力作用点处的弯矩值。当连续板或梁与支座整体浇筑时,如图 4-9(a)所示,在支座范围内的截面高度很大,梁、板在支座范围内破坏是不可能的,故其最危险的截面是支座边缘处。因此,可取支座边缘处的弯矩 M 作为配筋计算的依据。

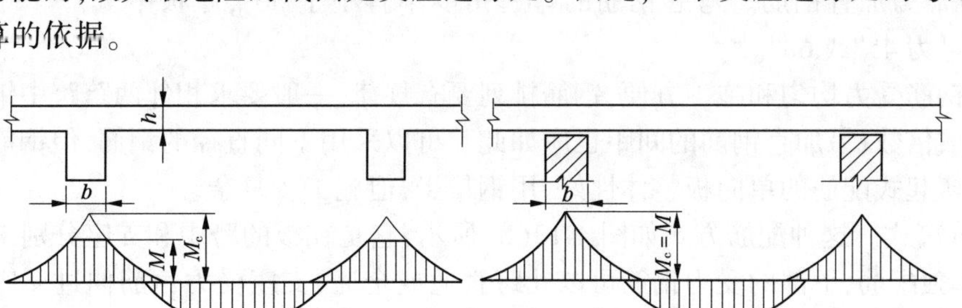

图 4-9　支座处弯矩的控制截面

支座边缘截面弯矩的绝对值可近似按下式计算:

$$M = |M_c| - 0.5b|V_0| \tag{4-5}$$

式中　M_c——支座中心截面弯矩设计值,kN·m;

M——支座边缘截面弯矩设计值,kN·m;

V_0——支座边缘处的剪力设计值，kN，可近似按单跨简支梁计算；

b——支座宽度，m，当支承宽度较大时（$b>0.1l_c$（板）或 $b>0.05l_c$（梁）），取 $b=0.1l_n$（板）或 $b=0.05l_n$（梁）。

如果板或梁直接搁置在墩墙上，如图 4-9（b）所示，则不存在上述问题。

1.3　板的计算要点与配筋构造

板按上述计算所得内力计算需要的钢筋面积，按计算钢筋面积选配钢筋，同时要满足板的构造规定。项目 2 中有关板的构造规定在此仍适用。下面介绍连续板的配筋构造。

1.3.1　计算要点

（1）板的计算对象是垂直次梁方向的单位宽度的连续板带，次梁和端墙视为连续板的铰支座。

（2）当板按弹性方法计算内力时，要采用折算荷载，并按最不利荷载组合来求跨中和支座的弯矩。

（3）板按跨中和支座截面的最大弯矩（绝对值）进行配筋，其步骤同前面的单筋矩形截面梁，其经济配筋率为 0.4%~0.8%。

（4）板一般不需要绘制弯矩包络图，受力钢筋按构造规定布置。板的剪力由混凝土承受，不设腹筋。

（5）对于四周与梁整体连接的板，考虑拱的作用，其中间跨的跨中截面及中间支座截面的计算弯矩可减小 20%。

1.3.2　板中受力钢筋的配筋方式

单向板中受力钢筋的配筋形式有弯起式和分离式两种。

（1）弯起式。这种配筋方式如图 4-10（a）所示。在配筋时可先选配跨中钢筋，然后将跨中钢筋的一半（最多不超过 2/3）在距支座边缘 $l_n/6$ 处弯起并伸过支座长度 a（当 $q_k/g_k\leqslant3$ 时，$a=l_n/4$；当 $q_k/g_k>3$ 时，$a=l_n/3$）。这样，在中间支座就有从左右两跨弯起的钢筋来承担负弯矩，如果不足，则需另加直钢筋。弯起钢筋的弯起角度不宜小于 30°，厚板中的弯起角可为 45°或 60°。

码 4-5　微课-板的弯起式与分离式配筋

为使钢筋受力均匀和施工方便，钢筋排列要有规律，一般要求相邻两跨跨中钢筋的间距相等或成倍数，另加直钢筋的间距也应如此。可以采用不同直径的钢筋，但钢筋种类不宜太多。弯起式配筋的单向板整体性好、用钢量少，但施工较复杂。

（2）分离式。这种配筋方式如图 4-10（b）所示，它是在板的跨中和支座分别采用直钢筋，上下单独配筋，下部的受力钢筋可以几跨直通或全通，支座受力钢筋伸过支座边缘的长度 a 同弯起式。分离式配筋的优点是构造简单、施工方便；缺点是用钢量比弯起式多，整体性较差，不宜用于承受动力荷载的板。

1.3.3　受力钢筋伸入支座的长度

（1）简支板或连续板的下部纵向受力钢筋（绑扎钢筋）伸入支座的锚固长度 l_{as} 不应小于 $5d$（d 为下部纵向受力钢筋的直径）。

（2）当采用焊接网配筋时，其末端至少应有一根横向钢筋配置在支座边缘内。

（3）若不能符合上述要求，应在受力钢筋末端制成弯钩或加焊附加的横向锚固钢筋，

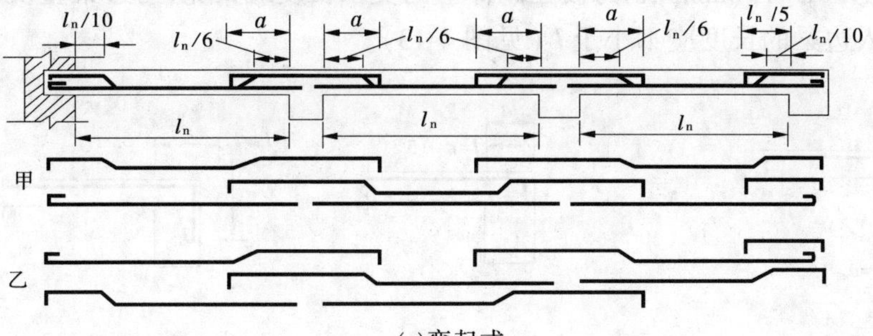

(a)弯起式

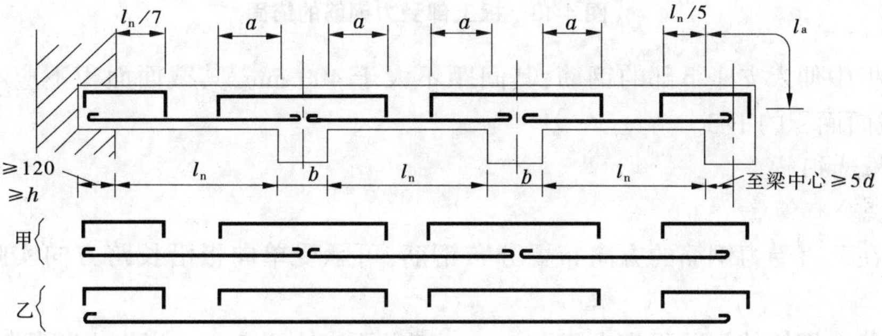

(b)分离式

图 4-10 单向板中受力钢筋的布置 (单位:mm)

如图 4-11 所示。

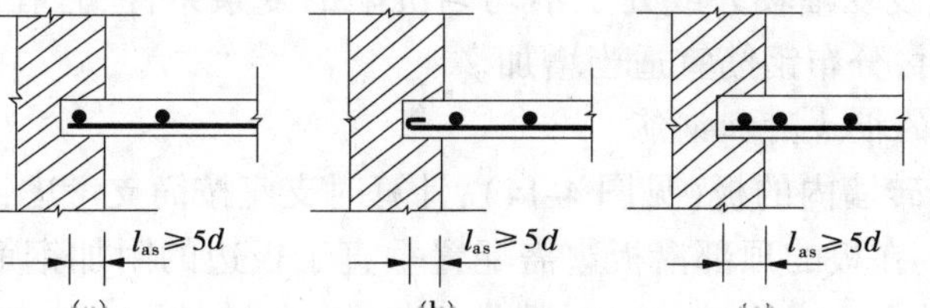

图 4-11 板下部受力钢筋的锚固

(4)与梁整体连接的板或连续板的下部钢筋伸入支座的锚固长度 l_{as} 除不应小于 $5d$ 外,还应伸至支座(墙或梁)的中心线(见图 4-12)。

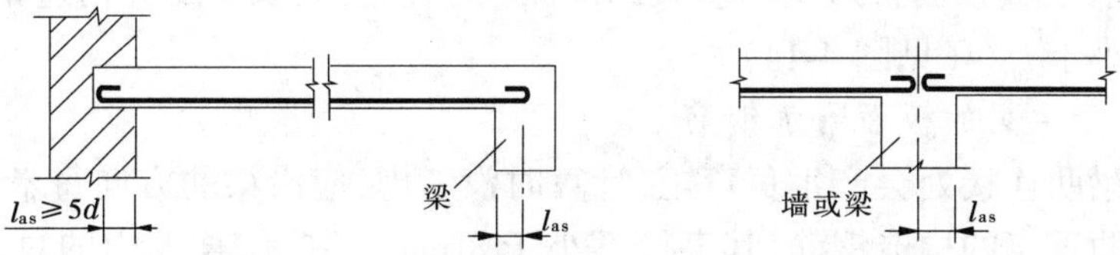

图 4-12 与梁整体连接板的下部钢筋的锚固

(5)对于上部负弯矩钢筋,为了保证施工时钢筋的设计位置,当板厚小于 120 mm 时,可做成直抵板底的直钩,长度为板厚减去混凝土净保护层厚度。

(6)嵌固在砌体内的简支板或与边梁整浇但按简支设计的板的上部钢筋(绑扎钢筋)

伸入支座的长度 $l=a-15$(mm)，a 为板在砌体上的支承长度或梁宽；与边梁整浇的嵌固板的上部钢筋伸入边梁的长度应不小于 l_a(见图4-13)。

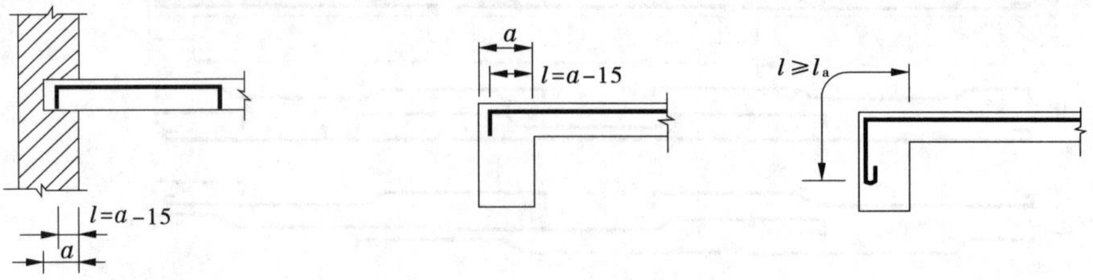

(a)简支板　(b)与边梁整浇但按简支设计　(c)嵌固板

图4-13　板上部受力钢筋的锚固

(7)板中伸入支座下部的钢筋，其间距不大于400 mm，其截面面积不应小于跨中受力钢筋截面面积的1/3。

1.3.4　构造钢筋

1.3.4.1　分布钢筋

(1)在垂直受力钢筋的方向布置分布钢筋，可承受单向板沿长跨方向实际存在的一些弯矩。

(2)分布钢筋的间距不宜大于250 mm，直径不宜小于6 mm，当集中荷载较大时，间距不宜大于200 mm。

(3)承受分布荷载的厚板，其分布钢筋的配置可不受上述规定的限制。此时，分布钢筋的直径可用10~16 mm，间距可为200~400 mm。

(4)当板处于温度变幅较大或处于不均匀沉陷的复杂条件，且在与受力钢筋垂直的方向所受约束很大时，分布钢筋宜适当增加。

1.3.4.2　嵌入墙内的板边附加钢筋

(1)板边嵌固于砖墙内的板(见图4-14)，计算时支座按简支考虑，但实际上板在支承处可能产生负弯矩。在板的顶部沿板边需配置垂直于板边的附加钢筋，其数量按承受跨中最大弯矩绝对值的1/4计算。单向板垂直于板跨方向的板边，一般每米宽度内配置5根直径6 mm的钢筋，钢筋应从支座边伸出至少为 $l_1/5$ 的长度(l_1 为单向板的跨度或双向板的短边跨度)。

(2)单向板平行于板跨方向的板边，其顶部垂直板边的钢筋可按构造适当配置。

(3)在墙角处，板顶面常发生与墙大约成45°的裂缝，应双向配置构造钢筋网，其伸出墙边的长度不小于 $l_1/4$(见图4-14)。

1.3.4.3　垂直于主梁的板面附加钢筋

板与主梁梁肋连接处会产生负弯矩，计算时没考虑，应沿梁肋方向每米长度内配置不少于5根与梁肋垂直的构造钢筋，其直径不小于8 mm，且单位长度内的总截面面积不应小于板中单位长度内受力钢筋截面面积的1/3，伸入板中的长度从肋边算起每边不小于板计算跨度的1/4(见图4-15)。

1.3.4.4　板内孔洞周边的附加钢筋

在水电站厂房的楼板上，由于使用要求往往要开设一些孔洞，这些孔洞削弱了板的整

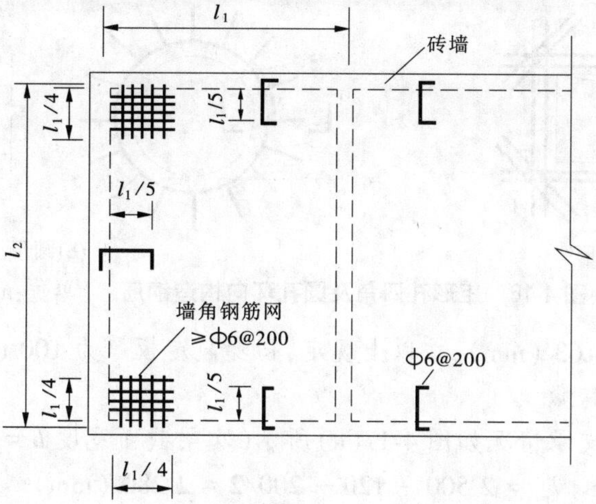

图 4-14 嵌固于墙内的板边附加钢筋

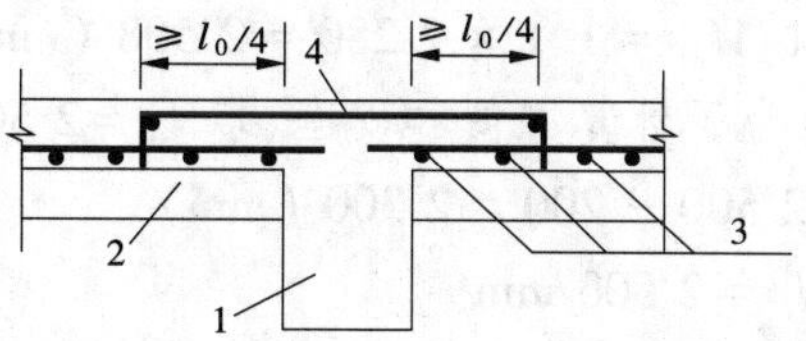

1—主梁;2—次梁;3—板的受力钢筋;
4—间距不大于 200 mm、直径不小于 8 mm 的构造钢筋

图 4-15 板中与梁肋垂直的构造钢筋

体作用。因此,在孔洞周围应予以加强来保证安全。

(1)当 b 或 d(b 为垂直于板的受力钢筋方向的孔洞宽度,d 为圆孔直径)小于 300 mm,并小于板宽的 1/3 时,可不设附加钢筋,只将受力钢筋间距作适当调整,或将受力钢筋绕过孔洞边,不予截断。

(2)当 b 或 d 等于 300~1 000 mm 时,应在洞边每侧配置附加钢筋,每侧的附加钢筋截面面积不应小于洞口宽度内被截断钢筋截面面积的 1/2,且不小于 2 根直径为 10 mm 的钢筋;当板厚大于 200 mm 时,宜在板的顶、底部均配置附加钢筋。

(3)当 b 或 d 大于 1 000 mm 时,除按上述规定配置附加钢筋外,在矩形孔洞四角尚应配置 45°方向的构造钢筋;在圆孔周边尚应配置 2 根直径为 10 mm 的环向钢筋,搭接长度为 $30d$,并设置直径不小于 8 mm、间距不大于 300 mm 的放射形径向钢筋,如图 4-16 所示。

(4)当 b 或 d 大于 1 000 mm,并在孔洞附近有较大的集中荷载作用时,宜在洞边加设肋梁或暗梁。当 b 或 d 大于 1 000 mm,而板厚小于 $0.3b$ 或 $0.3d$ 时,也宜在洞边加设肋梁。

【案例 4-1——板的设计】

1. 计算简图的确定

本例中板的跨度为 2 500 mm,次梁跨度为 6 000 mm,板的两个方向的跨度比为:$2.0<l_2/l_1=6\ 000/2\ 500=2.4<3.0$,按单向板设计。板的跨度为 2.5 m,按刚度要求,板厚

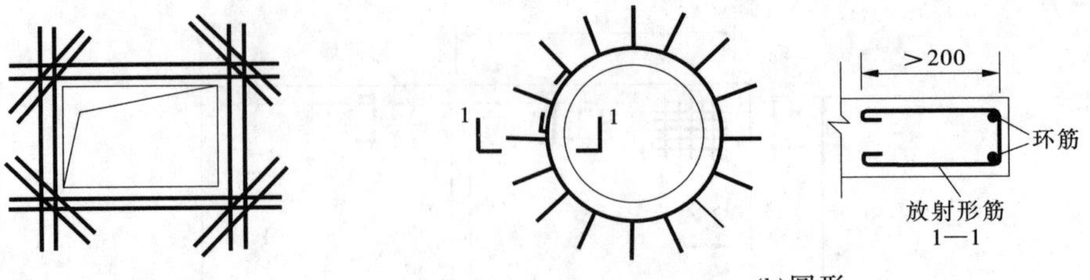

(a)矩形　(b)圆形

图 4-16　矩形孔四角及圆孔环向构造钢筋　(单位:mm)

$h \geqslant l/40 = 2\ 500/40 = 63$ (mm),按以上规定,初步假定板厚为 100 mm。

1)计算跨度与跨数

板的尺寸及其支承情况如图 4-17(a)所示(次梁截面宽度 $b = 200$ mm)。

计算跨度:边跨　$l_{n1} = 2\ 500 - 120 - 200/2 = 2\ 280$ (mm)

$$l_{01} = l_{n1} + b/2 + h/2 = 2\ 280 + 200/2 + 100/2 = 2\ 430 \text{ (mm)}$$

$$l_{01} = l_{n1} + a/2 + b/2 = 2\ 280 + 120/2 + 200/2 = 2\ 440 \text{ (mm)}$$

$$l_{01} = 1.1 l_{n1} = 1.1 \times 2\ 280 = 2\ 508 \text{ (mm)}$$

应取 $l_{01} = 2\ 430$ mm,但为了计算方便和安全,取 $l_{01} = 2\ 500$ mm。

中间跨　$l_{n2} = 2\ 500 - 200 = 2\ 300$ (mm)

$$l_{02} = l_c = 2\ 500 \text{ mm}$$

$$l_{02} = 1.1 l_{n2} = 1.1 \times 2\ 300 = 2\ 530 \text{ (mm)}$$

取 $l_{02} = 2\ 500$ mm。

两跨相差 $(l_{02} - l_{01})/l_{02} = (2\ 500 - 2\ 430)/2\ 500 = 2.8\% < 10\%$,应按等跨来考虑,9 跨按 5 跨计算。板的计算简图如图 4-17(b)所示。

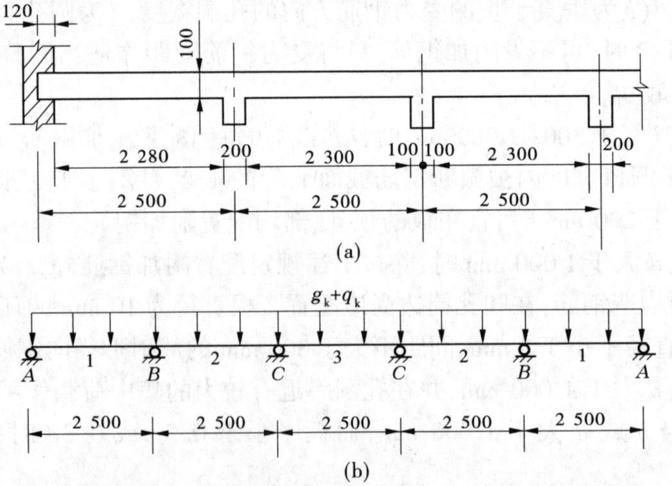

图 4-17　连续板的构造及计算简图　(单位:mm)

2)荷载计算

作用在板上的荷载划分范围如图 4-6(a)所示。板取 1 m 宽的板带作为计算单元,板上单位长度的荷载包括永久荷载 g_k 和可变荷载 q_k。

永久荷载：100 mm 厚钢筋混凝土板自重　$0.1\times1.0\times25=2.5$ (kN/m)

20 mm 厚水泥砂浆面层重　$0.02\times1.0\times20=0.4$ (kN/m)

永久荷载标准值　$g_k=2.5+0.4=2.9$ (kN/m)

可变荷载：可变荷载标准值　$q_k=6.0$ (kN/m)

连续板的折算荷载为：

$$g'_k=g_k+q_k/2=2.9+6.0/2=5.9\ (\text{kN/m})$$

$$q'_k=q_k/2=6.0/2=3.0\ (\text{kN/m})$$

2. 内力计算

连续板的弯矩设计值按式(4-1)计算，式中系数 α_1 及 α_2 可查附录 4 得到，计算结果见表 4-2。

表 4-2　板的内力计算

截面	边跨中	支座 B	2 跨中	支座 C	3 跨中
α_1	0.078 1	−0.105 0	0.033 1	−0.079 0	0.046 2
α_2	0.100 0	−0.119 0	0.078 7	−0.111 0	0.085 5
$M=1.05\alpha_1 g'_k l_0^2+1.20\alpha_2 q'_k l_0^2$ (kN·m)	$1.05\times0.0781\times5.9\times2.5^2+1.20\times0.1\times3.0\times2.5^2=5.27$	$-1.05\times0.105\times5.9\times2.5^2-1.20\times0.119\times3.0\times2.5^2=-6.74$	$1.05\times0.0331\times5.9\times2.5^2+1.20\times0.0787\times3.0\times2.5^2=3.05$	$-1.05\times0.079\times5.9\times2.5^2-1.20\times0.111\times3.0\times2.5^2=-5.56$	$1.05\times0.0462\times5.9\times2.5^2+1.20\times0.0855\times3.0\times2.5^2=3.71$

支座边缘的弯矩设计值：

$$V_0=(1.05g'_k+1.20q'_k)l_n/2=(1.05\times5.9+1.20\times3.0)\times2.3/2=11.26\ (\text{kN})$$

$$M'_B=-(M_B-0.5bV_0)=-(6.74-0.5\times0.2\times11.26)=-5.61\ (\text{kN}\cdot\text{m})$$

$$M'_C=-(M_C-0.5bV_0)=-(5.56-0.5\times0.2\times11.26)=-4.43\ (\text{kN}\cdot\text{m})$$

3 配筋与构造

1) 配筋计算

基本资料：$b=1\ 000$ mm，$h=100$ mm，$h_0=75$ mm，$f_c=9.6$ N/mm²，$f_y=210$ N/mm²，3 级水工建筑物，承载力安全系数 $K=1.20$，计算结果见表 4-3。

表 4-3　板的正截面承载力计算

截面	第一跨	支座 B	第二跨	支座 C	第三跨
M(kN·m)	5.27	−5.61	3.05	−4.43	3.71
$\alpha_s=\dfrac{KM}{f_c b h_0^2}$	0.117	0.125	0.068	0.098	0.082
$\xi=1-\sqrt{1-2\alpha_s}$	0.125	0.134	0.070	0.103	0.086
$\rho=\xi\dfrac{f_c}{f_y}$(%)	0.57	0.61	0.32	0.47	0.39

续表 4-3

截面	第一跨	支座 B	第二跨	支座 C	第三跨
$A_s=\rho bh_0(mm^2)$	428	458	240	353	293
选配钢筋 (分离式配筋)	Φ 10@170	Φ 10@170	Φ 8@170	Φ 8/10@170	Φ 8@170
实配钢筋面积(mm^2)	462	462	296	379	296
$\rho=A_s/(bh_0)$(%) ($\rho_{min}=0.20\%$)	0.62	0.62	0.39	0.51	0.39

2)构造配筋

本案例采用分离式配筋。按上述板中分布钢筋的规定，本例中板的分布钢筋采用Φ 6@250。

单向板平行于板跨方向的板边附加钢筋取Φ 6@200，从支座边伸出至少 $l_1/5$(即 2 500/5=500 (mm))。

单向板垂直于板跨方向的板边附加钢筋取Φ 6@200，从支座边伸出至少 $l_1/5$(即 2 500/5=500 (mm))。

在墙角处配置双向构造钢筋网Φ 6@200，其伸出墙边的长度不小于 $l_1/4$(即 2 500/4=625 (mm))。

垂直于主梁的板面附加钢筋取Φ 8@200，伸入板中的长度从肋边算起每边不小于板计算跨度的 $l/4$(即 2 500/4=625 (mm))。

码 4-6 动画-肋形楼盖钢筋骨架

4. 绘制板的结构施工图

板的配筋图见图 4-18，板的钢筋表见表 4-8。

2 次梁设计

次梁设计包括计算简图的确定、内力计算、配筋计算和绘制配筋图等。

一般建筑中较为合理的次梁跨度为 4~6 m，梁的截面尺寸按高跨比关系和刚度要求确定，一般要求梁高 $h \geq l/20$(简支)或 $h \geq l/25$(连续)，梁宽 $b=(1/3 \sim 1/2)h$。本例中次梁的跨度为 6.0 m，按刚度要求的次梁高度 $h \geq l/25=6\ 000/25=240$ (mm)，拟定次梁截面尺寸为 200 mm×500 mm。下面介绍次梁的设计。

2.1 计算简图的确定

2.1.1 计算跨度与跨数

连续次梁的弯矩计算跨度 l_0 为相邻两支座反力作用点之间的距离。按弹性方法计算内力时，以边跨简支在墙上为例计算如下(见图 4-5)：

连续梁　边跨　$l_{01}=l_n+a/2+b/2 \leq 1.05l_n$

　　　　中跨　$l_{02}=l_c$　当 $b>0.05l_c$ 时，取 $l_{02}=1.05l_n$

式中　l_n——梁的净跨度，mm；

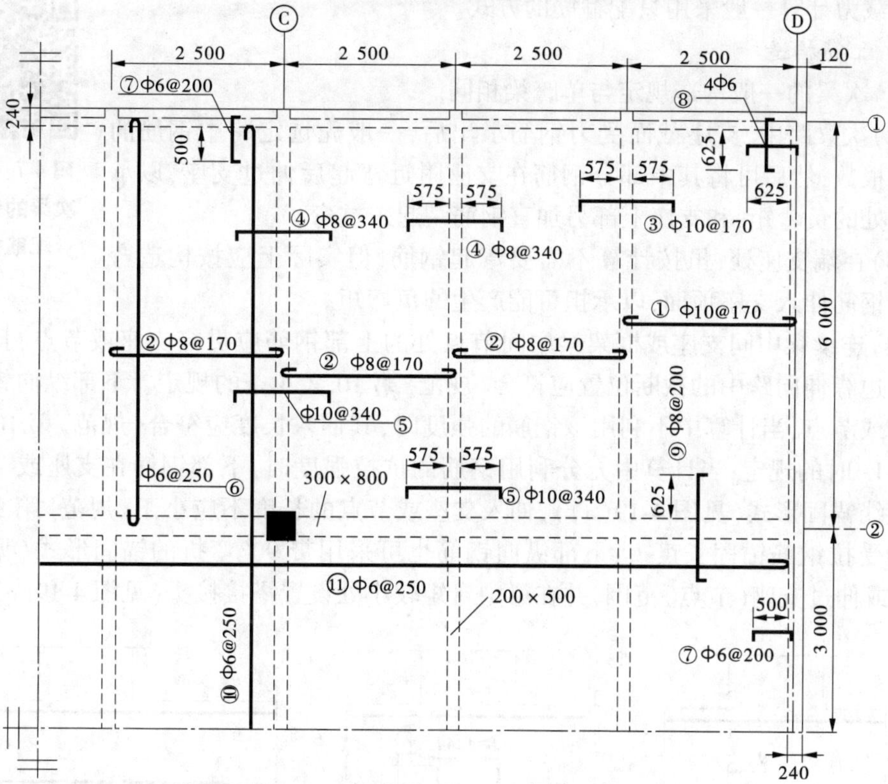

图 4-18　板的配筋图　（单位：mm）

l_c——支座中心线间的距离，mm；

b——主梁宽度，mm；

a——梁伸入支座的长度，mm。

计算跨度 l_0 分别取其较小值。

在计算剪力时，计算跨度取净跨，即 $l_0=l_n$。

道理同板，当等跨连续梁的跨数超过五跨时，可按五跨计算。

2.1.2　荷载计算

作用在次梁上的荷载划分范围如图 4-6(c)所示。次梁承受板传给次梁的均布荷载为 $g_k l_1$ 和 $q_k l_1$ 及次梁梁肋自重。

道理同板，次梁可看做以边墙和主梁为铰支座的多跨连续梁(见图 4-6(c))。连续次梁的折算荷载标准值为：$g_k' = g_k + q_k/4, q_k' = 3q_k/4$。

2.2　内力计算

连续次梁的内力计算方法同板。承受均布荷载的等跨连续梁，其弯矩和剪力可利用附录 4 的表格按式(4-1)、式(4-2)计算。

2.3　次梁的计算要点与配筋构造

2.3.1　计算要点

(1)荷载包括单向板传来的永久荷载和可变荷载以及次梁和构造层自重。

(2)次梁跨中截面按 T 形截面计算，支座截面应按矩形截面进行配筋计算。斜截面受剪承载力计算一般采用只配箍筋的方式。

码 4-7　微课-次梁的计算与配筋构造

2.3.2　配筋构造

(1)次梁的一般构造规定与单跨梁相同。

(2)次梁跨中、支座截面受力钢筋求出后,一般先选定跨中钢筋的直径和根数,然后可将其中部分钢筋在支座附近弯起后伸过支座,以承担支座处的负弯矩,和支座上部另加直钢筋一起来抗弯。

(3)在端支座处,虽按计算不需要弯起钢筋,但实际上应按构造弯起部分钢筋伸入支座顶面,以承担可能产生的负弯矩。

(4)连续梁中间支座或框架梁中间节点处的上部钢筋应贯穿支座或节点,且自节点或支座边缘伸向跨中的截断位置应符合《规范》第 10.2.4 条的规定。下部纵向钢筋应伸入支座或节点,当计算中不利用该钢筋的强度时,其伸入长度应符合《规范》第 10.2.3 条中 $KV>V_c$ 时的规定;当计算中充分利用钢筋的抗拉强度时,下部钢筋在支座或节点内可采用直线锚固形式(见图 4-19(a)),伸入支座或节点的长度不应小于《规范》第 9.3.2 条规定的受拉钢筋锚固长度 l_a;下部纵向钢筋也可采用带 90°弯折的锚固形式(见图 4-19(b));或伸过支座(节点)范围,并在梁中弯矩较小处设置搭接接头(见图 4-19(c))。

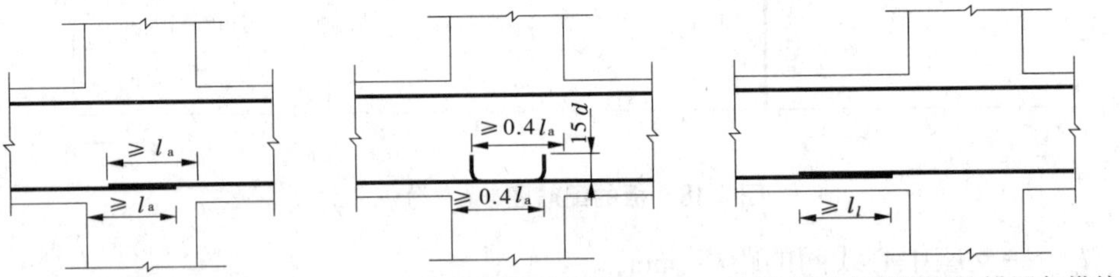

(a)节点中的直线锚固　(b)节点中的弯折锚固　(c)节点或支座范围的锚固与搭接

图 4-19　梁下部纵向钢筋在中间节点或中间支座范围的锚固与搭接

(5)次梁纵向钢筋弯起与截断的数量和位置,原则上应按抵抗弯矩图来确定,但当次梁的跨度相等或相差不超过 20%,且 $q_k/g_k\leqslant3$ 时,可按经验布置确定,如图 4-20 所示。

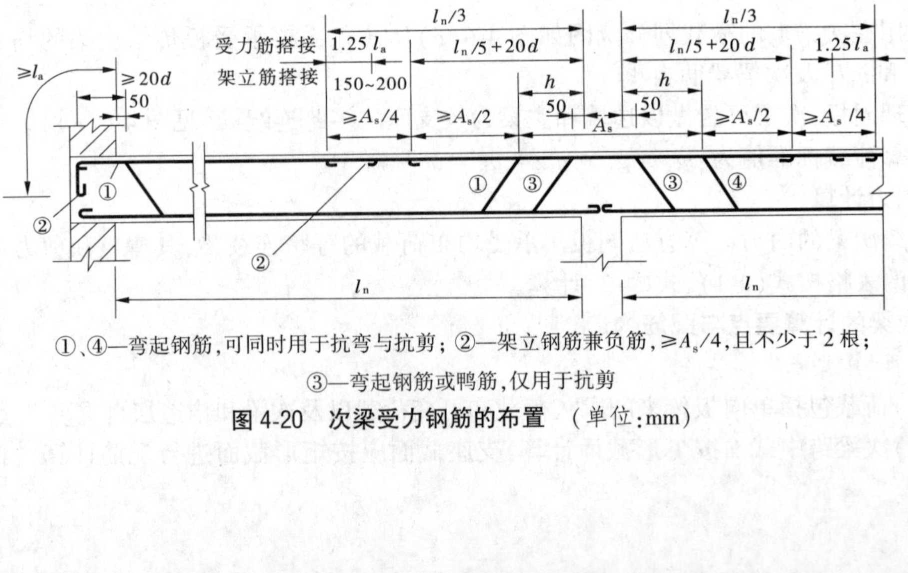

①、④—弯起钢筋,可同时用于抗弯与抗剪;②—架立钢筋兼负筋,$\geqslant A_s/4$,且不少于 2 根;

③—弯起钢筋或鸭筋,仅用于抗剪

图 4-20　次梁受力钢筋的布置　(单位:mm)

【案例 4-1——次梁设计】

1. 计算简图的确定

1) 计算跨度

次梁设计时,取其中相邻板中心线之间部分作为计算单元。本例为三跨连续梁。在计算剪力时,计算跨度取净跨,即 $l_0=l_n$。其他要求同板。

边跨：　$l_{n1}=l_c-a/2-b/2=6\ 000-240/2-300/2=5\ 730$ (mm)

$l_{01}=l_{n1}+a/2+b/2=6\ 000$ (mm)

$l_{01}=1.05l_{n1}=1.05\times5\ 730=6\ 017$(mm)

取 $l_{01}=6\ 000$ mm。

中间跨：　$l_{n2}=l_c-b=6\ 000-300=5\ 700$(mm)

$l_{02}=l_c=6\ 000$(mm)

$l_{02}=1.05l_{n2}=1.05\times5\ 700=5\ 985$(mm)

两者相差很小,为计算方便,取 $l_{02}=6\ 000$ mm。

次梁构造与计算简图如图 4-21 所示。

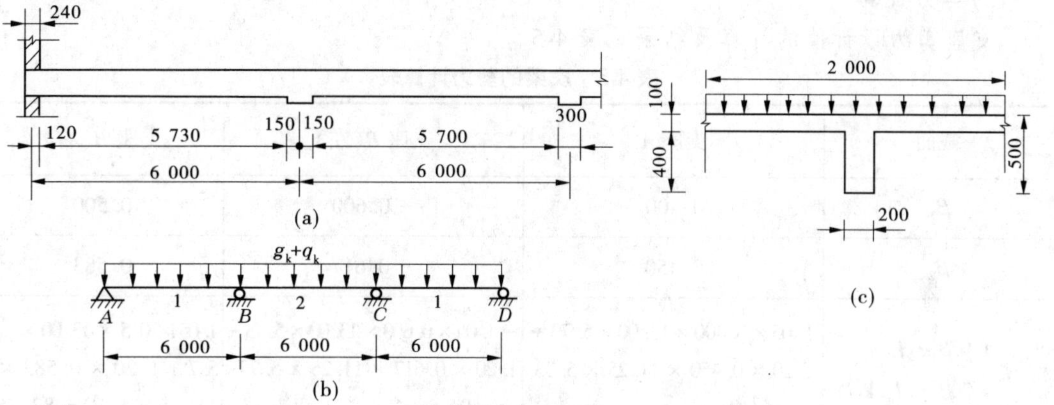

图 4-21　次梁构造与计算简图　(单位:mm)

2) 荷载计算

作用在次梁上的荷载划分范围如图 4-6(c)所示。板传给次梁的均布荷载为 g_kl_1 和 q_kl_1,次梁梁肋自重为 $\gamma b_{次梁}(h_{次梁}-h_{板})$。$\gamma$ 为钢筋混凝土的重度。

永久荷载：　板传来的荷载　$2.9\times2.5=7.25$ (kN/m)

次梁梁肋自重　$0.2\times(0.5-0.1)\times25=2$ (kN/m)

永久荷载标准值　$g_k=7.25+2=9.25$ (kN/m)

可变荷载：　可变荷载标准值　$q_k=6\times2.5=15$ (kN/m)

连续次梁的折算荷载为：

$$g_k'=g_k+q_k/4=9.25+15/4=13.00\ (\text{kN/m})$$

$$q_k'=3q_k/4=3\times15/4=11.25\ (\text{kN/m})$$

2. 内力计算

1) 弯矩计算

弯矩设计值的计算及结果见表 4-4。

表 4-4　次梁的弯矩计算表

截面	边跨中	支座 B	2 跨中
α_1	0.080	-0.100	0.025
α_2	0.101	-0.117	0.075
$M = 1.05 \times \alpha_1 g'_k l_0^2 + 1.20 \times \alpha_2 q'_k l_0^2$ (kN · m)	$1.05 \times 0.080 \times 13.00 \times 6^2 + 1.20 \times 0.101 \times 11.25 \times 6^2 = 88.40$	$-1.05 \times 0.100 \times 13.00 \times 6^2 - 1.20 \times 0.117 \times 11.25 \times 6^2 = -106.00$	$1.05 \times 0.025 \times 13.00 \times 6^2 + 1.20 \times 0.075 \times 11.25 \times 6^2 = 48.74$

支座边缘的弯矩设计值 M'_B:

$$V_0 = (1.05g'_k + 1.20q'_k)l_n/2 = (1.05 \times 13.00 + 1.20 \times 11.25) \times 5.7/2$$
$$= 77.38\ (\text{KN})$$

$$M'_B = -(M_B - 0.5bV_0) = -(106.00 - 0.5 \times 0.3 \times 77.38) = -94.39\ (\text{kN} \cdot \text{m})$$

2)剪力计算

支座剪力设计值的计算及结果见表 4-5。

表 4-5　次梁的剪力计算表

截面	支座 A	支座 B(左)	支座 B(右)
β_1	0.400	-0.600	0.500
β_2	0.450	-0.617	0.583
$V = 1.05\beta_1 g'_k l_n + 1.20\beta_2 q'_k l_n$(kN)	$1.05 \times 0.400 \times 13.00 \times 5.73 + 1.20 \times 0.450 \times 11.25 \times 5.73 = 66.10$	$-1.05 \times 0.600 \times 13.00 \times 5.73 - 1.20 \times 0.617 \times 11.25 \times 5.73 = -94.66$	$1.05 \times 0.5 \times 13.00 \times 5.7 + 1.20 \times 0.583 \times 11.25 \times 5.7 = 83.76$

3. 配筋计算

计算翼缘宽度 b'_f。根据整浇楼盖的受力特点,板所在梁上截面参与次梁受力,因此在配筋设计时,次梁跨中截面按 T 形截面设计,翼缘计算宽度为:

$$b'_f = l_0/3 = 6\,000/3 = 2\,000\ (\text{mm}), b'_f = b + s_n = 200 + 2\,300 = 2\,500\ (\text{mm})$$

取 $b'_f = 2\,000$ mm,荷载计算单元如图 4-21(c)所示。

次梁支座截面因承受负弯矩(上面受拉、下面受压)而按矩形截面计算。

1)正截面受弯承载力计算

基本资料:$b = 200$ mm,$h = 500$ mm,$h_0 = 460$ mm,$f_c = 9.6$ N/mm^2,$f_t = 1.1$ N/mm^2,$f_y = 300$ N/mm^2,承载力安全系数 $K = 1.20$,正截面受弯承载力计算结果见表 4-6。

表 4-6 次梁的正截面计算

截面	第一跨	支座 B	第二跨
M(kN·m)	88.40	-94.39	48.74
h_0(mm)	460	460	460
b'_f 或 b(mm)	2 000	200	2 000
$f_c b'_f h'_f(h_0 - h'_f/2)$(kN·m)	787		787
$\alpha_s = \dfrac{KM}{f_c b'_f(\text{或} b)h_0^2}$	0.026	0.279	0.014
$\xi = 1 - \sqrt{1 - 2\alpha_s}$	0.026	0.335	0.014 1
$A_s = \xi \dfrac{f_c}{f_y} b'_f(\text{或} b)h_0$(mm²)	765	986	415
选配钢筋	2 Φ 18(直)+ 1 Φ 18(弯)	2 Φ 22(直)+ 1 Φ 18(左弯)	2 Φ 16(直)
实配钢筋面积(mm²)	763	1 015	402
$\rho = A_s/(bh_0)$(%)($\rho_{min} = 0.20\%$)	0.83	1.1	0.44

2)斜截面受剪承载力计算

次梁斜截面受剪承载力计算结果见表 4-7。

表 4-7 次梁的斜截面计算

截面	支座 A	支座 B(左)	支座 B(右)
V(kN)	66.10	-94.66	83.76
KV(kN)	79.32	113.59	100.51
h_0(mm)	460	460	460
$0.25 f_c b h_0$(kN)	220.8 > KV	220.8 > KV	220.8 > KV
$V_c = 0.7 f_t b h_0$(kN)	70.84 < KV	70.84 < KV	70.84 < KV
箍筋肢数、直径(mm)	2、8	2、8	2、8
$s = \dfrac{1.25 f_{yv} A_{sv} h_0}{KV - 0.7 f_t b h_0}$(mm)	1 438	285	411
实配箍筋间距 s(mm)	200	200	200
$\rho_{sv} = A_{sv}/(bs)$(%)($\rho_{svmin} = 0.15\%$)	0.25	0.25	0.25

4. 绘制次梁结构施工图

次梁配筋图见图 4-22。板与次梁钢筋表见表 4-8。

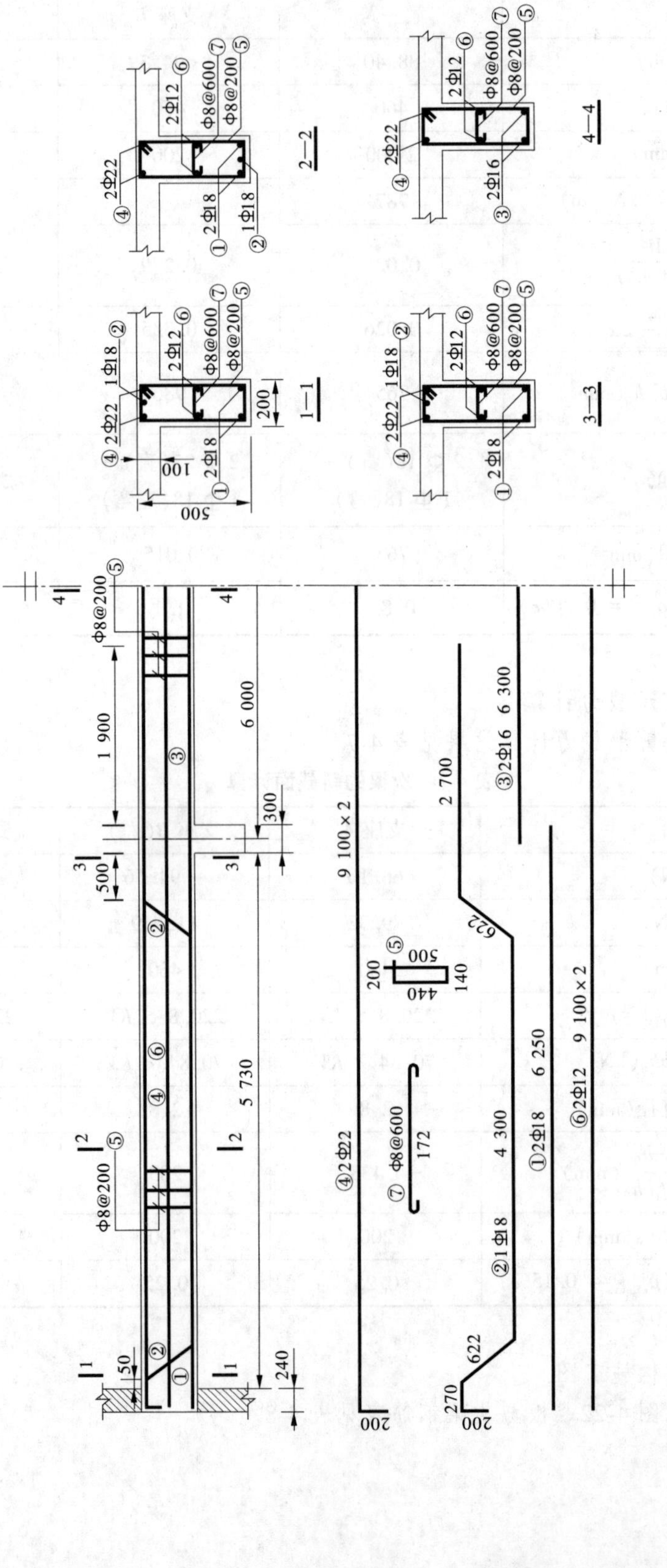

图 4-22　次梁配筋图　（单位:mm）

表 4-8 板与次梁钢筋表

构件	编号	简图	规格	长度（mm）	根数	总长（m）	单位质量（kg/m）	总质量（kg）
板	①	2 480	ϕ 10	2 605	210	547.1	0.617	337.56
	②	2 500	ϕ 8	2 600	735	1 911.0	0.395	754.85
	③	80 1 350 80	ϕ 10	1 510	210	317.1	0.617	195.65
	④	80 1 350 80	ϕ 8	1 510	306	462.1	0.395	182.53
	⑤	80 1 350 80	ϕ 10	1 510	324	489.2	0.617	301.84
	⑥	6 000	ϕ 6	6 075	297	1 804.3	0.222	400.55
	⑦	80 600 80	ϕ 6	760	382	290.3	0.222	64.45
	⑧	80 725 80	ϕ 6	885	32	28.3	0.222	6.28
	⑨	80 1 550 80	ϕ 8	1 710	234	400.1	0.395	158.04
	⑩	17 760	ϕ 6	17 835	70	1 248.5	0.222	277.17
	⑪	22 260	ϕ 6	22 335	22	491.4	0.222	109.09
	合计							2 788.01
次梁	①	6 250	Φ 18	6 250	32	200.0	2.000	400.00
	②	200 270 622 4 300 622 2 700	Φ 18	8 714	16	139.4	2.000	278.80
	③	6 300	Φ 16	6 300	16	100.8	1.580	159.26
	④	200 18 200 200	Φ 22	18 600	16	297.6	2.980	886.85
	⑤	500 200 140 440	ϕ 8	1 280	752	962.6	0.395	380.23
	⑥	18 200	Φ 12	18 200	16	291.2	0.888	258.59
	⑦	172	ϕ 8	272	280	76.2	0.395	30.10
	合计							2 393.83

3 主梁设计

主梁设计包括计算简图的确定、内力计算、配筋计算及绘制配筋图等内容。

3.1 计算简图的确定

一般建筑中较为合理的主梁跨度为 5~8 m。连续主梁的截面尺寸可按高跨比关系和刚度要求确定。一般要求梁高 $h \geqslant l/12$（简支）或 $h \geqslant l/15$（连续），梁宽 $b=(1/3\sim1/2)h$。

3.1.1 计算跨度与跨数

连续主梁的计算跨度与跨数同次梁。

3.1.2　荷载计算

作用在主梁上的荷载划分范围如图 4-6(a)所示。主梁承受次梁传来的集中荷载 $G_k = g_k l_1 l_2$ 和 $Q_k = q_k l_1 l_2$，主梁肋部自重为均布荷载，但与次梁传来的集中荷载相比较小，为简化计算，将次梁之间的一段主梁肋部均布自重化为集中荷载，加入次梁传来的集中荷载一并计算(见图 4-6(d))。

图 4-6 所示的多跨连续梁，主梁的中间支承是柱，当主梁的线刚度与柱的线刚度之比大于 4 时，可把主梁看作是以边墙和柱为铰支座的多跨连续梁，如图 4-6(d)所示；否则，柱对主梁的内力影响较大，应看作刚架来计算。本例中主梁的线刚度与柱的线刚度之比大于 4，按连续梁设计。连续主梁的荷载不调整。

3.2　内力计算

主梁的内力按附录 4 由式(4-3)、式(4-4)计算。可变荷载的最不利组合位置见图 4-28。

3.3　主梁的计算与配筋

3.3.1　计算要点

(1)次梁传给主梁的永久荷载和可变荷载均为集中力，为简化计算，主梁及构造层自重也可化为集中力。

(2)主梁考虑可变荷载的不利位置一般按弹性方法计算内力，并作弯矩包络图和剪力包络图。

(3)主梁纵向受力钢筋、箍筋及弯起钢筋的计算与次梁相同，但在计算支座截面配筋时，要考虑由于板、次梁和主梁在截面上的负弯矩钢筋相互穿插重叠，使主梁的有效高度 h_0 降低(见图 4-23)。主梁在支座截面的有效高度 h_0 一般为：

当纵筋为一层时，$h_0 = h-(60\sim70)$ mm；

当纵筋为两层时，$h_0 = h-(80\sim100)$ mm。

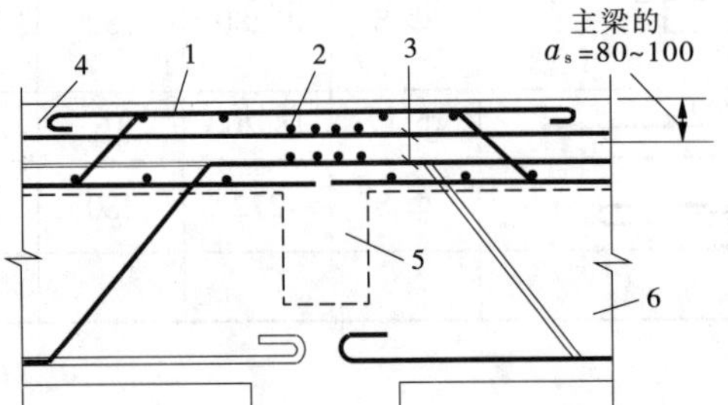

1—板的支座钢筋；2—次梁的支座钢筋；3—主梁的支座钢筋；
4—板；5—次梁；6—主梁；7—柱

图 4-23　主梁支座处受力钢筋的布置　(单位：mm)

码 4-8　微课-吊筋

(4)主梁吊筋的计算。在主梁与次梁交接处，主梁的两侧承受次梁传来的集中荷载，因而可能在主梁的中下部发生斜向裂缝。为了防止这种破坏，应设置附加横向钢筋(箍筋或吊筋)来承担该集中荷载。吊筋下部水平段长度为次梁宽度加 100 mm。附加钢筋应

布置在 $s=2h_1+3b$（h_1 为主梁与次梁的高度之差，b 为次梁宽度）的长度范围内（见图 4-24），附加横向钢筋的总截面面积 A_{sv} 可按式（4-6）计算：

$$A_{sv}=\frac{KF}{f_{yv}\sin\alpha} \tag{4-6}$$

码 4-9 微课-主梁的计算与配筋构造

式中 F ——作用在梁下部或梁截面高度范围内的集中荷载设计值，N；

f_{yv}——附加横向钢筋的抗拉强度设计值，N/mm^2；

α ——附加横向钢筋与梁轴线的夹角；

A_{sv}——附加横向钢筋的总截面面积，mm^2，当仅配箍筋时，$A_{sv}=mnA_{sv1}$，当仅配吊筋时，$A_{sv}=2A_{sb}$，A_{sv1} 为单肢附加箍筋的截面面积，n 为在同一截面内附加箍筋的肢数，m 为在长度 s 范围内附加箍筋的排数，A_{sb} 为附加吊筋的截面面积。

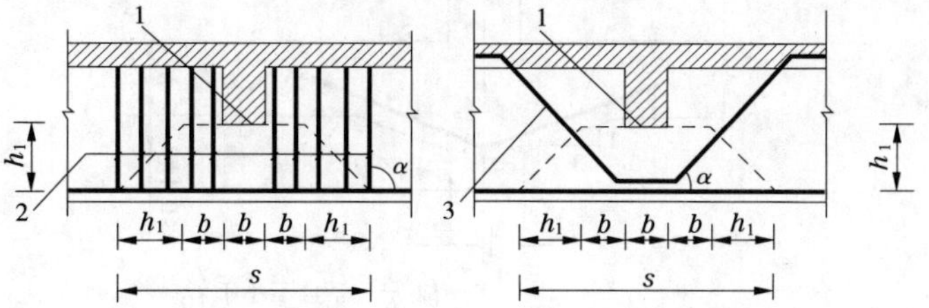

1—传递集中荷载的位置；2—附加箍筋；3—附加吊筋

图 4-24 梁下部或截面高度范围内有集中荷载作用时附加横向钢筋的布置

3.3.2 配筋构造

（1）选配钢筋时，先选跨中受力钢筋，支座负弯矩部分钢筋可由两边跨中的一部分钢筋弯起而得，支座上部两角必须是另加的直钢筋（兼作架立钢筋）。弯起钢筋的弯起点应满足斜截面受弯承载力的要求。

（2）跨中下部受力钢筋至少要有 2 根伸入支座，并放在下部两角处（兼作支座截面架立钢筋），其面积不宜小于跨中钢筋面积的一半。

（3）绘制结构施工图时，所有钢筋均应予以编号，如钢筋的种类、直径、形状及长度完全相同，可以编同一个号，否则需分别编号。

（4）当主梁承受的荷载较大时，在支座处的剪力值也较大，除箍筋外，还需要配置部分弯起钢筋才能满足斜截面受剪承载力的要求，可以采用配置鸭筋的方法来抵抗一部分剪力，如图 4-25 所示。

（5）当梁支座处的剪力较大时，也可以加设支托，将梁局部加高以满足斜截面受剪承载力的要求。支托的尺寸可参考图 4-26 确定。支托的附加钢筋一般采用 2~4 根，其直径与纵向受力钢筋的直径相同。

3.4 绘制主梁结构施工图

根据配筋结果和构造要求绘制主梁结构施工图。

【案例 4-1——主梁设计】

1. 计算简图的确定

按刚度要求的主梁高度 $h\geqslant l/12$（简支）或 $h\geqslant l/15$（连续），梁宽 $b=(1/3\sim1/2)h$。本

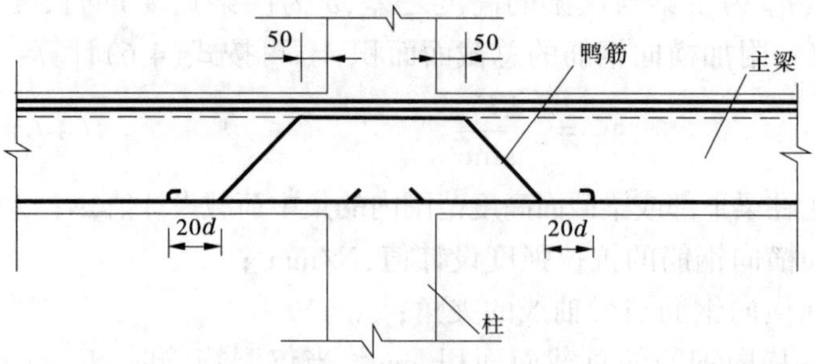

图 4-25　主梁支座处的鸭筋　（单位：mm）

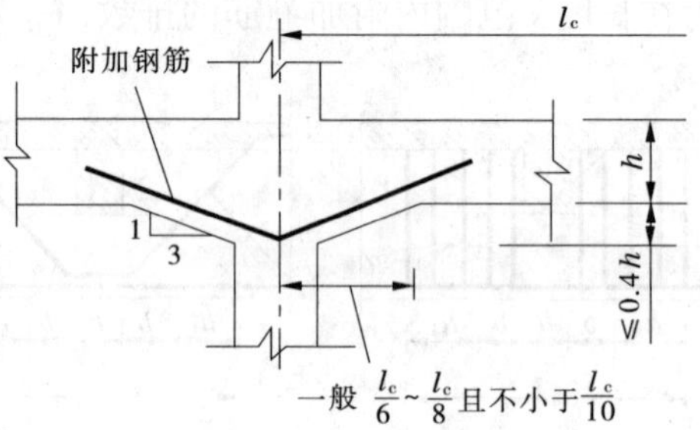

图 4-26　主梁的支托

例中主梁的跨度为7.5 m，主梁高度$h\geqslant l/15=500$ mm，假定主梁截面尺寸为300 mm×800 mm。

1）计算跨度与跨数

连续主梁的计算跨度与跨数要求同次梁。

计算跨度：　边跨　$l_{n1}=7\ 500-120-400/2=7\ 180$（mm）

$l_{01}=l_c=7\ 500$ mm

$l_{01}=1.05l_{n1}=1.05\times7\ 180=7\ 539$（mm）

取小值，$l_{01}=7\ 500$ mm。

中间跨　$l_{n2}=7\ 500-400=7\ 100$（mm）

$l_{02}=l_c=7\ 500$ mm

$l_{02}=1.05l_{n2}=1.05\times7\ 100=7\ 455$（mm）

应取$l_{02}=7\ 455$ mm，但是跨度相差不超过10%，采用等跨计算，取$l_{02}=7\ 500$ mm。内力可按三跨连续梁内力系数表来计算。

在计算剪力时，计算跨度取净跨，即$l_0=l_n$。

主梁的构造及计算简图如图4-27所示。

2）荷载计算

永久荷载：由次梁传来的荷载　$9.25\times6=55.50$（kN）

主梁梁肋自重　$0.3\times(0.8-0.1)\times2.5\times25=13.13$（kN）

永久荷载标准值　$G_k=55.50+13.13=68.63$（kN）

可变荷载：可变荷载标准值　$Q_k=15\times6=90$（kN）

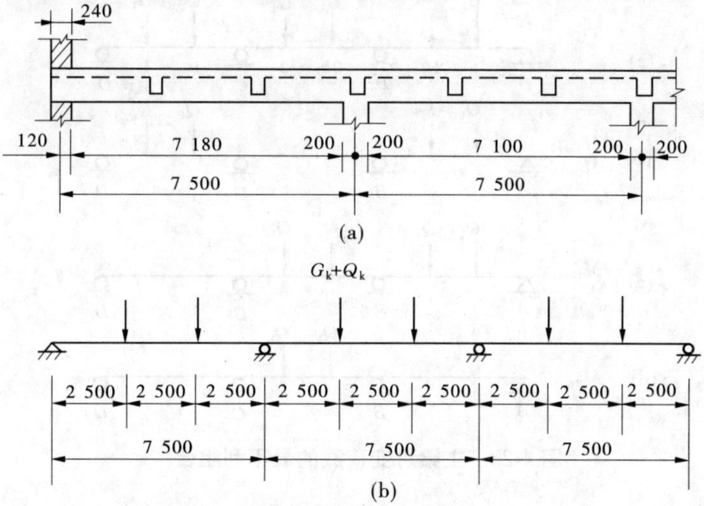

图 4-27 主梁的构造及计算简图 （单位：mm）

2. 内力计算

1) 弯矩计算

主梁弯矩设计值按下式计算，计算过程及结果见表 4-9。

$$M = 1.05\alpha_1 G_k l_0 + 1.20\alpha_2 Q_k l_0$$

$$G_k l_0 = 68.63 \times 7.5 = 514.73\ (\text{kN} \cdot \text{m})$$

$$Q_k l_0 = 90 \times 7.5 = 675\ (\text{kN} \cdot \text{m})$$

表 4-9 主梁的弯矩计算表

序号	荷载简图	边跨中		中间支座	中跨中	
		$\frac{\alpha}{M_1}$	M_{1a}	$\frac{\alpha}{M_B(M_C)}$	M_{2b}	$\frac{\alpha}{M_2}$
①	图 4-28(a)	0.244 / 131.87	83.77	−0.267(−0.267) / −144.30(−144.30)	36.21	0.067 / 36.21
②	图 4-28(b)	0.289 / 234.09	198.18	−0.133(−0.133) / −107.73(−107.73)	−107.73	−0.133 / −107.73
③	图 4-28(c)	0.229 / 185.49	101.52	−0.311(−0.089) / −251.91(−72.09)	77.76	0.170 / 137.70
④	图 4-28(d)	−0.044 / −35.64	−71.55	−0.133(−0.133) / −107.73(−107.73)	162.00	0.200 / 162.00
最不利内力组合	①+②	365.96	281.95	−252.03(−252.03)	−71.52	−71.52
	①+③	317.36	185.29	−396.21(−216.39)	113.97	173.91
	①+④	96.23	12.22	−252.03(−252.03)	198.21	198.21

注：$M_{1a} = M_1 - M_B/3$；$M_{2b} = M_2 - (M_B - M_C)/3$，其中 M_B、M_C 均以正值代入。

由表 4-9 可绘制主梁的弯矩包络图（见图 4-29）。弯矩包络图用来计算和配置梁的各截面的纵向钢筋。

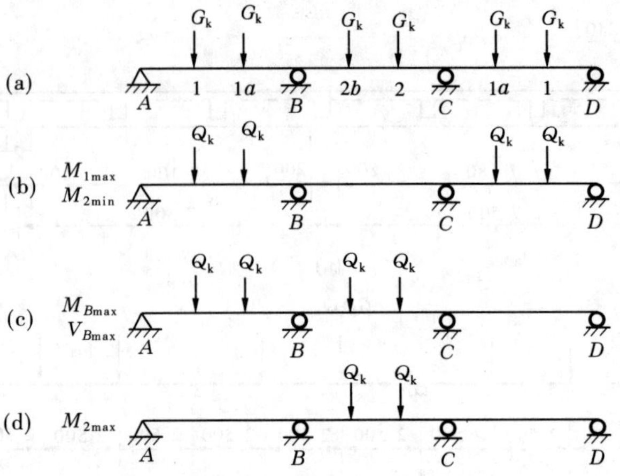

图 4-28　主梁可变荷载的最不利组合

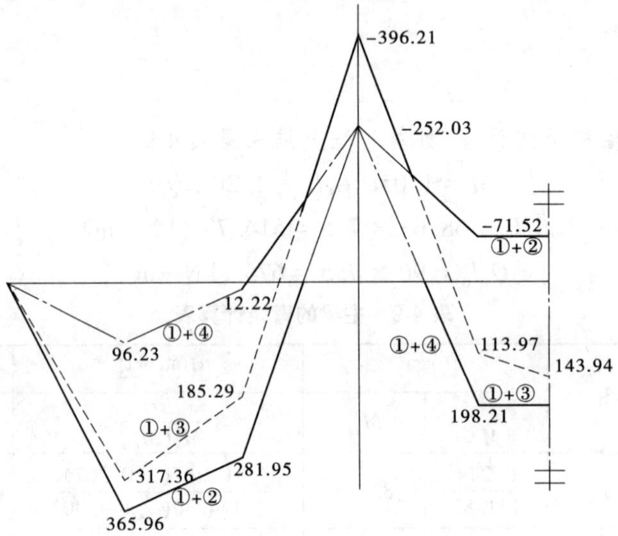

图 4-29　主梁的弯矩包络图

2)剪力计算

主梁的剪力设计值按下式计算,计算过程及结果见表 4-10。

$$V = 1.05\beta_1 G_k + 1.20\beta_2 Q_k$$

永久荷载标准值:　$G_k = 55.50 + 13.13 = 68.63$ (kN)

可变荷载标准值:　$Q_k = 15 \times 6 = 90$ (kN)

表 4-10 主梁剪力计算表

序号	计算简图	边支座 $\frac{\beta}{V_A}$	边跨中 V_1^R	中间支座 $\frac{\beta}{V_B^l(V_B^R)}$	中间跨中 V_{2b}^R
①	图 4-28(a)	$\frac{0.733}{52.82}$	-19.24	$\frac{-1.267(1.000)}{-91.30(72.06)}$	0
②	图 4-28(b)	$\frac{0.866}{93.53}$	-14.47	$\frac{-1.133(0)}{-122.36(0)}$	0
③	图 4-28(c)	$\frac{0.689}{74.41}$	-33.59	$\frac{-1.311(1.222)}{-141.59(131.98)}$	23.98
④	图 4-28(d)	$\frac{-0.133}{-14.36}$	-14.36	$\frac{-0.133(1.000)}{-14.36(108.00)}$	0
最不利内力组合	①+②	146.35	-33.71	-213.66(72.06)	0
	①+③	127.23	-52.83	-232.89(204.04)	23.98
	①+④	38.46	-33.60	-105.66(180.06)	0

按同样办法,依据表 4-10 可绘出主梁的剪力包络图(见图 4-30)。剪力包络图用来计算配置箍筋和弯起钢筋。

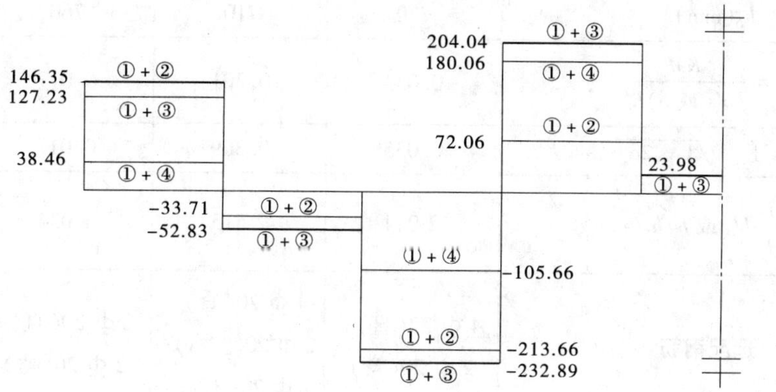

图 4-30 主梁的剪力包络图

3. 配筋计算

1) 正截面受弯承载力计算

主梁跨中截面按 T 形截面计算,翼缘厚度 $h_f' = 100$ mm,计算翼缘宽度 $b_f' = l_0/3 = 7.5/3 = 2.5(\text{m}) < b + s_n = 6.0$ m。

截面有效高度:

支座 B $h_0 = 800-90 = 710$ (mm)

边跨中　$h_0=800-70=730$ (mm)

中跨截面　$h_0=800-40=760$ (mm)(下部),$h_0=800-60=740$ (mm)(上部)

主梁支座截面按矩形截面计算,计算弯矩采用支座边缘截面处的弯矩值,即

$M'_B=-(M_B-0.5bV_0)$,因为 $b=0.4\ \text{m}>0.05l_c=0.05\times7.5=0.375$ (m),取 $b=0.05l_n=0.05\times7.1=0.355$(m),则

$$M'_B=-(M_B-0.5bV_0)=-[396.21-0.5\times0.355\times(1.05\times68.63+1.20\times90)]$$
$$=-364.25\ (\text{kN}\cdot\text{m})$$

判别为 T 形梁截面类型。

$$f_cb'_fh'_f(h_0-h'_f/2)=9.6\times2\,500\times100\times(730-100/2)=1\,632\ (\text{kN}\cdot\text{m})$$
$$>KM_1=1.20\times365.96=439.15\ (\text{kN}\cdot\text{m})$$
$$>KM_2=1.20\times198.21=237.85\ (\text{kN}\cdot\text{m})$$

主梁跨中按第一类 T 形梁截面计算。

基本资料:$f_c=9.6\ \text{N/mm}^2$,$f_t=1.1\ \text{N/mm}^2$,$f_y=300\ \text{N/mm}^2$,承载力安全系数 $K=1.20$,计算过程及结果见表 4-11。

表 4-11　主梁正截面受弯承载力计算

截面	边跨中	中间支座 B	中跨中	
M(kN·m)	365.96	−364.25	198.21	−71.52
b'_f 或 b(mm)	2 500	300	2 500	300
h_0(mm)	730	710	760	740
$\alpha_s=\dfrac{KM}{f_cb'_f(\text{或 }b)h_0^2}$	0.034	0.301	0.017	0.054
$\xi=1-\sqrt{1-2\alpha_s}$	0.035	0.369	0.017	0.056
$A_s=\xi\dfrac{f_c}{f_y}b'_f(\text{或 }b)h_0(\text{mm}^2)$	2 044	2 515	1 034	398
选配钢筋	4 Φ 22(直)+ 2 Φ 20(弯)	4 Φ 20(直)+ 2 Φ 20(左弯)+ 2 Φ 20(右弯)	2 Φ 20(直)+ 2 Φ 20(弯)	2 Φ 20(直)
实配面积(mm²)	2 148	2 513	1 256	628
$\rho=A_s/(bh_0)(\%)(\rho_{min}=0.20\%)$	0.98	1.16	0.55	0.28

2)主梁斜截面受剪承载力计算

主梁斜截面受剪承载力计算过程及结果见表 4-12。

表 4-12 主梁斜截面受剪承载力计算

截面	支座 A	支座 B(左)	支座 B(右)
V(kN)	146.35	−232.89	204.04
KV(kN)	175.62	−279.47	244.85
h_0(mm)	730	710	710
$0.25f_c bh_0$(kN)	$525.60 > KV$	$511.20 > KV$	$511.20 > KV$
$V_c = 0.7f_t bh_0$(kN)	$168.63 < KV$	$164.01 < KV$	$164.01 < KV$
选配箍筋肢数、直径(mm)	2、8	2、8	2、8
$s = \dfrac{1.25f_{yv}A_{sv}h_0}{KV - 0.7f_t bh_0}$(mm)	2 769	163	233
实配箍筋间距 s (mm)	160	160	200
$\rho_{sv} = A_{sv}/(bs)(\%)(\rho_{svmin} = 0.15\%)$	0.21	0.21	0.17
$V_{cs} = 0.7f_t bh_0 + 1.25f_{yv}\dfrac{A_{sv}}{s}h_0$	289.59	281.66	258.13

3)主梁吊筋计算

由次梁传来的全部集中荷载为:

$$F = 1.05G_k + 1.20Q_k = 1.05 \times 68.63 + 1.20 \times 90 = 180.06\ (\text{kN})$$

$$A_{sv} \geqslant \frac{KF}{f_{yv}\sin\alpha} = \frac{1.20 \times 180.06 \times 10^3}{300 \times \sin45°} = 1\ 019\ (\text{mm}^2)$$

吊筋选用 2 Φ 18($A_{sv} = 2A_{sb} = 2\times509 = 1\ 018\ (\text{mm}^2)$)。

4.绘制主梁结构施工图

主梁的配筋见图 4-31。

说明:结构施工图说明包括以下内容:

(1)图中尺寸单位均为 mm;

(2)板、次梁及主梁均采用 C20 混凝土;

(3)梁内纵向受力钢筋、腰筋采用 HRB335 级,其他钢筋均为 HPB235 级;

(4)板的混凝土保护层 c=20 mm,梁的混凝土保护层 c=30 mm,钢筋端头的混凝土保护层 c=20 mm;

(5)钢筋半圆弯钩的长度为 $6.25d$;

(6)钢筋总用量没有考虑钢筋的搭接和损耗(损耗一般按 5%计)。

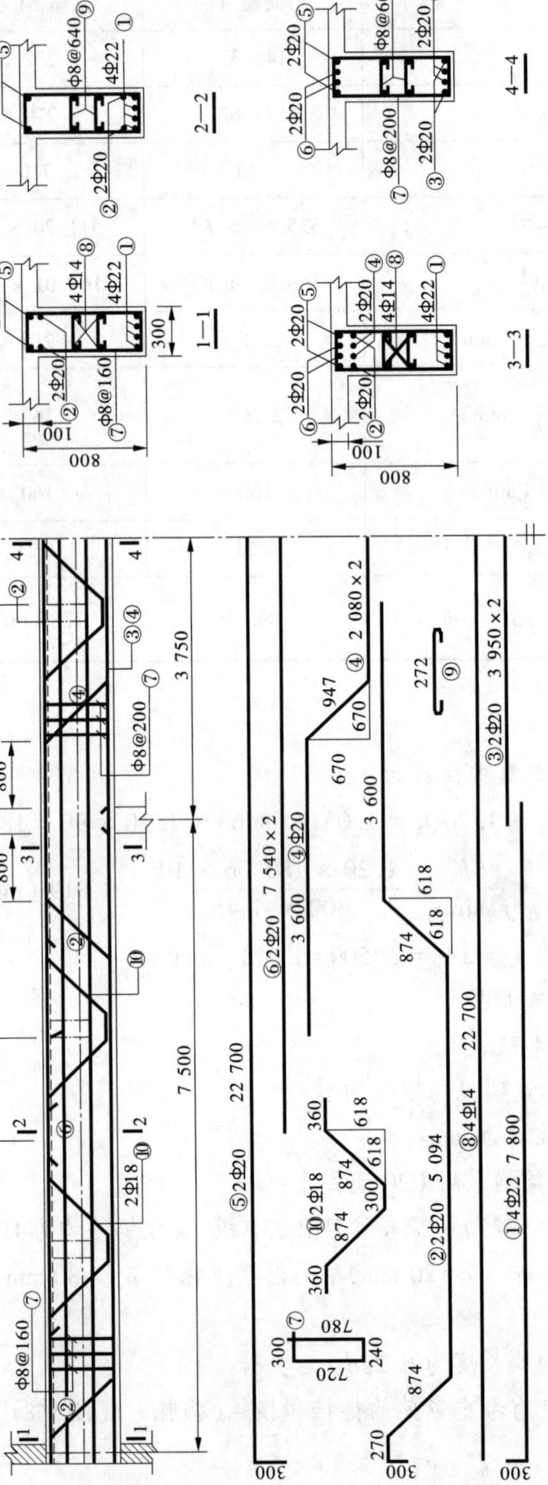

图 4-31　主梁配筋图　(单位:mm)

任务2　双向板肋形结构设计

1　双向板的试验结果

(1)承受均布荷载的四边简支正方形板(见图4-32(a))。当均布荷载逐渐增加时,第一批裂缝出现在板底面的中间部分,随后沿着对角线方向向四角扩展,在接近破坏时,板顶四角附近也出现了与对角线垂直且大致成一圆形的裂缝,这种裂缝的出现促使板底面对角线方向的裂缝进一步扩展,最后跨中受力钢筋达到屈服强度,板受压区被压碎而破坏。

(2)承受均布荷载的四边简支矩形板(见图4-32(b))。第一批裂缝出现在板底面的中间部分,方向与长边平行,当荷载继续增加时,这些裂缝逐渐延长,并沿45°方向扩展。在接近破坏时,板顶面四角也先后出现裂缝,其方向垂直于对角线。这些裂缝的出现促使板底面45°方向裂缝的进一步扩展。最后跨中受力钢筋达到屈服强度,受压区混凝土被压碎而破坏。

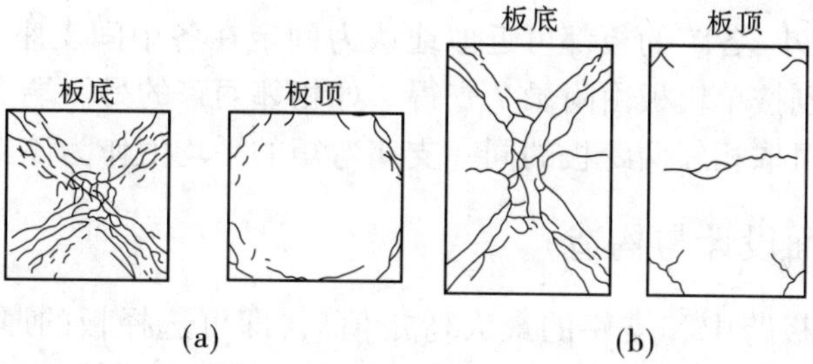

图4-32　双向板的破坏形态

试验表明,板中钢筋的布置方向对破坏荷载的数值无显著影响,当钢筋平行于板的四边布置时,对推迟第一批裂缝的出现有良好的作用,而且施工方便,实际工程中多采用这种布置方式。

简支的正方形或矩形板,在荷载作用下,板的四角都有翘起的趋势。板传给四边支座的压力,并非沿边长均匀分布,而是在支边的中部较大,向两端逐渐减小。

当配筋率相同时,采用较细的钢筋较为有利;当钢筋数量相同时,将板中间部分的钢筋排列较密些要比均匀布置有效。

2　弹性方法计算内力

双向板的内力计算大多是根据板的荷载及支承情况利用有关表格进行计算的。

2.1　单块双向板的计算

对于承受均布荷载的单块矩形双向板,可根据板的四边支承情况及沿 x 方向与沿 y 方向的跨度之比,利用附录7表格按下式计算:

$$M = 1.05\alpha_1 g_k l_x^2 + 1.20\alpha_2 q_k l_x^2 \tag{4-7}$$

式中　M——相应于不同支承情况的单位板宽内跨中或支座中点的弯矩值,kN·m;

α_1、α_2——根据不同支承情况和不同跨度比 l_x/l_y,由附录7查得的弯矩系数;

l_x——板的跨度,如附录7所示,m。

2.2 连续双向板的计算

计算连续的双向板时,可以将连续的双向板简化为单块双向板来计算。

2.2.1 跨中最大弯矩

当均布永久荷载 g_k 和均布可变荷载 q_k 作用时,最不利的荷载应按图4-33(a)布置。这种布置情况可简化为满布的 p_k'(见图4-33(b))和一上一下作用的 p_k''(见图4-33(c))两种荷载情况之和。设全部荷载 $p_k=g_k+q_k$ 由 p_k' 和 p_k'' 组成,则 $p_k'=g_k+q_k/2$,$p_k''=\pm q_k/2$。在满布的荷载 p_k' 作用下,因为荷载对称,可近似认为板的中间支座都是固定支座;在一上一下的荷载 p_k'' 的作用下,近似符合反对称关系,可认为中间支座的弯矩为零,即可以把中间支座都看做简支支座。板的边支座根据实际情况确定。这样,就可将连续双向板分成作用 p_k' 及 p_k'' 的单块双向板来计算,将上述两种情况求得的跨中弯矩相叠加,可得到可变荷载在最不利位置时所产生的跨中最大弯矩和最小弯矩。

2.2.2 支座中点最大弯矩

将全部荷载 $p=1.05g_k+1.20q_k$ 布满各跨,则可计算支座最大弯矩。这时,板在各内支座处的转角都很小,各跨的板都可近似地认为固定在各中间支座上,这样,连续双向板的支座弯矩,可分别按单块板由附录7查得。如相邻两跨的另一端支承情况不一样,或两跨的跨度不相等,可取相邻两跨板的同一支座弯矩的平均值作为该支座的弯矩设计值。

3 双向板的截面设计与构造

(1)求得双向板跨中和支座的最大弯矩值后,即可选择板的厚度和计算钢筋用量。但需注意,双向板跨中两个方向均需配置受力钢筋,钢筋是纵横交叉布置的(纵横向钢筋上下紧靠绑扎或焊接在一起),因而两个方向的截面有效高度是不同的。短跨方向的弯矩较大,钢筋应放在下层。

(2)按弹性方法计算出的板跨中最大弯矩是板中点板带的弯矩,故所求出的钢筋用量是中间板带单位宽度内所需要的钢筋用量。靠近支座的板带的弯矩比中间板带的弯矩要小,它的钢筋用量也比中间板带的钢筋用量少。考虑到施工的方便,可按图4-34处理,即将板在两个方向各划分为三个板带,边缘板带的宽度均为较小跨度 l_1 的1/4,其余为中间板带。在中间板带,按跨中最大弯矩值配筋。在边缘板带,单位宽度内的钢筋用量则为相应中间板带钢筋用量的一半。但在任何情况下,每米宽度内的钢筋不少于3根。

(3)由支座最大弯矩求得的支座钢筋数量,沿板边应均匀配置,不得分带减少。

(4)在简支的单块板中,考虑到简支支座实际上仍可能有部分嵌固作用,可将每一方向的跨中钢筋弯起1/3~1/2伸入到支座上面,以承担可能产生的负弯矩。

(5)在连续双向板中,承担中间支座负弯矩的钢筋,可由相邻两跨跨中钢筋各弯起1/3~1/2来承担,不足部分另加直钢筋。由于边缘板带内跨中钢筋较少,钢筋弯起较困难,可在支座上面另加直钢筋。

双向板受力钢筋的配筋方式也有弯起式和分离式两种(见图4-35)。

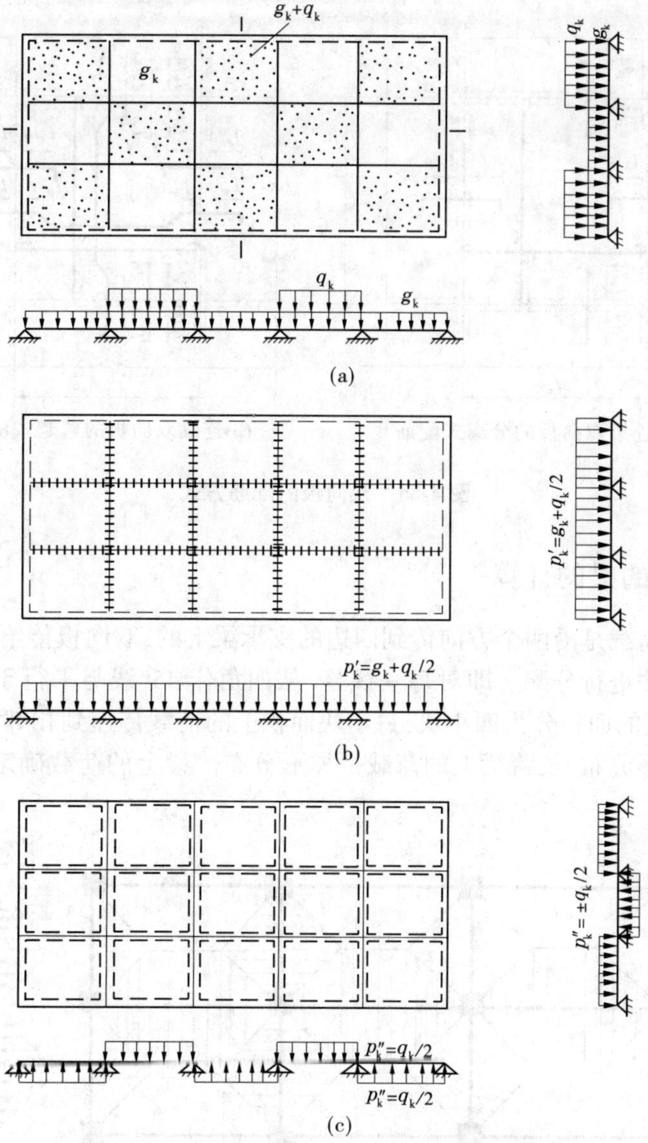

图 4-33　双向板跨中弯矩的最不利荷载布置及分解

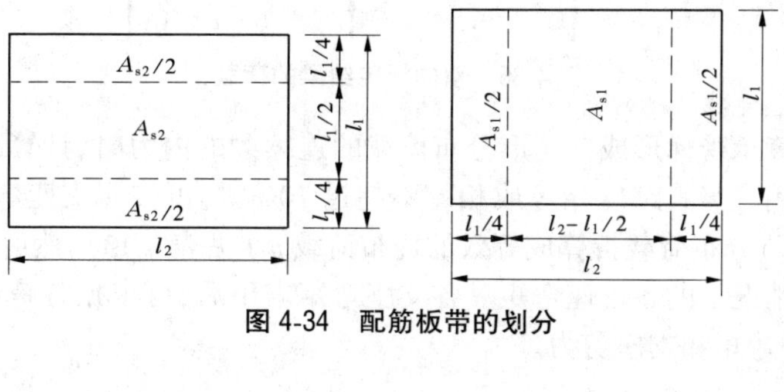

图 4-34　配筋板带的划分

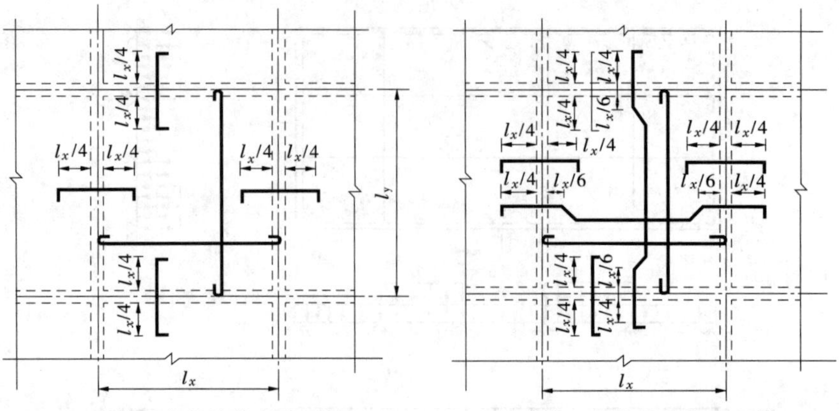

(a)连续双向板的分离式配筋　(b)连续双向板的弯起式配筋

图 4-35　双向板的配筋方式

4　支承双向板的梁的计算

双向板上的荷载是沿两个方向传到四边的支承梁上的，双向板传给梁的荷载，在设计中多采用近似方法进行分配。即对每一区格，从四角作 45°线与平行于长边的中线相交(见图 4-36)，将板的面积分为四小块，每小块面积上的荷载传递到相邻的梁上，故短跨梁上的荷载是三角形分布，长跨梁上的荷载是梯形分布。梁上的荷载确定后即可计算梁的内力。

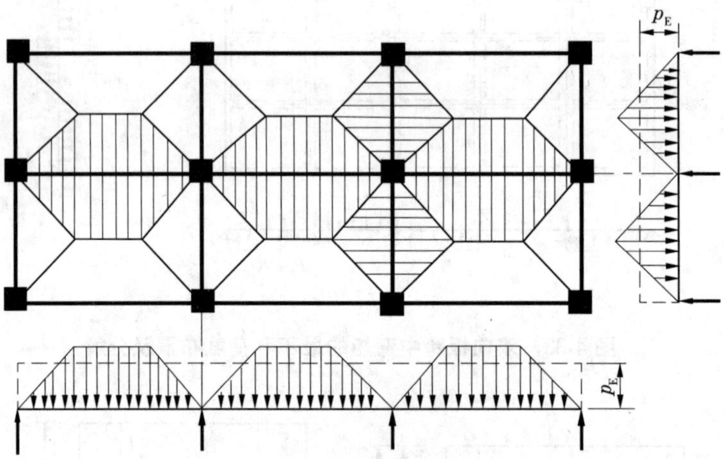

图 4-36　双向板传给梁的荷载

按弹性法计算承受梯形或三角形分布荷载的连续梁的内力时，计算跨度可仍按一般连续梁的规定取用。当其跨度相等或相差不超过 10%时，可按照支座弯矩等效的原则，将梯形(或三角形)分布荷载折算成等效的均布荷载 p_E(见表 4-13)，然后利用附录 4 求出最不利荷载布置情况下的各支座弯矩。各支座弯矩求出后，可根据各跨梁的静力平衡条件，求出各跨跨中弯矩和支座剪力。

表 4-13　各种荷载化成具有相同支座弯矩的等效均布荷载表

编号	实际荷载简图	支座弯矩等效均布荷载 p_E	编号	实际荷载简图	支座弯矩等效均布荷载 p_E
1	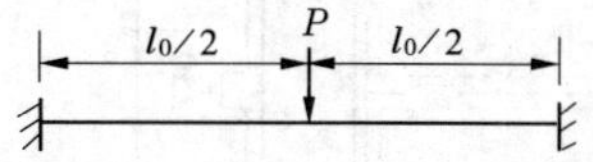	$\frac{3P}{2l_0}$	7	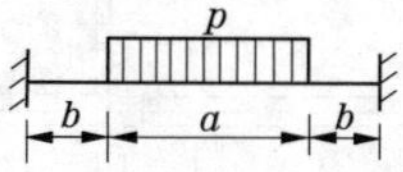 $\frac{a}{l_0}=\alpha$	$\frac{\alpha(3-\alpha^2)}{2}p$
2	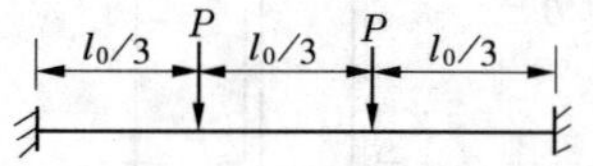	$\frac{8P}{3l_0}$	8	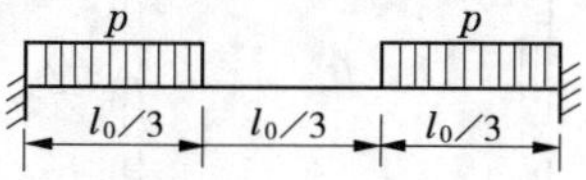	$\frac{14}{27}p$
3	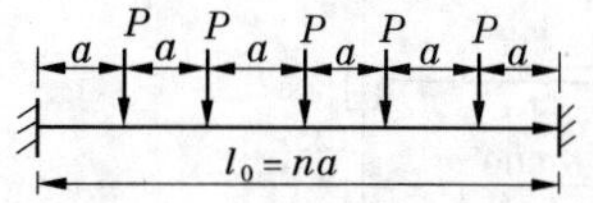	$\frac{n^2-1}{n}\frac{P}{l_0}$	9	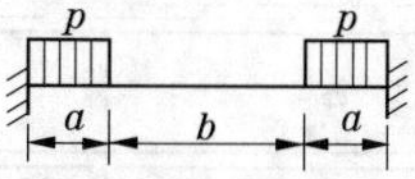 $\frac{b}{l_0}=\beta$	$\frac{2(2+\beta)\alpha^2}{l_0^2}p$
			10	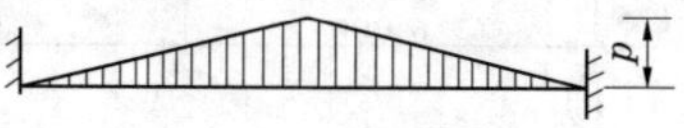	$\frac{5}{8}p$
4	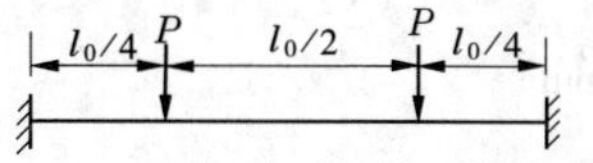	$\frac{9}{4}\frac{P}{l_0}$	11	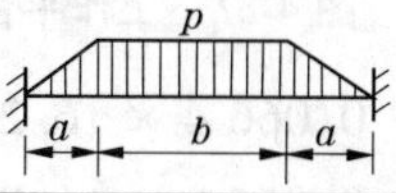 $\frac{a}{l_0}=\alpha$	$(1-2\alpha^2+\alpha^3)p$
5	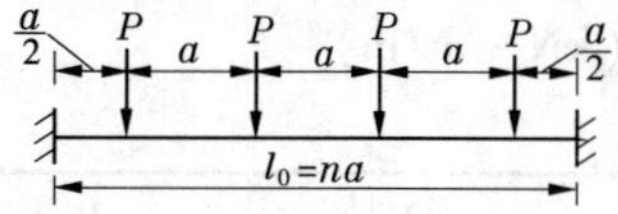	$\frac{2n^2+1}{2n}\frac{P}{l_0}$	12	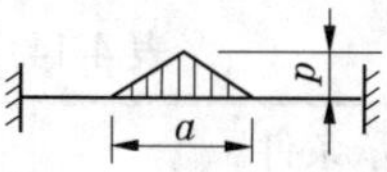 $\frac{a}{l_0}=\alpha$	$\frac{\alpha}{4}(3-\frac{\alpha^2}{2})p$
6	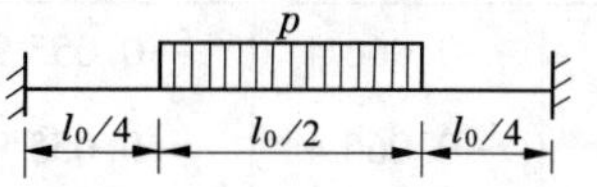	$\frac{11}{16}p$	13	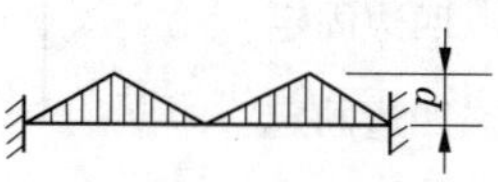	$\frac{17}{32}p$

梁的截面设计、裂缝和变形验算以及配筋构造与支承单向板的梁完全相同。

【案例 4-2】　某水电站的工作平台，因使用要求，采用双向板肋形结构。板四边与边梁整体浇筑，板厚 150 mm，边梁截面尺寸 250 mm×600 mm，如图 4-37 所示。该工程属 3 级水工建筑物。已知永久荷载标准值 $g_k=4\ kN/m^2$，可变荷载标准值 $q_k=10\ kN/m^2$，混凝土采用 C20，钢筋采用 HRB400 级。试计算各区格板的弯矩并配筋。

解　1. 荷载与内力计算

由于结构对称，该平台可分为 A、B 两种区格。可变荷载最不利布置如下：

(1) 当求跨中最大弯矩时，可变荷载按棋盘式布置，即分解为：

满布荷载　$p_k'=g_k+q_k/2=4+10/2=9\ (kN/m^2)$

一上一下荷载　$p_k''=\pm q_k/2=\pm 10/2=\pm 5\ (kN/m^2)$

(2) 当求内支座最大弯矩时，可变荷载满布。

$$p=1.05g_k+1.20q_k=1.05\times4+1.20\times10=16.2\ (kN/m^2)$$

A 区格：$l_x=4.8$ m，$l_y=6.0$ m，$l_x/l_y=4.8/6.0=0.8$，由附录 7 查得弯矩系数 α 见表 4-14。

荷载 p 作用下的内支座弯矩：

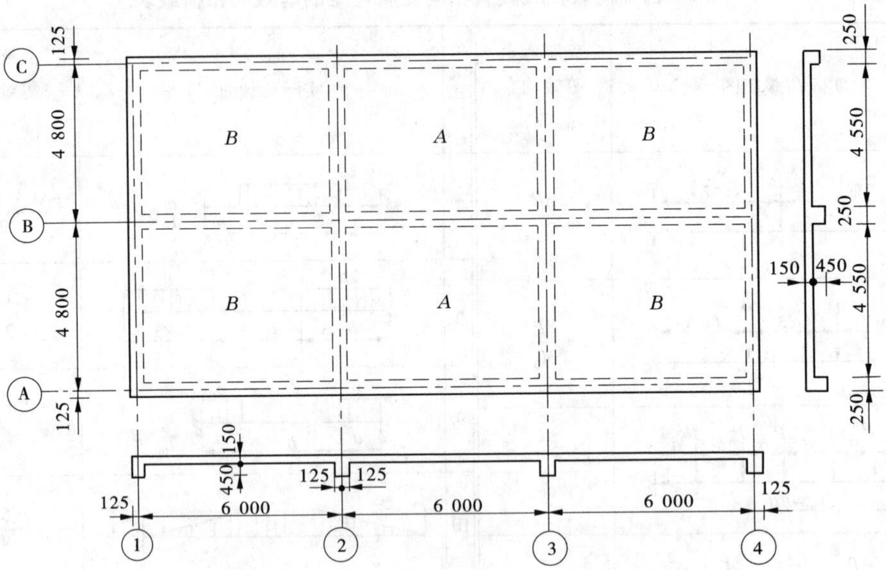

图 4-37　工作平台结构布置图　（单位:mm）

$$M_x^0 =- 0.066\ 4 \times 16.2 \times 4.8^2 =- 24.78\ (\text{kN} \cdot \text{m/m})$$

$$M_y^0 =- 0.055\ 9 \times 16.2 \times 4.8^2 =- 20.86\ (\text{kN} \cdot \text{m/m})$$

表 4-14　区格 A 弯矩系数 α

荷载	支承条件	M_x	M_y	M_x^0	M_y^0
p	四边固定	0.029 5	0.018 9	−0.066 4	−0.055 9
p_k'	四边固定	0.029 5	0.018 9	−0.066 4	−0.055 9
p_k''	三边简支、一边固定	0.049 5	0.027 0	−0.100 7	

荷载 $p_k'+p_k''$ 作用下的跨中弯矩及外支座弯矩：

$$M_x = 1.05 \times 0.029\ 5 \times 9 \times 4.8^2 + 1.20 \times 0.049\ 5 \times 5 \times 4.8^2 = 13.27\ (\text{kN} \cdot \text{m/m})$$

$$M_y = 1.05 \times 0.018\ 9 \times 9 \times 4.8^2 + 1.20 \times 0.027\ 0 \times 5 \times 4.8^2 = 7.85\ (\text{kN} \cdot \text{m/m})$$

$$M_x^0 =- 1.05 \times 0.066\ 4 \times 9 \times 4.8^2 - 1.20 \times 0.100\ 7 \times 5 \times 4.8^2 =- 28.38\ (\text{kN} \cdot \text{m/m})$$

B 区格：$l_x = 4.8$ m，$l_y = 6.0$ m，$l_x/l_y = 4.8/6.0 = 0.8$，由附录 7 查得弯矩系数 α 见表 4-15。

表 4-15　区格 B 弯矩系数 α

荷载	支承条件	M_x	M_y	M_x^0	M_y^0
p	四边固定	0.029 5	0.018 9	−0.066 4	−0.055 9
p_k'	四边固定	0.029 5	0.018 9	−0.066 4	−0.055 9
p_k''	两邻边简支、两邻边固定	0.039 7	0.027 8	−0.088 3	−0.074 8

荷载 p 作用下的内支座弯矩：

$M_x^0=-0.0664\times16.2\times4.8^2=-24.78$ (kN·m/m)

$M_y^0=-0.0559\times16.2\times4.8^2=-20.86$ (kN·m/m)

荷载 $p_k'+p_k''$ 作用下的跨中弯矩及外支座弯矩：

$M_x=1.05\times0.0295\times9\times4.8^2+1.20\times0.0397\times5\times4.8^2=11.91$ (kN·m/m)

$M_y=1.05\times0.0189\times9\times4.8^2+1.20\times0.0278\times5\times4.8^2=7.96$ (kN·m/m)

$M_x^0=-1.05\times0.0664\times9\times4.8^2-1.20\times0.0883\times5\times4.8^2=-26.66$ (kN·m/m)

$M_y^0=-1.05\times0.0559\times9\times4.8^2-1.20\times0.0748\times5\times4.8^2=-22.51$ (kN·m/m)

2. 配筋计算

基本资料：$b=1\,000$ mm，$f_c=9.6$ N/mm²，$f_y=360$ N/mm²，$c=25$ mm，$K=1.20$，$h_{01}=150-30=120$ (mm)（短向），$h_{02}=150-40=110$ (mm)（长向）。

配筋计算见表 4-16。

表 4-16 双向板配筋计算表

截面	区格 A					区格 B					
	内支座		跨中		外支座	内支座		跨中		外支座	
方向	l_x	l_y	l_x	l_y	l_x	l_x	l_y	l_x	l_y	l_x	l_y
M(kN·m)	24.78	20.86	13.27	7.85	28.38	24.78	20.86	11.91	7.96	26.66	22.51
h_0(mm)	120	120	120	110	120	120	120	120	110	120	120
$\alpha_s=\dfrac{KM}{f_c b h_0^2}$	0.215	0.181	0.115	0.081	0.246	0.215	0.181	0.103	0.082	0.231	0.195
$\xi=1-\sqrt{1-2\alpha_s}$	0.245	0.201	0.123	0.085	0.287	0.245	0.201	0.109	0.086	0.267	0.219
$A_s=f_c b\xi h_0/f_y$(mm²)	784	643	394	249	918	784	643	349	252	854	701
配筋	Φ10 @100	Φ10 @100	Φ10 @200	Φ10 @200	Φ10/12 @100	Φ10 @100	Φ10 @100	Φ10 @200	Φ10 @200	Φ10/12 @100	Φ10 @100
实配 A_s(mm²)	785	785	393	393	958	785	785	393	393	958	785
$\rho=A_s/(bh_0)$ ($\rho_{min}=0.15\%$)	0.65	0.65	0.33	0.36	0.80	0.65	0.65	0.33	0.36	0.80	0.65

注：为计算简单，区格 A 的跨中和内支座的弯矩均未考虑拱作用的折减。

3. 绘制配筋图

双向板配筋图见图 4-38。有关构造规定说明如下：

(1) 为方便施工，工作平台按分离式配筋。

(2) 沿方向 l_x 的钢筋应放置在沿 l_y 方向钢筋的外侧。

(3) 由于跨中配筋量较小，为符合受力钢筋最大间距不大于 200 mm 的要求，l_x 和 l_y 两个方向的钢筋用量均按相应的最大值选用。如果选配细钢筋且间距较密，可对边板带钢筋减半配置。

(4) 由于板与边梁整体浇筑，计算时视为固定支座，因此板中受力钢筋应可靠地锚固于边梁中,锚固长度 l_a 应不小于 40d。

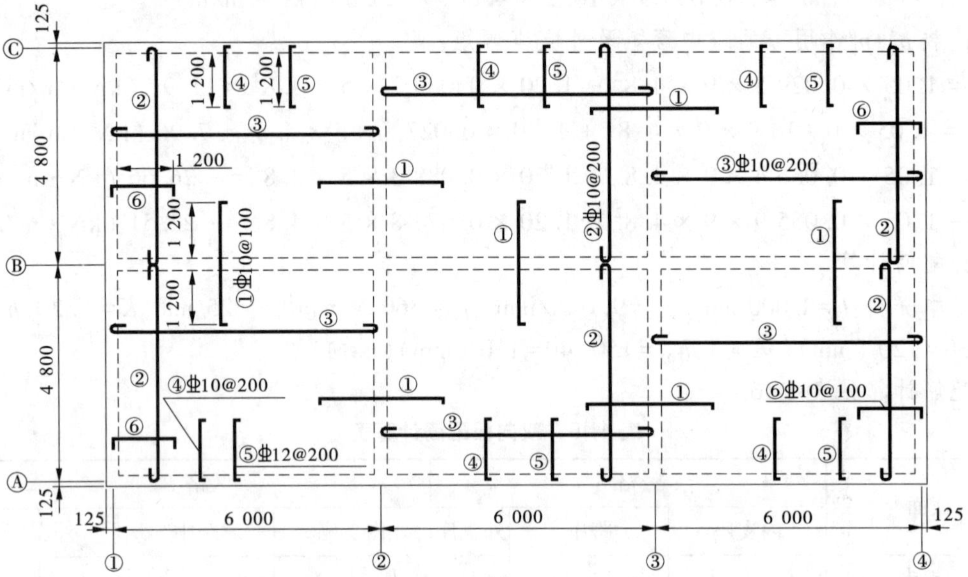

图 4-38 双向板肋形结构配筋图 (单位:mm)

任务 3 刚架结构设计

刚架是由横梁和立柱刚性连接(刚结点)所组成的承重结构。图 4-39(a)是支承渡槽槽身,图 4-39(b)是支承工作桥桥面的承重刚架。当刚架高度小于 5 m 时,一般采用单层刚架;大于 5 m 时,宜采用双层刚架或多层刚架。根据使用要求,刚架结构也可以是单层多跨或多层多跨。刚架结构通常也叫框架结构。

刚架立柱与基础的连接可分为铰接和固接两种。采用何种形式的刚架结构,主要取决于地基土壤的承载力情况。

1 刚架结构的设计要点

在整体式刚架结构中,纵梁、横梁和柱整体相连,实际上构成了空间结构。因为结构的刚度在两个方向是不一样的,同时,考虑到结构空间作用的计算较复杂,所以一般忽略刚度较小方向(立柱短边方向)的整体影响,而把结构偏安全地当作一系列平面刚架进行计算。

1.1 计算简图

平面刚架的计算简图应反映刚架的跨度和高度、节点和支承的形式、各构件的截面惯性矩以及荷载的形式、数值和作用位置。

图 4-39(b)中绘出了工作桥承重刚架的计算简图。刚架的轴线采用构件截面重心的连线,立柱和横梁的连接均为刚性连接,柱子与闸墩整体浇筑,故也可看作固端支承。荷

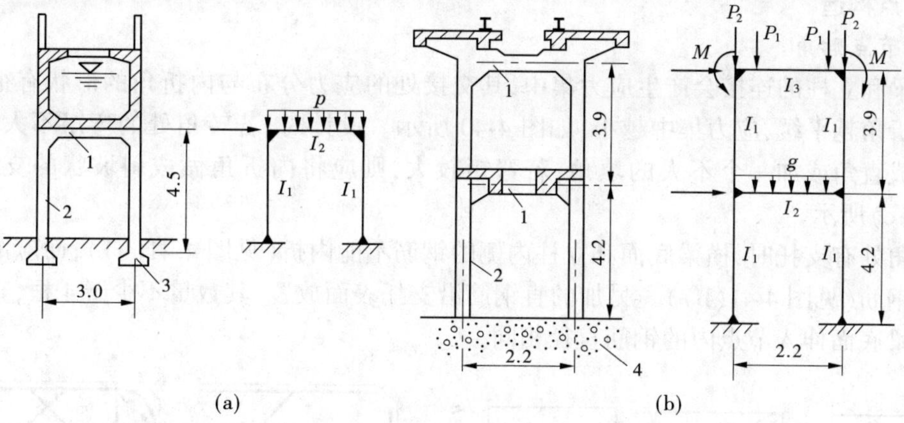

1—横梁;2—柱;3—基础;4—闸墩

图4-39 刚架结构实例 (单位:m)

载的形式、数值和作用位置可根据实际情况确定。刚架中横梁的自重是均布荷载,如果上部结构传下的荷载主要是集中荷载,为了计算方便,也可将横梁自重化为集中荷载处理。

刚架是超静定结构,在内力计算时要用到截面的惯性矩,确定自重时也需要知道截面尺寸。因此,在进行内力计算之前,必须先假定构件的截面尺寸。内力计算后,若有必要再加以修正,一般只有当各杆件的相对惯性矩的变化(较初设尺寸的惯性矩)超过3倍时才需重新计算内力。

如果刚架横梁两端设有支托,但其支座截面和跨中截面的高度之比 $h_c/h<1.6$,或截面惯性矩的比值 $I_c/I<4$ 时,可不考虑支托的影响,而按等截面横梁刚度来计算。

1.2 内力计算

刚架内力可按结构力学方法计算。对于工程中的一些常用刚架,可以利用现有的计算公式或图表,也可以采用软件计算。

1.3 截面设计

(1)根据内力计算所得内力(M、V、N),按最不利情况组合后,即可进行承载力计算,以确定截面尺寸和配置钢筋。

(2)刚架中横梁的轴向力一般很小,可以忽略不计,按受弯构件进行配筋计算。当轴向力不能忽略时,应按偏心受拉或偏心受压构件进行计算。

(3)刚架立柱中的内力主要是弯矩 M 和轴向力 N,可按偏心受压构件进行计算。在不同的荷载组合下,同一截面可能出现不同的内力,故应按可能出现的最不利荷载组合进行计算。

2 刚架结构的构造

刚架横梁和立柱的构造与一般梁、柱一样。下面简要介绍刚架节点和立柱与基础连接的构造。

2.1　节点构造

2.1.1　节点贴角

横梁和立柱的连接会产生应力集中,其交接处的应力分布与内折角的形状有很大关系。内折角越平缓,应力集中越小,如图4-40所示。设计时,若转角处的弯矩不大,可将转角做成直角或加一个不大的填角;若弯矩较大,则应将内折角做成斜坡状的支托,如图4-40(c)所示。

转角处有支托时,横梁底面和立柱内侧的钢筋不能内折(见图4-41(a)),而应沿斜面另加直钢筋(见图4-41(b))。另加的直钢筋沿支托表面放置,其数量不少于4根,直径与横梁沿梁底面伸入节点内的钢筋直径相同。

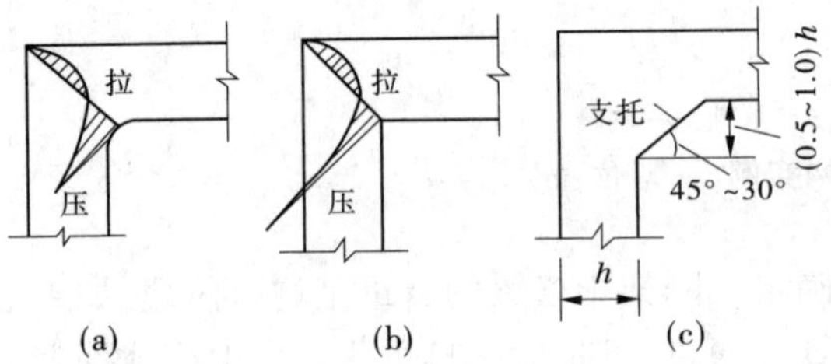

图4-40　刚节点应力集中与支托

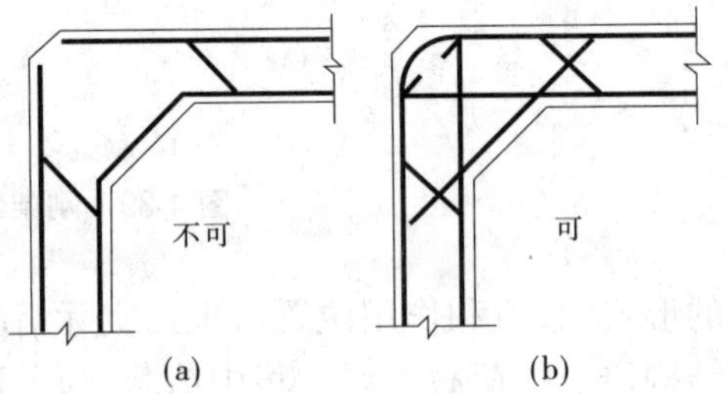

图4-41　支托的钢筋布置

2.1.2　顶层端节点

图4-42是常用的刚架顶部节点的钢筋布置。

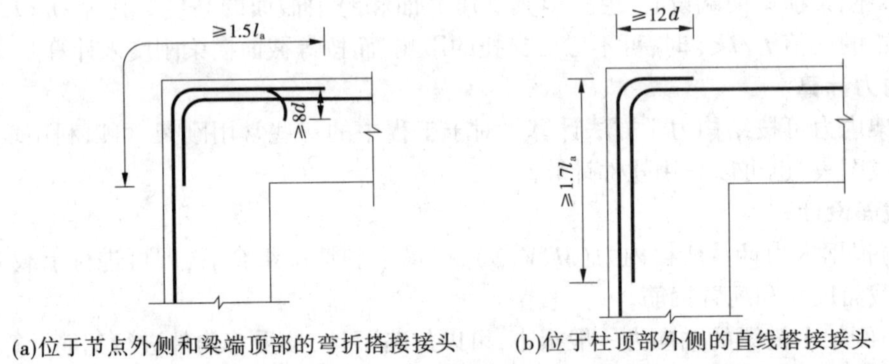

图4-42　梁上部纵向钢筋与柱外侧纵向钢筋在顶层端节点的搭接

刚架顶层端节点处,可将柱外侧纵向钢筋的相应部分弯入梁内作梁的上部纵向钢筋使用,也可将梁上部纵向钢筋与柱外侧纵向钢筋在顶层端节点及其附近部位搭接。搭接可采用下列方式:

(1)搭接接头可沿顶层端节点外侧及梁端顶部布置(见图4-42(a)),搭接长度不应小于1.5l_a,其中,伸入梁内的外侧柱纵向钢筋截面面积不宜小于外侧柱纵向钢筋全部截面的65%。

梁宽范围以外的外侧柱纵向钢筋宜沿节点顶部伸至柱内边,当柱纵向钢筋位于柱顶第一层时，至柱内边后宜向下弯折不小于 8d 后截断；当柱纵向钢筋位于柱顶第二层时，可不向下弯折。

当有现浇板且板厚不小于 80 mm、混凝土强度等级不低于 C20 时，梁宽范围以外的外侧柱纵向钢筋可伸入现浇板内，其长度与伸入梁内的柱纵向钢筋相同。当外侧柱纵向钢筋配筋率大于 1.2%时，伸入梁内的柱纵向钢筋应满足以上规定，且宜分两批截断，其截断点之间的距离不宜小于 20d。

梁上部纵向钢筋应伸至节点外侧并向下弯至梁下边缘高度后截断。此处，d 为柱外侧纵向钢筋的直径。

(2)搭接接头也可沿柱顶外侧布置(见图 4-42(b))，此时，搭接长度竖直段不应小于 1.7l_a。当梁上部纵向钢筋的配筋率大于 1.2%时，弯入柱外侧的梁上部纵向钢筋应满足以上规定的搭接长度，且宜分两批截断，其截断点之间的距离不宜小于 20d，d 为梁上部纵向钢筋的直径。

柱外侧纵向钢筋伸至柱顶后宜向节点内水平弯折，弯折段的水平投影长度不宜小于 12d，d 为柱外侧纵向钢筋的直径。

节点的箍筋可布置成扇形，如图 4-43(a)所示，也可如图 4-43(b)所示那样布置。节点处的箍筋应适当加密。

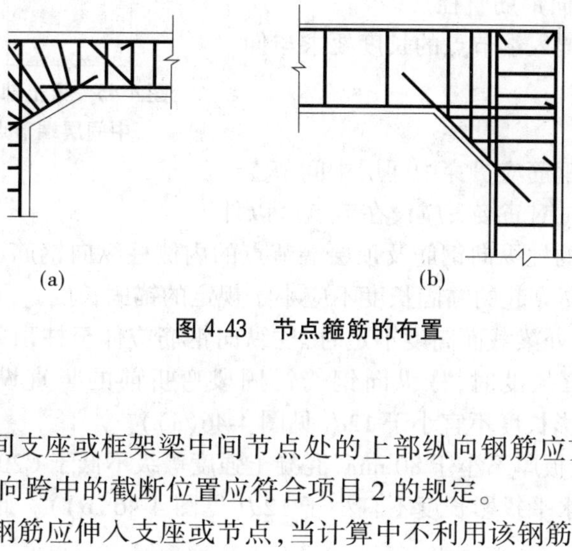

图 4-43　节点箍筋的布置

2.1.3　中间节点

(1)连续梁中间支座或框架梁中间节点处的上部纵向钢筋应贯穿支座或节点，且自节点或支座边缘伸向跨中的截断位置应符合项目 2 的规定。

(2)下部纵向钢筋应伸入支座或节点，当计算中不利用该钢筋的强度时，其伸入长度应符合项目 2 中 $KV>V_c$ 时的规定。

(3)当计算中充分利用钢筋的抗拉强度时，下部钢筋在支座或节点内可采用直线锚固形式(见图 4-44(a))，伸入支座或节点内的长度不应小于受拉钢筋锚固长度 l_a；下部纵向钢筋也可采用带 90°弯折的锚固形式(见图 4-44(b))；或伸过支座(节点)范围，并在梁中弯矩较小处设置搭接接头(见图 4-44(c))。

(4)当计算中充分利用钢筋的抗压强度时，下部纵向钢筋应按受压钢筋锚固在中间节点或中间支座内，此时，其直线锚固长度不应小于 0.7l_a。下部纵向钢筋也可伸过节点或支座范围，并在梁中弯矩较小处设置搭接接头。

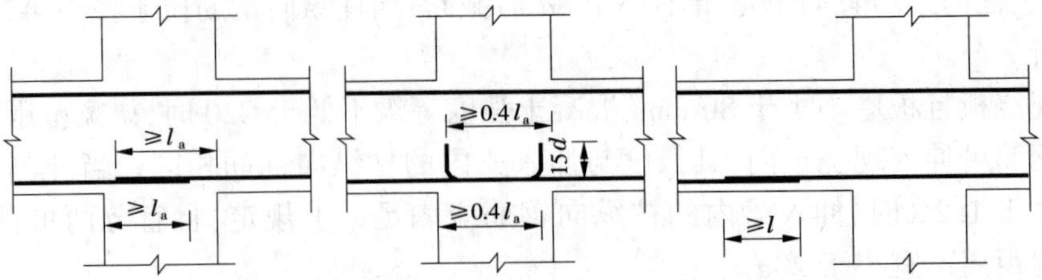

(a)节点中的直线锚固　(b)节点中的弯折锚固　(c)节点或支座范围外的搭接

图 4-44　梁下部纵向钢筋在中间节点或中间支座范围的锚固与搭接

2.1.4　中间层端节点

图 4-45 表示刚架中间层端节点的钢筋布置。

(1)框架中间层端节点处,上部纵向钢筋在节点内的锚固长度不小于 l_a,并应伸过节点中心线。当钢筋在节点内的水平锚固长度不够时,应伸至对面柱边后再向下弯折,经弯折后的水平投影长度不应小于 $0.4l_a$,垂直投影长度不应小于 $15d$(见图 4-45)。此处,d 为纵向钢筋直径。

(2)下部纵向钢筋伸入端节点的长度要求与伸入中间节点的相同。

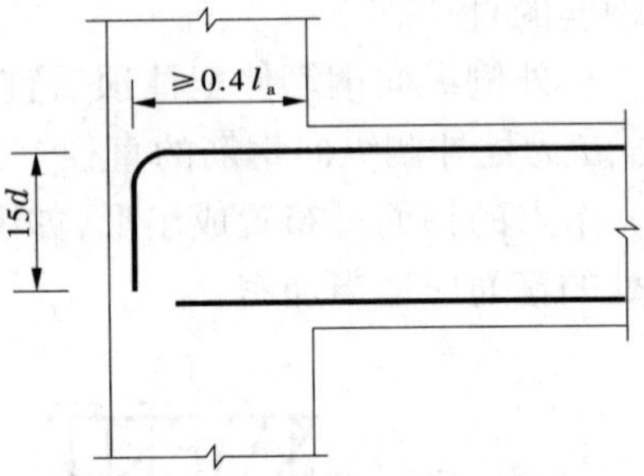

图 4-45　梁上部纵向钢筋刚架中间层端节点钢筋布置

2.1.5　刚架柱

(1)框架柱的纵向钢筋应贯穿中间层中间节点和中间层端节点,柱纵向钢筋接头应设在节点区以外。

(2)顶层中间节点的柱纵向钢筋及顶层端节点的内侧柱纵向钢筋可用直线方式锚入顶层节点,其自梁底标高算起的锚固长度不应小于规定的锚固长度 l_a,且柱纵向钢筋必须伸至柱顶。当顶层节点处梁截面高度不足时,柱纵向钢筋应伸至柱顶并向节点内水平弯折。当充分利用其抗拉强度时,柱纵向钢筋锚固段弯折前的竖直投影长度不应小于 $0.5l_a$,弯折后的水平投影长度不宜小于 $12d$(见图 4-46(a))。

当柱顶有现浇板且板厚不小于 80 mm、混凝土强度等级不低于 C20 时,柱纵向钢筋也可向外弯折,弯折后的水平投影长度不宜小于 $12d$(见图 4-46(b))。此处,d 为纵向钢筋的直径。

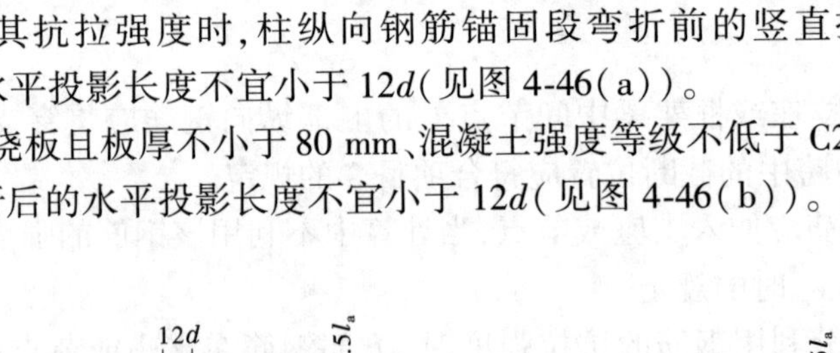

图 4-46　柱顶钢筋的锚固

(3)梁上部纵向钢筋与柱外侧纵向钢筋在节点角部的弯弧内半径,当钢筋直径 $d \leqslant 25$ mm 时,不宜小于 $6d$;当钢筋直径 $d>25$ mm 时,不宜小于 $8d$。

2.2 立柱与基础的连接构造

2.2.1 立柱与基础固接

从基础内伸出插筋与柱内钢筋相连接,然后浇筑柱子的混凝土。插筋的直径、根数、间距与柱内钢筋相同。插筋一般应伸至基础底部,如图 4-47(a)所示。当基础高度较大时,也可仅将柱子四角处的插筋伸至基础底部,其余钢筋只伸至基础顶面以下,满足锚固长度的要求即可,如图 4-47(b)所示。锚固长度按下列数值采用:轴心受压及偏心距 $e_0 \leqslant 0.25h$(h 为柱子的截面高度)时,$l_a \geqslant 15d$;偏心距 $e_0>0.25h$ 时,$l_a \geqslant 25d$。

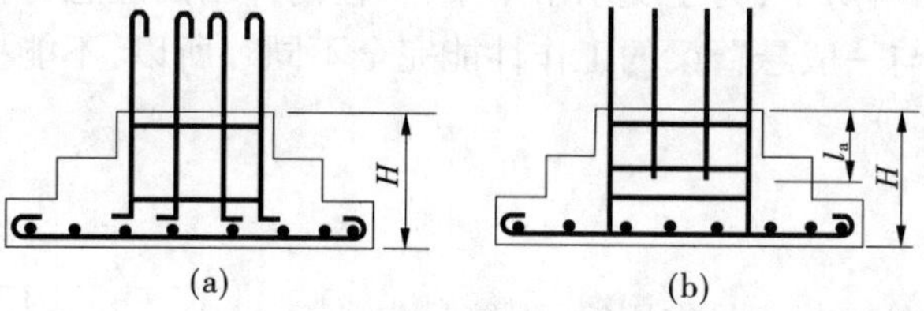

图 4-47 立柱与基础固接的做法

当采用杯形基础时,按一定要求将柱子插入杯口内,周围回填不低于 C20 的细石混凝土即可形成固定支座(见图 4-48)。

2.2.2 立柱与基础铰接

在连接处将柱子截面减小为原截面的 1/3~1/2,并用交叉钢筋或垂直钢栓或带肋钢筋连接(见图 4-49)。在邻近此铰接的柱和基础中应增设箍筋及钢筋网。这样可将此处的弯矩削减到实用上可以忽略的程度。柱中的轴向力由钢筋和保留的混凝土来传递,按局部受压核算。

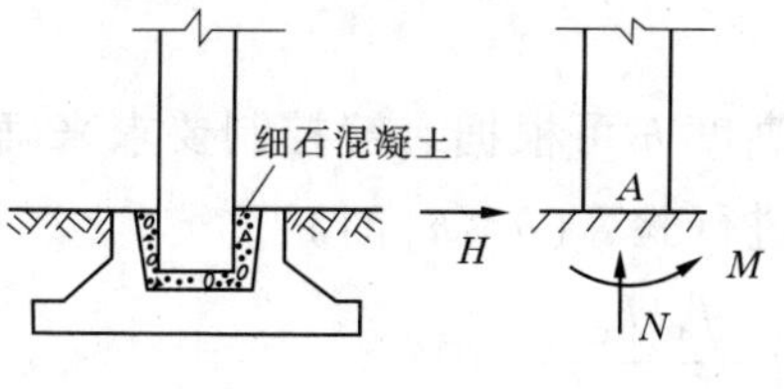

图 4-48 立柱与杯形基础固接的做法

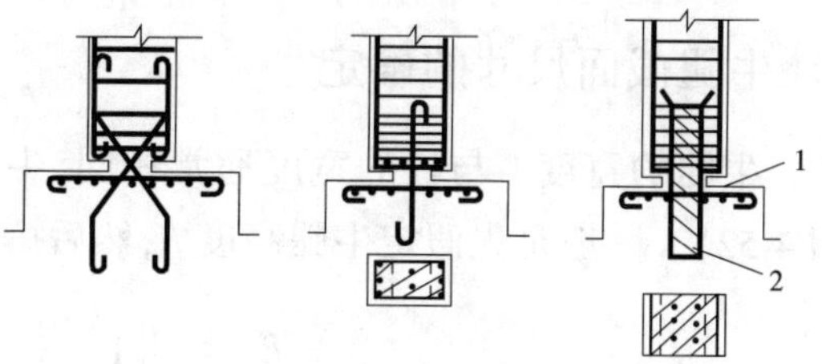

1—油毛毡或其他垫料;2—带肋钢筋

图 4-49 立柱与基础铰接的做法

当采用杯形基础时,先在杯底填以 50 mm 不低于 C20 的细石混凝土,将柱子插入杯内后,周围再用沥青麻丝填实(见图 4-50)。在荷载作用下,柱脚的水平和竖向移动虽都被限制,但它仍可作微小的转动,故可看作铰接支座。

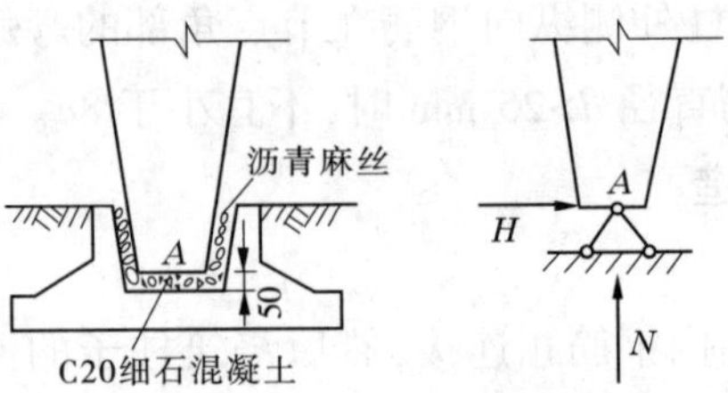

图 4-50　立柱与杯形基础的铰接

任务 4　钢筋混凝土牛腿设计

水电站或抽水站厂房中,为了支承吊车梁,从柱内伸出的短悬臂构件俗称牛腿。牛腿是一个变截面深梁,与一般悬臂梁的工作性能完全不同。所以,不能把它当作一个短悬臂梁来设计。

1　试验结果

试验表明,当仅有竖向荷载作用时,裂缝最先出现在牛腿顶面与上柱相交的部位(见图 4-51 中的裂缝①)。随着荷载的增大,在加载板内侧出现第二条裂缝(见图 4-51 中的裂缝②),当这条裂缝发展到与下柱相交时,就不再向柱内延伸。在裂缝②的外侧,形成明显的压力带。当在压力带上产生许多相互贯通的斜裂缝,或突然出现一条与斜裂缝②大致平行的斜裂缝③时,预示着牛腿将要破坏。当牛腿顶部除有竖向荷载 F_v 作用外,还有水平拉力 F_h 作用时,则裂缝将会提前出现。

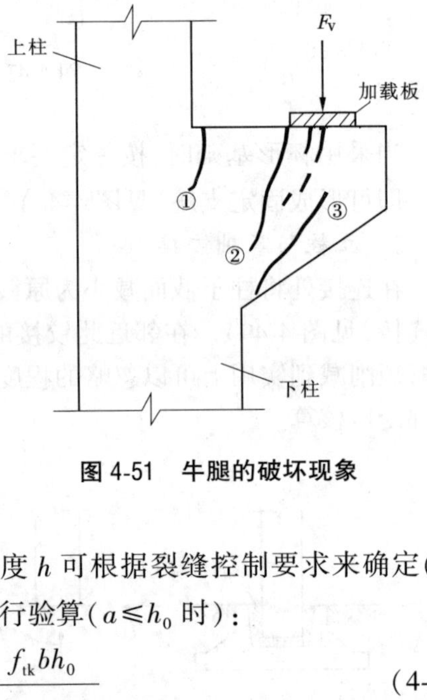

图 4-51　牛腿的破坏现象

2　牛腿截面尺寸的确定

牛腿的宽度 b 与柱的宽度通常相同,牛腿的高度 h 可根据裂缝控制要求来确定(见图 4-52)。一般是先假定牛腿高度 h,然后按下式进行验算($a \leqslant h_0$ 时):

$$F_{vk} = \beta\left(1 - 0.5\frac{F_{hk}}{F_{vk}}\right)\frac{f_{tk}bh_0}{0.5 + \dfrac{a}{h_0}} \tag{4-8}$$

式中　F_{vk}——按荷载标准值计算得出的作用于牛腿顶部的竖向力值,N;

F_{hk}——按荷载标准值计算得出的作用于牛腿顶部的水平拉力值,N;

f_{tk}——混凝土轴心抗拉强度标准值,N/mm²,见附表 1-1;

β——裂缝控制系数,对水电站厂房立柱的牛腿,取 β=0.65,对承受静荷载作用的牛腿,取 β=0.80;

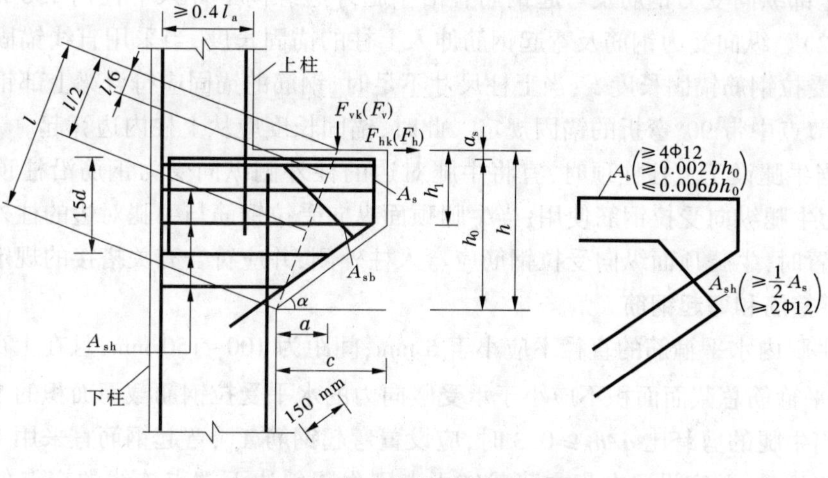

图 4-52　牛腿的外形及钢筋布置

a——竖向力作用点至下柱边缘的水平距离，应考虑安装偏差 20 mm，当考虑 20 mm 安装偏差后的竖向力作用点仍位于下柱以内时，取 $a=0$；

b ——牛腿宽度，mm；

h_0——牛腿与下柱交接处的垂直截面的有效高度，mm，取 $h_0=h_1-a_s+c\tan\alpha$，在此 h_1、a_s、c 及 α 的意义见图 4-52，当 $\alpha>45°$时，取 $\alpha=45°$。

牛腿的外形尺寸还应满足以下要求：

(1)牛腿的外边缘高度 $h_1>h/3$，且不应小于 200 mm；

(2)吊车梁外边缘与牛腿外缘的距离不应小于 100 mm；

(3)牛腿顶面在竖向力标准值 F_{vk} 作用下，其局部压应力不应超过 $0.75f_c$。

当牛腿的剪跨比 $a/h_0\geqslant0.2$ 时，牛腿的配筋设计应符合下列要求。

2.1 受力钢筋

当牛腿的剪跨比 $a/h_0\geqslant0.2$ 时，由承受竖向力所需的受拉钢筋和承受水平拉力所需的锚筋组成的受力钢筋的总截面面积 A_s 按式(4-9)计算：

$$A_s\geqslant K\left(\frac{F_v a}{0.85f_y h_0}+1.2\frac{F_h}{f_y}\right)\tag{4-9}$$

式中　K——承载力安全系数；

F_v——作用在牛腿顶部的竖向力设计值；

F_h——作用在牛腿顶部的水平拉力设计值。

牛腿的受力钢筋宜采用 HRB335 级或 HRB400 级钢筋。

(1)承受竖向力所需的水平受拉钢筋的配筋率(以截面 bh_0 计)不应小于 0.2%，也不宜大于 0.6%，且钢筋根数不宜少于 4 根，直径不应小于 12 mm。受拉钢筋不得下弯兼作弯起钢筋。

(2)承受水平拉力的锚筋(以截面 bh_0 计)不应少于 2 根，直径不应小于 12 mm。

(3)全部纵向受力钢筋及弯起钢筋宜沿牛腿外边缘向下伸入下柱内 150 mm 后截断(见图 4-52)。纵向受力钢筋及弯起钢筋伸入上柱的锚固长度,当采用直线锚固时不应小于规定的受拉钢筋锚固长度 l_a;当上柱尺寸不足时,钢筋的锚固应符合梁上部钢筋在框架中间层端节点中带 90°弯折的锚固规定。此时,锚固长度应从上柱内边算起。

(4)当牛腿设于上柱柱顶时,宜将牛腿对边的柱外侧纵向受力钢筋沿柱顶水平弯入牛腿,作为牛腿纵向受拉钢筋使用;当牛腿顶面纵向受拉钢筋与牛腿对边的柱外侧纵向钢筋分开配置时,牛腿顶面纵向受拉钢筋应弯入柱外侧,并应符合有关搭接的规定。

2.2　水平箍筋和弯起钢筋

(1)牛腿内水平箍筋的直径不应小于 6 mm,间距为 100~150 mm,且在上部 $2h_0/3$ 范围内的水平箍筋总截面面积不应小于承受竖向力的水平受拉钢筋截面面积的 1/2。

(2)当牛腿的剪跨比 $a/h_0 \geqslant 0.3$ 时,应设置弯起钢筋 A_{sb},弯起钢筋宜采用 HRB335 或 HRB400 级钢筋,并宜设置在集中荷载作用点到牛腿斜边下端点连线的交点位于牛腿上部 $l/6$~$l/2$ 的范围内,l 为该连线的长度(见图 4-52),其截面面积不应小于承受竖向力的受拉钢筋截面面积的 1/2,根数不应少于 2 根,直径不应小于 12 mm。

2.3　牛腿配筋设计要求

当牛腿的剪跨比 $a/h_0<0.2$ 时,牛腿的配筋设计应符合下列要求:

(1)牛腿应在全高范围内设置水平钢筋,承受竖向力所需的水平钢筋总截面面积应满足下列要求:

$$KF_v \leqslant f_t b h_0 + (1.65 - 3a/h_0) A_{sh} f_y \tag{4-10}$$

式中　A_{sh}——牛腿全高范围内,承受竖向力所需的水平钢筋总截面面积;

f_t——混凝土抗拉强度设计值,见附表 1-2;

f_y——水平钢筋抗拉强度设计值,见附表 1-5。

(2)配筋时,应将承受竖向力所需的水平钢筋总截面面积的 40%~60%(剪跨比较大时取大值,较小时取小值)作为牛腿顶部受拉钢筋,集中配置在牛腿顶面;其余的则作为水平箍筋,均匀配置在牛腿全高范围内。

(3)当牛腿顶面作用有水平拉力 F_h 时,则顶部受拉钢筋还应包括承受水平拉力所需的锚筋在内,锚筋的截面面积按 $1.2\,KF_h/f_y$ 计算。

(4)承受竖向力所需的顶部受拉钢筋的配筋率(以 bh_0 计)不应小于 0.15%。顶部受拉钢筋的配筋构造要求和锚固要求同上。

(5)水平箍筋应采用 HRB335 级钢筋,直径不小于 8 mm,间距不应大于 100 mm,其配筋率 $\rho_{sh}=nA_{sh1}/(bs_v)$,不应小于 0.15%。式中,$A_{sh1}$ 为单肢箍筋的截面面积,n 为肢数,s_v 为水平箍筋的间距。

(6)当牛腿的剪跨比 $a/h_0<0$ 时,可不进行牛腿的配筋计算,仅按构造要求配置水平箍筋。但当牛腿顶面作用有水平拉力 F_h 时,承受水平拉力所需的锚筋仍按(3)的规定计算配置。

讨论与检测

1 肋形结构设计任务书

1.1 基本资料

某水电站副厂房楼盖为3级建筑物,采用现浇钢筋混凝土肋形结构。其平面尺寸为30 m×19.8 m,采用单向板肋形结构,平面布置如图4-53所示。

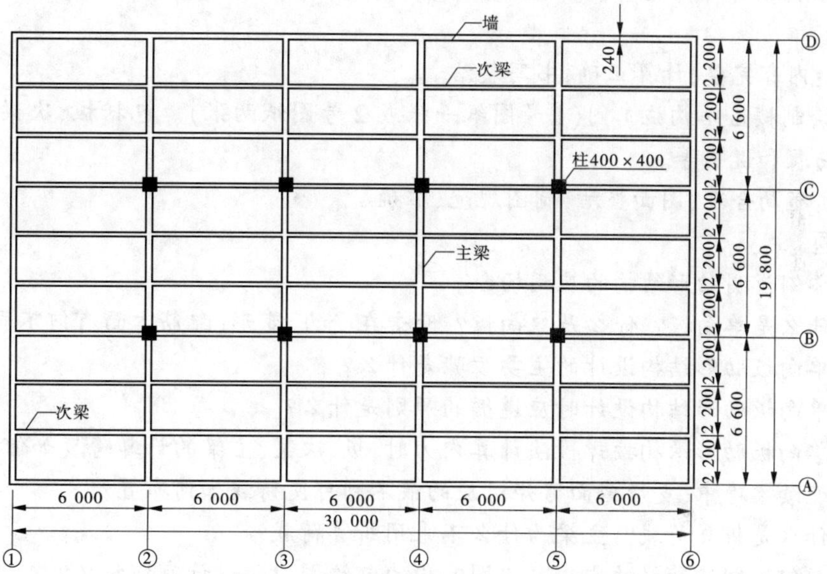

图4-53 肋形楼盖结构平面布置 (单位:mm)

初步拟定尺寸:板的跨度为2.2 m(2.5 m、2.7 m等),板的厚度为80 mm(90 mm、100 mm等);次梁跨度为6.0 m,截面尺寸为200 mm×500 mm(250 mm×500 mm等);主梁跨度为6.6 m(7.5 m、8.1 m等),截面尺寸为300 mm×700 mm(300 mm×600 mm、250 mm×600 mm等)。

楼板上层采用20 mm厚的水泥砂浆(重度为20 kN/m^3)抹面,板底抹灰为15 mm厚的纸筋石灰砂浆;外墙采用240 mm厚砖墙,不设边柱,板在墙上的搁置长度为120 mm,次梁和主梁在墙上的搁置长度为240 mm。板上可变荷载标准值q_k=6.0 kN/m^2(5.8 kN/m^2、5.6 kN/m^2、5.4 kN/m^2、5.2 kN/m^2、5.0 kN/m^2等)。混凝土强度等级为C25,梁中受力钢筋为HRB335级,其余钢筋为HPB235级。试为此楼盖配置钢筋并绘出结构施工图。

1.2 设计内容与步骤

(1)确定梁格的布置(若给出的布置不合适,可以自己布置)。

(2)确定主梁、次梁、柱的截面尺寸及板的厚度。

(3)按弹性方法确定板的计算简图,计算跨中及支座截面的最不利内力并进行配筋计算(若拟定的尺寸不合适,可重新设计)。

(4)按弹性方法确定次梁的计算简图,并进行内力计算和配筋计算。

(5)按弹性方法确定主梁的计算简图,并进行控制截面的内力计算,绘制主梁的内力包络图。

(6)进行主梁的正截面、斜截面配筋计算,布置纵向钢筋。

(7)绘制楼盖结构施工图。包括板的配筋图、次梁的纵向和横向配筋图、主梁的纵向和横向配筋图、钢筋表和说明。

1.3 上交成果

(1)结构设计计算说明书。包括基本资料,板、次梁与主梁的计算简图、内力计算、配筋计算等。

要求:内容完整,计算正确,书写整洁。

(2)绘制楼盖结构施工图(1号图纸一张或2号图纸两张)。包括板、次梁、主梁的配筋图、钢筋表和说明等。

要求:布局合理,图面整洁,制图规范、准确。

2 讨论题

(1)举例说明肋形结构的应用场合。

(2)什么是单向板?什么是双向板?两者在受力、变形、配筋方面有何不同?

(3)单向板肋形结构设计的主要步骤是什么?

(4)单向板肋形结构设计时应遵循的原则是什么?

(5)单向板肋形结构按弹性法计算内力时,板、次梁、主梁的计算跨度如何确定?

(6)连续梁跨中、支座截面弯矩对应的最不利可变荷载如何布置?

(7)什么是折算荷载?主梁为什么不采用折算荷载?

(8)如何绘制连续梁的内力包络图?内力包络图对于设计有何意义?

(9)单向板的配筋方式有哪几种?各有何优缺点?

(10)板、次梁、主梁中有哪些受力钢筋和构造钢筋?

(11)双向板有何破坏特征?双向板的配筋方式有哪几种?

(12)如何利用弹性理论方法计算双向板跨中、支座处的最不利弯矩?

(13)如何计算双向板支承梁的内力?

3 判断题

(1)当板的长边与短边长度之比 $l_2/l_1 \geq 2.0$ 时,是单向板肋形结构。 ( )

(2)单向板肋形结构的优点是计算简单、施工方便。 ( )

(3)当等跨连续板或梁的跨数超过五跨时,可按五跨计算。 ( )

(4)可变荷载的相应布置与永久荷载组合起来,会在某一截面上产生最大内力,这就是该截面的最不利荷载组合。 ( )

(5)求某支座截面的最大剪力时,可变荷载的布置与求该支座截面最大负弯矩时相同。 ( )

(6)单向板中受力钢筋的配筋形式有弯起式和分离式两种。 ( )

(7)次梁跨中截面承载力计算时可以按T形截面计算。 ( )

(8)在主梁与次梁交接处应设置附加横向钢筋(箍筋或吊筋)。 ( )

(9)双向板短跨方向的弯矩较大,钢筋应放在上层。（　）

(10)刚架立柱与基础的连接可分为铰接和固接两种。（　）

(11)刚架是超静定结构。（　）

(12)钢筋端部直弯钩长度一般不小于20d。（　）

(13)刚架立柱与基础的连接有固接和铰接两种。（　）

(14)当采用杯形基础时,应先在杯底填以50 mm不低于C30的细石混凝土。（　）

(15)在水电站或抽水站厂房中,为了支承吊车梁,从柱内伸出的短悬臂构件俗称牛腿。（　）

(16)吊车梁外边缘与牛腿外缘的距离不应小于200 mm。（　）

(17)牛腿的外边缘高度$h_1>h/3$,且不应小于100 mm。（　）

(18)牛腿中承受竖向力所需的水平受拉钢筋的配筋率不应小于0.2%,也不宜大于0.8%。（　）

(19)牛腿内水平箍筋的直径不应小于8 mm,间距为100~200 mm。（　）

(20)当牛腿的剪跨比$a/h_0 \geqslant 0.5$时,应设置弯起钢筋。（　）

4　选择题

(1)周边支承的钢筋混凝土板。设其长边跨度为l_2,短边跨度为l_1,下列哪项属于单向板。（　）

A. $l_2/l_1 \geqslant 2$　　B. $l_2/l_1<2$　　C. $l_2/l_1 \geqslant 3$　　D. $l_2/l_1<3$

(2)按弹性理论计算现浇单向板肋梁楼盖时,对板和次梁应采用折算荷载进行计算,原因是下列哪项。（　）

A. 实际上板及次梁存在塑性内力重分布的有利影响

B. 实际支座并非理想铰支座而带来的误差的一种修正办法

C. 计算时忽略了长边方向也能传递一部分荷载而进行的修正办法

D. 活荷载最不利布置的情况在实际中出现的可能性不大

(3)现浇整体式板采用分离式配筋较弯起式配筋的优点是下列哪项。（　）

A. 整体式好　　D. 省钢筋

C. 施工方便　　D. 承受动力性能好

(4)次梁与主梁相交处,在主梁上设附加箍筋或吊筋,其作用是下列哪项。（　）

A. 构造要求,起架立作用

B. 间接加载于主梁腹部将引起斜裂缝

C. 次梁受剪承载力不足

D. 主梁受剪承载力不足

(5)整浇肋梁楼盖板嵌入墙内时,沿墙设板面附加钢筋,其作用是下列哪项。（　）

A. 加强板与墙的联结

B. 承担板上局部荷载

C. 承担未计及的负弯矩,并减小裂缝宽度

D. 承担未计及的负弯矩,减小跨中弯矩

(6)当钢筋混凝土连续梁或板与支座整体浇筑时,其支座附近最危险的截面是在下

列哪项位置。　(　)

A. 支座边缘　　B. 支座中心　　C. 跨中截面　　D. 不一定

(7)某五跨连续板,若求第二个支座的最大负弯矩,则板上的可变荷载应按下列哪项布置。　(　)

A. 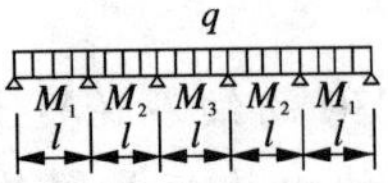

B. 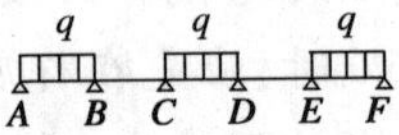

C. 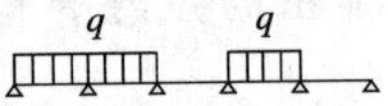

D. 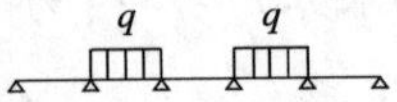

(8)对于四周与梁整体连接的板,考虑拱的作用,其中间跨的跨中截面及中间支座截面的计算弯矩可减小的数值为下列哪项。　(　)

A. 5%　　B. 10%　　C. 15 %　　D. 20%

(9)对于钢筋混凝土连续板的上部负钢筋,为了保证施工时钢筋的设计位置,当板厚小于下列哪项时,宜做成直抵模板的直钩。　(　)

A. 80 mm　　B. 100 mm　　C. 120 mm　　D. 150 mm

(10)计算连续双向板时,在满布的荷载作用下,因为荷载对称,可近似认为板的中间支座都是下列哪种支座。　(　)

A. 简支　　B. 固定　　C. 铰支　　D. 自由

(11)计算连续双向板时,在一上一下荷载作用下,近似符合反对称关系,可认为中间支座的弯矩为零,即可以把中间支座都看作下列哪种支座。　(　)

A. 简支　　B. 固定　　C. 铰支　　D. 自由

(12)双向板跨中两个方向均需配置受力钢筋,因而两个方向的截面有效高度是不同的。短跨方向的弯矩较大,钢筋应放在下列哪项位置。　(　)

A. 下层　　B. 上层　　C. 中间　　D. 任意位置

5　计算题

(1)某单向板肋形结构中单位宽度内板承受的永久荷载标准值 $g_k = 3$ kN/m,可变荷载标准值 $q_k = 6$ kN/m,次梁承受的永久荷载标准值 $g_k = 8$ kN/m,可变荷载标准值 $q_k = 10$ kN/m,试求板、次梁折算荷载。

(2)某单向板肋形结构五跨连续板的折算荷载分别为:$g_k' = 4$ kN/m,$q_k' = 4$ kN/m,试求其边跨最大正弯矩设计值和第一内支座最大负弯矩及其左侧剪力设计值。

(3)某单向板肋形结构次梁传给主梁的集中荷载设计值 $F = 145$ kN。试求其应设置的附加钢筋的数量(按设箍筋和吊筋两种方法计算)。

党的二十大金句

高质量发展是全面建设社会主义现代化国家的首要任务。发展是党执政兴国的第一要务。没有坚实的物质技术基础,就不可能全面建成社会主义现代化强国。必须完整、准确、全面贯彻新发展理念,坚持社会主义市场经济改革方向,坚持高水平对外开放,加快构建以国内大循环为主体、国内国际双循环相互促进的新发展格局。

项目5 渡槽结构设计

学习指南

工作任务

(1)渡槽槽身横向结构设计;
(2)渡槽槽身纵向结构设计。

知识目标

(1)掌握渡槽槽身人行桥的设计要点与构造;
(2)掌握渡槽槽身侧墙的设计要点与构造;
(3)掌握渡槽槽身底板的设计要点与构造;
(4)掌握渡槽槽身纵向结构的设计要点与构造;
(5)了解渡槽类型。

技能目标

(1)能进行渡槽槽身横向结构设计计算;
(2)能进行渡槽槽身纵向结构设计计算;
(3)能绘制与识读渡槽配筋图;
(4)能计算渡槽钢筋用量。

任务1 渡槽概述

1 渡槽的组成

渡槽是输送水流跨越渠道、河流、道路、沟谷的架空输水建筑物,是渠系建筑物中应用最广的交叉建筑物之一,除用于输送渠水进行农田灌溉、城镇生活用水、工业用水、跨流域调水等外,还可供排沙导流之用。一般由进口连接段、槽身、出口连接段、支撑结构、基础等组成,见图5-1。

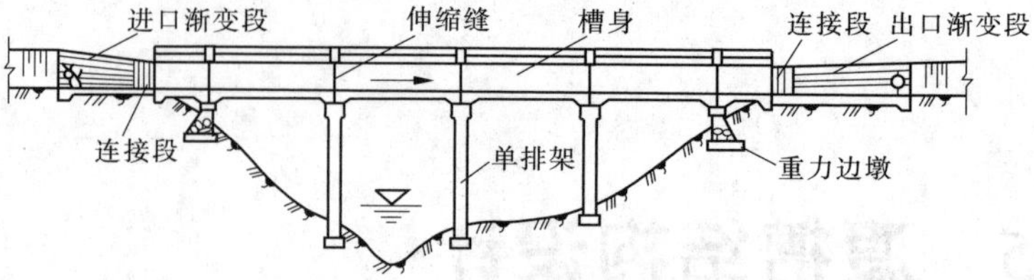

图 5-1　输水渡槽(简支梁式)

槽身搁置于支撑结构上,槽身自重及槽中水重等荷载通过支撑结构传递给基础,由基础再传给地基。

渡槽一般适用于渠(沟)道跨越深宽河谷且洪水流量较大、跨越较广阔的滩地或洼地等情况。它与倒虹吸相比较,水头损失小,便于通航,不易淤积堵塞,管理运用方便,是交叉建筑物中采用较多的一种形式。

2　渡槽的类型

渡槽的类型一般是指输水槽身及其支撑结构的类型。槽身及其支撑结构的类型各式各样,所用材料不同,施工方法各异,因而分类方式就很多。

按施工方法分,有现浇整体式渡槽、预制装配式渡槽、预应力渡槽等。

按所用材料分,有木渡槽、砌石渡槽、混凝土渡槽、钢筋混凝土渡槽等。

按槽身断面分,有矩形槽、U 形槽、梯形槽、圆管形槽等,通常用的是前两种。

按支撑结构形式分,有梁式渡槽、拱式渡槽、桁架式渡槽、组合式渡槽、悬吊式渡槽、斜拉式渡槽,其中常用前两种。

上述分类方法中,能反映渡槽的结构特点、受力状态、荷载传递方式、结构计算方法区别的是按支撑结构形式分类。

长度不大的中小型渡槽,可采用一种类型的单跨或者等跨渡槽。对于地形、地质条件复杂而长度较大的中大型渡槽,可根据具体情况选用一种或两种类型和不同跨径的布置方式,但变化不宜过多,否则将增加施工难度和影响槽墩受力状况。

当地形平坦、槽高不大时,一般采用梁式渡槽,施工与吊装都比较方便;对于窄深的山谷地形,当两岸地质条件较好,有足够的强度与稳定性时,宜建大跨度拱式渡槽,以避免很高的中间墩架。

3　梁式渡槽

梁式渡槽槽身置于槽墩或排架上,槽身侧墙在纵向起梁的作用,故称梁式渡槽。

梁式渡槽槽身在纵向均匀荷载作用下,一部分受拉,一部分受压,故常采用钢筋混凝土结构。为了节约钢筋和水泥用量,还可采用预应力钢筋混凝土及钢丝网水泥结构,跨度较小的槽身也可用钢筋混凝土建造。

为了适应温度变化及地基不均匀沉陷等原因引起的变形,必须设置横向变形缝将槽身分为独立工作的若干节。变形缝之间的每一节槽身沿纵向有两个支点,所以槽身既能输水又能起纵梁作用。

常见的断面形式有矩形、U 形。大流量渡槽多采用矩形,中小流量可采用矩形也可采用U形。矩形槽身常采用钢筋混凝土或预应力混凝土结构,U形槽身还可采用钢丝网水泥或预应力钢丝网水泥结构。

钢筋混凝土矩形及U形槽身横断面的造型,主要取决于槽身的宽深比。由于水力条件与结构受力条件的矛盾,实际设计中一般根据结构受力条件及节省材料的原则来选择宽深比。对于大流量或有通航要求的渡槽,需要采用较大槽宽的矩形槽。

3.1 矩形槽身

矩形槽身按照结构形式,受力条件的不同,可以分为无拉杆矩形渡槽、有拉杆矩形渡槽、箱式渡槽。

(1)无拉杆矩形渡槽(见图5-2)。其优点是结构简单,施工方便。当有通航要求时则不设拉杆,而适当加大侧墙厚度。中小型渡槽侧墙也可做成变厚度,顶部厚度按照构造要求一般不小于80 mm,底部厚度应按计算确定,一般不小于150 mm。大中型渡槽为了改变墙和底板的受力条件,减小厚度,可沿槽身长度方向每间隔一定距离加设一道肋而形成加肋矩形渡槽。当流量较大或有通航要求、槽身宽浅时,为了改善底板受力条件,减小底板厚度,增加侧墙的稳定,可在底板下面两侧边纵梁(侧墙)内再设一根或几根中纵梁,从而形成多纵梁式矩形渡槽。

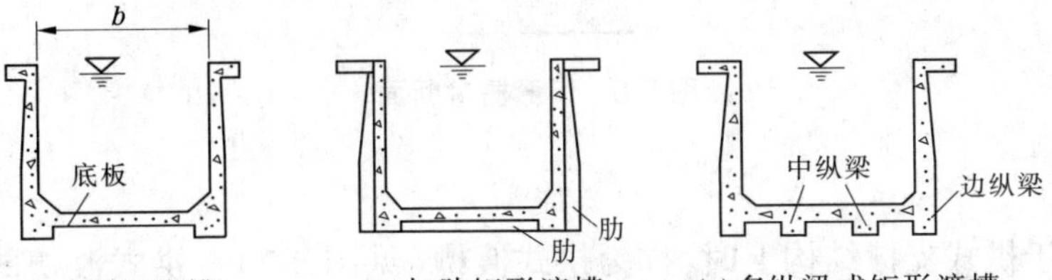

(a)矩形渡槽 (b)加肋矩形渡槽 (c)多纵梁式矩形渡槽

图5-2 无拉杆的矩形渡槽

(2)有拉杆矩形渡槽(见图5-3)。中小型渡槽无通航要求时,一般在侧墙顶部设置拉杆,以增加侧墙稳定,改善侧墙受力条件,减少侧墙横向钢筋用量。侧墙常采用等厚。在拉杆上可铺板兼作维修便道。

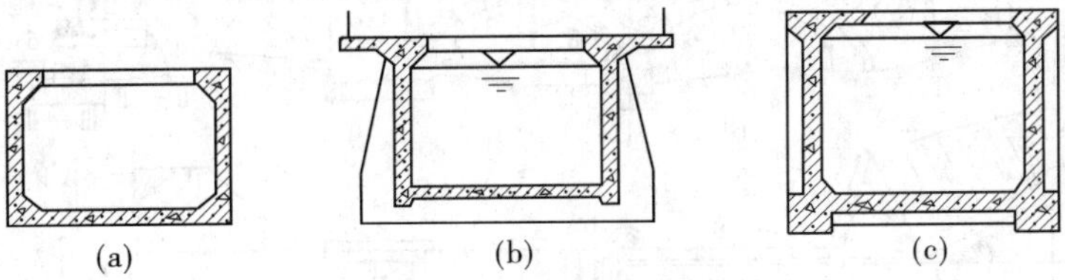
(a) (b) (c)

图5-3 有拉杆矩形渡槽

(3)箱式渡槽(见图5-4)。用于中小流量双悬臂梁式槽身时,箱式渡槽比较经济,既可以输水又可兼作交通桥。箱内按无压力流设计,净空高度一般为0.2~0.6 m,宽深比可采用0.6~0.8或更大。

矩形槽的底板底面可与侧墙底缘齐平或高于侧墙底缘。为了避免转角处的应力集中,常在侧墙与底板连接处设置补角(见图5-5),角度$\alpha=30°\sim60°$,边长一般为150~250 mm。

3.2 U形槽身

U形渡槽是一种轻型结构,它具有受力条件好,纵向刚度大而横向内力小等优点。U

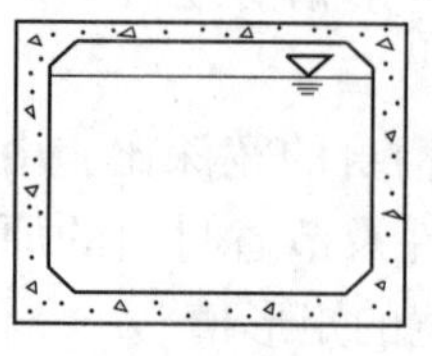

图 5-4　箱式渡槽

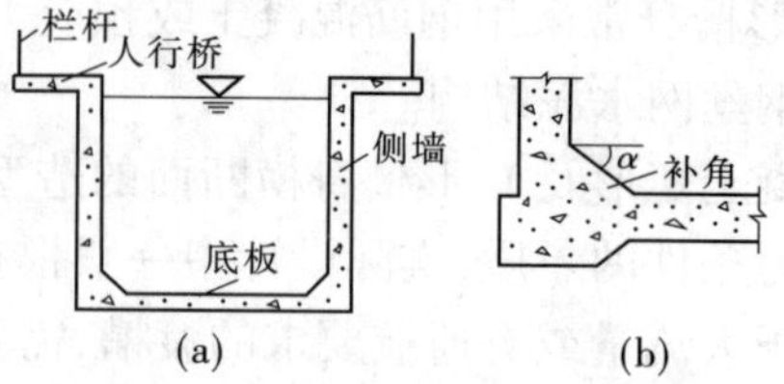

图 5-5　矩形槽补角大样图

形渡槽常采用半圆形加直线段的断面形式。为了便于布置纵向受力钢筋,并增加槽壳的纵向刚度以利于满足底部抗裂要求,常将槽底弧形段加厚,如图 5-6 所示。

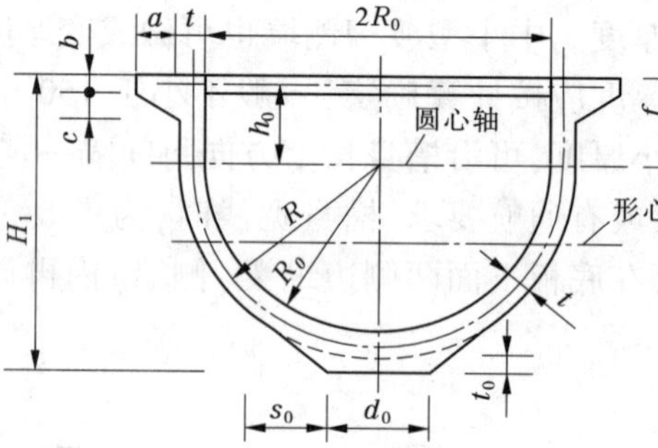

图 5-6　U 形槽身断面

4　拱式渡槽

当槽身置于拱式支撑结构上时,称为拱式渡槽(见图 5-7)。拱式渡槽的主要承重结构是拱圈。槽身通过拱上结构将荷载传给拱圈,它的两端支撑在槽墩或槽台上。拱圈的受力特点是承受以压力为主的内力,故可应用石料或混凝土建造,并可用于较大的跨度。但拱圈对支座的变形要求严格。跨度较大的拱式渡槽应建在比较坚固的岩石地基上。

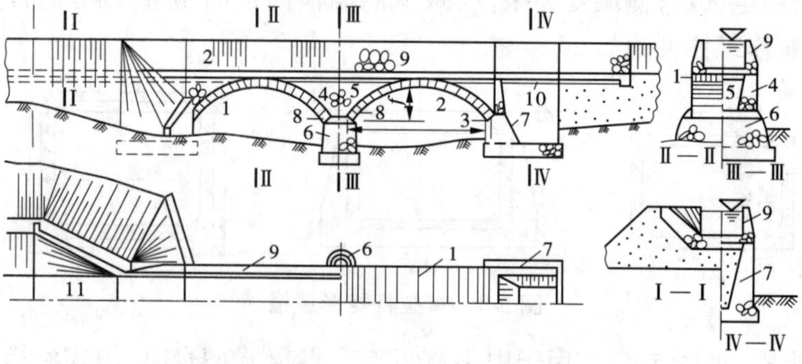

1—拱圈;2—拱顶;3—拱脚;4—边墙;5—拱腹填料;6—槽墩;7—槽台;
8—排水管;9—槽身;10—垫层;11—渐变段;12—伸缩缝

图 5-7　实腹式石拱渡槽

拱式渡槽与梁式渡槽的不同之处是在槽身和墩台之间增设了主拱圈和拱上结构。拱上结构将上部荷载传给主拱圈,主拱圈再将传来的拱上铅直荷载转变为轴向压力,并给墩台以水平推力。主拱圈是拱式渡槽的主要承重结构,以承受轴向压力为主,拱内弯矩较小。主拱圈对支座产生强大的水平推力，跨度较大的拱式渡槽一般要求建于岩石地基上。

5　桁架式渡槽

桁架式渡槽又分为拱式桁架和梁形桁架。前者是用横向联系（横系梁、横隔板及剪刀撑等）将数榀桁架拱片连接而成的整体结构（见图5-8）。桁架拱片是主要承重结构，其上弦杆或下弦杆做成拱形，既是拱形结构又具有桁架的特点。梁形桁架是指在铅直荷载作用下支撑点只产生竖向反力的桁架，其作用与梁相同。

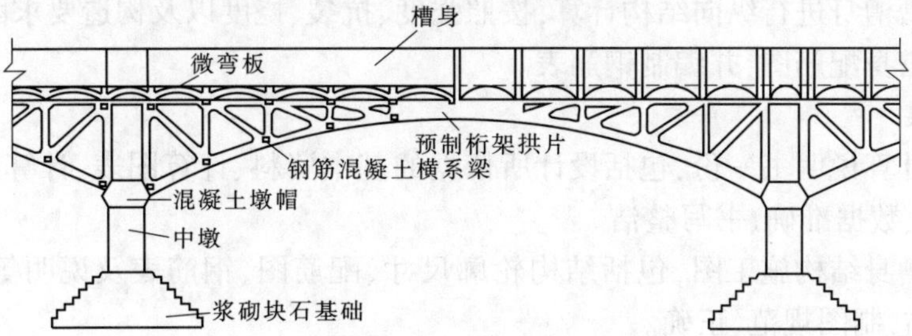

图5-8　拱式桁架渡槽

任务2　渡槽横向结构计算

码5-1　动画-渡槽

1　设计资料

1.1　基本资料

某灌溉渠道上有一钢筋混凝土排架式渡槽，属3级水工建筑物。渡槽排架为单层门形刚架，立柱高度为5.0 m，立柱基础采用条形基础；渡槽槽身为等跨简支矩形槽，跨长$l=12$ m，槽内净尺寸$B_n \times H_n=3.0$ m×2.5 m，设计水深$H_1=2.0$ m，最大水深$H_2=2.5$ m；槽顶外侧设1 m宽人行桥，人行道外侧设1.2 m高栏杆。为减小应力集中，在槽身内转角处及排架立柱与横梁连接处加设补角（设计时忽略其影响），结构布置如图5-9所示。

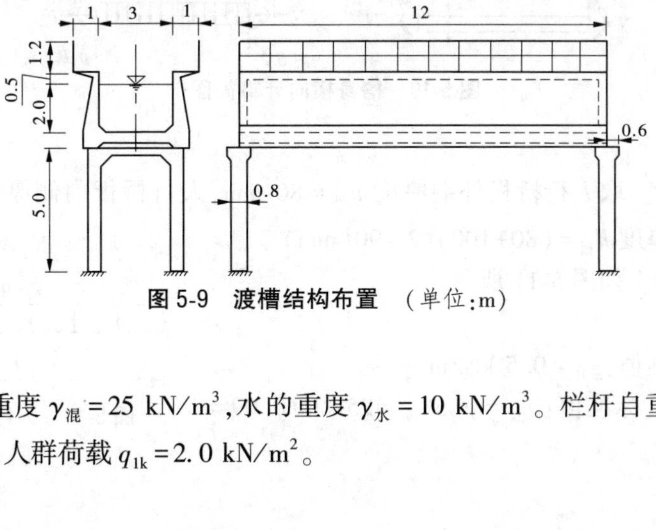

图5-9　渡槽结构布置　（单位：m）

1.2　荷载

钢筋混凝土重度$\gamma_{混}=25$ kN/m^3，水的重度$\gamma_{水}=10$ kN/m^3。栏杆自重$g_{1k}=0.5$ kN/m^2（折算均布荷载），人群荷载$q_{1k}=2.0$ kN/m^2。

1.3 **材料**

选用 C30 混凝土，受力钢筋采用 HRB335 级，箍筋和分布钢筋等采用 HPB235 级。

1.4 **使用要求**

(1)槽身横向临水面和纵向进行抗裂验算。

(2)槽身纵向挠度限值：$f_{\lim}=l_0/500$。

1.5 **设计内容**

(1)对渡槽槽身进行横向结构计算，按照强度、抗裂以及构造要求配筋。

(2)对渡槽槽身进行纵向结构计算，按照强度、抗裂、挠度以及构造要求配筋。

(3)绘制槽身配筋图，并编制钢筋表。

1.6 **设计成果**

(1)设计计算说明书一份，包括设计所依据的基本资料、计算图表、计算过程和结果。要求内容完整、数据准确、书写整洁。

(2)绘制槽身结构施工图，包括结构轮廓尺寸、配筋图、钢筋表及说明等。要求布局适当，图面整洁，制图规范、正确。

2 渡槽横向结构设计计算

渡槽槽身结构设计包括横向结构设计和纵向结构设计两部分。槽身横向结构设计计算一般沿纵向取单位长度(1 m)槽身为计算单元。

槽身横向内力计算，可沿纵向(水流方向)取单位长度槽身作为脱离体进行计算，计算简图如图 5-10 所示。

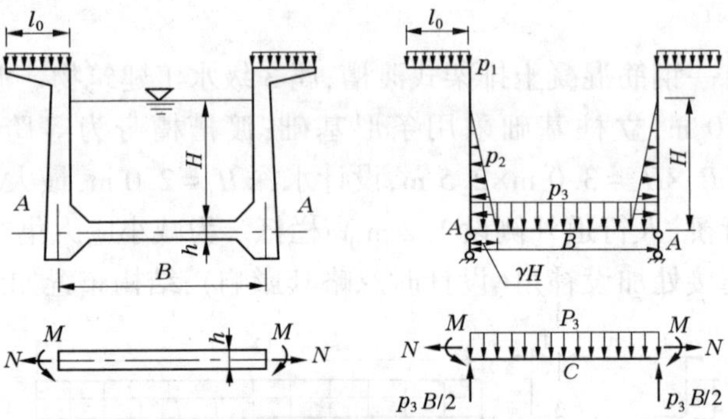

图 5-10 槽身横向计算简图

2.1 **人行桥设计**

(1)尺寸拟定。取人行桥板外端厚度 $h_{外}=80$ mm，人行桥板内侧厚度 $h_{内}=100$ mm，人行桥板的平均厚度 $h_{板}=(80+100)/2=90$(mm)。

(2)计算简图。如图 5-11 所示。

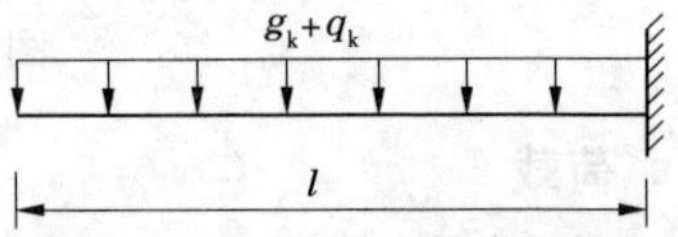

图 5-11 人行桥计算简图

(3)荷载。

栏杆自重标准值：$g_{1k}=0.5$ kN/m

人行桥板自重标准值：$g_{2k}=\gamma_{混}bh_{板}=25\times1\times0.09=2.25$(kN/m)

栏杆自重及人行板自重标准值：$g_{3k}=g_{1k}+g_{2k}=0.5+2.25=2.75(\text{kN/m})$

人群荷载标准值：$q_{1k}=2\times1=2(\text{kN/m})$

(4)内力计算。

计算跨度

$$l_0=1.1l_n=1.1\times0.8=0.88(\text{m})$$

或

$$l_0=l_n+a/2=0.8+0.2/2=0.9(\text{m})$$

取 $l_0=0.9$ m。

弯矩设计值

$M_{桥}=1.05g_{3k}l_0^2/2+1.20q_{1k}l_0^2/2=1.05\times2.75\times0.9^2/2+1.20\times2\times0.9^2/2=2.14(\text{kN}\cdot\text{m})$

(5)配筋计算(按单筋矩形截面计算)。

C30 混凝土，$f_c=14.3\ \text{N/mm}^2$，$f_{tk}=2.01\ \text{N/mm}^2$；HRB335 级钢筋，$f_y=300\ \text{N/mm}^2$，$\xi_b=0.550$。取 $a_s=40$ mm，$h_0=h-a_s=100-40=60(\text{mm})$，承载力安全系数 $K=1.20$。

$$\alpha_s=\frac{KM}{f_cbh_0^2}=\frac{1.20\times2.14\times10^6}{14.3\times1\,000\times60^2}=0.050$$

$$\xi=1-\sqrt{1-2\alpha_s}=1-\sqrt{1-2\times0.050}=0.051<0.85\xi_b=0.85\times0.550=0.468$$

$$A_s=\frac{f_cb\xi h_0}{f_y}=\frac{14.3\times1\,000\times0.051\times60}{300}=146(\text{mm}^2)$$

$$>\rho_{\min}bh_0=0.15\%\times1\,000\times60=90(\text{mm}^2)$$

受拉钢筋选用Φ 10@ 200(实配钢筋面积 $A_s=393\ \text{mm}^2$)，分布钢筋选用Φ 8@ 250。

2.2　侧墙设计

(1)尺寸拟定。取侧墙顶部厚度为 $h_{上}=200$ mm(按规范要求，侧墙顶部厚度不小于 80 mm 和侧墙总高的 1/30，即 $l/30=2\,950/30=98(\text{mm})$；侧墙底部厚度取 $h_{下}=300$ mm(规范要求不小于 150 mm)；纵向取单位宽度 $b=1.0$ m。

(2)计算简图。按固接于底板上的悬臂板计算(见图 5-12)。

当侧墙较高时，弯矩 M 变化较大，为了节约材料，取墙底 1—1 截面及其上 $x=1$ m 处 2—2 截面来进行计算。

(3)荷载计算(因风荷载所引起的内力较侧向水压力、人群荷载等引起的内力小得多，故这里忽略风荷载的影响)。

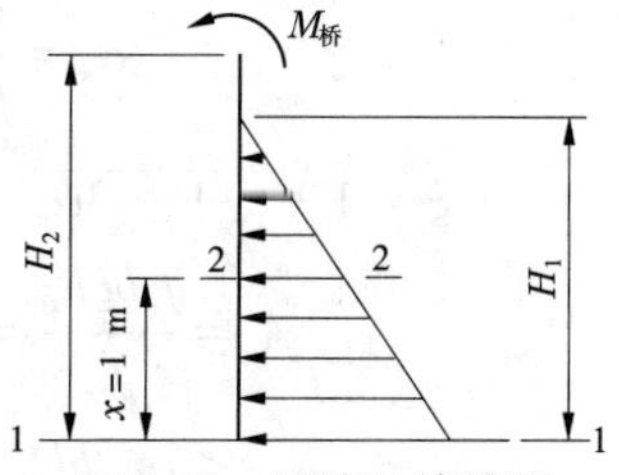

图 5-12　侧墙计算简图

侧向水压力：

正常水深　标准值　$q_{2k}=\gamma_{水}bH_1=10\times1\times2=20(\text{kN/m})$

满槽水深　标准值　$q_{3k}=\gamma_{水}bH_2=10\times1\times2.5=25(\text{kN/m})$

由上知人行桥传来的弯矩为：　$M_{桥}=2.14\ \text{kN}\cdot\text{m}$

(4)正截面承载力计算。

1—1 截面：

正常水深

$$M_1=1.20q_{2k}H_1^2/6+M_{桥}=1.20\times20\times2^2/6+2.14=18.14(\text{kN}\cdot\text{m})$$

满槽水深

$$M_1 = 1.10q_{3k}H_2^2/6 + M_{桥} = 1.10 \times 25 \times 2.5^2/6 + 2.14 = 30.79(\text{kN} \cdot \text{m})$$

取满槽水深时的弯矩进行计算。

2—2 截面:

正常水深

$$M_2 = 1.20\gamma_{水}(H_1 - x)^3/6 + M_{桥} = 1.20 \times 10 \times (2 - 1)^3/6 + 2.14 = 4.14(\text{kN} \cdot \text{m})$$

满槽水深

$$M_2 = 1.10\gamma_{水}(H_2 - x)^3/6 + M_{桥} = 1.10 \times 10 \times (2.5 - 1)^3/6 + 2.14 = 8.33(\text{kN} \cdot \text{m})$$

取满槽水深时的弯矩进行计算。

1—1 截面配筋计算:

取 $a_s = 40$ mm, $h_0 = h - a_s = 300 - 40 = 260$(mm),则

$$\alpha_s = \frac{KM_1}{f_c b h_0^2} = \frac{1.20 \times 30.79 \times 10^6}{14.3 \times 1\,000 \times 260^2} = 0.038$$

$$\xi = 1 - \sqrt{1 - 2\alpha_s} = 1 - \sqrt{1 - 2 \times 0.038} = 0.039 < 0.85\xi_b = 0.468$$

$$A_s = \frac{f_c b \xi h_0}{f_y} = \frac{14.3 \times 1\,000 \times 0.039 \times 260}{300} = 483(\text{mm}^2)$$

$$> \rho_{\min} b h_0 = 0.15\% \times 1\,000 \times 260 = 390(\text{mm}^2)$$

受拉钢筋选用Φ 10@100(实配钢筋面积 $A_s = 785$ mm²)(内侧受拉),分布钢筋选用Φ 8@250。

2—2 截面配筋计算:

因侧墙顶部厚度为 200 mm,侧墙底部厚度为 300 mm,侧墙高度为 2.5 m,2—2 截面距底部距离为 1 m,可以得出 2—2 截面处的侧墙厚度为 260 mm。

$$a_s = 40 \text{ mm}, h_0 = h - a_s = 260 - 40 = 220(\text{mm})$$

$$\alpha_s = \frac{KM_2}{f_c b h_0^2} = \frac{1.20 \times 8.33 \times 10^6}{14.3 \times 1\,000 \times 220^2} = 0.014$$

$$\xi = 1 - \sqrt{1 - 2\alpha_s} = 1 - \sqrt{1 - 2 \times 0.014} = 0.014 < 0.85\xi_b = 0.468$$

$$A_s = \frac{f_c b \xi h_0}{f_y} = \frac{14.3 \times 1\,000 \times 0.014 \times 220}{300} = 147(\text{mm}^2)$$

$$< \rho_{\min} b h_0 = 0.15\% \times 1\,000 \times 220 = 330(\text{mm}^2)$$

受拉钢筋选用Φ 10@200(实配钢筋面积 $A_s = 393$ mm²),分布钢筋选用Φ 8@250。

计算结果见表 5-1。

表 5-1　侧墙横向配筋计算

截面	厚度 h(mm)	弯矩设计值 M(kN·m)	计算钢筋面积(mm²)	实配钢筋面积(mm²)
1—1	300	30.79	483	Φ 10@100(A_s=785)
2—2	260	8.33	330	Φ 10@200(A_s=393)

(5)抗裂验算。

侧墙内侧受拉且处于临水面,应进行抗裂验算。

按荷载标准值计算的弯矩值：

$$M_k = q_{3k}H_2^2/6 + (g_{3k} + q_{1k})l_0^2/2 = 25 \times 2.5^2/6 + (2.75 + 2) \times 0.9^2/2$$
$$= 26.04 + 1.92 = 27.96(\text{kN} \cdot \text{m})$$

查表得：混凝土拉应力限制系数 $\alpha_{ct} = 0.85$，HRB335 级钢筋的弹性模量 $E_s = 2.0\times10^5$ N/mm^2，C30 混凝土，$f_{tk} = 2.01$ N/mm^2，$E_c = 3.00\times10^4$ N/mm^2。

受拉钢筋的配筋率：

$$\rho = A_s/(bh_0) = 785/(1\,000 \times 260) = 0.003\,0$$

钢筋与混凝土的弹性模量之比：

$$\alpha_E = E_s/E_c = 2.0 \times 10^5/(3.00 \times 10^4) = 6.67$$

$$y_0 = (0.5 + 0.425\alpha_E\rho)h = (0.5 + 0.425 \times 6.67 \times 0.003\,0) \times 300 = 152.6(\text{mm})$$

$$I_0 = (0.083\,3 + 0.19\alpha_E\rho)bh^3$$
$$= (0.083\,3 + 0.19 \times 6.67 \times 0.003\,0) \times 1\,000 \times 300^3 = 2.35 \times 10^9(\text{mm}^4)$$

$$W_0 = I_0/(h - y_0) = 2.35 \times 10^9/(300 - 152.6) = 1.59 \times 10^7(\text{mm}^3)$$

$$M_k = 27.96\ \text{kN} \cdot \text{m} < \gamma_m\alpha_{ct}f_{tk}W_0 = 1.55 \times 0.85 \times 2.01 \times 1.59 \times 10^7 = 42.11(\text{kN} \cdot \text{m})$$

满足抗裂要求。

2.3　底板设计

底板为一偏心受拉构件，应按下列两种情况进行配筋计算：

①两端最大负弯矩（绝对值）及相应的拉力 N。底板两端最大负弯矩发生在最大水深（$H_2 = 2.5$ m）且人行桥上有人群荷载时。

②跨中最大正弯矩及相应的拉力 N。跨中最大正弯矩发生在水深为槽宽（槽宽取底板计算跨度，底板计算跨度为槽内净宽加侧墙底部厚度）的一半，即 $H_3 = B/2 = 3.3/2 = 1.65$（m），且人行桥上无人群荷载时。

（1）尺寸拟定。

底板厚度应为侧墙厚度的 2/3～1 倍，取底板厚度 $h = 300$ mm，宽度取单位宽度 $b = 1\,000$ mm。

（2）计算简图。

底板计算简图如图 5-13 所示，图中，$B = l_n + a = 3 + 0.3 = 3.3$（m）。

（3）内力计算和配筋计算。

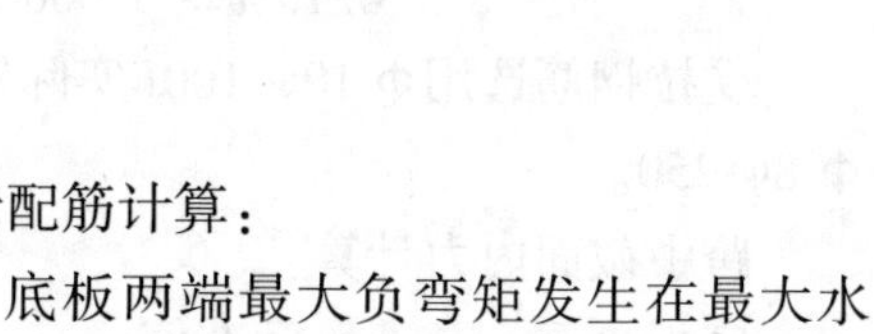

图 5-13　底板计算简图

支座截面内力设计值：

$$N_A = 1.10q_{3k}H_2/2 = 1.10 \times 25 \times 2.5/2 = 34.38(\text{kN})$$

$$M_A = 1.10q_{3k}H_2{}^2/6 + M_{桥} + N_Ah/2$$
$$= 1.10 \times 25 \times 2.5^2/6 + 2.14 + 34.38 \times 0.3/2$$
$$= 28.65 + 2.14 + 5.16 = 35.95(\text{kN} \cdot \text{m})$$

支座截面配筋计算：

取 $a_s = a_s' = 40$ mm，$h_0 = h - a_s = 300 - 40 = 260$（mm）。

$$e_0=M_A/N_A=35.95/34.38=1.05(\mathrm{m})>h/2-a_s=0.3/2-0.04=0.11(\mathrm{m})$$

属于大偏心受拉构件。

$$e=e_0-h/2+a_s=1\ 050-300/2+40=940(\mathrm{mm})$$

设 $x=0.85\xi_b h_0$,对于 HRB335 级钢筋,$\alpha_{smax}=0.358$,则

$$A'_s=\frac{KNe-\alpha_{smax}f_c bh_0^2}{f'_y(h_0-a'_s)}=\frac{1.20\times 34.38\times 10^3\times 940-0.358\times 14.3\times 1\ 000\times 260^2}{300\times(260-40)}<0$$

取 $A'_s=\rho'_{min}bh_0=0.15\%\times 1\ 000\times 260=390(\mathrm{mm}^2)$,受压钢筋选用Φ 10@200($A'_s=393\ \mathrm{mm}^2$),则

$$\alpha_s=\frac{KNe-f'_yA'_s(h_0-a'_s)}{f_c bh_0^2}=\frac{1.20\times 34.38\times 10^3\times 940-300\times 393\times(260-40)}{14.3\times 1\ 000\times 260^2}=0.013$$

$$\xi=1-\sqrt{1-2\alpha_s}=1-\sqrt{1-2\times 0.013}=0.013$$

$$x=\xi h_0=0.013\times 260=3.4(\mathrm{mm})<2a'_s=80\ \mathrm{mm}$$

$$e'=h/2-a'_s+e_0=300/2-40+1\ 050=1\ 160(\mathrm{mm})$$

$$A_s=\frac{KNe'}{f_y(h_0-a'_s)}=\frac{1.20\times 34.38\times 10^3\times 1\ 160}{300\times(260-40)}=725(\mathrm{mm}^2)$$

$$>0.15\%\times 1\ 000\times 260=390(\mathrm{mm}^2)$$

受拉钢筋选用Φ 10@100(实际钢筋面积 $A_s=785\ \mathrm{mm}^2$)(上表面受拉),分布钢筋选用Φ 8@250。

跨中截面内力计算:

底板自重　标准值　$g_{4k}=\gamma_{混}bh=25\times 1\times 0.3=7.5(\mathrm{kN/m})$

侧向水压力　标准值　$q_{4k}=\gamma_{水}bH_3=10\times 1\times 1.65=16.5(\mathrm{kN/m})$

槽内水重　标准值　$q_{5k}=\gamma_{水}bH_3=10\times 1\times 1.65=16.5(\mathrm{kN/m})$

跨中内力

$$N_c=1.20q_{4k}H_3/2=1.20\times 16.5\times 1.65/2=16.34(\mathrm{kN})$$

$$\begin{aligned}M_c&=1.05g_{4k}B^2/8+1.20q_{5k}B^2/8-1.20q_{4k}H_3^2/6-1.05g_{3k}l_0^2/2\\&=1.05\times 7.5\times 3.3^2/8+1.20\times 16.5\times 3.3^2/8-1.20\times 16.5\times 1.65^2/6-\\&\quad 1.05\times 2.75\times 0.9^2/2\\&=10.72+26.95-8.98-1.17=27.52(\mathrm{kN\cdot m})\end{aligned}$$

跨中截面配筋计算:

$$e_0=M_c/N_c=27.52/16.34=1.68(\mathrm{m})>h/2-a_s=0.3/2-0.04=0.11(\mathrm{m})$$

属于大偏心受拉构件。

$$e=e_0-h/2+a_s=1\ 680-300/2+40=1\ 570(\mathrm{mm})$$

$$A'_s=\frac{KNe-\alpha_{smax}f_c bh_0^2}{f'_y(h_0-a'_s)}=\frac{1.20\times 16.34\times 10^3\times 1\ 570-0.358\times 14.3\times 1\ 000\times 260^2}{300\times(260-40)}<0$$

取 $A'_s=\rho'_{min}bh_0=0.15\%\times 1\ 000\times 260=390(\mathrm{mm}^2)$,受压钢筋选用Φ 10@200($A'_s=393\ \mathrm{mm}^2$)。

$$\alpha_s=\frac{KNe-f'_yA'_s(h_0-a'_s)}{f_c bh_0^2}=\frac{1.20\times 16.34\times 10^3\times 1\ 570-300\times 393\times(260-40)}{14.3\times 1\ 000\times 260^2}=0.005$$

$$\xi = 1 - \sqrt{1 - 2\alpha_s} = 1 - \sqrt{1 - 2 \times 0.005} = 0.005$$

$$x = \xi h_0 = 0.005 \times 260 = 1.3(\text{mm}) < 2a'_s = 80\ \text{mm}$$

$$e' = h/2 - a'_s + e_0 = 300/2 - 40 + 1\,680 = 1\,790(\text{mm})$$

$$A_s = \frac{KNe'}{f_y(h_0 - a'_s)} = \frac{1.20 \times 16.34 \times 10^3 \times 1\,790}{300 \times (260 - 40)} = 532(\text{mm}^2)$$

$$> 0.15\% \times 1\,000 \times 260 = 390(\text{mm}^2)$$

受拉钢筋选用Φ 10@100(实际钢筋面积 $A_s = 785\ \text{mm}^2$)(下面受拉),分布钢筋选用Φ 8@250。

计算及配筋结果见表5-2。

表5-2 底板支座与跨中计算钢筋面积和实际配筋面积

截面位置	计算钢筋面积(mm²)		实配钢筋面积(mm²)	
	受拉钢筋	受压钢筋	受拉钢筋	受压钢筋
支座	725(上表面)	<0	Φ 10@100(785)	Φ 10@200(393)
跨中	532(下表面)	<0	Φ 10@100(785)	Φ 10@200(393)

(4)抗裂验算。

①底板支座截面。

取底板支座补角边缘截面(x=0.15+0.2=0.35(m)处)作为计算截面,并按满槽水深加人群荷载的组合按下式进行抗裂验算:

$$N_k \leqslant \frac{\gamma_m \alpha_{ct} f_{tk} W_0 A_0}{e_0 A_0 + \gamma_m W_0}$$

混凝土拉应力限制系数 $\alpha_{ct} = 0.85$。

$$A_0 = A_c + \alpha_E A_s + \alpha_E A'_s = 1\,000 \times 300 + 6.67 \times 785 + 6.67 \times 393 = 3.08 \times 10^5(\text{mm}^2)$$

$$y_0 = \frac{A_c y'_c + \alpha_E A_s h_0 + \alpha_E A'_s a'_s}{A_0}$$

$$= \frac{1\,000 \times 300 \times 150 + 6.67 \times 785 \times 260 + 6.67 \times 393 \times 40}{3.08 \times 10^5} = 150.9(\text{mm})$$

$$I_0 = I_c + A_c(y_0 - y'_c)^2 + \alpha_E A_s(h_0 - y_0)^2 + \alpha_E A'_s(y_0 - a'_s)^2$$

$$= 1\,000 \times 300^3/12 + 1\,000 \times 300 \times (150.9 - 150)^2 + 6.67 \times 785 \times (260 - 150.9)^2 + 6.67 \times 393 \times (150.9 - 40)^2$$

$$= 2.25 \times 10^9 + 2.43 \times 10^5 + 0.06 \times 10^9 + 0.03 \times 10^9 = 2.34 \times 10^9(\text{mm}^4)$$

$$W_0 = I_0/(h - y_0) = 2.34 \times 10^9/(300 - 150.9) = 1.6 \times 10^7(\text{mm}^3)$$

底板与侧墙补角边缘到侧墙中心的距离 x=0.35 m,此截面的轴向力及弯矩为:

$$N_k = q_{3k} H_2/2 = 25 \times 2.5/2 = 31.25(\text{kN})$$

$$M_k = \frac{1}{6} q_{3k} H_2^2 + \frac{1}{2}(g_{3k} + q_{1k}) l_0^2 + N_k \cdot \frac{h}{2} - \frac{1}{2}(q_{3k} + g_{4k}) Bx\left(1 - \frac{x}{B}\right)$$

$$= \frac{1}{6} \times 25 \times 2.5^2 + \frac{1}{2} \times (2.75 + 2) \times 0.9^2 + 31.25 \times$$

$$\frac{0.3}{2}-\frac{1}{2}\times(25+7.5)\times3.3\times0.35\times\left(1-\frac{0.35}{3.3}\right)$$

$$=26.04+1.92+4.69-16.78=15.87(\text{kN}\cdot\text{m})$$

$$e_0=M_k/N_k=15.87/31.25=0.508(\text{m})=508\ \text{mm}>h/2-a_s=300/2-40=110(\text{mm})$$

属于大偏心受拉构件。

$$N_k=31.25\ \text{kN}<\frac{\gamma_m\alpha_{ct}f_{tk}A_0W_0}{e_0A_0+\gamma_mW_0}=\frac{1.55\times0.85\times2.01\times3.08\times10^5\times1.6\times10^7}{508\times3.08\times10^5+1.55\times1.6\times10^7}=72.0(\text{kN})$$

底板支座临水面满足抗裂要求。

②底板跨中截面。

跨中的轴向力和弯矩为:

$$N_{ck}=q_{4k}H_3/2=16.5\times1.65/2=13.61(\text{kN})$$

$$M_{ck}=(g_{4k}+q_{5k})B^2/8-q_{4k}H_3^2/6-g_{3k}l_0^2/2$$

$$=(7.5+16.5)\times3.3^2/8-16.5\times1.65^2/6-2.75\times0.9^2/2$$

$$=32.67-7.49-1.11=24.07(\text{kN}\cdot\text{m})$$

$$e_0=M_k/N_k=24.07/13.61=1.77(\text{m})=1\ 770\ \text{mm}>h/2-a_s=300/2-40=110(\text{mm})$$

属于大偏心受拉构件。

$$N_k=13.61\ \text{kN}<\frac{\gamma_m\alpha_{ct}f_{tk}A_0W_0}{e_0A_0+\gamma_mW_0}=\frac{1.55\times0.85\times2.01\times3.08\times10^5\times1.6\times10^7}{1\ 770\times3.08\times10^5+1.55\times1.6\times10^7}=22.9(\text{kN})$$

满足抗裂要求。如果不满足抗裂要求,则需要进行裂缝宽度验算。

任务 3　槽身纵向结构计算

侧墙作为简支梁,设计时忽略人行桥板截面的影响而按单筋矩形截面计算。

1　计算简图

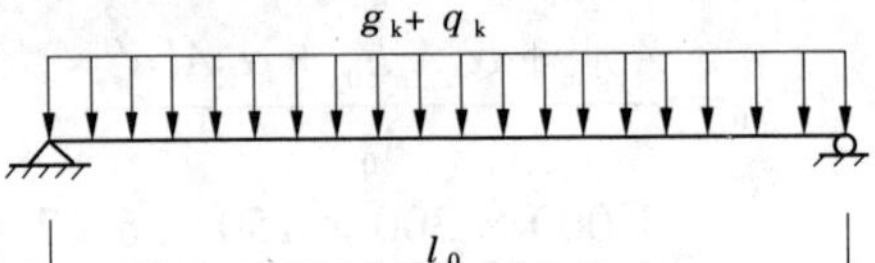

图 5-14　渡槽纵向计算简图

渡槽纵向计算简图如图 5-14 所示。

侧墙自重按侧墙平均厚度计算,即 $b=(h_{上}+h_{下})/2=(0.2+0.3)/2=0.25(\text{m})$。

渡槽纵向计算跨度:

渡槽纵向净跨　$l_n=l-2a=12-1.2=10.8(\text{m})$(槽端支座宽 0.6 m)

计算跨度　$l_0=1.05l_n=1.05\times10.8=11.3(\text{m})$　和　$l_0=l_c=11.4\ \text{m}$

计算跨度取两者的较小值,即 $l_0=11.3\ \text{m}$。

2　荷载计算

每个侧墙承受总荷载的一半,荷载计算如下。

永久荷载:

人行道板及栏杆自重标准值

$$g_{5k}=\gamma_{混}h_{板}l_n+g_{1k}l_1=25\times0.09\times0.8+0.5\times1.0=2.30(\text{kN/m})$$

侧墙自重标准值 $g_{6k}=\gamma_{混}bH=25\times[0.25\times2.65+(0.2\times0.2+0.15\times0.15)/2]$
$=17.34(kN/m)$

底板自重标准值 $g_{7k}=\gamma_{混}Bh_3/2=25\times3.6\times0.3/2=13.50(kN/m)$

可变荷载：

人群荷载标准值 $q_{1k}=2\ kN/m$

槽内水重标准值 $q_{6k}=\gamma_{水}B_nH_1/2=10\times3\times2/2=30(kN/m)$ （正常水深）

$q_{7k}=\gamma_{水}B_nH_2/2=10\times3\times2.5/2=37.50(kN/m)$ （满槽水深）

3 内力计算

跨中弯矩设计值：

$$M=1.05(g_{5k}+g_{6k}+g_{7k})l_0^2/8+(1.20q_{1k}+1.10q_{7k})l_0^2/8$$
$$=1.05\times(2.30+17.34+13.50)\times11.3^2/8+(1.20\times2+1.10\times37.50)\times11.3^2/8$$
$$=555.40+696.71=1\ 252.11(kN\cdot m)$$

支座边缘剪力设计值：

$$V=1.05(g_{5k}+g_{6k}+g_{7k})l_n/2+(1.20q_{1k}+1.10q_{7k})l_n/2$$
$$=1.05\times(2.30+17.34+13.50)\times10.8/2+(1.20\times2+1.10\times37.50)\times10.8/2$$
$$=187.90+235.71=423.61(kN)$$

4 正截面承载力计算

取 $a_s=100\ mm, h_0=h-a_s=2\ 950-100=2\ 850(mm)$

$$\alpha_s=\frac{KM}{f_cbh_0^2}=\frac{1.20\times1\ 252.11\times10^6}{14.3\times200\times2\ 850^2}=0.065$$

$$\xi=1-\sqrt{1-2\alpha_s}=1-\sqrt{1-2\times0.065}=0.067<0.85\xi_b=0.468$$

$$A_s=\frac{f_cb\xi h_0}{f_y}=\frac{14.3\times200\times0.067\times2\ 850}{300}=1\ 820(mm^2)$$

受拉钢筋选用 6 Φ 20（实际钢筋面积为 1 884 mm^2）。

5 斜截面受剪承载力计算

$$KV=1.20\times423.61=508.33(kN)<0.7f_tbh_0$$
$$=0.7\times1.43\times200\times2\ 850\times10^{-3}=570.6(kN)$$
$$<0.2f_cbh_0=0.2\times14.3\times200\times2\ 850\times10^{-3}$$
$$=1\ 630.2(kN)$$

不需要进行斜截面承载力计算。按构造选配单肢箍筋Φ 8@200。

按计算不需要设置弯起钢筋，为安全起见，按构造每端弯起 2 Φ 20 的纵筋。

6 抗裂验算

钢筋的弹性模量 $E_s=2.0\times10^5\ N/mm^2$，混凝土的弹性模量 $E_c=3.0\times10^4\ N/mm^2$，按倒 T 形截面进行验算，如图 5-15 所示。

$\alpha_E = E_s/E_c = 2.0\times10^5/(3.0\times10^4) = 6.67$

$\rho = A_s/(bh_0) = 1\,884/(200\times2\,850) = 0.003\,3$

$A_0 = bh + (b_f - b)h_f + \alpha_E A_s$

$= 400\times2\,950 + (3\,600-400)\times300 + 6.67\times3\,768$

$= 2.17\times10^6(\text{mm}^2)$

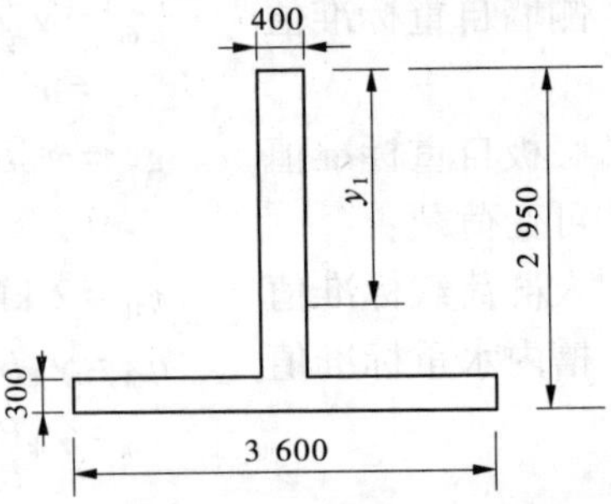

图 5-15 抗裂验算截面图 (单位:mm)

$$y_0 = \frac{\dfrac{bh^2}{2} + (b_f - b)h_f\left(h - \dfrac{h_f}{2}\right) + \alpha_E A_s h_0}{A_0}$$

$$= \frac{\dfrac{400\times2\,950^2}{2} + (3\,600-400)\times300\times\left(2\,950-\dfrac{300}{2}\right) + 6.67\times3\,768\times2\,850}{2.17\times10^6}$$

$= 2\,073.8(\text{mm})$

$$I_0 = \frac{by_0^3}{3} + \frac{b_f(h-y_0)^3}{3} - \frac{(b_f-b)(h-y_0-h_f)^3}{3} + \alpha_E A_s(h_0-y_0)^2$$

$$= \frac{400\times2\,073.8^3}{3} + \frac{3\,600\times(2\,950-2\,073.8)^3}{3} - \frac{(3\,600-400)\times(2\,950-2\,073.8-300)^3}{3} + 6.67\times3\,768\times(2\,850-2\,073.8)^2$$

$= 1.8\times10^{12}(\text{mm}^4)$

$W_0 = I_0/(h-y_0) = 1.8\times10^{12}/(2\,950-2\,073.8) = 2.05\times10^9(\text{mm}^3)$

对翼缘位于受拉区的倒 T 形截面,$b_f/b = 3\,600/400 = 9 > 2$,$h_f/h = 300/2\,950 = 0.1 < 0.2$,查附表 3-4 得 $\gamma_m = 1.40$,根据 h 值的不同应对 γ_m 值进行修正。

$$\gamma_m = \left(0.7+\frac{300}{h}\right)\times1.40 = \left(0.7+\frac{300}{2\,950}\right)\times1.40 = 1.12$$

侧墙承受荷载标准值产生的弯矩为:

$$M_k = 2\times\left(\sum g_{ik} + \sum q_{ik}\right)l_0^2/8 = 2\times(g_{5k}+g_{6k}+g_{7k}+q_{1k}+q_{7k})\times l_0^2/8$$

$$= 2\times(2.30+17.34+13.50+2+37.50)\times11.3^2/8 = 2\,318.85(\text{kN}\cdot\text{m})$$

$M_k = 2\,318.85\ \text{kN}\cdot\text{m} < \gamma_m\alpha_{ct}f_{tk}W_0 = 1.12\times0.85\times2.01\times2.05\times10^9 = 3\,923(\text{kN}\cdot\text{m})$

7 变形验算

(1)内力组合。

一个侧墙受到的弯矩为:

$$M_k = \left(\sum g_{ik} + \sum q_{ik}\right)l_0^2/8 = (2.30+17.34+13.50+2+37.50)\times11.3^2/8$$

$$= 1\,159.43(\text{kN}\cdot\text{m})$$

(2)刚度计算。

钢筋的弹性模量 $E_s = 2.0\times10^5\ \text{N/mm}^2$,混凝土的弹性模量 $E_c = 3.00\times10^4\ \text{N/mm}^2$。则:

$$\alpha_E = E_s/E_c = 2.0\times10^5/(3.00\times10^4) = 6.67$$

$$\rho = A_s/(bh_0) = 1\ 884/(200 \times 2\ 850) = 0.003\ 3$$

$$I_0 = (0.083\ 3 + 0.19\alpha_E\rho)bh^3 = (0.083\ 3 + 0.19 \times 6.67 \times 0.003\ 3) \times 200 \times 2\ 950^3$$
$$= 4.49 \times 10^{11}(\text{mm}^4)$$

$$B_s = 0.85E_cI_0 = 0.85 \times 3.00 \times 10^4 \times 4.49 \times 10^{11} = 1.14 \times 10^{16}$$

$$B = 0.65B_s = 0.65 \times 1.14 \times 10^{16} = 7.4 \times 10^{15}(\text{N} \cdot \text{mm}^2)$$

(3)挠度计算。

$$f = \frac{5}{48} \times \frac{M_k l_0^2}{B} = \frac{5}{48} \times \frac{1\ 159.43 \times 10^6 \times 11\ 300^2}{7.4 \times 10^{15}}$$
$$= 2.1(\text{mm}) < f_{\lim} = l_0/500 = 11\ 300/500 = 22.6(\text{mm})$$

挠度满足要求。

8　正截面承载力复核

(1)计算外荷载产生的设计弯矩 M。

计算截面距离侧墙支座的距离为 x,该截面的弯矩为:

$$M_x = plx(1 - x/l)/2$$

其中:

$$p = 1.05(g_{5k} + g_{6k} + g_{7k}) + 1.20q_{1k} + 1.10q_{7k}$$
$$= 1.05 \times (2.30 + 17.34 + 13.50) + 1.20 \times 2.0 + 1.10 \times 37.5 = 34.80 + 43.65$$
$$= 78.45(\text{kN} \cdot \text{m})$$

$l = 11.3$ m

弯矩计算结果见表 5-3。

表 5-3　弯矩计算表

x(m)	0	1.5	3	4.5	5.65
M_x(kN · m)	0	576.61	976.70	1 200.29	1 252.16

(2)跨中正截面承载力复核。

$$M_R = \frac{1}{K}f_yA_s\left(h_0 - \frac{f_yA_s}{2f_cb}\right) = \frac{1}{1.20} \times 300 \times 1\ 884 \times \left(2\ 850 - \frac{300 \times 1\ 884}{2 \times 14.3 \times 200}\right)$$
$$= 1\ 295.81(\text{kN} \cdot \text{m}) > M = 1\ 252.16(\text{kN} \cdot \text{m})$$

(3)弯起钢筋弯起点位置,$x_1 = 1.5$ m,即弯起钢筋弯起点到计算跨度原点的距离,到渡槽端部的距离为 $x = 1.5 + 0.33 = 1.83$(m)。

$$M_1 = \frac{plx_1}{2}\left(1 - \frac{x_1}{l}\right) = \frac{78.45 \times 11.3 \times 1.5}{2} \times \left(1 - \frac{1.5}{11.3}\right) = 576.61(\text{kN} \cdot \text{m})$$

$$M_{R1} = \frac{1}{K}f_yA_{s1}\left(h_0 - \frac{f_yA_{s1}}{2f_cb}\right) = \frac{1}{1.20} \times 300 \times 1\ 256 \times \left(2\ 850 - \frac{300 \times 1\ 256}{2 \times 14.3 \times 200}\right)$$
$$= 874.22(\text{kN} \cdot \text{m}) > M_1 = 576.61\ \text{kN} \cdot \text{m}$$

正截面受弯承载力满足要求。

渡槽配筋图如图 5-16 所示。

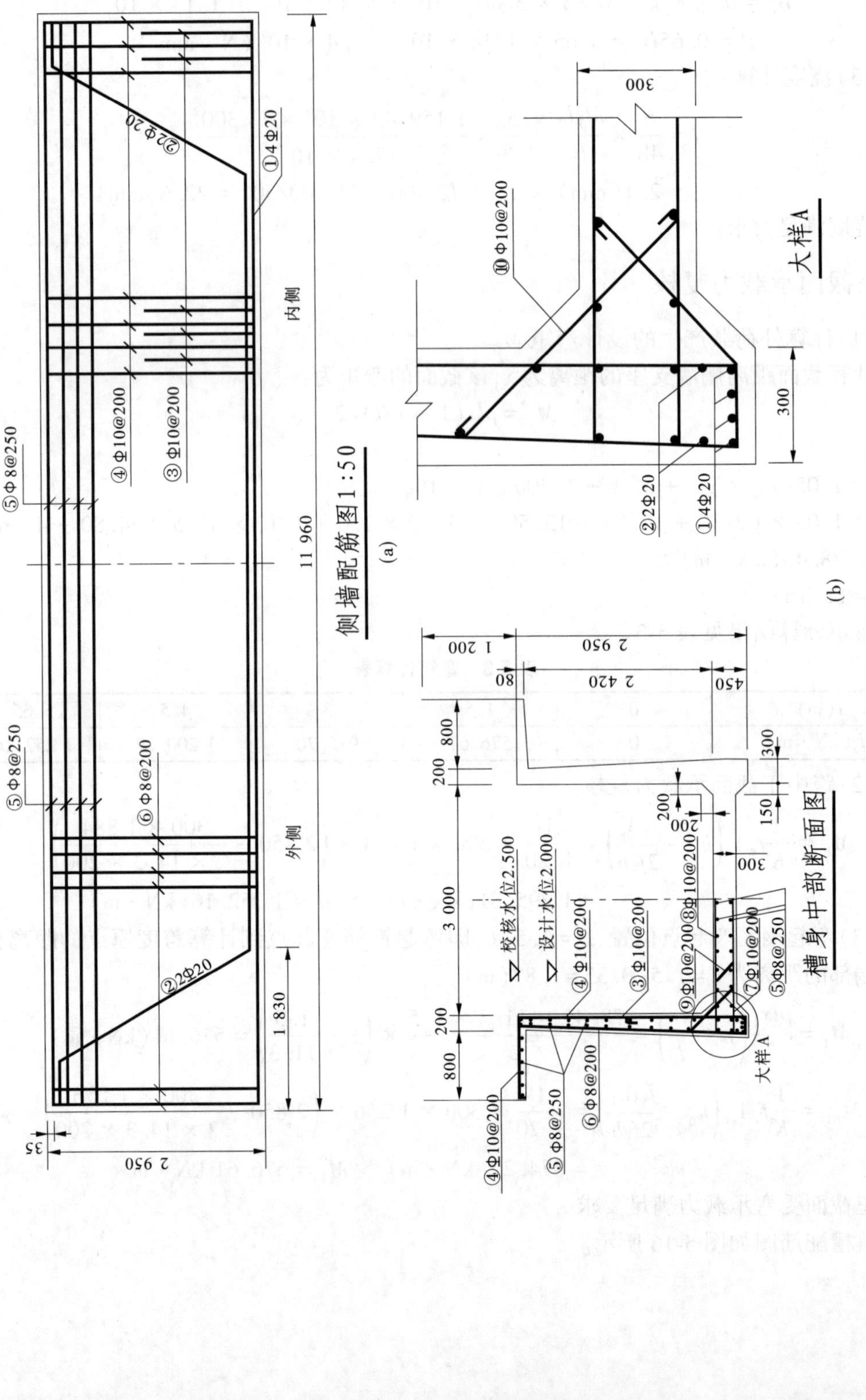

图 5-16 渡槽配筋图（单位：mm）

讨论与检测

1　渡槽结构设计任务书

1.1　基本资料

(1)某灌溉渠道上有一钢筋混凝土排架式渡槽,属3级水工建筑物。渡槽排架为单层门形刚架,立柱高度为4.5 m,立柱基础采用条形基础;渡槽槽身为等跨简支矩形槽,跨长l=6 m(7 m、8 m、9 m、10 m…),槽内净尺寸$B_n \times H_n$=4.0 m×3.0 m(3.0 m×2.0 m、2.5 m×1.5 m、2.0 m×1.5 m、1.5 m×1.0 m…),设计水深H_1=2.5 m(1.8 m、1.3 m、1.3 m、0.8 m…),最大水深H_2=3.0 m(2.0 m、1.5 m、1.5 m、1.0 m…);槽顶外侧设1 m宽人行桥,人行道外侧设0.9 m高栏杆。为减小应力集中,在槽身内转角处及排架立柱与横梁连接处加设补角(设计时忽略其影响),结构布置图如图5-9所示。

(2)荷载。荷载标准值:钢筋混凝土重度$\gamma_{混}$=25 kN/m^3,水的重度$\gamma_{水}$=10 kN/m^3,栏杆自重g_{1k}=0.5 kN/m^2(折算均布荷载),人群荷载q_{1k}=2.5 kN/m^2(2.4 kN/m^2、2.3 kN/m^2、2.2 kN/m^2…)。

(3)材料。选用C25混凝土,受力钢筋采用HRB335级,其他钢筋采用HPB235级。

(4)使用要求:

①槽身横向临水面和纵向进行抗裂验算;

②槽身纵向挠度允许值:$f_{lim}=l_0/500$。

1.2　设计内容

(1)对渡槽槽身进行横向结构计算,按照强度、裂缝以及构造要求配筋。

(2)对渡槽槽身进行纵向结构计算,按照强度、裂缝、挠度以及构造要求配筋。

(3)绘制槽身配筋图,并编制钢筋表。

1.3　设计成果

(1)设计计算说明书。包括设计所依据的基本资料、计算图表、计算过程和计算结果等。

要求:内容完整,计算准确,书写整洁。

(2)绘制槽身结构施工图(2号图纸一张)。包括结构轮廓尺寸、配筋图、钢筋表和说明等。

要求:布局合理,图面整洁,制图规范、正确。

2　判断题

(1)渡槽按所用材料分,有木渡槽、砌石渡槽、钢筋混凝土渡槽等。　(　)

(2)大流量渡槽断面形式多采用U形,中小流量渡槽断面形式只能采用矩形。　(　)

(3)主拱圈是拱式渡槽的主要承重结构,以承受弯矩为主。　(　)

(4)人行桥的自重及所承受的人群荷载对侧墙受力没有影响　(　)

(5)底板两端最大负弯矩发生在水深为满槽水深且人行桥上无人群荷载时。　(　)

(6)槽身纵向结构设计时按T形截面进行配筋计算。　(　)

(7)槽身纵向结构设计的变形验算中,槽内水荷载取的是正常水深所对应的水荷载。 ( )

3 选择题

(1)渡槽侧墙顶部设置拉杆对渡槽槽身有哪些影响。 ( )

A. 减小槽身纵向变形　　B. 减少侧墙横向钢筋用量

C. 有利于渡槽通航　　D. 减少槽身纵向受力钢筋用量

(2)关于U形渡槽槽身描述错误的是下列哪项。 ( )

A. 是一种轻型结构　　B. 纵向刚度大

C. 槽底弧形段与侧壁等厚　　D. 常采用半圆形加直线段的断面形式

(3)无拉杆矩形渡槽的侧墙按下列哪种构件计算内力。 ( )

A. 简支板　　B. 悬臂板　　C. 外伸板　　D. 连续板

(4)渡槽侧墙顶部厚度不小于下列哪项。 ( )

A. 70 mm　　B. 80 mm　　C. 90 mm　　D. 100 mm

(5)矩形渡槽侧墙底部厚度要求不小于下列哪项。 ( )

A. 100 mm　　B. 120 mm　　C. 150 mm　　D. 200 mm

(6)矩形渡槽底板属于下列哪种受力构件。 ( )

A. 受弯　　B. 大偏心受压　　C. 大偏心受拉　　D. 小偏心受拉

(7)渡槽槽身的下列哪项部位不需要进行抗裂验算。 ( )

A. 人行桥　　B. 侧墙横向　　C. 底板　　D. 侧墙纵向

(8)某无拉杆矩形渡槽,槽内水深为H,则水在侧墙底部产生的弯矩值为下列哪项。 ( )

A. $\gamma H^3/2$　　B. $\gamma H^2/2$　　C. $\gamma H^3/6$　　D. $\gamma H^2/6$

党的二十大金句

教育、科技、人才是全面建设社会主义现代化国家的基础性、战略性支撑。必须坚持科技是第一生产力、人才是第一资源、创新是第一动力,深入实施科教兴国战略、人才强国战略、创新驱动发展战略,开辟发展新领域新赛道,不断塑造发展新动能新优势。

项目 6　预应力混凝土结构

学习指南

工作任务

(1) 预应力混凝土材料选择；
(2) 预应力建立方法选择；
(3) 张拉控制应力确定。

知识目标

(1) 掌握预应力混凝土的概念、分类与特点；
(2) 理解先张法和后张法的施工程序及特点；
(3) 理解张拉控制应力的确定；
(4) 了解预应力损失的种类及减小措施。

技能目标

(1) 会选择预应力混凝土材料；
(2) 会选择预应力混凝土施工方法；
(3) 能确定构件的张拉控制应力。

任务 1　预应力混凝土的基本知识

1　预应力混凝土的基本概念

混凝土是一种抗压性能好而抗拉性能较差的结构材料，抗拉强度仅为其抗压强度的 1/18 ~ 1/9，极限拉应变也很小，每米仅能伸长 0.10~0.15 mm，抗裂性能差。因此，在普通钢筋混凝土中，使用时不允许开裂的构件，受拉钢筋的应力仅为 20~30 N/mm^2，当钢筋应力超过此值时，混凝土将产生裂缝；即使允许开裂的构件，当裂缝最大允许宽度为 0.2~0.3 mm 时，钢筋应力只能达到 150~200 N/mm^2。所以，普通钢筋混凝土中高强钢筋得不到充分利用,采用高强钢筋既不合理,也不经济;而提高混凝土的强度等级对提高构件的抗裂性能和控制裂缝宽度的作用极其有限。为了避免普通钢筋混凝土结构过早出现裂缝,减小正常使用荷载作用下的裂缝宽度,充分利用高强度材料以适应大跨度承重结构的需要,采用预应力是最有效的方法。

预应力混凝土结构是在外荷载作用之前,预先对混凝土施加压力,造成人为的应力状态,使其在结构构件截面上产生的预压应力能抵消外荷载引起的部分或全部拉应力,使结构构件延缓开裂或限制裂缝的开展。由此可见,预应力混凝土的实质是利用混凝土良好的抗压性能来弥补其抗拉能力的不足,通过采用预先加压的方法间接地提高结构构件受拉区混凝土的抗拉能力,改善混凝土的受拉性能,满足使用要求。

预应力混凝土的原理可以用图6-1进一步说明。简支梁在外荷载作用下,梁下部产生拉应力 σ_3,如图6-1(b)所示。如果在荷载作用之前,先给梁施加一个偏心压力 N,使梁的下部产生预压应力 σ_1,如图6-1(a)所示,那么,在外荷载作用后,截面上的应力分布将是两者的叠加,如图6-1(c)所示。梁的下部应力可以是压应力($\sigma_1-\sigma_3>0$),也可以是数值较小的拉应力($\sigma_1-\sigma_3<0$)。

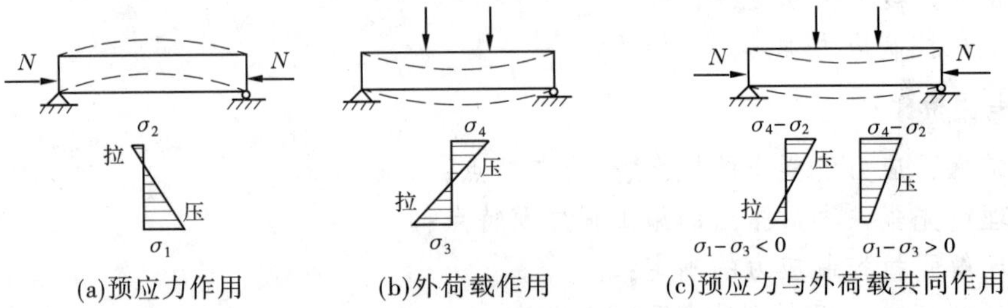

图6-1　预应力简支梁的基本受力原理

预应力混凝土与普通混凝土相比具有以下优点:

(1)抗裂性和耐久性好。由于混凝土中存在预压应力,可以避免开裂和限制裂缝的开展,减少外界有害因素对钢筋的侵蚀,提高构件的抗渗性、抗腐蚀性和耐久性,这对水工结构的意义尤为重大。

(2)刚度大、变形小。因为混凝土不开裂或裂缝很小,提高了构件的刚度。预加偏心压力使受弯构件产生反拱,从而减小构件在荷载作用下的挠度。

(3)节省材料,减轻自重。由于预应力构件合理有效地利用高强钢筋和高强混凝土,截面尺寸相对减小,结构自重减轻,节省材料并降低了工程造价。预应力混凝土与普通混凝土相比一般可减轻自重的20%~30%,特别适合建造大跨度承重结构。

(4)扩大构件应用范围。由于预应力混凝土改善了构件的抗裂性能,因而可用于有防水、抗渗、抗腐蚀要求的环境。采用高强度材料,结构轻巧,刚度大、变形小,可用于大跨度、重荷载及承受反复荷载的结构。

预应力混凝土构件也存在不足之处,如施工工序复杂,工期较长,技术要求较高等,这些都有待于不断完善。

预应力混凝土目前已广泛应用于渡槽、压力水管、水池、大型闸墩、水电站厂房吊车梁、门机轨道梁等水利工程中，也可用预加应力的方法来加固基岩、衬砌隧洞等。

2 施加预应力的方法

在构件上建立预应力，一般通过张拉钢筋，利用钢筋的弹性回缩压缩混凝土来实现。根据张拉钢筋和浇筑混凝土的先后次序，可分为先张法和后张法。

2.1 先张法

先张法是指首先在台座上或钢模内张拉钢筋，然后浇筑混凝土的一种施工方法。具体过程是：先在专门的台座上张拉钢筋，然后用夹具将钢筋临时固定在台座上；再浇筑构件混凝土；待混凝土达到足够的强度（一般不低于混凝土设计强度的75%）后，从台座上切断或放松钢筋（简称放张）。在预应力钢筋弹性回缩时，利用钢筋与混凝土之间的黏结力，使混凝土受到压力作用，使构件产生预压应力，形成预应力混凝土构件，如图6-2所示。

码6-1 动画-先张法

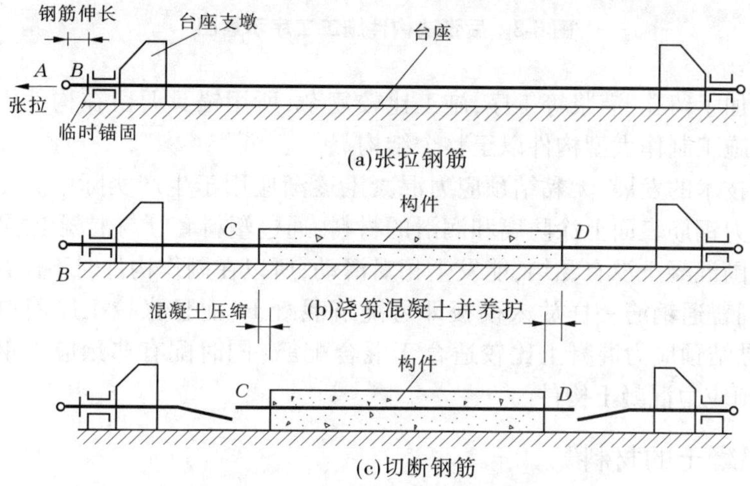

图6-2 先张法构件施工工序示意图

先张法的特点：施工工序少，工艺简单，效率高，质量易保证，构件上不需要设永久性锚具，生产成本低。但需要有专门的张拉台座，不适于现场施工。主要用于生产大批量的中小型预应力构件和直线形配筋构件。

2.2 后张法

后张法是指先浇筑混凝土构件，然后直接在构件上张拉预应力钢筋的一种施工方法。具体过程是：先浇筑混凝土构件，并在预应力钢筋设计位置上预留孔道（直线形或曲线形）；等混凝土达到足够强度（一般不低于混凝土设计强度的75%）后，将预应力钢筋穿入孔道，将构件本身作为承力台座张拉钢筋；随着钢筋的张拉，构件混凝土同时受到压缩，张拉完毕后用锚具将预应力钢筋锚固在构件上，如图6-3所示。在后张法构件中，预应力是靠构件两端的锚具传给混凝土的。

码6-2 动画-后张法

后张法的特点：不需要专门台座，可根据设计要求现场制作成曲线或折线形，应用比

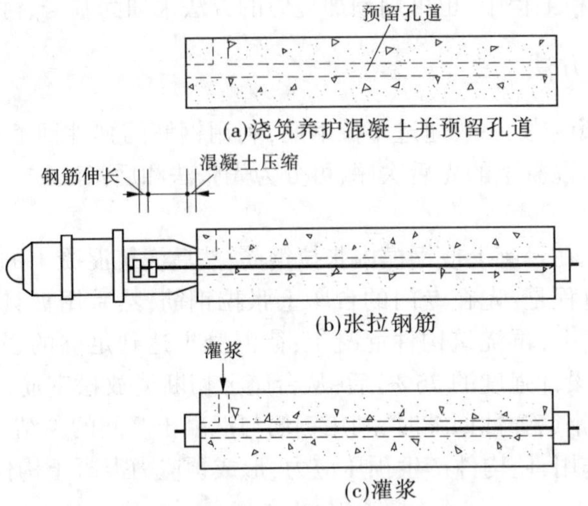

图 6-3　后张法构件施工工序示意图

较灵活。但增加了留孔、灌浆等工序,施工比较复杂;所用锚具要留在构件内,成本较高。主要用于现场施工制作大型构件以至整个结构。

随着科学技术的发展,无黏结预应力混凝土逐渐应用于生产实际中。无黏结预应力混凝土是预应力钢筋表面上涂防腐和润滑的材料,通过塑料套管与混凝土隔离,预应力钢筋沿全长与周围混凝土没有黏结,能发生相对滑动,所以在制作构件时不需预留孔道和灌浆,只要将它同普通钢筋一样放入模板即可浇筑混凝土,而且张拉工序简单,施工方便。试验表明,无黏结预应力混凝土比较适合于混合配筋(同时配有非预应力钢筋和预应力钢筋)的部分预应力混凝土构件。

3　预应力混凝土的材料

3.1　混凝土

预应力混凝土结构对混凝土的基本要求是:

(1)强度高。采用高强度的混凝土以适应高强钢筋的需要,保证钢筋充分发挥作用,有效减小构件的截面尺寸和自重。在预应力混凝土构件中,混凝土的强度等级不宜低于C30;采用钢丝、钢绞线时,则不宜低于C40。

(2)收缩、徐变小。采用收缩徐变小的混凝土,以减小预应力损失。

(3)快硬、早强。为了尽早施加预应力,加快施工进度,提高设备利用率,宜采用早期强度较高的混凝土。

3.2　预应力钢筋

预应力混凝土结构对钢筋的基本要求是:

(1)强度高。预应力钢筋的张拉应力在构件的整个制作和使用过程中会出现各种应力损失。这些损失的总和有时可达到200 N/mm^2 以上,如果所用的钢筋强度不高,那么张拉时所建立的预压应力会损失殆尽。

(2)与混凝土要有较好的黏结力。特别是在先张法中,预应力钢筋与混凝土之间必须有较高的黏结强度。

(3)具有一定的塑性和良好的加工性能。钢材强度越高,其塑性越低。钢筋塑性太低时,特别是处于低温或冲击荷载条件下,易发生脆性断裂。良好的加工性能是指焊接性能好,以及采用镦头锚板时,钢筋端部"镦粗"后不影响原有的力学性能等。

目前,我国常用的预应力钢筋品种有钢绞线、消除应力钢丝、螺纹钢筋、钢棒等。

4 锚具与夹具

锚具和夹具是锚固与张拉预应力钢筋时所用的工具。先张法中,构件制作完毕后,可取下来重复使用的称为夹具;后张法中,锚固在构件端部,与构件连成一体共同受力,不能取下重复使用的称为锚具。对锚具、夹具的一般要求是:锚固性能可靠,具有足够的强度和刚度,滑移小,构造简单,节约钢材等。

4.1 先张法的夹具

如果张拉单根预应力钢筋,则可利用偏心夹具夹住钢筋用卷扬机张拉(见图6-4),再用锥形锚固夹具或楔形夹具将钢筋临时锚固在台座的传力架上(见图6-5),锥销(或楔块)可用人工锤入套筒(或锚板)内。这种夹具只能锚固单根钢筋。

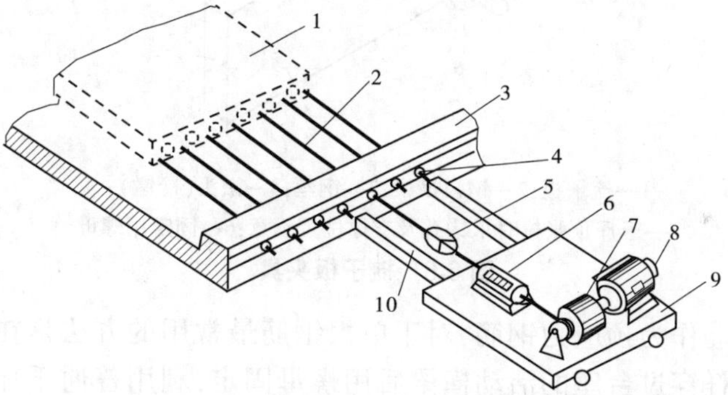

1—预制构件(空心板);2—预应力钢筋;3—台座传力架;4—锥形夹具;5—偏心夹具;6—弹簧秤(控制张拉力);7—卷扬机;8—电动机;9—张拉车;10—撑杆

图6-4 先张法单根钢筋的张拉

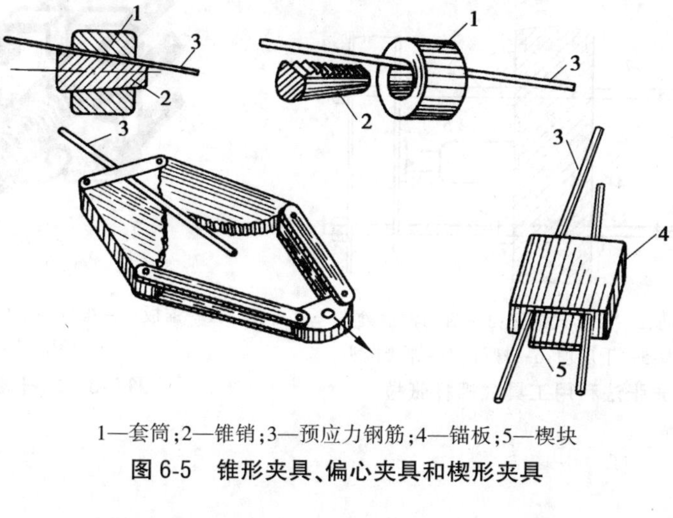

1—套筒;2—锥销;3—预应力钢筋;4—锚板;5—楔块

图6-5 锥形夹具、偏心夹具和楔形夹具

如果在钢模上张拉多根预应力钢丝，可用梳子板夹具(见图 6-6)。钢丝两端用镦头(冷镦)锚定，利用安装在普通千斤顶内活塞上的爪子钩住梳子板上两个孔洞施力于梳子板，张拉完毕后立即拧紧螺母，钢丝就临时锚固在钢横梁上。

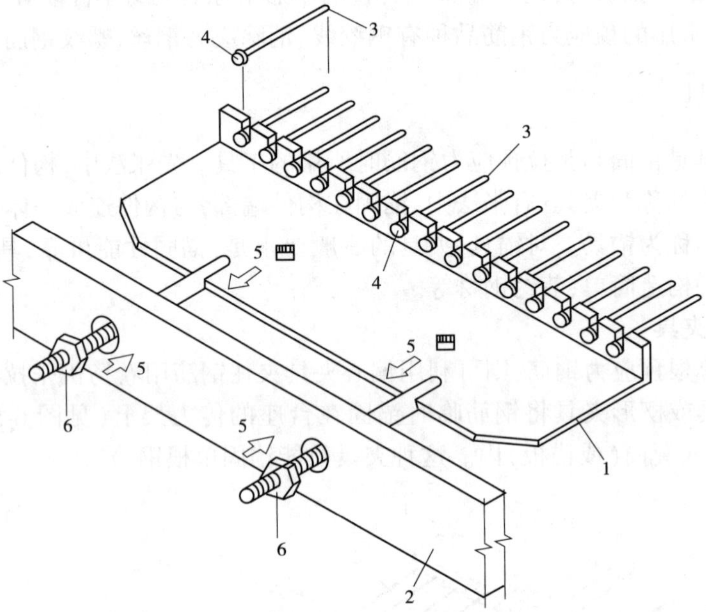

1—梳子板；2—钢模横梁；3—钢丝；4—镦头(冷镦)；
5—千斤顶张拉时爪钩孔及支撑位置示意；6—固定用螺母

图 6-6　梳子板夹具

如果采用粗钢筋作为预应力钢筋，对于单根钢筋最常用的方法是在钢筋端头连接一个工具式螺杆。螺杆穿过台座的活动横梁后用螺母固定，利用普通千斤顶推动活动钢横梁就可张拉钢筋(见图 6-7)。

对于多根钢筋，可采用螺杆镦粗夹具(见图 6-8)或锥形锚块夹具(见图 6-9)。

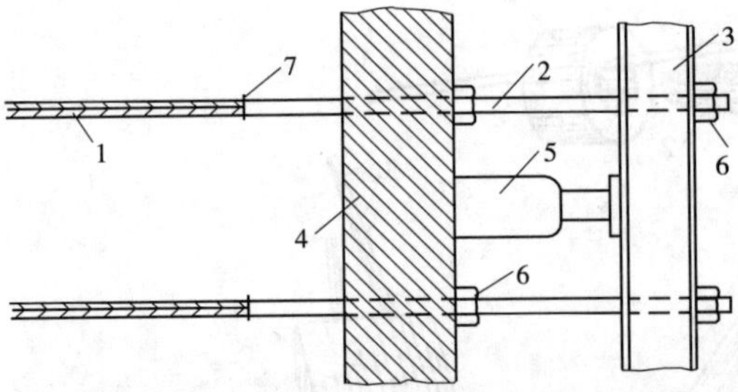

1—预应力钢筋；2—工具式螺杆；3—活动钢横梁；
4—台座传力架；5—千斤顶；6—螺母；7—焊接接头

图 6-7　先张法利用工具式螺杆张拉

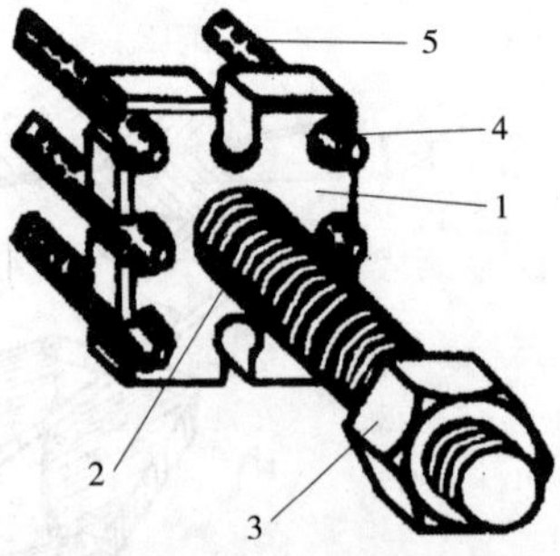

1—锚板；2—螺杆；3—螺帽；4—镦粗头；
5—预应力钢筋

图 6-8　螺杆镦粗夹具

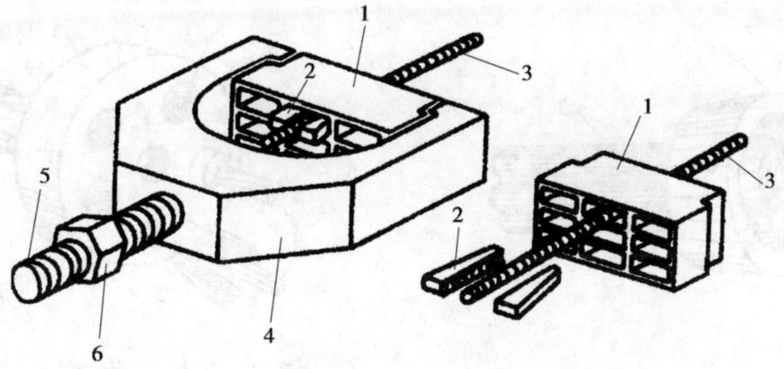

1—锥形锚块;2—锥形夹片;3—预应力钢筋;4—张拉连接器;
5—张拉螺杆;6—固定用螺母

图6-9　锥形锚块夹具

4.2　后张法的锚具

钢丝束常采用锥形锚具配用外夹式双作用千斤顶进行张拉(见图6-10)。锥形锚具由锚圈及带齿的圆锥体锚塞组成。锚塞中间有作锚固后灌浆用的小孔。由双作用千斤顶张拉钢筋后将锚塞顶压入锚圈内,利用钢丝在锚塞与锚圈之间的摩擦力锚固钢丝。锥形锚具可张拉由12~24根直径为5 mm的碳素钢丝组成的钢丝束。

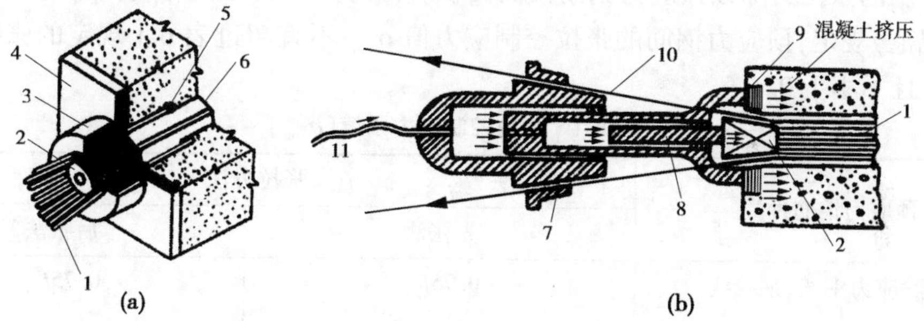

1—钢丝束;2—锚塞;3—钢锚圈;4—垫板;5—孔道;6—套管;7—钢丝夹具;
8—内活塞;9—锚板;10—张拉钢丝;11—油管

图6-10　锥形锚具及外夹式双作用千斤顶

张拉钢筋束和钢绞线束时,可采用JM12型锚具配用穿心式千斤顶。JM12型锚具由锚环和夹片(呈楔形)组成(见图6-11)。夹片可为3、4、5、6片,用以锚固3~6根直径为12~14 mm的钢筋或5~6根7股4 mm的钢绞线。

如果采用单根粗钢筋,也可用螺丝端杆锚具,即在钢筋一端焊接螺丝端杆,螺丝端杆另一端与张拉设备相连。张拉完毕后通过螺帽和垫板将预应力钢筋锚固在构件上。

锚固钢绞线还可采用我国近年来生产的XM、QM型锚具(见图6-12)。此类锚具由锚环和夹片组成。每根钢绞线由三个夹片夹紧。每个夹片由空心锥台按三等份切割而成。XM型和QM型锚具夹片切开的方向不同,前者与锥体母线倾斜,而后者则与锥体母线平行。一个锚具可夹3~10根钢绞线(或钢丝束)。因其对下料长度无严格要求,故施工方便。现已大量应用于铁路、公路及城市交通的预应力桥梁等大型结构构件。

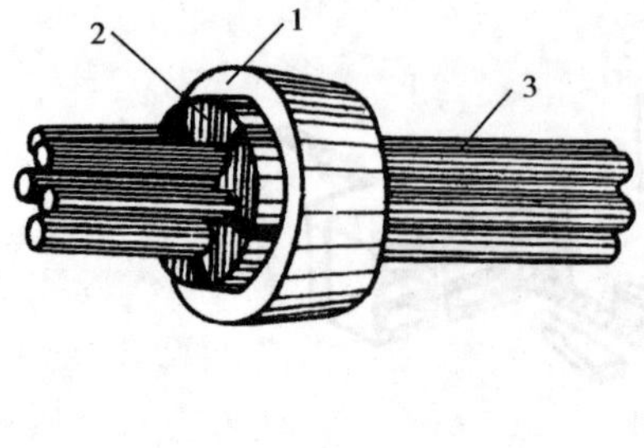

1—锚环;2—夹片;3—钢筋束

图 6-11 JM12 型锚具

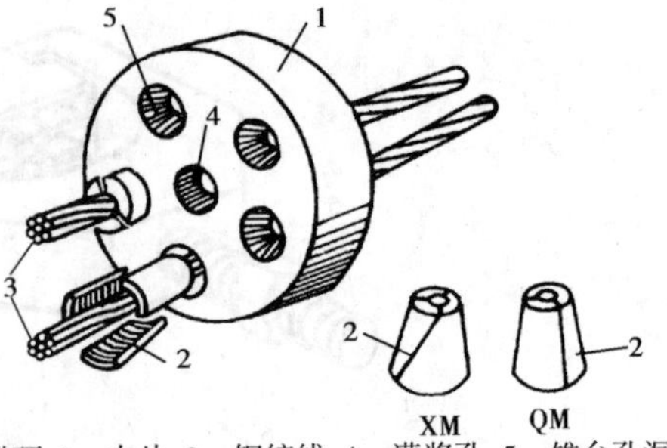

1—锚环;2—夹片;3—钢绞线;4—灌浆孔;5—锥台孔洞

图 6-12 XM、QM 型锚具

任务 2 预应力钢筋张拉控制应力及预应力损失

1 预应力钢筋张拉控制应力 σ_{con}

张拉控制应力是指张拉时预应力钢筋达到的最大应力值,也就是张拉设备(如千斤顶)所控制的张拉力除以预应力钢筋截面面积所得的应力值,以 σ_{con} 表示。

《规范》规定,预应力钢筋的张拉控制应力值 σ_{con} 不宜超过表 6-1 规定的张拉控制应力限值,且不小于 $0.4f_{ptk}$。

表 6-1 张拉控制应力限值[σ_{con}]

预应力钢筋种类	张拉方法	
	先张法	后张法
消除应力钢丝、钢绞线	$0.75f_{ptk}$	$0.75f_{ptk}$
螺纹钢筋	$0.75f_{ptk}$	$0.70f_{ptk}$
钢棒	$0.70f_{ptk}$	$0.65f_{ptk}$

注:f_{ptk} 为预应力钢筋抗拉强度标准值,按附表 1-6 确定。

在下列情况下,表中[σ_{con}]值可提高 $0.05f_{ptk}$:①要求提高构件在施工阶段的抗裂性能而在使用阶段受压区设置的预应力钢筋;②要求部分抵消应力松弛、摩擦、钢筋分批张拉以及预应力钢筋与台座之间的温差等因素产生的预应力损失。

张拉控制应力 σ_{con} 的取值与下列因素有关:

(1)张拉控制应力应定得高一些。σ_{con} 值越高,混凝土建立的预压应力就越大,从而提高构件的抗裂性能。σ_{con} 值取得过低,会因各种预应力损失使钢筋的回弹力减小,不能充分利用钢筋的强度。

(2)张拉控制应力也不能过高。σ_{con} 值定得过高也有不利的方面:①钢筋强度具有一定的离散性,在张拉操作过程中还要进行超张拉,如果将 σ_{con} 定得过高,张拉时可能使钢筋应力进入钢材的屈服阶段,产生塑性变形,反而达不到预期的预应力效果;②考虑到张拉时的拉力不够准确、焊接质量可能不好等因素，σ_{con} 定得过高易发生安全事故。

(3)螺纹钢筋的[σ_{con}]，先张法较后张法高。这是因为在先张法中，张拉钢筋达到控制应力时，构件混凝土尚未浇筑，当从台座上放松钢筋使混凝土受到预压时，钢筋会随着混凝土的压缩而回缩，这时钢筋的预拉应力已经小于 σ_{con}。而对于后张法来说，在张拉钢筋的同时，混凝土即受到挤压，当钢筋应力达到控制应力 σ_{con} 时，混凝土的压缩已经完成，没有混凝土的弹性回缩而引起的钢筋应力的降低。所以，当 σ_{con} 相等时，后张法建立的预应力值比先张法大。这就是在后张法中控制应力值定得比先张法小的原因。

(4)消除应力钢丝、钢绞线的[σ_{con}]，先张法和后张法取值相同。这是因为钢丝材质稳定。

2 预应力损失

由于张拉工艺和材料特性等原因，预应力钢筋在张拉时所建立的拉应力，在构件制作和使用过程中会受到损失。产生预应力损失的原因很多，下面分别讨论引起预应力损失的原因、损失值的计算及减小预应力损失的措施。

2.1 张拉端锚具变形和钢筋内缩引起的损失 σ_{l1}

构件在张拉预应力钢筋达到控制应力 σ_{con} 后，便把预应力钢筋锚固在台座或构件上。由于预应力回弹方向与张拉时拉伸方向相反，当锚具、垫板与构件之间的缝隙被压紧时，预应力钢筋在锚具中的内缩会造成钢筋应力降低，由此形成的预应力损失称为 σ_{l1}。用先张法生产构件的台座长度大于 100 m 时，σ_{l1} 可忽略不计。

为减小锚具变形引起预应力损失，除认真按照施工程序操作外，还可以采用如下减小损失的方法：①选择变形小或预应力钢筋滑移小的锚具，减少垫板的块数；②对于先张法，选择长的台座。

2.2 预应力钢筋与孔道壁之间的摩擦引起的损失 σ_{l2}

后张法构件张拉时，预应力钢筋与孔道壁之间的摩擦引起的预应力损失为 σ_{l2}。

减小摩擦损失的方法有：

(1)采用两端张拉。两端张拉比一端张拉可减少 1/2 的摩擦损失值。

(2)采用“超张拉”工艺。所谓超张拉即第一次张拉至 $1.1\sigma_{con}$，持荷 2 min，再卸荷至 $0.85\sigma_{con}$，持荷 2 min，最后张拉至 σ_{con}。这样可使摩擦损失减小，比一次张拉的预应力分布更均匀。

2.3 混凝土采用蒸汽养护时预应力钢筋与张拉台座之间的温差引起的损失 σ_{l3}

对于先张法预应力混凝土构件，当进行蒸汽养护升温时，新浇筑的混凝土尚未硬化，由于钢筋温度高于台座温度，于是钢筋产生相对伸长，预应力钢筋中的应力将降低，造成预应力损失；当降温时，混凝土已经硬化，混凝土与钢筋之间已建立起黏结力，两者将一起回缩，故钢筋应力将不能恢复到原来的张拉应力值。σ_{l3} 仅在先张法中存在。

为了减少此项损失可采用下列措施：

(1)在构件进行蒸汽养护时采用“二次升温制度”，即第一次一般升温 20 ℃，然后恒温。当混凝土强度达到(7~10) N/mm² 时，预应力钢筋与混凝土黏结在一起。第二次再升温至规定养护温度。这时，预应力钢筋与混凝土同时伸长，故不会再产生预应力损失。

因此,采用“二次升温制度”,养护后应力损失降低值为:

$$\sigma_{l3} = 2\Delta t = 2 \times 20 = 40(\mathrm{N/mm^2})$$

(2)采用钢模制作构件,并将钢模与构件一同整体放入蒸汽室养护,则不存在温差引起的预应力损失。

2.4 预应力钢筋的应力松弛引起的损失 σ_{l4}

钢筋应力松弛是指钢筋在高应力作用下,在钢筋长度不变条件下,钢筋应力随时间增长而降低的现象。钢筋应力松弛使预应力值降低,造成的预应力损失称为 σ_{l4}。试验表明,松弛损失与下列因素有关:①初始应力。张拉控制应力高,松弛损失就大,损失的速度也快。②钢筋种类。松弛损失按下列钢筋种类依次减小:钢丝、钢绞线、螺纹钢筋。③时间。1 h 及 24 h 的松弛损失分别约占总松弛损失(以 1 000 h 计)的 50%和 80%。④温度。温度越高,松弛损失越大。⑤张拉方式。采用超张拉可比一次张拉的松弛损失减小(2%~10%)σ_{con}。

减少松弛损失的措施:①采用超张拉工艺;②采用低松弛损失的钢材。

2.5 混凝土收缩和徐变引起的损失 σ_{l5}

混凝土在空气中结硬时发生体积收缩,而在预应力作用下,混凝土将沿压力作用方向产生徐变。收缩和徐变都使构件缩短,预应力钢筋随之回缩,因而造成预应力损失 σ_{l5}。

由混凝土收缩和徐变引起的受拉区、受压区纵向预应力钢筋的预应力损失值为 σ_{l5}、σ_{l5}'。

σ_{l5}、σ_{l5}' 的公式是根据一般湿度条件建立的。对处于年平均湿度低于 40%环境下的结构,σ_{l5} 及 σ_{l5}' 值应增加 30%。

混凝土收缩和徐变引起的预应力损失是各项损失中最大的一项,在直线形预应力配筋构件中约占总损失的 50%,而在曲线形预应力配筋构件中占总损失的 30%左右。因此,应当重视采取各种有效措施减小混凝土的收缩和徐变。通常采用高标号水泥,减少水泥用量,降低水灰比,振捣密实,加强养护,并控制混凝土预压应力值 σ_{pc}、σ_{pc}' 不超过 $0.5f_{cu}'$。

2.6 螺旋式预应力钢筋(或钢丝)挤压混凝土引起的损失 σ_{l6}

环形结构构件的混凝土被螺旋式预应力钢筋箍紧,混凝土受预应力钢筋的挤压会发生局部压陷,构件直径减小 2δ,使得预应力钢筋回缩,引起的预应力损失称为 σ_{l6}。σ_{l6} 的大小与构件的直径有关,构件直径越小,压陷变形的影响越大,预应力损失就越大。当构件直径大于 3 m 时,损失值可忽略不计;当构件直径小于等于 3 m 时,取 $\sigma_{l6} = 30\ \mathrm{N/mm^2}$。

对于大体积水工混凝土构件,各项预应力损失值应由专门研究或试验确定。

上述各项预应力损失并非同时发生,而是按不同张拉方式分阶段发生的。通常把在混凝土预压前产生的损失称为第一批应力损失 $\sigma_{l\mathrm{I}}$(先张法指放张前的损失,后张法指卸去千斤顶前的损失),在混凝土预压后产生的损失称为第二批应力损失 $\sigma_{l\mathrm{II}}$。总损失值为 $\sigma_l = \sigma_{l\mathrm{I}} + \sigma_{l\mathrm{II}}$。各批预应力损失的组合见表 6-2。

预应力损失的计算值与实际值之间可能有误差,为了确保构件安全,当按上述各项损失计算得出的总损失值 σ_l 小于下列数值时,则按下列数值采用:

先张法构件　　100 N/mm²

后张法构件 80 N/mm^2

表 6-2 各阶段预应力损失的组合

项次	预应力损失值的组合	先张法构件	后张法构件
1	混凝土预压前(第一批)的损失 $\sigma_{l\mathrm{I}}$	$\sigma_{l1}+\sigma_{l2}+\sigma_{l3}+\sigma_{l4}$	$\sigma_{l1}+\sigma_{l2}$
2	混凝土预压后(第二批)的损失 $\sigma_{l\mathrm{II}}$	σ_{l5}	$\sigma_{l4}+\sigma_{l5}+\sigma_{l6}$

注:先张法构件第一批损失值计入 σ_{l2} 是指有折线式配筋的情况。

讨论与检测

1 讨论题

(1)为什么在普通钢筋混凝土构件中一般不采用高强度钢筋?

(2)简述预应力混凝土的工作原理。

(3)先张法和后张法各有哪些优缺点?

(4)预应力混凝土结构构件对钢筋和混凝土有什么要求?

(5)张拉控制应力数值大小的确定应注意哪些问题?

(6)预应力损失的种类及其减小措施有哪些?

2 判断题

(1)预应力钢筋混凝土结构中应采用高强钢筋。 ( )

(2)先张法是指首先在台座上或钢模内张拉钢筋,然后浇筑混凝土的一种施工方法。 ( )

(3)抗裂性差是预应力钢筋混凝土结构的缺点。 ( )

(4)刚度大、变形小是预应力钢筋混凝土结构的优点。 ( )

(5)张拉控制应力越大越好。 ( )

(6)由于张拉工艺和材料特性等原因,预应力钢筋在张拉时所建立的拉应力,在构件制作和使用过程中会受到损失。 ( )

3 选择题

(1)对构件施加预应力的主要目的是下列哪项。 ( )

A. 避免裂缝和减少裂缝　　B. 提高承载力

C. 对构件进行检验　　D. 充分发挥混凝土的作用

(2)普通钢筋混凝土结构不能充分发挥高强钢筋的作用,主要原因是下列哪项。 ( )

A. 受压混凝土破坏　　B. 未配高强混凝土

C. 不能满足正常使用极限状态　　D. 施工制作要求高

(3)先张法构件的混凝土预压前的损失是 $\sigma_{l\mathrm{I}}$ 下列哪项。 ( )

A. $\sigma_{l1}+\sigma_{l2}$　　B. σ_{l5}

C. $\sigma_{l4}+\sigma_{l5}+\sigma_{l6}$　　D. $\sigma_{l1}+\sigma_{l2}+\sigma_{l3}+\sigma_{l4}$

附　录

附录1　材料强度标准值、设计值及材料的弹性模量

附表1-1　混凝土强度标准值　(单位:N/mm²)

强度种类	符号	混凝土强度等级									
		C15	C20	C25	C30	C35	C40	C45	C50	C55	C60
轴心受压	f_{ck}	10.0	13.4	16.7	20.1	23.4	26.8	29.6	32.4	35.5	38.5
轴心受拉	f_{tk}	1.27	1.54	1.78	2.01	2.20	2.39	2.51	2.64	2.74	2.85

附表1-2　混凝土强度设计值　(单位:N/mm²)

强度种类	符号	混凝土强度等级									
		C15	C20	C25	C30	C35	C40	C45	C50	C55	C60
轴心抗压	f_c	7.2	9.6	11.9	14.3	16.7	19.1	21.1	23.1	25.3	27.5
轴心抗拉	f_t	0.91	1.10	1.27	1.43	1.57	1.71	1.80	1.89	1.96	2.04

注:计算现浇钢筋混凝土轴心受压和偏心受压构件时,如截面的长边或直径小于300 mm,则表中的混凝土强度设计值应乘以系数0.8;当构件质量(如混凝土成型、截面和轴线尺寸等)确有保证时,可不受此限制。

附表1-3　混凝土弹性模量 E_c　(单位:×10⁴ N/mm²)

混凝土强度等级	C15	C20	C25	C30	C35	C40	C45	C50	C55	C60
E_c	2.20	2.55	2.80	3.00	3.15	3.25	3.35	3.45	3.55	3.60

附表1-4　普通钢筋强度标准值

种类		符号	d(mm)	f_{yk}(N/mm²)
热轧钢筋	HPB235(Q235)	Φ	8~20	235
	HRB335(20MnSi)	Φ	6~50	335
	HRB400(20MnSiV、20MnSiNb、20MnTi)	Φ	6~50	400
	RRB400(K20MnSi)	$Φ^R$	8~40	400

注:1. 热轧钢筋直径 d 是指公称直径。

2. 当采用直径大于40 mm的钢筋时,应有可靠的工程经验。

附表 1-5 普通钢筋强度设计值

（单位：N/mm^2）

种类		符号	f_y	f'_y
热轧钢筋	HPB235（Q235）	Φ	210	210
	HRB335（20MnSi）	Φ	300	300
	HRB400（20MnSiV、20MnSiNb、20MnTi）	Φ	360	360
	RRB400（K20MnSi）	Φ^R	360	360

注：在钢筋混凝土结构中，轴心受拉或小偏心受拉构件的钢筋抗拉强度设计值大于 300 N/mm^2 时，仍应按 300 N/mm^2 取用。

附表 1-6 预应力钢筋强度标准值

种类		符号	公称直径 d(mm)	f_{ptk}(N/mm^2)
钢绞线	1×2	Φ^S	5、5.8	1 570、1 720、1 860、1 960
			8、10	1 470、1 570、1 720、1 860、1 960
			12	1 470、1 570、1 720、1 860
	1×3		6.2、6.5	1 570、1 720、1 860、1 960
			8.6	1 470、1 570、1 720、1 860、1 960
			8.74	1 570、1 670、1 860
			10.8、12.9	1 470、1 570、1 720、1 860、1 960
	1×3I		8.74	1 570、1 670、1 860
	1×7		9.5、11.1、12.7	1 720、1 860、1 960
			15.2	1 470、1 570、1 670、1 720、1 860、1 960
			15.7	1 770、1 860
			17.8	1 720、1 860
	（1×7）C		12.7	1 860
			15.2	1 820
			18.0	1 720
消除应力钢丝	光圆螺旋肋	Φ^P Φ^R	4、4.8、5	1 470、1 570、1 670、1 860
			6、6.25、7	1 470、1 570、1 670、1 770
			8、9	1 470、1 570
			10、12	1 470
	刻痕	Φ^I	≤5	1 470、1 570、1 670、1 770、1 860
			>5	1 470、1 570、1 670、1 770
钢棒	螺旋槽	Φ^{HG}	7.1、9、10.7、12.6	1 080、1 230、1 420、1 570
	螺旋肋	Φ^{HR}	6、7、8、10、12、14	
螺纹钢筋	PSB785	Φ^{PS}	18、25、32、40、50	980
	PSB830			1 030
	PSB930			1 080
	PSB1080			1 230

注：1. 钢绞线直径 d 是指钢绞线外接圆直径，即《预应力混凝土用钢绞线》（GB/T 5224—2003）中的公称直径 D_n；钢丝、螺纹钢筋及钢棒的直径 d 均指公称直径。

2. 1×3I 为三根刻痕钢丝捻制的钢绞线，（1×7）C 为七根钢丝捻制又经模拔的钢绞线。

3. 根据国家标准，同一规格的钢丝有不同的强度级别，因此表中对同一规格的钢丝列出了相应的 f_{ptk} 值，在设计中可自行选用。

附表 1-7　预应力钢筋强度设计值　(单位:N/mm²)

种类		符号	f_{ptk}	f_{py}	f_{py}'
钢绞线	1×2 1×3 1×3I 1×7 (1×7)C	ϕ^S	1 470	1 040	390
			1 570	1 110	
			1 670	1 180	
			1 720	1 220	
			1 770	1 250	
			1 820	1 290	
			1 860	1 320	
			1 960	1 380	
消除应力钢丝	光圆 螺旋肋 刻痕	ϕ^P ϕ^R ϕ^I	1 470	1 040	410
			1 570	1 110	
			1 670	1 180	
			1 770	1 250	
			1 860	1 320	
钢棒	光圆	ϕ^P	1 080	760	400
	螺旋槽	ϕ^{HG}	1 230	870	
	螺旋肋	ϕ^{HR}	1 420	1 005	
	带肋	ϕ^R	1 570	1 110	
螺纹钢筋	PSB785	ϕ^{PS}	980	650	400
	PSB830		1 030	685	
	PSB930		1 080	720	
	PSB1080		1 230	820	

注:当预应力钢绞线、钢丝的强度标准值不符合附表 1-6 的规定时,其强度设计值应进行换算。

附表 1-8　钢筋弹性模量 E_s　(单位:N/mm²)

钢筋种类	E_s
HPB235 级钢筋	2.1×10^5
HRB335 级钢筋、HRB400 级钢筋、RRB400 级钢筋	2.0×10^5
消除应力钢丝(光圆钢丝、螺旋肋钢丝、刻痕钢丝)	2.05×10^5
钢绞线	1.95×10^5
钢棒(光圆钢棒、螺旋肋钢棒、带肋钢棒)、螺纹钢筋	2.0×10^5

注:必要时钢绞线可采用实测的弹性模量。

附录2 钢筋的截面面积及公称质量

附表 2-1 钢筋的公称直径、公称截面面积及公称质量

公称直径(mm)	不同根数钢筋的公称截面面积(mm^2)									单根钢筋公称质量(kg/m)
	1	2	3	4	5	6	7	8	9	
6	28.3	57	85	113	142	170	198	226	255	0.222
6.5	33.2	66	100	133	166	199	232	265	299	0.260
8	50.3	101	151	201	252	302	352	402	453	0.395
10	78.5	157	236	314	393	471	550	628	707	0.617
12	113.1	226	339	452	565	678	791	904	1 017	0.888
14	153.9	308	461	615	769	923	1077	1 231	1 385	1.210
16	201.1	402	603	804	1 005	1 206	1 407	1 608	1 809	1.580
18	254.5	509	763	1 017	1 272	1 527	1 781	2 036	2 290	2.000
20	314.2	628	942	1 256	1 570	1 884	2 199	2 513	2 827	2.470
22	380.1	760	1 140	1 520	1 900	2 281	2 661	3 041	3 421	2.980
25	490.9	982	1 473	1 964	2 454	2 945	3 436	3 927	4 418	3.850
28	615.8	1 232	1 847	2 463	3 079	3 695	4 310	4 926	5 542	4.830
32	804.2	1 609	2 413	3 217	4 021	4 826	5 630	6 434	7 238	6.310
36	1 017.9	2 036	3 054	4 072	5 089	6 107	7 125	8 143	9 161	7.990
40	1 256.6	2 513	3 770	5 027	6 283	7 540	8 796	10 053	11 310	9.870
50	1 964	3 928	5 892	7 856	9 820	11 784	13 748	15 712	17 676	15.420

附表 2-2　每米板宽各种钢筋间距时的钢筋截面面积

钢筋间距(mm)	钢筋直径(mm)为下列数值时的钢筋截面面积(mm^2)															
	6	6/8	8	8/10	10	10/12	12	12/14	14	14/16	16	16/18	18	20	22	25
70	404	561	718	920	1 122	1 369	1 616	1 907	2 199	2 536	2 872	3 254	3 635	4 488	5 430	7 012
75	377	524	670	859	1 047	1 278	1 508	1 708	2 053	2 367	2 681	3 037	3 393	4 189	5 068	6 545
80	353	491	628	805	982	1 198	1 414	1 669	1 924	2 218	2 513	2 847	3 181	3 927	4 752	6 136
85	333	462	591	758	924	1 127	1 331	1 571	1 811	2 088	2 365	2 680	2 994	3 696	4 472	5 775
90	314	436	559	716	873	1 065	1 257	1 484	1 710	1 972	2 234	2 531	2 827	3 491	4 224	5 454
95	298	413	529	678	827	1 009	1 190	1 405	1 620	1 868	2 116	2 398	2 679	3 307	4 001	5 167
100	283	393	503	644	785	958	1 131	1 335	1 539	1 775	2 011	2 278	2 545	3 142	3 801	4 909
110	257	357	457	585	714	871	1 028	1 214	1 399	1 614	1 828	2 071	2 313	2 856	3 456	4 462
120	236	327	419	537	654	798	942	1 113	1 283	1 480	1 676	1 899	2 121	2 618	3 168	4 091
125	226	314	402	515	628	767	905	1 068	1 232	1 420	1 608	1 822	2 036	2 513	3 041	3 927
130	217	302	387	495	604	737	870	1 027	1 184	1 366	1 547	1 752	1 957	2 417	2 924	3 776
140	202	280	359	460	561	684	808	954	1 100	1 268	1 436	1 627	1 818	2 244	2 715	3 506
150	188	262	335	429	524	639	754	890	1 026	1 183	1 340	1 518	1 696	2 094	2 534	3 272
160	177	245	314	403	491	599	707	834	962	1 110	1 257	1 424	1 590	1 963	2 376	3 068
170	166	231	296	379	462	564	665	785	906	1 044	1 183	1 340	1 497	1 848	2 236	2 887
180	157	218	279	358	436	532	628	742	855	985	1 117	1 266	1 414	1 745	2 112	2 727
190	149	207	265	339	413	504	595	703	810	934	1 058	1 199	1 339	1 653	2 001	2 584
200	141	196	251	322	393	479	565	668	770	888	1 005	1 139	1 272	1 571	1 901	2 454
220	129	178	228	293	357	436	514	607	700	807	914	1 036	1 157	1 428	1 728	2 231
240	118	164	209	268	327	399	471	556	641	740	838	949	1 060	1 309	1 584	2 045
250	113	157	201	258	314	383	452	534	616	710	804	911	1 018	1 257	1 521	1 963
260	109	151	193	248	302	369	435	514	592	682	773	858	979	1 208	1 462	1 888
280	101	140	180	230	280	342	404	477	550	634	718	814	909	1 122	1 358	1 753
300	94	131	168	215	262	319	377	445	513	592	670	759	848	1 047	1 267	1 636
320	88	123	157	201	245	299	353	417	481	554	630	713	795	982	1 188	1 534
330	86	119	152	195	238	290	343	405	466	538	609	690	771	952	1 152	1 487

附录3 钢筋混凝土常用构造规定

附表 3-1 混凝土保护层最小厚度 (单位:mm)

项次	构件类别	环境类别				
		一	二	三	四	五
1	板、墙	20	25	30	45	50
2	梁、柱、墩	30	35	45	55	60
3	截面厚度不小于 2.5 m 的底板及墩墙	—	40	50	60	65

注:1. 直接与地基接触的结构底层钢筋或无检修条件的结构,保护层厚度应适当增大。
2. 有抗冲耐磨要求的结构面层钢筋,保护层厚度应适当增大。
3. 混凝土强度等级不低于 C30 且浇筑质量有保证的预制构件或薄板,保护层厚度可按表中数值减小 5 mm。
4. 钢筋表面涂塑或结构外表面敷设永久性涂料或面层时,保护层厚度可适当减小。
5. 严寒和寒冷地区受冰冻的部位,保护层厚度还应符合《水工建筑物抗冰冻设计规范》(SL 211—2006)的规定。

附表 3-2 钢筋混凝土构件纵向受力钢筋的最小配筋率 ρ_{min} (%)

项次	分类	钢筋等级		
		HPB235	HRB335	HRB400、RRB400
1	受弯构件、偏心受拉构件的受拉钢筋:			
	梁	0.25	0.20	0.20
	板	0.20	0.15	0.15
2	轴心受压柱的全部纵向钢筋:	0.60	0.60	0.55
3	偏心受压构件的受拉或受压钢筋:			
	柱、肋拱	0.25	0.20	0.20
	墩墙、板、板拱	0.20	0.15	0.15

注:1. 项次 1、3 中的配筋率是指钢筋截面面积与构件肋宽乘以有效高度的混凝土截面面积的比值,即 $\rho=\frac{A_s}{bh_0}$ 或 $\rho'=\frac{A'_s}{bh_0}$;项次 2 中的配筋率是指全部纵向钢筋截面面积与柱截面面积的比值。
2. 温度、收缩等因素对结构产生的影响较大时,纵向受拉钢筋的最小配筋率应适当增大。
3. 当结构有抗震设防要求时,钢筋混凝土框架结构构件的最小配筋率应按《规范》第 13 章有关规定取值。

附表 3-3　结构构件的裂缝控制等级及最大裂缝宽度限值 w_{lim}

环境类别	钢筋混凝土结构	预应力混凝土结构	
	w_{lim}(mm)	裂缝控制等级	w_{lim}(mm)
一	0.40	三	0.20
二	0.30	二	—
三	0.25	一	—
四	0.20	一	—
五	0.15	一	—

注:1. 表中的规定适用于采用热轧钢筋的钢筋混凝土结构和采用预应力钢丝、钢绞线、螺纹钢筋及钢棒的预应力混凝土结构;当采用其他类别的钢筋时,其裂缝控制要求可按专门标准确定。

2. 结构构件的混凝土保护层厚度大于 50 mm 时,表列裂缝宽度限值可增加 0.05。

3. 当结构构件不具备检修维护条件时,表列最大裂缝宽度限值宜适当减小。

4. 当结构构件承受水压且水力梯度 i>20 时,表列最大裂缝宽度限值宜减小 0.05。

5. 结构构件表面设有专门可靠的防渗面层等防护措施时,最大裂缝宽度限值可适当加大。

6. 对严寒地区,当年冻融循环次数大于 100 时,表列最大裂缝宽度限值宜适当减小。

附表 3-4　截面抵抗矩的塑性系数 γ_m 值

项次	截面特征		γ_m	截面图形
1	矩形截面		1.55	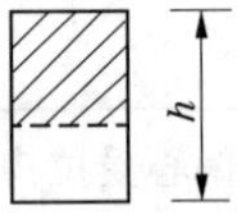
2	翼缘位于受压区的 T 形截面		1.50	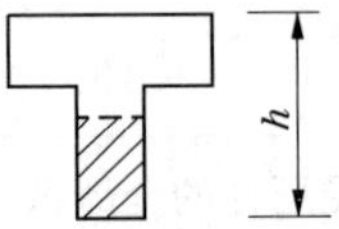
3	对称 I 形或箱形截面	$b_f/b \leqslant 2, h_f/h$ 为任意值	1.45	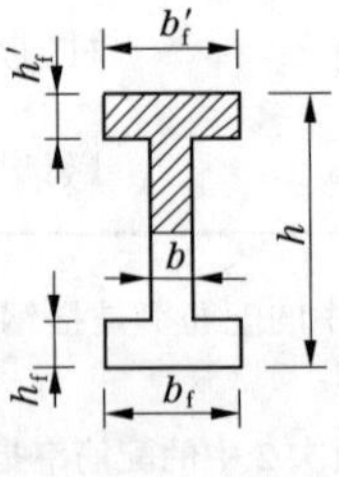
		$b_f/b>2, h_f/h \geqslant 0.2$	1.40	
		$b_f/b>2, h_f/h<0.2$	1.35	

续附表 3-4

项次	截面特征		γ_m	截面图形
4	翼缘位于受拉区的倒T形截面	$b_f/b\leqslant 2, h_f/h$ 为任意值	1.50	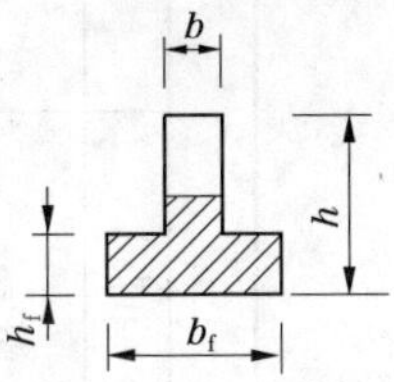
		$b_f/b>2, h_f/h\geqslant 0.2$	1.55	
		$b_f/b>2, h_f/h<0.2$	1.40	
5	圆形或环形截面		$1.6-0.24d_1/d$	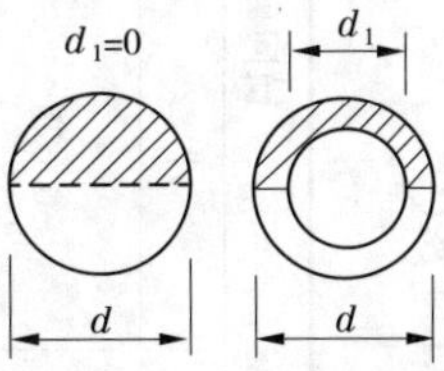
6	U 形截面		1.35	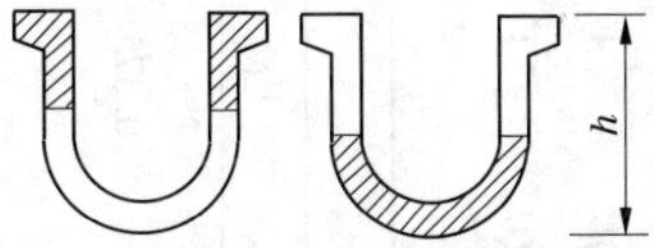

注:1. 对 $b'_f>b_f$ 的 I 形截面,可按项次 2 与项次 3 之间的数值采用;对 $b'_f<b_f$ 的 I 形截面,可按项次 3 与项次 4 之间的数值采用。

2. 根据 h 值的不同,表内数值尚应乘以$(0.7+300/h)$,其值应不大于 1.1,式中 h 以 mm 计,当 $h>3\ 000$ mm 时,取 $h=3\ 000$ mm,对圆形和环形截面,h 即外径 d。

3. 对于箱形截面,表中 b 值是指各肋宽度的总和。

附表 3-5 受弯构件的挠度限值

项次	构件类型	挠度限值
1	吊车梁: 手动吊车 电动吊车	 $l_0/500$ $l_0/600$
2	渡槽槽身、架空管道: 当 $l_0\leqslant 10$ m 时 当 $l_0>10$ m 时	 $l_0/400$ $l_0/500(l_0/600)$
3	工作桥及启闭机下大梁	$l_0/400(l_0/500)$
4	屋盖、楼盖: 当 $l_0\leqslant 6$ m 时 当 6 m$<l_0\leqslant 12$ m 时 当 $l_0>12$ m 时	 $l_0/200(l_0/250)$ $l_0/300(l_0/350)$ $l_0/400(l_0/450)$

注:1. 表中 l_0 为构件的计算跨度。

2. 表中括号内的数字适用于使用上对挠度有较高要求的构件。

3. 若构件制作时预先起拱,则在验算最大挠度值时,可将计算所得的挠度减去起拱值;对预应力混凝土构件尚可减去预加应力所产生的反拱值。

4. 悬臂构件的挠度限值按表中相应数值乘 2 取用。

附录 4　均布荷载和集中荷载作用下等跨连续梁的内力系数表

计算公式　均布荷载　$M = \alpha_1 g l_0^2 + \alpha_2 q l_0^2$　　$V = \beta_1 g l_n + \beta_2 q l_n$

$M = \alpha_1 G l_0 + \alpha_2 Q l_0$　　$V = \beta_1 G + \beta_2 Q$

附表 4-1　两跨梁

序号	荷载简图	跨中最大弯矩		支座弯矩	横向剪力			
		M_1	M_2	M_B	V_A	V_B^L	V_B^R	V_C
1	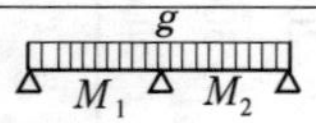	0.070	0.070	-0.125	0.375	-0.625	0.625	-0.375
2	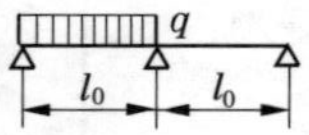	0.096	-0.025	-0.063	0.437	-0.563	0.063	0.063
3	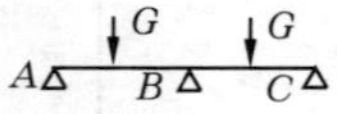	0.156	0.156	-0.188	0.312	-0.688	0.688	-0.312
4	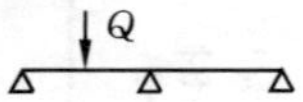	0.203	-0.047	-0.094	0.406	-0.594	0.094	0.094
5	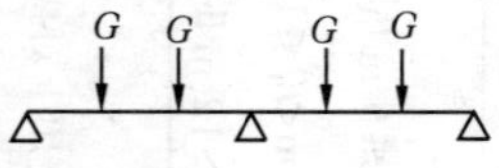	0.222	0.222	-0.333	0.667	-1.334	1.334	-0.667
6	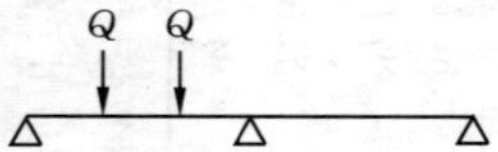	0.278	-0.056	-0.167	0.833	-1.167	0.167	0.167
7	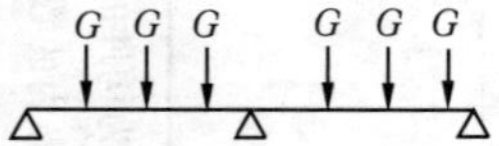	0.266	0.266	-0.469	1.042	-1.958	1.958	-1.042
8	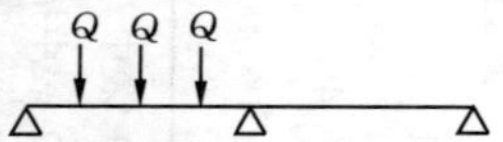	0.383	-0.117	-0.234	1.266	-1.734	0.234	0.234

附表 4-2　三跨梁

序号	荷载简图	跨中最大弯矩		支座弯矩		横向剪力					
		M_1	M_2	M_B	M_C	V_A	V_B^L	V_B^R	V_C^L	V_C^R	V_D
1	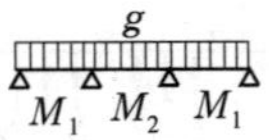	0.080	0.025	−0.100	−0.100	0.400	−0.600	0.500	−0.500	0.600	−0.400
2	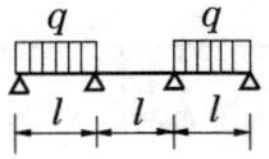	0.101	−0.050	−0.050	−0.050	0.450	−0.550	0.000	0.000	0.500	−0.450
3	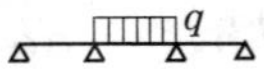	−0.025	0.075	−0.050	−0.050	−0.050	−0.050	0.500	−0.500	0.500	0.050
4	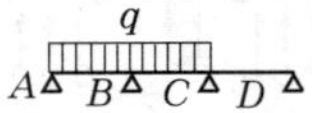	0.073	0.054	−0.117	−0.033	0.383	−0.617	0.583	−0.417	0.033	0.033
5	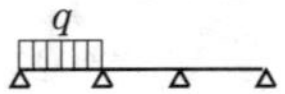	0.094	—	−0.067	0.017	0.433	−0.567	0.083	0.083	−0.017	−0.017
6	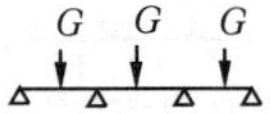	0.175	0.100	−0.150	−0.150	0.350	−0.650	0.500	−0.500	0.650	−0.350
7	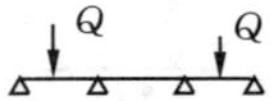	0.213	−0.075	−0.075	−0.075	0.425	−0.575	0.000	0.000	0.575	−0.425
8	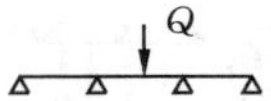	−0.038	−0.175	−0.075	−0.075	−0.075	−0.075	0.500	−0.500	0.075	0.075
9	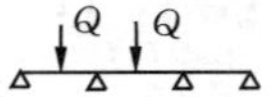	0.162	0.137	−0.175	−0.050	0.325	−0.675	0.625	−0.375	0.050	0.050
10	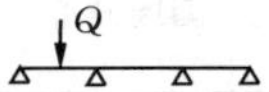	0.200	—	−0.100	0.025	0.400	−0.600	0.125	0.125	−0.025	−0.025

续附表 4-2

序号	荷载简图	跨中最大弯矩		支座弯矩		横向剪力					
		M_1	M_2	M_B	M_C	V_A	V_B^L	V_B^R	V_C^L	V_C^R	V_D
11	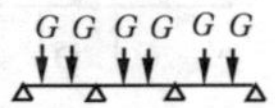	0.244	0.067	-0.267	-0.267	0.733	-1.267	1.000	-1.000	1.267	-0.733
12	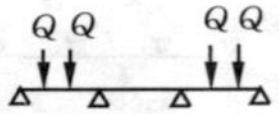	0.289	-0.133	-0.133	-0.133	0.866	-1.133	0.000	0.000	1.134	-0.866
13	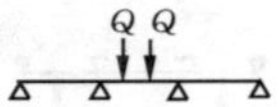	-0.044	0.200	-0.133	-0.133	-0.133	-0.133	1.000	-1.000	0.133	0.133
14	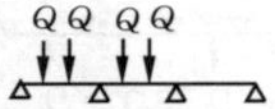	0.229	0.170	-0.311	-0.089	0.689	-1.311	1.222	-0.778	0.089	0.089
15	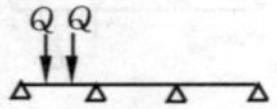	0.274	—	-0.178	0.044	0.822	-1.178	0.222	0.222	-0.044	-0.044
16	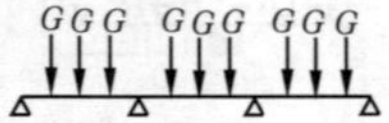	0.313	0.125	-0.375	-0.375	1.125	-1.875	1.500	-1.500	1.875	-1.125
17	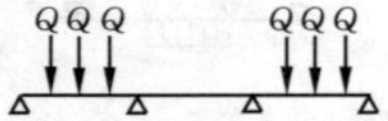	0.406	-0.188	-0.188	-0.188	1.313	-1.688	0.000	0.000	1.688	-1.313
18	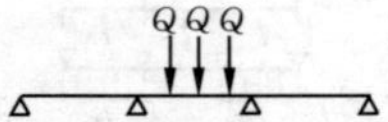	-0.094	0.313	-0.188	-0.188	-0.188	-0.188	1.500	-1.500	0.188	0.188
19	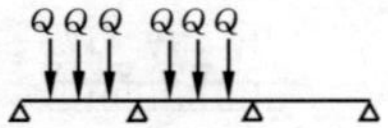	—	—	-0.437	-0.125	1.063	-1.938	1.812	-1.188	0.125	0.125
20	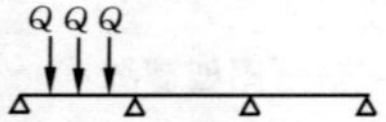	—	—	-0.250	0.062	1.250	-1.750	0.312	0.312	-0.062	-0.062

附表 4-3 四跨梁

序号	荷载简图	跨中最大弯矩				支座弯矩			横向剪力							
		M_1	M_2	M_3	M_4	M_B	M_C	M_D	V_A	V_B^L	V_B^R	V_C^L	V_C^R	V_D^L	V_D^R	V_E
1	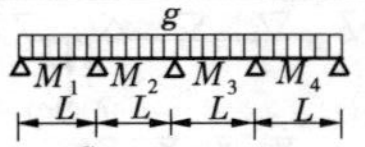	0.077	0.036	0.036	0.077	-0.107	-0.071	-0.107	0.393	-0.607	0.536	-0.464	0.464	-0.536	0.607	-0.393
2	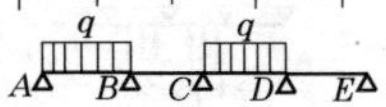	0.100	-0.045	0.081	-0.023	-0.054	-0.036	-0.054	0.446	-0.554	0.018	0.018	0.482	-0.518	0.054	0.054
3	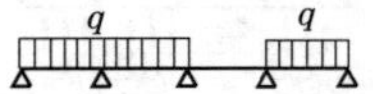	0.072	0.061	—	0.098	-0.121	-0.018	-0.058	0.380	-0.620	0.603	-0.397	-0.040	-0.040	0.558	-0.442
4	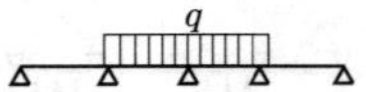	—	0.056	0.056	—	-0.036	-0.107	-0.036	-0.036	-0.036	0.429	-0.571	0.571	-0.429	0.036	0.036
5	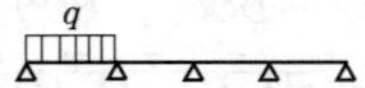	0.094	—	—	—	-0.067	0.018	-0.004	0.433	-0.567	0.085	0.085	-0.022	-0.022	0.004	0.004
6	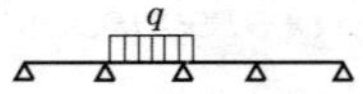	—	0.074	—	—	-0.049	-0.054	0.013	-0.049	-0.049	0.496	-0.504	0.067	0.067	-0.013	-0.013
7	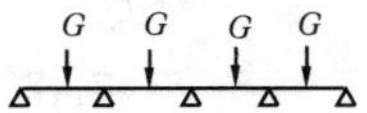	0.169	0.116	0.116	0.169	-0.161	-0.107	-0.161	0.339	-0.661	0.553	-0.446	0.446	-0.553	0.661	-0.339
8	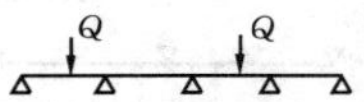	0.210	-0.067	0.183	-0.040	-0.080	-0.054	-0.080	0.420	-0.580	0.027	0.027	0.473	-0.527	0.080	0.080
9	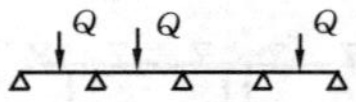	0.159	0.146	—	0.206	-0.181	-0.027	-0.087	0.319	-0.681	0.654	-0.346	-0.060	-0.060	0.587	-0.413
10	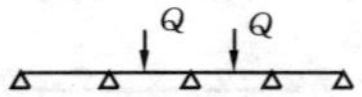	—	0.142	0.142	—	-0.054	-0.161	-0.054	-0.054	-0.054	0.393	-0.607	0.607	-0.393	0.054	0.054
11	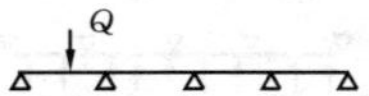	0.202	—	—	—	-0.100	0.027	-0.007	0.400	-0.600	0.127	0.127	-0.033	-0.033	0.007	0.007
12	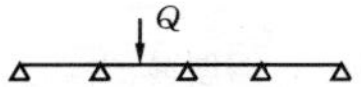	—	0.173	—	—	-0.074	-0.080	0.020	-0.074	-0.074	0.493	-0.507	0.100	0.100	-0.020	-0.020

续附表 4-3

序号	荷载简图	跨中最大弯矩				支座弯矩			横向剪力								
		M_1	M_2	M_3	M_4	M_B	M_C	M_D	V_A	V_B^{L}	V_B^{R}	V_C^{L}	V_C^{R}	V_D^{L}	V_D^{R}	V_E
13	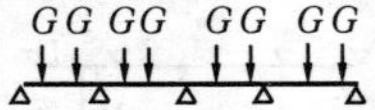	0.238	0.111	0.111	0.238	-0.286	-0.191	-0.286	0.714	-1.286	1.095	-0.905	0.905	-1.095	1.286	-0.714
14	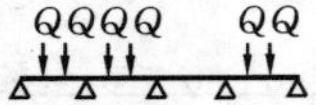	0.226	0.194	—	0.282	-0.321	-0.048	-0.155	0.679	-1.321	1.274	-0.726	-0.107	-0.107	1.155	-0.845
15	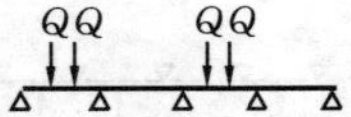	0.286	-0.111	-0.222	-0.048	-0.143	-0.095	-0.143	0.857	-1.143	0.048	0.048	0.952	-1.048	0.143	0.143
16	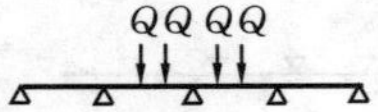	—	0.175	0.175	—	-0.095	-0.286	-0.095	-0.095	-0.095	0.810	-1.190	1.190	-0.810	0.095	0.095
17	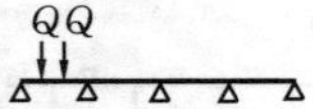	0.274	—	—	—	-0.178	0.048	-0.012	0.821	-1.178	0.226	0.226	-0.060	-0.060	0.012	0.012
18	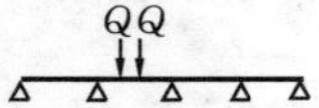	—	0.198	—	—	-0.131	-0.143	0.036	-0.131	-0.131	0.988	-1.012	0.178	0.178	-0.036	-0.036
19		0.299	0.165	0.165	0.299	-0.402	-0.268	-0.402	1.098	-1.902	1.634	-1.336	1.336	-1.634	1.902	-1.098
20	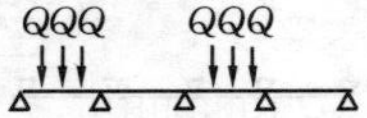	0.400	-0.167	0.333	-0.101	-0.201	-0.134	-0.201	1.299	-1.701	0.067	0.067	1.433	-1.567	0.201	-0.201
21	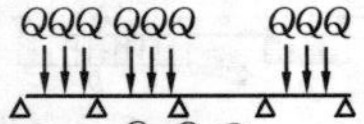	—	—	—	—	-0.452	-0.067	-0.218	1.048	-1.952	1.885	-1.115	-0.151	-0.151	1.718	1.282
22	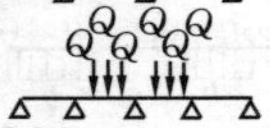	—	—	—	—	-0.134	-0.402	-0.134	-0.134	-0.134	1.232	-1.768	1.768	-1.232	0.134	0.134
23	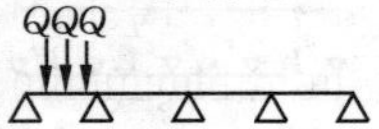	—	—	—	—	-0.251	0.067	-0.017	1.249	-1.751	0.318	0.318	-0.084	-0.084	0.017	0.017
24	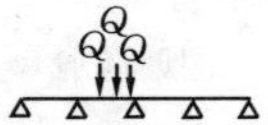	—	—	—	—	-0.184	-0.201	0.050	-0.184	-0.184	1.483	-1.517	0.251	0.251	-0.050	-0.050

附表 4-4 五跨梁

序号	荷载简图	跨中最大弯矩			支座弯矩				横向剪力										
		M_1	M_2	M_3	M_B	M_C	M_D	M_E	V_A	V_B^L	V_B^R	V_C^L	V_C^R	V_D^L	V_D^R	V_E^L	V_E^R	V_F
1	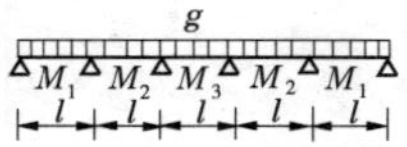	0.078 1	0.033 1	0.046 2	−0.105	−0.079	−0.079	−0.105	0.395	−0.606	0.526	−0.474	0.500	−0.500	0.474	−0.526	0.606	−0.395
2	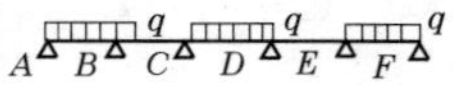	0.100	−0.046 1	0.085 5	−0.053	−0.040	−0.040	−0.053	0.447	−0.553	0.013	0.013	0.500	−0.500	−0.013	−0.013	0.553	−0.447
3	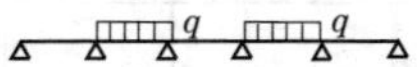	−0.026 3	0.078 7	−0.039 5	−0.053	−0.040	−0.040	−0.053	−0.053	−0.053	0.513	−0.487	0.000	0.000	0.487	−0.513	0.053	0.053
4	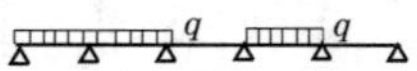	0.073	0.059	—	−0.119	−0.022	−0.044	−0.051	0.380	−0.620	0.598	−0.402	−0.023	−0.023	0.493	−0.507	0.052	0.052
5	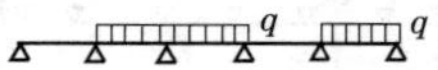	—	0.055	0.064	−0.035	−0.111	−0.020	−0.057	−0.035	−0.035	0.424	−0.576	0.591	−0.409	−0.037	−0.037	0.557	−0.443
6	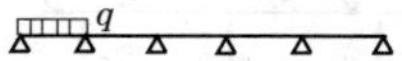	0.094	—	—	−0.067	−0.018	−0.005	0.001	0.433	−0.567	0.085	0.085	−0.023	−0.023	0.006	0.006	−0.001	−0.001
7	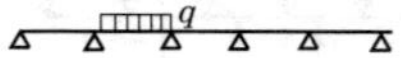	—	0.074	—	−0.049	−0.054	−0.014	−0.004	−0.049	−0.049	0.495	−0.505	0.068	0.068	−0.018	−0.018	0.004	0.004
8	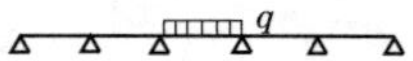	—	—	0.072	0.013	−0.053	−0.053	0.013	0.013	0.013	−0.066	−0.066	0.500	−0.500	0.066	0.066	−0.013	−0.013

续附表 4-4

序号	荷载简图	跨中最大弯矩			支座弯矩				横向剪力										
		M_1	M_2	M_3	M_B	M_C	M_D	M_E	V_A	V_B^L	V_B^R	V_C^L	V_C^R	V_D^L	V_D^R	V_E^L	V_E^R	V_F
9	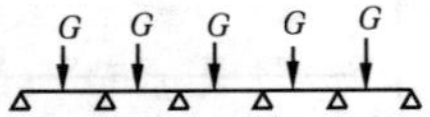	0.171	0.112	0.132	-0.158	-0.118	-0.118	-0.158	0.342	-0.658	0.540	-0.460	0.500	-0.500	0.460	-0.540	0.658	-0.342
10	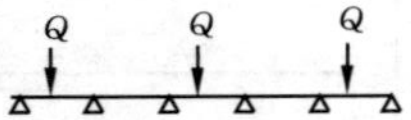	0.211	-0.069	0.191	-0.079	-0.059	-0.059	-0.079	0.421	-0.579	0.020	0.020	0.500	-0.500	-0.020	-0.020	0.579	-0.421
11	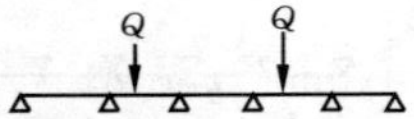	-0.039	0.181	-0.059	-0.079	-0.059	-0.059	-0.079	-0.079	-0.079	0.520	-0.480	0.000	0.000	0.480	-0.520	0.079	0.079
12	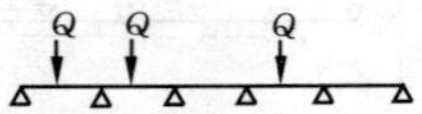	0.160	0.144	—	-0.179	-0.032	-0.066	-0.077	0.321	-0.679	0.647	-0.353	-0.034	-0.034	0.489	-0.511	0.077	0.077
13	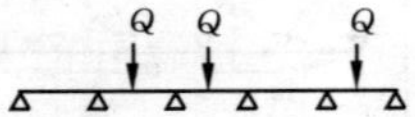	—	0.140	0.151	-0.052	-0.167	-0.031	-0.086	-0.052	-0.052	0.385	-0.615	0.637	-0.363	-0.056	-0.056	0.586	-0.414
14	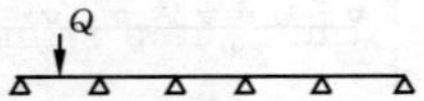	0.200	—	—	-0.100	0.027	-0.007	0.002	0.400	-0.600	0.127	0.127	-0.034	-0.034	0.009	0.009	-0.002	-0.002
15	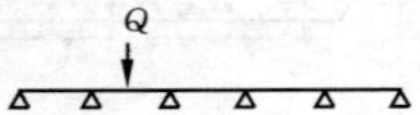	—	0.173	—	-0.073	-0.081	0.022	-0.005	-0.073	-0.073	0.493	-0.507	0.102	0.102	-0.027	-0.027	0.005	0.005
16	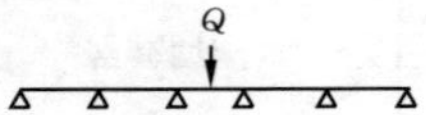	—	—	0.171	0.020	-0.079	-0.079	0.020	0.020	0.020	-0.099	-0.099	0.500	-0.500	0.099	0.099	-0.020	-0.020

续附表 4-4

序号	荷载简图	跨中最大弯矩			支座弯矩				横向剪力									
		M_1	M_2	M_3	M_B	M_C	M_D	M_E	V_A	V_B^L	V_B^R	V_C^L	V_C^R	V_D^L	V_D^R	V_E^L	V_E^R	V_F
17	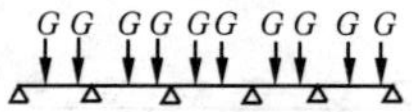	0.246	0.100	0.122	-0.281	-0.211	-0.211	-0.281	0.719	-1.281	1.070	-0.930	1.000	-1.000	0.930	-1.070	1.281	-0.719
18	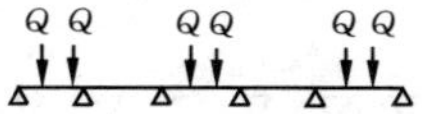	0.287	-0.117	0.228	-0.140	-0.105	-0.105	-0.140	0.860	-1.140	0.035	0.035	1.000	-1.000	-0.035	-0.035	1.140	-0.860
19	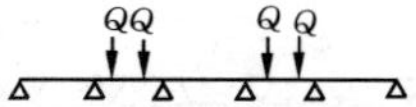	-0.047	0.216	-0.105	-0.140	-0.105	-0.105	-0.140	-0.140	-0.140	1.035	-0.965	0.000	0.000	0.965	-1.035	0.140	0.140
20	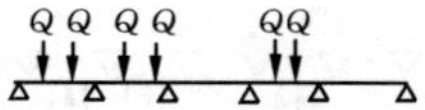	0.227	0.189	—	-0.319	-0.057	-0.118	-0.137	0.681	-1.319	1.262	-0.738	-0.061	-0.061	0.981	-1.019	0.137	0.137
21	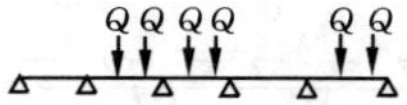	—	0.172	0.198	-0.093	-0.297	-0.054	-0.153	-0.093	-0.093	0.766	-1.204	1.243	-0.757	-0.099	-0.099	1.153	-0.847
22	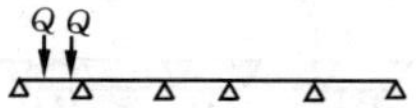	0.274	—	—	-0.179	0.048	-0.013	0.003	0.821	-1.179	0.227	0.227	-0.061	-0.061	0.016	0.016	-0.003	-0.003
23	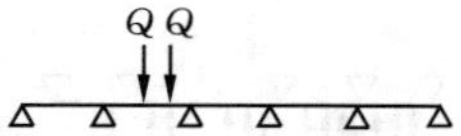	—	0.798	—	-0.131	-0.144	0.038	-0.010	-0.131	-0.131	0.987	-1.013	0.182	0.182	-0.048	-0.048	0.010	0.010
24	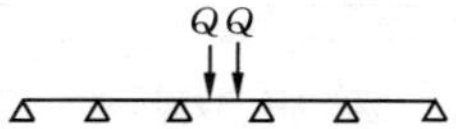	—	—	0.193	0.035	-0.140	-0.140	0.035	0.035	0.035	-0.175	-0.175	1.000	-1.000	0.175	0.175	-0.035	-0.035

续附表 4-4

序号	荷载简图	跨中最大弯矩			支座弯矩				横向剪力									
		M_1	M_2	M_3	M_B	M_C	M_D	M_E	V_A	V_B^L	V_B^R	V_C^L	V_C^R	V_D^L	V_D^R	V_E^L	V_E^R	V_F
25	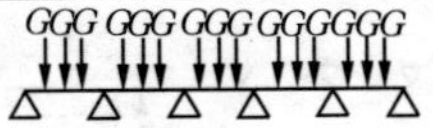	0.302	0.155	0.204	-0.395	-0.296	-0.296	-0.395	1.105	-1.895	1.599	1.401	1.500	-1.500	1.401	-1.599	1.895	-1.105
26	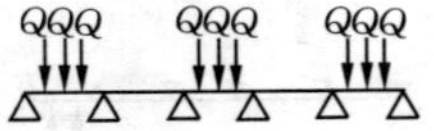	0.401	-0.173	0.352	-0.198	-0.148	-0.148	-0.198	1.302	-1.697	0.050	0.050	1.500	-1.500	-0.050	-0.050	1.697	-1.302
27	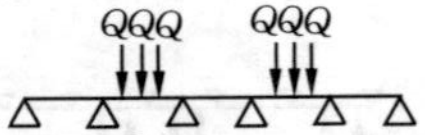	-0.099	0.327	-0.148	-0.198	-0.148	-0.148	-0.198	-0.197	-0.197	1.550	-1.450	0.000	0.000	1.450	-1.550	0.197	0.197
28	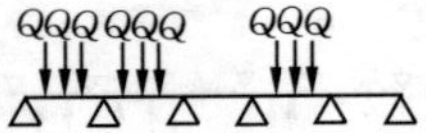	—	—	—	-0.449	-0.081	-0.166	-0.193	1.051	-1.949	1.867	-1.133	-0.085	-0.085	1.473	-1.527	0.193	0.193
29	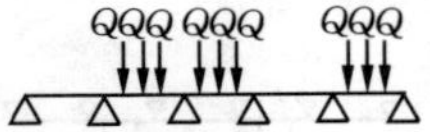	—	—	—	-0.130	-0.417	-0.076	-0.215	-0.130	-0.130	1.213	-1.787	1.841	-1.159	-0.139	-0.139	1.715	-1.285
30	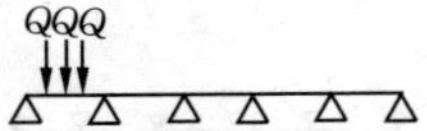	—	—	—	-0.251	0.067	-0.018	0.004	1.249	-1.751	0.318	0.318	-0.085	-0.085	0.022	0.022	-0.004	-0.004
31	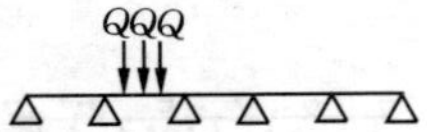	—	—	—	-0.184	-0.202	0.054	-0.013	-0.184	-0.184	1.482	-1.518	0.256	0.256	-0.067	-0.067	0.013	0.013
32	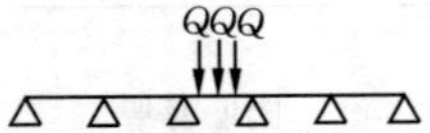	—	—	—	-0.049	-0.197	-0.197	0.049	0.049	0.049	-0.247	-0.247	1.500	-1.500	0.247	0.247	-0.049	-0.049

附录 5 承受均布荷载的等跨连续梁各截面最大及最小弯矩(弯矩包络图)计算系数表

计算公式 $M_{max} = \alpha g l_0^2 + \alpha_1 q l_0^2$

$M_{min} = \alpha g l_0^2 + \alpha_2 q l_0^2$

双跨(三支座)

(荷载位置由影响线决定)

$\frac{x}{l_0}$	弯矩 g 的影响 α	弯矩 q 的影响 α_1 (+)	弯矩 q 的影响 α_2 (−)
0	0	0	0
0.1	+0.032 5	0.038 7	0.006 2
0.2	+0.055 0	0.067 5	0.012 5
0.3	+0.067 5	0.086 2	0.018 7
0.4	+0.070 0	0.095 0	0.025 0
0.5	+0.062 5	0.093 7	0.031 2
0.6	+0.045 0	0.082 5	0.037 5
0.7	+0.017 5	0.061 2	0.043 7
0.8	−0.020 0	0.030 0	0.050 0
0.85	−0.042 5	0.015 2	0.057 7
0.9	−0.067 5	0.006 1	0.073 6
0.95	−0.095 0	0.001 4	0.096 4
1.0	−0.125 0	0	0.125 0
	gl_0^2	ql_0^2	ql_0^2

三跨(四支座)

	$\frac{x}{l_0}$	弯矩 g 的影响 α	弯矩 q 的影响 α_1 (+)	弯矩 q 的影响 α_2 (−)
第一跨	0.1	+0.035	0.040	0.005
	0.2	+0.060	0.070	0.010
	0.3	+0.075	0.090	0.015
	0.4	+0.080	0.100	0.020
	0.5	+0.075	0.100	0.025
	0.6	+0.060	0.090	0.030
	0.7	+0.035	0.070	0.035
	0.8	0	0.040 2	0.040 2
	0.85	−0.021 2	0.027 7	0.049 0
	0.9	−0.045 0	0.020 4	0.065 4
	0.95	−0.071 2	0.017 1	0.088 3
	1.0	−0.100 0	0.016 7	0.116 7
第二跨	1.05	−0.076 2	0.014 1	0.090 3
	1.1	−0.055 0	0.015 1	0.070 1
	1.15	−0.036 2	0.020 5	0.056 8
	1.2	−0.020 0	0.030	0.050
	1.3	+0.005	0.055	0.050
	1.4	+0.020	0.070	0.050
	1.5	+0.025	0.075	0.050
		gl_0^2	ql_0^2	ql_0^2

四跨(五支座)

	$\frac{x}{l_0}$	弯矩		
		g 的影响	q 的影响	
		α	α_1	α_2
			(+)	(−)
第一跨	0.1	+0.034 3	0.039 6	0.005 4
	0.2	+0.058 6	0.069 3	0.010 7
	0.3	+0.072 9	0.088 9	0.016 1
	0.4	+0.0771	0.098 6	0.021 4
	0.5	+0.071 4	0.098 2	0.026 8
	0.6	+0.055 7	0.087 9	0.032 1
	0.7	+0.030 0	0.067 5	0.037 5
	0.786	0	0.042 1	0.042 1
	0.8	−0.005 7	0.037 4	0.043 1
	0.85	−0.027 3	0.024 8	0.052 2
	0.9	−0.051 4	0.016 3	0.067 7
	0.95	−0.078 0	0.013 9	0.092 0
	1.0	−0.107 1	0.013 4	0.120 5
第二跨	1.05	−0.081 6	0.011 6	0.093 2
	1.1	−0.058 6	0.014 5	0.072 1
	1.15	−0.038 0	0.019 8	0.057 8
	1.20	−0.020 0	0.030 0	0.050 0
	1.266	0	0.048 8	0.048 8
	1.3	+0.008 6	0.056 8	0.048 2
	1.4	+0.027 1	0.073 6	0.046 4
	1.5	+0.035 7	0.080 4	0.044 6
	1.6	+0.034 3	0.077 1	0.042 9
	1.7	+0.022 9	0.063 9	0.041 1
	1.8	+0.001 4	0.041 7	0.040 3
	1.805	0	0.040 9	0.040 9
	1.85	−0.013 0	0.034 5	0.047 5
	1.9	−0.030 0	0.031 0	0.061 0
	1.95	−0.049 5	0.031 7	0.081 2
	2.0	−0.071 4	0.035 7	0.107 1
		gl_0^2	ql_0^2	ql_0^2

五跨(六支座)

	$\frac{x}{l_0}$	弯矩		
		g 的影响	q 的影响	
		α	α_1	α_2
			(+)	(−)
第一跨	0.1	+0.034 5	0.039 7	0.005 3
	0.2	+0.058 9	0.069 5	0.010 5
	0.3	+0.073 4	0.089 2	0.015 8
	0.4	+0.077 9	0.098 9	0.021 1
	0.5	+0.072 4	0.098 7	0.026 3
	0.6	+0.056 8	0.088 4	0.031 6
	0.7	+0.031 3	0.068 2	0.036 8
	0.8	−0.004 2	0.038 1	0.042 3
	0.9	−0.049 7	0.018 3	0.068 0
	0.95	−0.077 5	—	0.093 8
	1.0	−0.105 3	0.014 4	0.119 6
第二跨	1.05	−0.081 5	—	0.095 7
	1.1	−0.057 6	0.014 0	0.071 7
	1.2	−0.020 0	0.030 0	0.050 0
	1.3	+0.007 6	0.056 3	0.048 7
	1.4	+0.025 3	0.072 6	0.047 4
	1.5	+0.032 9	0.078 9	0.046 1
	1.6	+0.030 5	0.075 3	0.044 7
	1.7	+0.018 2	0.061 6	0.043 4
	1.8	−0.004 2	0.038 9	0.043 2
	1.9	−0.036 6	0.028 0	0.064 6
	1.95	−0.057 8	—	0.087 9
	2.0	−0.079 0	0.032 3	0.111 2
第三跨	2.05	−0.056 4	—	0.087 3
	2.1	−0.033 9	0.029 3	0.063 3
	2.2	+0.001 1	0.041 6	0.040 5
	2.3	+0.026 1	0.065 5	0.039 5
	2.4	+0.041 1	0.080 5	0.039 5
	2.5	+0.046 1	0.085 5	0.039 5
		gl_0^2	ql_0^2	ql_0^2

附录 6 移动的集中荷载作用下等跨连续梁各截面的弯矩系数及支座截面剪力系数表

计算公式 $M=\alpha Q l_0$

$V=\beta Q$

双 跨 梁

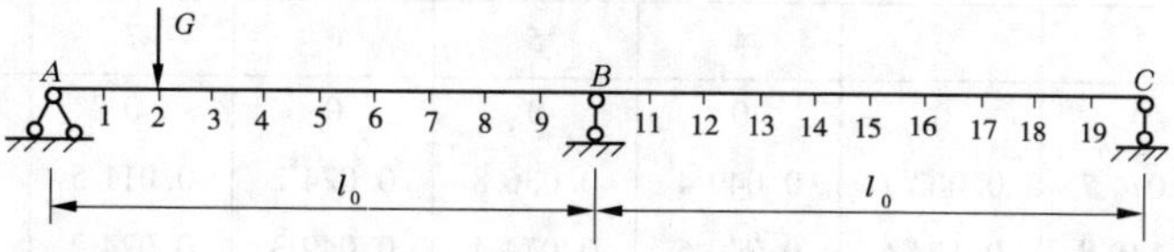

力所在的截面	系数 α										系数 β		
	所要计算弯矩的截面										支座截面的剪力		
	1	2	3	4	5	6	7	8	9	B	V_A	V_B^L	V_B^R
A	0	0	0	0	0	0	0	0	0	0	1.000	0	0
1	0.087 5	0.075 1	0.062 6	0.050 1	0.0376	0.025 2	0.012 7	0.000 2	−0.012 3	−0.024 8	0.875 3	−0.124 7	0.024 8
2	0.075 2	0.150 4	0.125 6	0.100 8	0.076 0	0.051 2	0.026 4	0.001 6	−0.023 2	−0.048 0	0.752 0	−0.248 0	0.048 0
3	0.063 2	0.126 4	0.189 5	0.152 7	0.115 9	0.079 1	0.042 2	0.005 4	−0.031 4	−0.068 3	0.631 8	−0.368 2	0.068 3
4	0.051 6	0.103 2	0.154 8	0.206 4	0.158 0	0.109 6	0.061 2	0.012 8	−0.035 6	−0.084 0	0.516 0	−0.484 0	0.084 0
5	0.040 6	0.081 2	0.121 9	0.162 5	0.203 1	0.143 8	0.084 4	0.025 0	−0.034 4	−0.093 8	0.406 3	−0.593 7	0.093 8
6	0.030 4	0.060 8	0.091 2	0.121 6	0.152 0	0.182 4	0.112 8	0.043 2	−0.026 4	−0.096 0	0.304 0	−0.696 0	0.096 0
7	0.021 1	0.042 2	0.063 2	0.084 3	0.105 4	0.126 5	0.147 5	0.068 6	−0.010 3	−0.089 3	0.210 8	−0.789 2	0.089 3
8	0.012 8	0.025 6	0.038 4	0.051 2	0.064 0	0.076 8	0.089 6	0.102 4	0.015 2	−0.072 0	0.128 0	−0.872 0	0.072 0
9	0.005 7	0.011 5	0.017 2	0.022 9	0.028 6	0.034 4	0.040 1	0.045 8	0.051 5	−0.042 8	0.057 3	−0.942 7	0.042 8
B	0	0	0	0	0	0	0	0	0	0	0	−1.000 0	0 +1.000
11	−0.004 3	−0.008 6	−0.012 8	−0.017 1	−0.021 4	−0.025 7	−0.029 9	−0.034 2	−0.038 5	−0.042 8	−0.042 8	−0.042 8	0.942 8
12	−0.007 2	−0.014 4	−0.021 6	−0.028 8	−0.036 0	−0.043 2	−0.050 4	−0.057 6	−0.064 8	−0.072 0	−0.072 0	−0.072 0	0.872 0
13	−0.008 9	−0.017 9	−0.026 8	−0.035 7	−0.044 6	−0.053 6	−0.062 5	−0.071 4	−0.080 3	−0.089 3	−0.089 3	−0.089 3	0.789 3
14	−0.009 6	−0.019 2	−0.028 8	−0.038 4	−0.048 0	−0.057 6	−0.067 2	−0.076 8	−0.086 4	−0.096 0	−0.096 0	−0.096 0	0.696 0
15	−0.009 4	−0.018 8	−0.028 1	−0.037 5	−0.046 9	−0.056 3	−0.065 6	−0.075 0	−0.084 4	−0.093 8	−0.093 8	−0.093 8	0.593 8
16	−0.008 4	−0.016 8	−0.025 2	−0.033 6	−0.042 0	−0.050 4	−0.058 8	−0.067 2	−0.075 6	−0.084 0	−0.084 0	−0.084 0	0.484 0
17	−0.006 8	−0.013 7	−0.020 5	−0.027 3	−0.034 1	−0.041 0	−0.047 8	−0.054 6	−0.061 4	−0.068 3	−0.068 3	−0.068 3	0.368 3
18	−0.004 8	−0.009 6	−0.014 4	−0.019 2	−0.024 0	−0.028 8	−0.033 6	−0.038 4	−0.043 2	−0.048 0	−0.048 0	−0.048 0	0.248 0
19	−0.002 5	−0.005 0	−0.007 4	−0.009 9	−0.012 4	−0.014 9	−0.017 3	−0.019 8	−0.022 3	−0.024 8	−0.024 8	−0.024 8	0.124 8
C	0	0	0	0	0	0	0	0	0	0	0	0	0

三　跨

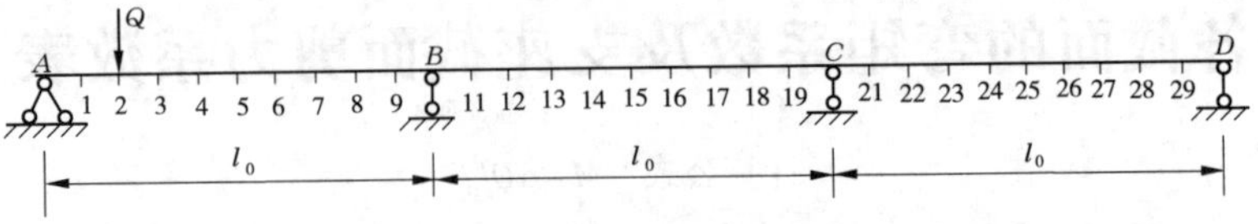

力所在的截面	系　数 所要计算弯								
	1	2	3	4	5	6	7	8	9
A	0	0	0	0	0	0	0	0	0
1	**0.087 4**	0.074 7	0.062 1	0.049 4	0.036 8	0.024 2	0.011 5	−0.001 1	−0.013 8
2	0.074 9	**0.149 8**	0.124 6	0.099 5	0.074 4	0.049 3	0.024 2	−0.001 0	−0.026 1
3	0.062 7	0.125 4	**0.188 2**	0.150 9	0.113 6	0.076 3	0.039 0	0.001 8	−0.035 5
4	0.051 0	0.102 1	0.153 1	**0.204 2**	0.155 2	0.106 2	0.057 3	0.008 3	−0.040 6
5	0.040 0	0.080 0	0.120 0	0.160 0	**0.200 0**	0.140 0	0.080 0	0.020 0	−0.040 0
6	0.029 8	0.059 5	0.089 3	0.119 0	0.148 8	**0.178 6**	0.108 3	0.038 1	−0.032 2
7	0.020 5	0.041 0	0.061 4	0.081 9	0.102 4	0.122 9	**0.143 4**	0.063 8	−0.015 7
8	0.012 3	0.024 6	0.037 0	0.049 3	0.061 6	0.073 9	0.086 2	**0.098 6**	0.010 9
9	0.005 4	0.010 9	0.016 3	0.021 8	0.027 2	0.032 6	0.038 1	0.0435	0.049 0
B	0	0	0	0	0	0	0	0	0
11	−0.003 9	−0.007 8	−0.011 7	−0.015 6	−0.019 5	−0.023 4	−0.027 3	−0.031 2	−0.035 1
12	−0.006 4	−0.012 8	−0.019 2	−0.025 6	−0.032 0	−0.038 4	−0.044 8	−0.051 2	−0.057 6
13	−0.007 7	−0.015 4	−0.023 1	−0.030 8	−0.038 5	−0.046 2	−0.053 9	−0.061 6	−0.069 3
14	−0.008 0	−0.016 0	−0.024 0	−0.032 0	−0.040 0	−0.048 0	−0.056 0	−0.064 0	−0.072 0
15	−0.007 5	−0.015 0	−0.022 5	−0.030 0	−0.037 5	−0.045 0	−0.052 5	−0.060 0	−0.067 5
16	−0.006 4	−0.012 8	−0.019 2	−0.025 6	−0.032 0	−0.038 4	−0.044 8	−0.051 2	−0.057 6
17	−0.004 9	−0.009 8	−0.014 7	−0.019 6	−0.024 5	−0.029 4	−0.034 3	−0.039 2	−0.044 1
18	−0.003 2	−0.006 4	−0.009 6	−0.012 8	−0.016 0	−0.019 2	−0.022 4	−0.025 6	−0.028 8
19	−0.001 5	−0.003 0	−0.004 5	−0.006 0	−0.007 5	−0.009 0	−0.010 5	−0.010 2	−0.013 5
C	0	0	0	0	0	0	0	0	0
21	0.001 1	0.002 3	0.003 4	0.004 6	0.005 7	0.006 8	0.008 0	0.009 1	0.010 3
22	0.001 9	0.003 8	0.005 8	0.007 7	0.009 6	0.011 5	0.013 4	0.015 4	0.017 3
23	0.002 4	0.004 8	0.007 1	0.009 5	0.011 9	0.014 3	0.016 7	0.019 0	0.021 4
24	0.002 6	0.005 1	0.007 7	0.010 2	0.012 8	0.015 4	0.017 9	0.020 5	0.023 0
25	0.002 5	0.005 0	0.007 5	0.010 0	0.012 5	0.015 0	0.017 5	0.020 0	0.022 5
26	0.002 2	0.004 5	0.006 7	0.009 0	0.011 2	0.013 4	0.015 7	0.017 9	0.020 2
27	0.001 8	0.003 6	0.005 5	0.007 3	0.009 1	0.010 9	0.012 7	0.014 6	0.016 4
28	0.001 3	0.002 6	0.003 8	0.005 1	0.006 4	0.007 7	0.009 0	0.010 2	0.011 5
29	0.000 7	0.001 3	0.002 0	0.002 6	0.003 3	0.004 0	0.004 6	0.005 3	0.005 9
D	0	0	0	0	0	0	0	0	0

梁

α						系 数 β		
矩 的 截 面						支座截面的剪力		
B	11	12	13	14	15	V_A	V_B^L	V_B^R
0	0	0	0	0	0	1.000 0	0	0
−0.026 4	−0.023 1	−0.019 8	−0.016 5	−0.013 2	−0.009 9	0.873 6	−0.126 4	0.033 0
−0.051 2	−0.044 8	−0.038 4	−0.032 0	−0.025 6	−0.019 2	0.748 8	−0.251 2	0.064 0
−0.072 8	−0.063 7	−0.054 6	−0.045 5	−0.036 4	−0.027 3	0.627 2	−0.372 8	0.091 0
−0.089 6	−0.078 4	−0.067 2	−0.056 0	−0.044 8	−0.033 6	0.510 4	−0.489 6	0.112 0
−0.100 0	−0.087 5	−0.075 0	−0.062 5	−0.050 0	−0.037 5	0.400 0	−0.600 0	0.125 0
−0.102 4	−0.089 6	−0.076 8	−0.064 0	−0.051 2	−0.038 4	0.297 6	−0.702 4	0.128 0
−0.095 2	−0.083 3	−0.071 4	−0.059 5	−0.047 6	−0.035 7	0.204 8	−0.795 2	0.119 0
−0.076 8	−0.067 2	−0.057 6	−0.048 0	−0.038 4	−0.028 8	0.123 2	−0.876 8	0.096 0
−0.045 6	−0.039 9	−0.034 2	−0.028 5	−0.022 8	−0.017 1	0.054 4	−0.945 6	0.057 0
0	0	0	0	0	0	0	−1.000 0	0
							0	+1.000 0
−0.039 0	**0.053 4**	0.045 8	0.038 2	0.030 6	0.023 0	−0.039 0	−0.039 0	0.924 0
−0.064 0	0.019 2	**0.102 4**	0.085 6	0.068 8	0.052 0	−0.064 0	−0.064 0	0.832 0
−0.077 0	−0.004 2	0.068 6	**0.141 4**	0.114 2	0.087 0	−0.077 0	−0.077 0	0.728 0
−0.080 0	−0.018 4	0.043 2	0.104 8	**0.166 4**	0.128 0	−0.080 0	−0.080 0	0.616 0
−0.075 0	−0.025 0	0.025 0	0.075 0	0.125 0	**0.175 0**	−0.075 0	−0.075 0	0.500 0
−0.064 0	−0.025 6	0.012 8	0.051 2	0.089 6	0.128 0	−0.064 0	−0.064 0	0.384 0
−0.049 0	−0.021 8	0.005 4	0.032 6	0.059 8	0.087 0	−0.049 0	−0.049 0	0.272 0
−0.032 0	−0.015 2	0.001 6	0.018 4	0.035 2	0.052 0	−0.032 0	−0.032 0	0.168 0
−0.0150	−0.007 4	0.000 2	0.007 8	0.015 4	0.023 0	−0.015 0	−0.015 0	0.076 0
0	0	0	0	0	0	0	0	0
0.011 4	0.005 7	0.000 0	−0.005 7	−0.011 4	−0.017 1	0.011 4	0.011 4	−0.057 0
0.019 2	0.009 6	0.000 0	−0.009 6	−0.019 2	−0.028 8	0.019 2	0.019 2	−0.096 0
0.023 8	0.011 9	0.000 0	−0.011 9	−0.023 8	−0.035 7	0.023 8	0.023 8	−0.119 0
0.025 6	0.012 8	0.000 0	−0.012 8	−0.025 6	−0.038 4	0.025 6	0.025 6	−0.128 0
0.025 0	0.012 5	0.000 0	−0.012 5	−0.025 0	−0.037 5	0.025 0	0.025 0	−0.125 0
0.022 4	0.011 2	0.000 0	−0.011 2	−0.022 4	−0.033 6	0.022 4	0.022 4	−0.112 0
0.018 2	0.009 1	0.000 0	−0.009 1	−0.018 2	−0.027 3	0.018 2	0.018 2	−0.091 0
0.012 8	0.006 4	0.000 0	−0.006 4	−0.012 8	−0.019 2	0.012 8	0.012 8	−0.064 0
0.006 6	0.003 3	0.000 0	−0.003 3	−0.006 6	−0.009 9	0.006 6	0.006 6	0.033 0
0	0	0	0	0	0	0	0	0

附录 7　按弹性理论计算在均布荷载作用下矩形双向板的弯矩系数表

弯矩系数表

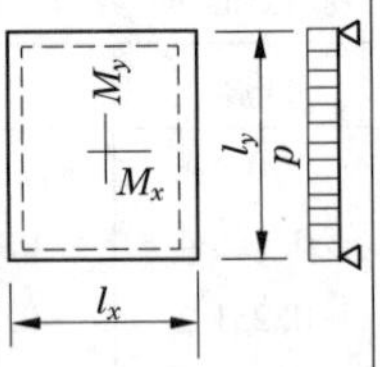

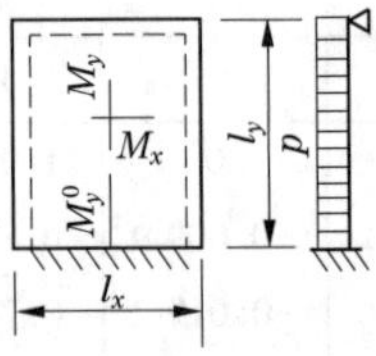

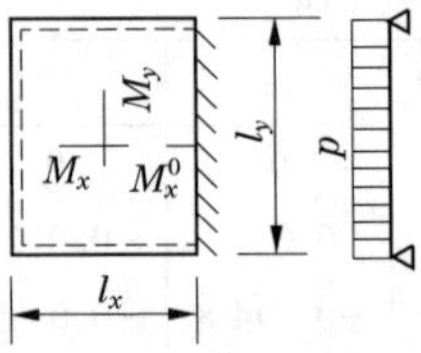

边界条件	(1)四边简支		(2)三边简支、一边固定									
l_x/l_y	M_x	M_y	M_x	M_{xmax}	M_y	M_{ymax}	M_y^0	M_x	M_{xmax}	M_y	M_{ymax}	M_x^0
0.50	0.099 4	0.033 5	0.091 4	0.093 0	0.035 2	0.039 7	-0.121 5	0.059 3	0.065 7	0.015 7	0.017 1	-0.121 2
0.55	0.092 7	0.035 9	0.083 2	0.084 6	0.037 1	0.040 5	-0.119 3	0.057 7	0.063 3	0.017 5	0.019 0	-0.118 7
0.60	0.086 0	0.037 9	0.075 2	0.076 5	0.038 6	0.040 9	-0.116 6	0.055 6	0.060 8	0.019 4	0.020 9	-0.115 8
0.65	0.079 5	0.039 6	0.067 6	0.068 8	0.039 6	0.041 2	-0.113 3	0.053 4	0.058 1	0.021 2	0.022 6	-0.112 4
0.70	0.073 2	0.041 0	0.060 4	0.061 6	0.040 0	0.041 7	-0.109 6	0.051 0	0.055 5	0.022 9	0.024 2	-0.108 7
0.75	0.067 3	0.042 0	0.053 8	0.054 9	0.040 0	0.041 7	-0.105 6	0.048 5	0.052 5	0.024 4	0.025 7	-0.104 8
0.80	0.061 7	0.042 8	0.047 8	0.049 0	0.039 7	0.041 5	-0.101 4	0.045 9	0.049 5	0.025 8	0.027 0	-0.100 7
0.85	0.056 4	0.043 2	0.042 5	0.043 6	0.039 1	0.041 0	-0.097 0	0.043 4	0.046 6	0.027 1	0.028 3	-0.096 5
0.90	0.051 6	0.043 4	0.037 7	0.038 8	0.038 2	0.040 2	-0.092 6	0.040 9	0.043 8	0.028 1	0.029 3	-0.092 2
0.95	0.047 1	0.043 2	0.033 4	0.034 5	0.037 1	0.039 3	-0.088 2	0.038 4	0.040 9	0.029 0	0.030 1	-0.088 0
1.00	0.042 9	0.042 9	0.029 6	0.030 6	0.036 0	0.038 8	-0.083 9	0.036 0	0.038 8	0.029 6	0.030 6	-0.083 9

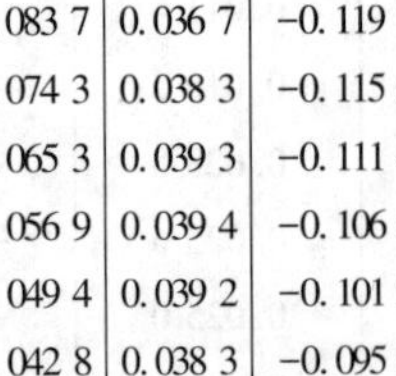

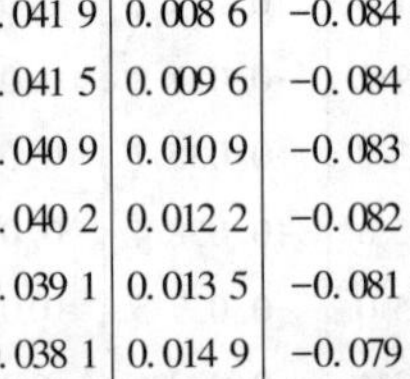

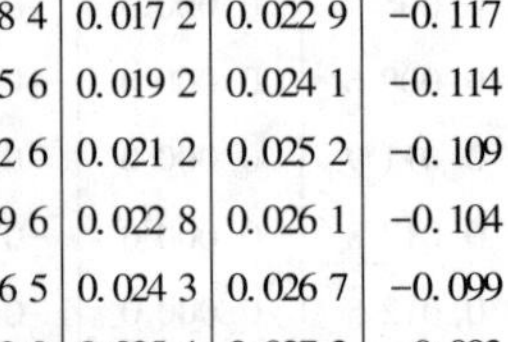

边界条件	(3)两对边简支、两对边固定						(4)两邻边简支、两邻边固定					
l_x/l_y	M_x	M_y	M_y^0	M_x	M_y	M_x^0	M_x	M_{xmax}	M_y	M_{ymax}	M_x^0	M_y^0
0.50	0.083 7	0.036 7	-0.119 1	0.041 9	0.008 6	-0.084 3	0.057 2	0.058 4	0.017 2	0.022 9	-0.117 9	-0.078 6
0.55	0.074 3	0.038 3	-0.115 6	0.041 5	0.009 6	-0.084 0	0.054 6	0.055 6	0.019 2	0.024 1	-0.114 0	-0.078 5
0.60	0.065 3	0.039 3	-0.111 4	0.040 9	0.010 9	-0.083 4	0.051 8	0.052 6	0.021 2	0.025 2	-0.109 5	-0.078 2
0.65	0.056 9	0.039 4	-0.106 6	0.040 2	0.012 2	-0.082 6	0.048 6	0.049 6	0.022 8	0.026 1	-0.104 5	-0.077 7
0.70	0.049 4	0.039 2	-0.101 3	0.039 1	0.013 5	-0.081 4	0.045 5	0.046 5	0.024 3	0.026 7	-0.099 2	-0.077 0
0.75	0.042 8	0.038 3	-0.095 9	0.038 1	0.014 9	-0.079 9	0.042 2	0.043 0	0.025 4	0.027 2	-0.093 8	-0.076 0
0.80	0.036 9	0.037 2	-0.090 4	0.036 8	0.016 2	-0.078 2	0.039 0	0.039 7	0.026 3	0.027 8	-0.088 3	-0.074 8
0.85	0.031 8	0.035 8	-0.085 0	0.035 5	0.017 4	-0.076 3	0.035 8	0.036 6	0.026 9	0.028 4	-0.082 9	-0.073 3
0.90	0.027 5	0.034 3	-0.076 7	0.034 1	0.018 6	-0.074 3	0.032 8	0.033 7	0.027 3	0.028 8	-0.077 6	-0.071 6
0.95	0.023 8	0.032 8	-0.074 6	0.032 6	0.019 6	-0.072 1	0.029 9	0.030 8	0.027 3	0.028 9	-0.072 6	-0.069 8
1.00	0.020 6	0.031 1	-0.069 8	0.031 1	0.020 6	-0.069 8	0.027 3	0.028 1	0.027 3	0.028 9	-0.067 7	-0.067 7

续表

边界条件	(5)一边简支、三边固定					
	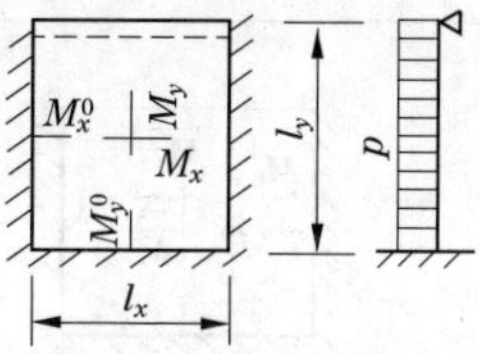					
l_x/l_y	M_x	$M_{x\max}$	M_y	$M_{y\max}$	M_x^0	M_y^0
0.50	0.041 3	0.042 4	0.009 6	0.015 7	−0.083 6	−0.056 9
0.55	0.040 5	0.041 5	0.010 8	0.016 0	−0.082 7	−0.057 0
0.60	0.039 4	0.040 4	0.012 3	0.016 9	−0.081 4	−0.057 1
0.65	0.038 1	0.039 0	0.013 7	0.017 8	−0.079 6	−0.057 2
0.70	0.036 6	0.037 5	0.015 1	0.018 6	−0.077 4	−0.057 2
0.75	0.034 9	0.035 8	0.016 4	0.019 3	−0.075 0	−0.057 2
0.80	0.033 1	0.033 9	0.017 6	0.019 9	−0.072 2	−0.057 0
0.85	0.031 2	0.031 9	0.018 6	0.020 4	−0.069 3	−0.056 7
0.90	0.029 5	0.030 0	0.020 1	0.020 9	−0.066 3	−0.056 3
0.95	0.027 4	0.028 1	0.020 4	0.021 4	−0.063 1	−0.055 8
1.00	0.025 5	0.026 1	0.020 6	0.021 9	−0.060 0	−0.050 0

边界条件	(5)一边简支、三边固定						(6)四边固定			
	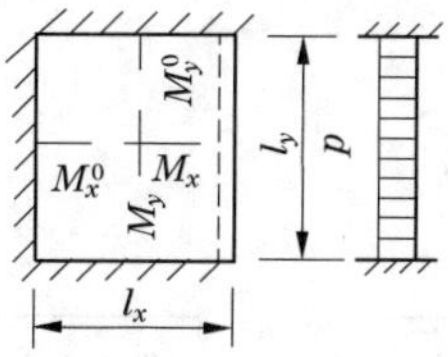						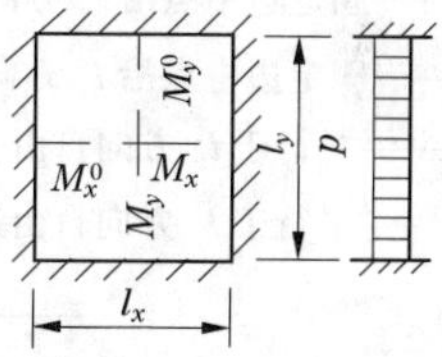			
l_x/l_y	M_x	$M_{x\max}$	M_y	$M_{y\max}$	M_y^0	M_x^0	M_x	M_y	M_x^0	M_y^0
0.50	0.055 1	0.060 5	0.018 8	0.020 1	−0.078 4	−0.114 6	0.040 6	0.010 5	−0.082 9	−0.057 0
0.55	0.051 7	0.056 3	0.021 0	0.022 3	−0.078 0	−0.109 3	0.039 4	0.012 0	−0.081 4	−0.057 1
0.60	0.048 0	0.052 0	0.022 9	0.024 2	−0.077 3	−0.103 3	0.038 0	0.013 7	−0.079 3	−0.057 1
0.65	0.044 1	0.047 6	0.024 4	0.025 6	−0.076 2	−0.097 0	0.036 1	0.0152	−0.076 6	−0.057 1
0.70	0.040 2	0.043 3	0.025 6	0.026 7	−0.074 8	−0.090 3	0.034 0	0.016 7	−0.073 5	−0.056 9
0.75	0.036 4	0.039 0	0.026 3	0.027 3	−0.072 9	−0.083 7	0.031 8	0.017 9	−0.070 1	−0.056 5
0.80	0.032 7	0.034 8	0.026 7	0.027 6	−0.070 7	−0.077 2	0.029 5	0.018 9	−0.066 4	−0.055 9
0.85	0.029 3	0.031 2	0.026 8	0.027 7	−0.068 3	−0.071 1	0.027 2	0.019 7	−0.062 6	−0.055 1
0.90	0.026 1	0.027 7	0.026 5	0.027 3	−0.065 6	−0.065 3	0.024 9	0.020 2	−0.058 8	−0.054 1
0.95	0.023 2	0.024 6	0.026 1	0.026 9	−0.062 9	−0.059 9	0.022 7	0.020 5	−0.055 0	−0.052 8
1.00	0.020 6	0.021 9	0.025 5	0.026 1	−0.060 0	−0.055 0	0.020 5	0.020 5	−0.051 3	−0.051 3

续表

边界条件	(7)三边固定、一边自由											
l_x/l_y	M_x	M_y	M_x^0	M_y^0	M_{0x}	M_{0x}^0	l_x/l_y	M_x	M_y	M_x^0	M_y^0	M_{0x}	M_{0x}^0
0.30	0.0018	-0.0039	-0.0135	-0.0344	0.0068	-0.0345	0.85	0.0262	0.0125	-0.0558	-0.0562	0.0409	-0.0651
0.35	0.0039	-0.0026	-0.0179	-0.0406	0.0112	-0.0432	0.90	0.0277	0.0129	-0.0615	-0.0563	0.0417	-0.0644
0.40	0.0063	-0.0008	-0.0227	-0.0454	0.0160	-0.0506	0.95	0.0291	0.0131	-0.0639	-0.0564	0.0422	-0.0638
0.45	0.0090	0.0014	-0.0275	-0.0489	0.0207	-0.0564	1.00	0.0304	0.0133	-0.0662	-0.0565	0.0427	-0.0632
0.50	0.0116	0.0034	-0.0322	-0.0513	0.0250	-0.0607	1.10	0.0327	0.0133	-0.0701	-0.0566	0.0431	-0.0623
0.55	0.0142	0.0054	-0.0368	-0.0530	0.0288	-0.0635	1.20	0.0345	0.0130	-0.0732	-0.0567	0.0433	-0.0617
0.60	0.0166	0.0072	-0.0412	-0.0541	0.0320	-0.0652	1.30	0.0368	0.0125	-0.0758	-0.0568	0.0434	-0.0614
0.65	0.0188	0.0087	-0.0453	-0.0548	0.0347	-0.0661	1.40	0.0380	0.0119	-0.0778	-0.0568	0.0433	-0.0614
0.70	0.0209	0.0100	-0.0490	-0.0553	0.0368	-0.0663	1.50	0.0390	0.0113	-0.0794	-0.0569	0.0433	-0.0616
0.75	0.0228	0.0111	-0.0526	-0.0557	0.0385	-0.0661	1.75	0.0405	0.0099	-0.0819	-0.0569	0.0431	-0.0625
0.80	0.0246	0.0119	-0.0558	-0.0560	0.0399	-0.0656	2.00	0.0413	0.0087	-0.0832	-0.0569	0.0431	-0.0637

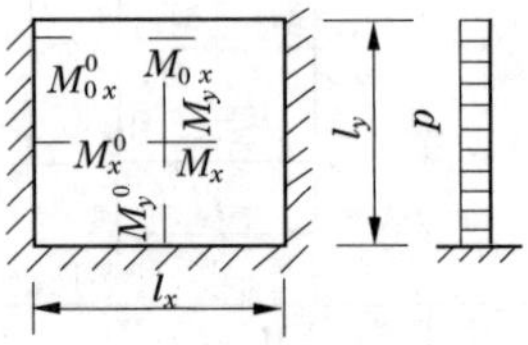

注：M_x、$M_{x\max}$——平行于 l_x 方向板中心点弯矩和板跨内的最大弯矩；

M_y、$M_{y\max}$——平行于 l_y 方向板中心点弯矩和板跨内的最大弯矩；

M_x^0——固定边中点沿 l_x 方向的弯矩；

M_y^0——固定边中点沿 l_y 方向的弯矩；

M_{0x}——平行于 l_x 方向自由边的中点弯矩；

M_{0x}^0——平行于 l_y 方向自由边上固定端的支座弯矩。

代表固定边　　代表简支边　　代表自由边

参 考 文 献

[1] 王建伟,郭遂安. 水工钢筋混凝土结构[M].2版.郑州:黄河水利出版社,2017.

[2] SL 191—2008 水工混凝土结构设计规范[S]. 北京:中国水利水电出版社,2009.

[3] GB 50010—2010 混凝土结构设计规范[S]. 北京:中国建筑工业出版社,2010.

[4] SL 744—2016 水工建筑物荷载设计规范[S]. 北京:中国水利水电出版社,2016.

[5] SL 252—2017 水利水电工程等级划分及洪水标准[S]. 北京:中国水利水电出版社,2017.

[6] GB/T 1499.1—2017 钢筋混凝土用钢 第1部分:热轧光圆钢筋[S].北京:中国标准出版社,2017.

[7] GB/T 1499.2—2018 钢筋混凝土用钢 第2部分:热轧带肋钢筋[S].北京:中国标准出版社,2018.

[8] 周氏,章定国,钮新强,等. 水工混凝土结构设计手册[M]. 北京:中国水利水电出版社,1999.

[9] 河海大学,等. 水工钢筋混凝土结构学[M].5版.北京:中国水利水电出版社,2016.

[10] 王建伟,张迪. 建筑结构[M].4版.郑州:黄河水利出版社,2020.

[11] 郭振宇,陈诚. 水工建筑物基础[M].2版.北京:中国水利水电出版社,2015.

[12] 竺慧珠,陈德亮,管枫年. 渡槽[M]. 北京:中国水利水电出版社,2005.

参考文献

[1] [illegible]

[2] [illegible]

[3] [illegible]

[4] [illegible]

[5] [illegible]

[6] [illegible]

[7] [illegible]

[8] [illegible]

[9] [illegible]

[10] [illegible]

[11] [illegible]

孙正义传

打造
300年
企业帝国的
野心

[日] 杉本贵司 ◎ 著
王健波 ◎ 译

中信出版集团 | 北京

图书在版编目（CIP）数据

孙正义传：打造300年企业帝国的野心 /（日）杉本贵司著；王健波译. -- 北京：中信出版社，2020.4（2025.1重印）
ISBN 978-7-5217-1032-8

Ⅰ. ①孙… Ⅱ. ①杉… ②王… Ⅲ. ①孙正义–传记 Ⅳ. ① K833.135.38

中国版本图书馆 CIP 数据核字（2019）第 205559 号

孙正义传——打造300年企业帝国的野心

著　　者：[日] 杉本贵司
译　　者：王健波
出版发行：中信出版集团股份有限公司
（北京市朝阳区东三环北路27号嘉铭中心　邮编　100020）
承 印 者：北京通州皇家印刷厂

开　　本：880mm × 1230mm　1/32　　印　　张：14.25　　字　　数：261千字
版　　次：2020年4月第1版　　印　　次：2025年1月第8次印刷
京权图字：01–2019–0502
书　　号：ISBN 978–7–5217–1032–8
定　　价：69.00元

支持孙正义的人[1]

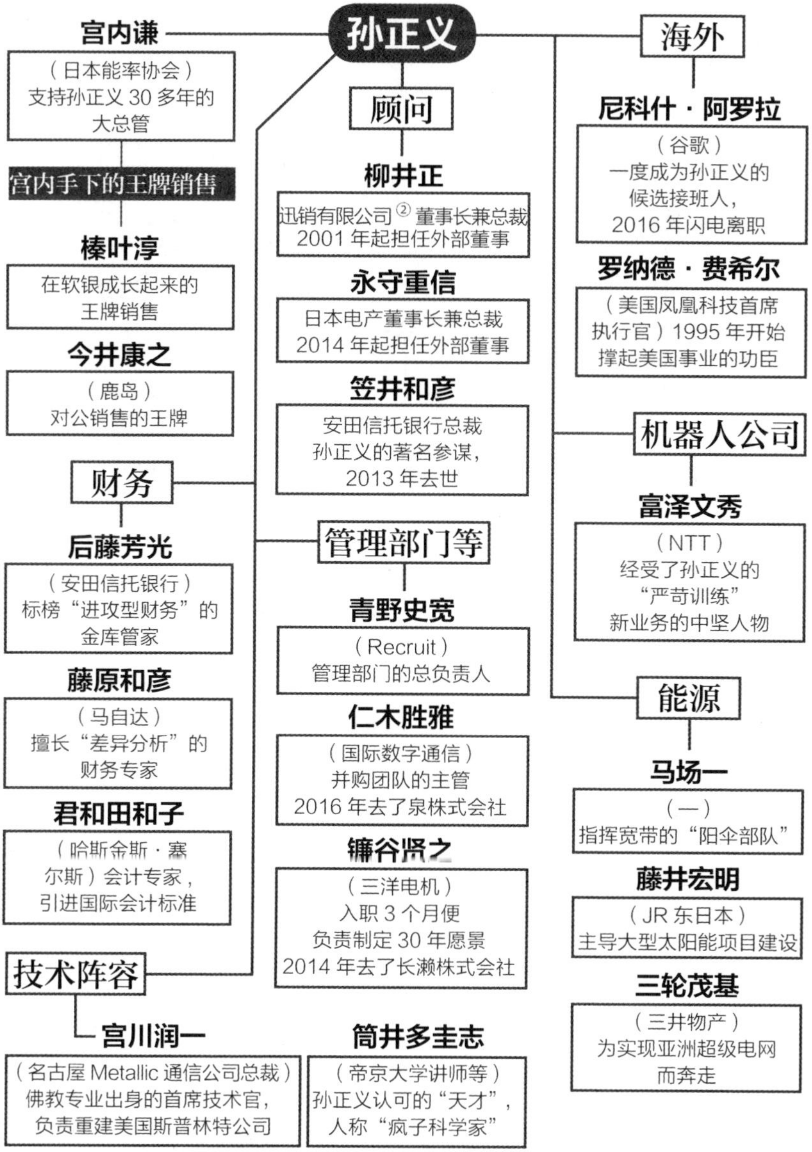

---

① 括号内为加入软银之前的工作，公司名称为当时的名称。

② 迅销有限公司创建于 1963 年，拥有著名品牌“优衣库”（UNIQLO），是日本休闲服装领军企业。——编者注

软银的业务结构

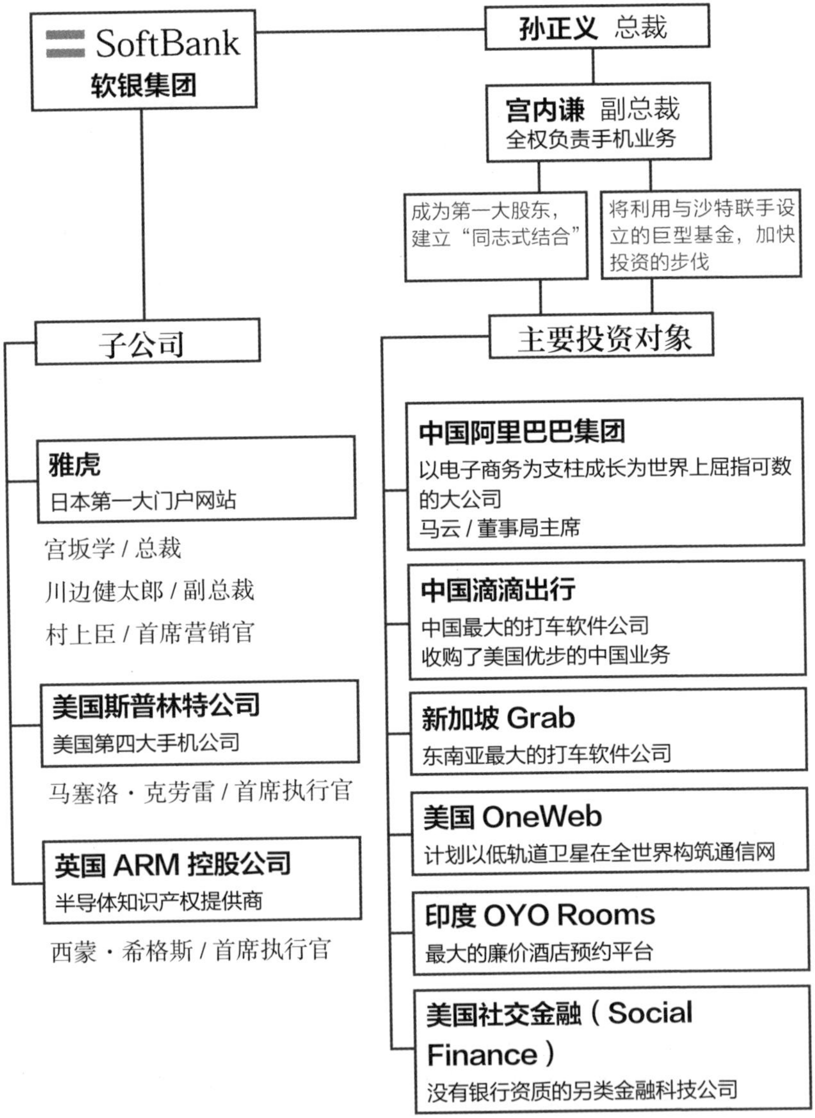

SoftBank
软银集团
孙正义 总裁
宫内谦 副总裁
全权负责手机业务
成为第一大股东，建立“同志式结合”
将利用与沙特联手设立的巨型基金，加快投资的步伐
子公司
雅虎
日本第一大门户网站
宫坂学 / 总裁
川边健太郎 / 副总裁
村上臣 / 首席营销官
美国斯普林特公司
美国第四大手机公司
马塞洛·克劳雷 / 首席执行官
英国 ARM 控股公司
半导体知识产权提供商
西蒙·希格斯 / 首席执行官
主要投资对象
中国阿里巴巴集团
以电子商务为支柱成长为世界上屈指可数的大公司
马云 / 董事局主席
中国滴滴出行
中国最大的打车软件公司
收购了美国优步的中国业务
新加坡 Grab
东南亚最大的打车软件公司
美国 OneWeb
计划以低轨道卫星在全世界构筑通信网
印度 OYO Rooms
最大的廉价酒店预约平台
美国社交金融（Social Finance）
没有银行资质的另类金融科技公司

孙正义创业期的 10 位恩人

姓名	当时的职务	与软银的关系
佐佐木正	夏普专务董事	买下孙正义上学时研发的电子翻译器，为孙正义走上企业家之路奠定了基础。他还曾向银行提出做孙正义的担保人
净弘博光	上新电机总裁	决定把大笔订单交给尚无业绩的孙正义。在孙正义生病期间，他还吩咐下属“不准欺负病人”，放宽交易条件
藤原睦朗	上新电机 J&P 营业本部长	找到默默无闻的孙正义，促成软银的第一笔大订单
工藤裕司	哈德森总裁	在展览会上认识孙正义，并把他介绍给弟弟工藤浩
工藤浩	哈德森专务董事	没有征求哥哥工藤裕司的意见就同意让孙正义做独家代理，被孙正义视为兄长
御器谷正之	第一劝业银行麹町支行行长	为尚无业绩的孙正义争取 1 亿日元的无担保、基础利率贷款
田边聪	东京旭屋书店常务董事	教孙正义出版的基本知识，介绍业界的重要人物
清水洋三	内外数据服务营业部长	在孙正义参加大阪电子展时第一个决定参展，还曾支持过孙正义创办的行业团体
川岛正英	《朝日新闻》评论员	清水洋三大学时代的朋友，为孙正义引见政界、财界的大亨
大内淳义	NEC 副总裁	软银杂志部门陷入严重赤字时，承担了一半的广告费

软银的发展历程

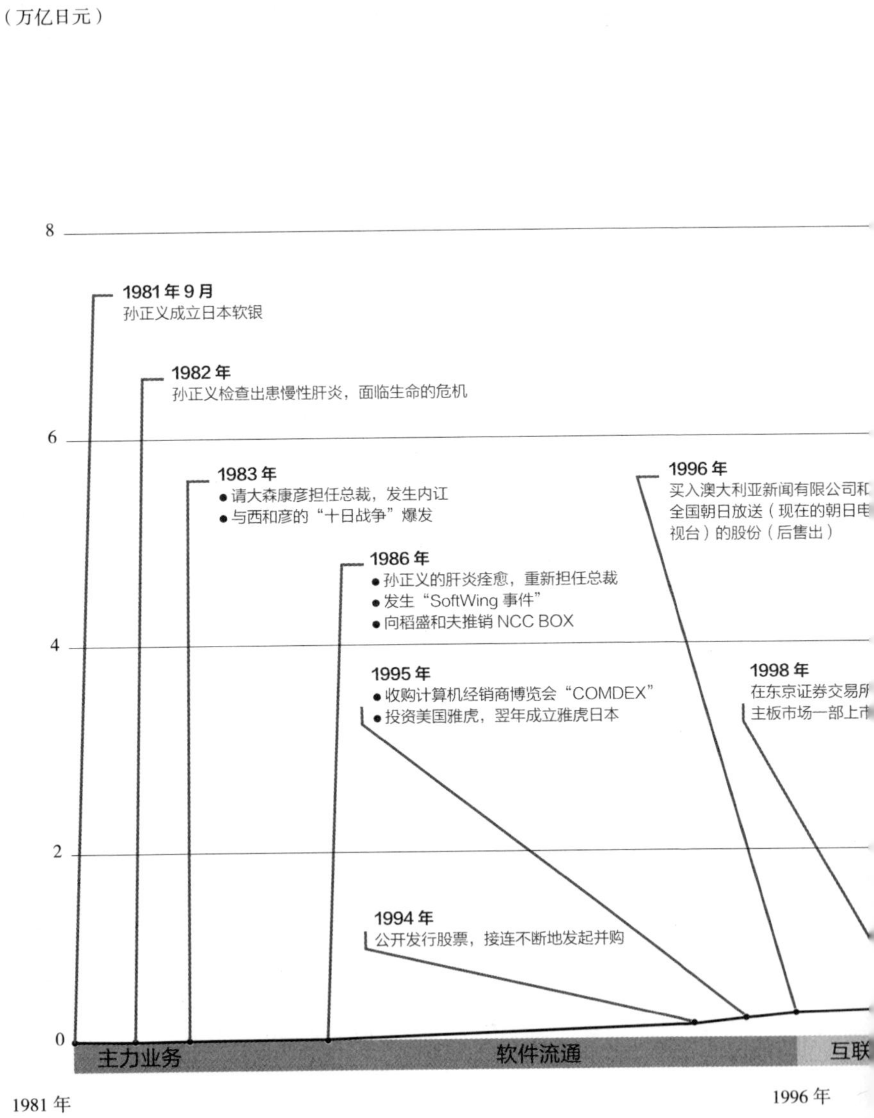

（万亿日元）
8
6
4
2
0
1981 年 9 月
孙正义成立日本软银
1982 年
孙正义检查出患慢性肝炎，面临生命的危机
1983 年
● 请大森康彦担任总裁，发生内讧
● 与西和彦的“十日战争”爆发
1986 年
● 孙正义的肝炎痊愈，重新担任总裁
● 发生“SoftWing 事件”
● 向稻盛和夫推销 NCC BOX
1995 年
● 收购计算机经销商博览会“COMDEX”
● 投资美国雅虎，翌年成立雅虎日本
1994 年
公开发行股票，接连不断地发起并购
1996 年
买入澳大利亚新闻有限公司和
全国朝日放送（现在的朝日电
视台）的股份（后售出）
1998 年
主力业务
软件流通
1981 年
1996 年

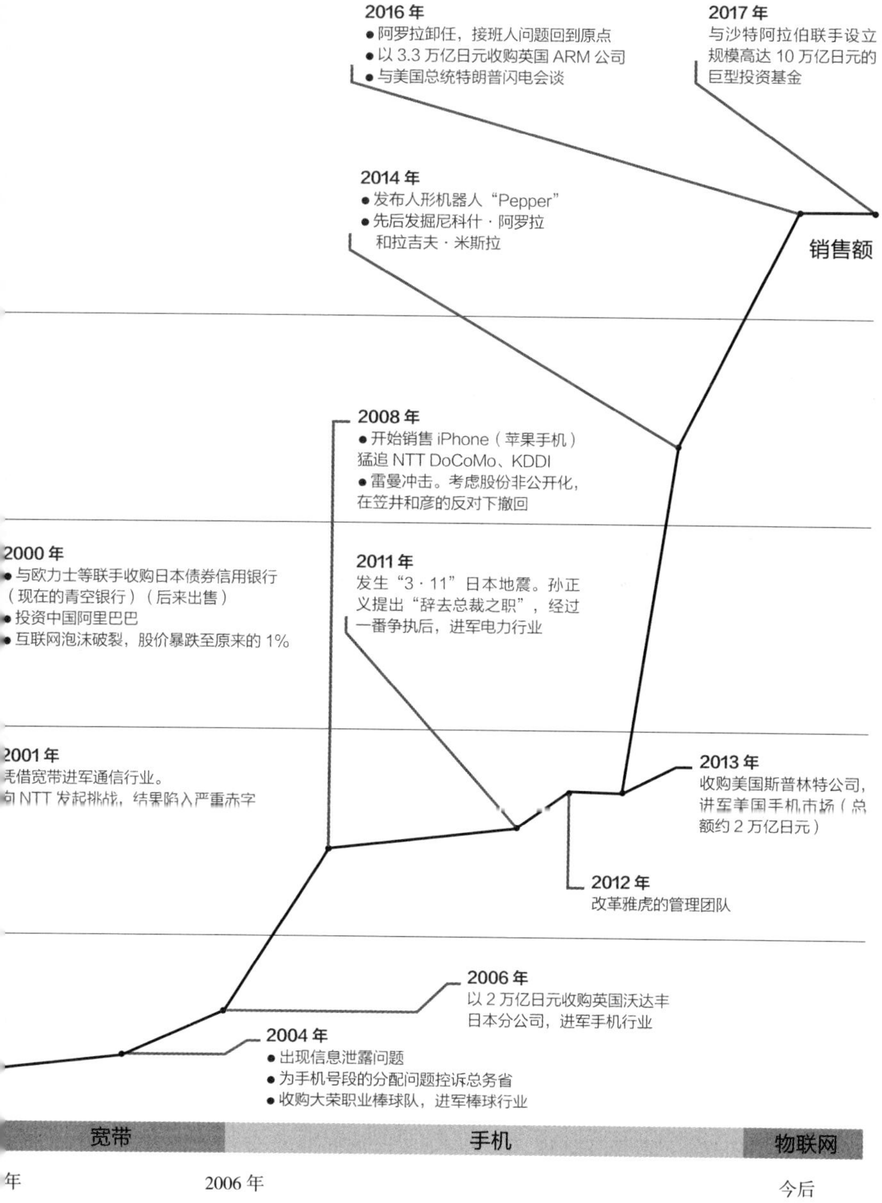
2016 年
● 阿罗拉卸任，接班人问题回到原点
● 以 3.3 万亿日元收购英国 ARM 公司
● 与美国总统特朗普闪电会谈
2017 年
与沙特阿拉伯联手设立规模高达 10 万亿日元的巨型投资基金
2014 年
● 发布人形机器人“Pepper”
● 先后发掘尼科什 · 阿罗拉和拉吉夫 · 米斯拉
销售额
2008 年
● 开始销售 iPhone（苹果手机）猛追 NTT DoCoMo、KDDI
● 雷曼冲击。考虑股份非公开化，在笠井和彦的反对下撤回
2000 年
● 与欧力士等联手收购日本债券信用银行（现在的青空银行）（后来出售）
● 投资中国阿里巴巴
● 互联网泡沫破裂，股价暴跌至原来的 1%
2011 年
发生“3 · 11”日本地震。孙正义提出“辞去总裁之职”，经过一番争执后，进军电力行业
2001 年
借宽带进军通信行业。
NTT 发起挑战，结果陷入严重赤字
2013 年
收购美国斯普林特公司，进军美国手机市场（总额约 2 万亿日元）
2012 年
改革雅虎的管理团队
2006 年
以 2 万亿日元收购英国沃达丰日本分公司，进军手机行业
2004 年
● 出现信息泄露问题
● 为手机号段的分配问题控诉总务省
● 收购大荣职业棒球队，进军棒球行业
宽带
手机
物联网
年
2006 年
今后

目录

第三章　扬帆启航 _089

第四章　危机 _131

第五章 街头战士 _175

第六章 桶狭间 _209

第七章　最后的机会 _257

第八章　雅虎族 _309

前言

迄今为止，写孙正义的书已经有很多，它们大多聚焦于其走出在日韩国人村落贫穷生活的奋斗历程，或者以启发为目的，试图从这位罕见的经营者身上学到些什么。其中不乏耐读的作品。

鉴于已经有这么多作品，斗胆考虑撰写本书时，我回到一个极为简单的问题——孙正义究竟是一个什么样的人？

革命者、破坏者、魅力领袖、离经叛道的经营者、吹牛大王、暴发户，抑或是源自在日韩国人这一身份的某种无名怨愤的体现者。依我看，这些都是正确答案。

他是一个高深莫测的人。因为高深莫测，所以有趣。

不仅如此，一群不为人知的强者在他的领导下聚在一起，他与他们之间的故事也很有趣。光环一直笼罩在他身上，但是离开他们，他的故事就无从讲起。要讲述孙正义作为经营者的一面，如果不提那些“配角”所发挥的作用，就难以看清故事的真相。当然，孙正义依然是这个故事的绝对的主人公，他确实是个难得一见的人物，但他也并非凭一己之力成为“天才经营者”。我认为，“孙正义的故事”是以孙正义为主人公，由支持着他的众多强者编织而成的一部群像剧。这本书的第一目的就是，将孙正义的故事当作这样一部群像剧来重新书写。

因此，在这本书里，您仍会看到许多此前已经有人讲过的情节，特别是孙正义创业期的那些故事，不过我所写的是那些不能用一个“天才”的故事来道尽的地方。我从这个角度重新做了采访，并且有了一些新的发现。我最想告诉人们的是，其中充满了在商业这一赛场上展开的灵魂的碰撞。

还有一点，作为《日本经济新闻》的记者，我想让人们认识一个真实的孙正义，让人们知道他在想什么，又是以怎样的价值观和判断标准采取行动。

有人说孙正义善变，说话做事总是变来变去。看上去孙正义似乎确实这样，但是如果仔细地研究作为经营者的孙正义的行动，就会发现其实并非如此。这里面有他作为企业家一以贯之的哲学。本书的另一个目的，就是阐明迄今为止很少有人触及的经营者孙正义的本质。

在追访软银的过程中，我有时会感慨，孙正义真是一个拥有丰富表情的人。他从不在别人面前掩饰自己的喜怒哀乐。本书引用了许多他说过的话，在不同的场合，他说话的方式会有很大的不同。本书原原本本地记录了我听到的内容，以便让读者直接感受孙正义的话语的力量。

孙正义仅仅用了一代人的时间，就建立起销售额近 10 万亿日元的庞大企业，他究竟是一个怎样的经营者？现在，他又在朝着什么目标努力？我要讲的就是孙正义和他的志同道合者们的波澜壮阔的故事。

杉本贵司

2017 年 5 月

序　言

恩　人

2014年4月28日，东京元赤坂的老字号西餐厅“东洋轩”，软银集团的高层管理者在这里集结。

孙正义从一辆黑色的丰田世纪车里走下来。他身着深灰色西装，系着亮粉色领带，让人联想到这附近两三周前还在盛开的樱花。

这一时期，孙正义进军美国的夙愿正处在进退两难的局面，不过这一天，他的脸上露出愉快的表情，看不到一丝忧愁。

孙正义的身旁是他30年来的搭档、软银的大总管——宫内谦，孙正义对他充满信任。孙正义从野村证券挖来的北尾吉孝也在场。

其他人也都是支持孙正义的忠臣中的忠臣。孙正义称他们为“街头战士”，或者用一个更为简单的称呼——同志。

“进攻型财务”后藤芳光，被孙正义评价为“预测两步以外，无人能出其右”的战略家藤原和彦，毕业于佛教专业的CTO（首席技术官）宫川润一。

大总管宫内率领的销售部队的队长榛叶淳和久木田修一。榛叶是软银第249号员工，从底层一步一步爬上来。久木田是宫内从光通信挖来的干将。孙正义从Recruit挖来的青野史宽，在幕后掌管着软银的全部管理工作。出生在中国香港、拥有英国国籍的艾瑞克·甘也在。

齐集一堂的高层管理者出门迎接的是一位老人——佐佐木正。再过两个星期，就是他的 99 岁生日。佐佐木也身穿西装，剪短的白发仔细地梳成三七分。他年事已高，单手拄着拐杖，腰已经直不起来，但是他的举止动作流露出成长在武士门第的老派男人的风范。

佐佐木虚岁 100，孙正义率领软银干将们在这里为他祝寿。宴会自始至终一派祥和。在场的每个人都毫不掩饰对这位老人的敬意。就连坐在佐佐木面前的孙正义也向他投去敬畏的目光，这样的目光是任何人都没有看到过的。平时那双如猎人一般锐利的三角形的眼睛不见了。

孙正义起身致辞："如果在伯克利读书的时候，我没有遇到佐佐木老师……在座的各位就不会聚集在一起。我深深地感慨人和人的相遇……如果我没有遇到佐佐木老师，那么一切真的会完全不一样。"

孙正义拿出一张彩色纸笺，在上面写下送给佐佐木老师的话。写完之后，他高声朗读。此时，他的感情像决堤的水，落下晶莹的泪珠。

"佐佐木老师，一切都从与老师的相遇开始！谢谢！"

短短的话语凝缩了孙正义对佐佐木的感谢之情。

佐佐木对孙正义说："这说不定是我们最后一次见面了。记住，以后也要怀着坚定的决心去做事。"

孙正义哽咽得说不出话，只觉得心中有一股热流不断地往上涌。

如果不是在大约 40 年前那个炎热的夏日遇到这位恩人，稀世的企业家孙正义留下的足迹可能完全不同。他历经坎坷的命运，在日本掀起信息革命，与佐佐木的相遇正值他迈出最初的那一小步。

1978 年 8 月，孙正义刚满 21 岁，佐佐木 63 岁。年轻的孙正义带着大大的失意和渺茫的希望，前往佐佐木所在的奈良县天理市夏普中央研究所。孙正义的身旁是他的父亲孙三宪，他前一天接到儿子的电话，便从博多匆匆赶来。孙正义小心翼翼地抱着一个包裹，里面装着他的发明。

接下来要见的佐佐木正，是推动日本电子立国的核心人物之一。美国的合作伙伴送给他一个爱称，叫作“火箭”，亲近的人则只是称他为“博士”。不过，此时的孙正义对这些还一无所知。

当时佐佐木的头衔是专务董事，率领夏普的技术团队。夏普中兴之祖佐伯旭以三顾之礼把他请来，是他带领夏普打赢了与卡西欧计算器之间长达 20 年的“计算器之战”，也是他最早看到了半导体集成电路，即 LSI（大规模集成电路）的可能性。

现在人人在用的电子计算器，当初却是比汽车还要昂贵的高科技产品。佐佐木通过引进最前沿的半导体和液晶显示屏，掀起了席卷整个电子行业的技术革新和降低成本的汹涌浪潮。

计算器变得只有口袋大小，进而引起了计算机的迅猛进化。说佐佐木是将原本只属于一部分富人和研究机构的计算机普及家庭的幕后功臣也不为过。

他最后做到夏普的副总裁，退休后依然坚持“共创”的信条，不论头衔、年龄，他向每一位有梦想的人敞开大门，在产业界、政界、学界拥有很广的人脉。

说点儿题外话，受到佐佐木熏陶后来取得巨大成就的年轻人不止孙正义一个，还有美国苹果公司的共同创始人史蒂夫·乔布斯。乔布斯后来和孙正义成了盟友，不过当时两个人都还默默无闻。

乔布斯在被赶出苹果公司，走投无路的时候，来到位于东京市谷的夏普东京分公司拜访佐佐木。当时的乔布斯留着一头蓬乱的长发，身穿T恤衫，脚上趿拉着拖鞋，而且没有预约。乔布斯似乎对长辈缺少礼貌，这一点直到晚年也没有改变。

但是，佐佐木头脑中对乔布斯的印象完全不同，他说他至今记忆犹新：“他不修边幅，眼睛却炯炯有神。虽然我的年纪比他大很多，但是他直勾勾地盯着我，一点儿也不示弱。”

乔布斯目不转睛地盯着佐佐木的眼睛说：“我希望你能给我一些建议。”于是，佐佐木就像给成绩不好的学生上课一样，给乔布斯讲了共创的哲学。

“嗯……”

乔布斯一时陷入了沉默。没有人知道他从佐佐木的话中学到了什么。不过，在回到苹果之后，乔布斯一直恪守着佐佐木关于共创的教诲。

他甚至开始和他多年的竞争对手，曾经被他骂作“叛徒”“小偷”的美国微软公司总裁比尔·盖茨合作。乔布斯打造的iPhone结合了电话、音乐播放器和计算机的功能，体现的正是共创的思想，可以说这是他带给这个世界最好的礼物。

让我们回到 1978 年。

孙正义和父亲走进中央研究所，佐佐木的部下野田伦弘等人迎接他们，把他们带到了一楼的洽谈区。佐佐木来了，孙三宪简单地打过招呼后，孙正义连忙把他一直小心抱着的东西从包袱里拿出来。那是根据孙正义的创意发明的电子翻译器。

“啊，如果是为了这个事，那么我们去二楼谈吧。”

说完，佐佐木把孙氏父子带到楼上自己专用的接待室。准确地说，此时这对父子报的是“安本”这一日本姓氏。虽然当时正在美国留学的孙正义在当地一直用约翰 · 孙这个名字。

进入房间后，孙正义就把父亲晾在一边，讲了起来。孙正义叮嘱过父亲“只要说几句应酬话就好”。

孙正义问能否得到夏普的协助，把这台电子翻译器商品化。他就这台翻译器进行了讲解，人们只需按下按钮输入想说的话，它就可以进行翻译，还可以发音。

“嗬，有意思。”佐佐木虽然嘴上这么说，但其实并没有感到这东西多么新奇。他觉得这东西在技术上并没有特别新颖之处。不过他说，这个年轻人和乔布斯一样，眼神中有着与众不同的力量。

他决定助这个青年一臂之力。

还没有听完孙正义要说的话，佐佐木就发现了年轻的孙正义所散发出的难以言喻的魅力。

而此时的孙正义正身陷窘境。

这是他的最后一搏。如果得不到佐佐木的认可……

孙正义出生于1957年，是第三代在日韩国人。他出生、成长的地方，是佐贺县JR[①]鸟栖站附近的无番地[②]。因为这里是非法占据国有铁路的土地，所以没有地址。当地的居民住在简陋的棚屋，空气中弥漫着猪和猪食的味道。孙正义就在这样的环境中长大。升入高中不久，他就暗下决心："要成为企业家。"

这一时期，孙三宪已经靠弹珠机等生意取得了成功，经济方面不再是问题，所以孙正义决定从高中退学，前往美国求学。后面的章节会对他的这段经历进行详述。孙正义就读的是美国大学中名列前茅的名校——加利福尼亚大学伯克利分校的经济学专业，他为了发明创业的种子，每天都刻苦学习，在学习之余，他还给自己布置了"每日发明"的任务。

有声电子翻译机的创意便是这样产生的。它的主体很像现在的电脑键盘，键入"你好"，小小的液晶屏幕上就会出现"Hello"这个单词，而且使用者还可以听到它的发音。

孙正义说服了在伯克利分校教授宇宙物理学的福雷斯特·莫泽（Forrest S. Mozer）帮助他进行研发。莫泽在语音合成器的研究方面也是知名的专家。孙正义答应莫泽，商品化之后会给他报酬。

样机做好，终于要商品化了。要做成产品，就得与厂商合作。

① JR是日本铁路公司的缩写。——译者注

② 无番地指没有门牌号的地段。——译者注

孙正义给日本的各个电机厂商写信，收到了十来个厂商的回信。他利用暑假回到日本，马不停蹄地走访各个厂商，但是现实的墙壁比这个学生发明家想象中的更厚、更高。

佐佐木问："你已经去过别的公司了？"

孙正义坦言去过松下电器："嗯，不过……吃了闭门羹。"

其实这一时期，松下正按照创始人松下幸之助的指示，着手与斯坦福大学共同研发电子翻译器。孙正义毫不知情地去敲门，人家自然没有理会他。

不只松下电器，佳能、索尼、东芝……给他回信的知名公司都退缩了，每家的态度都差不多。它们貌似全都是出于对莫泽的大名的兴趣才给孙正义回信，当实际面对这个自称从美国回来的 20 岁上下的年轻人时，没有一个人愿意认真地听他说话。

其中最令人恼火的是卡西欧。负责接待的人刚看到孙正义的电子翻译器就说了一句"不行"，之后再也不肯听他说话。孙正义穷追不舍，对方依旧是"不行不行"，拒人千里。孙正义最后被臭骂一顿，还被赶了出来。

"这样的公司我再也不会来了！"回家路上孙正义在心里嘀咕着这句话，即使在凭借软银取得巨大成功之后，孙正义依然没有忘记。

孙正义最看好的两家公司就是卡西欧和夏普。电子翻译器最好做成可以随身携带的尺寸。他觉得打响炽烈的"计算器之战"的这两家公司应该能够理解他的想法，因此他在四处走访时，特意把这两家放在了最后。

到卡西欧为止谈判都是以惨败收场，只剩下夏普一家了。

他把最后的希望寄托在夏普上，怎么办呢？在此之前，他见的都只是一些负责人，但是都没有被理睬，他从这些痛苦的经历中吸取了教训，决定这回要找一个“大人物”，于是他找到曾经在夏普任职的代办人。与现在不同，当时的他没有人脉，他把自己关在盛夏闷热的电话亭里，拼命地拨打电话，寻求门路。

就这样，孙正义遇到了佐佐木。佐佐木不仅是无人不知的电机产业的大人物，而且和孙正义此前遇到的人截然不同，他会认真地倾听关于电子翻译器的讲解，还愿意听孙正义想成为企业家的梦想。

“如果和我们签约，那么你准备用合同资金做什么？”

面对佐佐木的提问，孙正义老实地回答：“付给帮我完成这个项目的人报酬。”

这句话也深得佐佐木的心。

“好，我们出 2 000 万日元，用作研究经费。”

“真的吗?！”

佐佐木继续说：“联合国使用 8 种语言。英语成功之后，请继续挑战其他语言的翻译。我们为每种语言各出 2 000 万日元。”

这将是一份价值 1.6 亿日元的合同，孙正义喜出望外。

“谢谢！谢谢！”

这是孙正义人生中赢得的第一笔合同资金。最终到手大约 1 亿日元。

佐佐木看中的并不只是孙正义的未来。当时，“计算器战争”暂时休战，佐佐木意识到软件的重要性，他认为软件将成为未来业务的种子。在他看来，只要更换卡带即可支持多种语言的创意，正是靠软件决胜负的时代的思路。

在孙氏父子离开研究所后，佐佐木马上把一同参加谈判的野田叫到房间，下达了指示：“马上进行研究，把那个年轻人带来的翻译器商品化。”

夏普一年后商品化的“IQ-3000”中包含了孙正义的电子翻译器的部分技术。后续机型又引入了更换卡带的创意，再后来的机型又采用了语音合成器。孙正义的创意就这样一步一步地完善成了商品。这些设备后来进一步发展，演变成了电子记事本“Zaurus”，畅销一时。

回到美国之后，孙正义用从佐佐木那里拿到的合同资金做资本创办了学生公司。他把为电子翻译器创立的公司“M Speech System Inc”改名为“Unison World”，将风靡日本的侵略者游戏引进美国，大赚了一笔。

大学毕业后，他带着这笔资金回到日本，在福冈开启了企业家的人生。那一年是 1981 年。

正如 33 年后孙正义流着眼泪对已经年迈的佐佐木说的那样，毫无疑问，孙正义的企业家人生就是从他与佐佐木相遇开始的。

在这之后，孙正义不止一次地直面危机。每次扭转逆境的原动力无疑都源自他的灵光闪现，以及他不知放弃为何物的执着。

有时，他不惜与国家或巨型企业公然对立。他反复进行着看似有勇无谋的挑战，几乎每个人都嘲笑他必将失败，他却一步一步地登上通往成功的阶梯。

孙正义的故事从与一位老人的相遇开始，一直发展到如今销售额近 10 万亿日元的企业集团。然而，他的野心还远不止于此。

“既然走上了企业家这条路，就要把目标定为世界的顶点。”他一本正经地说，这才刚到打造持续 300 年的企业的入口。

那个曾经在韩国人聚居的无番地的棚屋里、因为无缘无故受到歧视而苦恼的少年，最终成长为日本屈指可数的大企业的魅力领袖。这是一个光彩夺目的成功故事。

但是，孙正义也不是凭一己之力走到这一步的。这一过程中，不只有佐佐木，还有许多对孙正义的志向产生共鸣的志同道合者一直支持着他。

风云人物孙正义和他的志同道合者迄今为止经历了怎样的苦难，而今又在向什么发起挑战？我希望能通过这本书，再现孙正义和他的伙伴们的苦恼、挫折以及向永无止境的野心发起挑战的故事。

第一章

重新启动

举世震惊的天价交易，

以及与“后继者”的诀别

第二次收购

“喂，绘理，今天早上的新闻看了吗？”

“嗯？什么新闻？”

“你们公司要被一家叫软件银行的公司收购了！”

“啊！什么，真的吗?！”

清早醒来的绘理从她的西班牙籍丈夫口中听说这个消息，连忙用手机搜索新闻网站。她毫不费力地找到了要找的新闻标题——《软银将以 240 亿英镑收购 ARM》。毕竟这可是登上头条的爆炸性新闻。

绘理一时间无法相信这是真的。按照当时的汇率，240 亿英镑相当于 3.3 万亿日元。这是一个难以想象的数字。但是比起这则把她从梦中惊醒的新闻所报道的巨资，更令她感到困惑的是，她没有办法在头脑中将手机屏幕上显示的两家公司联系到一起：软银？收购 ARM？为什么？

绘理所在的 ARM 公司的总部设在英国中部，位于剑桥大学城的郊外，它是一家只有业内人士才知道的公司。

ARM 的商业模式非常独特：其虽然是一家半导体公司，却从不制造芯片，而是专做电路设计。公司向半导体制造商出售设计图，收取知识产权授权费。当芯片被实际用于电子设备时，一枚芯片就能带来几日元到几十日元不等的收入。

换句话说，ARM 就是半导体的幕后英雄。因为半导体本身就与普通人距离遥远，所以除了业内人士，很少有人知道 ARM 的存在。

在业内，ARM 的大名几乎无人不知，特别是在智能手机行业，影响尤其巨大，因为世界上至少 90% 的智能手机都在使用 ARM 的电路技术。

尽管如此，绘理还是不太明白。ARM 的年销售额还不到 2 000 亿日元，软银却出 3.3 万亿日元来收购。她想不透软银收购 ARM 的意图。

收购 ARM 的新闻是在 2016 年 7 月 18 日早间播出的。绘理大约在一年前加入 ARM。她会感到困惑，是因为她在软银工作过。

10 年前，绘理受管理咨询公司 ABeam 咨询的派遣，在英国沃达丰日本分公司做顾问。2006 年 3 月，她得到了一个令人震惊的消息：沃达丰日本分公司要被软银收购了。

绘理的雇主直接变成了软银，她也因此体验了软银式的快速经营。

“这是第二次了吧。”丈夫知道当时的事，笑着说道。但是他也觉得莫名其妙。10 年前，软银要进军手机市场，这在业内是众所周知的事实，但是软银这次为何又对半导体出手了呢？

吃完早饭一到公司，绘理就被同事们团团围住，一堆问题扑面而来。她是剑桥 ARM 总部仅有的两个日本员工之一，所以不难想象当时的情景。

“绘理，软件银行是一家什么样的银行？为什么要收购我们？”

介绍软件银行倒是不难，但是为什么收购 ARM 呢？绘理也看不懂软银的意图。没过多久就得到通知：ARM 的新东家，软银的孙正义，当天下午就来总部。

孙正义来到了蜂拥而至的 ARM 员工面前。他虽然白头发比 10 年前多了，但是容颜未改，脸上依旧浮现着他在公司外部演讲时经常展露的、亲切的笑容。

“即将到来的物联网（IoT）时代是人类历史上最大规模的典范转移[①]。物联网的战场需要大家的力量。我尊敬 ARM，并不打算改变大家建立起来的商业模式。公司的经营体制也一切照旧。”

看来新东家的目的并不在重组或转售。

“软银是为了帮助大家而来。让我们携起手来，加速典范转移的进程吧！”

尽管从高中时期就留学美国，但是孙正义的英语发音并不地道，严格来说，语法有时也有点儿奇怪，措辞有时也很生硬，但这些问题完全不影响他表达思想。他的讲话方式中无疑有一种与语言水平无关的“表现力”。

当时也是如此。这个小个子的日本东家似乎是理解 ARM 的商业模式的。孙正义接着讲了软银的“30 年愿景”，有很多工程师听了都感到不知所措。

---

① 典范转移（paradigm shift）最早用来描述在科学范畴里一种在基本理论上对根本假设的改变，后来亦应用于其他学科方面的巨大转变。——译者注

这也难怪。用30年时间将市值增加到200万亿日元，这样的话听上去一点儿都不现实。但是孙正义说，为了实现这个目标，他需要ARM的力量。

看来，此人是真打算将ARM建立起来的独特的商业模式维持并发展下去。就在这一时期，ARM正暗中加大对物联网的投入，而这个词也在孙正义的演讲中频频出现，可见他一直在研究这家公司。

物联网是让所有物体实现互联互通的网络。在智能手机市场坐稳江山的ARM已经开始制定战略，意欲在接下来的物联网时代仍旧掌握半导体的控制权。

孙正义的演讲话音刚落，大家不约而同地鼓起了掌。听到掌声，孙正义终于松了一口气。

终于到了这天！终于可以发起新的挑战了！

10年前的计划书

时间倒退到10年前，2006年差不多过了一半的时候，软银刚刚成立了并购团队，孙正义把负责人仁木胜雅叫到了总裁办公室。

“你知道ARM这家公司吗？”

“不，不知道。”

“是家挺有意思的公司。调查一下。”

“什么意思？”

“看看能不能收购。做一份研讨资料出来。”

尽管成立了并购团队，但是以软银当时的状态，其并没有能力进行大型收购。因为就在不久前，软银刚刚投入近 2 万亿日元的巨资，收购了沃达丰日本分公司。

软银在其子公司雅虎日本的协助下，成功地实现了以被收购的沃达丰的资产做担保进行贷款的杠杆收购（LBO）这一高难度方案。代价就是，软银的主银行瑞穗实业银行（现瑞穗银行）对软银提出了严格的“约束条款”。

所谓“约束条款”，是指融资的特别约定事项，作为银行发放巨额贷款的条件，对贷款企业进行一定的财务限制。

通俗地说，就是银行对软银下达了死命令：“因为借那么多钱你还不起，所以暂时要把钱包捂紧了。”约束条款（Covenants）在神学领域意味着“与神之间的契约”。一旦违反约束条款，软银就可能要面对贷款被撤回或者公司被银行接管的局面。

简而言之，刚刚成立的并购团队几乎没有能够自由支配的资金。尽管如此，孙正义还是下达指示，让他们研究收购 ARM 这家从未听说过的公司。

“孙先生还是那么天马行空。”

就在前几天，孙正义还说要投资英国的网上赌场公司，把仁木搞得手忙脚乱。

仁木一边叹气一边命令 4 个下属找来资料，开始研究 ARM。他很快发现：“原来如此，这确实很像孙先生喜欢的公司。”

仁木说：“孙先生的商业模式都有一个思路，那就是要构建垄断体。”没有突出的竞争对手，在那条道路上所向披靡。不过，与所谓的“利基战略”又有所不同，这并不是单纯地在某个特定的领域占有较大的市场份额。

孙正义本人喜欢用“平台商”这个词，或许可以称之为“掌控游戏规则的公司”。用孙正义的话说就是“以某个时间点或市场份额为起点收益递增的商业模式”，即销售额或利润要像中学数学里的二次函数曲线那样增长。为了实现这一点，就需要成为仁木所说的那种垄断性的存在。

重要的是，要在“某个时间点”到来之前把未来的平台商据为己有。

现在，网络搜索领域的谷歌、网上购物领域的亚马逊可以说都是这样。而在个人计算机的时代，由掌握着操作系统和 CPU（中央处理器）的微软和英特尔形成的“Wintel 联盟”就是很好的例子，“平台商”这个词也逐渐固定了下来。

“两对”不如“四张”

孙正义追求垄断或者说平台，他喜欢举美国石油大王约翰·洛克菲勒的例子。洛克菲勒崭露头角是在 19 世纪下半叶。当时，石油的用途还很少，只是作为鲸油的替代品，或者用作制药的原料。洛克菲勒却独具慧眼，率先发现了其中的商机。

1859 年，洛克菲勒 20 岁。就在这一年，位于宾夕法尼亚州西北部的油溪近郊开挖出世界第一口油井（德雷克油井）；同年，洛克菲勒和莫里斯·克拉克成立了公司。他们起初做食品生意，但是很快他们就看到了石油的前景，于4年后投资了克利夫兰的炼油厂。

洛克菲勒1865年与克拉克分道扬镳，两人通过拍卖决定由谁接手石油业务。拍卖起价500美元，最终以72 500美元决出胜负。双方拍价相差只有500美元。原本，洛克菲勒只是把石油当作农产品交易的副业，这就是他迈上石油大王之路的瞬间。

在名著《奖赏》[①]中，丹尼尔·耶金这样评述这一天的事件："那次握手标志着现代石油业的开始，并使宾夕法尼亚近乎疯狂的繁荣所造成的混乱状况开始有了秩序。"

这的的确确是石油世纪的开始。

然而此时，几乎没有人意识到一个全新的产业即将迎来黎明。也许，黎明就是这样的。

容我再啰唆几句。当时，石油的用途还只是用作灯油。据耶金的著作记载，即使在德雷克发掘出宾夕法尼亚的油田之后，石油的价格仍然很低，只有用来装石油的威士忌酒桶价格的一半。

汽油汽车的诞生还要等到20多年后的1886年，由德国的卡尔·本茨和戈特利布·戴姆勒分别开发，再到亨利·福特在美国底特律近郊的"福特T型车"的生产线中使用传送带，使汽车真正成为产业，那时已经是20世纪初，也就是说，洛克菲勒早在半个世纪前就看到了石油的未来。

---

① 《奖赏》一书由中信出版社于2017年出版。——编者注

在“石油世纪”开始以前，石油还没有多少价值的时候，洛克菲勒就控制了一块又一块出油的土地。这是一项危险的投资。毕竟，石油还只是鲸油的替代品，一不小心就会供过于求。

洛克菲勒创立的标准石油公司成为支配美国石油业的平台商。孙正义注意到的是，洛克菲勒不仅掌握着油田，连输油管道等输送网都是自己建设。

汽车实现大众化，发展成为一个庞大的产业，人们常常把这一切归功于亨利·福特。因为他不仅利用传送带降低了汽车的生产成本，而且一下子把工人的工资翻了一番，为支持美国经济的中产阶级的诞生奠定了基础。

但是不要忘了，诞生于德国的汽车之所以能够在美国发展得势如破竹，离不开洛克菲勒所构建的“石油平台商”这一背景。

仁木经过调查发现，ARM 也完全有可能成为平台商，以电路设计的形式，在背后控制半导体业。

再说一点儿题外话，软银的子公司雅虎日本的副总裁兼 COO（首席运营官）川边健太郎说，他经常在一些不经意的谈话中接触孙正义的经营哲学。有一次，谈到雅虎美食。

川边说：“雅虎美食是万年老三，怎么也赶不上 tabelog 和 GURUNAVI。可能还是得收购它们当中的一个。”

孙正义这样回答：“你会不会打牌？”

“啊？算会吧，怎么了？”

“你看啊，扑克也是这样。四张比两对更厉害，没错吧。这样就肯定能赢吧。”

“那倒是没错……”

“所以，这种时候不是要收购它们当中的一个，而是两个都收购。从一开始就应该考虑，要怎么做才能实现这个目标。”

后来，雅虎确实研究过收购那两家公司，只是没有实现。孙正义想说的是，既然要做，就不要只做一半，从一开始就要瞄准平台商的地位。

孙正义还给过川边这样的建议。当时川边直接向孙正义请教他思考问题的方法。

“现在，雅虎什么业务发展得最好？”

“那应该是雅虎拍卖，从利润率来看，它是最好的。”

“是吗？那么，对手做什么会把雅虎拍卖搞垮？”

“唉，设想雅虎拍卖的失败吗？”

“没错，思考这个问题，然后抢在对方之前出手。把那种一旦对手做了就会不妙的主意找出来。不是一个，而是要把能想到的都找出来，然后先发制人。我一直都是这样思考问题。”

这听起来像平台商的防守策略，实际却是在尚未分出胜负的阶段用来巩固基础的思考方法。只要回顾孙正义走过的路，就可以看清他的行为模式：他不会执着于已经确立的平台地位，一项事业成功之后，他就马上寻找下一个挑战。

软银在 1981 年从软件流通业起步，出版、会展、互联网、宽带基础设施、手机，一再地改变主业。现在软银又从 ARM 入手，向物联网这一未知的领域迈出了脚步。

每次改变主业，孙正义都会提到一个词——“典范转移”。我听孙正义说过这样的话。

“我并没有做出改变世界的伟大发明，如果说跟一般人相比我有什么特长的话，那就是我非常热衷于判断典范转移的方向，及其时期。”

“赚眼前两三年小钱的事，我不感兴趣。挖掘那些10年后、20年后才开花结果的事物，在它们还是种子的阶段将其分辨出来的能力，以及为之承担风险的胆量，这些方面我是比别人强的。”

孙正义似乎从很早就有典范转移的意识，这一点在一段逸闻中有所体现。

孙正义上中学时，电视上播出过一部名为《大将》的电视剧，该剧改编自柴田炼三郎的同名小说，原型坪内寿夫是个立志刻苦奋斗终于成功的人物，他曾被扣留在西伯利亚，九死一生，归国后回到故乡爱媛①，凭借电影院获得成功后，他重建了许多家造船公司，因此被称为“重建大王”“造船大王”“四国的大将”。

孙正义的父亲孙三宪极力称赞：“坪内是个伟大的人。”少年孙正义却很肯定地说：“爸爸尊敬的那个叔叔，我没有办法尊敬他，他不是一个称职的经营者。”

原因是“他违背了时代的潮流”。孙正义认为，造船在这个时代已经是夕阳产业。把人生赌在这样的事业上，作为企业家是不及格的。

---

① 爱媛是四国岛的一个县。——译者注

当然，孙正义也明白坪内有他不得不从事造船的理由，不过可以肯定的是，孙正义当时的想法至今也没有改变。

对时代的潮流进行预判，绝对不可以逆时代的潮流而行。孙正义不屑地说："如果违背时代潮流，就和武田胜赖一样。"倒不如在别人还没有意识到的时候，预见到潮流的走向并乘流而下。这里所说的时代的新潮流，就是"典范转移"。就像击败武田骑兵团的织田信长掌握了铁炮这一战争的"典范转移"一样。

言归正传，ARM 创立于 1990 年，在半导体业还属于新兴势力，它的省电技术却早有定评，从创业时期开始，其凭借用于小型电子设备的半导体一点一点确立起地位。在仁木开展调查的 2006 年，当时的手机（也就是现在所说的"功能手机"）用的通信芯片已经离不开 ARM 的技术。

因为使用 ARM 的技术已经成了制造手机的前提条件，所以 ARM 是一个不可或缺的存在，真正建立起了平台商一般的地位。

仁木想起了孙正义常说的话："今后将是移动互联网的时代。"

一直有人说软银收购沃达丰日本分公司进军手机业"为时已晚"，孙正义则一直说收购本来就不是为了进军手机业。总有一天，通过移动终端随时随地享受互联网的时代会到来。

到那时，人们的生活方式将发生巨变，这正是典范转移。投入巨额资金收购沃达丰，就是为了掌握用来迎接这一新潮流的基础设施。

那么，是什么构成了移动互联网的终端，也就是现在所说的

“智能手机”的大脑呢？那个东西不就成了即将到来的时代的平台商吗？孙正义思考得出的答案就是 ARM。这样想来，就可以得出 ARM“很像孙先生会喜欢的公司”的结论。仁木终于理解了孙正义突然下达收购指令的用意。

但是，没有资金。这样的并购不知道什么时候才能变现，银行不可能同意。

乔布斯的暗示

那么，孙正义为什么在这个时候让他研究收购 ARM 呢？换句话说，是什么样的契机让孙正义预见到需要 ARM 的典范转移呢？

当我向孙正义提出这个问题时，他提到一个令我意外的人名——苹果公司的史蒂夫·乔布斯。以下是孙正义的原话。

> 想要在终将到来的移动互联网时代掌握控制权，就需要最强的设备。
>
> 那么最强的设备由谁制造呢？我想，应该不会是（当时的手机业老大）诺基亚，更不会是日本的手机厂商。世界上只有一个人，就是那个疯子。

这个人就是乔布斯。“疯狂”对孙正义来说是最高的赞美之辞。

在收购沃达丰日本分公司前不久，孙正义曾给老友乔布斯打电话要求见面。他赶到位于硅谷库珀蒂诺的苹果公司总部，手里拿着一张草图。

草图融合了当时席卷音乐界的便携式音乐播放器 iPod 与当时走在世界最前沿的日本手机。iPod 提供的是融合了互联网和音乐的划时代的服务。何不把同样的思想融入手机？孙正义想把心中的想法告诉乔布斯。

乔布斯只瞥了草图一眼，就看穿了孙正义的本意。他说："Masa[①]，别给我看这么丑的草图。"

看到乔布斯脸上的笑容，孙正义猜想，恐怕这人也在思考同样的事情。

"现在，我还什么都不能说。而且，你连手机运营商的资格都没有吧。"

"到时候会有的。"

"但是，现在没有。到此为止，没什么可说的了。"

看这情形完全谈不下去，不过这就是两人彼此认同的关系。乔布斯又说："不过，你说的对。制造最强的移动设备的时候到了，这一点我也完全赞同。而且，来跟我说这件事的人，Masa，你是第一个。"

果然，这个男人已经在做了。他已经在开发孙正义所想的移动时代的最强设备！

众所周知，乔布斯对新产品和新服务贯彻着极端的保密原则。即使是公司内部，也绝不公开研发团队的存在。乔布斯给出如此明

① Masa，孙正义的昵称。——编者注

显的提示，正是他对孙正义无比信任的证明。

不过，孙正义并没有就此满足，他可不想空着手回日本。

“那跟我合作吧。不然的话，我可要跟你对着干了。”

孙正义当场要求签合同，乔布斯最终没有答应。不过，两个天才经营者的对话无疑为后来软银在日本独家销售 iPhone 埋下了伏笔。

接下来的事情，体现了孙正义和普通经营者不同的地方。他这样讲述这次见面之后的感想：“史蒂夫肯定在做最强的移动设备，那么这个设备的大脑用的是什么样的 CPU 呢？”

孙正义当时关注的是电池。对当时市场上的手机（现在所说的功能手机）来说，电池都可谓是难以突破的瓶颈，更何况要满足随时能够连接互联网的手机的电量需求，那得用多大电池啊。当然，把电池做大就可以解决这个问题，但是孙正义并不是这样想的。

“乔布斯是个对美观追求到极致的人，绝不会选择那种电池凸出像癞蛤蟆一样的丑陋设计。”

用孙正义的话说，当时的半导体巨人英特尔是“电脑时代的平台”。要满足乔布斯的要求，就不能靠英特尔，而要靠 ARM 引以为傲的省电技术。乔布斯创造的移动设备恐怕会产生改变世界的巨大影响。移动互联网时代将就此拉开帷幕。既然如此……孙正义下了这样的结论：“ARM 将掌握移动互联网时代的平台。”

当时的 ARM 市值大约 2 000 亿日元，只有 10 年后孙正义正式决定收购时的 1/10。后来孙正义这样回顾道：“当时没有人注意到 ARM 的价值，所以我特别想要收购。但是，在那之前我还有必须要做的事。”

那就是重建已经破烂不堪的沃达丰日本分公司。孙正义和他的伙伴们将大量的时间投入重建工作，因为它事关公司的命运。就连仁木领导的并购团队也渐渐淡忘了 ARM 的存在。

其实，孙正义还曾命令仁木再一次研究收购 ARM。那是成功地完成了沃达丰日本分公司的重建工作，巩固了手机业务的地位之后的 2012 年。

不过在同一时期收购美国斯普林特公司进军美国，推进软银全球化的设想浮出水面。孙正义选择了斯普林特。

ARM 收购设想两度消失。尽管如此，ARM 并没有从孙正义的心里消失。

“可以说，这种淡淡的‘单相思’一直持续着。”

就这样，这场跨越 10 年的“单相思”终于要画上句号了。

土耳其的港口

2016 年 7 月 4 日，面朝地中海的土耳其南部港口城市马尔马里斯。在可以将游艇港尽收眼底的餐厅二楼，出现了孙正义的身影，他身着休闲的短袖衬衫、卡其裤。二楼有一半是露台，因为已经事先包场，所以没有别的客人。木地板的尽头连接着夏日干燥的地中海特有的深蓝色的天空。

孙正义乘坐私人飞机赶到马尔马里斯，然而，此行并不是来休假的。他选择将这个闲静的度假胜地作为战场，来终结他 10 年来的单相思。

不过，孙正义要在这里见的人却是真的正在度假。当接到孙正义的电话时，ARM 董事长斯图尔特·钱伯斯正带着家人乘坐游艇在地中海航行。虽然孙正义已经事先通过电子邮件和钱伯斯联系过，但恐怕他还是给钱伯斯留下了性急的印象。

“我想马上见您。”

“真不巧，我正在休假，在地中海的海上呢。”

“那什么时候能见到您呢？”

“差不多要一个月后吧。”

“我等不了那么久。您能不能在哪里停靠一下？”

虽然不知道为了什么事，但孙正义肯定有重要的事情要谈吧。钱伯斯拗不过孙正义，于是指定了最近的港口城市马尔马里斯。孙正义还邀请 ARM 的 CEO（首席执行官）西蒙·希格斯一同出席。

因此，钱伯斯穿着短裤，孙正义选择休闲装也是因为考虑到了这个情况。不过，此时他已经下定了决心。钱伯斯却还不知道他所为何来。

软银找我们是干什么？会提出什么样的业务合作？

对 ARM 而言，软银可以说是“客户的客户的客户”。半导体厂商用 ARM 的技术生产半导体，手机厂商用这些半导体生产手机，软银则负责销售手机。虽然没有直接的生意往来，但要洽谈合作倒也并不奇怪。

孙正义对钱伯斯在度假期间抽出时间和他见面表示了感谢。无云的蓝天下的午餐便开始了，当地的特色美食整只烤墨鱼端上了桌。

孙正义不紧不慢地说道："今天来此不为别的事，我正在考虑收购 ARM。不是出资，而是 100% 的收购。"

在那一瞬间，用孙正义的话说，钱伯斯"吃惊得差点儿从椅子上摔下来"。他万万没有想到孙正义是来谈收购的。孙正义对着毫不掩饰惊讶的两个人滔滔不绝地讲了起来。比起收购条件，他讲的更多的是自己的蓝图，这是他一贯的做法。

他说在即将到来的物联网时代，ARM 将成为不可或缺的存在。要发挥 ARM 的力量，面对只关心短期利益的市场，与其继续上市，不如加入软银，在长期蓝图下奋战。他还讲了自己对 ARM 一直以来的"单相思"。

"您觉得这对软银和我们公司有什么好处？"

钱伯斯曾担任英国著名的玻璃公司皮尔金顿的高层管理者，参与过与日本板硝子的出售谈判。尽管有过这种跨国并购的经验，但面对从事业务完全不同的软银的提议，他还是无法掩饰内心的疑虑。

孙正义再一次说明软银今后将进军物联网领域，并补充道："我理解 ARM 的商业模式。正因为我们之间没有交易关系，所以才能保持 ARM 的中立性吧。"

全世界几乎所有的半导体大厂都是 ARM 的客户，所以对 ARM 而言，中立性是一个不可回避的问题。一旦 ARM 变得不再纯粹，就可能失去大量的客户，动摇其作为平台商的地位。

孙正义一语中的。当然，毕竟这是一场长达 10 年的单相思。

虽然后来才实际决定收购金额，但是孙正义提出了一个不错的报价。最终确定的收购价是在 ARM 的股份的基础上加 43%。

孙正义继续讲道，ARM 是一个由工程师组成的集团，为了进一步扩充它的力量，他可以保证，在 5 年以内，让在 ARM 剑桥总部工作的工程师的人数增加到现在的两倍。如果孙正义投资的目的只是把 ARM 转手卖掉，就不会做这种增加固定成本的承诺。

这个人是认真的。

钱伯斯明白了孙正义的意图，虽然他只是回答“我不能一个人决定这件事，让我们在董事会上研究一下”，但孙正义从对方的表情里感觉到他已经达到自己想要的效果。

把二人送出餐厅后，孙正义去了游艇港，开始和随行的印度籍管理者阿洛克 · 萨马一起拍摄纪念照片。孙正义给我看过他保存在 iPhone 里的照片。

蔚蓝的天空，清澈的水面上漂着许多白色的游艇。孙正义和身材瘦高的萨马肩并着肩，满脸笑容，充满着把“单相思”修成正果的自信。

“进攻型财务”

在马尔马里斯提出收购的两个星期之后，7 月 18 日，孙正义在伦敦正式宣布收购 ARM。3.3 万亿日元这个数字创下了日本企业收购外企的最高纪录。整个过程只用了两个星期的时间。

这背后是孙正义持续了 10 年的“单相思”，是他的执着。

其实，孙正义第三次开始考虑收购 ARM 的时间还要早一些，是在马尔马里斯会面的一年前。当时他只把意向告诉了极少数的软银管理者，无疾而终。

因为掌握财政大权的后藤芳光站出来反对：“斯普林特的重建还没有看到出口。现在不是应该集中精力在这方面吗?！”

后藤是个有点儿与众不同的财务经理，他一贯主张“进攻型财务”。人们一般认为财务经理是对经营者滥用资金喊停的角色，后藤却不是这样。他直言不讳地说，自己的职责就是防止发生在孙正义主动出击时丧失机会的情况，换句话说，不能让财务成为脚镣，使其无法发起进攻。

后藤还说：“筹措资金就是街头打斗。”他皮肤黝黑，体形酷似柔道家，外表也与一般的财务人员不同。当然，他是孙正义所认可的街头战士之一。

他的意见在某种意义上是正确的。

对此孙正义也无力反驳，只得承认他说得有道理。

但是，“单相思”还是没有消失。

2015 年夏天，孙正义飞往伦敦，和希格斯共进午餐。希格斯于 2013 年出任 ARM 的 CEO，他的前任沃伦·伊斯特和孙正义有深交，孙正义就是托沃伦介绍他们认识的。

孙正义对希格斯的第一印象是“一个忠诚老实的工程师，不愧为沃伦的接班人”。问过之后才知道，原来希格斯平时不住在英国，而是住在美国硅谷。因为半导体业的很多客户都在硅谷。孙正义在硅谷也有自己的住宅。当天两人约好再会后就分开了。

但是，准确地说，这一天并不是孙正义和希格斯第一次见面。根据希格斯的回忆，大概 10 年前，当软银收购沃达丰日本分公司，成为 ARM 的“客户的客户的客户”时，他曾经去东京汐留的办公室拜访过孙正义。孙正义不记得了。

“当时就觉得他是个精力充沛的野心家。我还清楚地记得他激情澎湃地讲着他对移动互联网的未来的设想。”

这是希格斯对孙正义的印象。

不管怎样，在这之后，孙正义根据后藤的建议，亲自指挥斯普林特的重建工作，以解燃眉之急。他自任首席网络官，一直到深夜还在和位于美国堪萨斯州的斯普林特总部举行电话会议。

“斯普林特的重建工作终于看到出口了。”

孙正义公开说这话的时候已经是 2015 年深秋。正好在这一时期发生了一件事，让孙正义的“单相思”更加浓烈。ARM 每年秋天都会召开技术会议，ARM 的技术人员依次发表讲演。就是在这次会议上，ARM 宣布要在所有处理器中内置安全技术。

即使在英国本土，这条新闻也没有引起多少关注。孙正义却这样解释这条疯狂的新闻：“ARM 真打算挑战物联网了。”

在物联网时代，所有物体都与网络连接在一起，这也就意味着所有产业都随时暴露在网络攻击的风险之下。孙正义认为，ARM 这是在宣布他们将为此采取对策，先发制人。

现在是时候去找 ARM 了。

转过年来，孙正义的决心越发坚定。

问题是，ARM 会接受这项收购提议吗？孙正义开始行动，试探收购的可能性。那大约是在马尔马里斯提出收购的一个星期前。

孙正义在硅谷把“邻居”希格斯请到了自己的住宅，它位于斯坦福大学附近的高档住宅区阿瑟顿，距离希格斯家只有几分钟车程。

以葡萄酒为伴的晚餐持续了大约三个小时。两个人交流着各自的经营哲学，孙正义看准时机，问了希格斯这样一个问题：“既然物联网这么重要，不是应该趁现在加大投资，主动出击吗？”

希格斯沉思了片刻，回答道：“那是当然啊。但是，我们是上市公司。”

孙正义继续追问，希格斯用一幅纯粹的工程师的耿直表情回答：“这东西很难让市场理解。我们也不止一次地跟那些分析师说明过要投资，说接下来投资金额会暂时膨胀。但实际上，一旦因此导致利润率稍微下降那么一点儿，股价就会下跌。这真的是很难让他们明白。”

希格斯的说明听上去只是泛泛而谈，孙正义却有着不同的理解。

看来能行。

包括希格斯在内，ARM 是一个由专业性极高的技术人员组成的集团。与市场对话本来就不是他们的专长。早在 10 年前，在孙正义刚开始关注 ARM 的时候，他就觉得市场并没有给他们的实力一个公正的评价。上市公司一定要让投资者理解自己的经营战略，但希格斯似乎也觉得 ARM 没有得到他们的理解。

孙正义有过同样的经历。在 2008 年 9 月开始的雷曼冲击之后，无论他怎么讲愿景，都得不到理解，他甚至考虑过把软银的股份全部买下来，停止上市。所以他对希格斯的烦恼感同身受。

既然得不到市场的理解，由软银来做一个好的理解者就行了。在此基础上想出一个 ARM 容易接受的条件，差不多就可以获得以希格斯为首的管理团队的同意。

要做就趁现在！孙正义在这次晚餐之后就和钱伯斯取得了联系，要求见面，最终约在马尔马里斯碰头。

后藤再一次确认了孙正义的意向，这一次他没再反对。既然斯普林特的重建工作已经有了头绪，实现孙正义多年的夙愿正是显示其“进攻型财务”的本领的地方。

收购资金超过 3 万亿日元，其中 2 万亿日元只要把已经找到买家的投资对象的股份卖掉就能筹到。剩下的 1 万亿日元，后藤决定向银行贷款。超低利率一直持续，条件还是不错的。主要往来银行瑞穗银行应该可以做到。

正好当时瑞穗金融集团总裁佐藤康博和孙正义一起去硅谷出差。虽然此行的目的是视察软银出资的金融科技相关企业，但是此行不失为申请融资的大好机会。

后藤做好了安排。在餐厅用餐之后，在回来的车里，孙正义按照和后藤商定的计划，对坐在旁边的佐藤说道：“以前跟您说过的 ARM，我觉得差不多是时候考虑收购了。”

孙正义很久以前就向佐藤透露过他对 ARM 的兴趣。他告诉佐藤融资金额大约 1 万亿日元，佐藤面不改色地说：“好的。我们会全力支持。”

12个人创立的ARM

那么，让孙正义“单恋”10年的ARM究竟是一家什么样的公司呢?

ARM的总部在剑桥郊外，从康河河畔的剑桥大学开车大约10分钟即可到达。那是一座毫不起眼的大楼，如果事先不知道，很容易就会错过。

主楼的外观据说是一艘大船的形象，但是如果没有人指点，完全看不出来。总之就是一栋随处可见、平淡无奇的办公楼。

ARM的前身是剑桥的一家名为艾康电脑（Acorn Computers）的电脑公司。准确地说，其可以追溯到1983年艾康公司内部开始秘密研发RISC技术的时候。RISC是精简计算机指令的种类，提高运算处理速度的设计技术，常被译为“精简指令集计算”。

这个研发项目的代号是“Acorn RISC Machine”，首字母缩写为ARM。

最初关注这项技术的是美国苹果公司。苹果公司准备在世界上第一款个人便携终端机“牛顿”（Newton）上使用RISC芯片，提出和艾康共同研发。

20世纪80年代末，艾康陷入经营危机，分割出ARM团队，与苹果公司合营，在半导体制造方面有合作关系的美国VLSI科技公司也在这个时候出资。那是1990年11月。该公司创立之初的名称是“Advanced RISC Machines”，最终又改为ARM。

虽然有苹果公司出资，但是公司起初只有12个人。这12位创始人中，有一位至今还留在 ARM 剑桥总部任职。

他就是 CTO 迈克·穆勒。穆勒长得人高马大，为人直爽，他这样回顾公司成立之时的情形："艾康在 ARM 分割出去的时候已经是一艘下沉的船。无法保证做我喜欢的研究，所以我没打算一直留在那儿。新公司（ARM）邀请我的时候，说实话我觉得这就是一场人生的赌博。但是对我来说，做出这个选择并不难。不，准确地说是别无选择。"

因为有苹果公司的"牛顿"，新生的 ARM 暂时没有衣食之忧，但是未来怎样完全是个未知数。当时的半导体业，日本的电机厂商正春风得意。就在此时，和微软组成"Wintel 联盟"的英特尔公司苏醒过来。

穆勒说，离开艾康的 12 个人第一时间就新公司的目标展开了讨论。12 个人提出的目标是："有朝一日成为行业标准。"

不过，他们的资本金只有 100 万英镑，按照当时的汇率，大约 2.5 亿日元。当时的半导体业，设备投资竞争非常激烈，要做制造商，这点资金根本不够。大家一致同意，应该立即集中精力搞研发。

穆勒又进一步说明："我们完全没想过要把目标定为电脑。电脑方面，有英特尔这个巨人，我们无论如何都竞争不过。"

1990 年，正是日本泡沫经济达到顶点的时期。同样是这一时期，在日本、美国和欧洲国家，电脑正日渐发展为一个巨大的市场。也就是说，穆勒他们毅然地放弃了这个巨大的市场。

果然是苹果的"牛顿"撑起了初期的 ARM。这一时期，ARM

与日本的关系也日益加深。负责生产“牛顿”的夏普成了 ARM 的第三家授权商。

从 20 世纪 90 年代初开始，穆勒多次以工程师的身份前往奈良县天理市的夏普中央研究所。那里曾是孙正义的大恩人佐佐木正的根据地。因为这样的缘故，穆勒在 ARM 被软银收购以前就备有日文名片。

ARM 既没有资金又没有足够的人力挤进电脑市场。它所拥有的只是 12 位创始人的技术实力，以及和剑桥之间的知识合作。

就是在这样的情况下，ARM 确立了现在这种专注于半导体设计，向厂商提供授权的商业模式。而且，他们把目标锁定在了当时还属于利基市场的移动设备。这在后来取得了巨大的成功。

虽然“牛顿”一直销售到 1998 年，但从商业的角度来说这并不算成功。尽管 ARM 专注于设计的经营体制支出不大，但到 1993 年为止公司一直是赤字状态。到了 90 年代末，另一个巨大的市场——手机兴起了。

1997 年，手机行业的巨头芬兰诺基亚采用了 ARM 的设计技术，ARM 从此走上了增长的轨道。因为一开始就把目标锁定在移动设备，凭借低功耗的技术，ARM 建立起了他人不能企及的地位。

进入智能手机时代后，ARM 的客户半导体厂商也发生了世代交替。美国半导体业的新兴企业高通公司率先将 CDMA（码分多址）制式手机商品化，取代电脑盟主成为主角。高通著名的半导体产品“骁龙”也使用了 ARM 的设计技术。

50 步以后会用到的棋子

以上就是 ARM 用短短 1/4 个世纪建立起半导体业“幕后巨人”地位的大致历程。那么孙正义准备如何在物联网时代运用 ARM 的力量呢？

“这个我不能说。拳击手在上场之前会说我先打左刺拳，最后一击用右直拳这样的话吗？一样的道理。”

我在软银收购 ARM 后直接向孙正义提出这个问题时，被他用上面的话搪塞了过去。这是他每次开始新的挑战时惯用的说辞。

这次收购似乎对现在的软银没有任何协同作用。但是孙正义本人在记者招待会上断言：“这就像下围棋的时候放下一颗 50 步以后会用到的棋子。外行只能看到两三步以外。我这一步棋的作用，只有在将来才会显现。只有在这个世界里真正拼命的人才会明白，大部分人是不会懂的。”他露出无所畏惧的笑容，又说道：“不过没关系，以后会懂的。”

投入 3.3 万亿日元的巨资，却说和现有的业务没有任何关系，一般的经营者是无法做到的。

不过，要理解 ARM 对物联网的重要性也没有那么难。

只要想象一下所有物体与网络相连的社会是什么样子即可。连接物与物的通信方式用有线肯定不行，当然要用无线通信。

不仅是智能手机，汽车、家电、住宅、工厂、卡车装运的大量货物，还不止这些，眼镜、鞋子、衣服等我们身边的所有物体都会装上传感器。就连在人体内埋设传感器的技术，都可能在不久的将来广泛普及。

这些物体都能连接电源吗？而且不用说，物体要连接到网络，就需要有“大脑”，也就是半导体芯片。

在物联网时代，将用到大量的低功耗芯片，只有功耗足够低，才能摆脱对电源的依赖。处在创造这种芯片的首发位置的，就是已经征服了智能手机时代的 ARM。

孙正义预言：“今后 20 年，ARM 的半导体将突破一万亿颗，遍布全球。”

所以他才会趁现在有着凭借手机打下的磐石般的基础，将半导体行业的幕后主角据为己有。

藤田的 15 分钟

软银和半导体的结合看起来有些唐突，但是孙正义想必不会有这样的感觉，因为他多年以来一直在研究半导体科技的进展。

毕竟，如果没有半导体，也就不会有软银。

孙正义为什么会决定把毕生的精力投入“信息革命”呢？

回顾旧时的记忆，可以追溯到他高一那年决定离开日本去美国留学时的一次相遇。那时他已经立志要成为企业家，但是还不知道究竟该做些什么、学些什么。

于是他做了一件大胆的事。

年轻的孙正义决定去请教日本麦当劳的创始人藤田田。因为他读过藤田写的《犹太人经商法》，很受触动。

孙正义当时住在福冈县久留米市，他开始每天往藤田的办公室打电话。接电话的是藤田的秘书，他当然不会为一个莫名其妙的高中生传话。

没有办法，孙正义只好坐上飞机前往东京。他从羽田机场打电话给藤田的秘书说："我读过藤田先生的书，非常感动。希望能见他一面，只要三分钟就好。现在，他看不到我，也不用跟我说话，这样就不会妨碍到他了吧。拜托您，把我说的话用笔记下来交给藤田先生。"

他进一步叮嘱："如果藤田先生还是说没空见我，我就回去。但是，请您不要自己判断。"

最后，他得到了藤田的答复，说可以抽出 15 分钟见面。

"我该做什么呢？"孙正义直言不讳地问道。

藤田回答说："以后是计算机的时代。如果我像你这么年轻，就去做计算机相关的生意。"

一个曾经在餐饮业掀起旋风的快餐先驱说出这样的话，令人意外，但是"计算机"这个令人莫名兴奋的新鲜词汇开始在孙正义的心中跳动。

当时的藤田是无人不知的天才经营者，竟然特意见一个来路不明的年轻人，指点迷津，可见此人度量之大。

后来，孙正义去了加利福尼亚，并在那里有了终生难忘的感动经历。那是在他翻看他在常去的超市买来的《大众电子》（*Popular Electronics*）杂志的时候。英特尔公司研发的计算机芯片"i8080"的放大照片跃入他的眼帘。

现在看，那只是一张陈旧的集成电路的照片，但当时给孙正义的印象完全不同。孙正义亲口向我讲述了当时的情形，就像发生在昨天一样。

> 那应该是1976年，我19岁那年的秋天。我下了车，一边踩着地上的落叶，一边哗啦哗啦地翻看刚买的杂志，这时一张芯片的照片跃入了我的眼帘。
>
> 它看上去就像一幅未来城市的地图，读过文字，我才知道这竟然是只有指尖那么大的计算机芯片。我当时激动得眼泪都流出来了。大脑一直转个不停。啊，人类终于创造出了超越自己大脑的东西！

他说，也许这样说有点儿夸张，但是确实有一种见证了人类史的转折点的感动涌遍了我的全身，手脚都在颤抖。

这就是藤田先生说的计算机！时代要变了！

孙正义当时在伯克利主攻经济学，看了这张照片以后，他深深地被计算机的魅力吸引。他还把这张照片剪了下来，放进塑料垫板，片刻不离地带在身上。就连睡觉的时候都要放在枕头旁边。

他在伯克利加入了计算机同好会，后来拉拢伯克利的著名教授莫泽研发了有声电子翻译机。再后来，他遇到了一生的大恩人佐佐木正，终于成为一个真正的企业家。

收购ARM对孙正义而言，可以说是时隔40年之后重新回到原点。他一生一次的竞赛才刚刚开始。

代价

然而，也许对活在竞赛世界里的孙正义而言，开始一件事就意味着要失去些什么。

收购 ARM 使他得以迈向物联网这一未知领域，作为代价，他失去了好不容易才遇到的接班人。

尼科什·阿罗拉，这位印度出生的实干家得到了孙正义的青睐。当初是孙正义用一份连同退休金在内总额 300 亿日元的天价合同把阿罗拉请来软银，最后又是因为孙正义的决定，使阿罗拉不到两年就离开了软银。接班人和孙正义之间到底发生了什么？

2016 年 6 月下半月，股东大会前夕，人事部部长青野史宽像往年一样去找孙正义谈话。

“今年风平浪静，按照孙先生的行事风格，估计 5 秒钟就能结束吧。”

他怀着轻松的心情用 iPad（苹果平板电脑）向孙正义展示股东大会的安排，孙正义却沉默了。

呀，难道说有什么烦心事？

孙正义浏览的是和往年一样的决议事项——董事选任、盈余分配等。

“不，董事选任这里，尼科什这里啊……这里可能要变。”

啊，真的吗？孙先生难道真要让出总裁的职位？！

青野会感到惊讶并不奇怪。尽管孙正义一直公开表示阿罗拉就是他的接班人，但是为什么偏偏在股东大会前说呢？作为管理业务的负责人，他感到不解。毕竟孙正义才只有58岁，让位还为时过早。然而，事态却恰恰相反。

“不，其实尼科什他……要辞职了。”

这个回答完全出乎青野的预料。阿罗拉才48岁。

“什么?！不不，您等等。召集通知都已经发出去了啊。怎么办？”

青野的反驳合情合理。股东大会计划在6月22日召开，召集通知在6月初就发给了股东。不用说，董事长兼副总裁写的是阿罗拉的名字，青野作为负责人，不能坐视不理。

其实，孙正义这个时候还没有决定让阿罗拉卸任。他也只跟青野说了一句：“接下来我会跟尼科什谈。不过，应该会是那样的结果。”

这之后，孙正义和接班人尼科什·阿罗拉两人谈话，决定了“诀别”。软银在股东大会前一天晚上8点公布了接班人突然辞职的消息。真的是闪电辞职。

孙正义和阿罗拉谈了些什么？我根据孙正义的口述，整理如下。

> 尼科什，我还是决定发起新的挑战。人类史上最大的典范转移已经近在眼前。我还是想挑战一下。不过，要做这件事，我必须是船长。我想再当10年船长。如果让你一直当副船长等我10年，那么我觉得太委屈你了。跟我说实话，你怎么想？

阿罗拉沉默了一会儿，回答说："Masa，说实话，我等不了 10 年，等不了那么久。"

"是吗？那就没办法了。希望你去找一艘新船。我要继续在这艘船当船长。"

"明白。那就这样吧。"

关于这次谈话，孙正义加上了这样一番说明。

这样艰巨的挑战，还是要我亲自当船长，抱着用锁链把自己绑在桅杆上的决心去挑战。在这样的情况下，让尼科什这般优秀的人一直当副船长，在替补席上等 10 年，这样真的好吗？所以，只能两个人把话说开，这是一个无奈的选择。

为了能够从收购 ARM 开始亲自上阵指挥，发起新的挑战，只得和自己看好的接班人挥泪而别，这便是孙正义的说明。

这些话应该不是他编造出来的谎言。不过，软银的一位管理者提供了这样的证言："孙先生说的是事实，但并不是全部。"

据说，知道详细情况的只有孙正义和他的左膀右臂——宫内谦以及美籍资深管理者罗恩·费舍尔。三个人都缄口不提。

大约半年前，阿罗拉受到怀疑。

2016 年 1 月底，软银收到一封信。发信人的署名栏里写着"Boies, Schiller & Flexner"，这是美国的一家法律事务所。

信的内容是代表多位股东指控阿罗拉，要求软银对其进行调查。这封信就在我手上。信中指出，软银向阿罗拉支付着巨额的报酬，他却没有做出与薪酬相匹配的成果，最有冲击力的一条指责是："阿罗拉有可能参与了内幕交易。"

阿罗拉 2014 年 9 月加入软银以后，仍在担任美国一家名为"银湖伙伴"的投资公司的高级顾问。因此信中质问，软银把投资部门交给阿罗拉，不是造成了利益冲突吗？

事实是，投资对象确实有重叠，银湖也投资了中国阿里巴巴，而软银正是阿里巴巴的第一大股东。2015 年 1 月，在阿里巴巴的股票暴跌 20% 之前，银湖抛售了其所持股票的 45%，避免了损失。

阿里巴巴的股票下跌是因为业绩下滑，加上被指售卖假货。信中说，从时机来看，阿罗拉有内幕交易的嫌疑。其所处的地位很可能让他事先知道这一系列的事态。

软银实际委托了两家外部法律事务所，成立特别调查委员会进行了内部调查。完整的报告书长达数百页，但软银对外公布的调查结果只是简单的一句"毫无价值"。

与软银的措辞相比，公布的时机更加可疑。就在宣布阿罗拉辞职的前一天。在最后关头匆匆发布的印象难以抹去。这样做的意图显然是不希望人们把阿罗拉闪电辞职一事与内幕交易联系在一起。

阿罗拉离职后在推特上说："经过调查，董事会给了我一张'clean chit'。"

这是在阿罗拉的祖国印度，警察出具的无罪证明。尽管如此，在那之后依然不断有报道将阿罗拉突然辞职与这一疑云联系在一起。

不过，作为知道阿罗拉辞职真相的三个人之一，宫内在接受我的采访时断言："这和 Boies 的指控毫无关系。"

但是他继续说道："我只能告诉你，这是孙先生作为男人做的了断。"

既然宫内这样说，那应该可以相信阿罗拉卸任和疑惑没有关系吧。

那么，孙正义看中的尼科什·阿罗拉到底是一个什么样的人物呢？

阿罗拉 1968 年出生在印度北方邦，他的父亲是印度空军的军人。他的家族在印度的种姓制度里地位并不高，要想出人头地，除了当医生或工程师之外，别无选择。

阿罗拉选择了工程师这条路。从印度工科大学毕业，他手握一张单程机票只身前往美国，寻找新的天地。那一年，他只有 21 岁，身上除了两个包和 100 美元现金之外，一无所有。他在英国希思罗机场转机时，买过一个 10 美元的三明治，他说自己当时递钞票的手都在发抖。

到了美国以后，他起初寄宿在朋友家里，做过大学生宿舍的门卫，以赚取学费，终于获得了学位。毕业后，他先是在美国一家投资公司工作，后在 2004 年转身加入成立第七年的谷歌，2011 年当上了营销部门的主管，事实上已经掌管了全部经营工作。

他就是在这里结识了孙正义。当时，孙正义打算将雅虎日本的搜索引擎换成谷歌，在差不多半年的时间里，他几乎每周都在和谷歌谈判。对方派出的谈判代表就是阿罗拉。

孙正义回顾道："尼科什真的是一个很顽强的谈判者，我通过谈判了解了他的实力。我从小就学习剑道，真正的高手，在他站起身来握着竹剑摆好姿势的时候，你就能看出来。他也是这样。看他谈判时的眼神和肢体动作，我就觉得这个人不简单。"

孙正义请阿罗拉去了加利福尼亚的日式餐厅，劝他来做自己的接班人。起初阿罗拉回绝了。后来两人在洛杉矶再次相遇，孙正义用桌上的餐巾写下跳槽的条件，再次劝说阿罗拉。对孙正义来说，这可谓一场尽了三顾之礼的猎头行动。

议论纷纷的忠臣

突然冒出来一个接班人，这无疑令软银内部大为动摇。掀起波涛的是阿罗拉加入软银之后的第一届股东大会前夕公布的人事名单。

在这份名单里，阿罗拉以代表董事的身份就任副总裁。这倒没什么。令公司内外震惊的是，多年以来的总管宫内谦从副总裁降为了普通董事。

还有一年前刚刚成为董事的进攻型财务后藤芳光，以及战略家藤原和彦也不再是董事。

这样的人事安排完全是为了让阿罗拉坐稳二把手的位置。至少很多了解软银的人应该都是这样看待的。

"这是公开处决。"

从民主党议员转身到软银，做了 8 年总裁办公室主任的岛聪，此时已经离开了软银，他这样看待孙正义不近人情的人事安排。

“软银毕竟是家日本公司。虽然阿罗拉受到大领导青睐，但是作为接班人大张旗鼓地进入公司，还是要对前辈有所顾虑。”

不过，实际上，提出让宫内“降职”的不是别人，正是宫内自己。他将孙正义的心思看得十分明白。既然认定了阿罗拉是接班人，还是把序列搞清楚为好。

“要两个副总裁也没什么用吧，而且我想把90%的精力用在国内。”

孙正义没有想到自己多年的心腹会提出这样的建议。

“这样行吗？”

毕竟，考虑到宫内在公司里的向心力，即使从副总裁的位置上退下来，也不会有任何改变。不过，宫内似乎也有他自己的想法。在讲述这次人事安排的经过时，他强调说：“这话我是对孙先生说的，不是对尼科什说的。”

倒是后藤和藤原受了不小的打击。

“并没有犯过错，为什么呢……”后藤想不通。

他当面逼问孙正义和宫内：“如果公司需要我，那么我会全力以赴。如果不是那样，请直言相告，到时候我就走自己的路。我想一直为软银和孙先生效力，但是如果这是我的一厢情愿，那就没办法了。”

不愧为进攻型财务，说起话来直言不讳。孙正义也慌了。

“我对你的期待值一点儿没变。”

后藤和藤原都是孙正义倚重的人才。如果现在他们离开，那么软银的根基可能会动摇。这应该是孙正义第一次感觉到，要把权力转交给阿罗拉，并不像他想的那么容易。

不得人心的接班人

“最近公司完全变了样。”

公司完全由阿罗拉带来的外籍管理者说了算，每个人都感觉到了公司内部氛围的变化。

就连一贯对阿罗拉的事保持缄默的宫内也不得不承认。

“说实话，大概过了半年我就觉得这不行。尼科什是很优秀，这我知道。但是仅仅优秀就够了吗？他是很优秀，但是和孙先生的风格完全不同。”

“孙先生看上去很理性，却很重视人际关系，他会和任何人交流，所以大家都会去敲他的门。尼科什不同，经常有人向我抱怨，说根本见不到他，即使见到他也不认真听你说话。一开始觉得（阿罗拉成为接班人）不对就是这个理由。”

正如宫内所言，阿罗拉来了之后，软银的高层之间的气氛发生了微妙的变化。在那之前，软银的一个特色是没完没了地开会。由孙正义主持的会议时间尤其长。会议从周五傍晚开始，不知到什么时候才会结束，管理者之间甚至称其为“永不结束的故事”。

“把最了解情况的当事人叫来现场！”

这句话就像孙正义的口头禅。参加会议的不仅有管理者，现场的员工也被陆续叫来，会议开始时10个人，不知不觉间变成30个人的情况司空见惯。在白板上写出各自的意见，集思广益，这才是孙式，不，软银式的会议。

孙正义如果对谁的说明不满意，就会不留情面地猛拍桌子，破口大骂。经过孙正义这样锤炼的人，逐渐成长为支撑软银的管理者。当然，会议是严肃认真的，却又给人某种类似练武场的感觉。

这些在阿罗拉来到之后全变了。变化最大的还是孙正义的周围。有某位管理者的话为证："来 26 楼的人一下子变少了。重要的会议只有孙先生、尼科什和他的亲近者出席。"

26 楼是东京汐留孙正义坐镇的总裁室所在楼层，重要的会议都在孙正义的房间旁边的大会议室，或者在这一层尽头的管理者专用会议室举行。

简而言之，软银的决策方式从畅所欲言式变成了密室式，而能进入这间密室的只有尼科什从外部带来的外籍管理者等少数人。赞同这种方式的资深管理者貌似不多。

"难道说我们公司进入了另一个时代？这就是我真实的感受。"

曾经担任并购团队的主管、受到孙正义重用的仁木也难以掩饰他的不适之感。

阿罗拉不只区别对待日籍管理者，公司里还有一个人是他的天敌。那就是和他一样出身于印度的拉吉夫·米斯拉，他曾在德国银行的债券部门担任主管，是孙正义把他挖来软银。虽然同为印度人，但是阿罗拉没有把他当作"自己人"。有某位管理者的话为证："无论拉吉夫说什么，尼科什都说'不'。他根本不会认真地听拉吉夫说的内容，只是说'不'。"

顺便说一句，和孙正义一同出席马尔马里斯会谈的阿洛克·萨马就是阿罗拉带来的人。虽然孙正义完全不在乎这样的“出处”，但似乎不少日籍管理者对此心怀不满。

阿罗拉的矛头也指向了美籍管理者。软银从20世纪90年代就开始向美国投资，其根据地设在东海岸的波士顿。阿罗拉打算把这一功能整合到硅谷，因为他在硅谷待的时间更长。

某位管理者回忆说：“总之，尼科什的做法对早前支撑软银的核心人物缺少尊重。给人的感觉就是，想辞职的话请便，波士顿的管理者原先有二三十人，几乎都辞职了。照这样下去，如果尼科什再待上一年，那么真不知道我们会变成什么样。”

有的管理者说得更加直接：“说起来，你有听到别人说尼科什的好话吗？那么聪明一个人，为什么意识不到自己这么招人讨厌，我感到挺不可思议的。”

这位管理者讲了一件令他记忆深刻的事。

一位关系不错的证券公司管理者来软银商洽某个投资项目，阿罗拉对这个项目根本不感兴趣。于是会议一开始，阿罗拉就把椅子转向一边，跷着二郎腿摆弄起了手机。不用说，他完全没有听其他人发言，会议室的气氛非常尴尬。

阿罗拉来了之后，以他的老家印度为中心，发掘了许多有前途的风险企业，这是事实。成长为印度电商巨头的Snapdeal，出资谈判一度险些破裂，是当时还没有正式和软银签约的阿罗拉飞到印度，说服创始人，促成了交易。

印度的廉价酒店预约网站OYO Rooms，是阿罗拉把当时21岁、有神童之称的创始人里特什·阿加瓦尔请到自己在新德里郊外的别墅，加以说服。

“你们（出资对象的）合伙人就像家人一样，我一直都是这样认为。”

不仅是印度，现在在中国有超过 4 亿用户的打车软件公司滴滴出行、在美国备受关注的金融科技新旗手社交金融、总部设在新加坡的东南亚最大打车软件公司 Grab……此类得到软银的支持后实现快速增长的风险企业不胜枚举。

阿罗拉的职责类似于投资经理，而这正是孙正义期待他发挥的作用。不是单纯的投资，因为借用孙正义的话来说，通过“同志式结合”与他们联合起来，打造巨大的 IT（信息技术）企业群，是孙正义为软银描绘的长期愿景。

集团里的日籍管理者中也并非没有拥护阿罗拉的声音。雅虎日本副总裁川边健太郎说：“他讲过许多在谷歌工作时的失败经验，说过许多有益的话。”雅虎日本是软银集团的顶梁柱之一，阿罗拉在那边兼任董事长。

阿罗拉讲的失败经验是，谷歌地图本来应该做成登录式的。为了尽可能多地吸引用户，谷歌地图无须登录即可使用，但是如果通过登录管理个人账号，就可以收集到数量庞大的信息。

看上去自尊心很强的阿罗拉竟然毫不保留地向川边等人讲自己的失败。

“所以我认为雅虎日本也应该提高登录率，建立起更容易接近个人用户的体制。”

川边对此也大为赞成。他继续说阿罗拉的事。

“我感觉他比别人聪明两三倍。这当然很厉害，但更厉害的是，他的人脉很广，大概是别人的二三十倍。在互联网行业，应该没有他见不到的人。他介绍了很多人给我认识，还常常用他的人脉帮助雅虎日本。”

2016 年年初，在得到雅虎日本的大股东、母公司美国雅虎准备卖身的消息后，阿罗拉第一时间致电美国雅虎 CEO 玛丽莎 · 梅耶尔，以及美国雅虎的买家美国威瑞森的高层，摸索雅虎日本应该做何选择。此事在公司里已传为佳话。

然而，怀疑一旦在公司里蔓延开来，就很难再抹去。

在阿罗拉的资质问题上，尽管特别调查委员会给出了“无罪”的结论，但根深蒂固的疑虑依然没有消失。负责人事的青野这样说：“有些事虽然在法律上没有问题，但是不该做。一般人不会做那样（招人怀疑）的事吧。”

曾经担任过 8 年总裁办公室主任的岛聪，因为已经离开软银，所以说起话来更加直接。曾经当过政治家的他，是这样说的：“如果我（在阿罗拉进公司时仍然）是总裁办公室主任，会进行彻底的‘背景调查’，绝对会阻止他（进公司）。”

资深管理者眼看着反目，新君主开始为所欲为。员工有不满，只能向德高望重的二把手宫内反映，但是绝对的一把手孙正义本人看中了阿罗拉。软银内部已经没有人能够阻挡这位接班人。

然而，这位暴君却在公司里的不满即将爆发之前主动离开了软银。现在公司里已经不再有人过多地谈起他。在孙正义这位众望所归的绝对君主领导下，软银重新启动了。

不过，离开软银的阿罗拉这样对我说："在软银，孙正义让我帮他寻找将来事业的种子。我觉得自己已经尽力了，以我自己的方式，当然跟他（的做法）不一样，我觉得这是理所当然的。我可以负责任地说，我一直在做自己该做的事。"

"我暂时会给自己充电，后会有期。我还会继续挑战的。"

听了他的话，从软银资深管理者那里反复听到的暴君阿罗拉的形象似乎有了一点儿变化。

也许，他的真面目并不是暴君，而是一个单枪匹马的实干家，试图在那些忠臣不知不觉间筑起的"孙正义王国"的又高又厚的城墙上，凿开一个通风口。

阿罗拉了解世界，也许在他眼里，以孙正义为中心紧密团结的软银高层既是这家公司的优势，也是它的弱点。

软银在孙正义的带领下重新上路了。但是，这次短暂的接班人风波把一个软银今后也无法回避的课题摆在了眼前。

第二章

300 年企业帝国

不被理解的“异次元经营”的深层

一句话的面试

1998 年 3 月，三木雄信来到当时位于东京箱崎的软银总部。他已经很久没来这里了。走进顶楼的总裁室，他被眼前的光景吓了一跳。房间里有大约 10 平方米比地面高出一阶的空间，被纸拉门和日式的墙壁围着。这个铺着榻榻米的小房间的正中摆着一张日式暖炉桌。

房间的主人孙正义招呼三木："好久不见，坐吧。"

三木和孙正义是同乡，也是老家的升学名校久留米大学附属高级中学的学弟，只不过孙正义在入学不久就退学去了美国。

三木和孙正义的弟弟孙泰藏（比孙正义小 15 岁）是高中同学。两人在同一个班级，每逢体育节之类的活动，泰藏都担任学生会会长，三木则做助手，关系一直很好。顺便说一句，和他们同一年级的学生中，还有一个后来成了互联网行业的风云人物，他就是崛江贵文。

在那个时候，泰藏的哥哥正义就已经是知名人物，但泰藏并不会经常跟朋友讲哥哥的事。三木也只是知道好像有个在东京开大公司的学长，一切感觉离自己很遥远。

三木和泰藏后来都考入了东京大学经济系，不过泰藏多考了两年，由此两人成了相差两年的学长和学弟的关系。三木先从东大毕业，进入三菱地所工作，在那里，两个人的人生又一次交错。

孙正义在美国发现了“互联网时代的金矿脉”——雅虎。1996 年年初，他准备在日本开始这项事业。泰藏十分景仰雅虎的共同创始人杨致远，他直接找到哥哥孙正义商量，并且拉拢了大学时代的朋友，帮助哥哥创办雅虎日本。他也向步入社会不到一年的三木发出了邀请。三木每天工作结束后就去位于箱崎的软银总部，背着公司帮助孙氏兄弟创办雅虎日本。

三木一直没有适应三菱地所严谨的风气，有一次他给泰藏打电话。

“我在考虑辞掉现在的工作。”

“那你可以见一下我哥。”

就这样，时隔两年，三木又一次来找孙正义。孙正义正在看三木的简历，他抬起头，突然向三木提出这样一个问题：“你觉得，让企业持续发展 300 年的条件是什么？”

“来了！”这肯定是孙正义的面试问题。但是为什么是 300 年呢？这个问题完全出人意料。三木思考了一会儿，只回答了一句：“那就是多样性。”

三木从来没有考虑过 300 年企业的条件，不过对他来说，这个题目不难回答。原来，他的大学毕业论文的题目是“财阀论”，颇受好评，还受到系主任的表扬。从事业务各不相同的企业集团，可以根据时代的变迁改变核心业务，从而得以生存。他认为，这种多样性是财阀这一企业生态系统的关键词。

三木已经准备好进一步解释，但是孙正义并没有给他时间。

“完全正确！”说完，孙正义站起身，拿起办公桌上的电话听筒，“马上叫人事部部长过来。”

然后他对呆呆地看着眼前这一切的三木说：“你这就入职吧。”

就这样，三木进软银工作的事情定了下来。面试只用一句话就结束了，25 岁的三木被分配到了总裁室。软银的总裁室除了具备一般公司的秘书室的功能外，还兼具辅佐孙正义推进重点项目的作用。

三木后来在 2000 年 10 月就任总裁室室长。第二年，孙正义赌上企业家的人生，通过宽带进军通信市场，三木更是成了核心人物，奋勇战斗。

超越松下幸之助

然而三木一直想不通，为什么是 300 年企业呢？

后来在孙正义的身边工作久了，他才渐渐明白。当时孙正义只有 40 岁，媒体把他和保圣那集团的南部靖之、HIS 的泽田秀雄并称为“创投三剑客”，大肆宣传。然而此时，孙正义的心中藏着这样的雄心：“应该怎么做，才能让软银持续存在 300 年？”

孙正义非常敬仰幕府时代末期的志士坂本龙马。龙马推翻的江户幕府（又称德川幕府）持续了将近 270 年。这可以说是日本历史上持续时间最长久的政权。孙正义一直在认真地思考，要建立比江户幕府持续时间更长的“300 年企业帝国”。

借用孙正义的话来说："企业体是有可能超过我的寿命继续存在的。所以从创业的第一天我就想，必须要打造比江户幕府更长寿的企业。国外有很多持续时间超过 300 年的组织，就像东罗马帝国一样。所以我觉得自己也可以做到。"

顺便说一句，设定 300 年这个时间，还有另外一层意思。孙正义尊敬的经营者，一定会提到的名字就是松下电器的创始人——"经营之神"松下幸之助。

幸之助在 1932 年 5 月举行第一次创业纪念典礼。在典礼上，他提出了著名的"自来水哲学"：产业人的使命在于克服贫穷。为此必须不断推进物质生产，扩大财富。自来水管子里的水虽然是有价的东西，但是过路人喝上几口，谁也不会介意。这是因为水的量多、价格太便宜。

也就是说，通过大量地生产产品，以低到人们感觉不到其价值的价格提供，创造富裕的社会就是松下电器产业（现松下电器）的使命。幸之助对达成这一"真正使命"所需的时间进行了划分。

他在到场的员工面前提出了为期 250 年的宏伟规划，并将其分为 10 个阶段。每一阶段 25 年，其中建设期 10 年、活动期 10 年、向社会贡献期 5 年。

在这一年的三年前，美国华尔街股价暴跌，引起全球恐慌，日本也受到影响。1932 年 2—3 月发生了血盟团事件，一个又一个政界、财界的大人物遭到暗杀，松下创业纪念典礼的 10 天后，又发生了五一五事件，首相犬养毅被海军青年军官暗杀。

在那个动荡的年代，幸之助却能讲出这样异想天开的话来鼓舞员工，令人不得不佩服他掌控人心的艺术。松下的公司史中有关于当时情况的记载如下："会场不知何时化成了兴奋的旋涡，（员工）都争先恐后地抢着上台发言。"这样的描述未必夸张。

在 300 年计划中，不难看出孙正义立志超越幸之助的雄心。孙正义常说"松下幸之助先生运气不好"，因为他出生在工业化时代。

比幸之助晚出生半个多世纪的孙正义在他视为"人类史上最大的典范转移"的信息革命的入口处举起了企业家的旗帜。在孙正义看来，与工业化相比，信息化将为人类带来更大的变革的浪潮。这也意味着他拥有更大的机遇，所以他必须超越松下幸之助。他的 300 年计划也反映出了这样的决心。

另外，也许只是偶然，幸之助在世界恐慌之后提出了 250 年计划，孙正义也在被称为"百年一遇的经济危机"雷曼冲击发生的两年后亲口讲述他的 300 年构想。

藏进"卷轴"的 300 年大计

三木当上总裁办公室主任之后，有一次被孙正义叫过去。

"喂，陪我去散个步。"

20 世纪 90 年代末的这段时间，孙正义一有空闲就会到总部附近的隅田川河畔散步，有时会一直走到浅草那家他经常光顾的炸猪排店。孙正义爱吃麻婆豆腐饭和吉野家的牛肉饭，不知道他为什么会喜欢这家店。说句题外话，因为孙正义喜欢牛肉饭，在最近更换管理单位以前，软银的员工餐厅里一直设有吉野家的柜台。

但是，这一天散步时不知道为什么他们上了公司的车。车开到了箱根的湿生花园。到了地方之后，孙正义信步而行，在池塘边上停了下来。他沉默着把视线投向池塘，过了一会儿才跟三木说话。

“你说，那些鲤鱼为什么要成群结队地游向同一个方向？”

“是啊，为什么呢？”

孙正义再次陷入沉默，望着那群游来游去的鲤鱼。他似乎在看游在鱼群最前面的那条鱼。

“真奇怪，那条鱼是怎么游到其他鱼前面去的呢？”

学经济出身的三木不知道该如何作答。

“我看着那条鲤鱼，总是会想这个问题。”

孙正义接下来开始讲的不是鲤鱼的生态，而是集团经营应有的形式。为什么游在前面的鲤鱼能够引导原本有着不同意志的其他鲤鱼？他常常看着这番情景，思考引领大企业集团的组织应为何种形式。

“你看它们。谁都没有发出指示，它们却自动地聚在一起，游得整整齐齐。虽然不知道为什么，但我觉得一个集团也必须这样。”

鲤鱼身上并没有孙正义思索的企业治理的答案。他是想从中获取某个课题的灵感。

孙正义对三木说：“该怎么做才能建立持续 300 年的组织？我觉得我必须参考生物进化的过程。”

看来，孙正义想建设 300 年企业帝国的想法是非常严肃认真的。

孙正义所描绘的 300 年企业帝国，构成其基础的研究工作也交由三木去做。1999 年的一天，孙正义交给三木一个任务：“制定

2000—2300 年这 300 年的软银销售额目标。”

虽说是销售额目标，但与企业经常制订的中期经营计划完全不同。毕竟 300 年太久远了。三木决定先从未来 300 年软银销售额的主要贡献国家的经济发展着手调查。

300 年后，软银的使命应该还是“信息革命”。那么各国的 IT 市场规模会变成什么样呢？美国、日本、西欧国家等有统计数字的国家还好。总有一天，“信息革命”也要覆盖那些现在市场规模不值一提的发展中国家。

有很多国家，无论调查公司跑多少次，也找不到用于推算市场规模的数字。假设这些国家在某种程度上保持当时的 GNP（国民生产总值）增长率，如果超过一定值，则按照当时全世界的平均 GNP 增长率每年 3% 计算。

假设软银在其中占有一定份额，将各国的销售额加起来，能绘出怎样的增长曲线呢？假想的增长曲线当然有很多种。这里采用了孙正义发明的“千锤百炼法”。

软银还在从事老本行——软件流通业时，就已经开始采用这种方法：将公司内部的业绩管理按照一个一个的小组进行细分。各个小组设定软件销售额、利润等项目，加起来一共有 1 000 多项。把这些项目都做成图表，用于经营分析。

孙正义把这比作飞机的仪器仪表。小的轻型飞机可以进行目视飞行，巨型飞机则只要看着仪器仪表就可以安全飞行。他认为经营企业也是同样的道理，首先把所有能想到的数字全部找出来，并且要做得非常彻底。

孙正义让三木做这项调查其实是想把软银未来可能的增长曲线与世界的 IT 巨头比较。当时的谷歌还没有现在这样的规模，苹果正处在最糟糕的时期。比较的对象只有在电脑行业建立起“Wintel 联盟”的微软和英特尔。

要画出一条什么样的增长曲线，才能超越微软和英特尔，成为世界上最大的企业呢？在三木看来，这似乎是孙正义关注的焦点。

这项调查的结果最终汇总成了多张图表。用来打印这些图表的纸连起来大约 5 米长。那时候还没有智能手机和 iPad，孙正义总是把这 5 米长的资料卷起来带在身上。

取名“卷轴”。

孙正义每次开会都会把卷轴展开。坐车时也会展开卷轴，看上面的图表。他在这里面看到了什么？三木作为总裁办公室的工作人员，经常跟在孙正义左右，但是孙正义从来没有对他讲过。可是只要看到孙正义“手不释卷”的样子，就能深刻地体会到他对建设 300 年企业帝国一事有多么认真。

三木感叹，这个人肯定在看着我无法想象的遥远的未来吧。

世界正处在 IT 泡沫的极盛时期。孙正义则处在这个旋涡的正中心。每次在媒体上露面，他都被捧为当代成功人士，或者被半带嫉妒地称为“IT 富豪”。他用一代人的时间挣下的惊人资产，成了无数日本人羡慕的对象。

2000 年 2 月 2 日晚上的事如今已变成传说。六本木的俱乐部 VELFARRE 聚集了至少 2 000 位年轻创业者。为了向创业圣地硅谷致敬，他们称自己聚集的地区为比特谷。大企业还在为“失去的十年”而苦苦挣扎，他们觉得现在自己已经成了这个国家的经济中心。不仅如此，有朝一日，他们还要走出日本，向世界发起挑战。这种狂热的激情充满了整个舞池。

孙正义登台时，现场气氛达到了顶点。他刚刚参加完每年这一时期在瑞士召开的达沃斯世界经济论坛，乘坐私人飞机赶回日本。这样的出场方式令人们更加兴奋。

达沃斯世界经济论坛是世界超一流的经营者，不，在来到VELFARRE的年轻人眼里是传统经济成功者的沙龙。已经能够参加这种级别的论坛的孙正义花3 000万日元飞来参加这个活动。在场的每个人都感觉到世界确实在变。

和孙正义一样被称为IT富豪的年轻人中，有许多人就这样忘我地歌颂着短暂的春天。

不久之后，美国IT泡沫破裂，影响波及日本，软银也没能幸免。2000年2月，软银的股价一度逼近每股20万日元，而到了2002年10月，已经跌破每股1 000日元。不过，即使在苦难的时候，孙正义打造300年企业帝国的野心依然没有消失。

参与宽带事业，向NTT下挑战书；实现日本历史上最大规模并购，挑战手机业务。2000年以后，孙正义再次起跑，仿佛他作为企业家的本能复苏了一般。

“我想看的不是后视镜里的风景。”

这一时期，孙正义常把这句话挂在嘴边。他好像已经忘记300年企业帝国的“梦话”，其实并没有。

2009 年 6 月 24 日，在软银成立以来第 29 次股东大会上，孙正义突然宣布："我打算在明年的股东大会上，公布接下来 30 年的愿景。"

30 年的经营愿景，对一般的公司而言，这是超长期经营计划。而且，此时正值"百年一遇的经济危机"雷曼冲击的谷底，今后如何很难预料。媒体几乎每天都在报道裁员的消息，不仅日本，整个世界都进入了经济寒冬。当时，软银的股价又一次暴跌，一蹶不振。

然而，一年后的发布会上，孙正义的演讲没有停留在 30 年，而是讲起了 300 年后的世界。就连他自己都自嘲地说"这是最后一次吹牛"，但其实他是非常认真的。因为对他来说，300 年王国既不是心血来潮，也不是吹牛。

一雪前耻

30 年愿景将变成 300 年企业帝国的宏伟蓝图。应该让谁来制定呢？ 2009 年即将过半，此时，三木已经离开软银，自己创办了一家教育类企业。孙正义做出了一个令人意外的选择。

孙正义宣布一年后公布 30 年愿景的一个星期后，7 月 1 日，正在北京出差的投资者关系室成员镰谷贤之的手机响了。

"请马上到孙总裁的办公室来。"电话是孙正义的秘书打来的。孙正义的会议总是这样，他的时间精确到分钟，会根据自己方便突然联系。

“不好意思，我现在正在北京，明天傍晚回东京。”

“那请下午 6 点过来，参加孙总裁的会餐。”

当镰谷匆匆赶回总部时，孙正义的身边已经坐了几位技术部门的管理者。

孙正义的得力干将、文科出身的 CTO 宫川润一，孙正义认定的天才、在公司里有“疯子科学家”之称的筒井多圭志，孙正义的弟弟孙泰藏也在场。镰谷平时在投资者关系室里不常见到这些人。

他心中纳闷，不知道这是要干什么。

上菜之后，孙正义宣布：“现在开始新 30 年愿景的头脑风暴。”

“啊，真的吗？”

还没等镰谷反应过来，孙正义又对他说：“你来当愿景研讨团队的负责人。”

“为什么是我？”

镰谷还没来得及向孙正义发问，大家就已经开始讨论了。新愿景研讨的是 30 年后，那个时候，科技会发展到什么水平？疯子科学家筒井主张：“只要回顾一下半导体的发展历程就知道了。”

对此孙正义也点头称是。大家一边喝葡萄酒，一边讨论，头脑风暴持续了 3 个小时。最后，孙正义向镰谷下达指示：“先调查四点：第一，30 年后电脑芯片的性能如何？第二，这会使什么样的解决方案成为可能？第三，30 年后人们的生活方式会发生怎样的变化？第四，企业所处的竞争环境如何？”

“还有，一个月后的董事会上交初稿。”

会餐结束了。镰谷的疑问仍然没有消除。

“不过，为什么会是我呢？”

这也难怪。镰谷此时 34 岁，跳槽到软银才 3 个月。虽然他是投资者关系的负责人，能够通过财务了解公司的整体情况，但对于这个新的环境，他还有很多需要学习的东西。

不过，仔细回想的话，孙正义的这个决定并非没有预兆。刚好一个月前，孙正义找投资者关系室的成员开会，商量股东大会的事。只不过，那天主任大久保隆正在国外出差，由镰谷作为代理向孙正义说明。

镰谷把情况介绍了一遍，最后这样补充道：“这次的 30 年愿景，不要只是讲赚钱或者提升市值之类，讲一讲软银如何为全球做出贡献怎么样？也就是成为让全世界的人如何感谢的企业。”

孙正义听完紧接着就问：“你叫什么名字？”

“我叫镰谷。”

“你之前被埋没在哪里？”

镰谷没明白问题的意思，愣在那里，一同出席的首席财务官笠井和彦帮他解了围：“他今年 4 月刚到我们公司，以前好像在三洋电机。”

于是镰谷简单地做了自我介绍。

这次会议之后的事，镰谷就不知道了。孙正义给人事部部长青野史宽打了电话。

“青野，不是叫你停止社会招聘了吗！”

“啊，对不起。”

青野是明知故犯。当时日本正笼罩在雷曼冲击的阴影下。孙正义指示青野，暂停招聘，但是青野在日本经济陷入低谷时仍在暗中物色人才。

“不过，那家伙看起来挺优秀的。”

青野立刻向孙正义简单介绍了镰谷的经历。

“原来如此。好的，我知道了。”

两人的这番对话决定了镰谷的去向——从投资者关系室调到总裁办公室。目的是让镰谷当30年愿景研讨团队的负责人，但是直到一个月后的会餐兼开球会时，孙正义才把这件事告诉镰谷本人。

开球会的第三天，孙正义又把镰谷找来，对他说：“你的那份不甘，在软银一雪前耻就行了吧。”

镰谷说，他至今仍清楚地记得，孙正义说“一雪前耻”这个词的声音。

“啊，这就是孙先生点名让我当负责人的原因吗？”

他想起在三洋电机工作时的苦涩回忆。

三洋电机骨干的挫折

这个故事要追溯到大约5年前，进入三洋电机第7年的镰谷正面临公司的存亡危机。

2004年，三洋因为业绩下滑而苦苦挣扎，10月又发生新潟县中越地震，受灾的半导体工厂没有购买地震保险，这令经营危机雪上加霜。

震灾过后，三洋的管理层为了挽回事态，从各个部门选拔年轻骨干，制订重建计划。一共选拔出 14 个人，之前在人事部工作的镰谷也是这个特别小组的一员。为了躲避媒体的采访攻势，他们被偷偷送往琵琶湖畔的滋贺工厂。

镰谷等人借鉴卡洛斯·戈恩重建日产汽车的做法，制订出一份拯救三洋的重建计划。后来的事情却一波三折。曾有“浪速[①]的杰克·韦尔奇”之称的董事长井植敏把重建三洋的任务交给了新闻主播出身的野中知世和儿子井植敏雅。

后来，三洋的重建工作混乱至极。镰谷等人制定的“愿景”是让三洋从综合家电制造商向“环境、能源领先企业”转型，三洋的管理层却与主要合作银行三井住友银行和大股东美国高盛对立起来。

仅在 2005 年一年，三洋就重新制订了三次重建计划。每次被愚弄的都是包括镰谷在内的特别小组的 14 名成员。

混乱一直持续到 2007 年 3 月，野中知世和井植敏雅无奈地卸任了。

“我也差不多到时候了吧。”镰谷开始有了跳槽的想法，但是即将出任新总裁的佐野精一郎拦住了他：“你知道，我要做总裁了。能不能留下来帮我？”

镰谷在人事部工作时，佐野是他的上司。

“那我要留下来报恩。”镰谷改变主意是有原因的，他能成为人事部的骨干，入选 14 人特别小组，离不开佐野的栽培。

---

① 浪速是日本大阪市的一个区的名称。——译者注

镰谷回忆道："在劳资谈判的时候，我满脑子想的都是怎样驳倒对方。建议书也做得滴水不漏，在谈判席上说起话来盛气凌人，几乎不给对方留退路，有时候还会拍桌子。"

"我以为这是工作能力强的表现，完全没有为对方考虑过。不用说，工会的人都对我很有意见，是佐野先生在偷偷地帮我处理。当知道自己的错误时，我惭愧得抬不起头来。"

镰谷被提拔为最年轻的部长，作为佐野直属的战略制定成员，他又一次着手经营重建和未来愿景的制定。佐野重新启动了"环境、能源领先企业"的愿景。裁员的效果，加上数码相机、锂离子电池的热销，在镰谷上任后的第一个年度（截至 2008 年 3 月）公司就实现了 4 年来首次盈余。

此后，三洋又脚踏实地地推进结构改革，在液晶面板的采购上与夏普合作，并把业绩不佳的手机业务卖给了京瓷。

"终于能摆脱重症监护室了。"

三洋的干部也终于放下心来，却没想到从美国传来了金融危机的脚步声，9 月发生了雷曼事件。

"我决定和松下谈判。"佐野告诉镰谷，他准备把公司卖给松下。

"卖给同行的其他公司，我是不太赞成的。不过，既然佐野先生这样决定了，我只能尊重。"

同年 11 月 7 日，大阪市内召开了松下收购三洋电机的记者招待会。镰谷也出席了，他看着佐野那说不上是苦涩还是释怀的表情，做出了离开三洋的决定。

"我在这里的工作已经完成了。"

向信长学习

镰谷在三洋没能充分“燃烧”，孙正义鼓励他在软银“一雪前耻”。

在孙正义的激励下，镰谷独自一个人开始挑战，为这家他刚刚加入不久的公司制定 30 年愿景。

他首先从孙正义给他布置的第一个题目开始：预测 30 年后电脑芯片的性能。这个题目是有章可循的，那就是利用摩尔定律。

摩尔定律是英特尔的创始人之一戈登·摩尔在 1965 年写的论文中提出的，其内容为：“集成电路上晶体管的数目，每隔 18 个月便会增加一倍。”

这个时间究竟是 18 个月还是 24 个月？议论分成两派，镰谷姑且选择了 24 个月的说法。

关于摩尔定律和半导体技术的发展，孙正义一直很关注，并且有着独特的理解。

据说人类的大脑有 300 亿个细胞，那么根据摩尔定律，一枚半导体芯片（集成电路）上可容纳的晶体管数目什么时候能超越人类的大脑呢？创业后不久，孙正义计算得出的结果是 2018 年。虽然这只是一个计算结果，但孙正义从那时开始就认为，出现远超人类智慧的“超级智能”的转折点就在 2018 年。

如果按照同样的速度继续发展下去，100 年后电脑的性能会是什么样？将是现在的一垓倍。

一万亿为一兆，一万兆为一京，一万京才是一垓。这真是一个天文数字。

> 人类觉得昆虫、变形虫很蠢。但是100年后的电脑看待人类的脑细胞，哪怕只是与一枚小小的芯片相比，就和（现在的）我们看待变形虫一样。

镰谷就这样做着预测未来世界的工作。渐渐地，团队的成员也多了起来，不用说，孙正义本人也参与其中，他花了100多个小时的时间与镰谷率领的研讨团队讨论问题。

孙正义的愿景，用了1年时间才制定出来，这个过程十分有趣。大家的讨论和调查都做得非常认真，但是很多事情在旁人看来似乎离开了本题。

研究对象甚至涉及历史和生物。例如，在讨论今后30年的公司治理时，孙正义下达了这样的指令："调查一下到本能寺之变为止，织田信长领土扩大的过程。"

镰谷等人制作了一张反映信长领土扩张速度的图表，横轴是年月，纵轴是领土面积。结果发现，在某个时间点，信长的领土开始急剧增加。到底发生了什么呢？

他们调查后发现，正好那一时期，信长开始使用"天下布武"的印章。看到这样的结果，孙正义满意地说："看吧，这就是愿景的重要性。"

孙正义的观点是："人如果没有愿景，就算自认为在拼命爬山，还是在同一个地方来回打转，没有办法走出狭小的圈子。一旦有了愿景，人就能一溜烟地直奔高处，最终登上高峰。”

孙正义认为，织田信长意识到了愿景的重要性。他说还有一个词可以证明他的假说，那就是信长用来当作旗号的“永乐通宝”。

战国时代的旗号大多是为了鼓舞士气。比较著名的有真田家族的“六文钱”，因电视剧《真田丸》而家喻户晓。传说六文是渡过冥河的船费，象征着在战场上视死如归的精神。还有信仰武神多闻天王的上杉谦信[①]的例子。

那么，为什么织田信长会选择永乐通宝呢？镰谷是这样解释的：“孙先生认为，织田信长的伟大之处在于，他既掌握了技术又控制了金融。”

天下布武表现了以武力称霸天下的愿景，永乐通宝则昭告天下，只要追随自己，就能过上富裕的生活。织田信长还颁布了著名的乐市乐座政策[②]。他不但能征善战，而且用现在的话说，他通过放宽限制，推进了经济促进政策，这些都广为人知，但是孙正义说，应该学习那种直截了当的表达技巧。

织田信长为了推进重商政策，废除了当时多由寺庙和神社管理的关卡，甚至不惜火攻反对者。孙正义关注的不仅是信长的政策，还有他如何把自己的想法通俗易懂地告知世人。

不用说，为了在战斗中胜出，所需的技术也成了研究对象。孙正义关注的是铁炮，他给镰谷等人布置了这样的课题：“在打败武

① 上杉谦信是日本战国时代的名将。——译者注

② “座”是日本式的封建行会。免除城下町的市场税和商业税，废除座商人特权，称为“乐市”，进一步废除座本身则称为“乐座”。——译者注

田胜赖的长篠之战中，信长是如何运用铁炮的？”

关于铁炮传入日本的时间，众说纷纭。一般认为，火绳枪传到种子岛[①]是在1542—1543年。长篠之战发生在1575年。也就是说，在信长进行战争的典范转移之前，有长达30年的空档。

关于长篠之战的实际情形，也说法不一。最著名的说法是，信长军搜集到3 000挺铁炮，用所谓的三段射击打败了武田军引以为傲的骑兵队。

镰谷查阅了文献，并向专家求助，按照当时的军备常识，铁炮的数目最多只有几百挺。镰谷给出的结论是，信长从不参加战斗的手下大名那里搜集铁炮，组成了在当时难以想象的大规模的铁炮队。

由此引出结论，所谓的“集中火力于一点”是有效的。在与武田军对峙那一天，信长实现了对最新技术的“垄断”。

孙正义又提出一个问题：“那火药的问题是怎么解决的？”

火绳枪的火药原料是硝石，在日本几乎没有出产，需要依赖进口。硝石贸易由堺控制着。有火药，铁炮才能成为武器；没有火药，铁炮只是一块重铁。那么信长是如何搞到火药的呢？

对此人们可能有不同意见，不过，至少孙正义认为，提示隐藏在信长热衷的茶道中。

千利休、今井宗久、津田宗及这三人被称为茶道的天下三宗匠。

① 种子岛是日本九州南侧的一个岛屿。——译者注

三个人有共同点：他们都受到信长的宠爱，以堺为根据地，除了是茶道师傅外，他们还有另外的身份，那就是贸易商，而且是武器商人。孙正义认为，信长一定是通过他们保障了硝石的供应。

武田军也从武田胜赖的父亲武田信玄的时代就已经在研究铁炮。不过，武田家周围都是陆地，所以能够采购到的火药有限。也有人认为，这一点是决定长篠之战胜负的关键。

另一边，织田信长抢先一步，控制了堺这个“火药贸易的平台”，并且充分地加以利用。

可以说，信长暂时垄断了铁炮和火药这些新技术，并且毫不吝惜地用在了他的对手身上。

这样想来，我们就可以理解孙正义为什么对铁炮这么在意了。因为这样可以从中学到，先于对手发现最新技术的存在，并尽早采取措施实现垄断的重要性。

这样想来，我们再一次明白，并购团队的仁木胜雅为什么认为 ARM 控股公司“很像孙先生会喜欢的公司”。

对孙正义来说，ARM 拥有的半导体技术就是接下来的物联网时代的铁炮。他比日本的通信巨头更早意识到 iPhone 的破坏力，为了争取 iPhone 在日本的专营权他第一时间找到史蒂夫·乔布斯。他和乔布斯签订的独家销售协议就是他不断思索移动互联网时代的铁炮为何物的结果。

孙正义在获得 iPhone 的专营资格之后曾对公司的管理层这样说：“你们听着，以后给我拿着 iPhone 拼命玩。”

孙正义认为，织田信长之所以能在长篠之战创新地使用著名的

“三道防线”战术，就是因为信长本人从年轻时就熟悉火绳枪。所以，既然已经确信 iPhone 是移动互联网时代的铁炮，就要向信长学习，把 iPhone 用熟，从而产生更多的创意。

顺便说一句，他在 1995 年预见到互联网将要爆炸性地普及时的铁炮就是在美国硅谷发现的雅虎。

不断寻求下一个时代的铁炮的欲望和提出明确愿景的意义，这就是孙正义从织田信长身上学到的东西。

“投资家孙正义”的真相

还有一项研究，虽然没被最终发表的 30 年愿景采用，却很好地反映了孙正义的思想。那就是对纯种马的研究，它是由研讨团队中一个喜欢赛马的成员提出来的。

纯种马是为了赛马刻意培育的品种，通过人为地让两匹优秀的马交配，从而诞生出优秀的后代，这样的操作至今仍在进行。不过，研讨团队经过研究发现，英国的马有一段时间完全赢不了比赛。原因是什么呢？这是个爱马者都知道的故事。

有记载的纯种马的血统可以追溯到 1791 年。最早认定的纯种马只有英国赛马会认定的 456 匹。《育马大全》（*General Stud Book*）一书中提到的马都有严格的血统记载。优良品种的配种就从这里开始。

20 世纪初，《育马大全》对纯种马的定义变得更加严格，在英国，只有祖先全部在这本书中有记录的马才会被承认为纯种马。正是这条以当时的赛马会主席的名字命名的“泽西规则”导致了英国赛马界的衰落。

英国的马怎么也跑不过当时的赛马新兴国美国和法国的马，原因就在于“泽西规则”下过度的纯血统主义。

企业应该从纯种马的故事中学习什么呢？也许可以归结为三木雄信匆匆赶去参加“一句话的面试”时回答的那三个字——多样性。无论是马还是公司，只有引进不同的 DNA，才能变强。

就像他接受三木的回答一样，孙正义一直坚持 DNA 多样化的观点，而对纯种马的研究无疑更加坚定了他的想法。正是因为这个原因，尽管有人不无讽刺地说“孙正义是投资者而非企业家”，他也从未放慢风险投资的脚步。

话题稍微偏离 30 年愿景一点儿。三木长期在孙正义左右工作，孙正义试图让集团更具多样性的经营哲学，他耳濡目染了不少。在他从三菱地所跳槽到软银之后，孙正义给他布置过这样的任务。

“对现在的软银来说，有可能成为合作伙伴的公司，给我找 3 000 家出来。”“唉，要 3 000 家那么多吗？什么样的公司呢？”

“什么都行。我们的候选合作伙伴当然是 IT 相关的吧。3 000 家，列一份名单给我。”

孙正义的头脑中并没有特定的候选公司，他似乎只是想避免自我设限。三木当初并不理解孙正义的意图。

这种做法也与“千锤百炼”的思路类似。在征求意见时，孙正义从来不会一上来就限定答案的范围，而是让大家先考虑能想到的一切可能。

三木觉得自己似乎明白了这个指示是在听孙正义讲过“鲑鱼的孵化理论”之后。

据说雌鲑鱼一次会产下两三千颗卵。众所周知，鲑鱼有洄游的习性。孙正义说，那么能够回到自己出生的河流的，粗略平均下来，应该是雌雄各一条。

因为，如果不是雌雄各剩一条，那么鲑鱼早晚会灭绝。如果雌的数量远多于雄的，或者雄的数量远多于雌的，就会打破平衡。如果雌的和雄的都太多，河里就会鱼满为患。

“也就是说，3 000 条里剩一雌一雄。你能在鱼卵的阶段发现它们吗？”

当寻找投资对象或合作伙伴时，孙正义不会找那种世人皆知的企业，他找的基本上都是那种像宝石原石一样的公司。第一时间发现原石，纳入自己的集团。在寻找原石时，不预先判断，而是先追求数量，这是他的一贯做法。

孙正义的投资成果是难以企及的。像中国的阿里巴巴集团、雅虎等，他投资的许多公司后来都摇身一变成了行业巨头。问题是，以企业家自居的孙正义为什么要不停地做风险投资呢？孙正义本人在提出 30 年愿景时对此做过解释。

在 30 年愿景发布会接近尾声时，孙正义突然说：“我想在 30 年内让集团旗下的企业增加到 5 000 家。”

这是一个惊人的数字。为什么要让集团企业如此扩张？在30年愿景发布会的演讲中，孙正义亲口讲述了他要这样做的原因：“经常有不理解这点的人批评说，‘软银难道只是一家投资公司吗’，我心里总是在想‘总有一天你们会理解的，300 年以内’。”

就是说，按照一般人的思维恐怕是没有办法理解的，到时候就明白了，走着瞧吧。不过，联系从纯种马的研究中得到的教训，以及鲑鱼的孵化理论，就不难理解孙正义想表达的意思。

他想通过组建一个乍看没有任何关系的公司群，从中创造出能够在接下来的时代里胜出的纯种马。这些风险公司都是孙正义看好的。一骑当千的企业家通过“同志式结合”联系在一起，让彼此的 DNA 发生碰撞，从而诞生出更强的纯种马。

孙正义把他的这一想法命名为“群战略”，就是指不同品牌、不同商业模式的企业群通过资本关系，或者孙正义所说的“志同道合者的结合”，保持既独立又团结的状态。

顺便说一句，“志同道合者的结合”这个词是孙正义的大恩人佐佐木正教给他的。这是在他创业不久陷入公司分裂的危机时佐佐木给他的建议，关于这件事我们放到后面的章节再讲。

孙正义坦言：“我觉得，即使没有群，企业也能做 30 年。如果你的目标是在 30 年内达到事业巅峰的话，那么没有问题。单一的品牌、单一的商业模式或许是最有效率的。但是，如果按照这个做法，就连微软的脚步都会慢下来。英特尔也是。也就是说，这一模式维系 30 年没有问题，300 年就不行。”

投资家孙正义常常遭到世人误解，他的真正目的在于 DNA 的交配和由此带来的企业的进化，他的目光始终注视着 300 年后，而不是短短的 30 年。

他在新30年愿景发布会上这样说道："孙正义做出过什么发明呢？如果只举出一样，我希望不是芯片，也不是软件，而是'创造和发明了可能会持续发展300年的组织结构'。这就是我希望得到的评价。"

不被理解的战略

在本书写作的过程中我有多次直接采访孙正义本人的机会，当问到群战略的时候，我感觉他是最"配合"的。

"没错，这就是人们最不理解的地方，但偏偏又是最重要的。"

孙正义说，没有什么技术会一直存在300年，所以依赖一项技术的组织不会长久。问题是怎样发现下一次改变世界的技术。通过投资实现的群战略就是为此而存在的。

也就是说，投资不是目的，只是用来实现群战略的手段。所以，孙正义的投资有一种独特的哲学贯穿其中。

这可以说是"投资家孙正义"的方法论。简单总结如下。

首先，因为投资的目的不是控制对方的公司，所以对所有权没有很高的要求。他不会把对方变成子公司，但也不选择小额出资。原则上成为对方的第一股东，在一定程度上参与经营。因此，出资比例大多停留在20%~40%，孙正义会"当成自己的公司去经营"。

这一点与通常的并购完全不同。通常的并购都会把即时性的协同效应放在第一位考虑，但是孙正义根据群战略进行投资的目的从一开始就不是这种显而易见的协同效应。他也不追求投资的回报，这与投资基金又完全不同。

这表现在他对公司名称的看法。孙正义说："我不会让投资的集团公司报软银的名字。顶多加个缩写 SB（Soft Bank），即使这样我也不大情愿。"因为他投资的企业都是还没什么名气的初创公司，而孙正义并不打算让它们躲到软银这棵大树下乘凉。

孙正义直言不讳地说，那种集团公司使用同样的标志、冠着母公司的大名的财阀式组织体系是工业革命、产业革命时代的遗产。例如日本的财阀就是这样，这与他们诞生于明治的殖产兴业时代的背景不无关系。

那么，怎样选择投资对象呢？能够发现有前途的初创公司，很大程度上归功于孙正义的人脉，但是在实际决定是否投资时，他有一个标准。这就是无人知晓的孙正义的秘藏公式。

孙正义把这个公式告诉了我，但是他说"暂时还不想公开"，要求我不要写出来。这在孙正义身上是极少见的。我答应了他，所以很遗憾，不能在这里介绍他的公式。身为记者，我感到十分可惜，但约定就是约定。

不过有一点我认为很重要，那就是这个公式不仅包括出资时的判断材料，还包括退出的标准。也就是说，孙正义的群战略不仅是把对方收入集团旗下，而是从一开始就考虑到了对方有一天会离开集团的情况。

根据时代和技术的变迁，不断上演着相逢与别离，畅通无阻地变换形态，这样的公司联合才是孙正义想要通过群战略建立的公司群。投资不过是为了实现这一目的的手段。

市场相关人士在谈论软银的股价时经常用到一个词——孙正义折扣。因为软银发起的并购往往缺乏即效性，负债对利润的比率越来越高，导致软银的股价被低估。媒体批评软银式经营的危险性基本上也是针对这一点。

如果让孙正义说，那种事他当然明白，这类批评只能说是目光短浅。这也是孙正义感慨群战略无人理解的原因之一吧。

吹牛

话题有点儿扯远了。对孙正义来说，30 年愿景不过是通往 300 年企业帝国的序章。最高领导是这样的态度，研讨团队也不由得受到感染。本来是制定 30 年的经营愿景，却不知道从什么时候开始，讨论的内容飞到了 300 年后。

“越是迷茫的时候，越要看得远。”这是孙正义喜欢用的句子。他告诉镰谷研讨团队：“以 30 年为单位思考问题，就必然无法看到有些东西。索性先想一想 300 年后是什么样，然后倒推出 30 年后不就行了。”

“原来还可以这样思考问题。”对镰谷来说，孙正义的话就像哥伦布的鸡蛋。这个时候，他已经完全接受了孙正义的思维方式。当投资者关系室的同事都在忙于实务时，他却翻开世界历史和日本历史的专业书籍，还研究了纯种马的血统、昆虫维持后代的方法。

“我跳槽过来就是为了做这些事情吗？”镰谷有时不禁自嘲。但是他发觉自己热情高涨，与在三洋的时候完全不同。那时候他面对的是过去的负资产，满脑子想的是如何让公司多活一年。在这里，他可以在未来就在眼前的前提下与同事展开讨论。

当然，没有人能保证镰谷等人描绘的 30 年后的明天一定会到来。但是，把视线稍微抬高，看一看远方，或许也不坏。原本，镰谷满腔热血地想要“一雪前耻”，但是现在，他心中某种东西开始发生变化。

换个角度看，镰谷是一个刚入职 3 个月的年轻员工，孙正义突然提拔他并鼓励他“一雪前耻”，是因为摸透了他的心理，这可以说是孙正义的用兵之妙。

制定 30 年愿景时，孙正义还给镰谷出过一道难题。孙正义提拔镰谷做研讨团队的负责人，真如千锤百炼一般，把自己的经营思想传授给他。不过，孙正义想要的并不是那种只有一小部分被选中的精英在密室里制订出来的计划。

集团已经发展到 2 万人，集结整个集团的智慧——这是孙正义给镰谷布置的另一个课题。镰谷起初提议像高中棒球锦标赛一样，采用淘汰制，从集团员工中征集点子，召开类似于地区预选的演讲比赛，进行筛选。

但是孙正义表示自己想要的不是这种，不肯点头。然后他想到：“不如索性也向外部征集意见。”

作为工具，孙正义选择了推特（Twitter）。2009 年 12 月 24 日，他突然发出一条推文：“从今天开始实名发推。2009 年平安夜。马上就要到零点了。”

账号名“masason”是镰谷取的，这很快成了知名账号。孙正义开始频繁地发推文，他经常讲笑话，头发是他的独家笑料，成了热门话题。

“不是我的发际线在后退，而是我在前进。”

“(对哈根达斯)因为名字不好[①]，我家的几个女儿从小就管他家的冷饮叫达斯。”

发出第一条推文之后，孙正义就开始为30年愿景征集意见。“人生最悲哀的事情是什么？”反过来，“人生最幸福的事情是什么？”孙正义提出的问题看起来已经脱离了一般的企业经营的范畴。

30年愿景的演讲正是从这个问题开始的。21%的关注者认为人生最悲哀的事情是死亡，“那我希望在300年后把人的寿命延长到300岁”，孙正义一本正经地说。

新30年愿景发布会定在2010年6月25日举行。随着时间的临近，孙正义发推的频率更快了。

“30年一次的吹牛。”

“我最后一次吹牛。”

“很认真地吹牛。”

孙正义用这样的方式让人们对他所谓的一生一次的演讲充满了期待。有的专家批评他的这种经营手法，称其为“演讲经营”，或者更加刻薄地称其为“嘴皮子经营”，不过也许向人们传递信息的能力是他必不可少的武器吧。

镰谷等人耗时一年制定的30年愿景。孙正义走到台上，像以

① “哈根”与“秃顶”的日文“はげ”谐音。——译者注

往每次做重要演讲时一样，用平缓的语气开始了。

“这恐怕是我人生中最重要的一次演讲……”

在简单地回顾了创业 30 年来的历程之后，孙正义突然把话锋转到了 300 年前。要谈 30 年后，应该看 300 年后。要谈 300 年后，先回顾 300 年前的世界。

孙正义想说的是，正好从大约 300 年前开始，爆发了一次被载入人类历史的重要革命——工业革命。

亚伯拉罕·达比发明了焦炭炼铁技术；约翰·凯发明了飞梭，奠定了近代织机的基础；汤玛斯·纽科门发明的世界上第一台蒸汽机；在世界史的教科书中出现的许多发明，赋予了人类机械这一新力量，从 18 世纪下半叶开始掀起了工业革命的巨大旋涡。

孙正义继续说：“300 年前，因为发明了机械，人类的生活方式改变了，发生了典范转移。那是由机械引起的大爆炸。我认为，在接下来的 300 年里，将发生真正意义上的信息大爆炸。现在只是入口。”

他阐述了镰谷研讨团队调查得出的“接下去将会发生的典范转移”。

现在回头看，我们会觉得有趣的是，孙正义当时讲的未来的愿景，成了指示软银后来实际行动的“预言”。

孙正义反复讲述着半导体技术的发展及其可能带来的变化：“那么，300 年后的世界会出现什么事物？用一句话来说，我觉得类脑计算机那时已经成为现实。”

类脑计算机是指能够学习的计算机。

2010 年，深度学习在全球掀起了人工智能（AI）研发热潮。深度学习是模仿人类大脑活动进行自主学习的技术，不过它在全世界引起关注是在美国谷歌公司利用深度学习技术研发出能够识别猫脸照片的 AI 之后，这一事件的发生比孙正义这次演讲还要晚两年。

回到孙正义的演讲。

“把类脑计算机的芯片和电机，也就是人造肌肉结合起来，这就是机器人。配备拥有人工智能的类脑计算机的机器人将在 300 年内普及。”

孙正义说，为了让这种机器人和人类共存，不可或缺的一点是“情感”。

“软银将一如既往地推动信息革命，我们也希望在这种类脑计算机的持续性的革命中，为机器人提供善良、爱的部分。软银希望能够推广这样的类脑计算机。”

就连孙正义自己都说自己在“吹牛”。几乎所有人都觉得，他似乎在讲遥远未来的事，不着边际。但是后来人们知道，孙正义是非常认真的。

这次演讲四年后的 2014 年 6 月，孙正义突然宣布参与人型机器人事业，推出了拥有情感的机器人“Pepper”。2016 年，他又闪电收购了英国的 ARM 控股公司，掌握了构成机器人大脑的半导体芯片。

孙正义描述的 300 年后的世界，听上去遥不可及，但他已经开始布局，而且他还说“只是入口”。

对一家上市公司的“正经经营者”来说，这样的构想未免过于宏大了。因为演讲的内容过于宏大，当时的媒体似乎都没太理解。第二天的《日本经济新闻》只刊登了一则毫不起眼的短讯，对孙正义的构想只字未提，只说软银“选拔 300 人培养接班人”。

说实话，就连当时负责汽车行业的我，也只觉得“不过如此”，现在真为自己的无知感到惭愧。

命运坎坷的爱将

要打造 300 年的公司，就必须依靠孙正义的群战略。他说过要把集团公司增加到 5 000 家，但是这样庞大的集团要如何管理？投资的集团公司已经超过 800 家。要通过纯种马的交配培育出众的骏马，离不开优秀的管理者。

孙正义把所有的管理业务都交给了青野史宽。青野体格健壮，目光炯炯，可以说是孙正义的心腹中的心腹，不过在加入软银之前，他还经历了一番坎坷。

青野的父亲曾经是伊藤忠商事的职员，在青野 3 岁时去世了。青野母亲的身体不好，他本来答应母亲，初中毕业就工作，不过后来还是进了横滨市立金泽高中，条件是每个月给家里 5 万日元。

高中期间，青野每天从下午 4 点到凌晨 1 点在湘南台站前的餐吧打工。餐吧附近是五十铃汽车厂，天黑以后工人就会跑来，店里开始变得热闹。他也常常听那些从东京或者横滨回来的上班族讲故事。

站在灯光昏暗的店里，满耳朵听到的都是醉汉的牢骚。虽然当时青野正处在精力充沛的年纪，但到家时青野也已经筋疲力尽。

大堂里播放的流行音乐，大人之间无休止的闲聊，昏暗的光线下飘荡的香烟烟雾，这些就是青野的青春。

改变青野人生的是高三时他拿起的一本名为《时差就是金钱》的书。那本书由三菱商事宣传部编写，书中绘声绘色地描写了奋战在世界各地的商社职员的形象。

在印度尼西亚的孤岛上开发森林，在遍地是晒干的死牛的灼热沙漠里为煤炭开发而奔走，利用全世界交错纷飞的信息进行投机，那是湘南台站前的餐吧所没有的未来图景。青野看过之后热血沸腾。

“我也要成为一名商社职员。”

高三那年的11月，青野下定决心，要走父亲曾经走过的路。他了解到三菱商事并不录用高中毕业生。当时他已经在某家工厂找到了工作，不过他还是下定决心，开始准备考试。

青野过了一年失学的生活，考入了庆应大学经济专业。他选择这所大学的这个专业的原因很简单——从这里进入三菱商事的学生人数最多。他获得了免费生的资格，也已经决定将来要走商社职员的路。

到了大四，他拿到了一家又一家商社的内定，其中就包括三菱商事。有一天，伊藤忠商事的管理者突然叫他去喝酒。

“我想起了你的父亲。”那位管理者曾经是青野父亲的同事。青野对父亲没有印象，只是听母亲讲过他生前的往事，此时他听到父亲作为年轻有为的商社职员努力工作的故事，不禁下定“我要连父亲那一份也做好”的决心，他决定放弃三菱商事，选择伊藤忠商事。

命运的纽扣在这里扣错了。

要成为商社职员，就应该先具备推销能力，抱着这样的想法，青野从大四上到一半的时候就开始在 Recruit 横滨分公司做兼职。因为当时 Recruit 是新兴公司，兼职人员也要像正式员工一样，拿着名片上门推销。

经过一番犹豫，青野最终选择了 Recruit。他决心在 Recruit 成为一名出色的推销员，却被分配到了总务部人事课。他对这一安排非常不满，但在进公司第二年，他被任命为创始人江副浩正的秘书，获得了受天才经营者直接熏陶的机会。

有一天，江副坐车出门，青野就坐在他的旁边。江副突然问他：“*TRAVAIL*① 最近怎么样？”青野一时不知道该怎么回答，只好模棱两可地回答说：“*TRAVAIL* 很好！”

虽然江副没有说出“这小子不行”之类的话，但是车内还是一度陷入尴尬。青野无地自容地沉默了。

这件事成了青野的转折点，从此，他对待工作的方式全变了。不做准备，就不可能把工作做好。青野终于认识到这个理所当然的道理。

江副常常对他说：“要自己创造机会，利用机会改变自己。”

---

① *TRAVAIL* 是 Recruit 公司刊发的招聘杂志。——译者注

这句被当作 Recruit 社训的话至今仍是青野的座右铭。成为典型的勤奋员工的青野，在 42 岁这年再次迎来人生的转机。

“搭乘我的梦想”

2004 年 6 月，拥有 1 700 名员工的软银放出话来——要招聘 3 000 人。因为“雅虎 BB”的宽带事业已经上了轨道，需要扩张。

青野作为 Recruit 的顾问参与其中。一天夜里，他的手机响了。当时他即将成为 Recruit 子公司的总裁，正在参加一场面向待入职员工的迎新会。电话通知孙正义想在夜里 11 点在东京箱崎的软银总部见他。

穿着拖鞋出现的孙正义连招呼都不打，上来就问：“你要跟我说什么来着？”青野向他说明现在的软银如果录用 3 000 人，过不了一年就会有一半人辞职。因为即使招到人，也没有像样的培养体制。

“但是，只要建好培养体制，就能把风险变成培养下一代领导者的机会。”青野讲了他酝酿已久的针对软银的人才培养计划。

“不错啊。”老板一句话，当即采纳。不费吹灰之力就签下一个大单，青野正感到得意，孙正义又补充似的说道：“你干得挺好。是外部的吗？”

青野的脖子上挂着外来人员专用的红色吊牌。他还没有和孙正义互换名片。

“对，是外部的。我是 Recruit 公司的人。”

“你既然想做，不如到我们这边来吧。”孙正义的意思是让他来软银。

“不，我没有换工作的打算。”青野当场就回绝了。过了几天，青野又接到了孙正义秘书的电话。

“孙总说想见您。”

青野马上意识到，是为了挖角的事。

“如果我说错了，那很抱歉。不过，如果是想邀请我加入软银，我没有这个打算。对孙先生来说，这也只是浪费时间，所以请恕我拒绝。能帮我确认一下吗？”

过了一会儿，同一个秘书又打电话过来。

“孙总说，别说了，过来吧。”

青野极不情愿地约好只见 30 分钟，再次来到了孙正义的总裁室。当然，他已经打定了主意，要拒绝对方的邀请，不过孙正义一开口并没有跟青野谈工资、奖金、待遇之类的琐事。

“你觉得 300 年后的世界会变成什么样？”

“啊？这个……我也不知道啊。”

青野被这个完全出乎意料的问题打了个措手不及。

孙正义继续问：“你不觉得现在的世界很奇怪吗？改变这个世界的是政治、官僚，还是商业？”

“应该是商业吧。”

“那么，能够做到这点的经营者是谁？”

“孙先生……有这个可能吧。”

“没错，我要改变世界。我终于找到你了。我要把集团的 800 家公司交给你。我要改变世界，请你搭乘我的梦想。”

孙正义直直地盯着青野。不过，用不着看孙正义的眼睛，“我终于找到你了”这句话一把抓住了青野的心。他当即回答：“好，我来！”

青野几乎是情不自禁地答应下来的，他感到自己说话的声音都变尖了。

青野已经结婚生子，而且马上就要出任 Recruit 子公司的总裁。

“我也不知道是怎么回事。在人事招聘方面，我也算是个专家了。我知道在谈到录用时人的心理会怎样变化。我是做好了心理准备的，即使对方以 100 万马力冲过来，我也不打算改变心意，但是短短 30 分钟孙先生就改变了我的想法。我只能说太不可思议了。”青野本人这样回顾。

当天夜里，他告诉妻子：“我要换公司了。”

“啊，要去哪里？”

“软银。”

“已经决定了？”

“嗯，决定了。”

“什么时候？”

“刚刚。”

“真拿你没办法。”

青野在 Recruit 崭露头角时，曾主动辞掉在 Recruit 母公司的职务，转到子公司。他不希望别人以为他只是临时落脚，所以斩断了退路。因为有过这样的经历，所以妻子也习惯了。就这样，孙正义获得了一个能够帮他打造 300 年公司的可靠的心腹。

沙特阿拉伯的年轻领袖

孙正义打造 300 年企业帝国的一个不可或缺的手段就是通过投资组建集团，也就是前面已经讲过的群战略。不过，他受到一个无法回避的制约。那就是截至 2016 年年底软银已经有超过 13 万亿日元的巨额负债，这也是他反复进行大型投资的代价。他曾夸口说："（世人说成大型并购的）几千亿日元对我们来说就是小额现款。"

13 万亿日元，谁听到这样大的金额都反应不过来，这一数额正好相当于东京都的全年预算。有人说东京都的预算可以匹敌国家的预算，实际跟瑞典差不多。而一个企业就有这样多的负债，可以说孙正义是个无人能敌的贷款大王。

他从不担心因为贷款而使资产负债表变得难看，而是一直维持着进攻型的投资，这样的经营方式始终没有变过，不过孙正义也意识到，负债已经超过了限度。但是，不这样就没有办法建立 300 年的企业帝国。

"最近我反省了许多。因为忙于眼前的事务，我变得有些保守、故步自封了。格局太小是没有意义的。我们必须更加积极地引领科技的进步。"

在以 3.3 万亿日元收购 ARM，刷新日企海外收购纪录之后，孙正义如是说。

应该怎么做，才能不用担心贷款，实现 5 000 家集团公司的群战略呢？

正当孙正义开始为此烦恼时，阿拉伯的王室出现在他的面前。这就是因为年轻有为而知名的沙特阿拉伯的王储穆罕默德·本·萨勒曼。

2015 年，在父亲萨勒曼即位成为国王之后，30 岁的穆罕默德被任命为国防大臣、皇家法院秘书长和国王特别顾问。在他担任国防大臣期间，曾率领军队对也门内战进行军事介入。有人认为他在代替父亲萨勒曼执政，并且与伊朗断交一事他也深涉其中。

除了领导军队，他还是经济和发展事务委员会的主席，他提出的“沙特愿景 2030”成了全世界经济学者的热门话题。因为“愿景”提出沙特要摆脱对石油的依赖。

自 1938 年在面朝波斯湾的宰赫兰近郊发现达曼油田以来，沙特就以其世界第一的石油储量不时地撼动着世界的政治和经济。因此，沙特的年轻改革家提出的摆脱对石油的依赖的计划不仅引起了中东观察者的注意，也引起了全世界的关注。

2016 年 9 月 3 日，孙正义前往东京赤坂的迎宾馆拜访了这位年轻的改革家。这是穆罕默德第一次来日本，他会见了许多经济界人士，但与孙正义的见面似乎让他格外印象深刻。沙特官方新闻社报道了两人谈笑的情形，可见两人意气相投。

其实这一天，孙正义本来应该在俄罗斯远东地区的符拉迪沃斯托克。他原来的计划是参加安倍晋三与普京的日俄首脑会谈，并与俄罗斯电网公司的高层进行会谈。他不惜在最后关头取消安排，选择了与沙特的年轻领袖的会谈。

东京礼物与水晶球

孙正义只有 10 分钟时间。于是他使出了自己的看家本领——吹牛。面对一副没睡醒似的表情的穆罕默德，他直接来了一句：“阁下，您难得来一次日本，空着手回去未免太可惜了，我想送给您 1 万亿美元。”

“嗯？”穆罕默德的表情变了。即使按 1 美元兑换 100 日元算，那也有 100 万亿日元。听到有人说要送这么大一笔钱，即便是掌握着巨额财富的中东王子，也掩饰不住他的惊讶。

“我是认真的。”

孙正义讲了空前绝后的投资基金构想。他想设立总额为 10 万亿日元的基金，问穆罕默德是否有合作意向。

孙正义的投资都是针对有前途的初创公司。不过全世界的创业投资加起来也只有 6 万亿日元左右，他却张口就说要设立一个 10 万亿日元的巨型基金。

孙正义有自信。孙正义式的投资虽然有许多以失败告终，但几次中头彩的投资足以把所有的失败一笔勾销。

基金的投资业绩一般用内部收益率（IRR）表示。软银自 1999 年转型为控股公司以来，17 年来内部收益率达到 44%。虽然软银在转型为控股公司以前的投资也有许多失败案例，但即便扣除这部分，依然是一个可观的数字。

他自豪地向穆罕默德介绍了这些情况。

1 万亿美元只是个比喻，但是孙正义有这个自信。

沙特虽然提出要摆脱对石油的依赖，但是说句实在话，这个国家除了钱什么都没有。没有投资业绩，从头开始培养产业又要花费大量的时间。孙正义正是抓住了这一点。

孙正义的话到这里还没有讲完。

“阁下，我觉得在20世纪，神给了您最好的礼物，那就是石油。但是在21世纪，如果我可以求神赐我一样那样的礼物，那么我希望是可以看到未来的水晶球。”

于是他引出了最近的巨额收购。

“我们最近收购了一家叫ARM的公司，正计划着在今后20年里将1万亿颗ARM半导体销往全球。对由此获得的庞大的数据进行分析，意味着什么？我们能从中看到什么？我认为这就是21世纪的水晶球。也就是说，神可能两次送给您最好的礼物。”

2016年10月13日，孙正义飞到了沙特首都利雅得。他们达成协议，在5年内，软银出资250亿美元，沙特出资450亿美元，剩余部分由其他资金填补。

孙正义面带微笑地在创立基金的备忘录上签好字，就直接上车驶过沙漠奔赴机场。他匆忙地登上私人飞机，飞往东京。

在东京，他约好了与第一次来日本的美国苹果公司CEO蒂姆·库克一起用餐，但是看样子是赶不上了。

“抱歉，能不能帮我把时间错开。”

对苹果来说，日本是重要市场，对许多日本企业来说，苹果是最重要的客户。库克访问了京都的任天堂总部之后，直接乘上新干线，现身在东京表参道的苹果直营店。中间还要约见 KDDI、NTT DoCoMo 两家电信公司的总裁，真的是将时间表精确到分钟。孙正义却临时提出更改时间。

“呀，蒂姆，好久不见了。”

在重新安排的晚餐席上，孙正义没有露出丝毫旅途的疲惫，热情地迎向库克，伸出了右手。

忘记说了，孙正义在赤坂迎宾馆与副王储的会谈最终持续了 45 分钟。孙正义满不在乎地笑道：“45 分钟 450 亿美元，1 分钟 10 亿美元啊。还不错嘛。”

第三章
扬帆启航

创业，目标是洛克菲勒

站在橘子箱上说的梦话

软银公司的总部换过几次地方。现在的软银总部在东京汐留，和美国希尔顿集团旗下的顶级酒店 Conrad Tokyo 在同一座大楼里。随着公司的成长，总部也换了又换。

孙正义对总部是很讲究的。软银的“销售三剑客”之一今井康之曾听孙正义讲他的总部哲学。2000 年，40 岁的今井跳槽到软银。在那以前，他是鹿岛建设公司的一名出色的推销员。当时炙手可热的年轻创业者孙正义发现了他。那是 20 世纪 90 年代初的时候。

今井和孙正义早有交情，有一次他向孙正义提议：“软银现在也壮大了，是不是可以考虑建一栋总部大楼？”

然而孙正义的回答令他无言以对。

“我是不会建那种东西的。为什么要建总部大楼呢？那不是自己给自己的公司设定边界吗？软银的边界今后会越来越广。即使建了大楼，很快就会满得装不下的。”

今井是承建商的推销员，听了这话当然觉得扫兴，但仔细想来又觉得这样的想法确实符合孙正义的风格。

现在软银集团约有 6.4 万名员工，仅东京汐留总部就有将近 1 万人。谁能想到软银最初只有两个人，而且是在木造灰浆的旧杂居楼二层的一个房间办公。

地点在福冈市博多区竹丘町，这一带叫作杂饷隈，从博多中心区向东南方向乘电车 15 分钟左右的距离。这里现在仍林立着许多旧商店，让人感觉到昭和的气息。不过据说当时这里是花花世界，气氛更猥杂。

1981 年 3 月，23 岁的孙正义从加州大学伯克利分校毕业后回到日本，在这里创办了一家名为 Unison World 的策划公司。

孙正义向仅有的两个兼职人员讲述的“梦想”，在每一本记录他成功故事的传记中都有提到。

“有朝一日，我们的销售额要像豆腐一样，1 丁[①]（兆）、2 丁（兆）这样数。”

那是一场站在橘子箱上发表的演说。听到这场演说的两个人都没有兴趣陪孙正义做梦，不久便离开了 Unison World。

孙正义年轻时的梦想在 25 年后的 2006 年 3 月实现了。这一年，软银的销售额首次突破了 1 万亿日元。软银的增长曲线在之后的 10 年里越发陡峭，现在已经成为销售额即将达到 10 万亿日元的巨型公司。

顺便说一句，在东京汐留总部大楼 26 层的大会议室里放着橘子箱。不用说，就是为了提醒大家不要忘记说出没有人相信的梦想时的初心。

---

① 在日语里，豆腐的计量单位是“丁”，和表示万亿的“兆”字发音相同。——译者注。

有着同样眼神的青年

严格来说，这不是孙正义第一次创立 Unison World。在加州大学伯克利分校读书时，他把有声电子翻译机成功地推销给了夏普的佐佐木正。为了研发电子翻译机，他曾在学校旁边创立了 Msppeech Inc。与夏普签约后，他就把公司名改成了 Unison World。

佐佐木正说孙正义的眼神给他留下了深刻的印象。孙正义还在上学时，有一次佐佐木去美国出差，曾经顺便造访了这个初代的 Unison World。

“那地方与其说是公司，更像是计算机同好会。大学门口附近的大楼 2 层。好像 1 层有家香烟店。小孙说起话来眼睛依旧炯炯有神。和他一起的青年我也记得很清楚，他也有着同样的眼神。”

佐佐木在接受我的采访时已经 101 岁了，他说他清楚地记得当时的情形。那个有着同样眼神的青年就是孙正义最早的志同道合者——陆弘亮。与小个子的孙正义不同，陆弘亮个子很高。

陆弘亮和孙正义一样就读于加州大学伯克利分校，他读的是土木工程专业，不过两人是在冰激凌店相识的。陆弘亮当时在加州大学伯克利分校所在的奥兰多一家有名的冰激凌店打工。

孙正义非要店员按照他的要求做出味道浓郁的冰激凌，不然就不付钱。最后是陆弘亮做出了令孙正义满意的冰激凌，两人的友谊从此开始。

陆弘亮比孙正义年长 3 岁，出生在中国台湾，6 岁和父母一起来到日本，毕业于都立城南高中，所以他会讲日语。孙正义刚到美国时，为了学好英语，完全不讲日语，不过认识陆弘亮时他的英语已经很流利，所以日语也就解禁了。

孙正义的另一位恩人藤原陆明曾在孙正义的介绍下，在1982年的旧金山与二十几岁的陆弘亮会面。藤原这样讲述当时的印象：“我们约在酒店的大堂，陆弘亮身高大概有一米九，所以一眼就认出来了。他是个特别认真的人，我回国后他还用传真把美国的最新信息发给我。我很快就觉得他是个值得依赖的人。”

“孙正义说他是个‘纯洁、正直、美好的人’，见过之后发现真的是这样。原来现在还有这样彬彬有礼的人，给人印象非常深刻。感觉就像是看到了传统的日本人。”

藤原曾经是大阪的家电量贩店上新电机的干将，后来他支持陆弘亮在美国创业。陆弘亮创办的UT斯达康进军中国时曾经找到藤原，请求上新电机出资。

虽然出资额只有1亿日元，但是在UT斯达康在美国纳斯达克市场上市以后，它的价值涨了几十倍。在这之后，上新电机的业绩一度恶化，多亏了UT斯达康的股票才幸免于破产。当然这些都是题外话。

陆弘亮就是这样一个人。孙正义把第一代Unison World的“杂事”交给他，两个学生就这样开始了齐心协力的创业历程。资金是从佐佐木那里拿到的1亿日元扣除支付给合作者的部分之后剩下的。

孙正义盯上了当时日本的一款现象级游戏《侵略者》。这款游戏和桌子是一体的，放在咖啡馆等场所，想玩的年轻人排起了长长的队伍。

孙正义认定这股潮流很快就会过去，他采购了一批过气的《侵略者》游戏机，运到美国。原价100万日元一台的机器，他只花了5万日元就买到了，算上运费依然稳赚不赔。这款游戏机在美国大受欢迎，Unison World的经营从此上了轨道。

孙正义在成立了软银之后，把自己的经营方式称为“时光机经营”。既然美国的信息革命走在日本的前面，那只要把在美国刚刚萌芽的业务进口到日本就行了。因为利用的是日本和美国之间的时差，所以叫作“时光机”。而他第一次运用时光机，是反过来从日本到美国。

大学毕业后，孙正义告诉陆弘亮：“我要回日本了。我会在日本创业。”

按说，孙正义在日本曾经饱受无法言说的歧视之苦，加州自由的空气对他来说应该是无可替代的东西，而且事业也上了轨道，又有志同道合的朋友。孙正义却依然选择了回国这条路，原因很简单。“大学毕业之后我就回国。”这是他在离开日本时和母亲的约定。

孙正义把第一代Unison World托付给了盟友陆弘亮，起身回福冈。他的家人在那里等着他。

创业

在杂饷隈的杂居楼里，孙正义成立了第二代Unison World，但是他还没有决定要做什么。接下来要开始的是赌上自己人生的事业。这个决定来不得半点儿轻率。

从那时开始，孙正义就已经形成了他独有的思维方式，而这种思维方式一直到现在都没有改变。第一步永远是彻底思考，穷尽所能想到的所有选项。正如孙正义后来的得力助手三木雄信所说，“孙正义的思维的底层，有着量可以转化为质的思想”。先穷举所有的候选方案，然后进行筛选。千锤百炼，鲑鱼的孵化理论，都是同样的道理。

不过，毕竟他才 23 岁，既没有资金又没有人脉，不可能想做什么就做什么。他在本子上列出了选择未来事业的条件，一共列了 25 条：“年轻也能做”“能赚钱”“有特色”“能做到日本第一”……

那么，符合这 25 个条件的是什么？计算机硬件、光纤、医院连锁等。大约 40 个主意浮现继而消失。

孙正义进行了彻底的调查，对这 25 个条件逐项打分。那两个听过孙正义吹牛之后辞职的员工就是雇来做这项调查的。孙正义的心头始终萦绕着信息革命。当初在杂志上看到的电脑芯片对他的冲击已经为其指明了航向。

“绞尽脑汁地思考”是孙正义喜欢用的表达，这个时候他一直在默默地独自思考。什么样的事业值得赌上自己的人生。转眼间一年过去了。

此时他已经和在美国邂逅的大野优美登记结婚，大野优美怀了他们的第一个孩子。不用说，他们一直没有收入。只是思考，就像无业游民一样生活。说不焦虑那是骗人，但孙正义不打算妥协。

最终，孙正义选择了电脑软件流通业。当时电脑尚未普及。虽然信息革命终将开始，但是如果从头开始生产电脑主机，无疑需要巨额的研发费用，竞争对手也多。既然如此，那软件怎么样呢？

当时的软件尚处在黎明期，制作者分散在各处。就连规模最大的哈德森公司都不为公众所知，做的事情只是把电脑爱好者制作的程序录在磁带上，搭着杂志出售。一句话，软件的流通网还很落后。

既然如此，谁能建成软件的流通网，谁就能掌握巨大的商机。毕竟，软件是电脑的关键，将来必定会形成一个巨大的市场。

孙正义想到这些，便下定决心，要成立一家经营软件的公司。就像银行是聚拢资金的场所一样，他要做一家聚拢软件的公司，“软件银行”这个名字便由此而来。

决定了要做的事，剩下的就是全力以赴。孙正义终于要举起企业家的大旗了。佐佐木正这时给了他一个建议：“在九州做事不行，来东京吧。”

佐佐木正认为，既然要挑战电脑软件这一崭新的事业，就只有在人才和信息集中的东京才能发展起来。无论描绘多大的蓝图，一家风险公司在起步阶段能做的事情都是有限的。如果不在信息和人才交织的最前沿的东京，连佐佐木所倡导的“共创”的种子都有限。

孙正义在鸟栖市的无番地出生，在福冈长大，东京对他来说是一片完全陌生的土地。不过对 16 岁就从高中退学、只身赴美的孙正义而言，这并不是多大的问题。

1981 年 9 月，孙正义离开福冈，在东京麹町成立了“日本软件银行”。办公室租在非营利组织日本综合研究所下属的经营综合研究所名下的大楼二层的一角。房间不大，一到傍晚，夕阳就会照进来。

这一年的 12 月 24 日，圣诞节前一天，日本很多地区遭遇了强烈的寒潮袭击。立石胜义在 JR 小仓站等待着几个月前认识的那个不可思议的年轻人。

站着不动很快就会感到寒冷彻骨。不过，那个两眼放光、说起话来滔滔不绝的年轻人说不定会大大地改变自己的人生。不，肯定会改变。他有这样的预感。

我们把时针稍微往回拨一下。根据立石的记忆，那是这一年的夏天。立石在福冈当地一家住宅公司工作，在公司税务师的推荐下，他参加了一次活动。活动的主题是管理游戏，在玩这个游戏时，玩家要把自己当成公司的经营者。几个人围着一张桌子，比赛谁的公司发展得更快。这是日本综合研究所在各地举办的活动。

“呀，植松？最近忙什么呢？”

立石在这里偶遇了之前的同事——植松逸雄。立石之前听说植松辞职了，现在才知道他在杂饷隈一家刚刚成立的名叫“Unison World”的公司又找到了工作。

据说是被比他小 8 岁的总裁说服了，才决心在这家小公司帮忙。那人也在参加这个活动，于是植松介绍了他们认识。

那人自称姓“孙”，显然不是日本人。他比立石小 13 岁，留着长发，朝右梳着，娃娃脸，眼睛像少年一般闪闪发亮，令人印象深刻。那个年轻人一开口讲话，就像决堤的水一样停不下来。

“我研发了这个，跟夏普签约了。”说着，孙正义从包袱中拿出了他推销给佐佐木的有声电子翻译机。

立石这样回顾当时的情形：“孙正义当时说了些什么，说实话，我记不太清了。只是他的笑脸给我留下了深刻的印象。”

尽管曾经的同事植松用上了所有他能想到的形容词夸奖这个年轻人，但是立石对他要做的事情并没有兴趣。在他们相遇之前不久，植松也是在管理游戏的活动上遇到了孙正义，他以前就对电脑的工作感兴趣，经不住孙正义的盛情邀请，辞去了原来的工作。

不久之后，立石接到植松的电话，力邀他加入：“您也跟我们一起做吧。”

刚好这一时期立石所在的住宅公司的母公司倒闭了。不知道植松是不是得到了消息，又打电话来邀请立石：“这回我们要开始批发电脑软件，这个事很有发展前途。您也过来吧。”

立石对电脑一窍不通，连软件是什么都不知道。不过，现在自己所在的住宅公司陷入了经营危机。他知道自己没有选择。

当然他还有别的跳槽机会。这一时期，日本经济从 1978 年的第二次石油危机中恢复过来，正处在一直持续到后来的泡沫经济的大好形势的入口。

立石要找工作的话，有很多机会。但是，那个与众不同的年轻人深深地吸引着他。他最后还是决定投身于他从来没有听说过的软件批发商这一全新的职场。

“那就请你们多关照了。”

立石答应后，植松却说了一件立石万万没有想到的事——他们把公司搬到了东京。立石当时在下关有自己的房子，他犹豫了几天，最后还是决定在那个拥有奇特魅力的年轻人身上赌一把。

“我这次要去九州，在那边见面吧。”孙正义指定了小仓站作为见面的地点。

在几乎要把人冻僵的寒冷的车站附近，立石和孙正义又一次见面了。但是孙正义一见面就忙得不得了。他手上捧着一个大大的纸袋。他说必须直接乘新干线去博多，又说：“不好意思，能不能帮我拿一下这个。”说着他还把那个似乎很重要的纸袋递给立石，转身跑向了附近的公共电话。纸袋沉甸甸的，好像装了很多文件。

孙正义的电话迟迟没有结束。立石并没有觉得生气，倒是寒冷更让他受不了。

“我在附近等一会儿吧。”

立石正打算进旁边的咖啡馆暖和一下，孙正义把听筒从耳朵上移开，突然冲他喊道：“等一下！不要走！”

立石被这声音的气势压倒了，茫然地站在那里。孙正义终于打完了电话，急匆匆地跑回立石身边。

“哎呀，不好意思。那里面装着很重要的东西呢。”

他告诉立石，纸袋里装着几千万日元的现金。

“不好意思。没有时间了，我们在车上说吧。”

看着孙正义急匆匆地买去博多的车票，立石只得从命。孙正义虽然说着不好意思，却完全没有感到抱歉的样子。坐新干线的话，博多就是眼睛到鼻子的距离。在车上的这段时间，孙正义一直讲个不停。他说公司目前是靠卖夏普的袖珍电脑的程序集来维持资金的周转，不过他两眼放光地这样说道："但是呢，接下来更大的项目就要开始了。"

原来，在大阪举办的电子展为他带来了一笔大生意。这对刚刚出生不久的日本软银而言，是一个事关存亡的大项目。

立石当时接过来的纸袋里装的巨款，就是用于这一场决战的军费。

奇袭战术

大约两个月前，也就是 1981 年 10 月，孙正义的软银公司才成立了一个月，从第一战开始，就是一场豪赌。

当时，日本软银有 1 000 万日元资本，其中一半属于为软银提供办公室的经营综合研究所。孙正义决定，投入 1 000 万日元资本中的 800 万日元，参加大阪电子展。

日本软银这样一个无名的小本企业，要占据一个规模跟松下电器等大公司相比也毫不逊色的展台，这就是孙正义发动的奇袭战术。

他要让人们知道电脑软件流通业这一前所未有的服务。他认为首先有必要让电脑行业的相关人士都知道，软银能够收集多少软件，消费者通过软银可以多么容易地买到软件。

为此，首先要和软件公司建立联系。在立石加入前不久，孙正义和植松就在四处寻找软件制作方。

“我想请贵公司参加这次的大阪电子展。”

植松到东京日本桥的内外数据服务公司推销。内外数据当时正在制作工资计算等业务用的软件。接待植松的清水洋三曾经做过广播节目的总监，当时是内外数据的销售总部部长。

他接过的名片上印着“日本软件银行”这个他从来没有听说过的公司的名字。

原来是电子展的销售。清水当即拒绝了，因为他没有参加电子展的预算。

“不是的。参展不需要贵公司交任何费用。你们只需要准备交通费和住宿费。”

清水仔细问过才知道，原来植松在做的是软件流通业这一新业务。所以软银在电子展上设展位，希望内外数据可以提供他们的软件产品。不用交钱这一点也很有吸引力，同时清水也觉得这个做法很有创意，说不定还能打开销路。

“我跟你们合作。”

清水没有请示总经理，当场就拍板做了决定。几天后，清水来到麹町的日本软银，等着他的是 24 岁的青年总裁。两人谈了三个小时，孙正义一直在向初次见面的清水讲软件业务的意义。

“在未来几年里，电脑的年度销量将超过汽车。”

电脑离不开软件，反过来软件的发展又能推动电脑的发展。孙正义在美国的时候就一直在研究电脑，他说的每句话在清水听来都很具创新性。孙正义并没有只讲业务。

“清水先生，今天我和您见面这件事，我是从大宇宙开始考虑的。先有大宇宙，然后是银河系，银河系下面是太阳系，太阳系下面是地球，地球下面是世界。亚洲，日本，东京，麹町。然后我和您像现在这样面对面。”

清水头一回听到这样夸张的表达方式，如果只听这些，很像是某种可疑的推销术。但是眼前的孙正义一脸认真地讲着和自己见面是多么重要。当时 47 岁的清水觉得这个年轻人真是与众不同，并没有觉得反感。

年轻时的孙正义常被说成是“大叔杀手”。因为他总是能得到比自己年纪大很多的人相助，比如佐佐木正。听着娃娃脸的孙正义满怀激情地讲着电脑的前景和自己的梦想，被他两眼放光地这么一说，可能就会不由自主地心动吧。

内外数据成了日本软银找到的第一家参展公司。孙正义和植松就按照这种方式寻找参展公司，最后争取到了 13 家公司合作。不用说，费用全部由软银承担，为此孙正义投入了前面所说的 1 000 万日元资本金中的 800 万日元。

在那个时代，提起电脑，人们一般都会想到美国 IBM 公司的大型计算机。虽然美国苹果公司在 1977 年推出的“Apple II”在美国国内掀起了一场无声的热潮，但是在日本，个人电脑还只属于一小部分爱好者。

不用说，软件也还远没有形成一个市场。电子的主角是家电，1981 年的展览上备受瞩目的是日本胜利公司（JVC）研发的光盘。孙正义的软银就要在这里设一个巨大的展位，展出大量的软件。

结果盛况空前。软银的展位人山人海，超过了同时参展的大型家电制造商。不过，孙正义和植松有一点失算了。

内外数据等 13 家软件公司向日本软银的展位派遣了员工。商务洽谈当场开始。参展的软件公司和参观者直接洽谈，应该站在中间的流通商软银明显被“架空”了。

这 13 家公司都曾对孙正义的软件梦想表示过赞同，但是当客户出现时，他们并没有把软银这个中间商推到前面。从结果来看，软银用 800 万日元换来的只是一个宣传的效果，而没有拿到像样的生意。

看起来，孙正义的奇袭战术是以失败告终了。虽然历史没有“如果”，但现在想来，如果没有这之后那次决定命运的相遇，孙正义的野心恐怕在这个阶段就粉碎了。

小松左京的挑衅

距离大阪南区欢乐街不远的日本桥自战后以来就聚集了许多经营电子配件的小店，这一带被称为“日本桥”或者“电电城”，与东京的秋叶原遥相呼应。以大阪为据点的家电量贩店上新电机就在这里开了一家前所未有的大型电脑专卖店。

1981 年 10 月 24 日，三层加起来将近 1 000 平方米的“J & P Technoland”开业当天就人满为患，在大阪的主要媒体蜂拥而至。第一天的销售额达到 1 080 万日元。上新电机当时全年销售额才只有 5 000 万日元，这样的反响大大超出了他们的预料。这一事件令人们深刻地认识到，电脑不再只属于少数爱好者，电脑的时代到来了。

这一切刚好是在孙正义在大阪电子展的奇袭战术失败后的两个星期之后。

当时，秋叶原最大的电脑店也只有100平方米左右，主要量贩店上新电机之所以会突然开一家近1 000平方米的大型电脑专卖店，起因是一件意想不到的事。这一年的5月，孙正义在福冈还没有想好将来做什么的时候，大阪有一次当地经济人的聚会——大阪改良会。

作家小松左京是大阪改良会的核心成员，为了促进电电城的发展，他提出要见上新电机的总经理净弘博光。

小松左京曾在1973年出版科幻小说《日本沉没》，成为畅销书。他希望和净弘谈一谈“培育浪花的电子文化”这一主题。

既然是这样有名的人，净弘当然不好拒绝，他要求自己的得力助手藤原睦朗一同出席。藤原说他对当时的对话记忆犹新，如同昨日。小松一见到净弘就信口说道：“大阪的日本桥比东京的秋叶原可差远了。秋叶原去年有一家店卖了1 000台电脑，日本桥怎么样？根本不行吧。”

然后又补了一句：“这件事上新不做，谁来做？”

小松的激将法奏效了。

“既然小松先生这么说，我们就做。既然做，就要做到日本第一。”

净弘不愧是创始人，当机立断。与小松见面后，仅仅用了5个月，就成功地开了这家大型电脑专卖店。不过，净弘的得力助手、实际管理上新电机的藤原明白，这家大张旗鼓地开业的大型店铺有一个弱点，那就是与电脑主机（也就是硬件）相比，软件的品类太过单薄了。

当时的软件基本上都是用专用的录制机，录在盒式磁带上的。录制时，机器会“哔——哔——哗啦哗啦”地发出很大响声。

40 岁以上的读者中，想必有人记得那种战战兢兢的感觉，总在担心好不容易输入的程序是不是真的能录到磁带上，或者听着机器发出的怪声，怀疑里面的磁带该不会被扯断了吧。

当时的电脑软件就是用这种磁带，配上手写的说明书，装进塑料包装袋里出售。磁带的制作者被称为“software house”，能够称得上大公司的像样的制造商，也就只有北海道的哈德森了。

市面上的软件磁带都是用户看到杂志广告之后直接订购的。而被称为“software house”的软件开发者基本上都是一些连名字都没有人知道的电脑爱好者。藤原不知道去哪里找他们。

但是如果软件不够丰富，个人电脑（当时叫微机）只不过是个箱子。那些只为一时尝鲜的人也会很快厌倦。

“怎样才能采购到大量的软件呢？”

藤原想起一个人。

大型电脑店开张前不久，藤原翻看《日本经济新闻》，看到一则广告：日经将在大阪开办微机课程。

两天的课程费用要 9 万日元。净弘是日经恳话会的会员，可以打 8 折，但即便如此依然不便宜。当然在现在看来，考虑到后来发生的一切，就会觉得这笔投资非常划算。

日经大阪总部在天满桥，可以远眺大阪城。在这里教藤原微机入门知识的是池孝三。池受日经之邀来担任两天的讲师。藤原打听到，他在经营一家名叫艾克电脑的公司。

藤原找出当时交换的名片，看到上面的地址是日本桥1丁目，离上新电机的大型电脑专卖店很近。

藤原马上找到池，问他："有没有公司可以帮我们从全国搜集软件？"

"倒是有个有趣的人。他叫孙正义，在东京成立了一家叫日本软件银行的公司，不过听说不太顺利。"

池经营的艾克电脑公司也参加了当年的大阪电子展。他在展会上认识了孙正义，他当时就觉得这个24岁的青年创业者很不简单。

池是当时少有的熟稔电脑行业的日本人。他举了苹果公司创始人史蒂夫·乔布斯、微软创始人比尔·盖茨的例子，说今后将由20多岁的年轻人引领电脑行业。

"所以那个孙正义也很年轻吗？"

"是的，应该是刚从美国的大学毕业。不过，他有可能会成为日本电脑行业的领袖。"

这是池对孙正义的评价。

既然是那样的人，那就联系一下吧。

藤原高中毕业后就直接进了上新电机，他曾经骑着摩托车为铺设电视线路而奔走，凡事总是想到就做。

他向池要了日本软银的电话号码，离开了池的办公室。为孙正义和藤原牵线搭桥的池孝三可以说是不为人知的软银恩人之一。然而，池在1985年8月乘坐飞机遭遇空难，成了不归之人。那是坠毁在御巢鹰山的日本航空巨型客机。

一通电话

1981 年 12 月，马上就要到年底了。孙正义在大阪电子展上孤注一掷，投入了八成的资金，结果以失败告终，此时，他已经走投无路。资金所剩无几，他正在左思右想，如何支付下个月的房租和员工工资。就在这时，他接到了一通电话。

“我是大阪上新电机公司的藤原，孙总裁在吗？”

听孙正义在电话里的谈吐，藤原内心马上觉得“这人有点儿不同寻常”。不过，这位未来电脑行业的领军人物似乎不大了解关西。

“你听说过上新电机吗？”

“没听说过。”

“好吧，那大阪的日本桥呢？”

“从出生到现在，还一次都没去过呢。”

藤原有点儿失望，他告诉孙正义，上新电机开了一家专卖电脑的超大型商店，并且坦率地说正在为软件缺货而发愁。

“所以，如果可以的话，能不能请你来大阪谈谈，顺便参观一下商店。”

藤原从池那里听说，日本软银刚刚成立就陷入苦战。对孙正义而言，超大型商店的业务洽谈应该是求之不得的事。

但是不知道为什么，孙正义吞吞吐吐起来。

“您说的事我非常感兴趣，不过我到今年年底的日程已经排满了……”

其实这个时候，孙正义穷得连去大阪的差旅费都拿不出来了。当然，他不会告诉藤原这些。现在，孙正义坐着私人飞机满世界跑，我们很难想象他也有过如此窘迫的时候，并且险些因为舍不得去大阪的车票钱，而错过一笔大生意。

如果藤原此时说一句“啊，那好吧”，挂断电话，可能就不会再有和上新电机的交集。然而藤原提了一个又一个问题，向从美国回来的孙正义请教美国的情况。

“以后日本的电脑行业会怎样发展呢？”

孙正义说，美国领先日本10年，他充满自信地说，总有一天日本会追随美国的脚步。藤原回忆说：“孙正义的声音就像连珠炮一样从电话里传过来，他的声音充满自信。”

两人聊了一个小时。

“等过了元旦，请一定来大阪。”

藤原挂断电话之后，正在准备下班的净弘问他：“今天的销售额怎么样？”

藤原做了简短的汇报，净弘又问：“那有什么特别的事吗？”

这是净弘的日课。每天回家前，他都会问藤原同样的问题。

“我为了软件的事给东京一个叫孙正义的人打了电话，感觉跟一般人不太一样。24岁，从美国回来的，问他什么他都能条理清楚地回答你。”

“是吗？”

净弘对藤原寄予百分之百的信任，藤原说“不一般”的年轻人自然引起了他的兴趣。

“不过他说年底之前很忙，没有办法过来。如果您有事去东京，请务必见见这个人。”

“巧了，我明天就去东京。好，听起来很有意思嘛。”

藤原马上又联系孙正义，净弘则把访问日本软银加进了日程。

从水果店到家电连锁

“那小子跟我年轻时一模一样！”

净弘从东京回来，开始兴奋地跟藤原讲他在东京见的那个与众不同的青年总裁。

24 岁的孙正义竟能让净弘先生说出这样的话，他到底是个什么样的人呢？

藤原还没有见过孙正义，所以他只能在心里想象。藤原在濑户内海的小豆岛上长大，高中毕业后就直接进入上新电机工作。净弘比他年长 7 岁，对他来说，净弘不但是一位魅力非凡的领导，而且是值得信赖的如兄如父的存在。

净弘是大阪一家蔬果店店长的长子，从 13 岁开始就在父母创办的上新电机商会帮忙。“上新”二字是从父亲净弘信三郎的名字里取的。“净信”有点儿像寺庙的名字，而且难写。又因为原先是卖蔬果的，寓意新鲜，所以取名“上新”[①]。

① 在日语里，“上新”和“净信”发音相同。——译者注

战争期间，净弘一家在疏散地点遭遇洪水，失去了一切财产。他们回到大阪的日本桥后，发现收音机零件店生意很好，于是不再开蔬果店，看样学样地开起了零件店。

所以准确地说，净弘并不是创始人。不过他从 13 岁开始就在店里卖货，初中毕业后也没有上高中，一直在打理店铺。从一家宽度不足 3 米的小零件店，发展成关西首屈一指的家电连锁，实际只用了一代人的时间，真的是一个非常励志的故事。

藤原清楚地记得他遇到净弘时的情形，那是在入职考试的时候。

“上新电机差不多处在日本桥的正中心。但是总有一天，我们会成为日本第一的电器公司。为了实现这个目标，我们需要像你这样的人才。其他公司（的入职考试）你也可以参加试试，但请一定要来帮我做事。”

藤原高三那年的一天，25 岁的净弘用这番话说服了他。从那一天之后，藤原一直追随着净弘的脚步。在藤原通过入职考试的公司中，上新电机的工资是最低的，但是他决定把赌注下在净弘博光这个人身上，所以并不以每月微薄的工资为苦。

20 年过去了。虽然净弘当初承诺的日本第一尚未实现，但上新电机已经是关西无人不知的有力企业，而且率先在日本桥开了大型电脑店。

这样一位老大哥说一个初次见面的年轻人“和我年轻时一模一样”。

孙正义想必也在第一次见面时就看透了历尽辛苦的净弘的性

情。日本软银刚刚成立不久，交易业绩为零，办公室是租的房间。他恳请净弘把日本最大电脑店的软件业务交给他。

“我对软件流通的热情绝不会输给任何人。”孙正义注视着净弘的眼睛说。在谈论电脑行业的未来时，他总是条理分明，但是在关键时刻，他会抛开理论，直击对方的内心。年轻时的孙正义就这样争取到一个又一个理解者，越攀越高。

净弘是个重感情的人，他会如何领会孙正义的话，大概无须多讲。只可惜，我们现在已经无法听净弘亲口说了。

1985 年 10 月 8 日，净弘因肺癌去世。当时，藤原正陪同孙正义在东京和 NEC 总裁关本忠弘洽谈生意。洽谈结束后藤原给上新电机总部打电话，接到了净弘的讣告。他马上赶去净弘的家。路上发生了什么，他都不记得了。

孙正义也一起去了。上新电机当时马上就要在东京证券交易所市场 1 部上市了。这是净弘的夙愿。

没有赶上……

藤原在净弘的遗体前真诚地致歉。他多么希望净弘能在东京证券交易所亲手敲响上市的钟声。

孙正义也深深地鞠躬。他一言不发，只是默默地面对已经离开这个世界的恩人。他对净弘说了些什么，孙正义不肯说。

在东京见过净弘几天后，孙正义亲自造访了大阪日本桥。这是藤原第一次见到孙正义，小个子，娃娃脸。听说是 24 岁，但在藤原看来还像个少年。不过，说起话来还和那天在电话里的感觉一样——不一般。

藤原带孙正义参观了大型电脑店，孙正义并没有表现出过分的惊讶，他夸口说："我会用软件把这里填满。"并且提议："请让我做独家供应商。"

没有任何业绩，竟然要求上新电机不与其他供应商合作，只和软银签约。不过，对上新电机来说，软件的采购确实是一个吃紧的问题。

就交给这个人吧。

藤原和净弘决定接受孙正义的提议。

"不过，"净弘补充道，"你得帮我搜集到日本全国的软件，期限是1个月，能做到吗？在明年的1月31日之前准备好软件。"

真的能找到这么多软件，摆满前所未有的巨型商店吗？从卖场的面积考虑，大概要1万盒。孙正义肯定地对净弘说："好，我会拼命去做的。"

其实，他手上有一张王牌。

哈德森

把时间稍微往前倒推一点儿。事情发生在1981年秋天。

"我在博多见到一位有趣的人。他说下次也想见见你，你要不要见一下他？"

工藤浩接到了哥哥工藤裕司这样一通电话。工藤裕司说在夏普在博多举办的展览会上认识了一个叫孙正义的青年经理。孙正义开始了软件流通这一新业务，所以希望工藤裕司能将其在东京负责销售的弟弟工藤浩介绍给他认识。

工藤兄弟出生于有名的滑雪胜地——北海道新雪谷町。1973 年，他们在札幌市内创办了业余无线电器材店 CQ Hudson。他们原本想开一家咖啡馆，但是后来得知他们租下店面的建筑里一个星期之前已经有别的咖啡馆签约，于是急忙转变路线，改做业余无线电。

这就是后来凭借游戏软件风靡一时的哈德森的开始。提到哈德森，三四十岁的读者想必对《炸弹人》《桃太郎电铁》《淘金者》等非常流行的游戏并不陌生。

哈德森的员工高桥利幸也就是人们耳熟能详的高桥名人，因为著名的 16 连射成了小朋友们心目中的英雄，以他为主角的《高桥名人冒险岛》也非常受欢迎。

这一时期，他们做的还是非常简单的《打砖块》等游戏程序，录在磁带上出售。当时还是个人电脑的黎明期，工藤兄弟的哈德森公司在分散在全国各地的无名软件制作者中可以说是鹤立鸡群。

不过，因为市场本身很小，所以哈德森也不过是一个知名度很低的地方中小公司。

哈德森在六本木租了一间公寓作为东京营业所，孙正义和植松逸雄两个人找上了门。工藤浩之前已经接到哥哥的电话，在这里迎接他们。

哈德森的东京营业所才成立不久。说是营业所，其实只有一个办公室和一个会客室。孙正义和植松被带到了会客室。

“这哥们儿看着好小啊。”这是工藤浩对孙正义的第一印象。孙正义身穿西装，长发朝右梳着。令工藤印象更深的是头发后面那双会发光的眼睛。孙正义本来就是娃娃脸，看上去像个学生。

工藤看着写有“总裁 孙正义”的名片，孙正义说：“我是在日韩国人。”工藤倒并不关心他的出身。

孙正义的推销单刀直入。

“我开始在日本做软件流通，希望成为日本第一的软件流通公司。”

一上来就夸下海口，紧接着，他说了跟见净弘和藤原时一样的台词：“请让我们做独家代理。”

“意思是只能把软件批发给你们？”

“是的。”

不用说，工藤怀疑自己的耳朵了。虽然还只能靠一小部分爱好者勉强维持软件的销量，但是哈德森在当时是最大的软件公司。突然冒出来一个娃娃脸青年，竟说要做独家代理。

这家伙该不会是骗子吧。

工藤干脆地说：“不行。”

工藤浩当时 27 岁。虽然跟 24 岁的孙正义可以说是同代人，但是工藤 18 岁就帮哥哥创业，历经艰辛才确立最大软件公司的地位，刚进驻东京不久。而且，从手写广告开始的销售渠道终于扩大到了全国。孙正义就是在这个时候出现的。

工藤建立的流通渠道是杂志。哈德森在电波新闻社发行的杂志

《个人电脑》上刊登软件的广告，不过当时的哈德森并没有余力支付广告费。工藤争取到夏普帮他们承担广告费。

当时个人电脑还处在黎明期，生产电脑的电机制造商和软件公司虽然彼此依存，但是在资金实力上，电脑厂商占据着显著的优势。就连最大的软件公司哈德森，也只不过是札幌的一家中小型公司。电机制造商也在侧方支援软件公司，努力建立个人电脑这一全新的产业。

我是天才

突然出现在工藤面前的娃娃脸长发男子，并不理会那些。

真是异想天开。

“真是，还以为他要说什么……”

因为是哥哥介绍的，工藤本来打算听他说几句话就结束，结果一不小心听得入了迷。孙正义讲的电脑行业的前景和软件的重要性，他都非常认同。

随着话题的深入，孙正义讲得越来越精彩。

“工藤先生，我是个天才。”

“啊？”

在推销的空当，孙正义说出了出人意料的话。

“我从小就接受天才教育。我吃饭的时候拿双筷子，父亲都会夸我说‘正义，你是个天才’。”

这家伙在说什么……

刚从北海道来到东京的工藤，心里想着必须小心这种能言善道的人，却又不由自主地被孙正义的夸夸其谈所吸引。

孙正义的故事，从童年时代讲到高中退学，留学美国，又讲到有声电子翻译机得到夏普的佐佐木正认可。

工藤本以为谈话 5 分钟就能结束，回过神来已经过了 30 分钟，到最后竟超过了 1 个小时。

“跟他合作试试吧。”

在孙正义离开时，工藤不知不觉中有了这样的想法。后来，他们又见了几次面，工藤签了孙正义要求的独家代理合同。做出这个决定之前，工藤都没有找担任总裁的哥哥商量一下。

但是，工藤也向孙正义提出了一个条件。

“12 月底之前交 3 000 万日元订金。”

这 3 000 万日元说白了就是押金，以防万一孙正义是骗子。这要求合情合理，因为工藤要放弃自己建立的流通网，把软件销售交给这个与众不同的年轻人。工藤说，这笔钱一到账，他就会把大量的软件送到日本软银的仓库。

“我没有那么多钱。”

孙正义为难地说。1 000 万日元的资本金中，800 万日元用在了大阪电子展上，剩下的 200 万日元扣除房租和员工工资已经所剩无几。但是工藤也不肯让步。

“没有这 3 000 万日元，我不会跟你做生意。”工藤又说，“孙先生，现在轮到你考验我了。你仔细想想看，我可能会拿着那 3 000 万日元逃跑。你要先承担风险。”

孙正义接受了工藤的条件。在约定的12月底之前汇出了3 000万日元。

“现在轮到我回报孙先生的信任了。”工藤让札幌的哈德森总部全速运转，回报孙正义的信任。

此时两人的握手还有后话，迄今为止还没有人知道。

其实，工藤本来没打算和日本软银签独家代理合同。孙正义可以在上新电机等商店销售哈德森的软件，他觉得这不会与电波新闻社的杂志《个人电脑》形成竞争，孙正义也同意了。

工藤觉得此事最好和电波新闻社打声招呼，于是带着孙正义来到了JR五反田站前的电波新闻社总部。他向负责接待的电波新闻社的领导介绍了孙正义，说想和软银签约，那位负责人露出为难的神色，说了一句令人意外的话：“为什么偏要和韩国人来往呢？”

哈德森和电波新闻社一直是合作关系。现在突然出现一个“第三者”，对方可能是一时气恼才说出这样的话。孙正义后来加入了日本国籍，但当时还是韩国国籍。不知道那位负责人有没有意识到自己在歧视别人。也许只是一不小心说漏了嘴。即便如此，对孙正义而言依然是不可原谅的侮辱。

但是，工藤没有看孙正义的表情，先发火了：“那又怎样！是韩国人又有什么关系！我不在乎那些。你说那种话太过分了！”

就这样，工藤失去了《个人电脑》这个重要的流通渠道，最后和孙正义签了独家代理合同。

“真是拜你所赐，流通渠道都没了。”工藤半开玩笑地对孙正义说。

孙正义回答："工藤先生，不要紧，我们会办杂志的。"

正遭到电脑杂志行业抵制的孙正义，就这样闯入了这个他完全不了解的行业。

孙正义将那些在他辛苦创业时给予他支持的人称为"恩人"，如今，他已经是日本首屈一指的经营者，但他仍心怀对这些恩人的感谢之情。他把每年黄金周中的一个工作日定为公司的"恩人感谢日"。5 月初，软银会向这些恩人送花。

包括为孙正义的企业家人生创造契机，后来又一直在明里暗里支持他的佐佐木正在内，孙正义一共列出了 10 位恩人。净弘博光、藤原睦朗、清水洋三也都被他视为恩人。

10 个恩人中年龄最相近，如同孙正义的兄长的就是工藤浩。工藤把家搬到六本木的东京营业所附近后，孙正义常去串门。

孙正义喜欢玩扑克牌，有时两人会一直玩到深夜。孙正义自认为牌技不错，却输过很多回，最后赌气地说："这轮我要赌上日本软银。"

工藤觉得好玩儿，不甘示弱地说："那我赌上哈德森陪你玩儿。"

牌局已经开始了。孙正义充满了自信，因为他手上已经有了四条。然而工藤却抽中了皇家同花顺。

"怎么样！"

看着工藤满脸笑容，孙正义无言以对。

第二天早上，孙正义看着工藤的妻子做的早餐里的味噌汤，又说出了奇怪的话。

“我要变得像这豆腐一样。”

“哈？说什么呢？”

“豆腐不是 1 丁、2 丁这样数吗？我也要像这样，1 兆日元、2 兆日元这样数销售额。”

这是他当年站在橘子箱上夸下的海口。

“那不错！不过那已经是我的公司了。别忘了昨天的赌局。”

直到很多年以后，工藤还不时地把这次赌牌拿出来开玩笑：“如果是真的，那我才是软银的老板。”对两个人来说，这就是年轻时谈论梦想的美好回忆。

不过，工藤也曾给过孙正义宝贵的建议。

那是软银乘着与哈德森签约的东风，在把和上新电机之间的大型交易推上轨道之后。孙正义希望早点儿让公司上市，工藤便对他说：“但是你公司不是有一半股份还在别人手上吗？”

原来创业时租办公室的经营综合研究所向软银出资了 500 万日元，相当于资本金的一半。

“是的。我只有一半。”

“那必须赶快买回来。不然你的权利就只有一半。”

孙正义急忙向经营综合研究所提出回购股份，结果对方要价 1 500 万日元，是原来的 3 倍。

“不好了，跟我要 1 500 万日元。”

面对惊慌失措的孙正义，工藤坚持说一定要买回来。

“日本软银今后会变得更大不是吗。所以股份的价值也会上涨，所以绝对应该现在买回来。”

最后孙正义通过亲戚朋友筹到了资金，从经营综合研究所买回了股份。如果当时工藤没有建议孙正义回购股份，那么现在就不是1 500万日元能解决的问题了。

对标洛克菲勒

回顾到此为止，大家会发现一件有意思的事。孙正义发起的软件流通业是站在软件制作者和销售软件的家电量贩店之间，赚取中间利润的商业模式。

在当时，无论是软件的制作方还是销售方都尚未成熟。1982年4月28日的《日经产业新闻》是这样介绍孙正义的日本软银的：“日本软银是我国第一家电脑软件流通商。（中略）抓住了此前电脑软件流通渠道的‘盲点’，迅猛地发展起来。”

支持软银快速发展的是与上新电机和哈德森两家公司分别签订的独家代理合同。在日本的电脑软件还处在黎明期的时候，一个初出茅庐的24岁年轻人，竟与制作方和销售方最大的公司分别签订了独家代理合同。

如果用河流来比喻软件从制作者到消费者手中的过程，软银就相当于将河流的上游和下游都据为己有。

在这里，有一段有趣的证言。上新电机的藤原睦朗说他听孙正义说过这样的话：“孙正义举了美国石油公司的例子，如果市场占有率能排在第一，完全压制住竞争对手，就可以慢慢涨价，赚到更多的钱。他在讲这一营销战略时兴致勃勃。”

孙正义是希望日本软银在流通领域、上新电机在销售领域分别压制住对手，共享利益。

不用说，这个石油公司的例子就是孙正义在谈论“平台商”时喜欢用作例子的洛克菲勒。通过藤原的证言我们可以知道，不仅是在实现了销售额 1 万亿日元、2 万亿日元的现在，从创业期开始，孙正义的平台商战略就一直没有改变过。

在当时，一口气签下软件的上游和下游的最大公司，是成为软件流通平台商的最短路径。当时的记者评价此举为“抓住了盲点”，但是现在我们可以理解，孙正义的行动是建立在缜密而大胆的战略基础之上的。

不擅长的领域

但是，当时的孙正义有一个不但不缜密而且不擅长的领域——融资。

囤积库存可以说是流通业的宿命。堆在仓库里的软件除了占用大量的资金外，不能产生任何利润。日本软银成立不久就采取垄断战略，大量的库存与公司规模完全不符，必须筹到相应的资金。

现在孙正义有后藤芳光带领的强大的财务团队，但在当时没有这样的专家。

孙正义向亲戚朋友借钱，好不容易凑齐了哈德森要求的 3 000 万日元押金。在小仓站递给瑟瑟发抖的立石胜义的纸袋里装的一捆捆现金就是这笔钱。

但是，只有这些还不够。

要向上新电机交货的软件粗略计算有 1 万套。最终价值 4 600 万日元。当然不只是哈德森，还要找不知名的软件公司，为此孙正义和立石、植松逸雄 3 个人飞遍了日本。

立石进公司后，日本软银连同孙正义在内一共有 8 个人。正式员工有 3 个，植松和立石，还有一个和立石同时从大阪的公司跳槽过来的男人。合同工 2 个，兼职 1 个。还有一个不知为什么总是穿着和服的阿姨。没有一个人具备融资或筹措资金的专业知识。

最终，立石不但要去软件公司谈业务，还要负责公司的会计、资金筹措、人事等所有管理业务。但是立石也不熟悉筹措资金的事，单是跑软件公司就已经忙得不可开交了。

他决定先把全部精力放在创造交易业绩上，然后再解决资金问题。他本来就没什么和银行打交道的经验。刚刚诞生的日本软银，谁也没有筹措资金的专业知识，等他们意识到的时候软银已经陷入被动。

1996 年，立石因脑病倒下，不得不引退。很多年后，2011 年的一天，孙正义把立石请到东京汐留总部，在管理者们面前介绍了这位昔日的功臣。

“现在的软银交给小宫打理，但在创业初期，什么事都是这位立石先生帮我做的。”

孙正义亲切地称现在的大总管宫内谦为“小宫”。从这一句话，我们可以知道创业时孙正义依靠的总管就是立石。不过财务就另当别论了。

孙正义一下子拿下了最大的公司，眼下却没有可用的资金。他和立石为了筹措资金东奔西走，但是很快就碰了壁。

“根据我行规定，电话簿上没有的行业不能贷款。”

孙正义启动的软件流通业是日本以前没有的业务，当然不会出现在电话簿上。无论孙正义和立石怎么向银行的负责人解释，都只得到冷淡的回复。“孙正义”这个名字，一看就知道是在日韩国人，或许也有影响。

狠心

正当孙正义束手无策时，一个机会砸中了他。那是 1982 年年初，刚过完新年。立石认识第一劝业银行麹町支行的业务员，孙正义提出要见一见刚刚上任的支行行长。

支行行长御器谷正之前一年 10 月刚从茅崎支行调到麹町。麹町地处皇居西侧，是东京的正中心。但是第一劝业银行当时没有特别大的客户。所以御器谷的前任在交接时交代他：“要尽量开拓各种各样的公司。”

他向业务员了解到，要求见他的青年总裁刚创业不久。不过，刚刚到任的御器谷觉得有可能带来新业务，不妨见一下，于是爽快地答应了。

“30 分钟的话，可以见一下。”

递上“日本软件银行总裁”的名片之后，孙正义像往常一样从电脑的前景讲到软件的前景和自己的梦想，最后说：“我需要贷款 1 亿日元。”

而且孙正义希望在没有担保和保证人的情况下，得到条件最优的基本利率贷款。基于支行行长的权限，能够发放的无担保贷款上限是 1 000 万日元。更何况软银没有特别的交易业绩，而且 1 000 万日元资本金中的 800 万日元都用在了大阪电子展上，财务状况可谓奄奄一息。御器谷要求看财务报表，孙正义直说没有。

无论在谁看来，这都是无理的要求，御器谷却听得很专心。孙正义说，他已经和上新电机谈妥了大型合同，大阪开的日本最大电脑专卖店的软件供应由他一手负责。

孙正义还说了自己在学生时代曾向夏普的佐佐木正推销有声电子翻译机，后来也常常向佐佐木请教问题。

御器谷听着孙正义讲的故事，便产生了帮他促成这笔贷款的想法。但是他知道，要给一个没有业绩的新生公司 1 亿日元贷款，不可能顺利通过。首先是信用调查，也就是要查清楚孙正义说的话是否属实。

御器谷曾经在大阪工作过。上新电机是第一劝业银行的客户，由难波支行负责。御器谷和难波支行行长山之内和彦是故交。他马上请山之内帮忙调查上新电机与软银的交易情况。山之内马上走访了上新电机，并且问了总裁净弘博光。山之内在电话里说：“没错，上新电机是真心要和那家公司合作。而且净弘总裁还说请务必贷款给他。”

得到净弘本人的保证起到了很大的作用。为万全起见，御器谷给净弘的得力助手藤原睦朗也打了电话。

“听说他和上新电机谈妥了一笔大生意，是真的吗？”

“是的，没错。上新电机也不能没有软件，所以请务必贷款给他。我们可以保证。”

在接受采访时，藤原还告诉我一件迄今为止不为人知的事。孙正义当时曾开口问净弘和藤原：“能不能向日本软银投资？”

如果得到上新电机的投资，孙正义就能同时得到资金和信用这两样他梦寐以求的东西。孙正义希望在出资的同时召开记者招待会，请净弘也出席。

藤原被孙正义的愿景和行动力深深地打动，他觉得应该马上出资，但是净弘阻止了他。

“不能那样做。藤原，你仔细想想。他今后为了进一步发展，肯定也要和我们的竞争对手合作。如果（因为接受投资）染上上新电机的颜色，其他公司可能就会拒绝和他合作。所以我们只能对他说抱歉。”

净弘当然知道孙正义正在面对资金周转的困局，但是考虑到孙正义的将来，必须狠心拒绝。净弘是从底层爬上来的人，久经世故，所以才会有这样的顾虑。这就是净弘和藤原全力配合第一劝业银行调查的背后的故事。

准备好同生共死了吗

尽管如此，以基础利率贷款 1 亿日元难度并不低，不是单靠客户出面做证就能通过的。

御器谷决定打一记直线球，他直接向第一劝业银行的总部请示。对新兴公司的贷款由企业部负责审查，企业部部长西田美雄的反应正如御器谷所料：“这太违背常识了！”

对此御器谷并不感到意外，他也不打算就此罢休。

“请务必批准！这家公司的经理说的话都是事实。”

“既然你这样说，那就试试自由讨论吧。”

自由讨论是把银行里的负责人召集在一起讨论问题项目该怎么办的会议。很快，从银行里召集了十来个负责人，但是迟迟没有达成一致意见。会议的主要话题是电脑的前景，但是这些人几乎都对电脑没有概念。

时间一个小时、两个小时地过去。正当自由讨论差不多快要结束的时候，突然，一个一直沉默的年轻人举手发言：“请大家等一下！”

谁都能看出，这人有些急躁。举手的笠井猛邦是产业调查部的年轻员工，他所在的部门专门负责研究新产业。

“大家刚才一直在谈论电脑，不过大家接触过电脑吗？”

场面一时有些冷，但笠井毫不介意地继续说道：“我们这一代人里有电脑同好会。大家可能不知道，电脑是个非常有前景的行业，今后一定会快速发展。”

他最后又补充一句："不知道这一点的，恐怕只有日本的落后的银行了。"

在座的老员工都一声不吭。在银行这样的纵向组织里，笠井的发言可以说非常大胆了，不过讨论因此有了进展。

最后，西田把矛头指向了御器谷："最后再确认一下，你准备好和这个项目同生共死了吗？"

御器谷不假思索地回答："既然是我提出来的，我就准备好了。"

御器谷的语气很坚定，不过他后来回忆当时的心情说："当时我心里觉得不妙，不过我也有一定的经验，觉得这个事情一定能成功。被逼到这个份儿上，我下定了决心，如果有万一，我就引咎辞职。"

御器谷把自己的职业生涯赌在了那个与众不同的青年总裁身上。当然，这个时候孙正义不会知道这些事，不过他至今仍把这位银行家视为恩人。孙正义的感谢之情并不是对银行，而是对御器谷这个人。

此时，御器谷并不知道，当他在银行总部激烈论战时，还有一个人在背后为孙正义打开了命运之门。

那就是佐佐木正。

御器谷听孙正义说"和夏普的佐佐木专务有交情"，于是请大阪支行协助调查。御器谷请支行的工作人员向夏普的会计部打听，事态却朝令人意外的方向发展了。

佐佐木亲自打电话给在第一劝业银行担任专务董事的旧友说：

“我可以给孙正义做保证。请一定要贷款给他。”

“做保证的意思是？”

“我可以用退休金和房子做保证。”

这位专务了解佐佐木不是在这种事情上开玩笑的人。他向行长村本周三报告此事，村本当即说：“既然夏普的佐佐木先生这样说，那跟夏普作保有什么两样。有几个人能让佐佐木先生提供担保？赶快批准贷款！”

101 岁高龄的佐佐木也对这通电话记忆犹新。

“真对不住第一劝业银行的人（常务），据说被狠狠地骂了一顿，‘佐佐木先生都把话说到那个份儿上了，你还想什么呢’。不过我也被妻子骂了一顿。”佐佐木说他当时真的愿意用自己家新盖的房子和退休金来给孙正义做担保，他还专门问过人事部让他们帮忙计算自己的退休金有多少。

我请孙正义回忆大恩人佐佐木时，他这样说。

> 对我来说，他是像佛一样的恩人。因为我没有给他任何回报。佐佐木老师相信还没有做出任何成绩的年轻创业者（不仅仅是我）的未来，不求任何回报地提供帮助。
>
> 那样的纯粹真的令我佩服得五体投地。我从来没听过有人说佐佐木老师不好。我觉得不仅是我，令所有人都尊敬的就是他的（纯粹的）好。

这一番话，就不需要我再画蛇添足地说明了吧。

佐佐木是在日本电子技术发展史上留下名字的人物。他“来者不拒”，登门向他求教的年轻创业者不计其数，史蒂夫·乔布斯也在其中。对于孙正义，佐佐木甚至说：“我愿意做这个年轻人的垫脚石。”身经百战的佐佐木为什么会对孙正义如此动心呢？

我曾单刀直入地向佐佐木提出这个疑问：“佐佐木先生，您为什么要那么帮孙正义呢？”

佐佐木凝视着我的眼睛，沉默了片刻。他的表情变得温和起来，这样说道：“这个嘛……因为他很可爱啊。”

佐佐木的回答只有一句话。很遗憾，我无法用文字描述这位101岁的老人那一刻充满温暖的表情。不过我感觉，一切都凝缩在他的双眼里。

第四章
危　机

生命的危机、背叛、内部分裂

只能再活 5 年

常言道“好事多磨”，但是孙正义万万没有想到，他会被推到如此深的谷底。创业还不到一年，孙正义就窥见了地狱深渊。不，说是掉进了地狱中央也不为过。

佐佐木正、净弘博光、藤原睦朗、御器谷正之、清水洋三、工藤浩、工藤裕司，在这些真心相信孙正义夸下的海口的恩人的支持下，日本软银迅猛发展，势如破竹。当然，植松逸雄和立石胜义也功不可没，是他们支持着偶尔鲁莽行事的年轻总裁。

当时，日本软银为了对抗已有的电脑杂志，开始了自己的出版业务。起因是在电脑行业被称为天才的风云人物——西和彦。

比孙正义高两个年级的西和彦很早就已经大放异彩。他成立了微软的远东代理店，就任微软总部的副总裁，并在日本创办了电脑杂志月刊《ASCII》。在 1977 年的创刊号上，他宣言：“电脑将成为媒体。”风光一时。这都是发生在孙正义向佐佐木推销有声翻译机之前的事。

后来孙正义的名字终于为世人知晓，他和西和彦一个被称为“神童”，一个被称为“天才”，不过西和彦依然比孙正义领先几步。

西和彦的《ASCII》和另外两家主要杂志联合起来，将日本软银的广告拒之门外。这显然是针对孙正义独占了哈德森和上新电机（即软件流通的上游和下游）的对策。

那之后，年轻的神童和天才一步步走向全面对决。

面对西和彦的挑战，孙正义决定自己创办计算机专业杂志，最终成功地维系了杂志广告这一软件流通的重要渠道。

在进军杂志这一未知领域的过程中，孙正义也得到了新的贵人相助，爬上了成功的阶梯。个中的经过在本书中就不详细描写了。

总之，日本软银有了软件流通和杂志这两大车轮，飞速地成长起来。1981 年 9 月创业，1982 年销售额达到 20 亿日元，1983 年达到 45 亿日元。

但是，西和彦对孙正义的敌意不但没有消失，反而愈加膨胀。这份敌意后来演变成动摇日本软银根基的灾难。

这些事情孙正义当然不可能知道。他意气风发，在福冈杂饷隈的杂居楼里，他站在装橘子的箱子上演讲，而到了东京之后，他则是站在折叠椅子上鼓舞员工。“销售额一万亿日元、两万亿日元”在这一时期依然是他的口头禅。除此之外，他经常说的另一句话是：“我们得赶快上市。”虽然公司才刚刚起步，但孙正义是非常认真的。

立石一直在旁边看着孙正义的身影。他回顾说：“要说他吹牛，确实如此。但我渐渐明白了，这个人不会把目标放在小的地方。”孙正义夸下的海口确实推动了这个刚刚诞生的风险公司。或者说，年轻创始人散发的巨大的能量感染了每一名员工。

日本软银的危机就在这顺风满帆之时突然降临。

1982年春，全体员工接受体检，孙正义的体检结果是需要复查。在公司附近的庆应大学医院复查之后，医生告诉了他一个令人震惊的事实："是慢性肝炎，指标很不乐观。请马上住院。"

孙正义患了慢性乙型肝炎。病情非常严重，医生要求他立刻停止工作住院，否则有生命危险。

"如果慢性肝炎发展到肝硬化，就会导致肝癌。"

"那会怎样？"

"只能等死。"

当时，慢性肝炎没有有效的治疗手段。孙正义感到眼前发黑，仿佛时间都停止了。

"那要多久发展到肝硬化？"孙正义勉强地继续问道。医生却给出了无情的答案："说不准。或许一年，或许两年。不过，以现在的状态，恐怕过不了五年。"

当时，慢性肝炎可以说是不治之症。医生的诊断实际上相当于宣告了孙正义的剩余寿命，而且那一天不知道什么时候到来。

孙正义第二天就住进了医院。

根据医生的说明，孙正义的肝脏的E抗原数值异常。乙肝病毒在体内增殖时，血液中就会出现E抗原。E抗原活跃，就表示病毒正在增殖并侵蚀肝脏。

“公司要完了”

这一切并非没有预兆。

早在接受体验之前，不知从什么时候开始，孙正义就觉得浑身乏力。他当时以为只是过度疲劳所致，因为他几乎每天都从早上 8 点半的早会一直工作到凌晨，所以会这样想是很正常的。

但是渐渐地，孙正义的身体情况越来越差，已经不能再用工作过度来解释。

和孙正义一起东奔西走的立石胜义已经觉察到孙正义的变化。有一天，他们去洽谈生意，刚坐上一辆出租车，孙正义就说了一声“不好意思”，把腿伸直放到立石的膝上躺下了。孙正义说他感到非常疲乏，并用手掌盖住了脸。

立石当时想：“看来真的是太累了。”孙正义的身体情况还是太不正常，他后来在办公桌旁放了一张简易床，躺着的时间越来越多。

刚起步的风险公司可能经常看到这样的光景，连续几天彻夜工作，员工把椅子拼在一起躺在上面休息，甚至有员工带着睡袋，直接躺在地板上。虽然孙正义是总经理，但是在简易的床上躺一会儿也不会有员工感到奇怪。

然而，孙正义的身体正在遭受病魔的侵袭，这是立石和孙正义本人都未曾想到的。孙正义把真相告诉了立石和植松逸雄二人。

立石大吃一惊，心想：“这要是让外人知道了，公司可能就完了。”

公司才成立不久，创始人就患了绝症。一旦事情传开，那些被孙正义的热情打动的银行肯定会收回贷款。孙正义把肝炎的事分别告诉了植松和立石，立石为了保密，甚至都没有问植松是否知道此事。

“请一定不要再对第二个人讲。”立石郑重地叮嘱孙正义。

孙正义虚弱地点头的样子令立石无法直视。

“好，我知道了。”

立石回顾当时的情形说：“他没有对我说任何示弱的话。”却切切实实地感受到了面对死亡的人带来的悲壮感。

“事已至此，只能由自己来保护公司了。”立石下定决心。总经理突然不见了，员工很快就会发现情况有变。不安的情绪一旦在公司里蔓延开，如同刚刚出生的雏鸟一般的日本软银可能很快就会垮掉。

必须连自己的同事也隐瞒。

于是立石想到了一个权宜之计，那就是利用孙正义在美国创办的第一代 Unison World。孙正义虽然把公司全部托付给了陆弘亮，但在名义上他依然是总经理。

“总裁忙着处理 Unison World 的善后工作，经常要去美国出差。”立石在员工面前这样解释。

病房里的孙正义无助地望着天花板。手腕上插着针管，点滴一滴一滴地落下。病房里一片寂静，仿佛此前忙碌的光景都是假的。

医生说，治疗慢性肝炎除了注射干扰素外别无他法。治愈的可能性几乎为零，只能延缓病情的发展。和妻子优美生的女儿才一岁半，还有一个孩子在优美的腹中。

“我所做的努力到底是为了什么呢？那么努力地学习，满怀热情地创办公司，明明还有很多事情想做，却只能再活五年了吗？”孙正义明知道想这些没用，却还是一次又一次地想。

如果现在死了，家人怎么办，公司怎么办，成为企业家名震世界的梦想怎么办。

滴答，滴答。

病房寂静得可以听到点滴以一定间隔落下的微小的声音，仿佛在向孙正义宣告死亡正一步步临进的事实。

“我哭过。悲伤、难过地流泪。”

一向强势的孙正义在这个时候也只能无能为力地怨恨自身的不幸。

“物欲完全没有了。房、车、衣服，我都不要，我只想活着。我想再多看一看刚刚出生的女儿的笑脸。”这样的念头一遍又一遍地在孙正义的大脑中徘徊。

得知孙正义身患重病的消息，陆弘亮坐立难安，从加利福尼亚飞到了东京。孙正义谈笑自若，妻子优美却哭着告诉陆弘亮：“他可能活不到30岁了。”

孙正义告诉陆弘亮说要把美国Unison World完全转让给他。孙正义的股份价值100万美元。陆弘亮说：“我现在没有那么多钱。”孙正义说我帮你介绍能提供贷款的金融机构，以后用利润慢慢还就好了。

这是他与曾经在加利福尼亚的蓝天下一起谈论梦想的盟友久别重逢。孙正义尽量表现得开朗，但仔细想想他说的话，其实就是在安排后事。

大亨经营者

孙正义的病情时好时坏。E 抗原的数值下降的时候，他可以回家休养，可一回家，他又挂念起公司。他不但把工作带回家里，还会跑到公司，结果 E 抗原又增加了，只好再回到医院。

佐佐木正一直关心孙正义的病情。孙正义之前曾请佐佐木帮忙介绍一个精通金融的人。

佐佐木当时正好约了日本警备保障公司（现西科姆）的副总经理大森康彦一起吃饭，于是约了孙正义。大森曾是野村证券的精英，历任企划部长、国际部长，于 1975 年转往日本警备保障。他恰好符合孙正义提出的“精通金融”的要求，不过比孙正义大 27 岁。

三个人选择了新大谷饭店地下的 ELMY。孙正义第一次见到大森，他戴着一副大黑框眼镜，身材魁梧，穿着双排扣的西装，非常得体，的确有一种大亨的气场。实际上，在野村证券一路高升的大森也确实心高气傲。

孙正义不止一次在比自己年长很多的大人物面前不卑不亢地大谈计算机的未来和自己的软件梦想。他就是这样获得一个又一个合作者的“大叔杀手”。坐在旁边的佐佐木就比任何人都更看好孙正义的热情。

大森是如何评价孙正义的激情演讲的，我们不得而知。孙正义觉得大森是个大人物。在自己与病魔抗争期间，能否请大森来经营日本软银呢？佐佐木不置可否，毕竟日本软银还只是一个弱不禁风的小公司，大森未必肯屈尊。不过孙正义是那种一旦认准了一件事就会放手去做的人。所以在大森来病房探望他时，他就直言："请你帮我照看日本软银。"

孙正义每次见到大森都说，希望大森能在自己生病这段时间担任软银的总经理。出乎佐佐木意料，大森接受了孙正义的邀请。

大森当初是日本警备保障公司的创始人饭田亮从野村证券挖走的。为了避免饭田亮有想法，大森先从日本警备保障公司辞职，然后联系了猎头公司，假装软银是通过猎头公司找到的他。不管怎样，孙正义把软银的实权交到了这个"大人物"的手上。1983 年 4 月，大森就任日本软银总经理，25 岁的孙正义成了董事长。

"我一直把自己当作新兴公司的'培养者'。"大森在就任时这样回答《日经产业新闻》记者的提问。虽然大森以"培养者"自居，但从结果来看，他把软银推向了面临分裂的经营危机。

佐佐木似乎当初就不太看好大森，但是问及此事时，他只是说："这是孙正义的决定。"

当然，大森刚刚上任的时候，没有人能够预见到这样的未来。

1983 年 5 月 27 日，饭田和野村证券总经理田渊节也作为发起人，在东京丸之内的东商 Sky Room 举办"大森康彦与孙正义激励会"，将近 900 人出席，有力地证明了大森的人脉之广。

三和银行行长川胜坚二、伊藤洋华堂总经理伊藤雅俊、NEC 总经理关本忠弘、Skylark[①] 总经理茅野亮，在这些经济界的大佬面前，大森宣布要和孙正义齐心协力共同经营日本软银。立石回顾当时的情形说："当时觉得这样的人加入一定会改变世人对软银的看法吧。"他觉得，这样一个名震经济界的人物出任总经理，日本软银的未来一定平安无事。

然而，立石想错了。大森并没有想过要和孙正义搭档经营，两人的关系很快出现了裂纹，最终到了无法修复的地步。孙正义不能出病房，一场处在绝对劣势的战斗打响了。

"天才与神童的10日战争"

在直面"内忧"之前，"外患"不期而至。那还是孙正义和大森之间的矛盾显现之前，从公司外传来了令病房里的孙正义不能视若无睹的情况。

1983年6月16日，孙正义在两个半月之前刚刚把总经理的位子让给大森。传到病房的一条新闻令孙正义惊愕不已，制造这条新闻的正是他的对手西和彦。

这一天，西和彦在东京的经团连会馆召开了隆重的记者招待会。在"具有兼容性的家庭个人计算机系统发布会"的标题下面，代表日本电子产业的14家公司的高层云集。索尼、NEC、松下电器、日立、佳能……西和彦的旁边坐着一个金发、消瘦、戴着眼镜

① Skylark是日本最大连锁快餐店。——译者注

的青年，他就是比尔·盖茨。

当时，每个厂家的电脑软件规格各不相同，缺乏兼容性。盖茨正计划用自己公司的BASIC的改良版MSX来统一软件的标准。天才西和彦统一了日本厂家的意见。

“糟了！”病房里的孙正义不禁叫苦。孙正义也有过统一软件标准的想法。如果具备兼容性，那么对用户来说当然很方便，而且会成为普及电脑的起爆剂。盖茨和西和彦却比孙正义早了一步。看那些赞同这两个人的厂家的名单，孙正义的败北几乎是板上钉钉。

孙正义马上调整思路。西和彦和盖茨的提议用一句话来说就是把软件统一为微软的MSX，那就意味着日本的软件市场将被微软统治，但是退100步讲，到此为止尚可以接受。

然而，西和彦和盖茨给这个标准加了很高的专利权费（使用费）。不用说，这最终需要用户来买单。这只会阻碍电脑产业的发展，这是孙正义不能接受的。

不过，孙正义后来在各种各样的业务中采取了跟此时西和彦和盖茨一样的战略——力争成为掌握业界“平台”的独占体，与此时西和彦和盖茨的做法没有任何区别。

要掌握平台，第一步是启动彻底的价格破坏，驱逐竞争对手，然后一点点地提高价格，收获果实，这是孙正义的常规战术。所以，对于西和彦和盖茨将电脑软件的平台统一到自己公司的MSX上获取收益的战略，孙正义并非不能理解。

但是，有一点不同的是，当时电脑行业尚处在黎明期。电脑还只属于一小部分爱好者，如果不能进一步普及电脑，整个行业都无法发展。

如果在这个时候被微软用高额的专利费束缚，就有可能会导致整个市场萎缩。至少孙正义是这样想的，并且为此感到愤慨。

要说对谁有利，很难判断。计算机是朝阳产业，西和彦试图早早地控制计算机产业的平台，这样的战略性应该给予高度的评价。

孙正义应该也不仅仅是出于义愤，自己苦心经营的软件流通业务的基础可能被西和彦控制，说他没有这样的恐惧，恐怕是假话吧。

道理在哪一边，是看法的问题，但不管怎样，两人都摆出了一步也不肯退让的姿态。

“天才西和彦与神童孙正义的 10 日战争！”两位年轻先驱者之间，一场从电脑行业延续而来的对立开始了。对孙正义来说，西和彦是曾经在杂志广告一事上将他逼入困境的冤家对头。他们的第二轮较量开始了。

在西和彦同盖茨举行记者招待会的 4 天后，6 月 20 日晚上，孙正义与西和彦通过电话探讨解决办法。孙正义强调不能让微软形成垄断，向日本公司收取高额的使用费。西和彦则主张统一标准可以为用户提供方便。两人莫衷一是。孙正义不耐烦地宣布：“战争要开始了。”

第二天，孙正义偷偷地溜出病房，召开了记者招待会。无论如何虚张声势，自己的身体还是像铅一样重，但他觉得现在是决定胜负的关键时刻。了解孙正义病情的立石和植松一定担心得不得了。

“日本软银也提议统一标准。”孙正义为了不暴露自己的病体，用比平时更加爽朗的声音宣布道。他表示自己已经呼吁国内的21家电脑厂商加入软银的方案，语气坚定地向西和彦和盖茨发起了挑战。

“在这件事上我一步也不会退让。”孙正义让人们看到了他寸步不让的坚持态度。

之后，孙正义还带病参加了在两人之间调停的家电厂商高管的交涉，持续到深夜的交涉对孙正义的身体来说无疑是巨大的折磨。

大约一周后的6月26日晚上，孙正义的身体几乎到了极限，他和西和彦会谈，找到了和解方案。

不向软件开发公司收取专利权费，并将软件开发的规格全部公开。

孙正义让西和彦接受了现在所说的开放式创新的思想，两人终于握手言和。

“天才和神童的10日战争”告一段落，但是西和彦对孙正义的敌意有增无减。毕竟西和彦有着长期以来作为日本计算机行业引领者的自负。

虽然经历了短暂的握手，但两人日后还将进行第三轮的较量，这场由西和彦发起的较量动摇了日本软银的根基。不过这些都是后话。

未能保护的盟友

“大森先生当了总裁之后，总是在强调规矩、规矩，什么都进行不下去。快想想办法吧。”

“不能再由着大森先生专横下去了。”

孙正义在把总裁的位子让给大森之后，也将自己的病情告诉了员工，结果不少员工偷偷跑到孙正义这里，异口同声地抱怨大森的管理方式。与其说是抱怨，更接近于告状。

“不要这么说……”孙正义既然把软银托付给了大森，也只能劝解员工忍耐。但是，每听到一次这样的告状，孙正义心中对大森的怀疑就增加一分。

拿着交际费在银座挥霍，坐着配司机的高档轿车。这些对来自一流公司的大森来说或许是理所应当的，但从创业公司一步一步发展起来的日本软银的员工却无法接受。

这一时期从大学退学进入日本软银的大阪营业所的马场一这样说：“孙先生当时差不多每隔半年来一次大阪。我会租一辆日产阳光去新大阪站接他。因为阳光最便宜。孙先生会坐在副驾驶的座位上提各种各样的问题。虽然是董事长，但因为年轻，所以也不会特别在意。”

“但是，大森先生来的时候，要求安排配有车内移动电话的专车，但电话根本用不到。董事长坐阳光，我不明白为什么，但我是个新人，只能照他的吩咐去做。”

大公司姑且不说，就像大森本人说过的那样，日本软银是一家新兴公司。这些钱花得有必要吗？

日本软银还只是一家小小的新兴公司，那些高高在上的人的一举一动都被年轻的员工看在眼里。严格地削减开支和一味地照章办事，令员工的心渐渐地远离了他。

大森似乎也并不信任日本软银的员工。他动用在野村证券、日本警备保障公司发展的人脉，物色了一个又一个高管。

新日本制铁、三井造船、普利司通、雅马哈发动机……打算在新兴的计算机产业干出一番事业的年轻人上头，来了一个又一个来自大公司的领导者。大森可能要重新打造一个秩序井然的公司组织，但是对那些被孙正义的热情吸引来的年轻人来说，一个又一个外来的西装革履的"成年人"只会令他们感到局促。

从日本软银的草创期开始就和孙正义一起并肩作战的人陆续离开了公司。然而孙正义还是不能行动，肝脏检查的数值时好时坏，他什么也做不了。

就在这时，孙正义得到了一个出人意料的消息：从 Unison World 的创业期就一直支持他的植松逸雄厌倦了大森的专横，要离开日本软银。

而且，大森还把植松邀请过来担任孙正义的总管的立石调去大阪。当时日本软银的业务主要集中在东京，调去大阪显然是降职。

立石默默地接受了。

"我也只是个给人打工的，只能服从上面的安排。仅此而已。"

立石为人忠厚老实，即使到了现在，对大森做出的降职安排他依然不想多谈。但是对一个在创业时期撑起公司的元老来说，这样的人事安排无疑是很难接受的。

不过，立石在大阪一手培养了那位开阳光的司机——马场一。受过立石熏陶的马场后来在软银通过宽带打入通信市场时奋勇战斗，因为出色的表现被孙正义赞扬为“街头战士”。这样想来，立石的降职也为后来软银的发展做出了贡献，不过这些都是后来的事情。

言归正传，对孙正义来说，从公司起步之时就同甘共苦的植松和立石是他最早收获的“同志”，所以孙正义才把患上不治之症的事毫不隐瞒地告诉这两个人。这样的两个人在大森管理下遭到了驱逐。

特别是下定决心离开日本软银的植松，孙正义为自己没能保护他而深感愧疚。大森下令将植松调往杂志部门，植松觉得已经没有自己的容身之地了。

“抱歉，植松……”在病房里听到同志苦涩的决断，孙正义除了流泪什么也做不了。

重读《坂本龙马》

在庆应大学医院的病房里度过的无为时光，令孙正义的心境也起了变化。他再次翻开了司马辽太郎的《坂本龙马》，这是一本曾经令他心潮澎湃并且至今难忘的书。

孙正义读书破万卷，但在他的一生中没有哪本书能与《坂本龙马》相提并论，这本书对他的影响是决定性的。

他 16 岁就离开日本，积极赴美，也是因为深受冒死脱离土佐藩的坂本龙马的感染。在美国时，他把这本书读了一遍又一遍。在创办日本软件银行，选择将“信息革命”作为自己奉献终生的事业时，他还是在读《坂本龙马》。

现在，在陷入人生谷底的病房里，孙正义又一次翻开了这本指引自己人生的书。坂本龙马是土佐藩一个下级武士的次子，他的一生波澜万丈，最终完成了“将日本涤荡一新”的夙愿，年仅 31 岁惨遭杀害。

于是，孙正义想：“龙马在他人生最后的 5 年里完成了真正的壮举。在那之前，他不过是一个普通的青年。也就是说，哪怕人生只剩下最后 5 年，依然可以做出改变世界的壮举。我也至少还有 5 年时间。没错，5 年并不短。那就像龙马一样尽情燃烧自己吧！”

孙正义的生活从此焕然一新。换个角度想，这样的机会实属难得。自从立志成为企业家，他一直马不停蹄地工作，但是现在自己只能躺在床上，什么也干不了，那就把这样的时间充分利用起来吧。

孙正义打定主意，把大量的书带进了病房。他仿佛又回到了学生时代，抓到什么书就读什么书。据说他在病房里看了 3 000 多本书。虽然其中有不少是漫画，但孙正义认为从漫画里也可以学到东西。而且，与病魔斗争的生活难免令人忧郁，看漫画有助于排忧解闷。

然而，软银在大森的管理下越来越偏离了孙正义在心中描绘的方向。孙正义无计可施。不知不觉，已过去了近两年。

“我已经不行了吗？”正当这样的念头开始在孙正义的脑海中闪现时，传来了一个他万万没有想到的消息。父亲孙三宪打来了电话。

“正义，你的病说不定有救了！”孙三宪在杂志上看到一种治疗方法，他建议儿子试一试。一个叫熊田博光的医生发表了名为“类固醇脱离疗法”的新型乙肝治疗方法，引起了广泛关注。

但是，这一新疗法也存在许多不确定性。类固醇脱离疗法类似于休克疗法，在短期内给慢性乙肝患者注射类固醇药物，引发与急性肝炎相似的症状，这时再停止使用类固醇，患者的免疫力会提高，驱逐病毒。

这种疗法的发现是一个偶然。有一次，熊田负责治疗的一个 60 多岁的患者的病情不知道为什么突然好转。原来那位患者自作主张地停用了类固醇，对原因的探究最终确立了这一疗法。

不过，这种疗法近似于休克疗法，一旦失败，可能使病情恶化。在日本也还几乎没有治疗病例。是不是应该冒这个险呢？孙正义决定相信熊田。与其坐着等死，不如放手一搏。孙正义并没有选择的余地。

“有 70%~80% 的概率可以治愈。”第一次见面，熊田就这样告诉孙正义，但万一失败，就将迎接死亡。

1984 年 3 月，孙正义为了接受熊田的治疗，从庆应大学医院转院到了川崎市的虎之门医院分院。

结果是，疗效显著。

从 3 月 17 日开始治疗之后，之前打了那么多干扰素都不见减少的 E 抗原的数值眼看着降了下来。5 月连休结束时数值已经恢复正常，曾经困扰了孙正义那么久的 E 抗原全都消失不见了。

折磨了孙正义两年之久的乙肝就这样令人难以置信地消失了。

6 月 9 日，孙正义终于结束了两年多的治疗，从虎之门医院出院。他期盼已久的日子终于来了。

孙正义重返第一线，不过他心里明白，有一个问题是时候做个了结了，他要与自己请来的大森展开对决。

小宫

在孙正义与大森对峙之前，发生了一次对孙正义、对软银来说都非常重要的相遇。

软银的总部已经搬到东京九段。在孙正义刚刚回归不久的 7 月的一天，有一个人前来拜访，他就是宫内谦。

宫内告诉孙正义，自己目前在日本能率协会工作，受大森的邀请，准备跳槽来软银。大森动用自己的人脉从外部物色高管并不是一天两天了。

“又来了……”孙正义决定先见一见。这便是他与至今共事 30 多年的搭档的相遇。

当时，宫内 34 岁，孙正义 26 岁。第一次见面时，孙正义刚刚摆脱长达两年半的与疾病斗争的生活。或许是因为一直待在病房，孙正义皮肤白皙，再加上本来就长着一张娃娃脸，所以看上去年纪更小了。

孙正义得肝炎的事，宫内也有所耳闻。他看到孙正义的办公桌旁边还放着床，心想："看样子身体还没有痊愈。"

然而孙正义开口说出的话却把宫内震住了。

"以后所有的桌子上都会摆一台电脑。不仅如此，所有的电脑都会通过网络连在一起。那样的时代马上就要来了。没错，接下来将爆发数字信息革命！"

孙正义的口才征服了无数财界的名人，尽管经历了长期病痛的折磨，功力依然不减。在当时那个年代，提起计算机，人们只会想到大型计算机，电脑只属于一小部分爱好者。不过宫内很早就对电脑很感兴趣，甚至懂得编程。

宫内心中暗叹："这个人了不得。"

他后来回顾当时的情形，无比肯定地说："我对孙正义是'一见钟情'。"

宫内接着说："我生来就是一个乐观主义者，他说的话，我从心底里认同。这就是所谓的远见卓识。孙正义在那个时候就预言了网络社会的到来。"

其实，宫内在半年前就决定了要来软银，但是因为身边的人都出言劝阻："为什么要去那样的公司？"所以他迟迟没有从能率协会辞职。

虽然宫内说自己对孙正义"一见钟情"，但孙正义每次提起那次见面，都会说："那时候小宫很傲慢啊！"

宫内后来成了软银的总管，始终陪伴在孙正义的左右。软银的脚步追赶着一次又一次信息革命的浪潮，不断改变着主业。每次孙正义追逐新的浪潮，都有宫内在后方支持。

两人的分工堪称绝妙。孙正义每开始做一件事，擅长营销的宫内就会把这件事变成摇钱树；孙正义在扑向新的浪潮之后，就会一股脑地丢给宫内；孙正义在摸索新的业务时，宫内会帮他巩固后方。

孙正义这样形容他与宫内这对绝妙的组合：“我就像寅次郎一样，疯狂地爱上一个新的女人（事业）之后就会离家出走。差不多五年一次的节奏，每次我都会说‘宫内，以后就交给你了’。”

宫内也明白：“因为我好使唤（笑）。我的任务始终都是在孙正义离家出走之后料理一切。”

实际上，孙正义在 2001 年开展宽带业务挑战 NTT 时，也是把软件流通业务全部交给宫内打理。通过收购英国 ARM 控股进军物联网，也是把手机业务这一主业交给宫内。

榛叶淳在宫内加入软银的第二年入职，后来成为宫内率领的营销军团的队长。他是这样评价他多年的领导宫内的：“我觉得他要是自己做一把手也会很成功，但是他选择了做孙正义的总管和顾问。宫内先生把落实孙先生的想法摆在了第一位。”

“宫内先生有些地方和孙先生刚好相反，但是他会尽职尽责，怀抱愿景，也会立刻冲到一线。如果他觉得（他的部下）我的意见是对的，会为了我跟孙先生据理力争。30 年没变。我觉得这是他厉害的地方。”

宫内身边的人对他的评价都是生性开朗、乐观，这一点确实和孙正义很像。创业期的总管立石也说孙正义和宫内“两个人性格相似”。

宫内来软银的契机是认识了大森。宫内上大学时痴迷德国文学，本来想以写作为生，即使在进入能率协会之后，他还参加过新媒体研究会，并向经济类杂志投稿。

“就是兼职写稿。那个时候的能率协会比较自由。写一次可以拿到大约 10 万日元。”

作为上班族，通过这样的方式赚点儿零花钱还是不错的。有一次他在写经营之道，提到了时任日本警备保障公司副总经理的大森。他为此还取得预约，采访大森本人。因为这样的机缘，大森后来常常约他吃饭。

孙正义以三顾之礼邀请大森时，大森再一次约宫内吃饭，并在饭桌上说道：“你一直做那种类似于虚业的事情真的好吗？”

大森觉得宫内在做的事情只是比评论家、分析师稍好些，终归是“虚业”。他又说：“以后就是电脑的时代了。你要不要一起来软银。”

宫内原本就对电脑感兴趣，他打算跟着大森走。

SoftWing 事件

对那些和孙正义一起支撑着软银度过草创期的老员工来说，宫内是大森带来的驻军。宫内的直接上司也是大森从三井物产请来的驻军。但是，宫内本人已经开始对孙正义衷心钦佩。对自己被视为大森派一事，他有时也感到不胜其烦。

“我一进软银，就惊讶地发现，公司分成了（大森和孙正义）两派。（老资格的）年轻人对（受大森的邀请）从外面进来的人意见很大。起初，我甚至觉得，来这里可能是个错误。”

某本杂志还报道了软银的内部分裂，在组织表中列举了部长级以上的人员名单，用不同的颜色标出大森派和孙正义派。

宫内也很快注意到大森和孙正义之间深深的裂痕。

“大森和孙正义的想法有着本质的不同。大森想打造的是坚固的组织。孙正义则更加开放，无论是年长者还是年轻人的意见，他都会听取。那两个人真的是合不来。”

宫内虽然身为占领军，但他已经下定决心追随孙正义。孙正义也逐渐坚定了为他和大森之间的关系画上句号的决心。说起来，大森上任不久，原本发展迅猛的软银的业绩就陷入停滞，支出却增加了不少。公司需要孙正义亲自出马，重整旗鼓。

在回归一线一年半后，1986 年年初，孙正义开始行动了。孙正义原本只是打算在自己生病的这段时间里委托大森经营。他通过大森的介绍人佐佐木正面向大森提出更换总经理，大森却不同意。

孙正义和佐佐木商量之后，决定使用一招巧计。

在 2 月 28 日召开的董事会临时会议上，孙正义宣布：“我决定引进董事 40 岁退休的制度。”孙正义已经提前跟大森以外的所有董事打好招呼。大森当时 56 岁，这就是一项解除大森职务的提议。

解除大森职务的消息公布于隔了一个周末之后的 3 月 3 日。大森这样评论道：“孙正义是个很有才能的人，不过毕竟太年轻，作为经营者还是缺乏经验，希望他担任总经理之后能够多多积累当一把手的经验。”

“在我看来，孙正义还只是个小毛孩儿”——大森的话如实地传达出了他的自尊心。

孙正义则这样回顾：“大森先生就是现在人们口中说的职业经理人。他有自己的一套方法论，人脉也很广，但是在和人建立关系的方式上还是弱了些。”

和人建立关系的方式——之后不久发生的一件事让孙正义体会到了它的意义。

1986年，孙正义终于名副其实地恢复了软银一把手的地位之后，又发生了一件大事。夏天的时候，公司有了一个奇怪的传闻：“商品部那帮人正在策划着独立。”

商品部是从全国的软件制作方采购软件的部门，是软银最早建立起来的公司竞争力的源泉。

据当时的报纸《日本经济新闻》记载，电脑软件的市场规模达500亿日元，除厂家直销以外，50%的份额掌握在软银手中。软银把从全国搜集到软件批发给7 000家店铺，已经在软件流通行业建立起巨人一般的地位。

传闻是真的。

商品部的员工全体辞职，创办了一家新公司。最终，不仅仅是商品部，连同销售人员在内一共少了20个人。与其说这家新公司是软银的竞争对手，不如说它完全复制了软银，还带走了软银的宝贵经验。当孙正义得知背后操纵者的名字时，他不由得感叹冤家路窄。

那个人就是 ASCII 的西和彦。

此前，孙正义和西和彦已经有过两次交手，先是创业不久拒绝刊登广告，再是牵涉美国微软的电脑软件统一问题。这次西和彦又离间了孙正义和与其一起共事的同伴。

西和彦以从软银挖来的高管为中心设立了一家名为 SoftWing 的公司。除了西和彦的 ASCII 外，科乐美、SystemSoft 等软件公司也加入进来。当初公布的是“五家公司联手”，但剩下的两家公司一直没有公布名字，不过后来知道三井物产也在背后。

一句话，这是一支强大的联军。

资金有 5 000 万日元。按照计划投资方很快会增资到 1 亿日元。他们在东京、大阪、名古屋、仙台、福冈设置据点，并扬言要一举击败软银。

这就是“SoftWing 事件”。不知道为什么，这一事件在之前出版的孙正义传记中几乎没人提及。大概是因为孙正义本人说这是他“不想回忆的事”吧。可见这件事对他的冲击有多大。

“那是一次强烈的危机。”时任经营企划室主任的宫内在回顾这次事件时直截了当地说。独立出去的那帮人直接带走了软银在采购软件方面积累的经验，而且他们是在对当时使用的系统进行更新之后才去的新公司，可以说是处心积虑。

不用说，他们对从供应商的信息到采购价格、给零售店的批发价格之类的绝密信息一清二楚，相当于作为批发商的全部资源都被拿走了。

SoftWing在9月成立，他们以比软银设定的采购价稍高的价格采购，再以稍低的价格批发给零售店，不断吃掉软银的市场份额。

出任SoftWing总经理的铃木丰直言不讳地表明了与软银对抗的立场："商品如果都交给软银就会跌价。我们会以比软银更加充实的体制，对软件的销售方法进行说明，开拓零售店。"

软银陷入了困境。一个又一个供应商被夺走，据宫内说，毛利润一下子减少到此前的一半。

当然，独立之后同行竞争在商场上是很常见的。令孙正义愤慨的是西和彦在背后操纵的做法。曾经信任的部下背叛他，这令他无比心痛。

这是宿敌设计的阴谋和背叛——至少孙正义是这样认为的。

"我感到非常气愤，也感到很惭愧。我当然想洒脱一点儿随他们去，但是说实话，我不想他们走，让我哭着求他们留下，我也愿意。但是我没有能力留住他们。"

离开软银的大约20个人当中的头号人物，是在孙正义生病期间从三井造船转过来的。虽然他在软银的资格不老，但是孙正义对他非常信任，在大森离开之后，还任命他为商品部的主管。

回到原点

"大事不好了！"

孙正义慌忙召集了宫内等人，举行了三天两夜的紧急会议，彻夜讨论如何应对庞大的联军。宫内谦被调到了商品部。被大森发配到大阪的立石胜义也被召回东京，出任本部长，比宫内高一级。

宫内信誓旦旦地说："十年之内，我无论如何要肃清这帮造反者。"

宫内天性开朗，爱开玩笑，但此时他也毫不掩饰自己的愤怒。"造反者"一词充分地体现了他对 SoftWing 强烈的憎恶。

最终，孙正义和宫内选择了从正面进攻的方法，即"忠实地做好成本管理"。

在这之后，软银经过试错，引进了每日管理。把每月一次的业绩管理改为每日一次。通过掌握每天的数字，建立起能够迅速对销量的变化做出反应的体制。

说起来很简单，但如果像当时大多数日本公司一样通过纸质文件进行管理，每日管理是很难实现的。孙正义开始研究能够像编制决算书一样管理每天的销售额和支出的专用系统。

以 10 人以下的小组为单位进行核算管理。权限交给各组的组长，省去不必要的书面请示。这一切都是为了以速度取胜。

每日管理成了当时软银经营的代名词，后来发展到每天用图表管理庞大的数据，一直沿用至今。为了进行小组化管理，减少决策工作，尽可能地排除了账单和书面请示。

其实对孙正义来说，每日管理并不是新的发明。在加利福尼亚和最初的盟友陆弘亮创立的第一代 Unison World 销售《侵略者》游戏时也是这样，每天制作图表管理摆在大学附近的餐馆里的游戏机的销售额。

可以说孙正义回到了经营的根本，重新锻炼腰腿。

这是一项脚踏实地的措施，开始并没有取得立竿见影的效果，在之后的几年里，软银和 SoftWing 的较量一直激烈地持续着。选择正面进攻而不是出奇制胜，坚持不懈地战斗的结果是，SoftWing 经营恶化，被一家叫 Catena 的公司收购了。收购发生在 1993 年，宫内“十年之内肃清”的誓言成真了。

“我觉得还是志向的问题。即使是在电视剧里，也很少看到叛变的人后来成功的。”如今，孙正义谈起这件往事时云淡风轻。当然，“叛徒”只是从孙正义和宫内的角度来说的，那二十几个离开软银、和西和彦一起对付孙正义的前员工或许也有各自的志向，想着在新兴的计算机行业成就一番事业。

不管怎样，孙正义抵挡住了西和彦的三次挑战。之后，再没有第四次。

天才西和彦率领的 ASCII 在泡沫破裂后，多样化战略事与愿违，经营失败，接受日本兴业银行的救济。西和彦的企业家人生就此落幕。也有人向孙正义提出收购 ASCII，但孙正义没有采取行动。

在泡沫破裂后，西和彦的散漫经营遭到批评。曾经被捧为天才的他此后走上了下坡路。学生时代动辄住高档酒店的时候，他被当作成功的象征，可一旦齿轮倒转，他一下子又成了媒体批判的对象。

2005 年，西和彦退出经营一线，在大学拿起了教鞭。他在接受《日经产业新闻》采访时说：“应该告诉学生，在银座一个晚上喝光七瓶罗曼尼·康帝的生活没有任何意义。”

我们是否应该把它当作失败者的言论而置之一笑呢？天才西和

彦从信息产业的舞台上销声匿迹已经很久。

可以肯定的是，讲述日本的计算机历史不能不提到这位曾经的天才，西和彦和他的盟友西雅图的比尔·盖茨一起打开了这个国家信息革命的大门，这是无可辩驳的事实。

就结果来看，西和彦发起的 SoftWing 事件对软银的影响并非有害无益，它帮助软银更好地经受了这一时期所有日本公司共同面对的试练。

进入 20 世纪 90 年代，日本泡沫经济崩溃了。

或许在讲述历史时谈论“如果”有些不合时宜。但是，如果那个时候西和彦没有策动软银内部分裂，制造出 SoftWing 这样一个庞大的敌对势力，会怎么样呢？

一贯强势的孙正义可能就不会回归经营的根本，加强防守，而是和其他的众多风险公司一样跑上泡沫经济的山坡，最终和泡沫一起灰飞烟灭也不足为奇。

不过令人意外的是，这两个对手并不是一味地互相责难。在两人因为 SoftWing 事件开始第三轮对决前后，孙正义与西和彦曾多次在杂志上对谈。西和彦也曾登上软银的内部报刊。

在杂志《日经 Venture》1986 年 3 月刊的西和彦与孙正义的对谈中，孙正义这样说道：“虽然做事的方法不同，但两个人有着同样的味道。西和彦先生有创造力，一直冲在前面，可以说是先攻型。我是后攻型，仔细思考之后才会行动。”

西和彦不禁反驳道：“不不，你才轻率！”孙正义也回击道：

“他是关西出身，确实一做起生意来唯利是图。”孙正义还说：“我们两个人的共同点就是，都是现实的浪漫主义者。”

可见两人虽然是宿敌，却又彼此欣赏。

同志式结合

公司分裂的危机接连不断地袭击着孙正义。孙正义从中学到了什么呢？或许可以归结为他至今仍然喜欢使用的一个词——“同志式结合”。

孙正义常说：“同志式结合比金钱式结合更加强大。”前面已经说过，同志式结合是孙正义实现300年企业帝国的基本战略（群战略）的关键词。教给孙正义这个词的，正是他的大恩人佐佐木正。

经历了大森时代的派系之争，又在SoftWing事件中经历了“背叛”。为什么大家都离我而去——平时一贯强势的孙正义向这位恩人倾诉了自己的烦恼。佐佐木就像教导学生一样说：“正义，这个世界上有各种各样的结合。”

“结合？”

“没错。就是人与人的结合。这个世界上有各种各样的结合，但没有哪一种比同志式结合更强。”

同志式结合——意思是要有共同的志向。孙正义在听了佐佐木的话之后做了深刻的反省，那些被他骂作“利欲熏心的叛徒”的背叛者产生的原因难道不在于自己这个领导者吗？现在他终于明白：“原因就是没有充分地做到志同道合。他们离开我，说明我没有足够的魅力和引力。我需要反省，必须在反省的基础上打磨志向，让它变得纯粹，把志同道合的人聚集起来。这就是我学到的东西。”

不过，孙正义并没有立即否定金钱关系。

“员工也有家要养，光志同道合是不够的。如果不能提供足够的回报，公司就无法发展壮大。那就不可能成就持续发展的大事业。”

话虽如此，软银还不是今天这样的大公司，它只是一家刚刚成立不久的小公司，没有能力向员工支付高额的工资。

于是，孙正义引进了股票期权。提议者不是孙正义，而是宫内。20 世纪 80 年代后期，硅谷的一小部分公司刚刚开始引进这一制度，软银第一时间采用，既为员工提供了利益，又加强了同志式结合，一举两得。

软银如今已经成为大公司，其形态和规模都与以往不同了。如果有人问这样做是否足够，恐怕也有意见认为还远远不够。但是，从那时起孙正义始终把佐佐木教给他的“同志式结合”摆在最重要的位置。

横冲乱撞

1990 年，孙正义率领的日本软件银行更名为软件银行，去掉“日本”二字是为了蜕变成世界通行的公司。

冤家 SoftWing 破产的第二年，也就是 1994 年，软银开放了股票的店头交易。1998 年，孙正义实现了在东京证券交易所第一部上市的愿望。

这也是软银横冲乱撞的开始。

在美国留学期间,19 岁的孙正义制订了一份《人生 50 年计划》。

20 多岁创业
30 多岁筹集资金
40 多岁一决胜负
50 多岁完成事业
60 多岁交棒下一任

21 岁遇到一生的恩人佐佐木正，24 岁成为企业家。下一步就是筹集资金。

即使是在泡沫经济破裂后的 20 世纪 90 年代，软银的业绩依然稳步增长。在这一阶段，软银做了国际化的初步尝试，不过还只是停留在合营的方式，不能把海外公司掌握在手中。虽然把 Businessland 和 Novell 引进日本引起了商界的瞩目，但孙正义的野心远不止于此。

孙正义在 1994 年开放股票的店头交易。当时负责此事的野村证券的负责人北尾吉孝后来被孙正义请来担任财务负责人。北尾提出不依靠银行而以公司债券的形式直接向市场筹资的办法，为孙正义的野心提供了支持。包括增资等在内，截至 1998 年在东京证券交易所第一部上市，软银从资本市场吸纳了近 5 000 亿日元的资金。

资金到手了。软银开启了如决堤怒涛般的并购攻势。

- 1994年11月，收购美国齐夫·戴维斯的会展部门（200万美元）。
- 1995年4月，收购全球最大的计算机展览会COMDEX（8亿美元）。
- 1995年11月，向美国雅虎注资（200万美元，后来追加到1.082 5亿美元）。
- 1996年2月，收购美国齐夫·戴维斯的出版部门（18亿美元）。
- 1996年9月，收购内存生产商金士顿科技（15.08亿美元，后部分撤资）。
- 1996年12月，与澳大利亚新闻集团共同取得全国朝日放送（现朝日电视台）21.4%的股份（417.5亿日元）。
- 2000年9月，与欧力士共同收购日本债券信用银行（现青空银行）（软银占48.87%，约490亿日元）。

虽然与后来动辄几万亿日元的超大型并购相比，这些看起来不值一提，但毫无疑问，这波收购热潮远远超出软银的实际规模。即使按照1美元兑换100日元来计算，这些就已经超过5 000亿日元。

可以说，20世纪90年代后期就是软银的并购期。

先说结论，除了对美国雅虎的注资外，软银的投资几乎全部失败了。

“大型收购接二连三地赔本卖出，确实很难看，已经失去了自信。把5 000亿日元都投了进去，全部赔本卖出，被骂得体无完肤。”孙正义后来也这样回顾道。

进入21世纪后，互联网泡沫破裂，孙正义却在这个时候决定发展宽带业务，向NTT发起挑战，为了筹措这笔资金，他决定把之前收购的公司全部赔本卖出。他要抛弃拥有的一切，奔向“新的浪潮”。

顺便说一句，后来在斥资3.3万亿日元收购ARM时，孙正义也卖掉了投资资产的一部分。不过只是阿里巴巴股票的一小部分和游戏公司。回想当初赔本贱卖的经历，对于收购ARM，孙正义这样说：“（收购ARM）用高尔夫打比方的话，就像用沙坑杆打出安全距离的感觉。最多也就是用劈起杆的感觉。因为过去每次都是全力以赴地高挥杆，脊梁骨都要断了。相比之下，现在是如此游刃有余，对（过去的）自己都有点儿觉得不好意思。”

地图与指南针

20世纪90年代后期，孙正义是名副其实的时代宠儿。日本经济整体上还未能摆脱泡沫经济破裂的后遗症，他却在这“失落的时代”嗅到了数字信息革命这一新时代的气息，积极果敢地冲向世界。这样的姿态赢得了媒体的齐声喝彩。

然而，真实情况用横冲乱撞来形容更为贴切。

孙正义在筹到资金之后做的第一件事，用他本人的话说，就是搞到“地图和指南针”。

刚刚开始的信息革命是一片无人涉足的荒野，要在那里找到

“宝藏”需要什么呢？

孙正义为了收集“信息革命的信息”，把目标锁定在了全世界计算机相关信息汇集的公司。他认为，首先应该拥有能够在无人涉足的荒野指明道路的地图和指南针。

再重复一遍。孙正义购买信息革命的信息这一战略，从并购得失的角度来看，是失败的。但是，此人的厉害之处就在于，即便摔了一跤，也不会两手空空地爬起来。

孙正义最早盯上的是全球最大的计算机展览会 COMDEX，该展会每年在拉斯韦加斯举办，会场里，最新的计算机和软件琳琅满目，吸引着全球媒体和业界人士。也就是说，全世界的信息革命的信息都将汇集在这里。

早在开放股票的店头交易之前，孙正义就造访过 COMDEX 的运营方——界面集团（Interface Group）的总部。董事长谢尔登·阿德尔森出生在贫穷的犹太家庭，用一代人的时间积累起了巨额财富。

现在，他是大名鼎鼎的拉斯韦加斯赌场大王，同时也是商界有名的谈判高手。新加坡的滨海湾金沙酒店也是阿德尔森的资产。这座建筑造型奇特，宛如一艘大船停泊在三座大厦顶上。

1993 年秋，孙正义飞往拉斯韦加斯考察 COMDEX，顺便预约了与阿德尔森面谈。

孙正义没有系领带就去了，他见到这位赫赫有名的经营者，开口就说：“我想要收购 COMDEX，总有一天我会拥有它。”

听了这个唐突的声明，阿德尔森很是惊讶，他反问道：“那么，你有资金吗？”

“现在没钱，不过以后会有的。在那之前，请不要把 COMDEX 卖给别人。”

真是荒唐。在场的董事都笑了，孙正义却一本正经，阿德尔森也听得很认真。

“为什么想要收购 COMDEX？”

“因为我喜欢计算机。还有，你为什么不离开拉斯韦加斯？拉斯韦加斯没有你想象的那么大。”

“好，等你有了钱再来吧。”

一年后，孙正义准备好了资金，再一次出现在阿德尔森面前。这回是真的要来收购 COMDEX 了。见面之后，孙正义突然提出让其他董事退场，要和阿德尔森单独谈判。

“我不打算给 COMDEX 打折扣。我们一次定胜负，请说一个你想卖的价格，如果不行，我就干脆放弃。”

阿德尔森想了一会儿才开口。

“8 亿美元。”

“好。”

孙正义伸出了右手。这便是决定巨额并购的瞬间。

特朗普会谈的真相

摔了跤也不会两手空空地爬起来，为什么这么说呢？在此插入一件后来的事，而且是最近发生的事。

2016 年 12 月 6 日，孙正义出现在了纽约市曼哈顿的第五大道。

因为电影《蒂凡尼的早餐》中女演员奥黛丽·赫本对着橱窗吃早餐的一幕而为人们熟知的蒂凡尼的旁边，耸立着一座漆成黑色的大厦，这里戒备森严，24 小时不间断地处在媒体的关注之下，还是一个小有名气的景点。

这就是特朗普大厦。圣诞节的装扮已经开始，游人如织。

孙正义在这一天与候任总统唐纳德·特朗普举行了闪电会谈。

“Masa 是一个很优秀的人。”结束了大约一个小时的会谈之后，特朗普出现在一楼大厅，指着站在他身旁的孙正义告诉在场的媒体记者。在刚刚结束的会谈中，孙正义让特朗普称呼他为 Masa。这是两个人第一次见面，但这一句话足以显示出两人的关系已经非常亲密。

孙正义系着红色领带，西装里面穿着红色马甲。特朗普的领带也是红色的。

红色是特朗普所在的美国共和党的颜色。可见孙正义为这次见面做了充分的准备。

不过，为什么孙正义能在这个时候见到特朗普呢？在特朗普赢得总统选举之后，比孙正义更早见到特朗普的日本人都是首相安倍晋三这种级别的。孙正义只是一家公司的老板，根据官方说明，把两个人联系在一起的是一个“共同的朋友”。日本媒体都在找这个朋友，但一无所获。

这个人不是别人，正是阿德尔森。

阿德尔森把 COMDEX 卖给了孙正义，并把这笔资金投入赌场生意，大获成功。他还是美国政界有名的犹太复国主义者，是人们所说的“以色列院外集团”的大人物。他坚定地支持共和党，也向特朗普个人提供了巨额捐款，在特朗普当选后，他成了就职委员会的成员。

20多年前，年轻的孙正义的那次精彩谈判令阿德尔森刮目相看。

很多人以为是孙正义提出要与特朗普会谈，事实恰好相反。是阿德尔森邀请的孙正义与特朗普会谈。当然，孙正义不能空着手去见受到全世界瞩目的特朗普。他匆忙之中想出了一份见面礼：500亿美元的投资和5万个新的就业机会。

这就是那次闪电会谈的真相。与特朗普的会谈结果是吉是凶现在还无法下定论，但通过这件事，我们可以看出他在此前的企业家人生中布下的人脉之网是多么广。

比尔·盖茨的建议

地图和指南针，也就是“信息革命的信息”的另一个目标的确定，也是缘于和某个大人物的相遇。

1987年7月，孙正义飞往西雅图。西雅图位于美国西海岸最北端，是一座风光旖旎的城市，在美国的各类“最想居住的城市”排行中总是名列前茅。这里绿树成荫，在冰川的作用下形成的海湾环抱着市区。从西雅图越过一座湖，就到了雷德蒙德，微软的总部就坐落于此。

正在前往与电脑界的巨头微软公司CEO会面的孙正义一定难

以抑制内心的兴奋，因为他将第一次见到那个在信息革命的路上走在自己前面的人。没错，他就是比尔·盖茨。

孙正义到了西雅图之后才预约与比尔·盖茨见面。这是一次对盖茨的专访，专访内容将作为新创办的杂志《THE COMPUTER》创刊号的主打文章。

因为当时的日本软银没有擅长英语的员工，所以孙正义只好亲自担任采访者前往微软。

正当孙正义准备开始采访的时候，坐在办公桌旁的盖茨拿起桌子上的杂志问孙正义："你在读《PC Week》吗？"

"偶尔翻翻。"

"最好每期都看。我就是通过它来了解这个行业正在发生的事。"

孙正义心想："原来如此，比尔·盖茨也在看《PC Week》啊。"

这正是"地图和指南针"。在之后的采访中，《PC Week》这本杂志的名字一遍又一遍地出现在孙正义的头脑中。

一有想法就马上行动，这就是孙正义的作风。他先是拿到了《PC Week》日文版的版权，当听说发行方齐夫·戴维斯准备卖掉出版部门，也就是发行《PC Week》的部门之后，他立即参加竞标。

孙正义有备而来，他从投标地点纽约打电话给在日本等消息的宫内等人，自信满满地说："已经定下了。肯定能拿到！"但是收购谈判以意想不到的方式突然落幕——在投标的前一天出版部门被其他公司抢走了。

一面宣称公开、公正的投标，实际却进行着暗箱操作。这种做法太不公平了，就像即将走上决赛赛场的时刻被人使了绊子，孙正义流下了不甘的泪水。

不过，孙正义从不会无功而返。第二天早上他就改变了主意，收购了齐夫·戴维斯的展会部门。

当时为孙正义提供支持的是日本兴业银行的三木谷浩史。三木谷后来创立了乐天，加入了企业家的行列。

在和孙正义一起为了并购在美国各地奔波的过程中，三木谷迎来了人生的转折点。

1995 年 1 月 17 日清晨，阪神大地震摧毁了神户。三木谷这一天原计划和孙正义一起去纽约出差，他临时取消了安排，因为神户是三木谷的老家，他有三个亲友在地震中丧生。

三木谷匆匆赶回故乡，发现神户须磨的公民馆变成了遗体安置所，摆放着从灾区运来的 500 多具尸体。

三木谷在他的著作《乐天流》中讲述了目睹这一情景时的心境："这是我第一次意识到，有一天我也会死去。于是我想到，人生只有一次，必须活得不留遗憾。不能再等将来某天，现在就应该做想做的事。"

在目睹了悲惨的景象之后对自己的追问，成了三木谷企业家人生的出发点。

从天堂到地狱

最终，孙正义还是收购了齐夫·戴维斯的出版部门。

地图和指南针都到手了，那么宝藏埋在哪里呢？答案既不在展会上，也不在杂志里，但是孙正义的付出没有白费。

“有一家名叫雅虎的公司很有意思。”已经被软银收购的齐夫·戴维斯的总裁埃里克·希彭告诉孙正义。

雅虎是爱尔兰作家乔纳森·斯威夫特的《格列佛游记》中的一个神秘民族，这个种族毛发浓重、邋遢、野蛮，他们整天为一种发光的石头争夺不休，而其他民族完全不知道那种石头有什么价值。作者借此讽刺人类不肯结束无益的纷争的阴暗面。

用这样一个非主流的名字的初创企业，就是要在尚处于黎明期的互联网世界掀起旋风。

孙正义喜欢这样的故事。他马上飞往雅虎所在的硅谷，并在那里发现了货真价实的宝藏。当时雅虎的员工还只有五六个。

如果说为了获得地图和指南针的并购是一次“失败”，那么靠着这家刚刚诞生的初创公司，足以抵消这次失败的损失。孙正义通过投资雅虎，并把雅虎带到日本，获得了软银发展不可或缺的引擎。这个故事我们放到后文中详细讲。

孙正义之后的疯狂并购几乎全部落空，内存生产商金士顿直到卖出也没有为软银带来任何成果。

在日本引起广泛关注的是与澳大利亚新闻集团的鲁伯特·默多克联手获得朝日电视台的股份。

孙正义发起这次合作是因为看准了互联网时代的武器是视频内容，但因为受到以大股东朝日新闻为首的日本媒体的一致抨击，只得收手。

为了培养日本的初创公司而创设的纳斯达克日本和青空银行也没有动静。

然而，在所有的举动都事与愿违之时，时代正朝着互联网泡沫直冲过去。互联网相关的股票价格一路高涨，孙正义和软银的决策失误也被互联网行业持续高涨的泡沫掩盖住了。就是在这一时期，孙正义在年轻公司的喝彩声中登上六本木 Velfarre 的舞台。

回顾这段被称为 IT 富豪的时期，孙正义说："互联网泡沫非常严重。有一段时间，我的个人资产一个星期增加一万亿日元。在巅峰期，有三天时间，我比比尔 · 盖茨还富有。"

"但是我突然不想要钱了，真这么觉得，买自己想要的东西也不会感到喜悦。既不想买房，也不想买车。人都变得不正常了。"

然而，互联网泡沫的狂想曲戛然而止。

进入 2000 年以后，美国掀起对新兴公司股票的抛售潮，互联网泡沫破灭。日本也受到牵连，软银的股价在 2000 年 2 月达到顶峰后就一直在走下坡路，几乎跌到仅有原来的 1%。真的是从天堂掉到了地狱。

每个人都认为 IT 富豪们的宴会结束了。事实也确实如此。

但是，孙正义从不轻易言败。在日本信息技术产业落入谷底的这一时期，孙正义进行了一生一次的豪赌。

2001 年 1 月，人类进入新千年。孙正义突然告诉身边的人："帮我把后面的预约全部取消。我不见任何人。我要离开总裁室。"

40 多岁一决胜负——此时孙正义 43 岁。按照 19 岁制订的人生 50 年计划，是时候迈出下一步了。

他去东京箱崎总部对面的杂居楼租下了一个楼层。他宣布，把软件等现有业务全部交给宫内掌管。孙正义决定在宽带上放手一搏。

“通过宽带在日本掀起信息革命。”这就意味着开展通信业务。

在这之前，软银的主业是软件批发、出版，再加上运营门户网站雅虎。

通信属于基础设施，需要在日本国内的各个角落铺设线路，与之前的业务截然不同。

它们的对手是NTT，垄断日本通信网的巨型公司。这是一个强劲的对手。软银与NTT的宽带战争延续至今。也有人说这是一场有勇无谋的挑战，孙正义的身边聚集了一群才干过人的街头战士。

第五章
街头战士

一骑当千的“同志”们

恩师的话

“喂，你在做什么？来趟银行。”

2000 年 5 月下旬的一天，后藤芳光接到一通令他困惑的电话，电话是安田信托银行（现瑞穗信托银行）的副行长打来的。在三个月前，他还是后藤的上司。

“抱歉，我 2 月从银行辞职去了风投公司，不过最近又辞职了。”

“我知道。总之你来一趟银行。我把话说在前面，你没有别的选择。”

可能是在上情下达的银行组织中浸润太久的缘故，副行长的语气不容分说。后藤揣测不出对方的本意。大学毕业后，后藤在安田信托银行工作了 13 年，直到 2000 年 2 月才离开。离开的方式并不令人满意。

大概在一年半以前，后藤陷入了深深的烦恼中。他被任命为咨询部门主管，咨询部门是一个新成立的部门，30 多个下属为了开发新客户跑遍了全国各地。

但是这些下属并不知道，他们的主管后藤从当时的负责人那里接到了一个绝密任务。

“研究一下安田信托的出路。”

当时安田信托的经营日趋恶化。后藤要思考的并不是如何重建安田信托这种积极的方案，而是要思考如何避免安田信托被母公司富士银行吸收合并。为此他需要考虑如何向富士银行的人展现安田信托。

这位负责人让后藤思考对抗富士银行的方案。要向母公司展现什么、如何展现，才能免于被吸收合并的命运。说白了，就是想出保住高管的权宜之计。在后藤看来便是如此，这些人完全没有为奔走在第一线的员工考虑过。

后藤在完成日常工作后，从大约 9 点开始与受到同样指示的成员开秘密会议，天天如此。然而第二天早上，他又要听那些还被蒙在鼓里的员工向他汇报工作。渐渐地他无法原谅表面一套背后一套的自己。

“我究竟在做什么啊？”有一天，后藤发现自己在跟下属讲话时已经无法直视对方的双眼。

“这样下去，我可能会变得无助于任何人。”他想起学生时代的恩师说过的话：“去做那些你觉得如果不做自己就会死去的事情。”

毕业生马上就面临着找工作，当时痴迷于爵士乐的后藤向班级的指导老师阿部谨也请教自己该选择什么样的工作。当时阿部说的话至今仍铭刻在后藤的心里。

不过，后藤在第一次听到这句话时并没有马上领悟。阿部似乎看出了后藤的困惑，笑着继续说道：“后藤君太好动了。没关系，总会找到的。”

阿部谨也是研究中世纪西方历史的著名学者。后藤念高中时就读过阿部写的《透过中世纪的窗口》，对阿部仰慕不已，高中毕业之后又考了两年，才考进一桥大学的社会学专业。他总觉得自己不如别的同学聪明，但不知为什么，阿部一直很喜欢他。

现在，阿部的话在后藤的心里起了作用。

“我愿意为我现在所做的事去死吗？”后藤陷入了沉思，等他回过神来，已经在写辞职信了。

后藤原以为自己再也没有机会踏进这家银行的大门了，然而曾经的上司突然叫他过去。后藤觉得去一下也无妨，于是来到了位于东京站附近的吴服桥的安田信托银行。他被带到了董事接待室。

“噢，你来了。”

迎接后藤的并不是打电话给他的副行长，而是大约一个月前刚刚辞去安田信托董事长之职的笠井和彦。笠井面带微笑，交叉双臂。

“后藤君，你也一起去吗？”

这是一个唐突的问题，但后藤马上就明白了。不知道为什么他没有一丝的犹豫。跟着这个人干应该不会错。他当即回答：“好，我去！”

这就是后藤决定和笠井一起加入软银的瞬间。在这之前，笠井转身加入软银的消息，他已经在报纸上看到了。

大投机家

大约一个月前，笠井也接到了一个令他感到意外的电话。

“好久不见，我是孙正义。笠井先生，我想跟您见个面。”

笠井和孙正义大约在6年前就认识了。笠井正打算查看日程，孙正义却接着说道："其实我就在附近，现在能见您吗？"

匆匆而来的孙正义开门见山地说明自己的来意，他想请笠井去软银工作。其实，当时笠井已经收到外资金融机构的邀请，几乎谈得差不多了，孙正义却全然不管这些，热情地向他发出邀请。

"在互联网领域我完全是个门外汉。软银没有我能做的事情。"笠井直率地说。

孙正义像往常一样对他发表了富有激情的演说："互联网方面的专家有别人。我希望笠井先生能就集团战略、经营全局提出意见。"

笠井被比他小21岁的孙正义的热情打动了，最终决定投身于自己毫无经验的IT行业。

在有"东大派"之称的富士银行，香川大学出身的笠井比较特别。他曾在外国资金部门任职，后来又担任纽约支行行长，事业节节高升，不过让他的名字广为人知的是他证券投机家的名号。

1996年，日本银行将提高利率的预测消息传播开来，笠井根据市场的情况判断银行不会提高利率，在其他交易者疯狂抛售的时候，笠井却选择大笔买进证券。结果正如笠井所料，银行没有提高利率，富士银行赚得了巨额利润。

后藤和笠井认识的时间要追溯到1998年4月。当时笠井是富士银行的副行长，被派往安田信托担任董事长。笠井上任第一天的演说令后藤感到震撼。出现在大讲堂的笠井就像新员工一样背部挺直，倒背着双手开始了演讲。

“之前的总裁、会长都只是拿着秘书写好的稿子照着念。我第一次看到用自己的话演讲的人。”

还有一件事令后藤感到惊讶。有一天，后藤出外勤回来，发现笠井坐在自己的座位上。后藤心中感到纳闷，倒是笠井先说话了：“辛苦了。今天怎么样？”

看起来并没有什么特别的事情，只是询问平时的业务情况。这样的事发生了不止一次，而且不只是针对后藤，笠井也会到其他部门走访。

后藤不禁感叹：“原来在因循守旧的银行里也有这样的高管。”

正是来自这位特立独行的高管的直接邀请，改变了后藤的人生。

“笠井先生，我该做什么呢？我虽然在安田信托干过，但对财务、会计之类的业务并不擅长。”在前往软银的车上，后藤不安地向笠井请教。

“没关系，没说让我们做那类事情。”

“不好意思，还有一个问题，我的英语也不好。”

“据说也不怎么用到英语，应该没问题。”

后藤面色紧张地来到孙正义面前，孙正义一看到后藤的脸就说：“眼神不错，录用了。”

孙正义直接把后藤分配到了经营战略室。后藤一过去，就看到他的前任等在那里。前任据说曾在美国券商巨头美林证券任职。他把资金周转的资料交给后藤后说：“太好了，我终于可以把工作交给你，然后去做自己想做的事情了。”

“啊，怎么回事？”

“我听说你以后就是财务的负责人。”

“我听到的不是这样啊！”

然而已经晚了。在默默地查看了交到自己手中的资金周转表之后，后藤的表情变了。

“喂，这资金周转也太草率了吧。”

就连原本对管理财务没有什么自信的后藤也注意到了软银存在的异常情况。那是 2000 年 6 月，互联网泡沫破灭的脚步声正从美国传过来。

“魔鬼的代言人”

重建财务部门是软银的当务之急，因为孙正义从野村证券请来的北尾吉孝打算自立门户。

在后藤之后敲响软银大门的是藤原和彦。那是 2001 年，藤原 41 岁。他之前在马自达汽车任职，换工作的原因并非是对马自达心存不满，而是想在日新月异的 IT 行业一试身手。

虽然同为财务人员，两个人的容貌却大不相同。后藤身高 177 厘米，体重 90 公斤，肤色黝黑，体格如柔道运动员一般健壮。与后藤相比，藤原看上去更像是一个学者，薄薄的眼镜片后面，大大的眼睛闪烁着光芒。不过两个人的言谈举止都很随和。

在马自达时，藤原被分配到马自达与美国福特汽车共同创立的汽车销售公司 Autorama。公司的实际情况是东拼西凑，拉拢 Jasco、泉屋连锁超市、近畿日本铁路等不同行业的公司参与建设销售网，但藤原对此有不同的理解。

“要借助这家新公司掀起汽车流通的革命。”年轻的藤原因这个梦想而振奋不已。时间是 20 世纪 80 年代早期，与孙正义在软件流通行业掀起革命的时期刚好重合。藤原辗转全国各地，拼命地卖车。

很早就能在与福特合办的公司工作，使得藤原具有了国际眼光，这是藤原的幸运。在 30 岁之后，藤原一念发起，开始拼命地学习英语。原来藤原在路上碰到外国人问路只能用日语回答，但他很快在 TOEIC（托业）考试[①]中取得了 935 的高分，还拿到了美国注册会计师的资格证。

转折点出现在他年近 40 岁的时候。马自达经营恶化，在 1996 年向福特求援，接受了其超过 1/3 的注资，实际上马自达已经加入福特旗下，藤原被调回位于广岛的马自达总部，在福特派来的首席财务官盖里·海克斯特手下任职。海克斯特是有“剃刀”之称的福特首席执行官杰克·纳赛尔的得力助手。

藤原从海克斯特那里学到了“差异分析”。

> 通过销量的增加或减少，我们能看出什么？重要的是对其进行因式分解。部门整体有什么变化？成本呢？销售奖励金有变化吗？份额呢？我们通过分析所有的差异，就会明白真正发生了什么。

---

① TOEIC 考试为“国际交流英语考试”，简称“托业考试”，总成绩范围为 10~990 分。——编者注

丰田汽车有“现场现货”的经营哲学。现场主义每个厂家都在提倡，但是财务人员并不是经常到现场去。取而代之的是数字，这是财务人员的专长。该怎么通过数字来了解现场呢？

在某种意义上，海克斯特所说的“差异分析”可能比较接近孙正义在软银引进的“千锤百炼”的思路。

藤原还从海克斯特身上学到一点，那就是“Devil’s Advocate”的思维方式。翻译过来就是“魔鬼代言人”，意思是在讨论问题时故意向多数派的意见提出少数派的批判或反驳。

“最终目的是找到正确答案，而不是为了反驳而反驳。财务人员应当承担这样的责任。这是我从海克斯特身上学到的。”

藤原是在 2001 年 4 月加入软银的，正是在互联网泡沫破裂之后，孙正义开始大力发展宽带业务的时候。

藤原最早扮演的角色正是魔鬼代言人。他一上任就被派去美国考察，在互联网泡沫破裂后的美国，他看到的投资对象的现状可以用遍体鳞伤来形容。藤原回国之后马上打起算盘。

“如果放任事态发展下去，软银会损失 1 000 亿日元。”

孙正义对美国初创公司的投资投入了很深的感情，藤原对此也有所耳闻。但是作为财务负责人，藤原不能不进言。他还没有跟孙正义认真讨论过，天才经营者会认真地听取一个新人的意见吗？因为指出老板的失误而被贬职的故事太多了。

藤原先找曾在银行就职的笠井商量。

“藤原君，没关系，但说无妨。”笠井的意见简单明了。

藤原下定决心来到孙正义面前，他在纸上简单地做了总结，结合自己擅长的差异分析，把实情告诉了孙正义：如果不从那些投资过的美国公司撤资，软银的损失将达 1 000 亿日元。

孙正义沉默了。藤原第一次和孙正义对峙，还不了解孙正义的习惯，孙正义在听到对方的意见，特别是那些逆耳却又正确的意见时，首先会沉默着进行一番深思。藤原讲完之后，孙正义仍然交叉着双臂，盯着桌上的那张纸看了许久才说："亏大了啊。"

孙正义听取了新人的意见，并命令藤原马上研究对策。有人可能会觉得孙正义是个凭直觉行动的经营者，但其实他非常重视数据。这恐怕是软银管理者的共识。藤原的进言合情合理，孙正义自然会采纳。

孙正义在谈论经营哲学时经常会提到"孙孙兵法"，这是他在患肝病期间的思考成果。他从著名的《孙子兵法》和英国工程师弗雷德里克·兰彻斯特的"兰彻斯特法则"中获得启发，用 25 个汉字总结了自己的哲学。这 25 个汉字中有一个是"勇"。

不用说，"勇"就是勇气的意思。孙正义解释说，在经营中，撤退的勇气很重要。

> 撤退比进攻困难 10 倍，而且撤退的决断只能由领导者做出。领导者必须勇于承担责任，而不能把责任推给下属。

如果知道孙正义的这套经营哲学，你就会明白他绝对不会轻视有差异分析作为依据的魔鬼代言人的意见，但不管怎么说，这对藤原来说是首战。

这之后，藤原从笠井的办公室门口经过时，笠井叫住了他：“你进来一下。”

藤原以为自己做错了什么事，笠井告诉他：“藤原君，你记住，以后跟总裁说话的时候，就要抱着往伤口上撒盐的心态。”

听了这句话，藤原觉得自己理解了这个新职场的作风。

“你想一辈子待在名古屋？”

2001 年 6 月的一天早上，宫川润一的手机响了，来电是一个陌生的号码。

“喂，你好，我是孙。”

“你是谁？”

“我是软银的孙。”

“啊？孙……是孙正义先生吗？”

“对。我现在要去大阪，当天就要回东京。宫川先生，你能不能跟我一起坐新干线回来。座位已经订好了。”

突然让他坐新干线，这样的事闻所未闻，不过宫川大概知道是怎么回事。因为在这之前软银已经接触过他，并提出要收购他的 Metallic 通信公司。

软银已经做过两次尝试，但都被宫川拒绝了。当接到孙正义的电话时，他仍没有卖掉公司的打算。不过，他对这个强劲的对手很感兴趣。宫川正在名古屋开展 ADSL（非对称数字用户线）宽带业务，孙正义却突然打着“100 万人构想”的旗号横插进来。

“好，你告诉我时间。”

宫川上了孙正义预先订好的新干线列车。那是一个特别的空间，孙正义把整节车厢包了下来。孙正义坐在车厢的正中间位置。因为孙正义经常在电视上露面，所以宫川一眼就认出了他。孙正义的身旁还有一个男人，他不认识。周围都是空座，车厢的尽头坐着几个人，貌似是软银的员工。

坐在孙正义身旁的男人主动报了姓名——筒井多圭志，他是软银新启动的宽带业务的技术负责人。孙正义和筒井前面的座位转了 180 度，宫川与两人面对面。寒暄过后，宫川在两人的对面落座。

出乎宫川预料的是，孙正义并没有问他收购方面的事，而是问了他一些技术性很强的问题。

“宫川先生的名古屋 Metallic 通信用的是 Annex C 对吧？”

“是的。”

“我们是 Annex A……”

孙正义详细地询问了宫川使用的 ADSL 宽带线路的系统结构图和容量设定。聊完 Annex A 和 Annex C 的区别，孙正义又开始聊和 NTT 之间的谈判。开展 ADSL 需要跟 NTT 合作，但是孙正义在这件事上遇到了困难。

从名古屋到东京站的一个多小时里，他们一直在谈论这些事情。到站之后孙正义下了车，说了声“再见”，然后就像什么事情都没发生过似的转过身去，急匆匆地走了。只剩宫川一个人被晾在那里，耳畔只听到车站广播的声音。

“啊？我已经可以回去了吗？”

不知所措的宫川直接返回了名古屋。当天晚上，孙正义的秘书又给宫川的秘书打电话，问宫川能否在东京共进晚餐。

宫川走进孙正义指定的高档日本料理店“吉兆”，看到宽敞的包间里只坐了孙正义一个人，他的手里拿着记事本。

话题依然从 ADSL 的技术细节开始。孙正义一边听宫川说，一边在记事本上记笔记。

“噢！”“原来如此。”孙正义一边夸张地回应，一边奋笔疾书。做笔记是孙正义从年轻时就养成的习惯。宫内瞟了一眼孙正义的笔记，发现他的字并不能说漂亮。

“在东证一部上市的公司，竟然有这样一位总裁。”

两个人很自然地聊到彼此的人生哲学。

“你为什么而工作？”孙正义提出的这个问题，宫川早就思考过，他坦率地说：“我有一天会退休，或者死去。怎样都无所谓，但我希望我做的事情在百年之后仍然继续存在。可以是一家公司，或者别的什么也无所谓。比如建一个能存在 100 年的公园。我想留下自己活过的证明。”

“原来如此，我也差不多。”孙正义表示赞同之后又补充说，“不过我的目标是 300 年。我要打造持续 300 年的公司。”

孙正义滔滔不绝地向宫川讲述自己打造 300 年公司的梦想。

“原来这就是孙正义。”宫川自愧不如。

不知从什么时候开始，宫川变成了听众。孙正义看准时机问道："那么，你以后准备怎么发展名古屋 Metallic 通信？"

"其实我们在考虑 IPO（首次公开募股），之后会继续做一家扎根于名古屋的 ADSL 公司。"

"嗯，IPO 我不反对，不过，"孙正义目不转睛地盯着宫川的眼睛，"是男人的话，不做一点儿更大的事吗？跟我一起做更大的事吧。难道你想一辈子待在名古屋？"

禅寺继承人

软银的管理层多半是来自外部的能人，但即便在这些人当中，宫川的经历也格外地不寻常。他现在本该在禅寺里诵经。

宫川的家乡是爱知县犬山市，他的父亲是临济宗禅寺的住持。宫川是长子，父亲希望由他来继承寺院，但宫川非常抵触这样的安排。

高三那年，宫川找到一所私立大学，只要在入学考试中考进前三名，就可以减免学费和生活费。他背着父亲参加了考试，刚好考了第三名，他本打算选择经济学专业，但遭到了父亲的强烈反对。

"你是和尚的儿子，在大学只能学佛教。"

就这样，宫川进了京都花园大学的佛教专业，那是一所由同属临济宗的妙心寺设立的大学。宫川离开家乡，在京都度过了四年的学生生活，他越来越不想继承寺院了。

"我想开公司。在 35 岁之前，让我做自己喜欢的事吧。"

宫川说服了父亲，进了犬山市的一家会计师事务所，开始学习会计实务。在掌握了会计基础之后，宫川成立了一家经营垃圾焚烧炉的公司。

其实，“在35岁之前做喜欢的事”并不是宫川的真心话，他想在35岁之前让公司上市，把事业做大，彻底摆脱当和尚这条路。从会计师事务所辞职时，宫川刚刚过完26岁生日。他觉得要想在10年内铺平公司的道路，只有搭上时代的顺风车。

当时环保热潮方兴未艾，宫川制造的小型家用垃圾焚烧炉“火美库”在家居用品店的销量还算不错。不过，正当焚烧炉的生意开始走上轨道的时候，另一个行业吹起了一股强劲的大风，那就是互联网行业。

宫川本来就做好了随时止损的准备，他果断地结束了垃圾焚烧炉的工作，开始做互联网服务提供商。

不过，宫川是佛教专业出身，虽然学过会计，但完全没有IT方面的知识。他需要专家的帮助。于是他跑到当地的名古屋大学和岐阜大学，请学校帮忙介绍能够帮他搭建网络的学生。

宫川得到了岐阜大学的协助，在仓库的一角组装了提供商样机。当时的互联网速度不像现在这样快，要通过电话线路拨号上网，结构并不复杂。宫川自己试了一下，网络运行得很好。

宫川没有资金，即便是转用电话线路，要凭自己的力量构建网络依然很不现实。于是他想了一个办法，采用特许经营的方式，出售系统的专有技术，收取加盟费。在互联网黎明期，这一招奏效了。宫川创办的“桃太郎互联网”的加盟商一下子增加到120多家。

“一有调制解调器登录，（总部的设备）就会发出滴滴、滴滴的声音。从早到晚一直在响个不停。每响一次就是 15 000 日元。那感觉真是太棒了。”

接着，宫川又盯上了 ADSL。它和以往的拨号连接一样需要使用电话线，但通信速度有了很大的提升。

ADSL 之所以被称为“非对称”，是因为用户发送数据（上行）和接收数据（下行）的速度不同。通常，用户在使用网络时对下行速度更加敏感。ADSL 的下行速度比当时的通信巨头 NTT 的 ISDN 快 10 倍还多。

在当时看来，ADSL 的上网速度已经堪称流畅，因此有了一个广为人知的名字“宽带”。

不过，ADSL 有一个弱点，那就是需要庞大的设备投资。与直接使用电话线的拨号上网不同，ADSL 需要在 NTT 的机房里安装专用器材，用户家里还要安装调制解调器，而且一旦与 NTT 机房的距离超过 5 千米就无法连接。如果要在全国范围内建立 ADSL 网络，就必须保证覆盖到所有用户。

宫川的桃太郎互联网考虑把范围缩小在名古屋近郊，立足本地以求发展，即便如此，投资的风险依然很大。正当宫川犹豫是否应该独立发展时，1999 年年底，东京 Metallic 通信公司的总经理东条严提出合作。东京 Metallic 通信因为最早开展 ADSL 业务而引起了关注。正所谓“急奔渡口，恰有停船”，2000 年，双方对半出资成立了名古屋 Metallic 通信公司，由宫川担任总经理。

然而，宽带业务所需的资金投入比宫川原先预想的还要多。

“根据当时的计算，宽带业务必须每两个月增资5亿日元才能维持下去。不知道从什么时候开始我的工作变成了筹款。我虽然争取到了第三次增资，但深切地感到接下去的情况恐怕不乐观。就在这个时候，我接到了孙正义的电话。”

不过宫川还是打算通过公开发售股票的方式筹集资金，凭借自己的力量渡过难关。但他最终被孙正义说服，把名古屋Metallic通信卖给了软银，他这个佛教专业出身的技术者也加入了孙正义的军团。

疯子科学家

如果说宫川是一个“半路出家”的技术者，那么另一个人可以说是地地道道的技术者。他就是筒井多圭志，一个被孙正义誉为“天才”的人。他现在的头衔是软银的首席科学家（CS），不过在公司里，人们都称他为“疯子科学家”。

在新干线列车上和孙正义并排坐着等待宫川的人就是他。

筒井的经历丝毫不比宫川简单。他出生于1960年，比孙正义小三岁，可以说是同一代人。筒井从小就喜欢计算机，在进入东京大学工学部之后，就把父母寄来的生活费全部用来自制电脑。

后来，筒井又从东大退学重新考到了京都大学医学部。他在京大拿到了医生执照，但还是一如既往地喜欢计算机。京大医学部位于主校区西侧，因此，医学部的学生与其他专业的学生交流较少，但是筒井经常混在工学部和理学部的学生中间出入大型计算机中心。

进入大四之后，筒井开始制作 Unix（尤尼斯操作系统）方面系统的软件。此时孙正义已经创立了软银，两人就在这一时期有了交集。筒井突然接到孙正义的秘书打来的电话，孙正义正在寻找 Unix 方面的专家，请他陪孙正义一起去美国出差。就这样，还是学生的筒井陪孙正义去了一趟加利福尼亚。

之后大约十年，筒井一直埋头研究人工智能。再后来，他从研究生院中途退学，在森大厦 ARK 都市塾和帝京大学任教。在一次学习会上，他和孙正义重逢了。

"你在这种地方干什么？"

从此，筒井利用在大学教书的空闲时间帮助孙正义开展工作。2000 年，孙正义正式向他发出邀请："筒井，没工夫在大学里游手好闲了。把那边的工作辞掉，到我这边来。"

筒井发明的基于完整 IP（网络互连协议）的 ADSL 成了孙正义后来推出的宽带服务的基本设计。

IP 指的是互联网协议，也就是互联网上的通信手段。通信速度比发达国家已经普及的 ATM（异步传输模式）快得多，但是在技术上也困难得多。

软银能够凭借这项技术与 NTT 这艘巨舰抗衡吗？公司内部是清一色的"反对"意见。

毕竟通信基础设施需要在日本全国铺设线路，这方面软银完全是外行，用完整 IP 技术实现如此规模的基础设施尚无先例。软银作为这个行业的新人，没有这个能力，这样考虑非常正常。

但是孙正义的态度很坚决。大多数时候，只要下属的意见有道理，孙正义就不会不容分说地下命令，这次却不同。

“都不必说了。我和筒井同进退。”

来自建筑公司的销售

“今井君，我想造塔，你能来帮我吗？”

2000 年年初的一天，大型综合建筑公司鹿岛建设的销售今井康之接到了孙正义的电话。

“噢！孙先生，终于打算建总部大楼了吗？”

早在几年前，今井就劝孙正义建造总部大楼。现在软银已经成长为一家大公司。孙正义肯定会建一座超高层的大楼。

“好。请交给鹿岛吧。”

今井为了了解详细情况，赶到位于东京箱崎的软银总部。孙正义说的话完全出乎他的意料。

“不，我说的是塔。不是大楼，是塔。”

孙正义要建的不是总部大楼，而是铁塔。建好巨型铁塔，接通网络，发射电波，建立无线宽带网络。20 世纪 90 年代末，建设第二东京塔的构想一度盛行，孙正义打算参与其中。

今井明白过来之后，查阅了《公园法》，又亲自跑了国土交通省的东京航空局。调查的结果是这一构想很难实现，但是孙正义还不放弃。

“今井君，秋叶原那边也有计划。这次要做世界第一！”

听说要在秋叶原建造世界最高电波塔的构想，孙正义再一次向今井发出了邀请，而且他还提出让今井来软银工作。今井一直在关注孙正义，孙正义也看好这位难缠的销售。

“今井君啊，建 20 座大楼又有什么意思呢？过来跟我一起干吧。这可是世界第一啊。”

今井当时是一名出色的销售，差不多每年都能拿到 20 座大楼的订单。孙正义却说造 20 座大楼没有任何意义，全盘否定了今井的工作。

“我听了真的很生气。但是，孙正义在同一代人中远远地走在了前面，我也很想和这样的人共事，而且‘世界第一’这个词也非常吸引我。”

从 90 年代开始屡次建议孙正义建造总部大楼的过程中，今井萌生了和这个比自己大 1 岁的“异端”一起工作的念头。

今井从工作了近 20 年的鹿岛辞职，于 2000 年 4 月进入了他毫无经验的 IT 行业。就在这个时候，互联网泡沫破裂了，软银的股价也开始暴跌。孙正义建电波塔的计划泡汤了。

刚到新公司就失去了用武之地，今井打算先从建筑行业打开出口。综合建筑公司在修建大楼时会牵涉多个供应商，那么做一个开发商可以直接向供应商采购的网站怎么样？他想建一个各开发商都能使用的采购平台。

他和孙正义商量之后，决定向森大厦的创始人森稔提出这个建议。事情进展得很顺利，但是森建议：“这个想法很有意思，不过可不可以只跟我们一家合作？”

“好，那就这么定了。”孙正义爽快地答应了。

“孙先生，如果只和森大厦合作，不就跟我们的构想不一样了吗？”在回公司的车上，今井向孙正义追问道。

孙正义若无其事地说：“没关系，先和森大厦把这件事做成之后再扩大也不迟。”

这件事发生时孙正义满脑子都是宽带的构想，那是在他宣布“离开总裁室”之前。

实际上，宽带业务起步之后，孙正义真的离开了总裁办公室，关在杂居楼里不出来。有一天，今井接到了孙正义的秘书打来的电话：“请马上来总裁所在的会议室。”

今井走进杂居楼的办公室，孙正义正在和建筑商开会。要开通ADSL，必须在NTT的机房施工，但是孙正义在建筑方面完全是外行，没有办法让建筑商明白自己的想法。

今井默默地听了一会儿才开口插话：“这个工程表里没有标明临界点。”

临界点是建筑术语，指工程管理的节点。建筑商总算等到一个懂行的人，开始向今井说明。

会议结束后，孙正义告诉今井：“你从现在开始就是建设本部长了。”

“啊，什么意思？”

“就是ADSL建设本部长。”

“不行，我刚刚跟森大厦成立新公司啊。”

“那种事情随便交给谁去做都可以。你知道对我们公司来说现在什么最重要吗？”

今井由此开始了地狱般的日子。

“要成为庄家”

无论是过去还是现在，读卖巨人队对运动员的争夺一直是媒体竞相追逐的话题。因为前一年输给了中日队，读卖巨人队在2000年进行了大规模的整改。

从广岛争取到的主力击球员江藤智，加上松井秀喜、清源和博，超重量级的击球阵容被称为“新千年阵容”。投手阵容也增加了之前效力于大荣队的工藤公康，梅雨季节一过，读卖巨人队就开始遥遥领先。

孙正义要求曾经的盟友一同去东京巨蛋球场观战时，由长岛茂雄担任教练的巨人队已经将中日队甩在后面，准备完成时隔四年的中央联盟夺冠。

这位盟友的名字是大久保秀夫，信息通信公司的创始人，这间公司以前叫作新日本工贩。

两人年轻时就认识。这一天也都带着夫人同行，气氛非常轻松。两人的妻子平时就有来往，关系比丈夫们还好。

因为都了解彼此的脾气，孙正义在见大久保时也不戴领带。即便在VIP（贵宾）室里，观众依然能充分地感受到球场上的热烈气氛。热爱棒球的孙正义像平时一样微笑着注视着球场。

在去与VIP看台相连的单间取饮料的途中，孙正义对大久保说：“这次我们公司要做ADSL了。”

“是吗？”

“是的。我想和你谈谈这件事。这个周日有空吗？”

到了周日，大久保来到大仓饭店。孙正义和笠井和彦在那里等他。孙正义的眼神和在东京巨蛋时截然不同。

“我们要在日本掀起宽带革命，这是在挑战 NTT。我准备把自己的人生赌在这件事上。”

通过孙正义的表情，大久保马上知道他是认真的。

大久保详细地了解了一下，原来孙正义不仅要做 ADSL，而且要实现日本全国 IP 化。依靠互联网起家的软银准备进军通信基础设施领域了。

“跟我一起做吧。”孙正义说。

大久保当即回答：“好，干吧。”

大久保感慨颇多。他和孙正义之前曾经有过约定，时隔 15 年后，孙正义要履行当初的约定了。大久保想起 15 年前孙正义说的话：“你看着吧，总有一天我要成为庄家。”

“庄家”，即掌控着需要巨额资本的通信基础设施的大公司。那时候，孙正义是这样叫的。两个人准备在日本的通信网络掀起革命，失败了。那段苦涩的记忆重新浮现。

盛气凌人的男子

时间回溯到 1985 年。大久保率领的新日本工贩的一个课长告诉大久保："日本软银的总经理孙正义是个很有意思的人，您要不要见一下？"

这个课长认识日本软银那边的课长，聊天的时候两人发现彼此公司的老板很相似。大久保对电脑很感兴趣，他马上决定和孙正义见面。但是到了约定的时间，孙正义迟迟没有现身，最后迟到了大约 40 分钟。

孙正义草草地打过招呼，直接就说："总裁先生，如果真的要用电脑，那么请跟我们公司合作，不要找别人。这样我们也会认真对待。"

对迟到了 40 分钟这件事，孙正义丝毫没有表现出抱歉的意思。

"上新电机最开始软件也卖得不好，跟我合作之后情况就得到了改善，因为我从顾客的角度重新思考了商品的摆放位置。只要我认真做，就会有好的结果。所以，如果您希望我认真，那么务必只和我合作。"

孙正义喋喋不休地把话说完，就匆匆忙忙地回去了。

"这是什么人啊……"

大久保回忆说："说实话，他没给我留下好印象。第一次见面就说这个？我并没有打算跟他合作。用起承转合来说，他的说话方式就是一上来就说结论。"

等了 40 分钟，却等来一场盛气凌人的推销。大久保会这样想也很正常。当时孙正义 28 岁，大久保对这个比自己小 3 岁的经营者的言行举止很不满，他非常讨厌别人迟到。

他没有想过自己会和孙正义再次见面。几个月后的一天，孙正义给他打了一通电话："总裁先生，今天晚上有空吗？要不要一起吃个饭？"

"工作结束之后可以。"

"正合我意。"

两人最后在深夜 11 点碰面。

"总裁先生，你觉得新电电[①]会成功吗？"

孙正义提出的话题是这一年开始的通信自由化。

第二次临时行政调查会提出的国有企业民营化进入最后阶段，政府运营的铁路、电话、烟草公司将转为民营。这就是现在的 JR、NTT 和 JT。

通信方面，《公众电气通信法》改为《电气通信事业者法》，允许民间企业参与。新电电便是由此而来。它被称为试图打破电电公社（后来的 NTT）在日本电话通信行业的垄断地位的挑战者。

在三家新电电公司中，格外与众不同的是第二电电（后来更名为 DDI，现 KDDI）。

第二电电的创始人之一绘理倖生原本是 NTT 的员工。有一次他在京都商工会议所做演讲，京瓷创始人稻盛和夫听了演讲，对他赏识有加，两人由此结识。有一次，绘理向稻盛提出了自己一直在心中酝酿的想法："在日本创办第二家通信公司吧。"

绘理是 NTT 的员工，听到他提出这样的建议，稻盛难掩自己

① 新电电，1985 年通信自由化后进入电信业的新公司被称为新电电。——译者注

的惊讶，但是绘理是认真的。为什么要背叛 NTT 呢？绘理这样回顾当时的心境：“因为 NTT 的垄断，国民不得不支付高昂的电话费。我在 NTT 工作的时候，就觉得这不合理，因此并不是单纯的一时冲动。”

或许是绘理的心声打动了稻盛和夫，几个星期之后，他收到了稻盛的答复：“我决定了。为了国家，一起干吧。”

“跟我合作吧”

但是，孙正义不认为新电电能够顺利地取得成功，大久保也有同感。NTT 毕竟是庞大的垄断型公司，没有人能与之抗衡。虽然说已经民营化，但 NTT 的大股东仍然是政府。可以说 NTT 和政府一条心。这种情况直到现在也没有多少改变。

“那么，怎样才能打破 NTT 的垄断地位，进而在日本僵化的通信行业开一个通风口呢？”

两个人的讨论越来越激烈，时间早就过了 12 点。大久保心中对孙正义的芥蒂渐渐消失了。

大久保没有告诉孙正义，其实他在 25 岁决定创业，就是出于对本国电信制度现状的不满。

当时所有与电话、通信相关的公司，都只和电电公社合作。大久保经过调查发现，按照当时的法律，日本的公司里必须至少安装一部电电公社的电话机。

这当然不合理，但反过来说，也只有一部而已。为什么大家都只和电电公社合作呢？某电话机厂家的管理者这样回答大久保的疑问：“和官方握手时，公司就轻易地把民众踩在脚下；和民众握手时，公司就轻易地被官方踩在脚下。这就是行业现状。所以把全部精力倾注到民间是不可能的。”

在感到愕然的同时，不可抑制的愤怒涌上大久保的心头。

挑战电电公社这艘巨舰就是自己的使命吧。总有一天要打破电电公社的垄断地位！抱着这样的决心，大久保只身一人创立了新日本工贩。

所以孙正义抛出的疑问很自然地在大久保心中引起了共鸣。

孙正义和大久保都发现一个问题，那就是分配给新电电公司的4位号码。例如，用户如果想通过第二电电通话，需要先在电话号码前面拨“0077”，日本电信则是“0088”。

用“拨”这个字，是因为当时的电话还不是按键式的，需要用手指拨动号码盘。可以想象加拨4位号码比现在要麻烦得多，两个人认为这会影响新电电的推广。

反过来说，如果有什么东西可以省去这个麻烦，那多方便啊。只要造出这样的东西来就好了。

“大久保先生，跟我合作吧！”孙正义对大久保说。不知从什么时候开始，称呼从“总裁先生”变成了“大久保先生”。

“孙正义擅长计算机，我们公司擅长通信，如果合作的话，那么应该可以成功。”这样想着，大久保答应了下来。

两个人之后几乎每天晚上碰面，地点在涩谷道玄坂的家庭式餐厅。两个人在工作都结束之后，11 点左右开始讨论。一开始完全没有闲聊，两人一坐进家庭式餐厅的包间就开始谈工作。

展开手绘的图纸，方方面面地深入讨论。两个人都还年轻，有时讨论得太过激烈，甚至惊扰了周围的顾客。

就这样每天接触下来，两个人也互相讲述了自己之前的经历。

共同点

孙正义和大久保之间有一个共同点，他们都曾经面对死亡。

大久保 5 岁那年遭遇一场交通事故，他被汽车轧到，送进了医院。母亲赶到时，医生告诉她："很抱歉，我们尽力了。"

大久保并不记得那场事故，那几天，他一直徘徊在死亡的边缘。等他在医院的病床上睁开眼睛，看到的是母亲的脸。大久保家是单亲家庭，为了抚养大久保，母亲每天 7 点出门，一直工作到晚上。

"妈妈。"

听到 5 岁的大久保从喉咙里挤出的声音，母亲泣不成声。唯独这个情景，大久保清楚地记得。

尽管保住了性命，但是他的腿严重骨折。医生说他不能再走路了，但是大久保不这样认为。"我一定要站起来。"大久保坚定地说。母亲教导他说："你知道吗，本来你已经死了，但是命运特别让你活了过来。所以等你长大了，一定要做有助于他人的事。"

这句话母亲说过一遍又一遍，仿佛要印到他的脑子里。正因为有这样一位母亲，大久保才没有怨恨自己的不幸，熬过了痛苦的康复训练。这个被医生告知一生不能走路的孩子，到了小学高年级的时候，已经不需要轮椅和拐杖了。

“如果医生说你只能活 3 个月，你会怎么办？”

长大成人之后，25 岁创业的大久保从少年时代的体验汲取了这样的人生哲学。

聊到这些，孙正义也向大久保讲述了自己面对生命危机的经历。

“医生曾经说我只能活 5 年。”

孙正义把自己独自一人在病房里的所思所想都告诉了大久保。

两人还互相邀请对方的家人到自己家里，这样一来，两个人的妻子也变成了朋友。孙正义的女儿和大久保的儿子同岁，他们在一起玩得很开心，两家人的交情就这样开始了。

深夜的密会持续了一年，两个人终于发明出一种设备。那是一个小到可以放在手掌上的盒子，他们称之为“NCC BOX”。简单地说，就是电话的自动连接机，只要将其安装到家庭电话线上，它就能在一瞬间选择最便宜的线路。用户不用再麻烦地加拨 4 位号码了。

“这样就可以打破 NTT 的垄断。”

两人干劲十足地开始行动。尽管还没有任何业绩，他们还是决定一次生产 100 万个 NCC BOX。已经没有退路了，两个人的肩上扛着超过 30 亿日元的费用。

其实对孙正义而言，NCC BOX 还是用来填补杂志造成的 10 亿日元损失的良策。他对此寄予了很大的希望，于是不知不觉承担了更大的风险。这或许是赌徒的本性。

那么，怎样才能把没有业绩的设备卖出去呢？两个人想出了一个大胆的策略。不是卖，而是免费发放给用户，然后向因这款设备而受益的新电电公司收取专利权费。

15 年后，孙正义凭借 ADSL 宽带挑战 NTT，当时采取的策略是阳伞部队，其原型就在这里。这段故事稍后会讲。

“用我们的发明改变日本的电话。”孙正义和大久保满怀热情，前往京都。

他们要去的是第二电电的生身父母京瓷的总部。当时京瓷总部还在京都和东山三十六峰之间的山科区。那是圣诞节的前一天——1986 年 12 月 24 日。

屈辱

孙正义和大久保被领进一间大会议室，他们感到了难以形容的压力。巨大的桌子尽头坐着京瓷的创始人稻盛和夫，和稻盛一起创立第二电电的绘理倖生也在，会议室里总共有大约 20 个董事，几乎要把孙正义和大久保包围起来。

不过，孙正义当然不会因此退却，他开始介绍他们发明的 NCC BOX。

“那东西多少钱？我们买 50 万个。”一听完孙正义的介绍，稻盛就说话了。

“50万个？”天才经营者的速断速决令孙正义和大久保吃了一惊。

他们本打算免费发放NCC BOX，但是如果卖，一台大概要几万日元。一下子买50万个的话……就算打折之后也要50亿日元，不不，70亿、80亿日元都有可能。两个人在心中打着算盘。无论怎么考虑，扣除30亿日元的制造成本，仍然有巨大的利润空间。

仿佛在嘲笑两人的如意算盘似的，稻盛继续说道：“不过不要卖给别人，只卖给我们。”

“是让我们独家供应吗？”

“就是这个意思。”

孙正义和大久保傻眼了。如果接受稻盛的提议，就能一下子得到几十亿日元的利润 。

但是……

如果这样的话，自己当初在梦想的指引下发明出这一设备又是为了什么呢？用两个人共同发明的小小的设备挑战NTT的垄断，如果现在在这里点头，那就只有第二电电一家受益。这样能说实现了理想吗？

是选择眼前的赚钱机会，还是选择两个人的理想？

“不行。”两人异口同声地说。

“为什么呢？”稻盛感到意外。孙正义和大久保又一次向稻盛说明了两个人想出的商业模式。

“我们并不想把这款设备卖给别人，只是按照消费者选择第二电电的线路的次数收取专利权费。”

这样可以让通信公司公平竞争，从而在由 NTT 垄断的电话行业搞价格破坏。不仅第二电电，国民也能从中受益。

孙正义和大久保向稻盛讲了一遍又一遍，但稻盛也有凭借第二电电对抗 NTT 的战略。

双方各持己见，完全是两条平行线。他们饭也没有吃，讨论一直持续到晚上，仍然没有达成一致的迹象。京瓷的董事一个个都坚持领导的英明决断，不肯让步。

寡不敌众。

对方轮番上阵，尝试着说服孙正义和大久保。

紧张、空腹，夜越来越深，两人终于支撑不住，在规定仅向第二电电提供 NCC BOX 的合同上签了字。

“我们累坏了，丧失了战斗意志。对方人多，时间也拖得很长，结果就被说服了。”大久保回忆说。两个人一夜之间拿到了几十亿日元的利润，然而他们心中没有喜悦，有的只是壮志未酬的屈辱。

当天回东京的车已经没有了，在前往京都的商务酒店的路上，孙正义忍不住向大久保说：“真惨啊……”

大久保无言以对。

进了酒店的房间之后，孙正义对大久保说：“我还是觉得不对。”

“是啊。明天我们再去一趟吧。”

“嗯，去把合同要回来。”

他们知道这样做不符合商业规则。但是年轻的他们觉得自己是在疲劳和重压之下屈服的。

这时，大久保的大脑中响起母亲的话："等你长大了，要做有助于他人的事。"

没错，如果现在不做，那么以后一定会后悔。大久保下定决心，要与稻盛再一次对峙。

稻盛和夫之怒

孙正义和大久保第二天一大早再一次来到了位于山科的京瓷总部。这次他们没有预约，直接拦住了坐车来公司的稻盛。

"你们是怎么回事？"

两人被领到接待室，稻盛直接和他们谈判。

"昨天的合同，我们还是觉得不妥。作废行吗？能不能把合同还给我们？"

稻盛听了大怒："你们说什么！不是已经说好了吗！你们把合同当儿戏吗！"

稻盛的话是理所当然的，不得不承认，在这件事上稻盛没有任何过错。但两个人已经无路可退。

稻盛像家长批评孩子似的把两个人骂了一顿，不过在将近一个小时之后，稻盛还是让步了，用一副"算了"的样子把合同还给了他们。

在返回东京的新干线列车上，平时话很多的孙正义和大久保都一言不发。合同是拿回来了，被打垮了的感觉却挥之不去。

列车沿着东海道疾驰，这期间孙正义只对大久保说了一句话：

“喂，你现在如果想退出的话，没关系的。”

大久保不禁盯着孙正义的眼睛。孙移开视线，低下了头。他平时是那么强势，现在却憔悴到了极点。大久保与孙正义交往那么久，这是他第一次看到孙正义软弱的样子，也是最后一次。

“你说什么呢。我不会退出的。”

“嗯。”

两个人谁都没有再说话。屈辱和疲劳几乎将他们击垮了，耳边只听到铁轨发出富有节奏的响声。

孙正义和大久保后来向其他新电电公司推销 NCC BOX，按照他们在深夜的家庭式餐厅多次讨论过的那样，成功地签订了专利权费合同，并与西武百货店等组织合作，实现了免费发放 NCC BOX 的计划。

他们在第一年就收回了 30 亿日元的制造成本，并赚取了足够的利润。

然而他们无法忘记一度出卖了灵魂的那个圣诞节前夜的屈辱，而且因为没能说服新电电公司中的龙头第二电电，所以他们并不能说打破了 NTT 的垄断地位。

那么，怎样才能改变这个国家的电气通信行业呢？孙正义告诉大久保：“看着吧，总有一天我会做庄家。”

兑现 15 年前对盟友做出的承诺的时候来了。孙正义在 43 岁那年春天利用宽带事业向 NTT 下了战书。

第六章

桶狭间

在宽带领域挑战巨人 NTT

无谋的挑战

如今，回想起 2001 年开始发展宽带事业，孙正义是这样说的：“对我们来说，那就是桶狭间之战。”

桶狭间之战是织田信长打败今川义元大军的著名战役。关于双方兵力，众说纷纭，有人说今川军 25 000 人，有人说 45 000 人。信长只带了 2 000 人，冒着暴雨发起奇袭，击败义元，取得了胜利。是不是奇袭，说法尚有分歧，但不管怎样，信长在所有人都相信今川军必胜的情况下逆转了战局，这是毫无疑问的。

孙正义一次又一次发起超大型并购，这使他身上有了浓浓的赌徒色彩。但是，他本人在谈论对胜负的理解时，喜欢说的是“胜于易胜”。意思是说，先制造出容易战胜的形势，再发起决战。

还有一个字，可以概括孙正义对胜负的理解，那就是“七”。在与慢性肝炎斗争期间，孙正义总结出了一套 25 个字的“孙孙兵法”，其中就有这个字。

“七”的意思是，如果没有七成以上的胜算，就不该发起决战，用数字表达了“胜于易胜”。反过来说，如果败北的可能性超过三成，就不去冒那个风险。三成以下的失败，不会动摇公司的基础。一旦意识到失败的风险超过三成，就马上撤退。

“如果胜负的概率各占 50%，只有傻瓜才会发起进攻。这样的人不配当领袖。”

但是，在高速发展的 IT 行业，如果等到胜算达到九成再动手，就太晚了。当然，自己所处的情况是不是“七”，并没有一个客观的指标。用孙正义的话说，只能“冥思苦想”。这就是考验领导者资质的地方。

孙正义对信长的研究，有着一家之言，他用日本历史上著名的桶狭间的大逆转来比喻自己一生一次的大决战：“那是一场无谋的挑战。现在想想，实在是太疯狂了。”

孙正义想说的是，那个时候，胜算没有七成，并不是“易胜”的情况。

“发展宽带事业的时候，（败北的风险）已经超过了三成。如果一直持续下去，软银就破产了。但是，我们没有撤退。”

孙正义打破了自己设下的胜负法则，越过了那道死线。

巨舰 NTT

确实，无论怎么想，那都是一场无谋的挑战。

软银以软件流通起家，后来又进军出版业，逐步扩大业务领域。20 世纪 90 年代软银发起怒涛般的并购热潮，从中发掘了美国雅虎这条金矿脉。通过将雅虎引进日本，软银成了互联网行业的领头羊。

不过，软银在互联网行业的成就与消费者的接触始终隔着电脑屏幕，并没有直接向普通消费者推销的经验。虽然出版离普通消费者比较近，但把杂志卖给读者是经销商的工作。

宽带是必须让一般用户使用的，然而，当时的软银对此毫无经验。

进一步讲，宽带属于通信业务。通信是巨大的基础设施产业，当时的软银对这个行业一无所知，完全是门外汉。

而且，这群外行选择的对手是一手掌握日本通信基础设施的巨舰 NTT。

20 世纪 90 年代后期，在政府的主导下，NTT 进行了集团重组，拆分为东西两个区域公司，长途电话业务也分离出 NTT 通信。尽管如此，控股公司 NTT 仍然像司令塔一样牢牢地掌控着整个集团，宛如一艘巨舰。而且，它背后的大股东是日本政府，有着坚如磐石的政治背景。

NTT 从政府手中接管了庞大的设备和资产，拥有 5 500 个研究者，个个都是名副其实的精锐。

我曾多次造访 NTT 的研究所，每次都会为那强大的阵容而感叹。

这里有满载创意的新技术，似乎明天就可以商业化，但这里的研究员都在埋头工作，完全没有商业化这个词。听他们的言谈，你就会理解这家公司的厉害之处，会觉得日本的人才聚集到这里并非没有原因。

要赤手空拳挑战这样一家庞大的公司，不难理解孙正义把自己比作在桶狭间手持长枪、准备决一死战的织田信长的心情。

巨舰和一群外行。

孙正义为什么要发起这场无谋的战争呢？在一次讲演会上，他说过下面的话。谈到这件事，他充满激情。

“日本的互联网在发达国家中是最慢的，也是最贵的。作为一个互联网行业的从业者，我真的为此感到羞愧。我立下志向是为了什么呢？不就是为了数字信息革命吗？我绝不能在这里退缩。我觉得这件事比我的人生还要重要。”

“所以我决定发起最后的决战，挑战 NTT。在宽带这一领域，跟它一决胜负。”

当然，他料到 NTT 会反击。

“敌人反击也没有关系。那样才会爆发信息革命。在这个意义上 NTT 也是同志。如果那个迟钝的大公司因此觉醒，我就会对它说，‘你也是我的同志’。”

确实，在 2000 年，日本的互联网并不能向世界夸耀。1999 年年底的家庭互联网普及率只有 19%。因为价格高，互联网基本只有公司和大学在用。

造成这种情况的原因之一就在于 NTT 的宽带战略。当时，NTT 的目标是普及 ISDN（综合业务数字网）网络线路。

拨号方式的 ISDN 下行速度很慢，根本不能被称为宽带。而且除了电话线路的使用费，还要额外收取通信费。ISDN 直接使用电话线路，安装简单。NTT 一直在优先发展 ISDN。

其实，孙正义当时曾直接和 NTT 的总裁宫津纯一郎谈判。“ISDN 不行。请加大投入，发展 ADSL 业务。”宫津回答说暂时还是以 ISDN 为主。

NTT 坚持发展 ISDN 业务的主要原因是，他们看准了宽带的最有力候补是光纤。确实，光纤现在正在迅速普及，在这个意义上，NTT 的预测并没有错。

但是，时代急需互联网。人们迫切地期待着宽带。在那个时期，使用慢吞吞的 ISDN 就会落后于世界。至少孙正义是这样认为的。

“我当时很生气，觉得这样不行，日本的互联网发展会停滞不前。在我眼里，它（NTT）成了大恶人。”

在软银开始发展宽带事业之前的 2000 年年底，NTT 也终于开始发展 ADSL 业务了，不过这项业务仅连接费就要 4 000 日元。速度为每秒 1.5 兆，作为宽带仍然太慢。而且，只有城市地区可以使用。显然，他们把 ADSL 当作光纤普及之前的过渡技术。

与其相比，软银的速度是每秒 8 兆，是 NTT 的 5 倍多，ADSL 连接费 990 日元，不到 NTT 的 1/4。包括网络连接费在内的总价格，设为每月 2 280 日元，不到 NTT 的 1/2。孙正义的战略是利用价格破坏和绝对的速度优势一举夺取市场份额。

先说结论，软银因为采取了超出自己实际能力的战略，受到了巨大的打击，不但连续 4 年背负巨额赤字，而且因为是外行，还给用户造成了很大的困扰。就像孙正义所说的，“敌人”反击了。为了对抗软银发起的价格破坏，对手也降价了。

“软银危险了！”

正如人们所料，在参与宽带事业一年之后，软银陷入困境，经营危机论传得像真的一样。

愤慨

孙正义认为，互联网的普及速度要比 NTT 想象的快得多。如果等着光纤时代到来，日本在信息技术上就会落后于其他国家。实际上，在最先普及 ADSL 的美国，涌现了谷歌、亚马逊等一个又一个信息革命的旗手。

他不能对这种情况坐视不理。

早在参与宽带事业之前的 1998 年 6 月，孙正义曾和比尔·盖茨一起收到韩国总统金大中的邀请。当时，韩国受亚洲金融危机影响，正处在经济危机最严重的时期。

“要怎样才能让韩国从金融危机中恢复过来呢？”金大中直率地向这两个具有远见卓识的人请教。

孙正义先开口：“方法有三个——第一是宽带，第二是宽带，第三还是宽带。没有其他方法了。”

盖茨也说“百分之百赞成”孙正义的意见。

“既然孙先生和盖茨先生都这么说，那我就去做。我保证。不过，宽带到底是个什么东西呢？”

“总统知道互联网吗？”

“这我还是知道的。”

“宽带可以让互联网的速度变得更快，快 1 000 倍。”

金大中听取了两人的意见，发布了总统令，要求韩国所有的学校都引进宽带。韩国由此走上了宽带大国的阳光大道，逐步迎来了以三星电子为高地的电子产业的繁荣。

邻国韩国在经济危机的绝望状况中能做到的事，为什么祖国日本做不到呢？孙正义难以掩饰自己的愤慨。ADSL 确实是光纤普及之前的过渡，总有一天会被超高速的光纤取代。那也没有关系。

全世界即将爆发信息革命，如果现在轻视 ADSL 技术，执行错误的宽带战略，那么以后后悔也来不及。

“我不是为了赚钱。那是我生命的呐喊。”孙正义的话听起来有些夸张，但他是非常认真的。

养鸡场

“我要离开总裁办公室。”孙正义让秘书取消了所有预约，在东京箱崎总部附近的一栋杂居楼里闭关，一心一意地发展宽带事业。

他租下了杂居楼的一个楼层，用黄色隔板将整个楼层分成几个区域。各个区域里摆着折叠式的长桌，员工可以把电脑放在上面。电脑的周围是乱七八糟的文件，堆积如山的文件和通信设备几乎把电脑包围起来。

有人带着睡袋，躺在地板上。也有人把椅子排在一起，躺在上面睡觉。

“因为空间不大，挤了那么多人，那里简直就像养鸡场。”孙正义回顾道。

他也从早到晚待在临时设置的会议室里。

从这里走路 5 分钟，就到了技术团队的研究所。说是研究所，其实和杂居楼里的前线基地差不多。不，这边更像养鸡场。

那是一座旧仓库楼的一楼，同时兼作货车装货的场所，因为需要把放在 NTT 机房的设备运过去。研究所在仓库楼的一个房间里，旁边是休息室。

休息室里有上下铺的床，透过窗户可以看到旁边隅田川的河水。这一带靠近东京湾，是潮水混杂的汽水域。涨潮时段打开窗户，大海的气息就会扑面而来。

不知是谁做了一块写着“河畔酒店”的牌子，贴在门上当门牌，这个名字就这样沿用下来。

在孙正义的号令下组建的软银宽带部队，备战工作交给了总裁办公室主任三木雄信。

三木是孙正义的弟弟孙泰藏的高中同学，在孙泰藏的介绍下从三菱地所跳槽到软银，始终跟随在孙正义左右，在背后支持着孙正义实现梦想。1999 年，当软银转型成控股公司时，三木成了唯一一个持股员工。

他一直跟在孙正义的身边，对孙正义的哲学耳濡目染。在互联网泡沫破裂后，他站在出售持股谈判的第一线，为孙式投资达到收支平衡而奔走。

三木是孙正义的亲信中的亲信，但是他反对“疯子科学家”筒井多圭志的主张。

“那可能是我唯一一次反对孙先生。”

三木是经济学专业出身，对宽带技术并没有多么了解。但是他觉得，当时软银的阵容只是一帮门外汉，而基于完整 IP 的 ADSL 在世界上尚无前例，不可能成功。

“既然你那么反对，就由你来干吧。”

孙正义一句话，三木加入了进军宽带事业的最前线基地。为孙正义编写 ADSL 构想梗概的筒井在那里等着他。

在孙正义形容为养鸡场的杂居楼里，筒井几乎每天都在和同事争吵。他们都是技术人员，三木听不懂他们在说什么，只能茫然地看着。不过，即便是文科出身的三木也能明白他们彼此意见不合，正在互相指责。

“真是，这里是动物园吗？”

潜水艇游戏

像软银这种新参与的公司要开展 ADSL 宽带业务，关键要与 NTT 建立关系。ADSL 运营商要通过租借 NTT 的设施来构建网络。在 NTT 的机房里安装自己的设备，租借线路。

之所以会想到利用 NTT 的设备，是因为 NTT 的设备本来就是用民众的税金制造，是国民的共有资产。这也是 20 世纪 90 年代中期开始，一家叫东京通信网络的公司发起激烈讨论的成果。进入 21 世纪后，环境终于成熟了。

NTT 的机房之间用光纤连接，但其实有很多没有使用。这些没有使用的光纤被称为“暗光纤”，NTT 就是将这部分光纤开放给其他公司。NTT 也修改了条款，允许其他运营商进入机房，或承接施工作业。

孙正义虽然扬言要“挑战 NTT”，但其实也不得不租借 NTT 的设备。

在争取用户的正面战场上，软银在价格和服务上与 NTT 展开了真刀真枪的竞争，但在背后还是要租借 NTT 的设备。就好像两个人一边握手，一边用另一只手厮打对方一样。这样的握手也费了不少周折。

“提交了租借设备的申请，但过了 4 个月还没有答复。”

“肯定是 NTT 故意设置了烦琐的手续，妨碍我们的业务。”

早在孙正义之前，已经有运营商开始提供 ADSL 业务，它们都提出了这样的不满。实际着手之后孙正义也遇到了同样的问题。

三木、筒井的前线部队一面和 NTT 交涉，一面把空白地图上可以铺设网络的区域一个个填满，每天都忙得不可开交。哪个机房有暗光纤可以租用，必须以书面形式询问 NTT。

答复要等到几个星期之后才来，每次都要重新画图。ADSL 只能覆盖机房周围半径几千米以内的区域，每次有了可以覆盖的区域，他们就在地图上画一个圆。NTT 还经常会订正之前的答复，筒井率领的技术团队不得不重新设计网络。

这工作就像打地鼠一样，前线部队给它取了个名字，叫作“潜水艇游戏”。在电影里我们经常看到潜水艇用声呐发现敌舰，他们把自己比作潜水艇，只能依靠声呐反馈的圆形在汪洋大海中前进。

每次声呐显示的图像发生变化，工作人员就慌成一片，成本也要重新计算。筒井每次都要跟周围的人发脾气。

“这样完全不行。”有着坏脾气的筒井总是先说结论，而且口不择言。在旁人看来，他不像在讨论问题，而像是在吵架。

筒井回到家里还会跟同事在博客上争论，甚至有时候把机密事项都写了出来，以至团队不得不派一个人专门检查他的发言。

筒井年轻时曾开发过一款编程语言，取名为“企鹅编译器”，所以他一度有一个可爱的昵称——“企鹅”。但不知从什么时候开始，公司里的人都叫他“怪兽”了。

地狱的开始

软银决定在 6 月 19 日公布进军宽带的消息，计划从公布消息的第二天开始接受预约，8 月 1 日启动服务。

孙正义扬言要争取 100 万个客户，一举改写宽带战争的业界地图。他真的订购了 100 万台在家中连接 ADSL 线路所需的调制解调器。

意图很明显，就是“将战斗力集中于一点”。孙正义本人的精力也集中在宽带这一个点上。前面已经讲过，将战斗力集中于一点是织田信长在长篠之战中采用的战术。资金靠软件流通业务和在美国的投资积累，孙正义准备用这些资金决一胜负。

这与自己 50 年人生计划的设定完全一样。

不过，软银这帮人毕竟是通信领域的门外汉。负责前线指挥的三木非常谨慎。为了确保万无一失，他制订的计划是，先从已经确认可以连接的东京都内 26 个机房开始提供服务。这是对全国 1 000 多个机房绘制了“潜水艇声呐图”，从中筛选出来的结果。

当三木向孙正义说明这个计划时，孙正义的脸沉了下来。这种时候，孙正义的眼睛会变成三角形，黑眼珠朝上瞪着对方。在电视上大家经常可以看到孙正义笑容满面的样子，但是此时，他仿佛变了一个人。

“原来是你拉慢了进度！”

孙正义大声呵斥，把三木制作的计划书揉成一团，丢在三木身上。

“不是应该有 1 000 来个吗？剩下的那些怎么了？”

“光这 26 个都推进不下去呢。”

“别说了！”

孙正义直接离开了座位。他手里握着几张打印纸，那是三木用 Excel（电子表格）做的 1 000 个机房的清单。因为气愤，纸都被捍得皱皱巴巴。孙正义离开了养鸡场的临时会议室，直奔雅虎日本总部。因为软银的宽带业务是以“雅虎 BB”的名字开展的。

“啊，走了。”三木愕然地看着孙正义离开，他很了解孙正义的思考回路，可以清晰地预感到接下来会发生什么。

孙正义在雅虎日本找到负责制作宽带业务受理页面的人，把皱巴巴的纸递给他说：“马上重新做网页，这些全部受理。”

语气强硬得不容反驳。

这是6月18日，软银发布宽带业务“雅虎BB”前一天的事。

“那是地狱的开始。”三木这样回顾说。

第二天，孙正义发布的通过“雅虎BB”进军宽带业务领域的消息，极具冲击力。价格除去调制解调器的租金——2 280日元包月，不到NTT等公司的一半，下行速度是其他公司的5倍以上，这在业界被认为是一次破坏性的事件。

不过，软银能行吗？互联网泡沫破裂的影响尚未消除，软银能否承受需要巨额设备投资的ADSL？要知道，在美国，因为互联网泡沫破裂，ADSL运营商一个接一个地破产了。

在日本，专门提供ADSL服务的东京Metallic通信陷入经营危机，一度决定进场的三井物产也取消了原来的计划。通信产业拼的是设备，软银在这方面的业绩是零。这样一家公司，能在投资竞争中和NTT抗衡吗？这样的质疑不无道理。

这种时候，孙正义往往会夸下海口。这也是他的惯用战术。

“100万用户是第一步。等到有了二三百万用户，这项事业就能运转起来。我们要凝聚整个集团的力量来发展这项业务。”

孙正义穿着粉红色短袖衬衫和休闲裤，走到记者招待会的台上，讲述了他的100万用户的宽带构想。

他宣布，前100万个用户免安装费。虽然日本的ADSL用户接入数已经开始迅速增加，但当时也只有18万。孙正义竟说要提供给100万人，并在不久的将来增加到二三百万人。

“只要是人，谁都可以”

但是，支持100万用户构想的行动部队已经接近满负荷运转。每天都有几万人预约，完全应付不过来。负责构建网络的筒井技术团队也被前面提到的潜水艇游戏搞得焦头烂额。

距离预定的服务启动日只有一个月了。

“谁都可以，总之今天晚上5点前给我找到100个人。”

进入7月之后，有一天早上，孙正义突然向人事部部长下达了这样的指示，要从公司里抽调100个人。不用说，这些人都要投入“雅虎BB”的行动部队。

“找不到啊。”

“不用说了，快去找。”

“要找什么样的呢？”

“只要是人，谁都可以。”

人事部部长一筹莫展，拨通了三木的手机。当时，三木因为接听的电话太多，总是随身带着手机充电器，一有空就插上充电。

“就说是临时的，怎么样？”

总算凑齐了100个人。孙正义拎着一把折叠椅出现在众人面前，他站到椅子上开始演讲：“从现在开始，软银要开展宽带业务。这是我们第二次创业。各位都将加入进来。”

到场的100个人听完都惊呆了，这些人多半是刚好有空就被叫到会议室，都不知道要开什么会。

但是，孙正义的表情是非常认真的，他要大家马上放下手头的工作，加入“雅虎 BB”。他叮嘱目瞪口呆的 100 个人：“在这里的所有人，走的时候放下名片。没带名片的，把名字和部门写在那张纸上。”

在场的几个人想要从逃生梯溜走，但是没能逃过三木的眼睛。

“简直跟刚创业的时候一样。”三木想。他听孙正义说过，刚刚在福冈的杂饷隈创业的时候，孙正义站在橘子箱上夸口：“将来销售额会以万亿为单位。”把两个兼职员工吓跑了。

软银现在已经跻身大公司的行列，肩负着巨大的社会责任，绝不能临阵脱逃。

当天晚上，三木面对厚厚的一叠名片，陷入了沉思：这 100 个新的战斗力该怎么用？

三木首先把“雅虎 BB”的宽带事业分成了三个部门：构建 ADSL 线路的技术部门、管理部门以及运营部门。运营部门负责管理从用户申请到与 NTT 交涉、线路开通作业、收费的业务流程，任务最重。

三木考虑面前的名片应该分到哪个部门。根据名片上的职务进行分配，对于那些不知道分配到哪里好的人，三木直接打电话给那些员工的上司，一个一个地商量。还有很多员工是从集团公司强行抽调过来的，三木不得不在深夜打电话给集团公司的总经理。

按照孙正义的性格，三木如果不在第二天上班前做好组织图，那么不知道孙正义会说出什么样的话来。

队伍组建得很仓促，但如果不这样，工作就无法推进。眼看着“雅虎 BB”的预约人数越来越多，NTT 的态度却不会因此改变。

从申请到批复，依然要等上几个星期的时间。

软银忽视了一个问题，那就是固定电话的签约形式。因为 ADSL 需要使用电话线路，所以像软银这种 ADSL 运营商，每次签约都要向 NTT 申报。NTT 只受理拥有接入权的线路名义人。

但是，当时手机已经开始普及。固定电话签约需要接入权，这一“常识”已经被人们遗忘，这令现场的混乱变本加厉。

例如，如果申请人是一个大学生，而电话线路的名义人是父母，这种情况就无法受理。而且，这只能在向 NTT 提交申请之后才会被发现。这种情况越来越多，所以接到的投诉也一天比一天多。

从清晨到深夜，孙正义一直坐镇在临时会议室。午饭和晚饭时间，大家都是一边吃着便当一边开会。讨论到差不多了，他就开始挥舞球棒。他觉得自己缺乏运动，因此在狭窄的会议室里装了跑步机，有时一边跑步一边听部下汇报工作。凌晨 2 点左右，他再把一天的讨论内容整理成 PPT（演示文稿），人已经累得筋疲力尽。

服务开始的时间是 8 月 1 日。还剩不到一个月，眼看预约申请的数量就要达到 100 万了。孙正义宣称的 100 万用户的构想，从对外公布的数字来看，可以说是顺风顺水，实际上内部却像在走钢丝。

“我看错你了”

软银没有用户管理的经验。几乎在启动“雅虎 BB”的同时，软银收购了陷入经营危机的东京 Metallic 通信。此举是为了获得对方的经验，但这还是不够。孙正义又盯上了东京 Metallic 通信的兄弟公司——名古屋 Metallic 通信。就这样，他“发现”了本该继承禅寺的宫川润一。

“总之你赶快过来吧。”

宫川润一把名古屋 Metallic 通信卖给软银之后，就被叫到了当时位于东京箱崎的软银总部。

宫川以为就是出两三天的差，只带了几件换洗的衣服就上了新干线，然而孙正义一见到他就说：“从今天开始你就是我的总裁办公室主任。”

一下子从名古屋 Metallic 通信的总经理变成了总裁办公室主任，宫川被打了个措手不及，完全不知道自己应该做些什么。实际上，他也没有做过总裁办公室主任应该做的工作。

宫川被安排到箱崎总部附近的杂居楼。那里是孙正义建立的宽带事业的最前线基地，也就是“养鸡场”。

在那里，宫川看到的是“完全不像一个通信公司的组织”。

负责用户管理的运营部门的员工都在往 Excel 中输入数据。傍晚，当天的工作结束后，上司把部下输入的数据汇总在一起，用 Excel 进行统计。

但是，这样做根本不能帮助各部门掌握各自的进度，第二天，另一个员工又要重做。在宫川看来，这完全是在浪费时间。

员工的士气也很低，特别是在名古屋 Metallic 通信之前被软银收购的东京 Metallic 通信来的员工，很多人明显在偷懒。

“我之前太高看软银了。这样的公司，有什么可害怕的呢？”

看到现场，宫川第一次意识到自己之前对软银评价过高了，照现在的情形，肯定赶不上启动服务的时间。他把自己的想法告诉了孙正义，孙正义开始发火："我不想听做不到的理由！"

孙正义激动地拍着"养鸡场"的桌子，宫川极力强调，按照现在的做法，根本没有办法满足100万用户的需求。

"无效的作业太多了，员工也非常疲惫。"

"我不想听那些唯心论。我看错你了！"

宫川从桃太郎互联网时代白手起家，建起通信公司，因为孙正义的那句"是男人的话，不做一点儿更大的事吗"加入了软银。虽然现场千疮百孔，但毕竟有100万用户在眼前等着，这的确是比留在名古屋宏大得多的工作。

被孙正义这样一激，宫川当然不能就此撒手。

"我看错你了。"

孙正义的话刺痛了宫川的心。

"好，给我一个星期的时间。到时候如果不能让孙先生满意，我就辞职。"

宫川撂下这句话，就回了自己的大本营名古屋。名古屋Metallic通信大约300个员工，他以管理部门为主，挑选了150个人，告诉他们："从现在开始，名古屋Metallic通信停止受理新用户的申请。我们去东京。"

虽然规模小，但名古屋的部下在通信业务上比软银有着一日之长。宫川可以依赖的只有那些和他一起把这家公司从零开始发展到现在的部下。

宫川从名古屋带着150个人，回到了东京箱崎的“养鸡场”。他们大多数在东京没有房子，几乎包下了附近的商务酒店——箱崎维拉喷泉酒店。

宫川和从名古屋带来的部下一起制作了一张用户管理流程图，拿着它找到孙正义说：“请让我全权负责。”他要赌上自己的荣誉，改造“雅虎BB”。他还把服务启动时间延后到9月1日。

自此，宫川放弃了休息日，全身心地投入“雅虎BB”的建设工作中。

NTT时间

维拉喷泉酒店里不仅住着从名古屋动员来的宫川部队，和建筑商开会时突然被孙正义任命为“雅虎BB”的总指挥、原鹿岛建设推销员今井康之也在这家酒店长住。

今井只有周日晚上回家，与家人共进晚餐，拿换洗的衣服。这样的生活持续了一年半。

今井体格健壮，上司宫内谦评价说：“他是一个出色的推销员，无论干什么都不会打怵、气馁。”他坚持不懈地建议孙正义建设总部大楼，拉拢他到软银的不是别人，正是孙正义。

今井在鹿岛一直做销售，现在他负责毫无进展的通信线路开通作业。工作没有进展的原因显而易见：和NTT的交涉花费了太多的时间。没错，就是前面说的潜水艇游戏。

NTT无论什么事都要按规矩来，不肯提供任何方便。使用机房这种事情，明明打一个电话就能解决，为什么非要走书面程序花上几个星期呢？这不是 NTT 存心刁难吗？至少今井是这么看的。

另外，NTT 的员工则觉得软银的要求完全是在找茬，自己只是按照规定的程序办事，就算你有 100 万用户，NTT 也没有理由优先软银。

互联网这一前所未有的巨大产业，正以迅猛的速度崛起。我们当然可以批判半官半民的 NTT 官僚作风、效率低下，但对在 NTT 工作的员工来说，他们不过是多了额外的工作。

了解当时情况的NTT员工这样说："软银的要求总是变来变去。说实话，真是不爱伺候他们。"这可能是很多 NTT 员工的心声吧。

但是，孙正义等不及了。他对慢吞吞的"NTT 时间"的不满如岩浆一般即将爆发。

压力自然落到了站在最前线的今井身上。孙正义在凌晨 2 点前完成工作后，把自己的决定告诉了今井："这是今天的作业。明天之前做好。"

于是，今井进入了"加时赛"。第二天早上，从 8 点半开始，叫来合作商，开通线路。回到酒店，倒头就睡。日复一日。

回顾今井的努力，孙正义也由衷佩服："一个起初连互联网的互字都不知道的人，不眠不休地帮我做工程管理。他真的非常努力，每天在办公室里坐到凌晨三四点。脸色像鬼一样，我现在还记得清清楚楚。"

尽管如此，"NTT 时间"问题还是没有办法解决。

对孙正义来说，每天早上 7 点左右是一个恐怖的时间。用户一起床就会连上“雅虎 BB”，脆弱的网络发出悲鸣。每天都是如此。

“一睁眼，就感觉定时炸弹爆炸的时间越来越近。一分钟看一次表。‘那个时间’每时每刻地逼近。如果再过几分钟网络连接不上，就会爆炸。”

有一天深夜，出事故了。正当孙正义准备回家的时候，网络突然停了。为了重新连接，工程师需要去 NTT 的机房。孙正义慌忙派出工程师，却被门卫赶了回来，说需要作业许可书。

但是，NTT 应该已经修改了条款，允许其他通信运营商进入作业了。总务省在 2000 年 8 月底修订了《电气通信事业法施行规则》，对于软银等通信运营商在 NTT 的基站进行施工、维护时的手续，规定“应尽量从简，不应设置不当的制约”。

现状却是，只是让 NTT 在文件上盖一个章，就要花上三天时间。

“太不像话了！这要是 NTT 的线路，NTT 的员工肯定马上就能过去修好。说什么开放机房，哪有这种道理？”

孙正义带着在场的员工，直接去了 NTT 的机房。刚刚把工程师赶回去的那个门卫挡住了他们。

“这是规定，不能进去。”作为门卫，这样说是职责所在。

孙正义压着怒火说：“我知道你不能擅自放我们进去。那我现在告诉你 NTT 董事的手机号码，你打个电话，就说情况紧急。”

孙正义也知道自己的要求过分。

但是，这如果是 NTT 的线路问题，会怎么样？肯定会很顺利地进去吧。再说 NTT 的设备本来就是用民众的税款制造，是属于民众的，为什么自己遇到紧急情况就会被阻拦呢？

他们就这样嚷嚷着闯进了机房。

10 条要求

孙正义对 NTT 的不信任也反映到了总务省。NTT 的第一大股东依然是政府——“总务省 =NTT”，在孙正义看来就是这样，实际上总务省和 NTT 的距离也确实很近，可以说不可分割。

线路作业迟迟没有进展，孙正义把火撒到了总务省头上。

那天，孙正义带着今井等人来到总务省。负责的女科长一露面，孙正义就开火了：“明明已经有法律了，NTT 却一点儿都不配合。暗光纤都是假的。明明有却说没有，变来变去。只有你能管管 NTT 了，你不管还有谁能管呢！”

那里是总务省的接待区，旁边大房间里孙正义拍桌子嚷嚷的声音都让人听得一清二楚。

先前从隔壁传来的说话声，突然停住了。隔墙另一边的职员都在屏息聆听这位蛮横的来访者要说什么。

“事情没有你说得那么简单。”

科长似乎想缓和一下气氛，却没想到孙正义的火气更大了。

“我有言在先，并不是你有多了不起，而是因为你们是监管部门，所以我来找你们！”

孙正义怒目圆睁，他当然知道这样不礼貌，是男是女也都没有关系。

“我们会调查的。”

科长准备离开，却被孙正义拦住了。

“等一下，你有打火机吗？”

“啊？”

“我要在这儿浇汽油自杀。以这样的理由让用户等着，对我来说比死还痛苦。我要见记者，把原因全讲出来，然后在这里浇汽油自杀。”

孙正义的眼睛里露出疯狂的神色。科长有些退缩，但她还是义正词严地回应道：“要干那种事情别在这里，到别的地方去干。”

这句话无疑是火上浇油。

“既然你这么说，那就打电话给 NTT 的总裁，警告他一下。”

对话完全是驴唇不对马嘴。

科长似乎妥协了，她答应给 NTT 东西子公司的总务部部长打电话。孙正义这才满意地离开了总务省，不过他又觉得：“只是给总务部部长打电话，还是不能放心。”

孙正义在当天夜里直接给 NTT 东西子公司的最高领导打了电话。他的语气听起来已经恢复了冷静，但是说的内容却近乎最后通牒。

“想必总务省的科长已经跟你们的总务部部长联系过了，请答应我们的 10 条请求。不能再给用户添麻烦了。如果不答应，明天我就起诉 NTT。”

今井小心地观察着孙正义挂断电话时的表情，心想：“要是这样还不行，怎么办？”

已经没有别的办法了。要向 100 万用户提供 ADSL 高速宽带是不可能的。孙正义虽然嘴上没说，但心里显然也是这么想的，他已经没有退路了。

第二天早上，8 点半开始的例会之后，“养鸡场”收到了两页传真。传真上有 NTT 东日本和 NTT 西日本两家公司总裁的名字，时间都是 8 点 45 分。

员工慌慌张张送过来的纸上，内容非常简单，列举了软银向 NTT 提出的 10 条要求，答复栏里 10 条都被打了钩。

今井至今仍清楚地记得他看到传真时的激动心情：“那可以说是日本宽带时代拉开帷幕的瞬间。”

巨舰 NTT 终于动了，这对 NTT 而言，可能如同大象用鼻尖驱赶一只吵闹乱飞的蜜蜂一样轻松。但对软银而言，这就是蜜蜂的一刺。不，或许说是蚁穴更为贴切。千里之堤溃于蚁穴，日本最终迎来宽带革命的滔天巨浪。今井的眼前浮现出这样一幅未来预想图。

“总裁，来了。上面写着全部接受！”

“噢！是吗！”

今井把传真交给孙正义，孙正义看得入了神。

庆功会

不久后的一天傍晚，东京箱崎“养鸡场”的施工部队出外勤回来，向孙正义汇报了些什么。孙正义突然站起身来大叫：“是吗？太好了！”

趴在桌子上睡觉的人都被吓醒了，忙着整理资料的人也都停下手中的工作，一起看向孙正义这边。

“吉比特以太网开通啦！我们成功啦！”

孙正义一边喊一边用拳头咣咣地捶墙，眼睛里泛着泪光。

“我们成功啦！我们成功啦！”

他不管不顾地拍着在场员工的肩膀，不住地大喊。员工们从来没有见过孙正义这么高兴，都有些不知所措，默默地注视着他的一举一动。

这段时间，孙正义的情绪起伏比以往任何时候都要激烈。一直跟随在孙正义左右的三木本来早就已经见惯了，但此情此景还是令他目瞪口呆。

“我担心孙先生是不是真的精神不正常了。可能是之前的郁闷一下子爆发出来了。”

部下汇报的是 NTT 机房之间的新连接方式成功运行并第一次开通的消息。在孙正义以基于完整 IP 的 ADSL 进军宽带业务时，它被定位为支柱技术。

“好！我们要庆祝一下。今天请大家尽情吃喝。”

孙正义带着在场的 20 多名员工去了“养鸡场”附近的烤肉店，那是一家由类似仓库的地方改造而成的小小烤肉店。

孙正义的宽带革命终于开始向前进了，但是现实依然严峻。

软银开始提供“雅虎 BB”宽带服务定在 9 月 1 日，截至这一天预约人数已经超过 100 万，然而，实际赶上在当天开始使用的用户只有 4 万多人，96% 的用户不得不继续等待。

软银的反击就在这种令人绝望的境地中开始了。与激动人心的前线形成鲜明对比的是，后方的财务人员却过起了走钢丝般的日子。

“不付就行了”

“抱歉打扰您休息，明天能不能在哪儿见一面？”

在“雅虎BB”服务开始三个多月的时候，2002年年初的一个星期六，后藤芳光给和他一起从安田信托银行跳槽到软银的笠井和彦打了一通电话。

第二天，在首相官邸旁边的东急凯彼德大酒店，后藤一见到笠井就表情凝重地说：“笠井先生，情况非常糟糕。两三个星期之后的资金周转都没有头绪。该怎么办？”

笠井在一年半以前是安田信托银行的董事长，后藤只是一个小组长。因为笠井的邀请，现在两人都在软银工作，不过对后藤来说，笠井依然是高高在上的。

他在星期天把笠井叫出来，笠井也知道肯定有非常重要的理由，多半是商量资金周转的事吧。

当时的软银，因为线路开设得晚，手上的资金眼看着不断减少。终于打开了一个蚁穴，今井率领的建设部队正在全速运转，这就意味着设备投资费用急剧增加。

另外，实际使用线路并向软银付费的用户数量并没有像预期那样快速增长。等待预约的用户纷纷投诉。顺便说一句，帮忙处理这些投诉、忙得焦头烂额的正是孙正义的盟友大久保秀夫。

“该怎么办才好呢？”

肤色黝黑、身材魁梧的后藤缩着身子，露出悲痛的表情。笠井看着后藤被逼无奈的样子，就像老师哄学生似的说道：“嗯，这样啊。哎呀，没问题的。”

落落大方的香川方言，消解了后藤的焦虑。

“只要不付就行了吧。”

“什么意思？”

笠井说，可以不偿还急剧增长的债务。很难想象这话从一个不久之前还是银行高层的人嘴里说出来。就算笠井在富士银行的面子再大，也不可能做到。

看到后藤面带疑惑，笠井笑着继续说道：“我是说要尽到礼节，和富士银行好好谈谈。”笠井像什么事也没有发生似的说，“他们会理解的。”

“真的吗？”

后藤沉默了。于是，笠井给他讲了自己以前的惨痛经历。

1997 年 11 月 22 日，《日本经济新闻》晨报头版报道了“山一证券自主歇业”的消息。四大证券之一的山一证券倒闭了，因为不断地进行“飞单”操作，倒卖账面损失的股票，导致看不到的簿外债务膨胀，最终自取灭亡。

当时，笠井作为富士银行的高层，负责救济山一，但是他无计可施。

“当时，我真的很想帮山一，但是太晚了。自主歇业的两三个星期之前，负责人就每天来我们银行，但是已经太晚了。而且，他们每天拿来的数字都不一样。这样我也没有办法下定决心。”

实际上，来找笠井的山一董事一直谎称“没有巨额损失”。直到临近破产，才透露飞单的真相。为时已晚。本来能帮的也帮不了。笠井只能看着山一沉下去。

笠井说的“尽到礼节”，意思是如实相告。如果向银行隐瞒事实，那么即使当时能蒙混过关，事后还是会败露。那样一来，软银和后藤本人就会永远地失去信用。在为时已晚之前行动，这就是笠井的教导。

“一味地烦恼也不能解决问题。”后藤忠实地执行了笠井的教导，和富士银行达成协议，延长了债务的偿还期限。他向银行反复强调“雅虎 BB”刚刚打开缺口，虽然还走得不稳，但正在逐渐站起来，终于争取到了这样的结果。

总算度过了年末的危机。现在，后藤标榜“进攻型财务”，还说“筹措资金就是街头打仗”，关键是“如何让投资者理解我们很厉害，还有很大的成长空间”。

这种进攻型财务的原点就是笠井的教导。后来，后藤完成了许多大型收购，被称为“日本最能借钱的男人”。每一次，他都能拿出看似不可能的方案。

一位与后藤相处多年的瑞穗银行干部说：“我已经不会再因为一点儿小事就吃惊了。”这一切都要归功于在“雅虎 BB”资金周转的紧要关头从恩师那里学到的正面突破的哲学。

更猛烈地蹬自行车才不会倒下

让后藤烦恼的资金外流的原因是“雅虎 BB”的用户获取成本。“雅虎 BB”的商业模式是先投入资金获取新用户，再从每个月的使用费中慢慢地收回前期投资。但是，预约之后线路迟迟不开通，实际开通之后马上解约的用户也有很多。

用户获取成本很高，平均一个用户几万日元。软银是做软件流通起家，之前从来没有跟普通用户打过交道，因为缺乏经验，所以在用户管理方面十分吃力。

正因为如此，孙正义才收购了在互联网通信业有一日之长的名古屋 Metallic 通信，并让对方的总经理宫川润一重新制订了用户管理的工作流程。

尽管如此，用户获取成本依然居高不下。孙正义把这个问题交给了另一位财务专家藤原和彦。这是藤原从马自达汽车跳槽到软银第二年的事。

“你想想办法。”

孙正义把藤原叫到“养鸡场”的临时会议室，下达了简洁的指示。藤原给出的答案也很简洁：“把每个月的费用控制在 40 亿日元以内。”

藤原住进了杂居楼，埋头分析“雅虎 BB”的成本结构。他收集了所有能够收集到的数据，全部做成图表。这就是汽车行业很早就在强调的“可视化”。

藤原在汽车制造商的财务部门锻炼过，他看到现在“雅虎 BB”

的成本结构可以说是漏洞百出。他首先设定整体的目标数字，然后在细节上缩减支出。通过这样的操作，他制订出了最低限度的止血方案，也可以说是最低限度的防守。

但是，孙正义的思维超出了藤原的常识。

“总裁，现在的状态就像是骑自行车，一停下来就会倒。”财务专家大声呼吁。

孙正义信口说道：“骑自行车？那我告诉你一个好办法，只要更猛地蹬踏板就行了。”

这样的思维，可以说“很孙正义”了。

阳光司机

软银的宽带事业终于成形了。要猛蹬踏板，就离不开销售军团。软银靠软件流通起家，销售能力也是软银最大的优势。发挥这一本领的时机终于来临了。

“宫内先生，把你那边的摊子收了，来帮‘雅虎BB’吧。”

当初孙正义离开总裁办公室，把已有业务全部交给宫内谦打理，现在，他终于点名要宫内过来帮忙了。宫内也心领神会，把之前的工作全部交给了部下。

对于大领导的离开，部下难以掩饰内心的动摇，但是宫内一句“我走以后，你们都升了一级，不是正好吗”说服了他们。

家电量贩店是软银的老主顾，宫内投入的销售军团就从家店量贩店开始，迅速扩大阵地。就在这时，销售军团中的一个人想出了一条妙计。

“马场，量贩店卖得好，就是因为人多对吧？”

“是啊。”

乘新干线去出差的路上，孙正义若无其事地问坐在旁边的马场一。

马场大学没毕业就退学了，因为偶然在澡堂的更衣室看到一张报纸，加入了软银。那是 1988 年，公司的名字还叫日本软银。他看到日本软银“招聘电脑讲师”的广告，于是前来应聘。

电脑是马场的特长，他打算在日本软银当一两年讲师，赚一点儿生活费。当时日本经济还在朝着泡沫的顶峰攀爬，工作机会俯拾皆是。

到了日本软银的大阪营业所，马场却被询问“有没有兴趣做销售”，也没有多想，就答应了下来。在这里，马场遇到了曾经在日本软银创业期立下汗马功劳的立石胜义。

在大阪营业所经过一番锻炼，马场在宫内率领的销售军团里崭露头角。他就是大森康彦和孙正义“共治”时期在新大阪站等候孙正义的那位开阳光汽车的司机。

回到新干线上。孙正义继续问：“那么人最集中的地方是哪里呢？”

马场考虑了一会儿，回答说：“嗯……不是车站吗？”

确实，铁路车站每天人来人往，不像演唱会的会场、棒球场这些地方只在特定的日子人多。孙正义又运用起他那独特的思维方式：“那么日本有多少个车站？”

第一步先要掌握整体的数字。

“这个我就不清楚了。”马场答不上来。

刚好这个时候，乘务员从他们旁边走过。

“不好意思，能不能把列车时刻表借给我们看看？”

那个时代还没有智能手机，乘务员以为他们要查换乘列车的发车时间，于是把厚厚的时刻表递给了马场。

马场翻开那本时刻表，用手指头指着上面印的车站名，一个一个地数了起来。但是翻到下一页，还会出现重复的站名。

“每页 20 来个，一共 600 多页，差不多有 12 000 个吧。”

孙正义忍不住笑了：“不要瞎说，认真点儿查。”于是，马场给时刻表上印着的大阪交通科学博物馆打了电话。

“请问，日本全国一共有多少个车站？”

尽管这个问题很唐突，接电话的讲解员还是回答了他：“有 9 622 个。”

马场终于放心地挂断了电话，从新干线的车厢连接处回到座位上，得意地向孙正义报告。孙正义无奈地笑着说：“一看你开始数时刻表，我就知道不靠谱。”

阳伞部队：哪里有人潮就向哪里迈进

调查之后马上投入行动，这是在第一线锻炼过的销售员的金科玉律。是不是可以在车站里设置临时销售柜台？这样不就不用依赖量贩店了吗？马场想把这个主意变成现实。

他和孙正义商量后，决定先在 1 000 个车站试一试，马场立刻咨询了 JR 和东急电铁。

然而，事情并没有他想得那么顺利。那时，“站内”的商机还没有被发掘出来。铁路公司认为，设置销售柜台可能会对紧急情况下疏散旅客构成妨碍。

“既然这样，那设在车站附近的十字路口怎么样？”

“不行，那不是更碍事吗！”

最后，他们只好租用车站附近的商店门口的场地。这样一来，与其说是设立销售柜台，莫不如说是在打游击战。

马场通过熟人的关系，找到了罗多伦咖啡池袋绿色大道店。面朝靠近 JR 池袋店东口的大道，人流量无可挑剔。

2002 年 9 月 6 日，星期五。

“试用活动、免费安装、仅收取基本月租费。”

在罗多伦咖啡的店门口，出现了挂着这一横幅的摊点，招揽往来的行人。

“宽带，现在免费喽！”

马场的嗓子都喊哑了。然而不巧的是，这一天下雨，几乎没有人停下脚步。一天下来，只有 4 个人在合同上签了字。

“必须得跟孙先生汇报，但是不能就这样回去。”

想到这些，马场向在场的销售员求助。

“各位帮个忙，给朋友、家人打个电话，让他们来签约，拜托了。”

这是常有的招数，但是孙正义毫不知情，他看到掺了水分的签约人数，就说：“噢，看来街头销售效果不错啊。好，我们扩大到全国吧。”

这就是在媒体上成为话题的“阳伞部队”诞生的真相。

孙正义一声令下，阳伞部队的街头销售就在全国展开。一柄阳伞加一张桌子，还有身穿雅虎红白色制服的员工和促销女孩，开始出没在全日本的闹市区。

成为话题的不仅仅是游击战式的销售方式，孙正义还免费分发安装在家里的调制解调器。通过无偿提供设备争取到用户，依靠每月的使用费赚取收入，这跟年轻时和盟友大久保秀夫一起想出来的NCC BOX是一样的思路。

不过，孙正义并不是在成为企业家之后才开始用“免费战术”的。他还在上小学的时候，父亲孙三宪决定开一家咖啡馆，但是就在咖啡馆快要开张的时候突然出了问题，咖啡豆的批发商说不卖豆子给他，原因是咖啡馆的地段不好，生意不可能兴旺。

孙三宪为难了，他平时总夸孙正义是天才，于是问孙正义能不能想想办法。孙正义回答说：“让人免费来喝就行了。”孙正义擅长画画，于是画了一张免费咖啡券，孙三宪立刻拿去印了一批，装满了三个苹果箱，拿到站前的闹市去发，结果咖啡馆的生意兴隆。咖啡豆批发商也低下头，重新供货了。

一个小学生能想出这样的主意，当然很了不起，而能够听取儿子的意见，接纳并付诸实施的孙三宪，其生意头脑也不能不令人叹服。

作为企业家，孙三宪至今仍是孙正义口中“最敬佩”的人。他是第二代在日韩国人，从 JR 鸟栖站附近韩国人聚居的无番地白手起家。

孙三宪初中一毕业就开始工作，历经涂炭之苦，凭借着一个又一个点子取得成功。这部分经历，后面会讲。让我们说回阳伞部队吧。

阳伞部队出现在路边，免费发放调制解调器，这样的事情闻所未闻。当然，软银事先向公安局提交了申请，获得批准之后才在路边支上阳伞，摆起桌子，实际却搞起了游击战术。哪里人流多，就会朝哪里移动。因为只需要移动阳伞和桌子，所以机动性极强。

但是这样一来阳伞部队就变成了无照经营。这样的销售手段一经发现，警察就会警告马场。

“那段时间，我的名片夹里塞满了警察的名片。”

警察倒还好。有一次马场在新宿站西口摆摊，被叫进了一栋杂居楼，发现那里竟是暴力团的事务所。

“小哥，要在这里做生意，可得拿出点儿诚意来啊。”

为了不留下构成恐吓罪的把柄，暴力团的成员在说话时都很注意措辞，这反而更加令人感到可怕。马场切实地感受到，阳伞部队面对的困难与以往的业务都不同。他没有办法拿出对方想要的“诚意”，只好带着遗憾撤出闹市区。

王牌销售

阳伞部队的规模越来越大，人数将近 8 000 人。不过，其实这当中有很大一部分人是兼职，依然是一群外行。

率领销售军团的宫内谦想，能够指挥这种部队的人只有一个。他选的人是一直和他在软银第一线并肩作战的王牌销售榛叶淳，他是为数不多的在软银土生土长的管理者。1985 年，他听从做咨询顾问的叔父的建议，加入了创业仅三年多的日本软银。员工编号是 249。因为不断有员工辞职，当时公司只有不到 100 人。

自此，榛叶一直奔波在销售一线。宫内在 1984 年接受大森康彦的邀请，比榛叶早一年加入软银。两个人一起渡过了一个又一个难关，情同战友。

在孙正义乙肝康复不久，发生 SoftWing 事件的时候，榛叶也接到了脱离派的邀请，他回答“没有兴趣”，依然和宫内一起行动。26 岁时，他和宫内直接谈判，率领着由 4 个人组建的专门针对东芝的销售团队，取得了骄人的业绩。在宫内被孙正义调到宽带部门之后，榛叶就成了软件销售业务的总负责人。

在阳伞部队组建之后不久的一天，榛叶约了软件流通部门的重要客户——乐购仕的总经理，孙正义和宫内也一同前往。

三个人一起乘坐孙正义的车，从箱崎总部前往秋叶原的乐购仕。榛叶正准备坐副驾驶的位置，被孙正义叫住了：“你也坐后面。”

榛叶有些纳闷，副驾驶的座位明明空着，为什么非要挤在后排，让他夹在孙正义和宫内两个人中间呢？汽车刚起动，坐在右侧的孙正义就用很平缓的语气命令榛叶：“你从此刻开始做‘雅虎 BB’。”

“啊！‘雅虎 BB’？”

在宫内从软件流通部门调去“雅虎 BB”做销售负责人之后，

榛叶就觉得自己必须在流通部门更加努力。曾经一起奔波在销售最前线的宫内将部门全权托付给他，这使他感到责无旁贷。

“没错。这边有点儿混乱，所以你来做吧。”孙正义的语气不容分说。榛叶从软银创业期一直干到现在，他明白既然孙正义这么说了，他就没有别的选择。不过，不难想象榛叶到达乐购仕时内心是多么复杂。

在新的岗位上，榛叶看到的是“一片混乱”。榛叶以前所知的软银销售是 B2B（企业对企业），换句话说，销售不是面向一般消费者，而是面向企业。现在，自己却突然要带着 8 000 人的大队伍，去征服一般用户了。

在榛叶的部下马场的提议下，阳伞部队大张旗鼓地展开了。新用户申请人数确实在迅速增加，实际情况却并不值得骄傲。

这支东拼西凑的营销队伍完全是临阵磨枪，因为缺乏经验，导致合同出现许多纰漏。

在合同上签字的名义人和在 NTT 登记的线路接入人不一致，这样的低级错误是家常便饭。没有仔细听介绍就把调制解调器带回家的用户也纷纷投诉。也有不少销售员像马场那样，用朋友的名字来充数。

该如何改造这支东拼西凑的外行队伍呢？榛叶做的第一件事就是对现场的组长进行彻底的培训。阳伞部队虽然根据地点的不同有大有小，但是一般也就是五六个人一组，光是组长也有 1 000 多人。不过，跟 8 000 人相比，数量显然少多了。

从如何向路过的行人打招呼，到如何介绍“雅虎 BB”、如何写合同，榛叶反复地把这些销售的基础知识灌输给他们。榛叶是销售高手，在他看来，这些是基础中的基础。但是，经过这些年奔波在第一线的磨炼，他深深地感到，能够把这些基础落实到什么程度是决定胜负的生命线。他将自己的经验，毫无保留地传授给了那些年轻的组长。

这段时间锻炼出来的组长，有很多后来都被榛叶录用为正式员工。当软银以 2 万亿日元收购英国沃达丰日本分公司，进军手机行业的时候，被派到销售最前线的就是这个时候的组长们。

不用说，榛叶本人也免不了吃苦流汗。这一时期，奋战在宽带事业最前线的建设本部长今井康之、技术总监宫川润一等人一直住在“养鸡场”附近的箱崎维拉喷泉酒店。

榛叶下定决心，为了全身心地投入宽带事业，他干脆和家人一起从千叶搬到了距离“养鸡场”步行 20 分钟的地方。

为了“逮住”事务繁忙的孙正义，榛叶可以说是煞费苦心。他会在“养鸡场”的门前等孙正义来上班。同孙正义一起走进电梯，一进电梯孙正义就能看到里面贴着资费表和广告海报。这些都是榛叶前一天晚上准备的，为的是第一时间征求孙正义的意见。

到了孙正义回家的时间，榛叶就在公司的专车前面等着，一起坐到车里，一直坐到孙正义在东京麻布的家门口。专车变成了会议室，榛叶会在孙正义到家前的几十分钟里把事情谈妥，再从孙正义家门口打车回自己家。这样的情况不止一两次。

看到榛叶这样的表现，孙正义确信：“这是我们最强的销售军团。”

这也是孙正义后来在手机行业打拼的制胜武器。

信息泄露事件

经过聚集在孙正义身边的街头战士们的奋战，软银的宽带事业切实走上了轨道。这一期间的“流血”十分严重。

让我们用数字说话。宽带服务开始于 2001 年 9 月。从下一年的决算期，2002 年 3 月开始，软银连续 4 年出现赤字。赤字金额依次为 887 亿日元、999 亿日元、1 070 亿日元、598 亿日元，4 年共计 3 554 亿日元。

但是，销售额在这 4 年里，从 4 000 亿日元增加到了 8 000 亿日元以上，翻了一番。在“雅虎 BB”走上轨道以后，签约人数超过了 400 万。

大家终于在长长的隧道尽头看到了光。然而就在此时，一场始料未及的灾难袭击了软银。

2004 年 2 月 24 日，《读卖新闻》在头版头条用“‘雅虎 BB’470 万用户信息泄露”的大标题刊登了独家报道。“雅虎 BB”的用户信息已经泄露，一名居住在北海道的 61 岁男子拿着这些信息向软银索要数十亿日元，后以敲诈勒索未遂的罪名被逮捕。

泄露的用户信息数量当时还不明确，最终被断定为 452 万件。不管怎样，这都是日本历史上最大的信息泄露事件。

事件发端于将近两个月前，这一年的 1 月 6 日，元旦假期刚刚结束不久时。《读卖新闻》是实名报道的，不过毕竟是 10 多年前的旧事，本书姑且称其为A吧。

嫌疑人A把软银的客户，某天线厂商的董事，叫到了东京都内的一家酒店。A给他看了印有部分“雅虎BB”用户信息的纸。第二天，A再次联系天线厂商董事把软银的干部介绍给他。A拿出了印有用户信息的名单。

之后，A又通过子公司向软银发送了用户名单。软银的负责人确认名单属实。1月16日，孙正义接到宫内谦的汇报，当即决定成立调查委员会，然后报警。

1月21日,A直接来到东京箱崎的软银总部，接待他的是宫内。A当场说：“朋友手里有几百万用户的信息。”并提出，“希望软银向海外的合营公司投资20亿~30亿日元。”

这不是敲诈勒索吗！宫内咨询了公安局。两天后的晚上，这次换了一个地方，宫内在东京都内的一家酒店再次和A会面。A交给了宫内两张光盘。

“这里面有470万用户的信息。”

考虑到之前发生的种种，这话想必是真的。宫内直接把光盘交给了警察。

当时，软银只公布了已经确认的信息泄露情况，不过只有242个用户的信息，不包含信用卡卡号等重要信息,《日本经济新闻》也只是一笔带过。

但是，事态在水面之下发展得很快。就在A来到软银总部的四天前，1月17日，一个自称“fuu fuu”的神秘人物给软银发了一封电子邮件。邮件附件中，是104个用户的信息清单。

“fuu fuu”和 A 是同一个人吗？如果是不同的人，那么“雅虎 BB”的用户信息就有可能通过多个渠道大量泄露。虽然不知道问题出在哪里，但是了解事态的一小部分管理者都深深地意识到，这是一起致命性的事件。

过了一段费心劳神的日子，警察终于行动了。2 月 11 日，软银接到消息，A 和“fuu fuu”被捕了。“fuu fuu”是居住在爱知县的 31 岁男子，和 A 不是同一个人，彼此并不认识。

公众希望早日知道真相，但警方为了破案，要求软银不要透露任何信息。直到《读卖新闻》发出独家报道，真相才大白于天下。

《读卖新闻》的报道详细地记述了事件的信息。从“据（警视厅）调查”的字样来看，信息无疑来源于警视厅。

“让我们严格保密，你们却把消息放出去，这不合规矩吧！”宫内表达了自己的愤怒，但说什么都晚了。而且孙正义还在欧洲出差，时机不能再糟了。宫内慌忙给正在欧洲出差的孙正义打电话。孙正义下达指示：“既然已经这样了，那就应该把一切公之于众。”不用说，新闻媒体早就找上门来了。

软银对这场危机的应对可谓出师不利。在《读卖新闻》的报道出来的 2 月 24 日下午 5 点 10 分软银举行了记者招待会但是出席的只有宣传办公室主任田部康喜一人。

软银虽然是敲诈勒索的受害者，但是用户信息泄露，软银依然难辞其咎。而且，这还是历史上最大规模的信息泄露事件。这种情况通常都是公司的最高领导出面做出解释。

但是，孙正义不在。曾经在朝日新闻社做过记者的田部成了众矢之的。不出所料，招待会的场面一片混乱。田部反复地说“不清楚”，记者们则毫不留情地指责：“你们有反省吗？”

最后，宫内在晚上 10 点 15 分又举行了一次记者招待会，但是由于当时还在调查当中，软银方面也没有掌握足够的信息，因此解释起来非常吃力。

“这是经营危机。如果不能成功渡过难关，公司就会倒闭。当时我真的这么想，我们必须做出大的改善。”宫内回顾当时被记者责问的情形说。

重新开始

宫内引以为傲的销售军团开始接到大量的投诉电话。

刚接到一个“暂停一切交易”的电话，又接到某家电量贩店把“雅虎 BB”的柜台移到厕所旁边的屈辱通知。榛叶不得不到处去解释。

就连经历过创业不久的那场内部分裂的榛叶都说：“真的是深不见底的沼泽。当时就觉得这是存亡危机。”可见事件的冲击之大。

宫内去的第一个地方是位于群马县 JR 高崎站前的山田电机总部。因为在众多家电量贩店中，只有山田电机是“雅虎 BB”的独家代理。

一见到创始人山田升，宫内就深鞠一躬：“关于这次事件我们真的非常抱歉。”

宫内不停地说着道歉的话。山田却说好了好了，不让宫内再说下去。他告诉宫内："我明白，我明白。都是老朋友了，我们既然和软银合作，就会全力支持软银。下次你来出席我们的全体店长会议，到时候可以畅所欲言。"

全体店长会议是使用电视会议系统，由日本全国的店长出席的会议。山田给宫内这个机会，让他可以在会上承诺"雅虎 BB"会重新开始。这是山田的温情判决。

宫崎县出身的山田，1973 年离开日本胜利（现在的 JVC 建伍），在群马县开起了家电店，1983 年创立了山田电机。那是宫内加入日本软银的前一年。

自那以来，只用了一代人的时间，山田电机就发展成了日本最大的家电连锁企业。山田和宫内是老朋友。山田的温情判决令平时总是笑嘻嘻的宫内非常感动。

"那次眼泪都流出来了。唯独这一点我记得非常清楚。"

在早上开始的全体店长会议上，山田电机的内部摄像机捕捉到了走上台的宫内。

"这次给各位添麻烦了，真的非常抱歉。"道过歉之后，宫内宣布，"但是请各位相信，我们一定会坚持到底。"

孙正义的后悔

有了这次苦涩的经历，软银的宽带革命又一次迈开了脚步。信息泄露引起的骚动平息之后，孙正义以 3 400 亿日元收购了日本电信，和"雅虎 BB"加在一起，软银拥有了 1 000 万条线路。

那些支撑着孙正义走到现在的街头战士，一个个都被历练成了一骑当千的干将。“在发起革命的时候，必须拥有众多的良将”，此时，孙正义已经具备了。

“他们与其说是我的部下，不如说是战友。只有共同经历过苦难，才会产生团结和信任。我们一起活了下来，爬到了高处。这才是真正的志同道合。”

不过，我曾问过孙正义：“在迄今为止的企业家生涯中，有后悔的事吗？”很少回顾过去的孙正义沉默了片刻之后，这样回答道：“那是互联网泡沫刚刚破裂之后。当时我说‘现在是投资互联网公司最好的时机’，如果不做宽带，而把剩下的资金全部用来做互联网投资的话……真应该那么做。我觉得差不多能赚50万亿日元。这是我最懊悔的事。”

互联网泡沫破裂之后，软银也陷入了危机。如果那时不与NTT为敌，而是坚持群战略，想必软银早已构建起了巨大的企业群。

50万亿日元，并不是虚张声势。孙正义当时谈妥了一个又一个著名互联网公司的投资。听完这个名单，就不难理解孙正义的后悔。

电子商务巨人亚马逊、用搜索改变世界的谷歌，还有中国互联网行业巨头百度，这些都是眼看就要投资的项目。如果能在互联网泡沫破裂这个节骨眼上低价买入，将这些后来成长为国际大公司的互联网巨人据为己有，结果会怎么样呢？

可能软银真的能成为互联网投资的霸主，称霸世界。

但是，我不认为那样就是正确的选择。孙正义的选择看似莽撞，但正因为有过这一番艰苦奋战的经历，孙正义才收获了顽强不屈的战友。这才是支持孙正义完成后来挑战的财富。

外界很容易以为孙正义在软银独断专行。确实，如果没有孙正义这个专制君主的存在，就不会有软银。但是，如果没有这些战友在旁防守，孙正义也无法成为世人所知的“天才经营者”。

重新有了活着的感觉

我觉得，孙正义没有选择投资，而是选择在宽带事业上发起挑战，是必然的结果。

在互联网泡沫发展到顶峰的时候，孙正义已经拥有了令所有人都羡慕的成功和财富，他却坦白地说，自己感觉人生失去了意义。这也是这位强势的经营者不为人知的一面。下面是孙正义亲口对我说的话。

> 2000 年互联网泡沫的那个时候，我的个人资产一度每周增加 10 000 亿日元。有三天时间，我超过了比尔·盖茨，成了世界首富。但是，就在那段时间，我开始认真地思考“人生的价值是什么”。
>
> 钱，我已经不需要了。反正也用不完。都不想看到那玩意儿。（站在楼上）看到银座，就想，“啊，能把这块地皮买下来了”，但这种事又有什么意义呢？钱这玩意儿就是人生的价值吗？我觉得太没劲了。一旦有了这种感觉，人生的喜悦啦，在

身上划一刀会流血啦，这样的感觉就全都没有了。

虽然我们这些普通人不会有那样的经历，但我觉得读者能够懂得这些话想表达的意思。

但是，人生真的很有意思。就在不久之后，互联网泡沫破裂了，孙正义受到了很大的冲击。然后怎样了呢？孙正义的企业家之魂反而熊熊燃烧起来了。

这一段也让孙正义自己来讲吧。

在互联网泡沫的时候，满面堆笑地接近我的人，在股价跌到1%之后突然变脸，用看罪犯的眼神看我。在聚会上也都不直视我的眼睛，只是小声议论。我心里想，这些人太可恶了。

但是，不可思议的是，我又重新有了活着的感觉。

孙正义把争强好胜之心指向了巨舰NTT。作为企业家，我应该做什么？在一遍又一遍追问自己之后，他终于找到了答案。

既然这样，即使倒闭也没有关系，即使倒闭了我也没有怨言。只要日本的互联网能够发展起来，宽带能够发展起来，那么献上我的人生也无所谓。我真的就是这么想的。然后，我就感觉自己心里有了挑战欲，或者说高涨的斗志，像火一样越烧越猛。

2005 年，孙正义的宽带事业终于走上了正轨。在前一年度的决算中，销售额增加到了 8 370 亿日元。距离年轻时站在橘子箱上讲的“一万亿、两万亿”的梦想仅有一步之遥。

“40 多岁决一胜负。”孙正义在这一年 8 月满 48 岁。但是，宣告比赛结束的哨声还没有吹响。

第七章
最后的机会

下沉的“泥船”

手机，起死回生的一招

最难的收购

每年2月初，福冈软银鹰棒球队都会在宫崎市郊外的棒球场进行集训。虽然是南方，这里的天气却依然有些寒冷，不过这并不能阻挡热情的球迷大批造访。软银鹰队的一军到三军[①]都使用同一座球场，球迷们喜欢的球员会聚一堂可能也是集训受欢迎的原因之一。

一到周末，后藤芳光就会带着家人来到热闹的露营地。他肤色黝黑，一点不输那些在隆冬时节仍然坚持自主训练的球员，令人印象深刻。

后藤身上穿着印有“GOTO”[②]的球队夹克。球场上来来往往的球员看到他都低头致意。因为后藤在担任软银财务部部长的同时，还兼任软银鹰队的总经理。

孙正义发起的一次又一次大型收购，都有这位进攻型财务在背后支持。他口中的“迄今为止最难的一次并购”正是对这支棒球队的收购。

---

① 福冈软银鹰队为三军编制，二军、三军以测试、培养球员以及提供受伤球员休养为主要目的。——译者注

② GOTO，“后藤”在日语中的读音。——译者注

2004年10月18日，孙正义突然提出要收购福冈大荣鹰棒球队。早在两年前，他就有了进军职业棒球领域的构想。

那时宽带事业还在低谷挣扎，为了提高知名度，软银拿下了位于神户市郊外的欧力士野牛队主场球场的命名权，命名为“Yahoo！BB Stadium”。此举也是孙正义决定收购棒球队的契机之一。

那是日本第一次尝试引入棒球场命名权，只有软银一家公司投标。尽管那次竞标备受冷落，没有竞争对手，但孙正义说他切实感受到了职业棒球本身强大的广告效果。

宽带事业是软银第一次从事面向一般消费者的业务。2004年秋，信息泄露问题也已经结束,“雅虎BB”已经成为软银稳定的收入来源。软银为什么还要为了进一步提高知名度而进军职业棒球领域呢?

答案是，因为此时孙正义已经决定进军手机行业了。

NTT DoCoMo在日本手机市场上的地位坚如磐石。软银作为后发阵容，必须要有一张提高知名度的王牌。那就是职业棒球。

现在，软银这个名字几乎每天都能在电视广告里看到，但是当时提起软银，人们只知道是一家“不知道做什么的IT公司”。

宽带业务也没有用软银的名字，而是叫“雅虎BB”。

但是，接下去的手机事业将第一次使用“软银”这个品牌，发起总攻。孙正义已经在心里做了这样的决定。

然而，软银的品牌还没有渗透到普通人，本来就需要花费很多时间的品牌建设工作，还处在尚未就绪的阶段。进军职业棒球领域就是让软银品牌深入人心的王牌，同时也是远射武器。

职业棒球队和手机——孙正义可能会说这是一连串的组合拳，

一切都在他的计算之中。但是，这一次恐怕真的是连运气都在帮他。孙正义参与手机行业的故事在完美的时机开始向前发展。

起诉总务省

事态迅速发展是在孙正义宣布收购大荣鹰队的 5 天前。

2004 年 10 月 13 日，孙正义怀着悲壮的心情出席了记者招待会。他宣布要起诉主管通信行业的总务省。民营公司起诉政府机关，这样的事情前所未闻。

“电波的分配都在密室中进行。如果现在不采取行动，后果将不堪设想。”孙正义向到场的记者申诉道。

手机需要国家分配的电波。孙正义为了进军手机行业，在开始“雅虎 BB”的时候就向总务省提交了申请。因为国家准备把有着“白金频段”之称的 800MHz（兆赫）频段的电波分配给民营公司。

但是，总务省选择的是 NTT DoCoMo 和 KDDI 这两家现有运营商。软银还申请了效果稍差的 2GHz 频段的高频电波，仍然被分配给了现有运营商。

“为什么政府要阻止新公司加入？电波不应该是国民的共有财产吗？”孙正义反复申诉，总务省却置之不理。于是，孙正义使了一招妙计。2004 年 9 月 6 日，软银在全国性报纸上刊登了意见广告。

“如果现在不发声，这个国家的手机费可能就会居高不下。”

报纸上还刊登了显示 NTT DoCoMo、KDDI 的手机费比其他国家都高的柱状图，呼吁民众于当天下午 5 点到总务省网站主页留言，发表对手机行政的意见。此举反响强烈，最终总务省收到的意见多达数万条。

即便如此，总务省依然没有动作。孙正义在三个星期之后又一次刊登意见广告，这次的标题略带调侃："用户的声音不在服务区吗？"

总务省依然没有反应。孙正义要求跟局长、部长级的官员见面，也被推脱躲闪。气急败坏的孙正义直接闯进了总务大臣的办公室。当时的总务大臣是麻生太郎。

面对麻生以及在场的总务省官员，孙正义反复地陈述自己一贯的主张。

"他说的是真的吗？"麻生问总务省的官员，但在场的干部都躲开了。"开始的时候还和和气气地说，后来越说越生气，终于爆发了。"孙正义回顾当时的情形。

"如果我说了这么多，您还是不同意，那就只剩下一个办法，起诉总务省。我要起诉您，没关系吗？"

面对孙正义的逼问，麻生只回答了一句："那没有办法，因为法律给了你起诉我的权利。"

就这样，孙正义选择了最后的手段，起诉主管部门。那一天是10 月 13 日。

职业棒球重组

就在这一天晚上，飞来了一则载入日本经济史的新闻。苦于经营恶化的大荣公司，向产业再生机构[①]请求援助。

大荣是战后日本流通行业的革命者。自创始人中内功 1957 年在大阪的千林商店街开设第一家店起，店铺数量不断增加。作为百姓之友，它使超级市场这一业态在日本落地生根。

说一点儿题外话，我在上小学、初中的时候，经常去附近的千林商店街，我还清楚地记得街上回荡着“一，十，百，千，千林”主题歌，和拱廊下面熙熙攘攘的行人的嘈杂声交织在一起，洋溢着浓郁的大阪商业街气息。当时，同属大荣旗下的 TOPOS 折扣店很受欢迎，平民店铺的气息浓厚。

泡沫经济破裂后，大荣也苦于业绩不佳，日渐凋零，甚至被讽刺为“负面遗产”。这一天，大荣公司的总经理高木邦夫放弃了他之前一直坚持的自主重建方案，于晚间造访了产业再生机构，请求援助。一度支撑战后日本经济增长的流通行业革命者的凋零，象征着一个时代落下了帷幕。

当时，高木向机构的负责人表示，希望继续拥有棒球队。但是，机构方面提出的重建方案是希望大荣公司专注于食品超市这一老本行。也就是说，要大荣公司把棒球队卖掉。

孙正义一方面大张旗鼓地控诉监督机构总务省，另一方面密切地关注着这边的事态发展。

---

① 日本产业再生机构是根据《日本产业再生机构法》成立的一个具有时效性和公共性的机构，目的在于应对 1992 年以来日本经济持续低迷所造成的金融不良债权和企业困难。希望通过该机构主导的企业重组拯救那些濒临倒闭的企业，并实现产业重振。——译者注

大荣破产的2004年，对日本棒球界来说，也是动荡的一年。6月，当赛季正火热的时候，棒球界曝出了近铁野牛和欧力士合并谈判的消息。这一事件成为导火线，停滞多年的职业棒球重组构想接二连三地浮出水面。

西武狮的老板堤义明在7月7日的老板会议上发表了爆炸性的言论："还有一个合并谈判正在进行。"他在会后的记者招待会上说："我们正在探讨西武、大荣、日本火腿、罗德之间合并的可能性。"

罗德询问大荣是否有合并的意向。单一联盟制的可能性一下子有了现实感，这时，读卖巨人队的老板渡边恒雄（在这一赛季期间辞去了老板职务），提出了巨人队转入太平洋联盟的构想。

不管怎样，这些重组构想都有一个半公开的前提，那就是让12支球队的总数减少。这引起了由当时养乐多主力球员古田敦也率领的球员工会的反对，古田等人做出了一个在职业棒球史上没有先例的决定——罢工。

对于无视球迷存在，由财界长老策划的棒球界重组构想，球迷的反对声也逐渐高涨起来。与此同时，身为球员却在为与球队管理者谈判而奔走的古田得到了球迷莫大的支持。

罢工之前，古田曾参加过一次民营广播的节目录制，听到球迷暖心的话语，他不禁流下眼泪。罢工之后的谈判会上，古田拒绝握手的情形，想必很多读者都还记得。

与日本职业足球联赛不同，日本职业棒球界只有12支球队，这是一个不存在晋级和淘汰的封闭世界。这一时期迅速发展的重组问题，在那些想要参与其中的人眼里，可以说是千载难逢的机会。

第一个举手的是率领活力门公司的堀江贵文，他表明了收购近铁的想法，在遭到近铁、欧力士两家拒绝之后，紧接着提出了设立新球队的想法。但是，这位 IT 行业的风云人物意外地遭到职业棒球界既得利益者的反对。“不晓得是风险公司还是垃圾公司”，棒球界的长老渡边恒雄的轻蔑发言大概代表了许多球队老板的想法。

乐天就是在这个时候挤了进来，创始人三木谷浩史在球员工会举行罢工之前，公布了参与计划。

结果，乐天在老板会议上入选，于是，以仙台为根据地的东北乐天金鹰队诞生了。

顾问的反对

职业棒球界的一系列动作，孙正义一直在默默地关注。他把目标锁定在经营困难的大荣，谈判的工作交给了笠井和彦，而作为笠井手下实战部队行动的是后藤。

后藤向负责支援大荣的产业再生机构提出了收购球队的想法。这次电光石火的球队收购起用了美国高盛证券作为财务顾问，后藤说：“过去从来没有哪一次合并谈判涉及如此多的相关者。”

首先是银行，后藤逐个走访了大荣的主要交易银行——UFJ 银行、三井住友银行、瑞穗实业银行。产业银行在招募重建大荣的赞助商，但是还没有确定。此外，还要和拥有包括球场在内的 Hawks Town 的投资基金美国柯罗尼资本进行谈判。

孙正义也忙着做其他球队老板的事前工作。除了大荣鹰队以外的 11 支球队的老板中，渡边恒雄在棒球界无疑有着巨大的影响力。毫不夸张地说，只要渡边不点头，孙正义就不可能进入职业棒球领域。

意外的人脉在这里发挥了作用。后藤的父亲是《读卖新闻》社会部记者，他担任论说委员时的直属上司就是政治部出身的渡边。后藤和父亲一起居住在镰仓的双户型住宅，他托父亲介绍渡边和孙正义认识。因为成功征得了棒球界老大的同意，孙正义参与职业棒球的野心离实现越来越近了。

就在大荣向产业再生机构请求援助的 5 天后，孙正义公布了自己正在研究收购大荣鹰队的消息。“早一周，会给大荣添麻烦。晚一周，会赶不上下一个赛季。所以，只能在那个时候公布。”选取的谈判时机精确无比。

然而，在进军职业棒球领域这件事上，软银内部的意见却分成了两派。外部董事柳井正就表示坚决反对。

“那样会跟堀江贵文一样的下场。我反对，这行不通。”

柳井正提到受到整个棒球界抵制的堀江贵文的名字。孙正义认为他“想太多”，说柳井对董事会上提出的并购“几乎全部反对”。

柳井用了一代人的时间，建立起运营优衣库的迅销公司，和孙正义在同一年发售股票。两家公司相继在东证一部上市，分配给上市公司的证券代码：迅销是 9983，软银是 9984。

柳井读过一本描写美国高科技产业攻防战的书——《意外帝国的崛起》，从那以后就一直关注 IT 产业，他考虑在自己的公司引进软银的每日管理制度，于是通过野村证券的介绍找到了孙正义。第一次见面，孙正义送给柳井的一张电话卡，是他第一次以规定击球次数打完一场高尔夫球的纪念品。对此，柳井也只能苦笑。

每日管理使用电脑和局域网，尽管柳井说“实际用起来跟听起来有很大不同”，但他还是引进了软银式的 IT 管理。因为这样的缘分，孙正义请柳井做了软银的外部董事。

说点儿题外话，在软银外部董事这个职位上，柳井的前任是日本麦当劳创始人藤田田。孙正义在高一时曾向他请教：“将来我想当企业家，我应该学什么呢？”他建议孙正义学计算机。

那日的少年在成长为真正的企业家之后，请藤田担任顾问。这一定令藤田万分感慨。顺便说一句，据说，藤田在交接时给了柳井三张免费的汉堡兑换券。

成为新顾问的柳井是如何看待自己的职责的呢?

“孙正义想法太多，容易掉以轻心。这也想买，那也想买。很多事情到最后不了了之。所以我觉得，我这个外部董事的责任就是讲他不爱听的话，让他做事更加谨慎。”

其实不用柳井说，一直以来，孙正义都凭借着打破常规的经营方式在信息革命的惊涛骇浪中前行。他还把他的经营哲学灌输给了部下，那些不受常识拘束的战略在实践中确实有很多败绩。

孙正义比任何人都清楚自己的缺点，从年轻时起，他就一直请柳井这样的前辈做顾问。起初是佐佐木正、工藤浩这些恩人，还请过藤田田、伊藤洋华堂的伊藤俊，现在则由柳井和日本电产创始人永守正信担当这个重任。

话题有点儿扯远了，不过柳井“迄今为止最为反对”的就是收购大荣鹰棒球队。孙正义坚持不懈地说服他：“柳井先生，话虽如此，但是我们接下来要进军移动互联网，因此必须做品牌推广。”

柳井最后也勉强同意了。

参与手机事业的布局

事情过去两个多月之后，12 月 24 日——圣诞节的前一天。老板会议全体一致同意软银收购大荣鹰棒球队。一个小时后，孙正义在博多市举行记者招待会，他的语气一反常态，有些生硬：“直到刚才我都很紧张，就像参加考试的学生一样。”

他表情严肃地讲述了收购球队的经过和感想，直到说起球队名字的时候，他才露出笑脸。

“还有人提议叫 Condors（秃鹫）。虽然同样是鹰，但是它发型有点儿特别。可能是因为老板长得像吧。”这是孙正义拿手的头发自嘲梗。

教练王贞治也出席了记者招待会，他上场后，向记者透露了孙正义在他面前的豪言壮语：“我们的目标不是日本第一，而是世界第一！”

再说一句题外话，2015 年软银鹰队第二次夺得日本大赛冠军之后，孙正义曾直接致电当年美国职业棒球大联盟冠军堪萨斯市皇家队的老板：“我们来决出世界第一吧。”虽然没能实现，但是可以看出，在棒球领域也要力争世界第一的野心并不是他随口一说。

40 多岁决一胜负——在宽带领域向巨舰 NTT 发起奇袭战之后，孙正义的下一个目标是手机市场。不过，他的目标并不在手机本身。

“在不久的将来，时代就会朝着移动互联网这一典范转移突飞猛进。”

总有一天，我们会进入可以用移动设备上网的时代。到那个时候，互联网才能发挥出它本来的力量，实现真正意义上的随时随地连接所有人。孙正义在还没有智能手机的时候就做出了这样的预测，他已经做好孤注一掷的准备。进军职业棒球，就是在为此布局。

在讲手机事业之前，我想再继续讲一点儿职业棒球的事。因为尽管这不是主业，但我们还是能从中看到软银式经营战略的影子。

虽然成功地导演了电光火石的收购剧，拿到了品牌建设的王牌，但是孙正义本人说：“在收购球队之后，差不多有三年时间，真心觉得自己失败了，要是不收购就好了。”

软银曾委托电通做过调查，结果显示，如果能在锦标赛上打入决赛，在电视等媒体上的曝光每年就能够带来四五百亿日元的宣传效果。

品牌建设的效果是肉眼看不到的，每年二三十亿日元的赤字却沉甸甸地摆在那里。

先从结论说起的话，软银鹰队现在采用的是独立核算制，这在由母公司填补亏空已成为常识的棒球界，是非常罕见的。

也就是说，球队自己结算收支，盈余也归自己。人们常常以为软银鹰队是一支靠砸钱运营的球队，这话只说对了一半。软银鹰队的年薪在棒球界首屈一指，但其实他们完全没有依赖母公司，都是在球队内部解决。

转机是 2012 年球队决定对棒球场进行收购。花 870 亿日元买下棒球场之后，球队就不需要再支付每年 50 亿日元的球场使用费。当然这会产生长期的还款义务，但是球场还可以用于音乐会之类的娱乐活动，这些收入都会进入球队的口袋。

不过，负责经营球队的后藤断言："如果把盈利当成目的，就很难把职业棒球队经营好。"也就是说，只有把强化队伍建设和回馈球迷摆在首位，才能取得持续性的发展。

后藤曾给球队职员看过一个方程式：$X =$ 营业利润 $-$ 球员年薪 $-$ 集团内交易。

他把让这个 X 最大化当作球队经营的指标。集团内交易是指母公司软银的宣传投资等。重要的是，减去球员年薪这一项。这个方程式也传递着一个信息：要抛弃通过降低年薪来增加利润的思路。

只要队伍强大了，球迷就会高兴，球队的收入也会增加——后藤把这种可以说是理所当然的经营循环总结成了一道公式。

对自由球员权利[①]的态度便是这种哲学的象征性体现。有的球队甚至会将表明自由球员意向的人拒之门外，后藤却鼓励获得权利的球员行使他们的权利。

"球员的价值是由市场决定的，球员有权争取更好的待遇。如果真的是必不可少的球员，那我们只要提出比其他球队更好的条件

① 自由球员权利，球员效力日本职棒球队满 9 年，将首次取得自由球员身份，可自由选择转队去处。——译者注

就行了。”

向优秀的球员支付相应的报酬，这与球员的士气直接相关。不仅是职业棒球，这也是经营公司的原则。大众可能在这里存在误解，所以才会觉得在砸钱吧，请容许我再说一遍，软银鹰队始终坚持独立核算。

球队经营成功的另一个秘诀是对那些与明星球员恰恰相反的、在竞争中落败的球员的处理，也就是那些被排除在战力规划之外的球员的第二职业。

不仅是软银鹰队，每年都会有 5~7 名新队员通过选秀加入职业棒球球队。这就意味着，同样人数的老队员将被无情地排除在队伍之外，或者曾经的主力球员不得不引退。

后藤说：“我们不能把球员用完就扔。”他定了一条规矩，在告知球员被排除在棒球队外的同时，必须提供软银集团内的职位。很多球员高中一毕业就加入了职业棒球行业，即使是上过大学、有社会经验的球员，也都是除了打棒球什么都没做过的人。后藤认为，给这些“不谙世事”的年轻人提供第二次人生的选项是球队的责任。

当然，球员并不情愿做出那样的选择。所谓职业球员，就是要在球场上奋战。在竞争中落败的人转而成为球队的后援，进而营造出家族经营式的气氛，这也是常胜军团软银鹰队不为人知的一面。

老板孙正义对软银鹰队也格外关心，并不仅仅把它当作宣传广告。2015 年高潮系列赛决胜轮的时候，孙正义赶到福冈巨蛋的老板专用 VIP 包厢，和后藤、青野史宽一起观战。

“今天有点儿感冒，家人说不让参加淋啤酒。”孙正义在 VIP 包厢里说。然而在球队夺冠之后，当主力球员松田宣浩招手请他到投手土台上狂欢庆祝的时候，他还是兴奋了起来。在淋啤酒的会场，他机智地戴上泳镜，全程下来被球员们淋了满身的啤酒。

“夺冠真的很开心，跟经营没有关系。每一声‘万岁’都是由衷的。”

我向已经是球队会长的王贞治询问孙正义对棒球的态度。

“大家都在讲经营基础，我觉得问题不在这里。关键在于老板手下的人有没有干劲儿。在这一点上，孙先生创造了可以让大家团结一心的体制。这才是软银鹰队最大的优势。”

或许可以说，正因为孙正义对球队的感情超出了获得宣传效果这一商业目的，所以他才能把球队建设成常胜军团。

寻找沃达丰总裁

2004 年 6 月底，英国通信巨头沃达丰集团总裁阿仁·沙林把松本彻三叫到了六本木的东京君悦酒店。一边吃早餐一边开会，沙林开门见山地说：“您知道，沃达丰日本分公司现在没有总裁。我认为日本公司的总裁必须是日本人，松本先生，您有兴趣吗？”

就在几天前的 6 月 23 日，沃达丰日本分公司的总裁达里尔·格林突然辞职，这一空缺的职位只好由董事会主席布赖恩·克拉克临时兼任，松本也已经知道此事。据说格林在经营方针上，与英国总部对着干。

“我吗？我太老了，有点儿没自信。”

这一年松本 65 岁。他坦率地向老朋友沙林讲了自己对沃达丰在日本的处境的看法：“DoCoMo 和 au 不断地花钱打广告，在网络上的投资也走在前面。而沃达丰好像处处受伦敦总部的财务限制，做什么事都要请示，这样是很难和另外两家公司抗衡的。”

沙林认真思考了一会儿，接着问松本：“我明白了。那松本先生有没有想到合适的人选？”

“比尔·莫罗怎么样？他在日本任职多年，日本人对他的评价也不错，据说也能认真听取日籍员工的意见，他应该可以胜任吧。”

比尔·莫罗曾经担任过日本电信的总裁，无论是对通信行业，还是对日本的商业习惯，都有很深入的研究。人事的话题就到此为止。他们又谈了些别的，最后吃完早饭，正准备离席的时候，松本好像想起什么似的，对沙林说：“噢，对了。还有一个人，DoCoMo 的津田。他不是没能当上总裁吗？”

DoCoMo 的津田指的是津田志郎。在 DoCoMo 的总裁职位竞争中，他被视为最有力的候选人，报纸上也报道了他出任总裁的消息。但是母公司最后决定把总裁职位交给中村维夫。这是一个月之前刚刚发生的事。

“如果现在向他发出邀请，应该会来吧。”

松本说完，沙林就笑了。

松本心想，难道已经探问过了？

他猜得没错，大约两个月后的 8 月中旬，沃达丰宣布由津田出任日本分公司总裁的人事变动。在总裁职位竞争中落败后不久，转身投靠竞争对手，这个消息在人们的惊讶中传开了。

松本和津田都是资深管理者。沙林到底把哪个当作最有力的候选人，又是先跟谁提起，事到如今已经不得而知。不管怎样，很多人认为津田的选择是“火中取栗”。因为在 DoCoMo 和 KDDI（au）的攻势下，处在第三位的沃达丰在日益扩大的手机市场上，用户数已经开始减少。

“没有第二次机会”

松本在达到退休年龄的 4 年前，离开了他工作多年的伊藤忠商事，开始做咨询，后来又收到了美国半导体制造商高通的邀请，那是 1998 年。

1985 年诞生于美国圣迭戈的高通，如今已经是移动半导体的王者。它从以电脑为舞台、与微软组成“Wintel 联盟”的英特尔手中夺过了移动互联网时代半导体主角的位置，经常被当作美国产业界更新换代的代表提及。

孙正义斥资 3.3 万亿日元收购的 ARM，也是通过和高通交易，攻略了智能手机市场。

然而在 1998 年，除了业内人士，还没有多少人知道高通的存在。松本在成立高通日本分公司的时候，只有三名员工。

在沙林向松本发出邀请时，他还兼任美国总部的高级副总裁，在手机行业是知名人物。他在伊藤忠的时候，就已经认识沙林。

其实，想要把松本挖过去管理手机业务的人不止沙林一个。不是别人，正是孙正义。孙正义正在为进军手机市场的夙愿做着调查研究，他曾很多次征求松本的意见。

那是在松本接到沙林邀请之后的事。

“终于能拿到1.7GHz频段电波的手机执照了。但是我们都没有手机领域的经验。能不能请松本先生做（手机子公司的）首席执行官？”

1.7GHz电波是孙正义起诉总务省争取到的结果。在建筑物内信号更好的白金频段是800~900MHz，频率更小。

那些依然被NTT DoCoMo和KDDI牢牢掌握着。尽管如此，这是12年来总务省第一次分配新的手机频段，准许新公司加入。

松本考虑了一个星期，再次出现在孙正义面前说：“我还是没有自信。不过，我认为你也不应该现在干（手机）。硬干等于自杀。”

即便从总务省拿到了手机执照，要从零开始在日本全国建设手机基站，太不现实了。NTT DoCoMo和KDDI已经领跑好几圈了，现在开始不可能赶上。

松本一直在半导体这个幕后行业观察手机行业，这就是他所给出的答案。

“而且，”松本犹豫着要不要注意一下措辞，不过他还是决定直说，“你的目标是有朝一日超过NTT吧。但是，一旦失败，就不会有第二次机会了。”

孙正义沉默了。身子微微前倾，眼睛变成了三角形。黑眼珠上移。这是他深思熟虑时的习惯。终于，他开口了。

“你说的，我都明白。但是，”他停顿了一下，自言自语似的，

“我无论如何都想做。”

孙正义不由自主地说出了真心话。松本拾起孙正义的话头，继续说：“我有一个主意。”

“什么主意？”

“要从零开始做网络的设备投资，无论怎么想都不现实。那么，是不是可以考虑 MVNO（移动虚拟运营商）呢？我觉得可以和沃达丰合作。”

拥有手机业务的通信公司，通常需要在全国各地建设基站，并通过交换中心连接这些基站。就连日本这样的小国家，在这上面的投资也是巨大的。NTT DoCoMo 当初为实现 3G 标准而进行的设备投资高达 5.6 万亿日元。

MVNO 因为自己没有设备，所以称为“虚拟”。现在的廉价智能手机，几乎都在采用这种形式。虽然租赁有诸多不便，但是因为不需要进行设备投资，所以门槛较低。

其实，松本也曾向沙林提出过 MVNO 构想。那是收到孙正义的邀请之前，和沙林一起吃早饭的时候。

在松本以“没有自信”为由谢绝了沙林的邀请之后，沙林又问松本：“这次圣诞节商战，我们准备了这些终端。你觉得会好卖吗？”

“恕我直言，我觉得不会好卖。”

沙林给松本展示的手机略显粗糙，在欧洲和美国可能会受欢迎，但是与 NTT DoCoMo 预装了 i-Mode 服务的手机相比，这完全没有胜算。

“那我们应该怎么办？”

“应该起用日本本土的营销团队。我听说软银准备进入手机行业，不妨考虑一下和软银签订 MVNO 合同。”

这次，松本又向孙正义提出了他曾向沙林提过的 MVNO 构想。

“先通过 MVNO 的形式做出业绩来，然后再自己做也不晚吧。”

松本的话确实有一番道理。其实软银内部做过估算，如果按部就班地构建网络，最长要 10 年才能收回成本。

孙正义预测的移动互联网时代却近在眼前。他等不了那么久。

自己做还有一个很大的问题，那就是手机终端。软银向日本主要电器制造商提出的采购需求无一例外地遭到了拒绝，表面上的理由是“没有余力”，但软银高层认为他们是在看 NTT 和 KDDI 的脸色。

孙正义马上命人研究 MVNO。当时日本手机行业是 NTT DoCoMo、KDDI 和沃达丰三大运营商的天下。软银分别向这三家公司提出了 MVNO 的意向，最终还是只有沃达丰“有戏”。

为了与沃达丰实现 MVNO 合作，孙正义把谈判工作交给了从名古屋来的宫川润一。当然，这个时候他早已离开了箱崎维拉喷泉酒店，把家搬到了东京。

卖身

宫川开始频繁地前往位于东京爱宕的沃达丰日本分公司，进行租赁设备的谈判。他很快就发现了异常。

跟日本的负责人已经谈妥的事情，第二天又会回到原点。肯定是英国总部的意见在起作用。对方一直拖拖拉拉，系统结构图的事情毫无进展。

“为什么这么点儿事情都这么费时间呢？”起初宫川很焦急，但是他隐隐约约嗅出了日本负责人对面的那些英国人的真实想法。

“这太奇怪了。肯定是有什么事。”

和孙正义一起坐车的时候，宫川对坐在旁边的孙正义讲了自己的猜测：“我觉得沃达丰那边有点儿奇怪。无论提什么要求，他们都在推托，一点儿进展都没有。我在想，他们会不会是想把日本分公司卖掉？”

“真的吗？”

“不，这只是我的猜测。”

“明白了。那我给沙林打个电话。”

孙正义和沙林是老朋友了，他们还曾经在20世纪90年代后期，同时担任过美国思科系统公司的外部董事。

宫川的预感完全命中了。在给沙林打完电话之后，孙正义对宫川说：“你说的事是真的！好像是真的打算卖掉。”

那是2005年12月末，一年就要过去了。

软银很快开始就收购事宜和沃达丰日本分公司方面交涉，不过对方的总裁并不是从NTT DoCoMo跳槽过来的津田志郎。津田就任不到一年就退居会长，他的继任是比尔·莫罗，正是当初松本向沙林推荐的第一人选。

不用说，在孙正义和宫川造访之前，莫罗就已经确认了英国总部的意向。

“你们真的准备卖掉沃达丰日本分公司吗？”孙正义和宫川直截了当地问。

莫罗回答说：“是的。”

日本产业史上最大规模的收购谈判就这样开始了。其实早在2004年年底，软银曾向KDDI旗下的TUKA集团提出收购的意向，却遭到了拒绝。但是，这次对方是三大运营商之一的沃达丰日本分公司，规模完全不同。

虽然谈判还没有开始，但其公司的价值超过1万亿日元是肯定的。如此算来，收购金额大概会达到1.5万亿日元，再加上沃达丰日本分公司的负债，软银的负担会更大。

然而软银的资金并不宽裕。由“雅虎BB”导致的长达4年的严重赤字，刚刚扭亏为盈。

但是，向移动互联网的典范转移已经近在眼前。而且即便以MVNO的形式开始手机业务，网络终归是借来的，这还不足以实现孙正义站在移动互联网顶点的野心。

手机三分之计

但是孙正义还是很慎重。

与莫罗会谈结束之后回到东京汐留总部，孙正义把管理层叫到了26层的会议室。

“对方说让我们买呢。”

在报告了有实现收购的可能性之后，孙正义向坐在旁边的新人征求意见：“岛，你怎么看？”

岛聪曾经担任过民主党议员。这一年夏天，小泉纯一郎为了推进邮政民营化，解散众议院举行大选。岛聪在这次大选中落败，失去了议席。

在决心弃政从商时，他选择的标准是“能够打破限制，发起创新革命的企业”。他想到了孙正义和GOODWILL集团的董事长（当时）折口雅博。他先去见了孙正义，被录用为总裁办公室主任。这是两个多月前的事。

“日本恐怕只能剩下三家移动运营商。我认为如果现在可以收购沃达丰，那就应该收购。”

岛聪说出了他酝酿多时的“手机三分之计”。当然是借鉴了《三国志》中诸葛亮的天下三分之计。然而令人意外的是，孙正义却说出了否定的话：“话是这么说啊。”

毕竟刚刚止血，在这样的时机，发起直逼2万亿日元规模的收购，即便是孙正义，说没有犹豫也是假的。

“咦，孙先生这是怎么了？当时就有这种感觉。”

岛聪回顾说，此时孙正义犹豫不定的态度令人费解。但这是有原因的，在这次会议之前不久，他向孙正义透露了一个确切的消息。

一位据说是邮政族[①]大人物的自民党议员在记者面前高谈阔论

① 邮政族指对邮政事业有影响力的议员。——译者注

日本的通信行政，话题是手机频段的分配。孙正义起诉总务省后，分到了效果较差的 1.7GHz 频段，这是在场的人都知道的事实。

岛聪转到软银的事，这位议员也知道。岛聪正在侧耳倾听这位议员的观点，议员叫他："岛君，不要在那边听，到这边来。"

围着大议员的记者当然也知道岛聪的情况。岛聪站到圈内之后，那位议员毫不介意地继续阐述自己的观点。如果用一句话来总结他的发言，那就是："排在第四、第五位的外资、新进公司，分到不利的频段就够了。"

看来，政治也好，政府机关也好，都没有扶持新进公司的想法……

换句话说，在这个国家，作为手机运营商要想生存，就只能挤进前三。

即便是前三，准确地说，国内的 NTT DoCoMo、KDDI 和外来的沃达丰的待遇也明显不同。从分配的频段来看，国内组显然受到了优待。

电波的频段越高，越接近直线传播。简单地说，就是飞得更远，但缺点是如果遇到楼房等障碍物，就不容易绕过去了。日本国土面积狭小，城市地区人口密集，低频段可谓雪中送炭，十分宝贵。

一般来说，800~900MHz 的电波就属于这种，被称为"白金频段"。DoCoMo 和 KDDI 既拥有 2GHz 前后，也就是 2 000MHz 前后的高频段，又拥有白金频段，长短距离都容易覆盖。

而沃达丰只分到了 1.5GHz 频段，当时正在开发的第三代手机使用的是频率更高的2.1GHz频段，这就是沃达丰被人们诟病信号不好的最大原因。

确实，在能够使用的电波这点上，沃达丰与NTT DoCoMo、KDDI相比明显处于劣势。

尽管如此，它还是挤进了前三。软银是日本公司，如果能收购沃达丰，将来也有可能拿到白金频段。事实上，软银的确在7年之后的2012年拿到了白金频段。

决定把哪个频段分配给哪家公司的是总务省，也就是政治家。我答应岛聪不透露给他提示的议员的真实姓名，只能说他对日本的通信行政有着巨大的影响力，是一个无人不知的大人物。那位大议员断言“手机最多三家”。

这就意味着，对软银来说，如果不收购沃达丰挤进前三，就没有未来。

岛聪的手机三分之计是借助他作为前议员的信息网得出的。孙正义也理解这一点。但是，风险还是太大了。

“最后的机会”

这个时候，柳井正在背后推了孙正义一把。迄今为止，柳井对包括大荣鹰棒球队在内的许多并购都投了反对票，唯独这次他站到了赞成的一方。

“这是最后的机会。反倒是应该考虑收购失败的风险。”

有人问收购资金怎么办，但是柳井并不介意。

“要知道，如果沃达丰被基金收购了，愿景就全结束了，软银不会再有第二次机会。如果错过它，就不会再有你说的那种爆炸性增长的机会。这就是我的意见。”

往常总是反对冒险并购的柳井居然把话说到这个份儿上。他接二连三地追问，如果在这个时候拱手让人，那么软银以雅虎为中心发展互联网业务是为了什么，顶着巨额赤字发展宽带事业又是为了什么。

“如果对方不肯，那么加价也要把沃达丰买下来。”

柳井极力劝说孙正义，他相信自己比任何人都要理解孙正义对移动互联网的愿景。

柳井的一番话无疑点燃了孙正义的好胜心。

走到今天，不就是因为相信移动互联网时代必将到来吗？

宽带的“庄家”地位已经到手，但那不过是成为移动互联网“庄家”的助跑。创办软银的初衷是掀起数字信息革命。从这个目标考虑，移动互联网也只是一个工具。

最重要的是，既然身为企业家，自己就要朝着世界第一的目标努力。不是这样发过誓吗？

“在这种地方停下脚步，并且感到心满意足，我能看到世界的顶峰吗？不可能。我怎么进入守势了呢？”

孙正义向笠井率领的财务团队下达了筹措资金的号令，同时宣布开始与沃达丰进行收购谈判。

谈判按照沃达丰的节奏进行着。正如柳井正所料，沃达丰开始讨价还价了。和孙正义一起参加谈判的宫川回忆道："先是跟沃达丰日本分公司的董事一起谈，谈到一定程度，孙先生和比尔·莫罗就到另一个房间里单独协商。两个人回来以后，收购价格就涨了1 000亿日元。这样的事发生了几次。孙先生想要什么的时候都会写在脸上。我就感觉这样不妙。"

沃达丰英国总部当初不想全卖，所以谈判是基于出售日本分公司85%的股份。谈判进程突飞猛进是在2006年3月3日的晚上。

"可以100%出售。"

英国总部联系到软银，孙正义也向部下下达了全面收购的指示。根据此前的谈判推测，包括软银必须承担的沃达丰此前的负债在内，收购金额大约两万亿日元，这将成为日本历史上最大规模的收购。

下沉的泥船

当时的沃达丰日本分公司在NTT DoCoMo和KDDI的攻势下，市场份额逐渐缩小。这是一艘早晚会沉的泥船——软银管理层对沃达丰的看法也相当辛辣。

而且2006年10月24日市场将引进所谓的携号转网制度，到那时即使用户更换手机运营商，他们仍然可以使用原来的号码。到那个时候，沃达丰就成了NTT DoCoMo的割草场，进而失去更多的用户，这是大部分人的看法。

等到泥船完全沉没就太晚了。既然要做，那就争取早一刻完成收购，做好万全的准备，迎接携号转网制度的挑战。已经没有退路，孙正义也已经下定了渡过卢比孔河[①]的决心。

然而，就在沃达丰英国总部通知软银“可以100%出售日本分公司”的大约三个小时之后，路透社报道了这个消息。那是3月3日深夜，我当时也在《日经》编辑部，所以记得很清楚。

当时我负责总部的编辑和外勤记者之间的联络工作。我记得那是一条只有两三行的英文速报。

“路透社消息，沃达丰要把日本分公司卖给软银！”

我大声地告诉编辑部主任，整个编辑部就像捅了马蜂窝一样炸了锅。首席编辑拿着电话怒吼的声音，把什么拍在桌子上的声音。为了在第二天的晨报上加入这起超大规模并购的消息，编辑部不得不从头版开始替换版面布局。

《日经》其实早就掌握了这两家公司正在谈判的事实，也正在推测他们达成共识的时间，事到如今不得不往前追赶了。

同一时间，东京汐留的软银总部也一片哗然。

“为啥会走漏消息？”这边孙正义正在怒吼。他情绪激动的时候，会带一点儿博多方言。

软银欲收购沃达丰日本分公司进军手机市场——第二天的晨报上，全国性报纸一起报道了这则消息。

听到这个消息，NTT DoCoMo和KDDI肯定会采取行动争夺沃达丰的用户。不用等到引进携号转网制度，它们在软银介入之前展

① 渡过卢比孔河，西方的谚语，意为“破釜沉舟”。——译者注

开攻势，会更有利于争取用户。

形势已经刻不容缓。

孙正义和宫川加快了谈判的进程，但是又受到了报道的影响。这次是英国《金融时报》："投资基金参与沃达丰日本分公司收购战。"

几乎同一时间，沃达丰提出了提价要求。宫川的看法很冷静："我马上明白了，这是在为抬高价格造势。"

但是，这个时候加快谈判的进程，让软银在日后付出了代价。

"走了这么远"

负责筹措高达两万亿日元收购资金的财务团队，已经制订好了没有前例的融资方案，只等"那个时候"到来。站在前线指挥的是大名鼎鼎的投机家笠井和彦。方案由花旗银行提出的奇策演变而成，比较复杂，简单总结如下。

软银设立手机子公司软银移动。由软银主体出资 2 000 亿日元，子公司雅虎出资 1 200 亿日元。银行团以 LBO（杠杆收购）的形式，最多向这家子公司融资 1.2 万亿日元。

LBO 是以被收购的沃达丰的资产和现金流为担保，这样可以从银行团筹措到比手头资金多得多的金额，从而充分地利用"杠杆"。

另外，这种融资叫作非溯及型融资，即使出现无力偿还的情况，也不会溯及软银主体，也就是说软银不用担心被要求还款。

简单地说，软银方面承担的风险只有软银主体出资的 2 000 亿日元和雅虎出资的 1 200 亿日元。虽然事后要偿还来自银行的融资，但是这一方案既筹措到了远超公司规模的资金，又防范了“万一”的事态，可以说史无前例。

后来，软银在和沃达丰达成协议后，实际完成支付的时间是进入 11 月之后。还有证券公司在那 10 天前提出“涨利息”。笠井一怒之下把那家证券公司拒之门外。他把金融机构召集到东京汐留的总部做了一次演讲，至今仍在流传。

“这种事情不能没完没了地干！”

笠井平日里为人敦厚，这更加反衬了此时的气势。各家银行背地里把此时笠井的怒火称为“火山碎屑流”。

两万亿日元的大型收购终于谈妥了。3 月 17 日，原定下午 5 点举行的记者招待会，因为要完善最终的协议书，推迟了一个小时才开始。一直持续到最后一刻的谈判终于结束了，孙正义在招待会上介绍了进军手机市场之后软银的业务结构，他不禁感慨：“不知不觉已经走了这么远。”

也许是想起了同乡武田铁矢唱的那首《想想一路走了这么远》，孙正义继续说：“虽然软银是从电脑软件流通开始的，不过渐渐地，一切都在为我想象的数字信息革命做好了准备。”

从那一天回溯到大约 25 年前，在福冈杂饷隈的杂居楼的一个房间里成立的日本软银，终于拿到了新的数字信息革命的基础设施。这一年，截至 2006 年 3 月的财务年度，即便扣除刚收购的沃达丰日本分公司那部分，软银的销售额也已经超过一万亿日元。

孙正义站在橘子箱上对这两个兼职员工讲的“一万亿、两万亿”的梦话已经实现了。与那时相比，孙正义的头发变少了，也已经有了白头发。

“越是迷惑的时候，越要看得远。”这是孙正义的口头禅，但当他真的走了这么远，还是不由得感慨。

追逐着信息革命前沿的孙正义，其漫长的旅途还在继续。眼前，新的试炼已经在等他了。

失败成习惯

沃达丰日本分公司的总部位于爱宕，距离软银总部只有 1 000 米。不等收购手续结束，软银就派了 4 个人过去。那是 2006 年 4 月初。

他们是负责销售的宫内谦、负责技术的宫川润一、负责管理的青野史宽以及负责财务的藤原和彦。

首先要掌握沃达丰的经营现状，这一部分以宫内、藤原为中心。正如之前预想的那样，他们看到的是一艘下沉的泥船。“唯有报告很漂亮。财务的数据很齐全。”当时沃达丰日本分公司的经营以财务为主导，在藤原眼中就是这个样子。

宫内的看法更为辛辣：“管理层只想着能给英国总部送多少钱。”

只要看看销售现场，就会明白问题出在哪。

宫内拿到 3 月春季商战的报告，从数字来看，沃达丰可以说是完败。还不等携号转网制度实行，NTT DoCoMo 和 KDDI 就已经开始随心所欲地抢夺用户。但是，比数字更令宫内惊讶的是销售负责人说的话："我们只是不想卖，那样利润会多一些。"

确实，在手机行业，要获取用户需要花钱。因为当时手机的卖法是，通信公司先免费提供终端，然后再从用户每月的使用费中收回成本。反过来说，只要不卖终端，通信公司承担的终端费用就会减少，短期来看通信公司似乎是盈利的，但是长期来说这样只会令情况越来越糟。

那一年的春季商战中，沃达丰只推出了三款新机型，NTT DoCoMo 和 KDDI 却在携号转网制度实行之前积极地争取新用户。

"这样当然会失败。这些家伙对失败已经习惯了。难怪是万年老三。"

"沃达丰那边有很多优秀人才，但是不知道为什么，感觉不出他们在认真工作。也有很多人只是英语好，脸上似乎写着我们是手机运营商，很了不起，但其实他们做的事情跟 DoCoMo、KDDI 完全相同，没有动一点儿脑筋。情况就是那样。"

这种难受的感觉在三个月后爆发了。宫内把销售负责人召集起来，全盘否定了沃达丰式的销售。

"听着，你们要舍弃运营商思维！你们不要以为自己是手机运营商，而是要把自己当成一家卖东西的销售公司。只有把东西卖出去，才能创造价值。"

宫内下达的指示并不是什么奇策，而是"重新和销售代理店建立牢固的关系"。

日本的手机店几乎都不是由 NTT DoCoMo、KDDI 等手机公司经营的，而是其他公司投资的代理店。想要人家帮着卖，就得低头去求人家。这对销售来说是理所当然的，但是这些人并没有“人家在帮我们卖”的意识。至少宫内看到的是这样，毕竟他曾经陪着年轻时的孙正义跑遍全日本的代理店。

后来，在宫内的指示下加入的销售尖兵榛叶淳说：“一开始我以为运营商的销售很轻松，挺好的。”他负责一直合作的家电量贩店，为挽回客户而奔走，这时他依靠的是当初在阳伞部队中一起在繁华街道奔走的那帮人。

为了改变沃达丰员工的意识，宫内开始下猛药。“只有一个办法，那就是把员工都调到我们这边，改变他们的文化。”他要把沃达丰的员工，全部从爱宕总部调到汐留的软银总部。同时把软银流通部门的员工调到爱宕，腾出位置。

“这个主意好，小宫。那趁着 5 月的连休，把这件事搞定吧。”

就这样，大约 2 000 名沃达丰员工不得不搬家 1 000 米。

“10 年内超越 NTT DoCoMo”

和宫内一起调去沃达丰总部的宫川润一从这时开始自称首席技术官，这是孙正义的指示。宫川在大学学习佛教，毕业后在夜校学习会计，现在竟然去做首席技术官，一开始宫川坚决不同意，但是孙正义强硬地说：“除了你，还有谁能做？”

“做这个决定的过程真的感觉很搞笑。不过我也从事这一行很多年了，确实学会了不少东西。”

不过，宫川做的第一件事很难说是技术负责人的工作。“这是怎么回事，这样下去再过两三个月不就破产了吗？”宫川原本不是技术人员，而是经营者。他听藤原和宫内讲了财务情况，当即就理解了沃达丰的状况。

当初进行收购谈判的时候，因为急于达成协议，软银推迟了对沃达丰的尽职调查（资产评估）。

“在与沃达丰谈判的过程中，双方约定不做过于深入的尽职调查，只是口头提问。软银直到看了（收购后）财务团队交上来的分析，才发现沃达丰的现金完全周转不过来。”

宫川的第一项工作是去欧洲出差，目的地是瑞典的爱立信和芬兰的诺基亚，这两家公司都是手机终端制造商。第一次见面，宫川就提出了过分的要求：“请允许我们在 270 天后付款。”他希望对方等 270 天再收货款。

他向对方保证，会在这 270 天里采取措施，整顿网络，发起进攻。当时亚洲等新兴国家的手机市场才刚刚起步。对制造商而言，尽管对方是“万年老三”，但是对日本市场还是不能怠慢。他们只能勉强答应了宫川的要求。

孙正义也开始行动了。5 月的连休一结束，他就召集销售代理店，举行了事业战略说明会。他一到台上，就施展了吹牛的特长。

“各位，我们会在 10 年内超越 NTT DoCoMo。”

按照孙正义的性格，10 年听起来似乎太久了。不过当时 NTT DoCoMo 占有超过 50% 的市场份额，是绝对的王者，因此超越 NTT DoCoMo 是任何人都不敢想的。

比起那种遥不可及的事，随着携号转网制度的实行而来的大竞争时代已经近在眼前。怎样才能挺过去？如果挺不过去，10 年后的未来就永远不会到来。这样想才符合常识吧。

这就是孙正义式的休克疗法。

“那个时候，有人说 NTT DoCoMo 的天下不可动摇，说我在说傻话。说实话，我也觉得很难在用户数方面超越 NTT DoCoMo。但是，无论以什么样的形式都要赶超。比如，可以用并购之类的远射武器，这很重要。”

无论是以什么样的形式都可以，总之要争做第一。瞬间网速也可以，利用并购也可以。总之要以某种形式证明自己可以成为“第一”，从而摆脱对失败习以为常的状态，这才是孙正义的目的。

孙正义用这样的例子敦促现场员工进行意识改革。“试想一下，日本全国大概有三万家荞麦面馆。与之相比，手机运营商只有三家。在哪一个行业更容易成为第一？与面馆之间的竞争相比，这根本不是事儿。”

当然，事情并不像嘴上说得那么容易。携号转网制度已经近在眼前。

这一时期，软银暗中做的用户问卷调查的结果出来了。“实行携号转网制度之后，您会怎么做？”竟然有 1/3 的软银用户回答“会解约换其他公司”，这个数字太有冲击力了。

“看到问卷结果那一瞬间，我毛骨悚然。”一向强势的孙正义也说，他清晰地记得当时的恐惧。他早有心理准备，知道如果不采取措施，就会在一定程度上失去用户。但是，1/3 的调查结果完全出乎他的意料。

这样下去，花两万亿日元收购的手机事业一下子就破产了。必须采取措施。“1/3 用户外流”的调查结果在公司内部也被列为绝密信息。

失败的“意外”

2006 年 10 月 23 日，孙正义发起了奇袭。那是携号转网制度实行的前一天。在人们关注度越来越高的最后关头，发出起死回生的一击。至少孙正义是这样打算的。

傍晚 6 点半，在新大谷酒店召开的记者招待会上，孙正义雄辩：“根据目前的报道来看，在携号转网制度实行以后，90% 的人仍会使用原来的运营商，因为换运营商得到的好处并不大。”

他对“1/3 用户外流”这一调查结果只字不提，而且还宣布新加入的软银要发起价格战。

“我希望手机市场能够重新从零开始。（NTT DoCoMo 和 KDDI 的）基本费用既复杂又奇怪，就连我们也搞不太明白。但是，谁家最便宜的讨论已经结束了。”

孙正义甚至说，“NTT DoCoMo 和 KDDI 赚得太多了”。

他说，软银直接在那两家公司的套餐费的基础上降 200 日元，而且如果那两家通过降价来对抗，软银会在 24 小时内再降 200 日元。

最后孙正义打出了王牌。基本费 2 880 日元，软银用户之间，除了线路忙碌的晚上 9 点到凌晨 1 点外，免费通话。

拍摄照片时，摄影师让孙正义把写着“意外折扣0日元”的牌子举过头顶，孙正义满脸得意的形象被大规模报道。

平时处变不惊的NTT DoCoMo对此也无法坐视不理，在4天后的27日召开的中期决算记者招待会上，第三任总裁中村维夫对孙正义的怒火爆发了。

“真是信口开河，”中村把决算数字的说明放在一边，一直在反驳孙正义的主张，“便宜的只是基本费。如果把额外的网络连接费考虑进去，标准的DoCoMo用户费用完全不会输给软银的定额制。转到软银对用户完全没有好处。”

他还咬住了孙正义声称“意外”的通话0日元。

“口口声声说0日元、0日元，却在栏外用小字写了各种条件。这样的做法公平吗？用户看到账单不会吓一跳吗？这会引起用户的误会，真是遗憾。”

对于孙正义说“DoCoMo赚太多了”的批评，中村斩钉截铁地说：“我们的套餐费即使在发达国家中也是最低水平。”

中村的发言合情合理。确实，软银的广告里用米字符号写了一堆例外和条件。大部分用户都不会阅读那些细小的限制性条款。“意外折扣”基本费2 880日元是有期限的，第二年1月以后，基本费会一下子涨到9 600日元。中村在召开记者招待会还击的同时，还向公正交易委员会提交了相关信息。

结果，软银被公正交易委员会出示黄牌警告，不得不修改广告，改变“0日元”的表述。

还有失策的打击：携号转网制度实行后的第一个休息日，软银发生了系统故障，星期六傍晚开始，软银不得不全面停止签约受理。系统刚刚恢复，第二个星期天再一次发生故障，软银从当天下午开始又一次停止受理业务。

孙正义乾坤一掷的“意外”攻击成了哑弹。正如大部分人所预料的，备受关注的携号转网制度的布局战，以 KDDI 的胜利告终。

“这次没有陷阱”

虽然一上来就吃了败仗，但是孙正义当然不会就此一蹶不振。看到首战败局已定，他立刻使出挽回策略。孙正义早就准备好了第二支箭。那就是推出把基本费一下降到 980 日元的“白色套餐”。

孙正义为了挽回败局，计划 12 月 1 日就开始推出“白色套餐”，但是宫川反对。

“我绞尽脑汁地想了一整天。”他向董事们发了一封信，这就是信的开头。他提议召开紧急会议。

“如果这次再翻车，公司就不行了。现在时机还不成熟。应该等批评的声音平息，我们的用户基础稳固再说。”

如果仔细看的话，就会发现和之前栽了大跟头的意外折扣相比，“白色套餐”并没有太大的变化。软银用户之间免费通话，在晚上 9 点到凌晨 1 点之间不适用，这一点也是一样的。

虽然大幅降低了基本费，但是如果此时推出这一套餐，反而会使用户感到混乱，被当成软银一时的权宜之计。宫川指出了这一点，但是孙正义不同意。

董事表决时，孙正义经常说“我有两票”，但是此时，他却强硬地说：“最后决定的人是我。”

不过，不止这一次，当发现反对意见也有道理时，孙正义总是会争执到底，这是他一贯的作风。因此他的会议总是很长。正如前文所说，公司里甚至有人称其为“永不结束的故事”。

最终，孙正义采纳了宫川的意见，决定先观察一个月。“白色套餐”的发布时间定于 2007 年 1 月初。

2007 年元旦，新年伊始。宫川的父亲去世了。

宫川因为不想继承自家的禅寺，曾经承诺“在 35 岁之前，做自己想做的事”。因为孙正义的一句“男人不该做更大的事吗”加入了软银。此时，他已经 41 岁。虽然违背了承诺，但他并不后悔。

按照宗派的规矩，葬礼需要一个星期的时间。宫川不能出席原定于 1 月 5 日举办的“白色套餐”发布会。他用邮件告诉孙正义后，孙正义打来了电话。

“抱歉，宫川。我不能参加你父亲的葬礼了。”

“没关系。这次请务必慎重。”

再次站到记者面前的孙正义介绍了“白色套餐”的概要，他的语气平缓，与上一次截然不同。

“（这次）没有任何陷阱。不会再出现米字符号了。我们已经吸取了上次的教训。”

直到展示自嘲梗时，孙正义的表情才放松下来。

“最近我跟家里人说，以后只吃面包。我已经对米过敏了。”

从这时开始，软银逐渐开始了反击。

现在，软银已经是大公司，费用也和 NTT DoCoMo、KDDI 不相上下。与当时的挑战者形象相比，软银不再张牙舞爪，“长大成人”的形象竟令人感到落寞。

绑定两年是受福特启发

“改变吸引用户的商业模式，这是给你的作业。”

时间稍微倒回一点儿，在收购沃达丰日本分公司之后，孙正义把从马自达跳槽而来的财务专家藤原和彦叫来，给他布置了一个“作业”。

当时销售手机的方法一般是以“0 日元”或“1 日元”的价格派发终端。其实现在也没有多少改变，但是在用户看不到的地方有着很大差别。当时，手机公司要向零售店支付销售奖励金，与数万日元的终端价格相同。

这样的商业模式一开始肯定会产生数万日元的损失。“我觉得这是一个有钱的一方才能赢的游戏。”因为只要你能承受损失，把钱砸进去，用户就会跟你走。为了改变这个游戏的规则，藤原想出了“分期付款”的主意。

说起来有点儿复杂，这和以 0 日元派发终端是一样的，不过是从每月的通信费中扣除这部分。因为设定了两年的期限，所以也被称为“绑定两年”。

因为改变了支付结构，从“0 日元”变成了“真正的 0 日元”，用户不太容易明白其中的区别。但是，如果绑定两年能够降低用户的总体负担，那么用户应该会接受。藤原是这样考虑的。

藤原设计的分期付款后来成了日本手机市场的普遍标准，并且扩展到了美国等海外地区。

以绑定两年为前提的分期付款销售，对用户来说是好是坏，大家的意见存在分歧。如果在合约期间发生调到海外等情况，就会产生违约金。想转到其他公司，常常时机不对。两年过后绑定解除，但是不久系统又会开始新的两年绑定，对此不满的消费者也有很多。

但是，软银刚刚收购沃达丰日本分公司这艘“下沉的泥船”，不想在争取用户上花钱，因此，绑定两年可以说是划时代的手法。

没有人知道，手机分期付款销售的主意其实来自美国福特汽车公司。这是藤原在马自达工作时学到的东西。藤原被分配到由马自达和福特共同设立的销售公司 Autorama。在这家公司里，福特试图把残值设置型贷款引入日本，其在福特被称为“红地毯计划”。

购买汽车时，预先决定比如说在三年后作为二手车出售，将那时的售价作为“残值”，其余的费用在三年内分期支付。

因此，这样严格来说不是“买”车，而更接近于租车。对消费者而言，初期仅需较低的费用就可以开上那些一般情况下全款买不起的高档车。

从结果来看，这种福特式销售并没有取得很好的效果。藤原说：“日本用户更希望拥有一辆车，不太能接受租几年再还回去这样的观念。”虽然现在这种方式慢慢地普及了，但是当时这对人们来说还很陌生。

“手机不能租赁吗？”起初藤原想到了这样的方案，不过用户每天都在使用的手机在几年后再还回去，这样的商业模式无法成立。

于是，藤原以福特的残值设置型贷款为原型，设计了手机的分期付款销售。孙正义说：“这个主意不错！”藤原的作业一次通过，但是销售团队发出了谨慎的声音：“那么复杂的方法，人家会接受吗？”于是，团队在东京八重洲等三家店铺进行了试点推行。

管理销售团队的宫内也说：“一开始我觉得会很困难。”在决定将这样的商业模式推广到全国时，销售团队甚至遭到了一家代理店经营者的逼问：“这样做能保障我们的生活吗？”

但是，软银的资金已经用光了，顾不了那么多了。

从结果来看，藤原受福特启发设计的分期付款销售大获成功。因为有两年的绑定期，用户解约率大幅下降，公司逐渐有了稳定的收益。

大约两年后，软银开始独家销售美国苹果公司的 iPhone，iPhone 差不多每年更新换代。这当然是结果论：两年的绑定期，跟人们换 iPhone 的时间点刚好一致。

同属财务部门的后藤芳光又为藤原的分期付款销售加了点儿佐料。“如果能使这个分期付款债权流动化，那么它会成为极好的理财产品。”

藤原的分期付款有两年的绑定期限，也就意味着其预先确保了公司两年的收入。当然会有人中途解约，但是他们需要缴纳违约金，这个数字是可以计算的。如果让这两年的预期收入流动化，那么将会是一笔风险不大的可观收入。

“能够确定期限的债权可以流动化。”这是后藤在安田信托银行工作时学到的东西，他带着这个提议去找旧东家。经过银行重组，安田信托银行已经改名为瑞穗信托银行，最后这个提议被用在了瑞穗信托银行的人气金融商品“储蓄达人”中。

软银由此获得的资金除了偿还银行贷款，还有另一个重要的用途，那就是改善薄弱的网络。

“没信号。”这样的批评从沃达丰时代就开始有了，这是软银手机最大的弱点。

鲜红的日本地图

“现在在哪儿？五分钟以内过来！”

2006 年 9 月的一天，柴山和久突然接到这样一通电话。不用说，声音的主人是孙正义。柴山慌忙去了总部 26 层的总裁办公室，孙正义简洁地说：“用 GIS（地理信息系统）帮我分析一下沃达丰的电波。三天以内，可以吗？”

GIS 可以用来在地图上标出哪个基站的电波可以覆盖到哪里。信号稳定的地方用蓝色，信号差的地方用红色，完全没信号的地方用黑色。

其实，这种方法在“雅虎 BB”中也使用过，同样不断有用户投诉“信号差”。当时用短距离通信的 Wi-Fi（无线保真）信号盲区制作了地图。这种方法成为“雅虎 BB”改善网络的王牌，孙正义命令他把这种方法也用于手机。

柴山曾经做过有线广播 USEN 的技术人员，受疯子科学家筒井多圭志的邀请，加入了软银。筒井告诉他“可以先学习半年”，柴山却没想到自己一下子被派到了“雅虎 BB”的最前线。也就是说，柴山也是战斗不断的“养鸡场”的一员。

柴山描绘出的日本地图上鲜红一片。“这样不可能赢过人家……”被红色涂满的地图展现了软银所处的绝望境地。

这幅鲜红的日本地图让软银看清了严峻的现实，他们向 NTT DoCoMo 提出共用手机设备。软银表示愿意支付相应的费用，希望能共用设置手机基站的铁塔，但是这对 NTT DoCoMo 而言，无疑是给敌人送盐[①]。在遭到对方一口拒绝之后，软银只好凭自己的力量改善电波。

“三年以内把基站从 20 000 个增加到 46 000 个。”

这就是被逼出来的计划。软银的弱点是电波的频段。与拥有白金频段的 NTT DoCoMo 和 KDDI 相比，软银只有高频段，信号一进入建筑物就会变差。这个不利条件比预想的更严重。

“总之，在室内多装天线！”这一方针确定后，软银的信号改

① 给敌人送盐，日本战国时期的典故，武田信玄被今川氏真围困，没有海岸线的甲州被切断了食盐供给，武田信玄的士兵和百姓备受煎熬。得知此事的上杉谦信认为这是违反道义的不公平的战斗，于是停止争斗，命令自己领地的盐商输送食盐给武田信玄救急。——译者注

善计划终于启动，大家开始针对在建筑物内部“信号差”的弱点采取措施。

沃达丰日本分公司是“万年老三”，被说成是“下沉的泥船”，孙正义就是通过收购这样一家公司开始了手机事业。在那些经历过宽带事业历练的街头战士的努力下，软银终于走上了反击之路。

2007 年 5 月，软银签约用户净增人数超过了 NTT DoCoMo 和 KDDI，跃居第一。净增人数是新签约人数减去解约人数之后的数字，通常被用作表示手机公司增长的指标。

“无论以何种形式都可以，总之要超过 NTT。”由此让员工养成赢家的习惯，孙正义的这一战略首先在净增第一的数字上表现出来。

这一时期，孙正义坐镇的总裁办公室完全变了一个模样。他让人搬来家电量贩店的陈列架，在四面墙上都摆上正在销售的手机终端。孙正义就在山一样多的手机中间工作。无论朝向哪里，他都会看到色彩鲜艳的手机放出的刺眼光芒，办公室里完全没有了之前沉静的气氛。

孙正义还请来在东京电视台人气节目《手机大王锦标赛》中获胜的杂志编辑羽田卓生做顾问，让他常驻在软银。这是为了有想问的事情就可以立刻问他，以充分了解各公司的手机终端。

但是，孙正义近乎执拗的手机学习很快就不需要了，因为一款奇怪的手机正要面世。那就是天才史蒂夫·乔布斯研发的 iPhone。只要有它，软银就可以驱逐其他手机了。iPhone 就是暗藏了这种破坏力的“最强的移动设备”。

“你会尿裤子的”

早在 iPhone 诞生之前，孙正义就曾到位于美国硅谷库比蒂诺的苹果公司总部拜访乔布斯，这一段我在前文中已经提过。

孙正义给乔布斯看了把苹果的便携音乐播放器和日本的手机组合在一起的草图。

“我希望你做一个这样的东西出来。”

乔布斯回答：“Masa，别给我看那么丑陋的草图。”

但他似乎并没有毫不留情地贬低孙正义的创意。

“现在我还什么都不能说。而且，你还没有手机运营商的资格吧。”

那还是在软银收购沃达丰日本分公司以前。

“我会拿到的。”

“但是，现在没有。这个话题就到此为止。”

不过乔布斯又补充道：“你说得对，是时候制造最强的移动设备了，这个想法我完全同意。找我说这件事的，Masa，你是第一个。”

虽然乔布斯只说了这么多，但是孙正义已经确信，乔布斯正在制造超过自己创意的“最强的移动设备”。

在按照约定收购手机公司之后，孙正义再次出现在乔布斯面前，这次是在乔布斯的家里。孙正义的目的只有一个，就是要搞到乔布斯在绝密状态下制造的最强的移动设备。

乔布斯还是没有拿出正在研发的 iPhone 样机，不过他对孙正义说：“你看了一定会尿裤子的。”

“什么啊，那你给我看看。”孙正义回敬。

“那不行。不过 Masa，你应该懂的。”

这是一则信息：他准备推出暗藏着改变世界的破坏力的设备。事实上这就是在宣告移动设备的诞生，考虑到乔布斯一贯的保密主义作风，这可以说是非常破例的口头服务了。通过这件小事，也可以看出他和孙正义之间的信赖关系。

乔布斯的话丝毫不夸张。

“苹果重新发明了电话。”

2007 年 1 月，伴随着这句后来被多次引用的名言，乔布斯介绍了第一代 iPhone。

“实际看到的时候，身上起了一层鸡皮疙瘩，真的差点儿尿裤子。真不愧是乔布斯。”孙正义说他一瞬间就领悟了它的破坏力。

因为通信规格的关系，第一代机型不能在日本使用，但是孙正义拿到了第二年发布的 iPhone 3G 在日本的独家销售权。

苹果当时决定在一个国家只委托一家手机运营商销售 iPhone。被选中的几乎无一例外是各国最大的运营商。在日本，NTT DoCoMo 也曾提出与苹果谈判，但是乔布斯选择了“万年老三”软银。

iPhone 拉开了将互联网装进口袋的智能手机时代的帷幕，它的威力非同寻常。孙正义在美国采购了大量的 iPhone，回来交给软银的管理人员，告诉他们：“你们听着，信长之所以能想出铁炮的三段射击战术，是因为他从年轻的时候就开始玩铁炮，对它的用法了如指掌。你们今后要把 iPhone 玩儿透。”

信长利用铁炮在长篠之战中打败了拥有战国最强骑兵军团的武田军，他的铁炮可以说是“战争的典范转移”。能够称得上现代手机战争中的铁炮的不是别的，正是这 iPhone。

前夜的惊喜登场

事情发生在 2008 年 7 月 10 日夜晚 10 点半左右。在靠近 JR 原宿站的软银表参道店，有 800 多人正在通宵排队，为的是第一时间购买第二天早上发售的 iPhone。

孙正义突然出现在这里。就在刚才，董事会议还在围绕着 iPhone 的收费方案争执，最后孙正义扔下一句“算了！我去喝一杯然后回家”，离开了会议室。

上了公司的车，孙正义告诉司机：“送我去一趟表参道店吧。”从汐留总部去表参道店，比去孙正义的家远得多。大批用户正在排队的事，孙正义也听说了。他第二天早上 7 点将在表参道店登场亲自主持发售活动，之前一直在会议室里，他想直接看一看现场热情的购买者。

到达现场之后，孙正义慢慢地走下车。排队的粉丝一看到孙正义，便“哇”地发出欢呼声。孙正义独自一人，从队伍的一端到另一端，接受人们握手和拍照的要求。

孙正义的惊喜登场当然没有任何预告，不过因为有媒体前来采访 iPhone 发售前夜热火朝天的场面，所以孙正义此举成了媒体热议的话题。

第二天早上，当孙正义再次来到表参道店时，现场等待 iPhone 发售的人数已经增加到了 1 500 人。孙正义喜气洋洋地宣布："这是手机成为互联网机器的历史性的一天。"

这也是孙正义和软银摆脱泥船状态、燃起反击的狼烟的日子，而且是迈入移动互联网这一典范转移的日子。得到 iPhone 这一武器的软银，以这一天为分界线开始快速进击。

软银手机事业的成功离不开 iPhone，而使这一切成为可能的是孙正义和乔布斯的信赖关系，这我在前面已经讲过。

这两位稀世的企业家的人生曾经在意外的地方有过交点。孙正义口中的一生的恩人佐佐木正给了还是默默无闻的学生孙正义创业的机会，在创立了日本软银之后，他仍然支持着孙正义的前行。

"你知道吗，小孙，同志式结合比其他任何一种联系都要强大。"

这是佐佐木给年轻时的孙正义的教诲。"同志式结合"这个词，孙正义现在仍然喜欢用。被自己亲手创办的苹果公司驱逐的乔布斯也曾独自一人来到东京，向佐佐木请教。如前文所述，佐佐木告诉了乔布斯"共创的哲学"。

介绍有着同一位老师的两个人认识的是孙正义的旧友、美国甲骨文公司的创始人拉里·埃里森。那是乔布斯重新回到苹果公司的时候。埃里森和乔布斯是老朋友，在乔布斯被赶出苹果公司时，两个人还曾计划一起收购苹果公司。

埃里森是著名的亲日人士，还在京都拥有别墅。他在硅谷的家里有一座仿照桂离宫[①]建造的宽敞的日本庭园。他请孙正义和乔布斯到这座庭园的时候，樱花正在怒放。

孙正义和乔布斯在樱花树下谈论互联网的未来，两人意气相投，很快发展到互相到对方家里做客的关系。

在因为 iPhone 而产生交易关系之后，两个人谈话并没有涉及琐碎的商务谈判，而是继续就技术的前景各抒己见。

盟友乔布斯之死

2011 年 10 月 5 日，乔布斯去世了，年仅 56 岁。虽然人们早就知道他患有胰腺癌，但是天才过早地离世还是令全美落泪。

乔布斯的讣告传来，是在美国东部时间临近傍晚的时候，新闻一播出，全美的苹果商店都收到了花束。当时我正在纽约，也急忙赶到了位于曼哈顿第五大道的苹果旗舰店。尽管当天店里正在重新装修，还是有大批的粉丝聚集到这里。

有人献花，有人举着显示蜡烛的 iPad，有人双手掩面——所有人都沉默着。这个时节的纽约，天一黑就会寒气逼人。尽管如此，很多人还是不肯离去。

被人们如此尊敬爱戴的企业家，恐怕是空前绝后的。当时的这一感想，我还清楚地记得。

美国总统巴拉克·奥巴马也发出了这样的紧急声明，这可能是

① 桂离宫，日本京都市西京区的一个离宫，建于江户时代早期，面积约 7 万平方米，被认为是日本庭院建筑的代表。——译者注

国家元首对一个企业家最高级别的赞词。

“史蒂夫是美国最伟大的创新家之一，他有勇气以不同的方式思考，他足够大胆，敢于相信自己能够改变世界，他有足够的才能去这么做。他在车库里建立了地球上最为成功的企业，让人们看到了美国的创造力。他改变了我们的生活，重塑了整个业界，并在人类历史上留下了罕见的功绩。世界失去了一位远见卓识的人。”

接到乔布斯的讣告，很多朋友对他的逝世表示哀悼。“感谢你一直做我的导师和朋友。”（马克·扎克伯格）多年的对手比尔·盖茨发了这样一条推特：“能和史蒂夫一起工作，是莫大的（insanely great）光荣。我会永远想念他。”

“insanely”是“疯狂地”的意思，乔布斯经常在演讲中使用这个词。

孙正义正是在出席了苹果的新品发布会之后，在从旧金山回东京的私人飞机上接到了乔布斯的讣告。

孙正义与他最后一次见面大概在半年之前，乔布斯洋洋得意地给孙正义展示新开发的 iPad 2。

“等身体再恢复得好一点儿，我们一起去京都吧。”

“好啊。到时候我给你介绍好吃的寿司店，一起去吧。”

乔布斯非常喜欢吃寿司。此时的两个人当然不会知道，这漫不经心的日常聊天竟成了他们最后的对话。

在得知盟友的死讯之后，孙正义有什么反应呢？

“我哭了。哭得稀里哗啦。想到他的遗憾，眼泪就止不住。我感觉，如果能再多活一两年，他能让自己的作品更加成功。他有那个才华和远见。”

“他是我迄今为止见过的最了不起的经营者。在知道自己得了癌症之后，他的眼神和思考问题的方式有了一种超越生死的达观。在这个意义上，我还太肤浅，太渺小。”

对孙正义而言，史蒂夫·乔布斯既是朋友又是对手。他常常扪心自问：“我能超越那个家伙吗？”

第八章

雅虎族

不为人知的“爆速”改革真相

与比尔·盖茨共度一天

1995年，伴随着突显泡沫经济破裂后抑郁社会现状的事件拉开了帷幕。1月4日，奥姆真理教用化学武器VX毒气袭击了受害者协会会长。这次骇人听闻的暴行只不过是序章。

奥姆真理教在进入3月以后，发动了地铁沙林事件。这是战后最恶劣的无差别恐怖事件，造成13人死亡，超过6 000人受伤。日本邪教组织的暴行震惊了整个世界。

1月17日早上，发生了以明石海峡为震源的阪神大地震，超过6 400人失去了宝贵的生命。

不安之中，要说有什么喜讯，那就是野茂英雄在纠纷之后转会到洛杉矶道奇队，用拿手的高速球把大联盟的击球手玩得团团转。消息从大洋彼岸传来，为无数日本人增添了勇气。

曾经是中年大叔夜晚乐趣的卡拉OK扩大到了年轻群体和家庭中，旋律朗朗上口的J-Pop迎来了顶峰时期。这一年的人气排行榜上，Dreams Come True的《LOVE LOVE LOVE》以235万张的CD销量位居第一，前28位的销量都在百万以上。

孙正义所处的信息产业世界也是，这一年，一股巨浪正从美国涌向日本，这就是互联网革命。微软在8月发售的Windows 95，把原本只属于一小部分爱好者的电脑，变成了任何人都能使用、任何人都可以购买的东西。

日本版于 11 月 23 日上市，0 点发售开始，秋叶原燃放烟花，电脑制造商的老板拉彩球，庆祝活动不断。预装了互联网浏览器的 Windows 成了社会现象，互联网改变了人们的生活，成为新产业的摇篮。

孙正义在美国拉斯韦加斯召开的 IT 展览会 COMDEX 上登台，这正是时代临近转折点的时候。这一年，孙正义花 8 亿美元收购了 COMDEX。他作为老板站在台上，邀请了这一年基调演讲的第一位讲者——IBM 的改革者路易斯 · 郭士纳。

用来发现隐藏在信息产业中的地图和指南针，孙正义当时这样形容他接二连三收购的美国企业。除了 COMDEX，还有世界最大的计算机出版社齐夫 · 戴维斯公司。孙正义之所以会收购这家公司，是因为比尔 · 盖茨是这家公司出版的杂志《PC WEEK》的忠实读者，他第一次见到孙正义，就建议他每期都要读。

孙正义解释说，在新兴的信息产业中，满眼都是未开垦的荒野。展览和杂志汇集了“信息产业的信息”，成为指示冒险前进方向的地图和指南针。

即便如此，也没有必要特地花大价钱收购吧，去看展览、阅读杂志不就行了？孙正义这样回答：“比如说，每年 COMDEX 开幕前一天的周日，我都会和比尔 · 盖茨打高尔夫球，这已经成了习惯。他可是决定我们行业技术方向的人。我和他打着高尔夫球，度过一整天。我认为仅凭这一点，COMDEX 的收购就有价值。”

也就是说，和盖茨共度一天就有 8 亿美元的价值。

而且，COMDEX 的老板还习惯把那一年有前途的企业的高层请到酒店的总统套房，一起用餐。

“可以和当时行业领军人物近距离交谈，这是无法写入资产负债表的资产。这正是地图和指南针。”

孙正义的地图和指南针所指出的方向，就是在西海岸的硅谷刚刚诞生的雅虎。

把雅虎介绍给孙正义的是齐夫·戴维斯的总裁埃里克·希波。如果从齐夫·戴维斯强大的采访网络中只挑一个的话，是哪一家公司？面对孙正义提出的问题，埃里克·希波毫不犹豫地说出了雅虎的名字。其实，早在被孙正义收购之前，齐夫·戴维斯就已经在考虑出资雅虎了。

互联网平台商

孙正义马上把雅虎的共同创始人杨致远请到了酒店的套房。杨致远此时 27 岁，比孙正义小 11 岁。

“互联网的世界今后会变成什么样？”孙正义这样问道。

杨致远说，互联网就像是无限扩展的宇宙，从任何地方都可以自由出入。然而，有很多人不知道该从哪里进入。雅虎所做的事情就是创造互联网的入口。

这里会吸引很多人，产生大量的数据。换句话说，这正是互联网的平台商，孙正义是这样想的。孙正义说：“我觉得这个想法非常好。”他立即飞到了硅谷。

杨致远和共同创始人大卫·费罗二人穿着别扭的西装迎接了孙正义，杨致远说预约了附近的法国餐厅，孙正义却说：“不用，在这儿就行。比萨和可乐，有这两样就够了。我们在这儿聊一聊互联网的未来吧。”

雅虎刚刚诞生不久，还没有利润。办公室的桌子上堆满了通信设备和资料，包括杨致远和费罗在内，公司只有五六个人。这个规模简直和当初的日本软银一模一样。孙正义觉得，要聊未来，这里远比高档餐厅更为适合。

杨致远出生在中国台湾，幼年丧父。做英文和戏剧教师的母亲带着全家人移居加利福尼亚州的圣何塞，那正是硅谷的中心地带。母亲在那里教移民英语，抚养已经 10 岁的杨致远。

杨致远擅长数学，他考入当地的名校斯坦福大学，就读于电气工程专业。他在大学遇到大卫·费罗，两人一起做了一个收集网站链接的网站——“杰瑞[①]与大卫的万维网指南”。1994 年 3 月，两人把网站的名字改为“雅虎”。

前面讲过，这个名字源自乔纳森·斯威夫特的《格列佛游记》里出场的野蛮人。雅虎族是一群野蛮的坏蛋，不停地争抢那些闪闪发光的石头。在刚刚诞生的互联网的世界里，也到处都是看不出有什么价值的石头。既然这样，就由我们来帮助用户，从玉石混淆的互联网中发现有价值的闪光的石头吧。这就是两人取雅虎这个名字

---

① 杰瑞，Jerry 是杨致远的英文名。——译者注

蕴含的深意。

1995 年 3 月在设立公司后，杨致远在名片上写下自己的头衔——Chief Yahoo，翻译过来就是雅虎族的酋长。

雅虎日本

孙正义在去视察雅虎的办公室之前，就已经决定投资这家刚刚诞生的公司了。他先是买下了雅虎 5% 的股份，同时提议把雅虎引进到日本。换句话说，就是设立雅虎日本。孙正义承诺，资金方面，雅虎出资的部分也由软银出借，技术也是从日本派几个人过来自学，不会麻烦杨致远他们。

杨致远和费罗都有在京都留学的经历，杨致远还跟在那里认识的日本女人结了婚，因此他对日本非常了解。他俩还是相扑迷，所以给雅虎的研究用工作站取名叫“akebono”，计算机叫“konishiki”。[①]

这两个日本通非常清楚日本在互联网世界中的重要性。

孙正义点名让井上雅博负责成立雅虎日本的谈判工作。井上因为出生时间稍早，比孙正义高一个年级，彼此都知道脾气。这一时期，他的职位是孙正义的总裁办公室主任。孙正义的总裁办公室主任并不是随从秘书，而是战略参谋。

1995 年 12 月，井上飞到硅谷，前往雅虎总部。他穿着夹克和牛仔裤，当然没有打领带。

① “akebono”和“konishiki”都是相扑运动员的名字。——译者注

杨致远的桌子上，一捆捆的文件堆积如山。和井上握手之后，杨致远说：“这全都是雅虎日本的建议书，我们已经收到 20 多家公司的了。”

盯上雅虎的，并不只有孙正义。这个事实令人震惊，不过杨致远用一句“但是，”继续道，“大家好像都觉得雅虎是一家大公司。一上来就说要从几十个人做起，每一个都是这样。”

说到这里，杨致远笑了。

“不过，穿得这么随便过来的，你是第一个。其他人都穿着西装。”说这话的杨致远也身着 Polo 衫。一身硅谷范儿打扮的井上，似乎赢得了他的某种认同。

“你觉得要进军日本应该怎么做？”杨致远问井上。

“先从两三个人开始，然后慢慢地增加人数就行吧。”井上回答，然后又加了一句，“剩下的边吃寿司边聊吧。”

杨致远也赞成地说：“好主意。”在互联网这个行业，速度就是生命。不能等到建好完善的组织再发起进攻，既然要做，那就越早越好。而且，他们不能接受大公司的指手画脚。自称“蛮族酋长”的杨致远和井上格外投缘。

两个人一起走出办公室，来到街上。硅谷一年四季都是满眼绿色，生机盎然像 El Camino Real 这些繁华大街，平时让人感觉仿佛置身南国，但是这一天，圣诞节的灯饰灿烂耀眼。

孙泰藏的策略

“你几岁了？”孙正义问比他小 15 岁的弟弟孙泰藏。

“已经念大三了，不过还没决定要做什么。”

“还是老样子啊。把话说在前头，我是不会让你进软银的。”

孙正义一直很关心这个和他年纪相差很多的弟弟。泰藏是孙家的第四个孩子，父亲孙三宪当初打算给他取名叫孙泰三。泰三取自石坂泰三的名字。石坂泰三历任第一生命和东京芝浦电气（现在的东芝）总裁、第二任经济团会联合会会长，被称为“财界总理”。孙三宪对他十分尊敬，认为他是一位伟大的经营者。

“明明是老四，名字里带个三太奇怪了。”孙正义提出异议，于是取了“天下泰平收进仓中”的意思，取名为泰藏。

孙泰藏决定第二年复习考大学时，也是由这个给他取名字的哥哥严厉地教他学习方法，帮助他考上了东京大学。

这一天，孙正义把大三学年即将结束的孙泰藏叫到自己家里吃饭。那是井上飞到美国前后的 1995 年 12 月。

孙泰藏虽然如愿考上了东大，但还是没有找到自己想做的事情，一直忙于乐队活动。他想做点儿什么，但又不知道该做什么好。这一时期，日本朋克摇滚乐队 The Blue Hearts 和真岛昌利演唱的《越过这条线》很能引起他的共鸣：“在满员电车里 / 一脸疲惫地 / 读着富士晚报 / 那样地老去我才不要。”

可能我无法像哥哥那样，从小就被称为天才，长大后又成了名震天下的企业家，但是肯定也有我可以做到的事情。不过，那到底是什么呢？”孙泰藏这一时期反复地思考着这个问题。饭桌上，他从哥哥口中听到了他从来没有想过的事情。

“今后，互联网会完全改变这个世界。对了，你听说过雅虎吗？跟你差不多年纪的人，正在这个世界上掀起革命。”

“这我知道。哥，难道说，你认识杨致远？”

两个人一会儿讲佐贺方言，一会儿讲东京话。

“何止认识，我正打算和他一起创办雅虎日本呢。前不久刚见到他，还挺震撼的。”

“真的吗？厉害！”

原来，杨致远是孙泰藏仰慕的人物。东大经济学部三年级的信息处理课上，偶尔坐在旁边的学生教会了泰藏互联网的入门知识。那个学生告诉他的，就是在美国刚刚建成的雅虎网站。当得知建立雅虎的是只比自己大 4 岁的杨致远和大卫·费罗时，他受到了不小的冲击。

尤其是扭转了少数派的逆境、年纪轻轻就驰名天下的杨致远，深深地吸引了孙泰藏。

“哥，我想见杨致远。”这句话几乎要脱口而出，又被他硬生生地咽了回去。哥哥孙正义 16 岁赴美，比他小 15 岁的泰藏从记事起就跟哥哥分开生活，他只了解哥哥企业家的一面。他早就注意到，哥哥不喜欢公私混淆。即便是弟弟，想必也不会无条件地让他见重要的商业伙伴。泰藏改变了战术。他先是试探：“那么，雅虎日本的主页找谁做呢？”

“哎呀，问题就在这里，还没有定下来呢。”

当时，软银的主业是软件流通和出版，应该是紧缺程序员。到此为止，都不出泰藏所料。

而且，互联网依然是大学的研究者擅长的领域。泰藏的心里已经有了人选。一起组乐队的键盘手就读于工学部，他应该对这方面比较了解。泰藏对面前的哥哥说："虽然我读的是文科，但是我周围有很多理科的互联网牛人。"

"嗯？真的吗？"哥哥中了泰藏的圈套，"那你能找到多少人？"

泰藏非常了解哥哥的思考回路。如果在这里老实地回答"5个人，或者10个人左右"，哥哥肯定会觉得"学生果然就这点儿本事"。他只能学他哥哥，吹一个大大的牛皮。

"100个人很轻松。"

"啊，那么多？你真能找到那么多人？"

"差不多。"

孙正义已经完全跟着弟弟的步调走了。

"其实，这个周末杨致远要来我们公司。你从刚才说的100人里带5个最厉害的过来。"

"啊，没问题！"泰藏若无其事地回答，不用说，他的心中已经在得意地振臂高呼："太棒了！"

未来的牛顿

但凡是觉得可能会了解互联网的朋友，孙泰藏就打电话过去问，最后找到5个牛人，带到软银总部。哥哥正在那里等他。这是泰藏第一次走进软银，他被领到一个像是等候室的房间，里面坐着一个衣着打扮和他差不多的学生。明明是隆冬，那人却还穿着 T 恤和牛仔裤，脚上穿着凉鞋。那个男生戴着黑框眼镜，只会说英语。

雅虎是一家由学生创办的公司，杨致远的秘书之类的多半是由学生担任的吧。泰藏和 5 个牛人正在用日语议论的时候，他们被叫进了会议室。

会议室里，哥哥孙正义介绍说“他就是杨致远”的人物正是刚才坐在同一个房间里的那个戴黑框眼镜的学生模样的男子。孙氏兄弟是娃娃脸，杨致远也是娃娃脸，看起来一点儿也不像如彗星一般出现在硅谷的革命者。

会议一开始，孙正义就宣布：“今年是互联网元年。雅虎日本就由在座的各位来做。4 月 1 日开始服务。既然要做，就必须是日本最大的。在启动之前，网站收录数量要达到三万个。”

当时，NTT 旗下搜索引擎的网页数量只有 4 000 个左右。即使是外行人，也会觉得三万是一个欠斟酌的数字，而且时间只有三个月。泰藏内心感到震惊。在座的每一个软银员工虽然嘴上没有说出来，但都有同样的感觉。哥哥仿佛看穿了大家的动摇，说了一句：“如果有人说做不到，就从这个房间里出去。”

哥哥已经完全变成了企业家的脸，一上来就给在场的每一个人下了最后通牒。泰藏被要求在会上发言，他结结巴巴地用英语说道：“把电脑的搜索信息翻译成日语，这种耗费时间的工作可以交给我们。”于是，任务分工就这样定了下来。

雅虎日本创业团队有一个规矩。因为日本和美国分头作业，沟通全部用电子邮件进行，但是邮件必须在 24 小时内得到回复。如果三次回复超出 24 小时，罚款 5 万日元。

关键是回复的方式，据说只能有三种。第一种是无条件的确认；第二种是只要满足某个条件，无须请求确认即可直接推进工作的有条件的确认；第三种是满足某个条件并得到确认后，再次由全体成员确认的有条件的确认。要点是没有否定。

推进工作的程序都有清楚的规定，以 24 小时为期限。在泰藏眼里，这就是硅谷范儿。

“那件事令我的人生发生了 180 度的转变。”泰藏回顾的是当时杨致远说的话。

“雅虎的使命是在未来的牛顿面前抛下苹果。”

如果牛顿的眼前没有苹果，那么万有引力定律可能要等到很久以后才确立。换句话说，雅虎要成为引发改变世界的创新的诱发剂。

泰藏说，这一天夜里，他第一次有了兴奋得无法入睡的体验。“什么东西会让我们觉得真正伟大？ 100% 纯粹地追求这个答案，这才是创业的原点。”我问孙泰藏当时从杨致远身上学到了什么，他这样回答。

“我应该做什么。”泰藏发觉，自己脑海里那团模糊的东西变得清晰了一些。

泰藏重新布置了哥哥孙正义坐镇的总裁办公室旁边的总裁专用仓库，和自己找来的学生兼职固守在这里，作业是把 24 小时分成 4 班轮流进行。身为组长的泰藏带来了露营用的帐篷，住在这里指挥作业。高中时代的同学，后来经泰藏介绍成为孙正义的总裁办公室主任的三木雄信，也是无偿过来帮忙的人之一。

雅虎日本就是用这种突击方式建设起来的。4 月 1 日傍晚，在确认了电脑屏幕上的显示情况之后，泰藏直接昏倒，住院了。

此后，泰藏和大学的朋友们一起成立了学生创业公司 Indigo 以及后来的工合在线娱乐（GungHo Online Entertainment），走上了企业家的道路。

日美雅虎的不同命运

接下来，我把雅虎日本称为“雅虎”，把美国本家称为美国雅虎。

在弟弟泰藏带着帐篷住进由仓库改造而来的房间奋斗的这段时间里，孙正义飞到美国，向美国雅虎追加了 100 亿日元的投资，掌握了 35% 的股份。在日本成立的雅虎则是与美国雅虎合营，当初的资本金为两亿日元，软银出资 60%，美国雅虎出资 40%。

孙正义靠着地图和指南针发现的雅虎，成了货真价实的宝藏。它是一条能够带来巨额财富的金矿脉，更重要的是，它是开拓信息革命未来的存在，而这也是孙正义的目标。美国雅虎转瞬之间成了硅谷的一颗新星，杨致远和费罗成了无人不知的明星经营者。

孙正义出资时对雅虎的估价是 200 多亿日元，当时周围的人都说“高估了”。股票上市之后，雅虎的市值不断上涨，只用了 5 年时间就超过了 13 万亿日元，可见它的成长速度多么惊人。孙正义投资战略的所有失误，都靠着这一家公司一笔勾销了。雅虎不再是野蛮人，看它的进击速度之快，说它是怪兽公司完全没有问题。

不过，其衰落的速度也很快。如果先从结论说起的话，在 2000

年互联网泡沫破裂后，美国雅虎就逐渐陷入了窘境。

原因主要有三个。

第一个原因是公司没能扩展电子商务等除“查找”以外的服务。

第二个原因是它的搜索引擎。其很大一部分原因在于美国雅虎放任了谷歌的崛起。美国雅虎在 2000 年采用了谷歌的搜索技术，看到谷歌的迅速崛起之后才在 2004 年慌忙换成自己的。从此，雅虎下滑的速度更快了。这一点也是孙正义后悔的地方。

“其实，杨致远和我之间，只在一件事上有过意见上的分歧。他说，搜索引擎将来会商品化。他的观点是好的网站和不好的网站最后需要通过人工来进行筛选，但我说计算机将来会替大脑做筛选的工作。用现在的话说，就是谷歌。这是我们之间唯一的分歧。他说要外包给谷歌，当时我就觉得不妙。”

作为 1 号员工进入日本雅虎的有马诚，也提供了这样的证言：“杨致远说我们不用做高科技公司，做低科技公司就可以。谷歌的崛起有雅虎的功劳，但是他们把重心放在技术上。从雅虎的角度看，这样的结果简直是恩将仇报。”

第三个原因是其过于偏重电脑，没有及时应对智能手机的发展。这是比较近的事，日本雅虎也面临同样的课题。

2000 年以后，美国雅虎曾多次收到微软的合并建议，但是美国雅虎一直对此表示拒绝。杨致远在 2008 年辞去 CEO 一职，这加剧了经营的混乱。2017 年，美国雅虎事实上已经被美国通信巨头威瑞森收购。

日本雅虎却在经营上完全脱离了美国雅虎，作为软银的集团公司生存下来。

在日本落地生根的雅虎自创业以来到现在几乎一直保持着增收。孙正义的每一次豪赌，比如在与 NTT 之间的宽带争夺战以及投入两万亿日元进军手机市场的时候，雅虎则拥有稳定的收入，宛如一个孝顺的孩子。雅虎对孙正义和软银而言，已经成了不可或缺的存在，仿佛要取代开始走下坡路的美国雅虎。

造成日本雅虎与美国雅虎不同命运的原因是什么呢？接下来，我想把焦点放在软银和日本雅虎的故事上。

葫芦男和宅男

“你那个是什么东西？”

“葫芦。”

“哈，说得没错。”

高两个年级的川边健太郎的脖子上总是挂着一个奇怪的东西，这令村上臣非常好奇。

为什么要挂个葫芦呢？真是个怪人。

挂葫芦的人，这就是村上对川边的第一印象。此时，村上还在读青山学院大学一年级，只有 18 岁。

“我哥哥的朋友想搞桑巴队，正在找会乐器的人。”一个女生问村上。她的哥哥是川边的朋友。川边在青山大学的校园文化节上组织了一个自称桑巴队的学生团体，在校园里边走边跳。他找到村上，让他负责队伍的打击乐器。

“第一印象是个宅男。”川边这样回顾与村上的相遇。村上在文化节上搞了占卜活动，小有人气，但是平时，他一直都待在大学的计算机房里。他是个电脑发烧友，没事就黑大学的主页玩儿。村上当时就是这样的一个人。

近20年之后，这两个人将成为雅虎改革的主角，不过此时，他们还只是两个有点与众不同的学生。

率先推开人生大门的是川边。1995年11月23日凌晨0点，川边身处为了抢购Windows 95而聚集在深夜的秋叶原的人群之中，他看到周围人的热情，确信了一件事：“一个伟大的时代要开始了。”

川边很早就在关注互联网，他从高三开始做剪报。Multimedia（多媒体）这个有着某种不可思议的力量的词汇，不知道从什么时候被换成了互联网。虽然换了一个词，川边还是一头雾水。

互联网……那是什么东西？

他问和他从小一块儿长大的哥哥：“互联网是什么东西？”哥哥在庆应大学湘南藤泽校区上学。庆应大学因为很早就把电脑引入课程而成为话题。哥哥告诉他，在湘南藤泽校区的研究生院，互联网可以随便使用。

哥哥带着川边去了湘南藤泽校区，在那里看到的东西，令川边惊愕不已。川边原以为计算机跟游戏机差不多，现在他的想法发生了根本改变。就在这个时候，他赶上了Windows 95的热潮。

“我也想用互联网做点儿什么！”抱着这样的想法，川边在

1996 年创办了一个非法人团体——电脑队。不过，川边回顾道："一两个月之后，我们就发现自己实在是太傻了。"他意识到，要搞互联网创业，自己的计算机知识还不够。

于是，他又找到了那个宅男。"那家伙是电脑队唯一一个靠谱的 IT 人才。"村上接受川边的邀请，加入电脑队的目的说白了就是钱。村上的家里只给他汇寄学费，他从高中开始就在秋叶原的电脑店打工，赚取生活费。

他还承接局域网、邮件服务设置这种简单的小活，赚取零花钱，就在这个时候，他收到了葫芦男的邀请。就这样，村上的人生也开始发生巨变了。

面馆的相遇

电脑队开始接制作网站的活儿了，不过村上并不满足。他觉得应该可以做更有意思的事。就在这个时候，一次意想不到的相遇找上了川边和村上。当时，他们在 JR 原宿站附近的人气面馆"九州 Jangara 拉面"，像往常一样专注地聊着互联网话题。

"你们在用互联网做什么事情吗？"坐在旁边的美国人问他们。这个美国人看样子懂一点儿日语，一问才知道，他在读东京大学的硕士课程，学的是信息工程。而且，他所在的研究室就在电脑队一个成员的隔壁。

"原来你们是学生创业。有意思。不过，你们一定要去硅谷看一看。"

创业圣地硅谷。在那里和自己的公司一样的学生创业公司一个又一个诞生，最后驰名世界的公司数不胜数。川边和村上不可能不感兴趣。

这个美国人虽然是美国东部肯塔基州人，但是他的朋友在硅谷工作，说可以介绍他们认识。川边和村上很快制订了赴美计划，用一个星期的时间访问硅谷。

“怎么大家都穿成一个样子。简直就像日本商人。”

川边和村上拜访了一位据说在当地做了 20 年咨询顾问的男人，看到两人穿着别扭的西装，对方付之一笑。恭恭敬敬地交换名片，这样的事都不会做。不过，两人并没有遭到粗鲁的对待。对方亲切地向这两个靠着在面馆认识的人牵线搭桥、从日本远道而来的学生企业家介绍自己的朋友。

“这就是硅谷啊！”

在亲身感受到创业圣地的做派后，这两个“怪人”竟感到莫名的舒服。

走访了几家公司，村上的心中有什么在燃烧翻滚。

“说实话，硅谷的公司在技术上并没有什么很厉害的东西。但是，在那里见到的每一个人都一脸认真地说‘我们要改变世界’。那种能量，我觉得很厉害。”

川边和村上还在这里遇到了左右他们去向的人物。在面馆认识的那个美国人介绍给他们一家叫 Unwired Planet 的初创公司，他们去拜访时，出来迎接的是营销副总裁。

此人据说原先是甲骨文的员工，他在甲骨文总部对面的公寓里租了一个房间，中午就去员工食堂吃饭。他说这是和旧同事的商务午餐。这在日本是无法想象的，令两人格外赞叹。这个人对他们说："其实我们最近打算进军日本，但是没有分公司。所以，你们能不能帮我？"

"好，到时候请务必找我们。"

川边和村上本以为对方只是嘴上说说，没想到大概半年以后，对方真的联系了他们。因为一家叫日本移动通信（IDO）的公司采纳了 Unwired 的技术，希望他们能够帮着发展日本业务。

IDO 是现在的 KDDI 的前身之一。两个人慌忙制作了 Unwired 的名片，还没有搞清楚是怎么回事，就被卷入了硅谷公司的业务。此时，两个人负责的工作是 EZweb 的一部分。为了对抗 NTT DoCoMo 的 i-Mode，EZweb 正在秘密开发中。

"我想到大公司里学习一下。"

在和 IDO 谈判的过程中，村上了解到了一些大公司的运营原理，临近毕业时，他决定离开川边的电脑队。他一度向往成为飞行员，但是没有通过考试，于是在野村综合研究所就职，不过他很快就厌倦了销售工作。入职 10 个月，村上递交了辞呈，又一次来到电脑队的办公室闲逛。

"你回来了！"

早就看出你不适合野村那样的大公司，川边说笑着迎接村上。村上也认输地说"已经待腻了"。就这样，村上回归了电脑队。那是 2000 年的事，不久之后，雅虎向这个另类的学生创业团体伸出了橄榄枝。

电脑队被雅虎收购，川边和村上转到了名震互联网界的雅虎。

对雅虎的不满

之后 10 年，雅虎一直在迅猛增长，1999 财年完成了不到 57 亿日元的销售额，在 2009 财年增加到了 2 798 亿日元，10 年增长了约 50 倍。

孙正义把雅虎总裁的职位，交给了当初负责和杨致远谈判的井上雅博，井上的成果远远超出了孙正义的期待值。创业第二年，也就是 1997 年，雅虎开放了股票的店头交易。2003 年，雅虎在东证一部上市。上市第一天的收盘价是 157 万日元，创下了 3 万亿日元的市值纪录。

在沉浮激荡的 IT 行业，雅虎看起来是磐石一般的赢家。日本雅虎当初是软银和美国雅虎按照 6：4 的比例出资合办的，虽然后来出资比例发生了变化，但雅虎仍然是软银的子公司。对软银来说，雅虎就是一个每年带来巨额利润的孝子，是支持孙正义发起新挑战的聚宝盆。

村上却对这样的雅虎感到不满。

并入雅虎之后，村上一直在移动部门。在软银收购沃达丰日本分公司之后，他还被调到沃达丰。2008 年，他回到雅虎，就任移动事业部服务开发室主任。

这一年7月，软银开始销售iPhone。互联网的主角迎来了从电脑切换到移动设备（也就是智能手机）的转折点。

村上在雅虎看到的却是，高层仍然沉浸在依靠电脑取得的成功体验中。他们始终认为电脑是互联网的主流，智能手机还只是小小的支流。这样的气氛笼罩着公司内部，至少在村上的眼里就是这样。

时代的发展似乎故意要惹恼村上。

受雷曼冲击的影响，有的广告主减少了网络广告的投放量，移动服务开发团队的工程师一个又一个地被调到其他部门。

到了2010年，经济危机得到了一些缓解，但是当时雅虎的优先事项是切换搜索引擎。为了将搜索引擎切换成谷歌，雅虎正在暗中行动。孙正义几乎每周都要花时间跟谷歌谈判，持续了半年时间。当时谷歌方面的负责人就是尼科什·阿罗拉，后来被孙正义挖来当接班人，这在前文已经讲过。

与谷歌合作的同时，雅虎管理层还不断地把工程师投入一个叫Interest Match的项目，就是所谓的搜索联动型广告，根据搜索和网页浏览的历史记录，选择符合用户兴趣的广告。

现在，这些都理所当然似的被用在智能手机的屏幕上，但是当时这项业务始终是以电脑用户为主。当然，村上率领的移动团队被关在了门外。

尽管如此，村上还是坚定不移地相信，移动互联网时代必将到来。不，那个时代早就已经开始了，雅虎的高层竟然还没有意识到这一点。村上的不满越积越多。

他找过井上，也曾多次向雅虎的二把手、首席运营官喜多埜裕明反映，但是这些努力看起来完全没有效果。

“干不下去了！”村上最后递交了辞呈，“整个公司都应该大力发展移动业务。我一直深感不满，那时终于爆发了。”

喜多埜很快就批准了，人事的答复却令他意外：只有井上同意了，才能办理辞职。村上立刻联系了井上，但是一直没有得到答复，辞职就这样搁置了几个月。

“待在我能看到的地方”

搁置期间，村上打电话给负责软银集团全部管理工作的青野史宽，说“我要从雅虎辞职”。青野回答说：“学院那边还得继续。”

学院指的是孙正义为了培养接班人而设立的公司内部教育机构，包括外部学员在内一共选拔了300人。因为“接班人”阿罗拉闪电辞职，孙正义表明要继续担任总裁，学院不禁给人形同虚设的感觉，但是当时孙正义还在频繁地讲课。村上是学院的学员，还曾经在首届演讲比赛中夺冠。

青野告诉村上：“我帮你安排时间跟孙先生面谈，你好好跟他讲。”

村上当着孙正义的面，直言不讳地痛陈雅虎的现状：“雅虎完全没在移动业务上下真功夫。这样下去，我作为移动业务的负责人，没有办法做出充分保证。我无法承担起这个责任，因为我觉得要转移到智能手机必须勇于承受责难，否则就不是一个合格的工程师。”

孙正义默默地听着村上讲，然后说了一句令村上意外的话：

“软银是个集团，有两三百家公司，应该有些相关的地方。你有没有感兴趣的地方？随便哪里都可以安排。”

“不，我已经决定创业了。”村上和电脑队时代的盟友田中祐介气味相投，准备成立一家新的移动服务公司。他向孙正义介绍了这些情况，孙正义说：“那好吧。不过村上，你要待在我能看到的地方。”

“啊？”村上揣摩不出孙正义的真实想法。

孙正义毫不介意地继续说：“还有，你在学院的学习一定要继续。”

“不过从雅虎辞职以后，就会被当成外部学员对待，得重新参加考试吧。”

学院 300 名学员中，有 30 名外部学员。有 1 万人踊跃报名，因此外部学员规模扩招到了 100 人，但是毫无疑问门槛依然很高。

“那种事，总会有办法的吧。”孙正义告诉坐在旁边的青野，“把他转成外部学员。”和孙正义的道别就这样结束了。

不过，那句“待在我能看到的地方”到底是什么意思呢？如果是说继续留在信息产业，那么成立移动服务公司似乎没有问题。村上怀着无法释然的心情离开了汐留的软银总部。

“还是应该跟井上先生说一声。”看到雅虎一直置之不理，村上采取了行动。他让秘书室的朋友在井上准备下班回家的时候告诉他，他冲到电梯前守株待兔。

“井上先生，我给您发邮件说要辞职，您看了吗？已经过去好几个月了。”

井上似乎有点儿不知所措，他说："啊，你别说傻话了。"

村上没有畏缩："井上先生，这里不方便说话，有时间一起吃个饭吗？"

"好。那你帮我跟秘书室说一声。"

和井上的聚餐很快实现了，在赤坂的高级鳗鱼料理店，村上向井上做了最后的越级上诉。

"我还是觉得雅虎应该多重视一下移动服务。"

"这我明白，但是，现在不是已经在做了吗？"

"不，这样还不行，必须投入更多的精力。"

井上并不是彻底否定移动变革，但是他认为现在应该优先在主流的电脑上加大投入，建立磐石一样坚固的体制。

"村上，在雅虎，你可以率领 1 000 个人战斗。你难道不想要这样的机会？"村上说要离开雅虎开始创业，井上想劝他回心转意。但是村上也不甘示弱："Instagram（照片墙）开始只有 5 个人，最后发展成拥有 1 亿用户的公司，改变了世界。我觉得智能手机的时代就是这样的。"

两个人始终各持己见。井上和村上有许多共同的爱好，比如汽车、爵士乐。谈话偶尔离开本题，一直聊了 4 个小时。最后井上说："既然你把话说到这个份儿上，那我也没有办法。"批准了村上的辞职。

2011 年 4 月，村上离开了工作 10 多年的雅虎，那一年他刚刚 34 岁。

不满分子

“慢慢想下一步干什么吧。”

离开雅虎之后，村上去的第一个地方是小松的驾校。他想考挖掘机驾驶证，他一直在做森林抚育间伐的志愿者，可以用到驾驶证。

他多次和电脑队时代的盟友田中祐介商量，两个人可以做点儿什么。这时，村上收到了学院的通知：“下一个主题是‘雅虎日本的十年战略’。”以雅虎的长期战略为主题，由学院学员制订计划，进行演讲比赛。

但是，村上的观点毫不留情：“听到这个主题，我的第一反应是，十年后还有没有雅虎都是个问题。”

村上觉得自己已经和雅虎一刀两断了。“这事儿跟我没有关系。”他这样想，但还是无法释怀。

学院举办演讲决赛时，孙正义和雅虎的高层都会在场。村上想，反正我已经不在雅虎了，既然这样，索性最后讲个痛快，把在雅虎觉得不满的事全部说出来，如果这样做对曾经的同事有好处，就值得一试。

村上改变了主意，决定再一次畅所欲言。这真的是最后一次越级上诉了。他想起孙正义最后说过的那句话，“待在我能看到的地方”。

当时他不明白这句话的意思，莫非……

村上立刻开始行动，他开始接触雅虎内部看起来是不满分子的员工，听取他们的意见。

“你觉得最近的雅虎怎么样？你觉得哪里不好？我代表你们，全部告诉孙先生。我一定会冲进决赛。所以，有什么想说的话，全部告诉我吧。”

这样收集到的意见，跟自己在雅虎时感受到的大同小异。轻视移动时代所导致的对未来的危机感、大企业业病、内向体制……

村上还找了跟他一起转到雅虎的川边健太郎帮忙。川边此时担任雅虎子公司 GyaO 的总裁，他答应村上，帮他做演讲的最终检查。“既然要做，那就做得更猛烈一些吧。”川边也非常理解村上的目的。

“雅虎真浪费”

2011 年 10 月 26 日傍晚，村上一决胜负的时刻到了。这次是真真正正的最后的越级上诉了。

地点在软银汐留总部的 25 层。这一层平时是规模巨大的员工食堂，摆着小型游戏机，员工经常来此休息，也经常能看到员工在这里放松地开会。

里面的自助食堂区聚集了 300 名学院学员，最前排坐着以孙正义为首的软银管理者，雅虎的喜多埜也被请到了这里。

所有人的视线都聚焦于站在台上的村上。此时，他留着烫过的长发。村上身材瘦削，看上去就像摇滚歌手一样。

"MOTTAINAI！"[①]

村上开始演讲，屏幕上显示出这样几个大字。和文字一起显示的是一个富态的黑人女性的照片，她是肯尼亚的环保活动家旺加里·马塔伊，因为将日本的"MOTTAINAI"精神带到了世界而广为人知。她获得了诺贝尔和平奖，但是在这次演讲之前去世了。

"浪费……我觉得非常浪费的事情就是雅虎的经营体制。"村上用直截了当的话语开始了演讲，"雅虎是日本排名第一的互联网公司，拥有非常优秀的人才。浪费，没能有效地利用这些人才，是因为管理太差。"

这一天的主题本来只是雅虎的十年战略，但是村上开始批判体制。在场的每个人都屏住了呼吸，村上却不管不顾地继续。他在屏幕上陆续放映了辞职人数变化等图表，矛头直指雅虎的管理层。

而且，还点名道姓。他举例说某个高层领导在社交网络事业上明显失败了，不但没有承担责任，还升了职。他狠狠地贬斥："这种事情可以横行，不是太奇怪了吗?！"村上外表看着轻浮，表情却无比认真。看到他的表现，全场的气氛都紧张起来。

孙正义全程抱着胳膊，目不转睛地听村上演讲。村上偶尔从台上瞅一眼曾经的上司喜多埜，明显看出他很不高兴。

村上用这样一番话结束了演讲："如果真想改变，我随时帮忙。即使是现在，我仍然非常喜欢雅虎日本。我随时准备着。"

演讲结束了，全场鸦雀无声。孙正义仍旧抱着胳膊，一脸严

① MOTTAINAI 在日语中有可惜、浪费之意。——译者注

肃。没有常规的点评。村上的想法传达了吗？很遗憾，完全没有那样的感觉。

“啊，闯祸了。”

最终，村上没有得到任何反馈，离开了汐留。

首席移动官

之后过了将近两个月，12月中旬，村上接到了一通电话，来电者是孙正义的亲信青野。在学院的“浪费演说”的话题过去一阵之后，青野用不同往常的声调说：“村上，你可别逃跑。”

“哈？什么意思？”

“现在详细的事情我还不能说。不过，不管发生什么，你都不能逃跑。”

直到转过年来又过了一段时间，2012年2月，村上才理解了青野话中之意。村上的手机又一次响起。

“好久不见。我有重要的事和你说，一起喝杯茶怎么样？”

电话是川边打来的。当天晚上，两人在六本木新城附近的咖啡店碰面，川边告诉村上：“喂，回雅虎吧。”

“说什么呢。用那样的方式辞职，事到如今就算是你让我回去也没用。”

村上叫川边别开玩笑。川边降低了声调继续说：“这话只能在这儿说，雅虎的经营体制要变了。”

“啊，真的吗？”

“宫坂先生当总裁，我是副总裁兼首席运营官。”

“啊！这么说，井上先生当董事长吗？”

“不，井上先生不会当董事长。现在的管理阵容全体卸任。”

“真的吗！”

“所以说，回来吧。我和宫坂先生一致认为应该把重点转移到移动服务上。说到由谁来做这件事，还是提到了你的名字。所以，你要不要考虑一下回到雅虎？祐介那边我会好好跟他讲。”

村上刚和田中祐介成立了一家叫 Pido 的初创公司。三个人是从电脑队时期开始结成的盟友。地点换到青山一丁目的咖啡店，川边向田中请求，让村上回到雅虎，田中很吃惊，不过还是爽快地答应了。

“虽然很遗憾，不过这是个不可多得的机会。我们想做的事，什么时候都可以做，这件事却只能现在做。你还是接受吧。应该乘上巨浪。”

尽管听起来若无其事，但是村上清楚地记得田中那时的表情。因为彼此都是老朋友，所以一下子就能知道对方的真实想法。“你去改变雅虎吧。”村上当场下定决心，回到雅虎。

顺便说一句，田中也在村上之后加入了雅虎，成了董事之一。

“噢——村上！可把你盼来了，好久不见！”

在租来的会议室里，宫坂和川边一起迎接村上。宫坂像往常一样，热情地握住了村上的右手。他告诉村上，雅虎的改革就要开始，而改革的重点就是将重心转移到移动业务上。

“真的要做对吗？”

“做啊。那还用说。所以才需要你的力量。”

尽管宫坂这么说，村上还有一个小小的疑虑。学院的那次有关浪费的演说，宫坂也作为执行董事的一员坐在最前排听着。他不但没有发表评论，甚至连分都没有打。

“那个时候，宫坂先生既没有讲评也没有打分，我很难过啊。”

村上问起来，宫坂有点儿难为情地回答：“哎呀，那个时候我脑袋都被塞满了。那天我回到家里之后跑了 20 公里！”

宫坂喜欢户外活动，这样的回答令村上也禁不住大笑起来。“哈哈哈！那算什么啊。”宫坂让村上担任首席移动官，明确表示让他站在前线指挥移动业务改革。

经营革新

宫坂此时才 44 岁。他将率领一班与众不同的管理者，以“爆速”为口号，主导雅虎改革。他的人生转机出现在和原电脑队的两个人在租赁办公室里交换移动改革誓言的大约一个月前。

2012 年 1 月的一天，宫坂被孙正义叫过去。

“孙先生很少找我，还想会不会被狠狠地骂一顿。”宫坂这样回忆当时的心境，他当然无法预知后面迅速发展的事态。

他走进总裁专用的接待室，孙正义正目不转睛地看着坂本龙马的肖像画。孙正义突然开口说：“我觉得你应该做雅虎的总裁。”

宫坂一时没能理解这句话的意思：“应该做总裁是什么意思？

是让我和井上调换吗？”宫坂疑惑不解。孙正义继续说：“我也多方面打听过，调查过，思考过。最后觉得你来做比较好，你觉得怎么样？”

虽然被问怎么样，但是因为事情太过突然，宫坂不能马上答应，他支吾地说：“请让我考虑一个晚上。”

井上在1996年从零开始在日本建立了雅虎，并把它培养成代表日本的互联网公司，是雅虎最大的功臣。2017年4月，井上在美国遭遇交通事故突然离世。孙正义至今仍说：“我对他的贡献评价很高，也很感谢他。”这想必不是假话。

就像我前面讲的，雅虎的迅速增长，有数字证明。无论是向NTT发起的无谋的挑战，还是投入两万亿日元巨资进军手机市场，如果没有井上建立的雅虎的协助，就都无法实现。

但是，时代正朝着孙正义很多年前就预言的移动互联网的世界突飞猛进。雅虎的滞后，无论在谁的眼里都清清楚楚。听过村上的“浪费演说”之后，孙正义开始暗中行动。要改变雅虎，只有进行经营革新。

这就意味着，要把功臣井上从总裁的椅子上拉下来。

“我已经决定了。”孙正义跟井上摊牌。

“既然孙先生这样决定，那就这样吧。”

就这样谈妥了。多年的同志似乎马上理解了孙正义的意图，两个人之间不需要太多的话语。对孙正义来说，此时的心境正可谓“挥泪斩马谡”。“这件事不能用少数服从多数的方式决定。”孙正义做出了冷酷无情的决定。

再说宫坂。虽然孙正义问他是否有意当总裁令他意外，但也不是猜不到原因。其实他正在公司内部召集有志之士，打算从内部推动雅虎改革。这个动作也传入了孙正义的耳朵。

但是，担任总裁完全是另一回事。宫坂三年前刚刚当上执行董事，而且他长期专注于雅虎新闻等媒体事业，广告是雅虎的顶梁柱，他没有做过这方面的工作，也没有做管理的经验。不过，宫坂说他是这样想的："如果说让我把雅虎的规模发展到井上先生时期的两倍，那么我做不到，但是要从不好的状态恢复到好的状态，或许我也可以。而且我非常热爱雅虎，在这一点上，我自信不会输给任何人。"

第二天，宫坂告诉孙正义，他决定接受总裁职位。

新总裁是老大哥

宫坂于雅虎创业的第二年——1997 年 6 月入职，是第 53 号员工，他是了解草创期的。学生时代，他读了杉山隆男的《媒体的兴亡》，那是一本以《日本经济新闻报》为中心，描写报社技术革新动向的书。宫坂因此想进报社工作，第一志愿《日经》没有被录取，他定下去《每日新闻报》当记者，也出席了内定典礼，后来又改变了主意。

宫坂选择的是一家叫 UPU 的与出版相关的小公司。他做出这个决定的主要原因是听说这家公司会给每个员工发一台 Macintosh（麦金塔电脑）。

没有加班费，月薪到手不到20万日元。当时正是泡沫经济的顶峰时期。进入金融机构工作的朋友一到周末就开着刚买的汽车去兜风，宫坂却不得不继续住在没有浴室的破公寓里。

不过，同事中有趣的人很多，而且宫坂工作勤奋，就算过着学生一样贫穷的生活也毫不在意。

工作了5年之后，他听说刚刚成立的雅虎正在招募人才，便前去应聘。加入雅虎之后，他依然勤奋地工作。

他参与创建了雅虎财经频道，那里每天要逐项检查3 400个品种的13 000个项目。“在雅虎新闻频道时，他靠着每天小小的积累，为现在的雅虎贡献着力量。”宫坂回顾道。他始终站在雅虎的最前线。

工作以外的时间里，宫坂是一个狂热的户外运动爱好者，他在高中时就参加过登山协会。现在也是，一到冬天，他就喜欢待在山里。他的爱好是野外单板滑雪，离开滑雪练习场，穿着雪鞋爬上雪山，在山里滑行。他喜欢用Gentemstick，据说这是只有真正懂野滑的人才知道的名板。

他把长野县白马村当作第二故乡，这里离他父亲的出生地很近。他在此地建了一座别墅，还曾邀请员工来举行营火会。在周围的人眼里，他不太像领导，更像一个老大哥。

井上雅博总是待在总裁办公室里，从大局出发，用独特的话语引领员工。新总裁的“动”刚好与之形成对照。宫坂与川边的一次不经意的对话，采用了“爆速”这一口号，让公司内外产生了雅虎已经脱胎换骨的印象。

川边当时37岁，担任子公司GyaO的总裁，也没有做过雅虎的董事。为什么宫坂会选择他做自己的左膀右臂，让他当副总裁兼首席运营官呢？宫坂是这样说的："川边是那种说起话来毫不留情的人，有时候两人会发生争执，不过可以痛痛快快地吵架，有什么说什么。而且他也特别喜欢雅虎，所以我才会选择他。"

他和川边在涩谷的卡拉OK包间里描绘出了雅虎改革的脚本。传达的方式也很有大哥范儿："我先跳，大家跟上。"

革命纪念日

就任总裁后，宫坂提出的策略是与不同业种合作，其速度完全无愧于爆速这个口号。

从ASKUL[①]开始，到食谱分享网站COOKPAD、经营茑屋书店的Culture Convenience Club（CCC）、GREE[②]、LINE[③]、价格网（karakul.com）……宫坂和川边两个人齐心协力，在三个月内就谈妥了全部合作。每一项合作，其目标都是对移动转型不可或缺的应用进行强化。

另一方面，担任首席移动官的村上则从"挖人"着手。他

① ASKUL，以商品目录的形式开展办公用品邮购业务的综合性服务公司。——译者注

② GREE，日本著名的社交网站。——译者注

③ LINE，韩国互联网集团NHN的日本子公司NHN Japan推出的一款即时通信软件。——译者注

锁定的目标是和自己一样的人。有些工程师在聊天工具上偷偷抱怨公司，村上挨个找他们谈话，把他们都带到了村上的办公室。

他还发挥自己从大学时代开始当黑客的经验，找出公司里隐藏的黑客。“那种地方有很多能干的人。因为我自己就是这样，要找他们很容易。”村上的办公室里开始聚集一些奇奇怪怪的人。村上自己就留着长卷发。他们不介意外表，现在在公司里仍被说成是神秘组织。

对宫坂领导的雅虎而言，第一个大的决断发生在体制革新的第二年——2013年。亚马逊和乐天遥遥领先，该如何挽救“万年老三”的雅虎购物呢？

作为雅虎的董事长，孙正义的主张是免费化。

雅虎购物采用的是购物中心模式，为各种各样的卖家提供场所。通过提供雅虎购物这一场所，收取开店费用和销售额提成。这就好比在网上运营一家百货商店。

“除了免费化，没有别的办法。”

孙正义逼宫坂就范。但是，事情并不像嘴上说说那么简单。免费的反作用力太大了，一旦免费化，公司每年会损失100亿日元。

宫坂和川边之前提出的目标是，三年以内让营业利润倍增，母公司的老板孙正义却斩钉截铁地说：“那种事，怎样都无所谓。”意思是先把利润放置一旁，赶上亚马逊和乐天再说。

“今天是革命纪念日。”

最终，孙正义不顾他人反对，决定将雅虎购物频道免费化。2013 年 10 月，孙正义在新高轮王子大饭店召集了大约 1 000 位卖家，宣布免费化。

这一举措取得了强大的效果。截至 2016 年的三年时间里，开店人数从 2 万激增到 45 万，商品数量也从 8 000 万增加到原来的 3 倍。雅虎趁势追击，从 2017 年起，给软银手机用户送出了一份厚礼：将雅虎购物的积分增加到原来的 10 倍。

免费策略是拿手好戏

前面已经不止一次提到，免费策略是孙正义的拿手好戏。

20 世纪 80 年代软银和新日本工贩（现在的 FORVAL）创始人大久保秀夫联手，免费向第二电电提供 NCC BOX；发展宽带事业时，其组编阳伞部队，疯狂发放免费的调制解调器；进军手机市场时，尽管有小小的失败，孙正义也还是提出了免费通话的“意外折扣”，试图追击 NTT DoCoMo 和 KDDI。

这一策略可以追溯到孙正义小时候。父亲孙三宪开了一家咖啡店——山小屋，孙正义就让父亲发放免费的咖啡券。那时，他还只是个小学生。

其实，雅虎也不是第一次采用免费策略。故事回溯到 1999 年年底。当时，全球最大的拍卖网站美国 eBay（易贝）公司计划进军日本。

eBay 掀起的互联网拍卖的浪潮，首先袭击了美国雅虎。美国雅虎虽然也有拍卖业务，但是不如 eBay 专业。于是，孙正义和美国雅虎的杨致远一起采取了行动。

他们询问 eBay 是否有意和美国雅虎合并，这一事实几乎没有人知道。谈判进展很顺利，也已经签署备忘录，但是在签正式合同之前被推翻了。孙正义现在仍然觉得遗憾：“那时候，如果和 eBay 合并成功的话……”

eBay 做足了准备，登陆日本。迎战的日本雅虎当初尝试过合作，但是条件没有谈拢。既然如此，那就只能全面对决了。为了击退 eBay，孙正义提出的战略非常简洁。

“到 eBay 退出日本那一天为止，免收手续费。”

实际上，雅虎拍卖一直贯彻免费战略，直到 eBay 厌倦了打消耗战，在 2002 年退出日本。

时间流逝，这次轮到在电子商务领域实施免费策略。这方面，孙正义也有成功经验，那就是中国电子商务巨头阿里巴巴集团旗下的淘宝。孙正义是阿里巴巴的外部董事，在以免费策略发展淘宝的过程中，他也参与其中。他把这种模式带到了雅虎。

难以逾越的马云

孙正义和阿里巴巴的成功故事如今已成为传说。马云从英语老师变成企业家，取得了巨大的成功。他和孙正义相遇于 1999 年 10 月 31 日在北京举行的集会上。

孙正义听说了有关马云的传闻，要求见面，但是马云刚刚筹到了阿里巴巴的启动资金，不需要见新的投资人。不过，因为摩根士丹利的分析师强烈建议马云见一见孙正义，所以马云从根据地杭州飞到了北京。

“刚见面 5 分钟，我就决定要投资。”孙正义非常欣赏这位初次见面的中国企业家，他这样回顾当时的感动。

“从他的眼神里，我看到了领袖的魅力。也许可以说是一种动物般的气味。打个比方，如果他下令，让 100 个部下跳进水里，大家都会服从，甚至说冲进火里，也会有人照办。我感受到了这样的力量。Jack 的厉害之处绝不是会计或数学知识。”

孙正义当场提出希望投资 4 000 万美元，他打算掌握阿里巴巴 49% 的股份。

“用不了那么多。”马云坚决推辞。

“别这样说，你就收下吧。”孙正义依然坚持。下次又把地点换到东京，继续投资谈判，两人各让一步，孙正义决定投资 3 000 万美元。不过，马云重新考虑了一下还是觉得太多，请孙正义把金额降到 2 000 万美元。孙正义勉强答应了。

这 2 000 万美元换算成日元大概 20 亿，后来变成了超过 10 万亿日元的账面收益，足以证明孙正义的慧眼。两人结下了同志之盟，现在仍担任对方公司的外部董事，是彼此的好参谋。

在孙正义培养接班人失败、尼科什 · 阿罗拉闪电辞职之后，马云曾在杭州接待孙正义，并建议他考虑阿里巴巴式的干部选任规则：“我当过老师，你听我的。实际年龄和工作年限相加总和超过 60 岁，就可以退休了。”

顺便说一句，孙正义实际投资阿里巴巴的时间是进入 2000 年之后。紧接着，互联网泡沫就破裂了。如果孙正义和马云的相遇晚半年，两人就会彼此错过。

说点儿题外话，其实，本书出场人物中还有一个人，比孙正义更早发现马云的才华。他就是美国雅虎的创始人杨致远。

在美国掀起雅虎旋风的杨致远在 1997 年第一次来到中国，他在北京期间想去游览长城，当时为他做导游的是中国对外经济贸易合作部的一个年轻职员，两人气味相投。此人便是马云。

马云告诉杨致远，自己做过英语老师，也在中国国内进行互联网创业，但是失败了。杨致远看出马云是一个才华横溢的经营者，问他是否愿意担任雅虎中国的高管，但是马云拒绝了杨致远的邀请，选择了创办阿里巴巴之路。

话题扯远了，雅虎通过移植阿里巴巴的免费开店策略，让电商业务重新走上了增长的轨道。但是，距离世界顶尖还很遥远。有一件事让川边产生了这样的想法。对方不是别人，正是马云。

2014 年 11 月，孙正义带着川边造访杭州的阿里巴巴总部。谈话中，川边向马云展示了雅虎购物频道实施免费策略的战果："销售额达到了几千亿日元的规模。"

川边自豪地说，马云歪着头听着。

"你说的是一天的销售额吗？"

"嗯……不是。"

川边一时语塞，马云接着追问："那是一个星期，还是一个月？"

川边看着脚尖回答："不，是一年。"

川边不知道当时马云笑了没有，因为他的头一直低着。

川边是领导雅虎改革的主要人物之一，但那一刻，川边深深地感到，世界上还有无数需要赶超的对手。

距离孙正义和雅虎族人要追求的世界顶点，还有很远很远。

第九章
国　难

经济危机与大地震，

“总裁辞职宣言”的内心

雷曼冲击

2008 年 9 月 15 日，美国纽约市中心时代广场往北走两三分钟的大路两旁聚集了全美的媒体。平日游人如织的第七大道已被记者占据，摄像机对准了用灯饰装点得华丽无比的大厦。

美国投资银行雷曼兄弟的总部就在这座大厦里。这一天，雷曼兄弟申请适用美国联邦破产法第 11 条（相当于日本的民事再生法）。雷曼兄弟的负债总额高达 6 000 亿美元，成为美国历史上最大的破产案件。

在日本，这一事件被称为雷曼冲击。在美国，这样的大型破产案件很多时候只被当作金融危机，但是这一次，美国金融系统已经出现异常，不安吞没了美国，转眼间蔓延到了全世界。“百年一遇”的经济危机由此开始。

它的冲击剧烈。丰田汽车战后第一次出现营业赤字，日立制作所也创下了过去最高的赤字纪录。汽车和电机两大产业一直支撑着日本战后的经济增长，如今这两大产业的佼佼者双双陷入深不见底的泥沼。

突如其来的不安和恐惧无声地推着经营者的后背。

11 月下半月，秋色已经很浓。傍晚，太阳刚刚落下，大量工人从五十铃汽车的藤泽工厂走出来。秋装已经抵挡不住冬天的寒冷，每个人的表情好像都很阴沉。其中一位 43 岁的男子在接受采访时说，他住在附近的宿舍，在这家工厂做临时工已经 5 年了。

“那是 11 月 17 日的事。过了一个周末之后回来上班，正在做准备的时候，突然被部门经理叫出去，下达了通知。说是通知，其实就是一张纸。”

递过来的纸上写着“解约通知书”。此人签订的雇佣合同到 2009 年 4 月，但是工厂单方面提出在年底提前解约。

“现在我完全看不到将来，还得从宿舍里搬出来。工作和住处都没了，我以后该怎么办……”

“只要认真工作，总有一天会成为正式员工。”因为相信这样的话，所以临时工和正式员工进同一条生产线、做相同的工作，日复一日地制造卡车，最后却受到这样的对待。

不止他一个人是这样。五十铃做了一个无情的决定，把派遣员工和临时工加在一起，将国内的 1 400 名非正式员工全部清零，而且手段强硬，像这名男子一样还在合同期内的也提前解约。

这一事实被 11 月 20 日的日刊《工业新闻报》曝光，引起媒体的高度关注。“裁撤派遣”“停止续约”的风潮拉开了帷幕。这不只是五十铃的问题，丰田、日产汽车等日本国内主要制造商都开始大规模削减非正式员工。袭击日本的经济危机把雇佣差别这个问题摆在了台面上。

不安的连锁

这场经济危机堪称国难，软银也无法不受影响。在拿到了iPhone这一铁炮，正准备追赶NTT DoCoMo和KDDI的时候，经济系统本身却遭遇了猛烈的逆风。

2008年年初，软银的股价在每股2 000日元上下波动，10月22日却跌破了每股1 000日元。软银此时遭到了谣传误伤。杂志、报纸都在散播经营危机论。

当时，有一种专门对企业的信用风险进行交易的金融衍生工具，叫作信用违约交换。软银指数开始逐渐上升，达到了正常情况下只有濒临破产的企业才会有的数值。

缺乏根据的经营危机论的信息源头会不会是NTT？不，放出谣言的似乎是总务省的官员。

软银内部也有令人疑心的暗鬼的谣言。确实，在这两方有很多人不喜欢软银，实际上也有杂志报道称，NTT和总务省在鼓吹软银危机论。

不过，推测、诽谤、中伤的出处并不重要。关键是要尽快切断信用危机的关联。孙正义认为，问题的关键在于信息公开的方式。

“我想提前一个星期公布决算。”他叫来负责会计和内部控制的君和田和子，以及财务部门的藤原和彦，告诉了他们这个想法。那天是10月17日。当初计划于11月5日公布决算，孙正义要求提前一周，在10月29日公布。在那之前，软银并不公布业绩预测，但是为了消除信用不安，三个人讨论后决定全部公开。

为了斩断不安的关联，应该尽早公开真实的数字。说起来，这不过是回到信息公开的基本，可见此前软银与市场对话的工作做得并不细致。

到此为止，三个人并没有迷惑，唯有一点担忧。投入两万亿日元巨资收购沃达丰日本分公司是大约两年前的事，当时公司的资金周转出现了问题，因此采用的是一种叫作 CDO（担保债务凭证）的资产证券。

这里详细说明一下，在收购沃达丰日本分公司时，软银发行了三种公司债。为了提前偿还这些债务，软银选择了 CDO，当时被评为 AA 级，安全性看起来没问题。现在却因为意料之外的金融危机的余波，可能收不回来。

其金额为 750 亿日元。相比两万亿日元的收购，也谈不上巨额损失，但当时是信用不安的谷底。如果收不回来，作为日本实业公司的证券化商品，这将是由金融危机造成的最大规模的损失，完全有可能被当成象征着金融危机的事件。

这款理财产品如同一颗炸弹，是否应该把它公之于众呢？

这个时候，CDO 还不一定收不回来。不过构成 CDO 的 160 个交易品种中，已经有 6 个发生拖欠，如果再有两家拖欠，750 亿日元的损失就板上钉钉了。导火线上烧着的火苗正嗞啦嗞啦地靠近。

如果公开还没有确定的风险，那么反而可能引起没有根据的臆测。时机不能再糟糕了。孙正义也在犹豫要不要公布 CDO 的信息，这个时候鼓励他“应该公布”的是君和田。

君和田是软银的老干部，也是公司唯一一位女性董事，孙正义平时亲切地称呼她“小君”。关键时刻，即便对方是孙正义，她也不会让步，公司里很多人都知道这一点。

“总裁把身家性命都赌在事业上，所以稍有一点儿负面因素，他就大呼小叫。我的工作就是不能输给他。因为作为专业人士，要在自己的工作上有所坚持。”

这一次也是，最后孙正义让步，公开了 CDO 的存在。

无疾而终的退市计划

在 CDO 问题上，财务部部长后藤芳光认为自己有责任。

“我过于相信 AA 的评级了，是我的失误。时值经济危机，销售一线的同事都在咬紧牙关，努力工作。因为我这一个失误，他们所有的努力都白费了。我感到非常的抱歉……”

损失还没有确定。但是，给公司带来了无益的风险，这样的责任无法推卸。作为财务负责人，应该做个了断。后藤左思右想，最终写了辞职信。他把辞职信交给了自己的直属上司，也是把后藤带到软银的笠井和彦。一向温和的笠井表情变了：“笨蛋！有工夫写这种东西，就不能想一想怎么渡过眼前的难关吗！”

假设遭受损失，那就指出一条路，建立起足以承受损失的坚固的财务体制就行了。现在全世界的金融体系都崩溃了，这个时候，自己能做什么？后藤扪心自问。不能期待哪里有新的资金来填补损失。在这史无前例的金融萎缩时期，无论怎么想，都是不现实的。

一举收复失地的奇策是不存在的。首先提出一个明确的时间表，踏实地偿还大型并购造成的巨额有息负债，这可以说是一个理所当然的选择。

从结果来看，优先与市场对话来摆脱危机的方法是正确的。比原计划提早公布中期决算的前一天——10 月 28 日，股价跌到了年初以来的最低价，即每股 636 日元，在信息公布之后，股票接连几天涨停。

然而，金融危机给软银留下的创伤不只有信用不安。孙正义完全厌倦了反复无常的市场。

总算解决了信用不安的问题之后，孙正义告诉了有限的几位干部一个令人震惊的计划。软银购买自己的股票，停止上市，也就是所谓的 MBO（管理层收购）。这并不是孙正义偶然的想法，而是已经秘密告知了软银的主要银行——瑞穗银行。

“我一直在考虑 MBO（不止这个时候）。到底是应该上市，还是做私营公司。因为私营公司的经营有更强的自由度，更容易承担各种风险。”

为什么会考虑退市？孙正义爽快地回答了这一问题。但是，软银的销售额已经达到万亿规模，不用说，已经是日本屈指可数的大公司。

而且，曾经在从野村证券挖来的北尾孝吉的指挥下，软银告别了主银行制度[①]，直接从市场筹措资金，发起大型并购。换句话说，软银比其他任何公司都更加善于运用资本市场。这样一家公司要背离市场，可以说是一个令人一时难以置信的计划。

但是，这个计划最终只是计划，没有被世人知晓，便无疾而终。孙正义向人们透露这个令人震惊的退市计划是在大约 4 年之后。

笠井突然离世

消息传来的时间是 2013 年 10 月 21 日，星期一。

从早上开始，孙正义就在和董事开经营会议。这年 7 月，软银收购了美国斯普林特，终于打入了美国市场，但是原先计划的美国 T-Mobile 打包收购触了礁。会议从一开始就陷入争论，孙正义一边拍桌子一边发表演说。

就在这时，出席会议的后藤手机响了。“家父刚刚过世了。”电话是笠井的长子打来的。后藤在孙正义的耳边低声告诉他这个消息，孙正义一时震惊得说不出话来，最后对大家简短地说：“会议结束。”

孙正义立即带着后藤和宫内谦前往笠井所住的晴海的医院。看到笠井安详的遗容，孙正义当场号啕大哭。将笠井视为人生导师的后藤也止不住地流泪。孙正义站在笠井的遗体旁说了一些话，但是后藤说他完全不记得说的是什么。

---

① 主银行制度，公司以一家银行作为自己的主要贷款行，并接受其金融信托及财务监控的一种银企结合制度。这是日本在战后以间接金融制度为基础，以集团企业为范围，在银行和企业之间形成的一种长期稳定的交易关系。——译者注

“我只要人在这里，就算工作了。”被病魔缠身之后，笠井还坐着轮椅来公司，微笑地看着后藤这帮晚辈工作，这还是不久之前的事。笠井享年 76 岁，死于肺癌。

11 月，2 500 多人出席了在大仓饭店举办的告别会。孙正义上台致悼词，他站在笠井的遗像前面。照片中的笠井，笑容一如平常。

孙正义讷讷地开始讲话：“笠井先生，我感到寂寞，真的很寂寞。”胸口有东西在往上涌，但他努力抑制着，继续说道：“即使是现在，我仍能够感受到，笠井先生一直在鼓励我‘就这么干吧’。”

人们都说孙正义擅长演讲，事实的确如此。我听过无数日本、美国的经营者演讲，孙正义的演讲总有吸引我的东西，有时带点儿调侃，关键时刻又能对听众动之以情。我认为，毫不夸张地说，他是当代最会讲故事的人。

然而，这段悼词中没有经过锤炼的讲演术，有的只是坦诚的灵魂，在向恩人倾吐心声，令人动容。让我们继续领悟孙正义的讲话。

“对我来说，笠井先生是无可替代的，基本上，我每次找他商量，他都会说‘就这么干吧’，只有一次，他强烈反对。”

孙正义讲起了雷曼冲击余波未尽时的事。

“股价时涨时跌，股东忧心忡忡，向分析师和记者解释起来也有各种麻烦，不如干脆由我个人担负起公司。我把这个想法告诉笠井先生时，他坚决反对，阻止了我。”

秘密进行的退市计划，在场的人几乎都是第一次听说这件事。孙正义逐字逐句地复述了笠井对他说的话：“停止股票上市，变回个人公司。资金可以筹到。总会有办法的。但是总裁，可以吗，那样做可以吗？软银必须走向世界。现在限制我们的梦想，可以吗？”

阻止孙正义草率的退市计划的不是别人，正是笠井。孙正义重新把视线移到笠井的遗像上，继续说道：“笠井先生用这番话毫不留情地阻止了我。他几乎什么事都赞成，说‘干吧’，那次却对我说‘坚决反对。我会奋不顾身地阻止你’。”

“现在回想起来，如果那个时候笠井先生没有阻止我，就不会有后来描绘更大梦想的挑战。真不愧是笠井先生。”

笠井非常喜欢棒球，据说做过接球手。“对我而言，他是最棒的接球手。”孙正义回顾，“今后还请继续为我加油。我会努力的。”说完最后的致辞，孙正义向笠井的遗像深深地鞠躬。

人生导师

如今，笠井安息在川崎市内的陵园。墓碑上用大字写着“谢谢”。“真的，笠井先生的为人就是如此。”后藤说。后藤现在每年都会来这里好几次。是笠井把在安田信托银行消沉的后藤带到了软银，后藤视他为人生导师。

有时，他去汇报福冈软银鹰队的战果，那是他从笠井手中接管的球队。遇到不知该如何决定的事，他也会去向笠井倾诉。每次软银发起大的挑战，他都会去汇报。收购 ARM 时，也是如此。

后藤一度被指定为董事，后来因为孙正义选中尼科什·阿罗拉做接班人，大张旗鼓地加入，才一年时间就被解除了董事职务，那时他也只对笠井的墓碑讲真心话。他内心感到羞愧，更对添油加醋、大肆报道的媒体感到气愤。

这样的时候，后藤就在已故的笠井墓前倾诉。“这点儿事情有什么好纠结的？”后藤总能感到来自墓碑另一边的鼓励。后藤从小就没有扫墓的习惯，但是他说，不知道为什么，只要来这里，心情就会变好。“要做那种无论出现什么样的结果都能支撑下去的工作。”笠井反复教导他的话，在后藤的心里有着沉甸甸的分量。

“笠井先生教训过我很多次。我肯定是迄今为止挨训次数最多的人。但是，我想不起笠井先生生气的样子。想起来的都是笑脸。真是不可思议。”

后藤的办公桌上，现在还摆着笠井的照片。总是笑容满面的恩师就在那里。

千年一遇的国难

据说是百年一遇的经济危机刚刚过去，日本又迎来了更大的国难。2011 年 3 月 11 日，一场震源在三陆冲的、前所未有的大地震袭击了日本。

那时，生活在这个国家的每一个人应该都扪心自问过：生活，所爱之人，自己究竟可以做什么？所以，在此我不做过多的回顾。我们现在仍带着当时的那些问题活着。

让我们回到孙正义和他的伙伴们的故事。

当时，孙正义正在开会，在汐留的软银总部也感受到了剧烈的晃动，不过建筑本身没有明显的损坏。孙正义盯着 NHK 转播的灾区情况，一动不动。从来没有看到过的海啸吞没了街道、房屋、人群，还有曾经那里日常的一切。这些影像，想必每一个生活在这个国家的人都还记得。

“这是千年一遇的国难。我不去谁去？”孙正义在和管理者们开会时，提出了 30 万人疏散计划。福岛第一核电站发生氢气爆炸，他提议，让住在核电站周围的 30 万居民暂时“疏散”到安全区域。支援工作由软银和孙正义本人来做。为此，孙正义说，他要亲自访问福岛灾区。

藤井宏明在福冈市内的酒店通过电话会议系统参加了会议。他马上开始行动。地震当天，藤井人在新加坡，因为事先约好了与福冈市长面谈，所以这天到福冈出差。

要疏散 30 万人，首先要保证有地方接收。藤井打电话给自己的老朋友、佐贺县知事古川康，第二天一早去见了面。古川承诺佐贺县可以接收 3 万灾民，并表示，如果孙正义去见福岛县知事，可以派佐贺县武雄市市长樋渡启祐作为传达佐贺县灾民接收计划的代理。樋渡也急忙赶到，答应去福岛。

藤井进一步展开行动，以日本西部为中心，巡访以前认识的自治体有关人员。也有很多自治体来不及安排时间，他只能通过电话请求对方接收灾民。

JR 东日本出身的藤井负责运营马票网站 Odds Park。岩手县知事增田宽也认为，让人们能够轻松地购买地方赛马场的马票，有助于促进地区经济发展，他直接向孙正义提出请求，开始了这项事业。

藤井还负责彩票的网络销售，大约从地震前一年开始，就在全国的自治体奔走。在网上购买彩票时的费用会给到震源地，这些有助于振兴地方经济。

马票和彩票，对软银来说，都只是辅助的业务。通过这些业务培养起来的、与地方自治体的网络，在这个时候发挥了作用。藤井动用了自己所有的人脉，成功地保证了30万人的去处。

剩下的问题就是如何实现30万人疏散计划。孙正义不顾董事们的反对，还是去了福岛。

地震发生11天后，3月22日，孙正义和政治家、总裁办公室主任岛聪以及从佐贺县武雄市赶来的樋渡，分乘三辆车，一路向北。

孙正义在推特上发言："我是胆小鬼。我担心福岛核电站。所以，我离开东京，正在去福岛。"他知道有人批评：身为通信运营商，应当优先恢复手机网络。但是，在前所未有的国难面前，他坐不住。

岛聪在其著作《孙正义的参谋》中描写了这段经历：过了郡山，盖革计数器的数字就超过了4毫西弗，核辐射的恐怖一步步逼近。途中，大约20辆灵柩车排着队，超车而过。时刻提醒人们，这真的是在去灾区的路。

在福岛县厅与佐藤雄平知事面谈时，佐藤就迟迟没有恢复的手机服务向孙正义求助。孙正义答应无偿借款给在地震中失去双亲的孩子，直到他们年满18岁。不过，谈及疏散时，佐藤一面表示感谢，一面以忙于核电站问题为由提出将此事作为"下次的议题"，停止了谈话。这也不能怪他，现场混乱到极点，连眼前的事情都来不及处理。

但是，孙正义并没有退缩，他说："不能等下次，就现在。这件事如果您不做，还有谁能做呢？"

孙正义拼命争取，却没有收到效果，会面就这样结束了。出了县厅，同行的岛聪等人催促孙正义马上回东京。但是，车一开，孙正义就说要访问避难所。这样一来，周围的人也没有任何办法。

一行人从南下去东京的路上向东拐，朝田村市开去。田村市东临福岛第一核电站所在的双叶郡。

我也几乎在同一时期开着车跑在从郡山到田村的国道上，放眼望去，是日本到处都有的山区风景。有些地方已经可以看到新绿，宣告着春天的到来。只不过，对向车道上一辆车也没有。没有人影的"日常"，仿佛反衬出了肉眼看不到的核辐射的存在。

田村市综合体育馆已经变成避难所。孙正义到了之后，直接呼吁灾民到九州避难，他可以保证路费和一年的生活费。

然而，那里的灾民大多是热爱故乡的老人。没有一个人答应他。即便孙正义是世界屈指可数的富豪，对此也毫无办法。他备受打击，走出体育馆时，只对岛聪说了一句话。

"好难受啊。"

"我要辞去总裁一职"

从福岛回来之后，孙正义召集高层管理团队开紧急会议，宣布了一个出人意料的决定："我要离开首席执行官的职位一年。这是千年一遇的国难。现在，比起首席执行官的工作，灾区重建才是最重要的。”

孙正义提出，要在重建灾区的同时，推动电力事业。他要进军太阳能等自然能源，来代替核电。

这遭到在座董事的强烈反对。双方各执一词，孙正义也激动起来，桌子拍得比往常更猛了。

“把全体员工都派去灾区也不过分。”

“把我的财产全部投进去。”

“如果一年不行，至少让我离职三个月。后面的事情交给小宫不就行了。”

孙正义指定的接班人是宫内谦。多年以来，他一直是孙正义的左右手，是软银的大管家。

“孙先生，我理解你的志向，但这不是企业家应该做的事情吧。你应该对员工，对员工的家人，还有对顾客负责，不是吗？”

平时，无论争论多么白热化，孙正义都会听取宫内的意见，唯有此时，他摆出一副要打架的样子，顽固得什么也不听。

“别说了！反正我会在下一次董事会上宣布辞职！”

讨论，更准确地说是争论，持续了大约两个小时，在不可收拾的状态下，紧急会议结束了。看情形，孙正义已经打定主意，要卸任，埋头于重建和支援电力事业。孙正义的亲信青野史宽见状，私下开始想办法。

谁能阻止孙正义呢？青野请来的外援是优衣库母公司迅销集团的董事长兼总裁柳井正。柳井受孙正义之邀，从 2001 年开始担任软银的外部董事。他做孙正义的顾问，是每个人都认可的。

青野打电话给柳井，坦率地说明了事情的原委。

“不要紧，青野君。没有哪个经营者会放弃经营，孙先生绝对不会做那种事。”

“是吗……这次的情形有点儿不妙。”

“不要紧，我会好好劝他，放心吧。”

董事会当天。软银董事会的人员组成与高层会议不同。除了柳井，还有美籍资深管理者罗纳德·费希尔、美国高盛副董事长马克·施瓦茨、阿里巴巴集团董事长马云。

进入议案之前，孙正义一上来就宣布了紧急高层会议上的决定。

“我想辞去总裁一职。”

听完孙正义的说明，柳井开口了。

“孙先生，你的心情可以理解，但是你的主业到底是什么？是软银吧？你受到社会高度评价，因为你是软银的首席执行官，这不就是能量吗？能量就是国家本身。在这个艰难的时刻，你真正应该做的事是什么？”

就连柳井的反对，孙正义也不想听。

“不，我要辞职。请不要拦着我。”

“不行啊，孙先生。你不能抛弃公司，不能抛弃员工。”

其实，美籍管理者对电力事业本身是赞成的。但是，孙正义要辞去首席执行官的职位，就另当别论了。最后，董事会同意参与电力事业，作为条件，设定了投入资金的上限为每年200亿日元，孙正义也撤回了辞职申请。

蝮蛇道三

地震过去三个月后，6 月，三轮茂基一面克制着心中涌动的感慨，一面准备演讲。

“那个蝮蛇道三就在我的眼前。”

三轮当时已经在三井物产崭露头角。他出生在岐阜市。少年时代，他在岐阜市立鹭山小学念书。从那时起，他就听过无数遍故乡的英雄——斋藤道三的故事。

斋藤道三小时候在京都的寺庙出家，还俗后名为庄九郎，起初以卖油为生，后来弃商从武，竭尽才智，篡夺了美浓国的政权，成了治理一国的大人物。他被冠以蝮蛇道三的绰号，其一生也因为司马辽太郎的小说《国盗物语》而广为人知。

一直以来，三轮都把故乡的英雄和孙正义的形象重叠在一起。孙正义赤手空拳，从鸟栖的无番地，发迹成为代表日本的企业家，他才是现代的斋藤道三。

三轮为见孙正义一面，报名参加了孙正义成立的接班人培养机构——软银学院。学院本来只招 30 名外部学员，但是因为近 1 万人报名，所以紧急扩招到 100 人。即便如此，软银学院还是竞争率 1 : 100 的窄门。三轮通过了外部学员的考试，这一天第一次在孙正义眼前演讲。

地点在汐留总部 26 层大会议室。房间最里面悬挂着坂本龙马的照片，还摆着提醒员工不忘远大志向的橘子箱。墙上不知为何挂着竹剑。当会议进入最后阶段时，孙正义常常会挥舞竹剑。

这一天，包括三轮在内的几个学员拿到的题目是“为了让软银继续存在 300 年，今后 10 年之计”。

三轮的提议是“信息通信和能源的融合，才是软银应当采取的战略”。在学员的演讲全部结束后，孙正义做了大约一个小时的演说，这一天的安排就结束了。学员向孙正义行礼，离开了大会议室。

三轮也离开座位，走出了房间。来到走廊上，正面就是孙正义的秘书办公室，隔着玻璃可以看到里面。这时，一个秘书走上前来，用其他学员听不到的声音在三轮耳边低语。

“请稍等一下，孙总说想和你谈谈。”

随后，孙正义从大会议室里出来了。看到等在走廊里的三轮，孙正义一上来就说：“你，到我身边工作，马上。”

如此唐突的要求，即便是称孙正义为“我的英雄”的三轮也不由得头脑混乱起来。心目中的偶像亲口对他说“到我身边工作”，三轮不敢相信这是真的。他回答了一声“好”，孙正义便心满意足地走向了旁边的总裁办公室。

“孙先生说的那话，是认真的吗？”

三轮对三井物产的工作并没有不满。他所在的金属资源本部在公司里被视为保守派的主流，他年纪轻轻就被任命为室长。三轮的两个孩子还小，住房贷款也没有还清。

不过，要说三轮没有动心，那是假的。那次地震之后，三轮在灾区待过一小段时间。当时三轮的头衔是负责处理铁屑的冷铁原室长。承担清除灾区瓦砾的工作，也是他的使命之一。

在灾区看到的景象令三轮沉默了。堆积如山的瓦砾旁边摆着临时的牌位，“人生是多么无常”。

过了一段时间，青野联系到三轮，说安排了他和孙正义共进午餐。

再次见到三轮，孙正义直爽地和他交谈。现在在三井物产做什么，之前的经历，问过一遍之后，孙正义饶有兴致地问三轮：“对了，你的演讲内容跟我正在考虑的事完全一样，你是怎么知道的？”

“哎呀，这我也不知道呢。”

孙正义的质问令人意外，不过三轮还是联想到了之前的事。青野给三轮打电话时，曾经说过这样的话：“三轮先生，你是不是从我们公司的员工那里听说了经营会议的内容？”

三轮当时不由得反问：“你在说什么？”现在孙正义也问了同样的问题，他无法掩饰内心的疑问。孙正义揭开了谜底，说软银正在研究收购 Singtel 和参与能源事业。

这令人意外。Singtel 是新加坡电信的俗称，以新加坡为据点，在东南亚一带拥有庞大的用户基础，是亚洲超大规模的通信公司。确实，三轮在演讲时说过，应该收购 Singtel。

但是，那只不过是案例研究，没有超出假设的范围。他当然不可能知道软银真的在研究收购 Singtel。三轮如实相告，又补充说：“我是商社职员，而且一直在研究孙先生。我会想，如果是孙先生的话，大概会这样思考吧。那是我认真思考的结果。”

三轮的演讲内容是，以收购 Singtel 为杠杆，打入亚洲市场，不仅是手机，连电力网也收入囊中，在亚洲建起一大基础设施网。这和孙正义的计划完全一致。

三轮说自己一直在研究孙正义，这句话并没有掺假。在三井物产的员工培养项目“三井管理学院”中，三轮曾经把三井物产的中兴之祖益田孝和孙正义的照片放在一起，发表演说：“三井物产如果不能培养出孙正义那样的人才，就难逃缓慢衰退的命运。”

三轮心中的犹豫没有了。这一次，当孙正义说出“到我身边工作”时，他清楚地回答了“好”。用三轮的话说，这是“男儿的本愿”。2011 年 11 月，三轮从三井物产辞职，加入了软银，头衔是经营战略室主任。交给他的任务可以用异想天开来形容：孙正义的能源构想。

亚洲超级电网构想

2013 年夏，三轮望着一望无际的大地——蒙古首都乌兰巴托南方的戈壁沙漠。据三轮说，比起听到蒙古联想到的草原，“土漠”这个表达更加贴切。

这一天，他住在当地人住的蒙古包里，对酌马奶酒。带着些许醉意走到外面，看到了满天闪烁的繁星。“我想起了以前读过的《三国志》，诸葛孔明占星的情节。”那里看到的星星，几乎要覆盖整个天空。戈壁沙漠上，四周只能看到大地，此处看到的星光，规模与之前完全不同。

在这片广阔的土地上，建设世界上最大型的风力发电站。这是孙正义描绘的亚洲超级电网构想的第一步。首先向首都乌兰巴托供电，满足本地的电力需求。将来用输电网络连接整个亚洲，把在亚洲大陆发的电也输送到日本。

不仅是蒙古。还要从俄罗斯，将利用丰富的水力发电产生的电力，通过符拉迪沃斯托克输送到日本。在印度建设巨大的太阳能发电站，电网和中国、东南亚相连，总长度达到 36 000 千米。如果我告诉你，绕地球一周大约 40 000 千米，你大概就能想象这一构想有多么宏大了。

契机源于蒙古的投资公司、Newcom 董事长 Bolddbaatar Tserenpuntsag 和孙正义的相遇。Newcom 和 KDDI 联手在蒙古运营手机公司，与通信行业也有密切的关系。

Newcom 董事长 Bolddbaatar 来日本时，由 GE（美国通用电气）从中介绍，和孙正义有了接触。Bolddbaatar 之前就对风力发电很感兴趣。对 GE 来说，孙正义是风力发电机的潜在客户。孙正义着迷于自然能源，也是众所周知的事实。那是 2011 年 9 月的事。

在孙正义公布亚洲超级电网构想之后，Bolddbaatar 就表示赞同并“希望合作”。在那半年之后，两人决定在蒙古共同设立风电站，阵头指挥工作就交给了三轮。

无疾而终的电力公司收购计划

这个构想看似荒唐无稽，但是孙正义认为：“通过连接多个国家，而不只是两国之间对接，可以对冲政治风险。”因为，如果能像互联网一样，确保多条线路，那么即便某两个国家之间关系紧张，还是可以通过其他国家输送电力。

实际上，欧洲天然气管道尽管偶尔暴露出问题，但还是能够发挥作用。欧盟（EU）的原点就是煤炭和钢铁的共同体。虽然不能和亚洲的地缘政治学进行单纯比较，但是孙正义认为没有任何必要断定它不可能。

话虽如此，要推进这一构想，就不能无视政治。孙正义开始和各国首脑交涉，这个任务交给了曾经当过政治家的岛聪。

岛聪说，他个人对亚洲超级电网构想寄予厚望。他利用做政治家时的人脉，促成了孙正义在人民大会堂与习近平的会谈。5月，他又安排了当时的韩国总统李明博与孙正义在首尔见面。

这两次见面的目的都是兜售亚洲超级电网构想。习近平和李明博的反应都非常积极，表示可以介绍负责的官员。以此为契机，软银与中国国家电网、韩国电力公社的合作有了眉目。

接下来的7月，岛聪开始为孙正义与俄罗斯总统弗拉基米尔·普京的会谈而奔走，但是这次被叫了暂停。孙正义在董事会上说了与普京会谈的想法，外部董事柳井正强烈反对。柳井之前就对参与电力和政治敲警钟，我在前文已经提过。

柳井非常担心，他甚至说出“如果你真的要和普京见面，我就辞去董事一职”这样的话阻止孙正义。孙正义自己也承认，电力并不是主业。柳井希望孙正义能把心思放在信息革命这一主业上。话说到这个份儿上，孙正义也不得不让步，把与普京的会谈计划暂时搁置了。

对亚洲超级电网构想寄予厚望的岛聪回顾道：“如果那个时候实现了和普京的会谈，孙先生应该会对电力事业投入更多吧。”

岛聪说“投入更多”是有理由的，其实当时孙正义正将自己擅长的并购扩展到电力事业。

他当时的目标是J-POWER(电源开发)，真正目的在于J-POWER所拥有的输电网。孙正义的并购团队朝着收购的方向做过认真的研究，不过结论是，从J-POWER的资本结构来看，收购难度很大。

几乎在放弃收购J-POWER的同时，经济产业省的某高官又向孙正义提议收购北陆电力。这项收购从初期阶段就搁置了。这些无疾而终的电力公司收购方案，在公司内部也几乎没有人知道，就这样石沉大海。

在这之后，孙正义发起了对美国斯普林特的收购，重新回归主业。乍一看来，孙正义对亚洲超级电网构想的热情似乎消退了，但是还不能如此断言。

2016年6月，普京出席了在俄罗斯西部的圣彼得堡举行的经济论坛。也邀请了孙正义。

“总统，我叫孙正义，在日本经营一家名叫软银的公司。其实我以前见过您。”

“啊，我记得你。”

孙正义说他见过就任总统之前的普京。孙正义向普京描述了自己的构想：将俄罗斯远东地区丰富的水力发电连接到日本。以这次对话为契机，软银与当地电力巨头——俄罗斯电网的输电网计划启动了。

我是孙悟空

2016年1月，三轮作为孙正义的代理，飞到了中国香港。目的是见时任中国国家电网董事长的刘振亚。刘振亚也是资深的电气技术专家，领导中国的特高压输电研究，也因为很早就提出跨国输电网的概念而广为人知。

“特高压输电，自然能源，超级电网。这三者结合起来，将创造今后这个时代的能源。我听说孙先生也抱着同样的想法。我很期待和他见面。”

回国之后，三轮原封不动地转达了刘振亚的话，孙正义说他要马上飞往中国。刘振亚也调整了日程，在与三轮在中国香港会面一个星期后的 1 月 28 日，在北京市内的国家电网总部，他接见了孙正义。

会谈中，孙正义在刘振亚面前发表演讲，其内容令一同出席的三轮也感到惊讶。

幻灯片播放的是《西游记》中家喻户晓的驾着筋斗云、挥着如意棒的孙悟空。下方是一只巨大的手掌，那是如来的手。这个画面展现的是那段有名的故事：无论孙悟空飞到哪里，最后不过是在如来的掌心飞来飞去。

同样姓孙的孙正义，开始说明他做这张幻灯片的用意。

“刘先生，现在我所看到的世界正是《西游记》中的世界。跟我一样姓孙的孙悟空，扬言要飞到宇宙的尽头。在中国，目前就是马云吧。但是，终归飞不出如来的掌心。”

大家都满脸疑惑地专心听着孙正义演讲。

“东日本大地震的时候，我深有感触。没有电，通信就无从谈起。这个如来的手掌就是电网。我们需要让电网，像如来的手掌一样，扩展到任何地方。”

说到这里，大家才听明白，孙正义开始讲亚洲超级电网了。

在这之后，刘振亚开始讲他从 10 多年前就开始酝酿的国际输电网构想。刘振亚的讲话像技术专家一样严谨，有明确的数字支持。但是，两个人讲的内容是一致的。

第一次见面的两个人气味相投。刘振亚劝孙正义喝茅台酒。孙正义因为年轻时患过肝病，一直喜欢喝天然有气矿泉水。肝脏没有问题之后，慢慢开始喝酒，不过基本上只喝红酒。茅台酒是中国贵州省特产的一种白酒，有的酒精度数高达 65 度。

对中国人来说，茅台酒也是庆祝用酒。这一天孙正义兴致很高，接过了刘振亚的酒杯。

“刘先生说的跟我想的完全一样。我们是兄弟。以后我就叫你哥哥。”

据说，除了胞兄以外，自史蒂夫·乔布斯以后，这是孙正义第一次称呼别人为哥哥。两个人的酒宴持续了很长时间。孙正义很少喝醉，但是这次，他烂醉如泥，和刘振亚拥抱在一起。刘振亚也不甘示弱，一杯接一杯，喝到脚底都站不稳。

离开国家电网总部大楼之后，孙正义一上车就睡着了。

2016 年 3 月底，孙正义与中国国家电网、韩国电力公社、俄罗斯电网三家公司签署备忘录，将为实现亚洲超级电网构想展开调查。

地震 5 年之后，已经开始有人说孙正义对电力事业是否已失去兴趣，但是按孙正义的说法，宏大的构想才刚刚就绪。

第十章
哥伦布

进军美国的夙愿与斯普林特改革

旧金山事件

2012年9月12日，这一天，孙正义的状态明显与平时不同。他乘坐私人飞机飞到旧金山之后，匆匆赶到苹果召开的新款 iPhone 发布会现场。

在临开场前赶到的孙正义找到一个空座，旁边坐着 KDDI 总裁田中孝司。

“哎呀，田中先生，好久不见。坐你旁边行吗？”打过招呼，在旁边的座位坐下之后，孙正义继续说道，“哎哟，田中先生，头发寂寞了不少啊。”面对孙正义毫不客气的调侃，田中不禁苦笑着回敬道：“不想被你说啊。”

同样出生于1957年的两个人，相互调侃的对话后来不知道为什么别扭起来。据说孙正义走嘴，说出了大意是“如果我想，大可以连 KDDI 也收购过来”的话。田中没有当场翻脸，但是离开会场后，越想越气。

“怎么样才能打压软银，给我彻底研究！”田中回国第二天就召开了紧急应对会议。因为田中气势逼人，这次会议在公司里被传为“灵魂会议”。

对 KDDI 来说，软银已经是不容忽视的威胁。KDDI 在2011年才决定引进 iPhone，落后了软银三年。因为用户不断地被软银夺走，KDDI 经历了一段苦涩的时期。

田中有一条秘计。Tethering（网络共享），一种将手机和电脑等连接，用来代替无线设备的技术。软银的基站建设依然落后，不断有用户投诉“信号差”，其线路势必无法满足 Tethering 的需求，KDDI 打算以此为卖点，对付软银。

其实早在“旧金山的屈辱”以前，KDDI 就已经在暗中准备。他们准备收购第四大手机运营商 eAccess，谈判工作一直在进行当中。

“为自己感到羞愧”

再说孙正义这边。他一反常态地激动，甚至失言，让田中觉得他在挑衅，这一切是有原因的。飞往旧金山之前，9 月 11 日，孙正义进行了一场久违的豪赌。他秘密地向美国第三大手机运营商——斯普林特提出收购要求。收购金额大约 200 亿美元。这是一场超大型的并购，规模堪比当时软银收购沃达丰日本分公司参与手机事业。

离开旧金山之后，孙正义并没有回东京。他的私人飞机朝着正东方向飞去，越过洛基山脉，降落在位于美国中部大平原上的堪萨斯城。这座横跨密苏里州与堪萨斯州的城市，很早就拥有发达的畜牧业，有着“烧烤之都”的美誉。

孙正义在有名的牛排店匆匆地吃过饭，就赶往南面相邻的城市——堪萨斯州欧弗兰帕克。斯普林特总部被美丽的绿色环绕着，是一座红砖风格的建筑，上面还有钟楼，看上去就像地方大学的校舍。

出来迎接孙正义的是一位白人男性，身高大约 2 米，体态修长，他就是斯普林特 CEO 丹 · 赫西。虽然两个人是老朋友，但是当赫西弯着腰、微笑着和孙正义握手时，从孙正义的表情可以看出，他已经变成身经百战的谈判专家。

“我为有点儿进入守势的自己感到羞愧，因此，必须更加不顾一切。”

“目标是否太低？是否满足于平凡的人生了？”

这一时期，孙正义反复在推特上说着鼓舞自己的话。重建了曾经被称为泥船的沃达丰，通过和史蒂夫 · 乔布斯直接谈判得到了 iPhone 这一武器，软银在日本的手机市场一直在快速进击。多年描绘的移动互联网之战，他已经打赢了。

然而，这只不过是在日本这个封闭的世界里，这样就满足，可以吗？距离世界的顶点还有很远很远——孙正义反复进行着这样的自问自答。给他带来冲击的是敬爱的乔布斯的去世。“我还太肤浅。”盟友之死点燃了孙正义的战斗精神。

2012 年 6 月，孙正义把目标定为斯普林特。一个超大型收购计划启动了。在公司内部，这一计划被命名为“哥伦布计划”。其实，在最后决定之前，孙正义还考虑过两个收购计划：一个是以新加坡为据点的东南亚手机巨头 Singtel，另一个是英国 ARM。

对孙正义而言，美国是一片特别的土地。他从 16 岁离开故乡开始，一直在美国寻找创业的契机，他与大学的著名教授联手，开发出电子翻译机，得到大恩人佐佐木正的认可，迈出了作为企业家的第一步。

回国成立日本软银之后，孙正义依然心系美国。美国的信息产业领先日本不止一两步，把美国刚刚萌芽的技术引进日本的“时光机经营”，也是孙正义的代名词。不管怎么说，在孙正义所选择的信息产业这个领域，美国始终处在世界的中心。他盼望着有一天能与信息产业的发源地一决胜负。

对 Singtel 的收购几乎谈妥了，又在最后关头撤回，对 ARM 的收购也暂时搁置，孙正义决定完成自己的夙愿——进军美国。“哥伦布计划”这一名称蕴含着抵达“新大陆”的冒险家的热情。

孙正义的“哥伦布计划”进展得很顺利，和赫西会谈的大约一个月之后，2012 年 10 月 15 日，双方达成了协议。在东京都内召开的记者招待会上，孙正义不知道是不是想到了与田中的不和，甚至大言不惭地说：“收购 NTT 也不是没有可能。”

在那之后，美国卫星广播服务提供商 Dish Network 横插进来，收购谈判的最后阶段变得错综复杂，直到 2013 年 7 月，收购才以 216 亿美元成交，比当初的计划增加了 15 亿美元。

一次定胜负

田中在“灵魂会议”上将 Tethering 作为攻击软银的卖点。对此，孙正义也早早地采取了对策。在造访了美国的旧金山和堪萨斯城，回到日本之后，孙正义得到了 KDDI 正在试图收购 eAccess 的消息。据说三木谷浩史率领的乐天也参与了收购。

日本第四大手机运营商 eAccess 是绘理倖生创办的公司。绘理离开 NTT，和稻盛和夫气味相投，创办了现在的 KDDI 的前身——第二电电，可以说绘理是通信行业的风云人物。

孙正义在 2001 年开始发展雅虎 BB 宽带业务，参与通信事业。虽然在通信行业是一个新人，但是孙正义与绘理关系不浅。1986 年，孙正义和大久保秀夫一起去第二电电推销 NCC BOX。在京瓷总部的洽谈中，二人被稻盛驳倒，品尝了难言的败北滋味，这在前文已经提到过。在持续到深夜的谈判桌上，稻盛旁边坐着的不是别人，正是绘理。

第二天上午，孙正义和大久保直接跟稻盛谈判，强行毁约。绘理至今仍对当时的事情感到愤慨："他们的行为完全无视商业规则。"关于这件事，绘理的愤慨是完全合理的。

孙正义向绘理提出，希望能不计前嫌，进行一次光明磊落的谈判。eAccess 的大股东美国高盛提出的条件是每股 60 000 日元。孙正义报出的每股 52 000 日元虽然不及对方的金额高，但仍然是当时 eAccess 股价的 3.5 倍。

孙正义的条件是一口价，尽可能省去多余的价格谈判，跟对方也是这样说的，这是他的并购策略。回想起来，并购的出道之战——收购美国 COMDEX 也是这样，一口报出 8 亿日元的高价，无任何议价的做法，给谈判对手、赌场大王谢尔登·阿德尔森留下了深刻的印象，这也促成了后来孙正义与唐纳德·特朗普的闪电会谈。当然，并不是每次都一次定胜负，只有在关键时刻，孙正义才会亮出这张牌。

对此，田中表示可以接受高盛的报价，即每股 60 000 日元，但是田中提出一个条件：要在收购之前，对 eAccess 进行详细的资产评估。绘理担心如果答应这个条件，事后田中就会拿着资产评估的结果要求降价。

选择有过嫌隙的孙正义，还是从第二电电时期就关系不浅的田中？绘理犹豫了。“那个时候，一天给高盛打好几通电话。”绘理最后选择了孙正义。“我看中的是孙先生的效率。”这是绘理给出的理由。

就这样，孙正义利用 eAccess 的电波，实现了 Tethering，在临危之际化解了田中对软银的打压。这是在“哥伦布计划”暗中进行的间隙发生的事。

“我爱美国”

说回美国。

“哥伦布计划”的目标并不只有斯普林特。美国手机市场维持着两强两弱的格局；两强，即 AT&T 和威瑞森，占据着绝对优势。AT&T 的前身是电话之父格拉汉姆 · 贝尔的公司，堪称名门。这两家公司分别相当于日本的 NTT 和 KDDI。

两弱之一是斯普林特，另一家是 T-Mobile US（当时名为 T-Mobile USA），一直在与斯普林特争夺“万年老三”的位置。孙正义制订的进军美国市场的计划，其前提是一并收购斯普林特和 T-Mobile，打造可以对抗两强的第三势力。

孙正义成功地收购了斯普林特，解决了第一个障碍，正准备调过头来收购 T-Mobile，却被美国政府挡住了去路。监管机构 FCC（美国联邦通信委员会）对斯普林特与 T-Mobile 的合并提出了异议，公开的理由是寡头垄断会阻碍竞争。

但是，孙正义不这么认为。美国手机市场实质上已经处于寡头垄断，更准确地说，是 AT&T 和威瑞森双头垄断的状态。将两弱捆在一起，形成第三势力，是在双头垄断中引入竞争机制，这是孙正义的主张。

不过，无论孙正义在日本如何争辩，也不会带来任何改变。

孙正义飞到了美国。既然是政治在阻碍自己的主张，那就去政治中心问个究竟。抱着这样的想法，孙正义于 2014 年 3 月 11 日，在首都华盛顿的美国商会召集大约 3 000 位媒体人士，进行演讲。

“美国的手机通信速度已经落后于世界水平，收费却很高，是日本的 1.7 倍。”

他介绍了自己在日本参与手机市场，发起价格破坏的经过。

“这个国家需要更多的竞争。如果没有真正的竞争，国民就无法享受更好的服务。”

大约一个小时的演说，逐渐讲述到个人的感受。

“在这里，我可以用自己的话表达自己的感受，这个国家真是太棒了。”

最后，他呐喊一般地说：“我爱美国！”

理与情的绝妙混合，是孙正义演讲的厉害之处，这一次，孙正义也不是一味地讲道理，他没有忘记在演讲中穿插一些能够博得美国人好感的句子。

孙正义的舆论工作并不只有演说。逗留华盛顿期间，他曾与科林·鲍威尔一起用餐。鲍威尔的父母是牙买加移民，在纽约的危险地带南布朗克斯长大，鲍威尔最后做到陆军上将、国务卿，作为美国梦的体现者，至今仍在美国民众中享有很高的声望。

同样，孙正义出生在韩国移民之家，在佐贺县鸟栖市的无番地长大。他对鲍威尔的前半生经历有很多共鸣之处，并且读过鲍威尔的自传。

实际上，这并不是两人第一次见面。在对斯普林特的收购陷入困境时，两人也曾在华盛顿共进晚餐，畅谈了两个小时。孙正义用他惯常的语调，激动地讲述自己对美国的感情，以及对美国事业的热情。

鲍威尔似乎也很有共鸣，此时，孙正义邀请他到日本讲一讲领导力，他欣然应允，并且真的在 2014 年 6 月来到日本，参加了孙正义主办的讲演会。

鲍威尔不仅对美军和共和党有着强大的影响力。他的儿子迈克尔·鲍威尔曾经担任 FCC 的委员长。对阻止了孙正义的斯普林特、T-Mobile 合并计划的监管机构也有影响力。孙正义再次见到鲍威尔，向他热情地讲述了“哥伦布计划”的意义。

当然，孙正义完全清楚，鲍威尔不会单凭个人的利害关系对事物进行判断。这位从底层走上来的政治家，反问了孙正义一个问题：“Masa，你说的事我听明白了。它对美国民众有好处吗？”

孙正义早就料到鲍威尔会这样问，他反复强调，打破双头垄断，受益的不是别人，正是美国民众。

“我明白了。那确实是好事。Masa，我支持你。”

听到这话，孙正义松了一口气。

然而，事态并没有朝着孙正义希望的方向发展。鲍威尔的支持并没有让 FCC 同意斯普林特和 T-Mobile 合并，孙正义只能靠斯普林特，单独挑战两强。

从此，孙正义开始了漫长而又艰苦的战斗。在两强的肆意打压下，斯普林特已经遍体鳞伤。重建的难题再一次点燃了孙正义作为企业家的斗志，成了后来撤销引退、发起新挑战的导火线。

不过，这段故事的主角不是孙正义，而是孙正义的得力心腹、本应继承禅寺的佛教专业出身的技术负责人宫川润一。

送别会

斯普林特放弃与 T-Mobile 合并，开始摸索单独生存之路，其真实处境非常艰难。因为网络建设欠缺，“信号差”的评价已经根深蒂固，在跟着两强 AT&T 和威瑞森发售 iPhone 之后，用户的流失依然没有停止。

本来，斯普林特的手机给人的印象是“廉价”，用户以学生等年轻群体居多，现在在低价套餐方面也落后于其他公司，就连“廉价”的优势也不明显了。这样一来，用户自然都被其他公司夺走，原本接近两成的市场占有率，眼看着越来越低。决算也一直是赤字。

原本，孙正义将斯普林特的经营权仍交给丹·赫西率领的老管理团队，但他终于不耐烦了。

2014 年 8 月，孙正义决定更换管理团队。他将斯普林特的重建工作交给马塞洛·克劳雷。克劳雷是身高超过两米的彪形大汉。赫西虽然也长得很高，但是身材修长，像个绅士，有着学者气质。

克劳雷则体格健壮，孙正义也笑着说他“外表像山贼”。说得真妙。他身材高大，加上粗壮的脖子，浓浓的眉毛，炯炯有神的大眼睛，令人印象深刻。他看上去更像是专业摔跤手，或者橄榄球运动员，而非商务人士。

克劳雷的经历也很特别。他小时候辗转去过危地马拉、摩洛哥、多米尼加共和国，在玻利维亚行政首都拉巴斯长大。从美国的大学毕业后，他回到故乡拉巴斯，作为玻利维亚足球协会的市场营销负责人，开启职业生涯。

后来他重新回到美国，收购了一家手机商店，于1997年创办了手机经销商 Brightstar。克劳雷把 Brightstar 发展成了在全球 125 个国家和地区开展业务的大公司。后来，孙正义发现了 Brightstar，并以 1 200 亿日元收购下来。

克劳雷从零开始，建立起世界性的手机销售连锁机构，孙正义非常欣赏他的才能，提拔他为斯普林特的首席执行官。他也是孙正义认可的街头战士。

但是，克劳雷认为，斯普林特完全在走下坡路，单凭一个人的力量，重建是不可能的，他向孙正义求援。孙正义欣然应允，决定派出手下的精英：负责财务的藤原和彦、负责销售的榛叶淳，以及负责技术的宫川润一。

2014 年 8 月。克劳雷刚刚就任斯普林特首席执行官之后，星期一早上 8 点开始，孙正义在总部 26 层召开了集合软银高管的早餐会。宫川正准备像往常一样，坐到狭长的椭圆形桌子末端的座位上，这一次却被孙正义叫住了。“今天你坐正中间。”他没有说原因。

人到齐之后，孙正义开口了：“今天也是送别会。”宫川事先毫不知情，惊慌失措。

“什么？怎么回事？难道要解雇我？”

孙正义不以为然地继续说道：“我们集团的经营课题是斯普林特。我觉得这是我的失败，但是必须重建。大家讨论之后……”

“什么情况？大家讨论……我没有听说啊！”

“必须把财务、销售、技术的负责人派过去。我主意已定。所以，请这里的藤原、榛叶、宫川三人去斯普林特。”

派遣期限是一个多月，三人中只有宫川反抗。

“我去美国也不顶用啊。我都不会英语。”

一直以来，在和外国人谈判时，只有宫川需要配翻译。在沃达丰日本分公司和斯普林特的收购谈判中，有时还要孙正义亲自翻译。

“这种事情，到了那边自然会有办法。先理解对话的氛围，再回答就行了。”

孙正义什么也听不进去，坚持自己的决定。

“那就这样，拜托了。后天开始。”

“啊，后天就要出发去美国吗？”

“对。做准备的时间，一天就足够了吧。”

三员大将的紧急上阵就这么决定了。

孤独的战斗

到了美国之后，宫川看到的是“死掉的公司”。

“园区很大，起初觉得是一家很厉害的公司，但是进去之后发现完全不是这样。大家都不好好沟通，工作草率了事。一到下午 4 点半，回家的员工的车就开始拥堵。太不像话了。”

他立刻明白，斯普林特的情况危急。大家却已经对赤字习以为常了。

不久之后，克劳雷体系的启动宴会在芝加哥举办。克劳雷致辞，对斯普林特的干部团队大加赞赏。不管内心是怎么想的，在宴会之类的场合都要互相吹捧，这是美国商务人士的常识。

但是，宫川无法认同。致辞结束后，克劳雷在寿司吧台前面喝酒谈笑，宫川走过去，仰视比自己高出很多的克劳雷的眼睛，操着不熟练的英语质问他。

“为什么你只表扬大家？一开始就应该把现状讲清楚不是吗？再这样下去，这家公司就要适用‘Chapter Eleven’了。”

Chapter Eleven 通常翻译成美国联邦破产法第十一章，近似于日本的民事再生法。简而言之，宫川是在告诉克劳雷，斯普林特离破产不远了。

“哎呀，别那么说，Miyakawa。”

宫内在美国自称“JJ”，只有克劳雷称呼他为“Miyakawa”。

“这家伙也没有搞清楚状况啊。”宫内开始越来越焦虑。

在软银派来的三员大将中，克劳雷格外倚重宫川。财务是克劳雷自己的专长，销售在经营 Brightstar 时就拿手。藤原和榛叶按照原先的安排，待了一个月左右就回国了，只有宫川没有得到回家的许可。因为克劳雷向孙正义提出，让宫川继续投球。

宫川从此开始了孤独的战斗。

他做的第一件事是弄清网络的运营费用。

“为什么会花这么多钱？”宫川不解，又不清楚详细的情况。

向部下发出指示也没有任何进展。宫川指出来，对方还强词夺理地说：“我只是说可以，没有说我会去做。”宫川虽然被授予技术首席运营官的头衔，但是他说：“我明白，他们明显没有把我放在眼里。”

到了下午 4 点半，同事一个跟着一个回家去了，宫川一个人留在办公室。到了晚上 8 点左右，大楼的电灯一齐熄灭。只有宫川的房间还亮着灯，继续和资料对峙。

不过，即使回家，宫川也无事可做。他把家人留在东京，只身赴任。原本以为只是出差一个多月，而且东京的房子刚刚盖好。

他在堪萨斯租的房子很大，为了应对龙卷风而修建的地下室里，除了卧室，还有 KTV 室、高尔夫练习设施。但是，要说宫川一个人做的事情，也就是每天回家之后在阳台上喝酒。

因为独居的寂寞，他还抽起已经戒了 8 年的烟。夜里，一边抽着卷烟，一边喝酒，一头野鹿走到近前。宫川就对着这位在漆黑的暗处突然出现的稀客，一杯又一杯地喝酒，异国的夜色越来越深。

宫川自己做饭。不过，堪萨斯坐落在美国正中央的大平原上。附近的超市里卖的鱼，一个个都翻着白眼，无精打采。所以宫川只吃蔬菜和肉，难以保持均衡的饮食。

半年下来，宫川发现自己的体重轻了12公斤。宫川本来就不胖，眼看着消瘦下去。“JJ该不会是癌症吧。”斯普林特的同事也担心起来，宫川也在临时回国的时候接受了癌症检查。

总算得到了周围人的配合，在斯普林特的工作也运转起来，宫川准备开始为重建欠缺的网络而奔走，就在这个时候，从东京传来了一个奇怪的传闻。

“公司貌似准备放弃重建，把斯普林特卖掉了。”

“孙先生，我看错你了”

出售斯普林特的消息是事实。当时的并购团队负责人仁木胜雅也可以做证：“在和包括同行在内的几家公司谈判。孙先生也出席了出售谈判。”

宫川自己也收到某基金的试探。“如果我们公司收购斯普林特，那么你会留下吗？”对此，宫川感到愤慨，同时又心慌起来。

“看来，东京是真的要卖了。这可不妙。必须想想办法。”

宫川已经找到改善网络的方案，也可以说是让斯普林特从泥沼中爬上来的计划。终于，隧道的前方能看到微光了。为什么偏偏是现在，开始说要卖呢？

宫川坐立不安，飞到了东京。

在以孙正义为中心，坐成一排的高管面前，宫川质问孙正义：“要卖掉斯普林特，是真的吗？”

孙正义用随便的态度明言："是的，是时候放手了。不能再在斯普林特身上浪费时间。我得承认，失败就是失败。这是我的失败。"

宫川不肯罢休："不，你说得不对。决策是董事会做出的，是所有董事的问题，不是孙先生个人的问题。而且斯普林特现在在马塞洛的带领下，团结一致朝着重建努力。好不容易走到这一步。怎么能单方面说卖就卖呢？"

宫川顶撞孙正义并不是多么稀罕的事，但是这次宫川是"抱着拼死的决心"。孙正义也专注地听宫川的话，但他还是满不在乎地说："我现在觉得白给都可以，谁想要就赶紧拿去。"

宫川努力克制着上涌的怒火，和孙正义对峙："看来您是打定主意了，但我还是要表明态度。"

宫川盯着孙正义的眼睛，孙正义的眼睛像往常一样变成了三角形。

"孙先生，我看错你了。"

在座的高管一齐看向宫川，每个人都屏住呼吸，悬挂着坂本龙马等身大照片的大会议室里鸦雀无声。

"以前的你不是这样的。即使是觉得走投无路，还是会满怀激情，投入最大限度的精力，再一次浮出水面。"

孙正义一直交叉着双臂，听着宫川的话，频频点头。他的姿势略向前倾。宫川看在眼里，心想，这就是决定胜负的时刻。

"要是现在卖掉斯普林特，我们恐怕一辈子都别想打进美国了，我们迄今为止在事业上一直取得成功的招牌也可以摘了。现在，即使痛苦，也应该坚持下去。应该做下去。我会做给你看。请让我去做。”

孙正义沉默了一会儿，小声说道：“你说得对。”

不久之后召开的会议上，孙正义宣布：“从现在开始，我就是首席网络官。改善电波的工作，我会负责到底。”

“斯普林特要发起进攻”

从那以后，深夜和清晨连线堪萨斯州斯普林特总部召开的网络会议，孙正义肯定参加。

改善网络的工作进展并不理想。不过，在这个过程中，孙正义再一次打磨了作为企业家的本能。

“左思右想，还是找不到解决办法。这种时候，我也会感到气馁，各种想法翻来覆去。胃也痛，睡不着觉。但是这种时候，只能正面应对，深入彻底地思考，忍受痛苦的折磨。借酒消愁只能逃避一时，没有任何意义。经历过这样的痛苦，只有当最终找到答案时，心才会感到解脱。这就是作为企业家因快感而欣喜若狂的瞬间。”

这一时期，孙正义在电话会议系统前面，做得最多的事情就是拍桌子。“为什么搞不清楚，笨蛋！”看到孙正义这副样子，很多干部都想起以宽带挑战 NTT 时，孙正义在那个“养鸡场”坐镇指挥的样子。

返回美国的宫川也在稳步推进在全美建设小型基站的计划。有一次，他给孙正义发了在芝加哥拍的照片。宫川抱着一个铁塔似的东西，说："这是我的新老婆。"孙正义扑哧一笑，回复说："这个能行。"那就是宫川引进的日本式的基站——Small Cell。

孙正义还给宫川派了一个人——柴山和久。收购沃达丰日本分公司之后不久，就是他在孙正义的命令下改善电波无法覆盖的红色日本地图。

孙正义打算在斯普林特也运用和那时一样的方法：通过分析大数据来改善网络。美国与日本相比，电波无法覆盖的空白区域更大，国土本身的规模也不是一个数量级。

"听着，柴山，把数据的量增加到现在的100倍，三个月以内。"

将目标数值化并划定期限，这是孙正义一贯的做法。柴山到了美国，起初如他所料，斯普林特的技术人员认为"不需要那种技术"，并不重视，不过他还是绞尽脑汁，思考在美国收集数据的方法。

柴山没有透露详情，不过为了推测美国网络强度而收集的数据，很快就达到了一天三亿条。由此得到电波的状态，按照地区、机型绘成图表。将取名为"日报"的报告书每天发给孙正义和宫川。通过每天比较五六十页的图表，逐步消除网络的弱点。

这正是孙正义从年轻时就擅长的千锤百炼法，也引入了斯普林特。低成本的宫川的"新老婆"，加上柴山的大数据分析，运用这两大武器，斯普林特的信号强度有了显著的改善。进入2016年之后，美国调查公司的调查显示，斯普林特已经达到与两强（AT&T和威瑞森）相比毫不逊色的水平。

“我要赌上作为企业家的尊严，再一次让斯普林特实现V字转折。请拭目以待。”

“斯普林特要再次发起进攻。”

一度气馁的孙正义也开始重复强势的发言。

在宫川、柴山、克劳雷的奋斗下，斯普林特重建工作终于走上轨道，孙正义可以发起新的挑战了。那就是收购英国ARM。在那之后，还要迎战人工智能遍布所有产业的技术奇点时代。

一切才刚刚就绪。不管怎样，孙正义的新挑战的背后，有他信赖的街头战士奋战的身影。

13年前的记忆

话虽如此，宫川点燃孙正义企业家精神的那句话——“我看错你了”。

对这句话，宫川有着不为人知的感情，这句话是过去孙正义用在宫川身上的话。那是13年前的事了。

“你想一辈子待在名古屋？”在孙正义这样劝说之下，宫川来到“养鸡场”，目睹了毁灭性的宽带管理体制。宫川向孙正义反映，用软银的做法，一线员工支撑不下去。孙正义不由分说地来了一句：“我不想听那些唯心论。我看错你了！”

被孙正义这样一激，宫川当场立誓，如果一周之内拿不出能令孙正义满意的计划，那么自己甘愿被解雇。他以这种方式激励自己，改造了一线。宫川把13年前的话原封不动地还给了孙正义。

孙正义很可能会恼火。实际上，宫川说，那天“从一开始就是准备去吵架的”。不过，要点燃孙正义的好胜心只有这一个办法。选择这句话也是因为有那个自信，毕竟他们曾经一起并肩作战，共渡难关。

为斯普林特的重建工作铺平道路之后，宫川终于在2016年10月被批准回国。共事两年多，他和克劳雷不知从何时起已经成了战友。在就职宴会那天晚上，宫川曾质问克劳雷“没有搞清状况”，现在也已经认可克劳雷，说他“是个精力充沛的家伙”。

两个人最后的对话是这样的。

“Miyakawa，作为临别礼物，给我一个你想解雇的人的名单吧。”

“喂，说什么呢。没有那样的人。”

“你已经摆脱这里，要回东京了，所以你尽管说真话，不必有顾虑。”

宫川揣测不出克劳雷的真正意图，他看起来是在向第三者寻求自己没有意识到的客观意见。回想起来，克劳雷也是外人，和宫川差不多同一时期进入斯普林特。背地里被称为杀手也不是一两次。

且不说唆使他人告密的做法是好是坏，宫川深深地感到克劳雷很贪心，对于斯普林特的重建工作，他还远远没有满足。宫川没有说想解雇谁，而是这样回答：“喂，马塞洛，我们的人生并不长。斯普林特还在半路上，真正的困难才刚刚开始。我要回东京了，希望我们都不要浪费时间，坚持到底。”

说完，宫川紧紧地握住了有自己的手两倍大的克劳雷的大手。

第十一章
太　郎

参与机器人事业背后的目的

参与机器人事业

可能很多人以为那只是孙正义的余兴，但是孙正义是极认真的。孙正义的这一野心——打开新产业的大门，托付给了富泽文秀。

“过来开会。”

富泽接到孙正义的通知，让他去名古屋巨蛋。时间是2010年10月底。这一天，是中日龙和千叶罗德海洋举行日本职业棒球大赛的日子。

赛季排名第三的千叶罗德海洋在高潮系列赛决赛中打败了例行赛冠军——福冈软银鹰，晋级日本职业棒球大赛。

“为什么开会要去名古屋巨蛋？软银鹰队不是输了吗？难道要为罗德队加油……”

富泽赶到指定的名古屋巨蛋VIP房间，见到了孙正义。一边看球一边进行“会议”，大约10分钟就结束了。

“我们要做机器人了，你来当责任人。”

“啊，好。”

软银要参与机器人事业，这个出人意料的指示并没有让富泽感到多么惊讶。因为他早就习惯了孙正义的语出惊人。富泽是孙正义很早就在关注的年轻人，契机是一次小小的事件。那是2002年的事，富泽从NTT跳槽过来大约两年之后。

当时富泽年近30岁，在接手某个宽带相关的项目两天之后，孙正义说“来公司开评审会议”，叫他过去。评审会议的时间是周六。给富泽准备的时间实际上只有周五一天。

休息日出勤之后，对富泽而言地狱般的6个小时开始了。孙正义接二连三地列举富泽刚刚接手的项目的问题，大发雷霆。6个小时中间没有休息。孙正义一直在宣泄怒火，就连一同出席会议的宫内谦都几乎插不进话。

“我不想再看到你！”孙正义用了最严厉的词语叱责富泽。

“为什么我要挨这份骂啊？”富泽内心这样想着，但是他明白，“因为我刚刚接手”这样的借口，孙正义想必不会接受。他只能强忍着挨过去。

等到终于解放，回到自己的办公桌前，他做的第一件事是给宫内写邮件道歉：“因为我的问题，浪费了宫内先生的时间，真的非常抱歉。”

富泽在部下面前一直很强势，但这一次，他在精神上也受到了打击。

宫内很快回复了邮件：“我很了解总裁。如果不是对你寄予厚望，他就不会发那么大脾气。”

仔细一看，宫内回复的邮件的抄送栏里添加了孙正义。随后孙正义也发来邮件：“我期待你的表现。”

只有一行的邮件，富泽盯着看了好几遍。

第二天是周日，富泽从早上开始重新推敲企划书。他让部下重新提交了数据，一个人在办公室里闭门不出。

天黑了，日期变成了周一，凌晨两点半左右，富泽收到了一封邮件，发件人是孙正义。

“在明天的资料里加入信息系统和呼叫中心的成本和人员计划。”

只是简单的业务联络，但是明天的会议 9 点开始，只有大约 6 个小时的时间。

“如果我睡着了，会怎么样？”

而且，这个时候才说，也没有数据。不管怎么说，不能现在叫部下起来上班，即便这样做，也来不及。作为最后的手段，宫泽以推测值加备注的形式，填满了孙正义要求的事项。

“唉，这样明天又得挨骂了。”

富泽筋疲力尽，稍事休息。他可以轻易想象出孙正义发怒的样子：“这么敷衍的数字，怎么能用来决策！”

第二天，富泽赶在 9 点之前走进会议室。尽管他这两天几乎没怎么睡，但是因为太过紧张，完全感觉不到困倦。他战战兢兢地把资料交给孙正义，开始演讲。孙正义一直交叉着双臂。但是，在富泽讲完的瞬间，孙正义突然收起了之前严肃的表情。

“干得好！在这么短的时间里，你一定付出了很大的努力。只要肯做，还是能做到的嘛。”

“啊？啊，是。谢谢！”

富泽一头雾水。孙正义的眼睛不再是三角形，目光变得像电视上经常看到的一样柔和。

“怎么回事？为什么我会被表扬？”

虽然还是不得不重新制订计划，但是孙正义的心情始终很好。

孙正义只是一个性情不定的人吗？并非如此。富泽说，他在那地狱般的 6 小时里已经注意到，孙正义之所以发那么大脾气，并不是因为企划书和演讲本身的质量，而是因为他看穿了，富泽没有尽全力。

“总裁不会感情用事地发脾气。当然会有一点儿情绪在里面，但那似乎是更加强烈地传递自己的信息的方法。现在，我也会假装冲部下发脾气。”

10 多年过去之后，在某个会议上，孙正义突然想起来似的问富泽。

“说起来，很久以前，我冲你发过很大的脾气啊。”

“是啊。总裁，你还记得啊。”

“记得啊。但是，那是怎么回事来着？我为什么发脾气来着？”

看起来是真的不记得发脾气的原因了。富泽只好苦笑。

“哎呀，我也忘了。”

富泽也蜕变成了孙正义认定为街头战士的人才。

与本田的合作失之交臂

孙正义一声令下，参与机器人事业的计划开始了。孙正义并不是将工作全丢给富泽，而是几乎参加每一次会议，对细节部分提出要求。开始新事业时，孙正义总是这样。

机器人的暗号名是“太郎”。孙正义头脑中已经有了明确的形象。

人形，身高120厘米左右。为了方便与人沟通，除了语音，还要有显示器。搭载AI（人工智能），始终与云端相连，可以自学知识和智慧。做成开放创新式项目，降低应用开发的难度，广泛汇集外部的智慧。

这就是现在的Pepper，不过，有一个很大的不同点。当初的目标是将太郎做成可以像人类一样自由行走的人形机器人。

像人类一样用两条腿行走，这在机器人技术领域也是最难的。新加入的软银并没有足够的技术只能从零做起。孙正义找到了以前就在关注的公司——开发人形机器人阿西莫的本田。那还是太郎计划刚刚秘密开始时的事。

谈判在本田的和光研究所进行，孙正义亲自参加。看过阿西莫的现场演示之后，孙正义不禁感叹：“太棒了！本田宗一郎先生也会为此高兴。果然在运动能力这一点上，没有哪家能赶得上本田。”

孙正义坦白地讲了造访本田的真正目的：“我们正在考虑参与机器人事业。我们想打造拥有AI，与云端相连的机器人，所以我们希望用本田出色的双脚步行技术，希望本田可以负责机械的部分。可以考虑跟我们合作吗？”

但是，据一同出席的富泽说，合作谈判“完全谈不拢”。成本结构有着根本性的不同。正如孙正义所说，本田的主要精力都倾注在机器人的机械部分。要实现阿西莫那样的双脚行走，在机械控制所需的软件、零件等方面要投入大量的资金。

按照当时本田的成本计算，每年生产 5 台，大约需要一亿日元。孙正义的野心是将机器人广泛地普及家庭。但是，如果引入阿西莫的双脚步行技术，即便大量生产，最多也只能把价格降到 1 000 万日元一个，无法达到普及价格区间。双脚步行导致的电量消耗也是个难题。

虽然是机器人这一共同的主题，但是两家公司的目标不同。软银注重头脑，本田注重“肌肉”。正因为擅长的领域完全不同，组合在一起才会格外有趣，但是一旦涉及成本，就很难磨合。时间轴也不一致：孙正义希望尽早普及机器人，本田却想慢慢培养。对本田而言，双脚步行机器人是从 1986 年开始的旷日持久的事业。

两家公司在机器人领域合作一事未经公开，便化为了泡影。不过，如果只是成本和时间轴的问题，那么等将来机器人普及程度更高、量产成本降低之后，这对特别的组合并非没有再次浮出水面的可能。

从本田宗一郎身上学到的

说点儿题外话，本田也是孙正义特别喜欢的一家公司。看了阿西莫的表现，孙正义不禁产生“本田宗一郎先生也会为此高兴”的感想，这并非偶然。孙正义现在是大名鼎鼎的天才经营者，不过一直以来，他都非常崇拜本田宗一郎。直到现在，孙正义还说：“在日本的经营者中，我最喜欢本田宗一郎。”

故事回到孙正义创业不久，从慢性肝炎康复回归之后谈起。他听说宗一郎和自己经常去看同一个牙科医生，于是请求主治医生："请让我见见本田宗一郎先生。"于是主治医生替他想了一个计策，他说可以把孙正义安排在宗一郎预约的时间后面。

那一天刚好是宗一郎的生日。孙正义手里提着蛋糕，等待结束治疗的宗一郎。"现在想想，送蛋糕给牙科病人也挺好笑的。"孙正义回忆。

宗一郎愉快地接受了这位突然的来访者。"你在做什么工作？"孙正义简短地说了从美国的大学毕业回国开始做软件流通业的事，然后用一贯的口吻向宗一郎热情地讲述计算产业的未来。

"是吗！有意思！"宗一郎专心地听着孙正义的话。可能，比起话题的内容本身，他对这个满怀热情跟自己说话的青年企业家更感兴趣。宗一郎邀请他："到了夏天，在我家里举行钓香鱼派对，你也来吗？"孙正义当然一口答应："去！"

20 世纪 80 年代后期，宗一郎已经放下本田的经营管理 10 多年了。宗一郎出生在铁匠之家，15 岁去东京的汽车修理店做学徒。从那以后，他全面地在现场学习技术，把本田培养成了世界性的汽车制造商。

宗一郎擅长的是机械技术，直到 40 多岁开发阀门放在活塞和燃烧室之上的顶阀发动机为止，接二连三地推出发明，无愧于天才工程师之名。

但是，他对肉眼看不到的电气和 IT 很生疏。本田成为开展四轮车业务的主角，并带领本田取得 F1 首次胜利的传说中的工程师中村良夫在著作《孤单的风云人物》中回顾："看起来，他痛切地感觉到，作为发动机工程师的能力的局限，进而失去了自信。"他甚至指出，"对本田宗一郎而言，这似乎是一个悲剧"。

年轻的孙正义津津乐道的计算机可以说是让宗一郎感受到"能力局限"的不擅长的技术的象征。尽管如此，宗一郎还是热心地听孙正义讲。

从那以后大约过了半年，孙正义真的收到了钓香鱼派对的邀请。宗一郎在东京西落合的家的院子里，仿照故乡的天龙川建了一条小河，每年在这里举办钓香鱼派对，那是一个沙龙似的场合，财界的大人物齐集一堂。

在那个小河流淌的院子里，无名的年青企业家孙正义出现了。宗一郎一看到孙正义，就走上前来。

"噢！那个时候就是你！"

草草地说了几句再会的寒暄话之后，宗一郎再次听孙正义讲。

"你当时说在从事电脑方面的工作，电脑到底是个什么东西？"

"电脑有 CPU……"

"那么，CPU 又是什么？"

"CPU 是电脑的心脏，就好比汽车的引擎。"

"原来如此。那么，那个叫电脑的玩意儿，进化之后会怎样？"

孙正义说，他至今仍清晰地记得那时的对话。"他的眼睛炯炯有神，听得非常认真，而且接二连三地提出本质性的问题。院子里还有很多重要的客人，我都担心自己一直这么讲合不合适。"

孙正义这样描述当时的感动。"当时我想，啊，这就是本田能够发展起来的原因，是那个人无止境的兴趣、探索欲和感动的心。看到那副样子，无论是谁，都会产生‘要让老头儿开心’的想法，就是这种感情激励着本田的工程师。本田宗一郎先生的那种态度，最令我感动。”

从大恩人佐佐木正那里，孙正义学到了“同志式结合”这个词语。那么作为领导者，要如何吸引志同道合的伙伴呢？与本田宗一郎的邂逅，让孙正义学到了做将领的道理——“人们不会仅仅因为你聪明，就甘愿替你做事”。

拥有情感的机器人

说回太郎计划。孙正义和富泽通过与本田谈判，得出一个结论：双脚行走是不现实的。他们放弃了让机器人行走，改为固定型。

通过收购法国 Aldebaran 公司获得制作机器人的技术，孙正义对太郎的设计也提出了很多细节上的要求。

例如，安装在太郎胸前的平板电脑，孙正义连四个角的圆弧角度都力求完美。项目成员投票决定，A 方案与 B 方案比较，几乎所有人都投票给 A 方案。富泽问“有人支持 B 方案吗”，环顾房间，结果孙正义举手了。

“怎么，大家都选 A？不过，我可有一万票呢。”孙正义苦笑。最后，他还是坚持使用了 B 方案。

不过，孙正义在机器人开发过程中最关心的不是外观设计，而是情感。

如何让机器人拥有情感？孙正义小时候喜欢铁臂阿童木，他设想的就是那种可以与人类分享情感的机器人。这一点，富泽为我做了解释。

“如果只是对话，那很简单，也没什么意思。比如，问它‘现在几点’，它回答‘8点半’。这不是情感，是功能。我们想要的是，可以戳中人类喜怒哀乐的更有深度的对话。就像电影《星球大战》里的C-3PO，而不是R2-D2。就是这种感觉。”

确实，R2-D2很优秀，多次在危急时刻挽救主人公，与其相比，金光闪闪的C-3PO动作缓慢，特长只是翻译。尽管如此，C-3PO一直深受影迷喜爱，就是因为它特别招人喜欢吧。它会戳中观众的情感。

识别人的情感，让机器人自身也拥有情感。我们人类视为理所当然的情感是什么呢？如何让机器人拥有这些呢？富泽带着这些难题遇到了一位特别的研究者。一家名为AGI的机器人公司的总裁——光吉俊二。

光吉还有一个身份是雕塑家，外貌特征是光头加马甲。富泽平时很强势，身体也锻炼得很壮，但他在第一次见到光吉时还是不由得畏缩。

光吉当时正在开发情感生成引擎。人脑内的荷尔蒙会随着情感的波动而改变。用表示人类情感的词语和荷尔蒙的变动绘成“情感地图”，在此基础上制造出来的就是情感生成引擎。

“我一听就觉得很有意思。”富泽很快介绍孙正义和光吉认识。孙正义一直认为“机器人需要情感”，他对光吉的理论产生了共鸣，考虑将光吉的情感生成引擎用于正在开发的机器人。后来，富泽建议孙正义收购 AGI 公司，孙正义立刻就决定了。

“这是孙正义的请求吗？”

在富泽提出收购时，光吉只问了这一个问题。富泽回答“是的”。就这样，太郎诞生了，并有了一个新的名字——Pepper。

搞笑的专家

在拥有了光吉的情感生成引擎这一武器之后，Pepper 有了一个新的支持者——莲实一隆。莲实以前在电视台工作，在跳槽者占管理者大半的软银，这也是很罕见的。

莲实曾经在朝日电视台担任《报道站》的总制片人，他实现过一项奇特的企划：请闪电收购朝日电视台股份的孙正义到招牌节目《Sunday Project》上就“收购朝日电视台”与田原总一郎对话。

开始对在电视台的工作产生疑问的莲实找进攻型财务后藤芳光商量。后藤是莲实在一桥大学高一级的学长，他们也是大学时期组建乐队的音乐伙伴，后藤是贝斯手，莲实是键盘手。

“感觉不够有趣。既然这样，那就彻底研究一下什么是有趣吧。”

在 Pepper 开发会议上，孙正义因为觉得 Pepper 说的话不够有趣而发愁。

“一万个。想一万个有趣的对话情景。”

先追求能够想到的数量，这是孙正义一贯的做法。但是，“有趣”毕竟不是软银的专业。孙正义向朝日电视台出身的莲实寻求意见。

“那得找吉本。他们有很多电台作家新人和刚出道的艺人。”

“原来如此，吉本兴业啊！就这么干吧。”

孙正义拿起笔在白板上写起算式来。“10×30×……”如果每天想 10 个创意，多久可以集齐一万个？每天 20 个呢？在说这个说那个之前，先动手把这样的假说和计算在会议中写在白板上，这也是孙正义开会时的一贯做法。

莲实的主意变成了应用，让电台作家、艺人投稿有趣的对话，采纳之后，可支付兼职报酬。这样很快就收集了一万多段对话。

但是，即便如此，还是不够有趣。莲实说：“到了这个阶段，我们才发现，重要的不是说的内容，不是说什么，而是动作和间隔。”引人发笑的绝妙的间隔和呼吸，这只有搞笑的专家才能做到。莲实再一次进行了探索。

吉本兴业有很多讲笑话的专家。莲实向在吉本工作的老朋友山地克明求助。

“这是绝密项目。接下来看到的东西，请全部忘记。”

莲实请山地进入房间之前，要经过好几道安检。在那里，山地看到了散落在桌子上的机器人的头和手臂。“这是什么啊？”

莲实解答了山地的疑问：“你都看到了，我们正在开发机器人。你可不可以帮我们完善它？”

莲实说，希望山地把拥有100年历史的吉本的搞笑技法传授给机器人。山地接受了这个异想天开的要求：“有意思。乐意效劳。”

莲实又说：“把那家伙也叫上。”那家伙指的是电台作家中野俊成，中野是业界知名的娱乐节目作家，参与制作了《大改造！！戏剧性的 Before & After》《雨后脱口秀》等多档人气节目。

在被带到绝密的开发室，听过事情原委之后，中野不禁大笑：“这不是整蛊节目吧。不是《雨后脱口秀》安排的吧？”

就这样，两个人卷入了软银的 Pepper 开发计划，埋头于让机器人搞笑这一闻所未闻的构想中。

2014年6月5日，Pepper 面世的同一时间，吉本兴业100%出资的“吉本机器人研究所”也宣布成立。总裁是山地，中野为总规划师。

山地和中野从吉本挑选了大约40人派到软银，教会了 Pepper 搞笑的诀窍。

Pepper 是会自己不断学习的机器人，并不是最终形态。当然，搞笑依然有不自然的地方。那么，今后的目标是打造什么样的机器人呢？

莲实这样说道：“有人跟我说，机器人像小吃店老板娘那样正好。不会走得过近，却会像亲人一样倾听。那种距离感绝妙。”

参与机器人事业背后的想法

不过，为什么软银会选择机器人事业呢？而且还是拥有情感的机器人。由此看到的是，孙正义所描绘的宏大愿景。

“技术奇点”——人工智能超越人类智慧的时间点。孙正义预言，人类在不久的将来势必迎来那一天。

孙正义创业不久，就根据半导体的摩尔定律，比较过半导体芯片和人类大脑的“性能”。据说大脑内有300亿个细胞。假定集成电路上的晶体管数量每两年翻一番，那么到什么时候能在一枚芯片上放与大脑细胞数量相当的晶体管？孙正义计算出来的时间是2018年。

单凭这一点，人工智能还无法超越人类。但是，人工智能的进化速度日新月异。孙正义最近喜欢用这个比喻：“人工智能将进入一切事物。比如，就连鞋子都会越来越智能。总有一天，无论是我还是大家，拥有的知识和智慧都不如鞋子多。”

一直以来，人类的知识、智慧都是从父母到子女，代代相传。人类要在教育上花费大量的时间。

但是人工智能不需要这样的再生产。经历过一次的事物，会永远作为数据保存下来。而且，在地球上某个地方发生的事情，瞬间就能为全世界的人工智能共享。进一步讲，人工智能的“头脑”本身是呈指数级增长的。

尽管“技术奇点”一词也有不同的定义，不过这样想来，人类创造的人工智能总有一天将超越人类头脑的主张，这恐怕不能轻率地认为只是妄想。

至少孙正义相信，技术奇点总有一天会到来。

“那时，人工智能会重新定义所有产业。”

与沙特阿拉伯联手打造10万亿日元的基金，虽然也是为了从中发现能够胜出的新技术，不过这里只说机器人。继续孙正义的话。

“Pepper是我尝试对技术奇点时代给出答案的结果。在知识和智能上，计算机肯定会超越人类。到那时，我们想和什么样的机器人一起生活？我认为是拥有情感的机器人。”

那就是Pepper——拥有情感的机器人。2015年岁末孙正义曾讲过这样一件事，孙正义说，事情就发生在三天前的夜里，半夜醒来，他发现自己哭了。

在梦里

在那个梦里，孙正义不知道为什么又变回了学生，正在考试。旁边有一个怪怪的大叔在帮他考试。孙正义说“我要自己做，不用你帮”，大叔还是不肯走。回过神来，这次变成Pepper在考场里走，要给孙正义带路。孙正义追上去，Pepper突然停住了，一动不动地盯着地板上一个奇怪的东西。

“啊，Pepper在深度学习。”孙正义正在感动，刚才的大叔追了上来。这次，他开始向Pepper说教些什么。说的话支离破碎，孙正义不耐烦地准备上前制止，但是他突然醒悟过来。

Pepper似乎能够理解那个大叔的话。而且，它没有当作耳旁风，而是在恰当的时机帮大叔理清思路。孙正义觉得大叔“在胡说八道”，Pepper却没有这么说，而是“点到为止”地应答。在梦中的孙正义看来，机器人 Pepper 理解了人的情感，并且给予回应。

“Pepper 啊，终于变得这么厉害了。”

这么想时，孙正义止不住流泪，醒了过来。

“Pepper 要理解人类的心理到那种程度，不知道还要多少年。但是，总会有那么一天的。真的是痴人说梦吗？我不这么认为。”

向技术奇点时代发起挑战

预见到技术奇点时代的到来，为此研发能够和人类互相理解的机器人。正如孙正义所说，很多人会认为这只是痴人说梦，但是孙正义是非常认真的。不过，他本人也并不认为这能够马上实现。

“对企业家来说，这是奢侈的部分。既不能马上卖钱（作为事业），又不能马上完成。只有公司的资金充足，才能做这样的事情。”

其实，孙正义的头脑中很早就有参与机器人事业的构想。因为在 1996 年读了脑科学家松本原的《爱让大脑更活跃》一书后，打造拥有情感的机器人的构想就在孙正义的心里日渐膨大。孙正义还去见过松本，感触很深。

在 2010 年发表的《新 30 年愿景》中，孙正义也提到了松本的名字，明确提出了致力于类脑计算机的想法。Pepper 不过是第一步。

然而，进入 2000 年之后，孙正义在向 NTT 发起挑战的宽带事业中投入了一切，软银因此面临最大的经营危机。在那之后，软银又相继参与了手机、电力行业，以及进军北美市场，不断发起新的挑战。

直到资金终于充裕，孙正义也可以慢慢地致力于10年后、20年后的愿景，这个项目才启动。

“丰田也是这样。自动织机大获成功，有了余力之后，才能够向汽车这一新的梦想发起挑战。”

出生在明治维新这一年的丰田佐吉，推出一款又一款划时代的自动织机，建立起代表日本的织机公司。他的儿子丰田喜一郎成了父亲创办的丰田自动织机制作所的常务董事，他在考察欧美国家时目睹了其独特的汽车文化，深受震动，在公司内成立了汽车部门。这就是丰田汽车的原点。

汽车处于巨大产业金字塔的顶尖。不断有批判的声音，说日本不可能造出汽车，但是喜一郎专心致志地学习汽车大国——美国的技术，终于打开了新产业的大门。战后大萧条时期，公司不得不裁员，喜一郎承担这一责任，退出了经营一线。他的接班人将喜一郎创办的丰田汽车发展成了世界性的大型汽车制造商。这是一个被写入战后日本经济史的故事。

因为知晓了历史，我们往往会产生错觉，以为一切都是必然。但是，对当时的丰田而言，从织机到汽车的转换应该是任何人都没有想到的，是异想天开，或者更加直率地说，不过是冒着傻气的梦话。

丰田并不是赤手空拳就使梦想成真。因为有着自动织机这一在当时来说坚如磐石的基础，他们才能向下一个梦想前进。

如果说丰田挑战的是工业化社会的顶点，那么孙正义挑战的就是被他称为“人类历史上最大的典范转移”的技术奇点时代的顶点。无论是打造拥有情感的机器人，还是通过收购英国 ARM 为物联网事业布局，都只是为了实现这一梦想的第一步。

也可以说，这些都是 300 年王国的序章。孙正义 19 岁时制订了人生 50 年计划，到此为止，他一直按照计划走在企业家人生的路上。

20 多岁创业

30 多岁积攒资金

40 多岁一决胜负

50 多岁完成事业

60 多岁交棒下一任

2017 年 8 月，孙正义满 60 岁。他常常提到“软银 2.0”，说要将接力棒传递给下一任。但是，引退还太早。“通过信息革命让人们幸福。”与 24 岁成立日本软银时相比，孙正义作为企业家的热情不但没有衰减，反而更加强烈了。

终　章
脱　藩

破坏者的原点

我不会告诉你，采访的地点在哪里，是什么样子。因为这是我和孙正义之间的约定。那里归孙正义个人所有，从未对外公开。我只能告诉你，那是一个超出我们一般人想象的奇异空间。在知道那个场所的极少数软银管理者之间，大家称呼那里为“别墅”或者“迎宾馆”。

我有幸在那个场所待了大约两个小时，一边喝着葡萄酒，一边听孙正义讲他的故事。“让记者来这里，是第一次。”这是孙正义亲口说的。这一天，孙正义有点儿感冒，话却比平时更多。最后，孙正义说“给你看个东西”，他从一个大概是梧木的雅致的木箱里，拿出一页书信。

那是坂木龙马于庆应 3 年（1867 年），旧历 10 月 13 日，写给前往京都二条城的土佐藩参政后藤象二郎的书信。孙正义说，这是为了防止真迹发生万一而做的复制品，和真迹分毫不差。

这一天，可以说是日本历史改变的瞬间。第十五代将军德川应喜将雄藩的重臣召集到二条城，商议土佐藩提议的大政奉还论[①]。第二天，应喜上奉朝廷，把政权还给了天皇，但是这时还没有决定。

龙马向代表土佐藩出席这次集会的后藤寄了一封书信。孙正义把那封信拿出来，仔细地看着。

---

① 大政奉还要求幕府把政权交还给朝廷。这标志着日本封建时代的结束、近代日本的开始。——译者注

“你看这个。这就是必死的决心。不是为了私利私欲，而是为了天下国家豁出性命的决心。看到这个，我就会觉得自己是多么渺小啊。第一次看到的时候，我感动得流下了眼泪，浑身颤抖。”

这样说着，孙正义流下了眼泪。

确实，信中所写的是龙马必死的决心。因为本来就有赴死的决心，所以他对后藤说，如果后藤没有从二条城出来，他就当作大政奉还失败了，届时将率领海援队，亲自杀入应喜的队伍。信中写道，到那个时候“在地下会面”。地下，即死后的世界。意思是万一大政奉还失败，两人就死后再见。

孙正义的兴趣不多，但是他爱好收集活跃于幕府末期的志士们留下的书信，其中特别珍视的就是龙马给后藤写的这封信。

自己为什么要成为企业家？每当愿景返回原点时，孙正义就会出神地看着龙马留下的文字。

孙正义对坂本龙马的崇拜，到此为止已经提到过不止一次。总裁办公室所在的总部 26 层挂着等身大的龙马照片，这里摆着竹剑和木剑。

关于这柄木剑，还有个故事。领导 30 年愿景编制工作的镰谷贤之，有一段时间片刻不离孙正义左右。这一时期，有个人向镰谷打听，给孙正义送什么礼物好。镰谷回答：“送龙马木剑的复制品，他一定会感激。”结果那人真的送了一柄。

镰谷这样建议是有原因的。2010 年 11 月 15 日，镰谷和孙正义一同去高知县出差。11 月 15 日，旧历是龙马的忌辰。大政奉还的一个月后，在京都的近江屋，龙马和中冈慎太郎一起被刺客袭击。

这一天，孙正义带着镰谷去了高知县护国神社。这座神社有一柄木剑，据说是龙马年轻时用的。孙正义要求摸一下。

长 134 厘米，重 780 克，用橡木制成的木剑，本来必须戴着手套才能碰，孙正义闭着眼睛，非常感动，他慢慢摘下手套，光着手握紧木剑，当场流着眼泪，做起空挥的动作。

这样的举动令镰谷等在场的人都目瞪口呆。

孙正义之所以会如此崇拜龙马，起因是他 15 岁时读的司马辽太郎的《坂本龙马》。在他读赫尔曼·黑塞的《在轮下》的时候，家庭教师告诉他："别读那么沉重的书，读点儿更有阳刚之气的书吧。"并向他推荐了《坂本龙马》。

这本书，孙正义迄今为止重读过许多遍。创业不久罹患慢性肝炎，被告知只能活 5 年的时候，这本书也不离其左右。

孙正义最喜欢的是脱藩的场面。书中的龙马去找已经嫁人的姐姐乙女，告诉她自己要脱藩。脱藩是大罪，但是乙女没有阻止龙马，而是支持他。龙马担心因为自己脱藩而给姐姐的婆家惹麻烦，乙女坚决地说那就离婚。

以下文字引自《坂本龙马》。

乙女对龙马说："你是个男子汉，既然下定了决心，就别啰啰唆唆，只管去做。"

为了支持龙马脱藩，乙女甚至说要和丈夫冈上新辅离婚。看到龙马犹豫，乙女继续说："龙马，你闭嘴。你是我养大的，为了救国，把你送出去，是我的义务。”

脱藩之日，龙马爬上才谷山，那里供奉着坂本家的祖先——明智左马助之灵。龙马进入祠堂，痛痛快快地喝了一通酒。

“喂，明智左马助大人，人生短暂，请保佑我成就一番大事！”

龙马身着便装，带着一个酒葫芦。钱腰带里藏了借来的十两金币做路费，腰间是姐姐阿荣以自己的生命为交换送给龙马的陆奥太守吉行宝刀。他只带了这些东西，趁着夜色，在积雪未消的土佐的山中奔跑。只是为了实现自己心中的志向。

这样的形象令年轻的孙正义兴奋不已。

抛弃故乡和家人，坚持自己的信念，坂本龙马的活法打动了孙正义的心。这本书改变了孙正义的人生。

“这个时候还不知道自己想做什么。只是萌生了想让人生尽情燃烧的想法。”

少年时期的孙正义曾经有过当老师的梦想，但是从那时起，他开始思考：“我希望做点儿什么，让未来的人们说多亏有那个人。”

就在那一时期，孙家出了大事，一家的顶梁柱——父亲孙三宪吐了一盆血，病倒了。

孙正义在 4 个兄弟中排行老二，为了维持家庭生计，比他大一岁的哥哥从高中退学，开始工作。但是孙正义想：“我无论如何都要爬上去。怎样才能爬上去呢？当企业家吧。那个时候我就下定了决心。”

讲述孙正义这个人物时，从他的童年时代开始回顾，这在迄今为止的孙正义传记中已经成了固定的模式。也有很多传记把焦点放在他的出身。

这本书的目的是走近作为经营者的孙正义的真实形象，因此到此为止都没有提及孙正义的童年。

当然，要了解孙正义，离不开这一部分。作为在日韩国人，出生在简陋的棚屋里，他的苦难、挫折、纠葛、反抗精神，以及要从那里爬上去的强烈意志，毫无疑问，都是树立孙正义的企业家精神的原点。

但是我认为，如果让在日韩国人的出身以及无番地的悲惨生活这些部分夺去过多的关注，大家就会看错这位罕见的经营者的本质。

那么什么是企业家孙正义的原点呢？我想按照自己的方式做一个总结。

孙正义于1957年8月11日出生，是父亲孙三宪、母亲玉子的次子。孙正义的祖父孙钟庆从故乡韩国大邱来日本打工。一度回到大邱，但是没有工作，战后不久又回到日本。据说是偷渡。

孙家定居的地方在国铁鸟栖站附近。靠着铁路，本来是国铁的土地，无处可住的在日韩国人在这里搭起棚屋，聚居生活。

正义也是在这片土地上出生，长大。村落的正中有一条宽 5 间（约 9 米）的道路，因此被称为鸟栖市五间道路无番地。因为是非法占用土地，没有门牌号，所以叫无番地。

如今，这里已经重新开发，了无痕迹，但是正义出生时，五间道路还未经铺设，一下大雨就会被水淹没。

在这无番地的白铁皮屋顶下，孙正义一家靠养猪维持生计。不难想象四周弥漫的浓烈气味。

而且，一家人在这里并不姓“孙”，而是用“安本”这个日本姓氏。

在镰谷等人编制的 30 年愿景的发布会尾声，孙正义回顾了这一时期的生活。屏幕上放了一个老奶奶的照片，那是孙正义的祖母李元照。她 14 岁到日本，不久就嫁给了孙钟庆。

白铁皮屋顶的棚屋里，负责喂猪的就是这位祖母。她每天拉着两轮拖车，去站前的饭馆转悠，收客人吃剩的饭菜。她会跟孙正义说“去散步咯”，让他坐在拖车上。孙正义在发布会上回忆了当时的情景：“滑溜溜的，有种腐烂的气味。雨后走在凹凸不平的路上，遇到水洼就会打滑。我想，要是掉下去会摔死吧。奶奶说着‘抓紧’，拉着拖车往前走。”

孙正义坦言，他很喜欢奶奶，有一段时间却觉得奶奶讨厌。因为他意识到了自己在日韩国人的出身。

“为什么讨厌呢？因为奶奶等于辣白菜，辣白菜等于韩国。人活着真不容易。我们要隐藏自己，用日本姓氏生活。这让我更加自卑。”

支撑着孙家的顶梁柱是父亲孙三宪。孙三宪初中一毕业就开始工作。构成孙正义这一少有的经营者的根基部分的，当然有源自在日韩国人这一出身的自卑和反抗精神，但最大的原因是受父亲的影响。他身上体现出了孙家的企业家精神。孙正义这样说道：“即使是现在，我最尊敬的人依然是父亲。父亲不是从零开始，而是从负数开始。当面对各种各样的困难时，他始终坚信自己可以战胜，而且总能想出一个又一个点子。”

初中毕业后，孙三宪开始酿造私酒。尽管多次被警察搜查，但是他仍然坚持这样做。

他在白铁皮屋顶的家里私自酿造烧酒，串街叫卖。一开始只卖给附近的大叔大婶，赚得有限。于是他想到“发明销售模式”。

他骑着自行车，拜托各处的店家摆出一升瓶的私酿酒。根据销量向店家支付一定比例的报酬。用这种方法，通过口口相传，打开了销路。

孙家的老四孙泰藏在自己的著作《孙家的基因》中回顾，当时的孙三宪每天一回到家就在镜子前练习微笑，因为“做生意，微笑很重要”。

孙三宪用卖烧酒的钱做起弹子房和消费信贷生意。这些生意很成功，一家人过上了富裕的生活。那是孙正义小学低年级的时候，弹子机不再那么流行，孙三宪想了一个新颖的点子——在店里同时设置钓鱼池，“钓到红鲤鱼奖励 1 万日元”，一家借此渡过了难关。

一家人离开了无番地，搬到北九州，又在孙正义上初中时移居福冈市城南区。此时，他们已经不需要再为生活发愁。

不过，当我问孙正义“从作为企业家的父亲身上学到了什么”时，孙正义举出的既不是孙三宪为了养活全家而饱尝艰辛的日子，也不是那些新颖的点子，而是父亲成功之后的表现。

“父亲总是感叹，我虽然为了钱做着眼前的生意，但这并不是本来的样子。他总说，为了钱而工作没有价值。喝过酒之后就那么跟我说。那时我还是小学生，或者中学生。他说，我还没有实现男儿本愿。正义你要记住，长大以后不要把人生浪费在眼前的金钱上，你一定可以做到。”

“这些东西是我作为企业家的基础。我长大了，成为企业家以后，必须有更加远大的目标。”

孙正义和弟弟孙泰藏都说：“父亲是最好的教育家。”孙正义说：“从上幼儿园起，父亲一次也没有冲我发过脾气。”

孙三宪的教育方针就是夸奖。不是一般的夸奖，借用孙正义的话说，那是“猛夸”。

“以大人的目光教孩子，或者哄孩子，那样的夸奖，小孩子是能够看穿的。父亲不是这样。夸起人来，能把人吓一跳。‘真棒！你是天才啊！’这种发自内心的话，小孩子会信以为真。”

据孙正义说，孙三宪有夸奖的重点。决定是否“猛夸”的标准不是计算、读写这种技术、知识类的东西，而是是否自己动脑筋思考。孙正义从小几乎每天都要被父亲说“你是天才”，他几乎信以为真了。

“一旦记住那种快感，小孩子就会越来越努力。所以，父亲从来没有说过让我学习。现在回想起来，父亲这么做想必都是经过思考的。毕竟这种事不是想做就能做到的。”

孙泰藏的证言也和哥哥完全一致。这对相差15岁的兄弟，小时候几乎没有一起生活的记忆，但是对父亲的教育方针的回忆是一样的。

有一天，孙泰藏回到家里，父亲像往常一样问他。看样子他经常问孩子问题。

“泰藏，今天学什么了？”

“今天学了分数的乘法。”

先让孙泰藏复述当天的学习的东西，他高兴地说完之后，孙三宪这样说道：“这样啊。不错。不过，学校老师教的东西都是假的。”

“爸爸，你说什么呢？”

孙三宪费尽唇舌告诉孩子们的是：“不要跟别人学。要自己思考。”他给孙泰藏讲了飞到美国的“天才正义”的故事，反复说：“泰藏，你也要抱着志向活着。”

顺便说一句，孙三宪尽管现在已经80多岁，仍然对儿子们做的事情非常关心。孙泰藏说：“前不久还接到父亲电话，说‘谷歌的深度学习真厉害’。不知道在哪里知道的，说得头头是道。”

父亲大口吐血病倒的时候，孙正义刚考上九州的名校——久留米大学附属高中。孙三宪从年轻时就劳累过度，加上喜欢喝酒，导致十二指肠损伤。

受到《坂本龙马》的感化，孙正义在苦恼中选择了从高中退学，只身赴美这条路。他要为成为企业家寻找种子。一上高中，孙正义就前往加利福尼亚参加语言培训，深深折服于美国的自由氛围。

自从小时候被人说成“朝鲜人”，并被人用石子砸中额头之后，孙正义一直隐藏着在日韩国人的出身，以“安本正义”这个名字活着。

但是，在大洋彼岸的美国，没有人在意这样的出身。当然，他听说，美国也有根深蒂固的种族歧视。但是，自己看到的加州蓝天下，无论白人、黑人、亚洲人、西班牙裔，大家都一样并肩而行。“我也想在那样的世界里找到燃烧人生的东西”，那是照进少年孙正义心中的希望之光。

“那就是对我而言的脱藩。”

在父亲吐血住院，一家面临存亡危机之时，孙正义提出从高中退学去美国，母亲听了放声大哭。亲戚也在背后指指点点，说他冷血。孙正义这样对母亲说：“我问过医院的医生，爸爸不会死。考虑几十年后的事，就算是为了这个家，我也想用自己的人生去干一件大事。”

孙正义去学校递交退学申请，班主任吃惊地劝阻，让他至少改成休学申请。孙正义这个时候第一次做出了斩断退路的选择。

“如果有地方可回，困难就会变得更大。没有退路，就连感觉到困难的闲工夫都没有了。所以我干脆斩断了退路。那是我人生中第一次典范转移。”

就这样，年轻的孙正义前往了美国。

在美国的奋斗过程在孙正义传中都有详细介绍。他进入当地的高中，连连跳级，只用三个星期就毕业了。参加大学入学考试时，他和考官直接谈判，争取到了使用词典和延长时间的待遇。

在那些故事中，孙正义被写得像一个超人，让人预感到后来的巨大成功，我在此斗胆省略了。这一时期的孙正义，绝不是超人，只是一个异常执着的少年。

他说自己在大学里“变成了学习狂”。

“在大学里，可以不夸张地说，没有一个人比我学习更用功。因为有物理上的极限。吃饭的时候都是右手拿书，左手拿叉子。那时就想，要是用双眼看着吃，会更好吃。”

他把此时的经历讲给两度落榜的孙泰藏听，夸口说：“所以我跟比尔·盖茨这样的人谈判也完全不犯怵。”

从圣名大学转到加州大学伯克利分校经济系三年级后，孙正义就开始想方设法赚学费。此时孙三宪的身体已经康复，寄来丰厚的生活补贴，孙正义却有点儿耿耿于怀。

他决定“一天只拿出 5 分钟来动脑发明”，并从 250 多个点子中选择了有声电子翻译机。这一发明得到大恩人佐佐木正的认可，成为孙正义企业家人生的第一步，这些都已经讲过了。

回到日本，于 1981 年以“孙正义”这个名字创立了日本软银之后，他遇到了一个人。他就是在立教大学执教，这一年出任非营利组织日本综合研究所理事长的野田一夫。

刚从福冈杂饷隈来到东京，孙正义没有资金，在日本综合研究所下属的经营综合研究所名下的大楼里租了一个房间。他去野田的办公室问候，听野田说话时，一直保持着直立不动的姿势。

日本软银走上轨道以后，野田仍然是孙正义很好的商量对象。直到现在，孙正义还说："刚起步的时候，野田老师对我说'你很有前途'，我高兴得几乎跳起来。"

第一次见面时，野田给这个直立不动的青年讲了做企业家的精神准备。

"孙君，你知道梦想和志向的区别吗？"

"区别啊……"

看到孙正义答不上来，野田继续说道："梦想是少年和少女的淡淡期待。志向是决心。孙君，你要记住，光有梦想不行，要有志向。"

"志向……老师，我懂了。谢谢！"

后来孙正义获得了卓越的成就，经常有人向他索要签名。这种时候他总是写下这样的话：

志存高远。

孙正义至今仍非常珍视这句话。

软银虽然是上市公司，实质上却是私营企业。孙正义不仅掌握着20%的股份，是最大的个人股东，而且作为天才经营者，掌握着绝对的控制权。迄今为止发起的一次次豪赌，其主角无疑是孙正义本人。

但是，正因为有那些对孙正义的志向产生共鸣的前辈明里暗里的协助，孙正义年轻的才能才得以开花结果。又因为那些对孙正义的志向产生共鸣、对自己才能充满自信的街头战士聚集在孙正义的身边，才形成了这个奇异的企业。

在创业期支持孙正义的10位恩人，其中与孙正义年龄最接近的是哈德森创始人工藤浩，他如同孙正义的兄长。几年前，工藤对孙正义说过这样的话。

“喂，正义，够了。你为我们做得已经够多了。你到了现在这个地步，我们伸手已经够不到了。所以，恩人什么的，就别再提了吧。”

孙正义每年在公司上下共同庆祝“恩人感谢日”。直到现在，不管多忙，他仍会抽出时间，亲自款待恩人。这一次也是。孙正义已经成长为无人不知的世界级经营者，工藤觉得不应该给孙正义增加不必要的负担。

面对这位兄长，孙正义一反常态，用认真的表情回答：“不，工藤兄，话不能这样说。现在来找我的人多得很。但是，那个时候不一样。那个时候，除了你、佐佐木老师还有各位恩人以外，没有人帮我。没有你们，就没有现在的我。”

工藤回忆着当初，这样说：“真是痛快啊。在我家里，那家伙看着我爱人做的味噌汤里的豆腐说‘工藤兄，我要变成豆腐，变成一万亿、两万亿这样数的经营者’，竟然真的做到了。不过，和那个时候相比，那家伙一点儿没变。”

工藤也是被孙正义的志向所吸引的人之一，他被孙正义的热情感动，愿意赌在孙正义的志向——信息革命上。所以，看到孙正义现在的表现，工藤非常开心。

孙正义

100 年后的人们会如何评价这个男人？不知道，但我想引用孙正义本人的话结束本书。

“我后悔的是尽管度过了将近 60 年的人生，还没有做成任何值得夸耀的事。我对自己也非常不满。如果明天，我遇到事故死了，我会非常非常的懊悔，因为我还什么事都没干成。”

这个男人的故事，还没有结束。